Formelsammlung

Herbert Bernstein

Formelsammlung

Elektrotechnik, Elektronik, Messtechnik, analoge und digitale Elektronik

2., aktualisierte Auflage

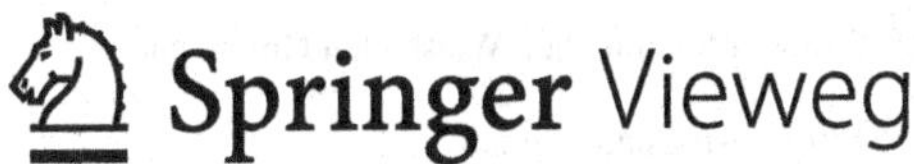

Herbert Bernstein
München, Deutschland

ISBN 978-3-658-18178-9 ISBN 978-3-658-18179-6 (eBook)
https://doi.org/10.1007/978-3-658-18179-6

Die Deutsche Nationalbibliothek verzeichnet diese Publikation in der Deutschen Nationalbibliografie; detaillierte bibliografische Daten sind im Internet über http://dnb.d-nb.de abrufbar.

Springer Vieweg
Die 1. Auflage 2004 erschien im Franzis Verlag unter dem Titel „Formelsammlung Elektrotechnik und Elektronik“.

Springer Vieweg ist ein Imprint der eingetragenen Gesellschaft Springer Fachmedien Wiesbaden GmbH und ist ein Teil von Springer Nature
Die Anschrift der Gesellschaft ist: Abraham-Lincoln-Str. 46, 65189 Wiesbaden, Germany

Vorwort

Theorie und Praxis gehören für den Elektriker und Elektroniker zusammen. Allerdings sucht der Student und Schüler immer nach Möglichkeiten, sein Gedächtnis nicht allzusehr mit Formeln zu belasten, die gelegentlich nur einmal gebraucht werden. Er will aber in dem Augenblick, in dem ihm seine praktische Erfahrung nicht mehr genügt, einen Hinweis finden, wie er rasch und sicher zum Ziel kommen kann. Besonders beim eigenen Schaltungsaufbau und beim Entwurf von Prüfgeräten treten oft Schwierigkeiten auf. An Stelle mühsamer Versuche klärt eine einfache Rechnung in vielen Fällen überraschend schnell die offenen Fragen. Weit verstreut in der Fachliteratur sind die benötigten Formeln alle irgendwo niedergelegt, wenn man nur wüsste, wo!

Die vorliegende Formelsammlung will versuchen, diesem Mangel abzuhelfen. Sie kann nicht alles enthalten, was jemals in der Praxis der Elektronik vorkommt, sie will aber die wichtigen und wesentlichen Formeln, einschließlich der mathematischen Grundlagen, geordnet zur Verfügung stellen.

Es ist sicher sinnvoll, nach Jahren der Datenbank-Euphorie festzustellen, dass der Untergang des Buches nicht stattgefunden hat. Elektronische Datenspeicher haben zwar ihre Daseinsberechtigung und mittlerweile einen festen Platz im Komplex der Informationssysteme, sie ersetzen aber nicht das Buch, sondern ergänzen es. Ein Hauptgrund dafür ist ohne Zweifel, dass das Buch durch seine Mobilität benutzerfreundlicher ist, weil die Inhalte stets überall und ohne Hilfsmittel abrufbar sind.

Das gilt auch besonders für Tabellenbücher, die durch die Datenbänke nicht verdrängt wurden. So wie das Fachrechnen in der beruflichen Ausbildung weiter an Bedeutung gewinnt, so gehören die Zusammenstellung von Zahlen, Formeln, Daten, Schaltungen usw. in der klassischen, d. h. gedruckten Form uneingeschränkt in den Alltag – in Schule und Betrieb. Texte und Zahlen, die der Benutzer nachschlagen kann, prägen sich besser ein. Das ist bei der Fülle der Informationen ein nicht zu unterschätzender Vorteil!

Abschließend noch ein paar Anmerkungen zu den Normen. Ein Formelbuch für die Aus- und Weiterbildung kann und soll nicht die DIN-Blätter und DIN-Taschenbücher ersetzen. Mit den Hinweisen und Zitaten wird lediglich die Beschäftigung mit den Normen und deren ständige Anwendung angestrebt. Die Hinführung zur Norm und das Wecken von Verständnis für die große Bedeutung der Normung ist Aufgabe aller Betroffenen, besonders aber im Studium.

Ein Fachbuch bleibt nur dann „lebendig“, wenn die Benutzer ihre Erfahrungen und Erkenntnisse weitergeben. Das gilt besonders für Tabellenbücher, die bei der Vielzahl von Informationen – trotz sorgfältigster Arbeit des Autors – Fehler enthalten können. Um diese auszumerzen, bedarf es der Mitwirkung aller Betroffenen, also auch der Benutzer. Für alle Mühe bin ich im Voraus verbunden, sowie an dieser Stelle, wie stets, allen denen danken, die das Werk durch Anregungen und Rat förderten. Meine Bitte, durch konstruktive Kritik weiter mitzuwirken, möge nicht überhört werden.

Das Buch entstand aus meinen Manuskripten (1. bis 4. Semester) an der Technikerschule in München und ist geeignet für Berufsschulen, Berufsakademien, Meisterschulen, Technikerschulen und Fachhochschulen.

Ich bedanke mich bei meinen Studenten für die vielen Fragen, die viel zu einer besonders eingehenden Darstellung wichtiger und schwieriger Fragen beigetragen haben.

Meiner Frau Brigitte danke ich für die Erstellung der Zeichnungen.

Wenn Fragen auftreten: Bernstein-Herbert@t-online.de

München, im Sommer 2018 Herbert Bernstein

Inhaltsverzeichnis

Allgemeine mathematischen Zeichen und Begriffe

1

Zeichen	Verwendung	Sprechweise (Erläuterungen)
Pragmatische Zeichen (nicht mathematisch im engeren Sinne)		
≈	$x \approx y$	x ist ungefähr gleich y
<<	$x << y$	x ist klein gegen y
>>	$x >> y$	x ist groß gegen y
≙	$x \triangleq y$	x entspricht y
...		und so weiter bis, und so weiter (unbegrenzt)
Allgemeine arithmetische Relationen und Verknüpfungen		
=	$x = y$	x gleich y
≠	$x \neq y$	x ungleich y
<	$x < y$	x kleiner als y
≤	$x \leq y$	x kleiner oder gleich y, x höchstens gleich y
>	$x > y$	x größer als y
≥	$x \geq y$	x größer oder gleich y, x mindestens gleich y
+	$x + y$	x plus y, Summe von x und y
−	$x - y$	x minus y, Differenz von x und y
·	$x \cdot y$ oder xy	x mal y, Produkt von x und y
– oder /	$\frac{x}{y}$ oder x/y	x durch y, Quotient von x und y
Σ	$\sum_{i=1}^{n} x_i$	Summe über x_i von i gleich 1 bis n
~	$f \sim g$	f ist proportional zu g

H. Bernstein, *Formelsammlung*, https://doi.org/10.1007/978-3-658-18179-6_1

Zeichen	Verwendung	Sprechweise (Erläuterungen)
Besondere Zahlen und Verknüpfungen		
π	pi	3,1415926...
e		2,7182281...
x^n	x^n	x hoch n, n-te Potenz von x
$\sqrt{}$	$\sqrt{x}$	Wurzel (Quadratwurzel) aus x
$\sqrt[n]{}$	$\sqrt[n]{x}$	n-te Wurzel aus x
$\mid\;\mid$	$\lvert x\rvert$	Betrag von x
∞		unendlich
$n!$		Fakultät
Elementare Geometrie		
$\perp$	$g \perp h$	g und h stehen senkrecht zueinander
$\parallel$	$g \parallel h$	g ist parallel zu h
$\uparrow\uparrow$	$g \uparrow\uparrow h$	g und h sind gleichsinnig parallel
$\uparrow\downarrow$	$g \uparrow\downarrow h$	g und h sind gegensinnig parallel
$\sphericalangle$	$\sphericalangle\,(g, h)$	(nicht orientierter) Winkel zwischen g und h
$\measuredangle$	$\measuredangle\,(g, h)$	orientierter Winkel von g und h (Zählrichtung festgelegt)
$\overline{}$	$\overline{PQ}$	Strecke von P nach Q
d	$d\,(P, Q)$	Abstand (Distanz) von P nach Q
Δ	$\Delta\,(ABC)$	Dreieck ABC
$\cong$	$M \cong N$	M ist kongruent zu N
Exponentialfunktion und Logarithmus		
exp	$\exp z$ oder e^z	Exponentialfunktion von z oder e hoch z
ln	$\ln x$	Natürlicher Logarithmus von x (Basis e)
	x^z	x hoch z
log	$\log_y x$	Logarithmus von x zur Basis y
lg	$\lg x$	Dekadischer Logarithmus von x (Basis 10)
Trigonometrische Funktionen sowie deren Umkehrungen		
sin	$\sin x$	Sinus von x
cos	$\cos x$	Cosinus von x
tan	$\tan x$	Tangens von x
cot	$\cot x$	Cotangens von x
arcsin	$\arcsin x$	Arcussinus von x
arccos	$\arccos x$	Arcuscosinus von x
arctan	$\arctan x$	Arcustangens von x
sinh	$\sinh x$	Hyperbelsinus von x
cosh	$\cosh x$	Hyperbelcosinus von x
tanh	$\tanh x$	Hyperbeltangens von x
coth	$\coth x$	Hyperbelcotangens von x

1.1 Mathematische Zeichen und Begriffe

Zeichen	Verwendung	Sprechweise (Erläuterungen)
Mengen		
$\in$	$x \in M$	x ist Element von M
$\notin$	$x \notin M$	x ist nicht Element von M
	$x_1, ..., x_n \in A$	$x_1,..., x_n$ ist Element von A
$\{ \mid \}$	$\{x \mid \varphi\}$	die Menge (Klasse) aller x mit φ
$\{, ...,\}$	$\{x_1, ... x_n\}$	die Menge mit den Elementen $x_1,... x_n$
$\subseteq$ oder	$A \subseteq B$ oder	A ist Teilmenge von B
$\subset$	$A \subset B$	A sub B
$\subsetneq$	$A \subsetneq B$	A ist echt enthalten in B
$\cap$	$A \cap B$	A geschnitten mit B, Durchschnitt von A und B
$\cup$	$A \cup B$	A vereinigt mit B, Vereinigung von A und B
$\setminus$ oder	$A \setminus B$ oder	A ohne B
$\complement$ oder	$\complement_A B$ oder	Differenzmenge von A und B
$-$	$A - B$	relatives Komplement von B mit A
$\varnothing$ oder $\{\}$		leere Menge

1.2 Zahlen und Zahlensysteme

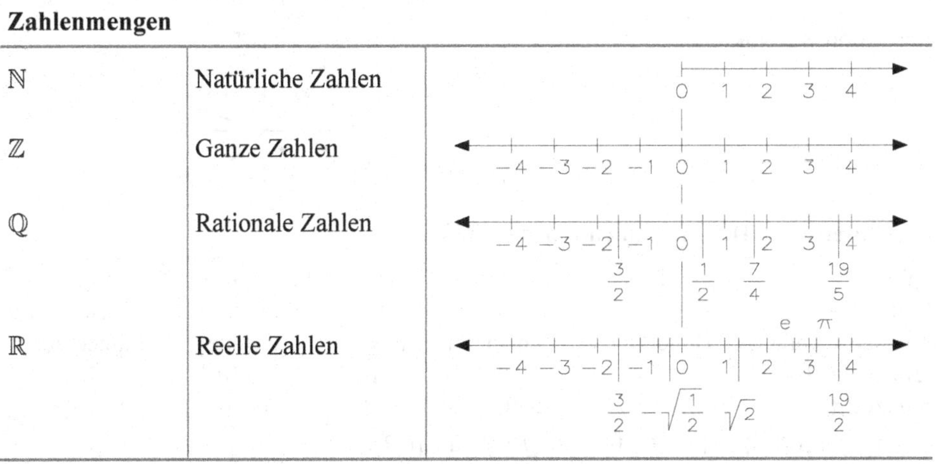

Zahlenmengen		
$\mathbb{N}$	Natürliche Zahlen	
$\mathbb{Z}$	Ganze Zahlen	
$\mathbb{Q}$	Rationale Zahlen	
$\mathbb{R}$	Reelle Zahlen	

Vektoren

Schreibweise	A, B, ..., a, b,... $\vec{A}, \vec{B}, ..., \vec{a}, \vec{b}, ...$
Grafische Darstellung	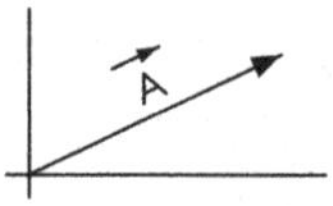 $\vec{A}$
Komponenten eines Vektors	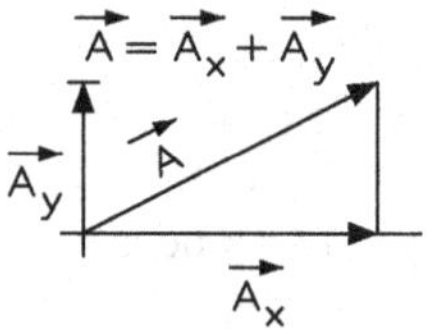 $\vec{A} = \vec{A}_x + \vec{A}_y$
Betrag eines Vektors	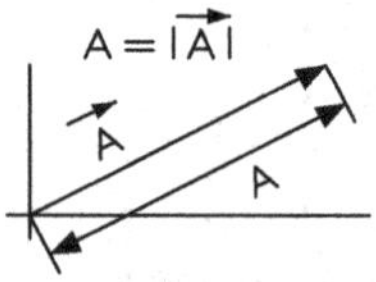 $A = \lvert\vec{A}\rvert$
Multiplikation mit einem Skalar	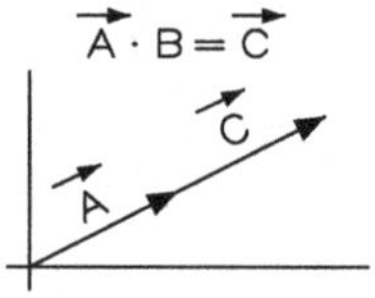 $\vec{A} \cdot B = \vec{C}$
Addition von Vektoren	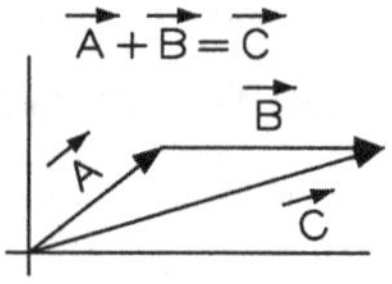 $\vec{A} + \vec{B} = \vec{C}$
Subtraktion von Vektoren	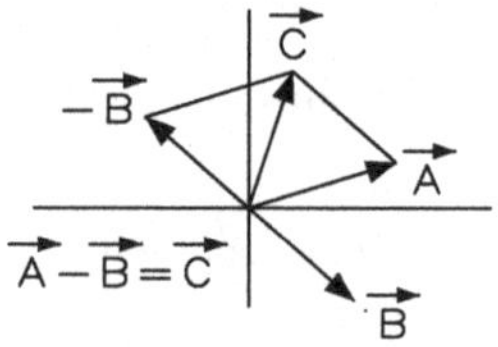 $\vec{A} - \vec{B} = \vec{C}$

Schreibweise von Dezimalzahlen Beispiel: 275,64

Ziffer	2	7	5	6	4
Stelle	3.	2.	1.	1 nach Komma	2 nach Komma
Stellenbezeichnung	Hunderter	Zehner	Einer	Zehntel	Hundertstel
Stellenwert B^x	10^2	10^1	10^0	10^{-1}	10^{-2}
Potenzwert	$2 \cdot 10^2$	$7 \cdot 10^1$	$5 \cdot 10^0$	$6 \cdot 10^{-1}$	$4 \cdot 10^{-2}$

$275{,}64 = 2 \cdot 10^2 + 7 \cdot 10^1 + 5 \cdot 10^0 + 6 \cdot 10^{-1} + 4 \cdot 10^{-2}$

Schreibweise von Dualzahlen Beispiel: 1101,11

Ziffer	1	1	0	1	1	1
Stelle	4.	3.	2.	1.	1 nach Komma	2 nach Komma
Stellenbezeichnung	Achter	Vierer	Zweier	Einer	Halbe	Viertel
Stellenwert B*	2^3	2^2	2^1	2^0	2^{-1}	2^{-2}
Potenzwert	$1 \cdot 2^3$	$1 \cdot 2^2$	$1 \cdot 2^1$	$1 \cdot 2^0$	$1 \cdot 2^{-1}$	$1 \cdot 2^{-2}$

$1101{,}11 = 1 \cdot 2^3 + 1 \cdot 2^2 + 0 \cdot 2^1 + 1 \cdot 2^0 + 1 \cdot 2^{-1} + 1 \cdot 2^{-2}$

Rechenregeln für Dualzahlen

Addition	Subtraktion	Multiplikation	Division
$0 + 0 = 0$	$0 - 0 = 0$	$0 \cdot 0 = 0$	$0 : 1 = 0$
$0 + 1 = 1$	$1 - 0 = 1$	$0 \cdot 1 = 0$	$1 : 1 = 1$
$1 + 0 = 1$	$10 - 1 = 1$	$1 \cdot 0 = 0$	
$1 + 1 = 10$	$1 - 1 = 0$	$1 \cdot 1 = 1$	

Umwandlung

Dual in Dezimal

Dualzahl:	1	1	0	0	1
Potenzwert	$1 \cdot 2^4$	$1 \cdot 2^3$	$0 \cdot 2^2$	$0 \cdot 2^1$	$1 \cdot 2^0$
Dezimalzahl	16 +	8 +	0 +	0 +	1
			25		

Dezimal in Dual

Dezimalzahl: 26

26 : 2 = 13 Rest 0
13 : 2 = 6 Rest 1
6 : 2 = 3 Rest 0
3 : 2 = 1 Rest 1
1 : 2 = 0 Rest 1 ⇑ Leserichtung

1 1 0 1 0

Vergleich zwischen Zahlensystemen

dual	dezimal	hexa-dezimal	dual	dezimal	hexa-dezimal	dual	dezimal	hexa-dezimal	dual	dezimal	hexa-dezimal
0	0	0	1000	8	8	10000	16	10	11000	24	18
1	1	1	1001	9	9	10001	17	11	11001	25	19
10	2	2	1010	10	A	10010	18	12	11010	26	1A
11	3	3	1011	11	B	10011	19	13	11011	27	1B
100	4	4	1100	12	C	10100	20	14	11100	28	1C
101	5	5	1101	13	D	10101	21	15	11101	29	1D
110	6	6	1110	14	E	10110	22	16	11110	30	1E
111	7	7	1111	15	F	10111	23	17	11111	31	1F

Römische Zahlen

I = 1	VI = 6	XI = 11	LX = 60	CX = 110	DC = 600
II = 2	VII = 7	XX = 20	LXX = 70	CC = 200	DCC = 700
III = 3	VIII = 8	XXX = 30	LXXX = 80	CCC = 300	DCCC = 800
IV = 4	IX = 9	XL = 40	XC = 90	CD = 400	CM = 900
V = 5	X = 10	L = 50	C = 100	D = 500	M = 1000

1.3 Griechisches Alphabet

Α	α	Alpha	Ι	ι	Iota	Ρ	ρ	Rho
Β	β	Beta	Κ	κ	Kappa	Σ	σ	Sigma
Γ	γ	Gamma	Λ	λ	Lambda	Τ	τ	Tau
Δ	δ	Delta	Μ	μ	My	Υ	υ	Ypsilon
Ε	ε	Epsilon	Ν	ν	Ny	Φ	φ	Phi
Ζ	ζ	Zeta	Ξ	ξ	Xi	Χ	χ	Chi
Η	η	Eta	Ο	ο	Omikron	Ψ	ψ	Psi
Θ	ϑ	Theta	Π	π	Pi	Ω	ω	Omega

1.4 Logarithmieren

Basiszahlen von Logarithmen			Logarithmengesetze
2	Zweierlogarithmus (dualer Logarithmus)	$\log_2 b = \mathrm{ld}\, b$	$\log (a \cdot b) = \log a + \log b$ $\log \frac{a}{b} = \log a - \log b$
e = 2,718...	Natürlicher Logarithmus	$\log_e b = \ln b$	$\log a^n = n \cdot \log a$
10	Zehnerlogarithmus (dekadischer Logarithmus)	$\log_{10} b = \mathrm{ld}\, b$	$\log \sqrt[a]{b^n} = \log b^{\frac{n}{a}} = \frac{n}{a} \log b$

Logarithmensysteme
$\lg 1000 = 3$, da $10^3 = 1000$
$\lg 100 = 2$, da $10^2 = 100$
$\lg 10 = 1$, da $10^1 = 10$
$\lg 1 = 0$, da $10^0 = 1$
$\lg 0{,}1 = -1$, da $10^{-1} = 0{,}1$
$\lg 0{,}01 = -2$, da $10^{-2} = 0{,}01$
$\lg 0{,}001 = -3$, da $10^{-3} = 0{,}001$

Regelregeln für Logarithmen

Rechnungsart	wird zurückgeführt auf	Regeln
Multiplizieren	Addieren	$\lg (a \cdot b) = \lg a + \lg b$
Dividieren	Subtrahieren	$\lg = \frac{a}{b} = \lg a - \lg b$
Potenzieren	Multiplizieren	$\lg a^n = n \cdot \lg a$
Radizieren	Dividieren	$\lg \sqrt[n]{a} = \frac{1}{n} \cdot \lg a$

1.5 Funktionen

Winkelfunktionen (rechtwinklige Dreiecke)

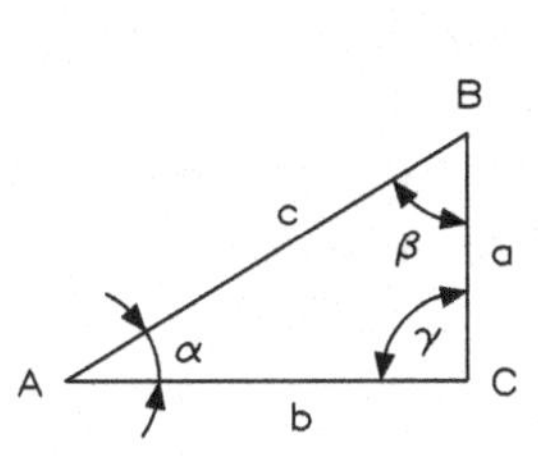

Das Dreieck ABC heißt rechtwinkliges Dreieck ($\gamma = 90°$). Die längste Seite c ist die Hypotenuse, die Seiten a und b, die Schenkel des rechten Winkels, sind die Katheten. Für den spitzen Winkel α ist b die Ankathete und a die Gegenkathete. Für den spitzen Winkel β ist a die Ankathete und b die Gegenkathete. Rechtwinklige Dreiecke, welche gleiche Winkel aufweisen, sind ähnliche Dreiecke; ihre Seitenverhältnisse heißen Winkelfunktionen (trigonometrische Funktionen).

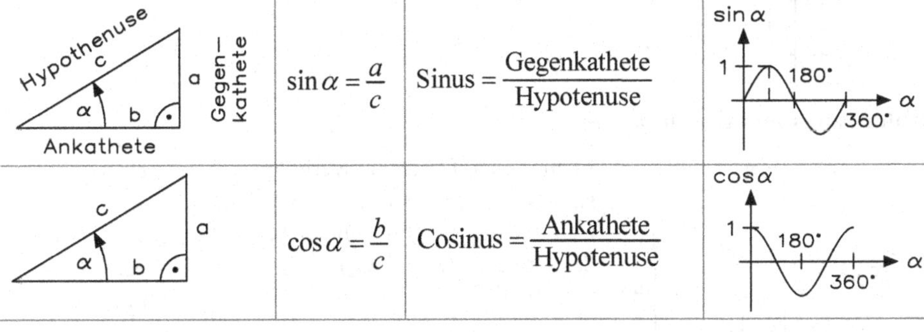

	$\sin \alpha = \frac{a}{c}$	$\text{Sinus} = \frac{\text{Gegenkathete}}{\text{Hypotenuse}}$	
	$\cos \alpha = \frac{b}{c}$	$\text{Cosinus} = \frac{\text{Ankathete}}{\text{Hypotenuse}}$	

Winkelfunktionen (rechtwinklige Dreiecke) (Fortsetzung)

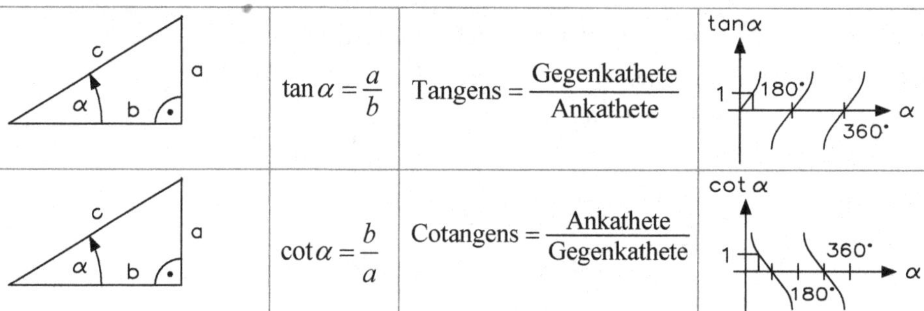

	$\tan\alpha = \frac{a}{b}$	$\text{Tangens} = \frac{\text{Gegenkathete}}{\text{Ankathete}}$	
	$\cot\alpha = \frac{b}{a}$	$\text{Cotangens} = \frac{\text{Ankathete}}{\text{Gegenkathete}}$	

Vorzeichen der Winkelfunktionen in den vier Quadranten

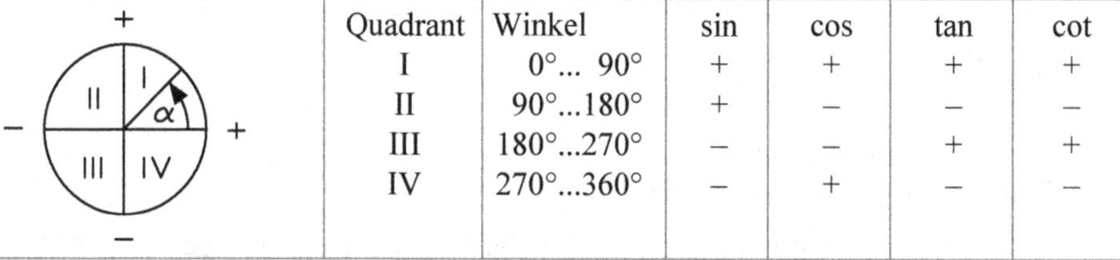

Quadrant	Winkel	sin	cos	tan	cot
I	0°... 90°	+	+	+	+
II	90°...180°	+	–	–	–
III	180°...270°	–	–	+	+
IV	270°...360°	–	+	–	–

Lehrsatz des Pythagoras

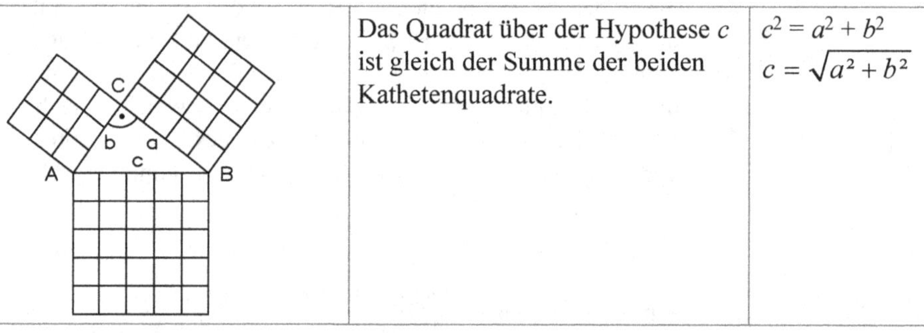

	Das Quadrat über der Hypothese c ist gleich der Summe der beiden Kathetenquadrate.	$c^2 = a^2 + b^2$ $c = \sqrt{a^2 + b^2}$

Strahlensatz (ähnliche Dreiecke)

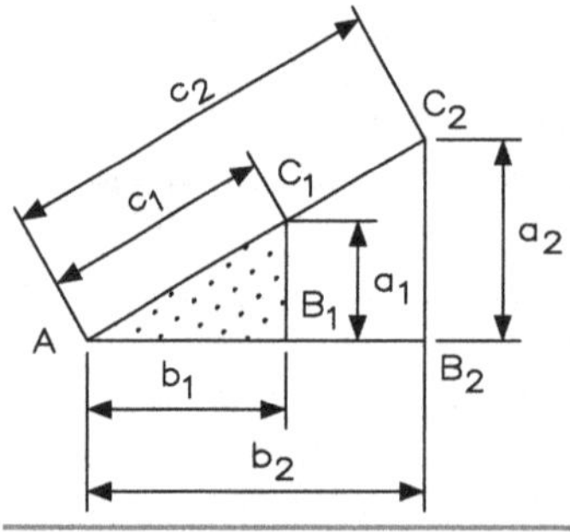

In ähnlichen Dreiecken verhalten sich die Seiten des Dreiecks (A, B_1, C_1,) wie die gleichliegenden Seiten des Dreiecks (A, B_2, C_2).

$$\frac{a_1}{b_1} = \frac{a_2}{b_2}$$

$$\frac{a_1}{c_1} = \frac{a_2}{c_2}$$

$$\frac{b_1}{c_1} = \frac{b_2}{c_2}$$

Beziehung zwischen Winkelfunktion für gleiche Winkel

$\tan\alpha=\dfrac{\sin\alpha}{\cos\alpha}$; $\cot\alpha=\dfrac{\cos\alpha}{\sin\alpha}$; $\sin^2\alpha+\cos^2\alpha=1$; $\tan\alpha\cdot\cot\alpha=1$

	$\sin\alpha$	$\cos\alpha$	$\tan\alpha$	$\cot\alpha$
$\sin\alpha$	–	$\sqrt{1-\cos^2\alpha}$	$\tan\alpha/\sqrt{1-\tan^2\alpha}$	$1/\sqrt{1-\cot^2\alpha}$
$\cos\alpha$	$\sqrt{1-\sin^2\alpha}$	–	$1/\sqrt{1+\tan^2\alpha}$	$\cot\alpha/\sqrt{1+\cot^2\alpha}$
$\tan\alpha$	$\sin\alpha/\sqrt{1-\sin^2\alpha}$	$\sqrt{1-\cos^2\alpha}/\cos\alpha$	–	$1/\cot\alpha$
$\cot\alpha$	$\sqrt{1-\sin^2\alpha}/\sin\alpha$	$\cos\alpha/\sqrt{1-\cos^2\alpha}$	$1/\tan\alpha$	–

Berechnungen rechtwinkliger Dreiecke

Gegeben	Ermittlung der anderen Größen	Gegeben	Ermittlung der anderen Größen
a, α	$\beta=90°-\alpha$, $b=\alpha\cdot\cot\alpha$, $c=\dfrac{a}{\sin\alpha}$	a, b	$\tan\alpha=\dfrac{a}{b}$, $c=\dfrac{a}{\sin\alpha}$, $\beta=90°-\alpha$
b, α	$\beta=90°-\alpha$, $a=b\cdot\tan\alpha$, $c=\dfrac{b}{\cos\alpha}$	a, c	$\sin\alpha=\dfrac{a}{c}$, $b=c\cdot\cos\alpha$, $\beta=90°-\alpha$
c, α	$\beta=90°-\alpha$, $a=c\cdot\sin\alpha$, $b=c\cdot\cos\alpha$	b, c	$\cos\alpha=\dfrac{b}{c}$, $a=c\cdot\sin\alpha$, $\beta=90°-\alpha$

Winkelbeziehungen im rechtwinkligen Dreieck

$\sin^2\alpha+\cos^2\alpha=1$ $\tan\alpha=\dfrac{\sin\alpha}{\cos\alpha}$ $\cot\alpha=\dfrac{\cos\alpha}{\sin\alpha}$ $\cot\alpha=\dfrac{1}{\tan\alpha}$

$\sin(\alpha\pm\beta)=\sin\alpha\cdot\cos\beta\pm\cos\alpha\cdot\sin\beta$ $\cos(\alpha\pm\beta)=\cos\alpha\cdot\cos\beta\mp\sin\alpha\cdot\sin\beta$

$$\tan(\alpha\pm\beta)=\frac{\tan\alpha\pm\tan\beta}{1\mp\tan\alpha\cdot\tan\beta}\qquad\cot(\alpha\pm\beta)=\frac{\cot\alpha\cdot\cot\beta\mp1}{\cot\alpha\pm\cot\alpha}$$

$\pm a$ plus oder minus a

$\mp a$ minus oder plus a

Winkelbeziehungen im schiefwinkligen Dreieck

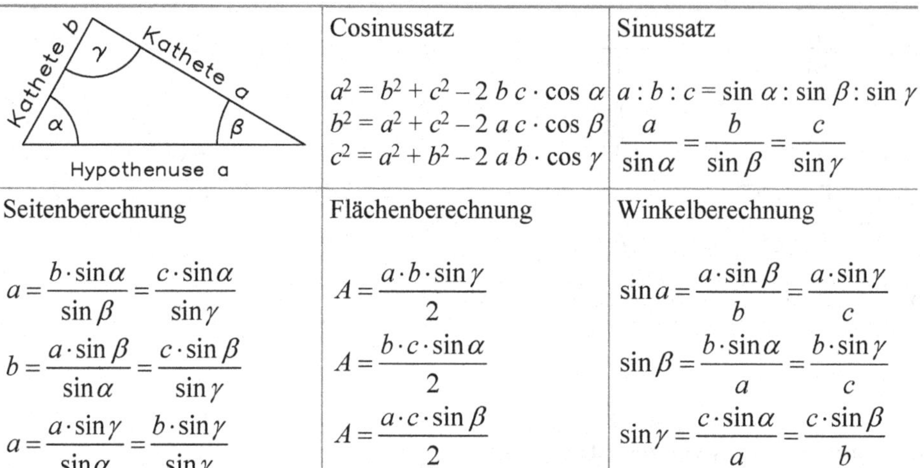

	Cosinussatz	Sinussatz
	$a^2 = b^2 + c^2 - 2\,b\,c \cdot \cos\alpha$ $b^2 = a^2 + c^2 - 2\,a\,c \cdot \cos\beta$ $c^2 = a^2 + b^2 - 2\,a\,b \cdot \cos\gamma$	$a : b : c = \sin\alpha : \sin\beta : \sin\gamma$ $\frac{a}{\sin\alpha} = \frac{b}{\sin\beta} = \frac{c}{\sin\gamma}$
Seitenberechnung	**Flächenberechnung**	**Winkelberechnung**
$a = \frac{b \cdot \sin\alpha}{\sin\beta} = \frac{c \cdot \sin\alpha}{\sin\gamma}$ $b = \frac{a \cdot \sin\beta}{\sin\alpha} = \frac{c \cdot \sin\beta}{\sin\gamma}$ $a = \frac{a \cdot \sin\gamma}{\sin\alpha} = \frac{b \cdot \sin\gamma}{\sin\gamma}$	$A = \frac{a \cdot b \cdot \sin\gamma}{2}$ $A = \frac{b \cdot c \cdot \sin\alpha}{2}$ $A = \frac{a \cdot c \cdot \sin\beta}{2}$	$\sin a = \frac{a \cdot \sin\beta}{b} = \frac{a \cdot \sin\gamma}{c}$ $\sin\beta = \frac{b \cdot \sin\alpha}{a} = \frac{b \cdot \sin\gamma}{c}$ $\sin\gamma = \frac{c \cdot \sin\alpha}{a} = \frac{c \cdot \sin\beta}{b}$

Winkel in Grad (°) und in Radiant (rad)

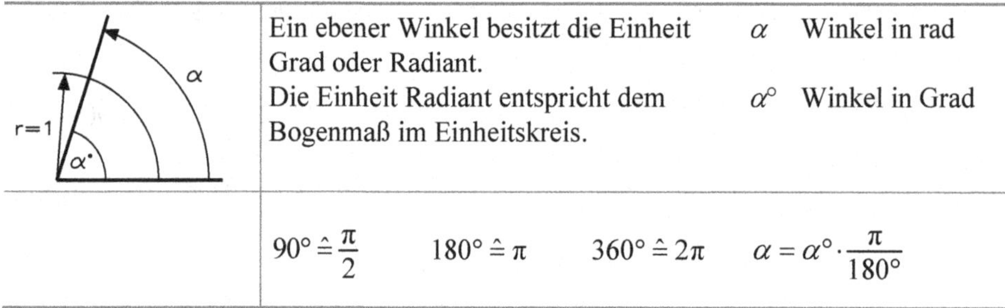

	Ein ebener Winkel besitzt die Einheit Grad oder Radiant. Die Einheit Radiant entspricht dem Bogenmaß im Einheitskreis.	α Winkel in rad α° Winkel in Grad
	$90^\circ \mathrel{\hat{=}} \frac{\pi}{2}$ $\quad 180^\circ \mathrel{\hat{=}} \pi$ $\quad 360^\circ \mathrel{\hat{=}} 2\pi$ $\quad \alpha = \alpha^\circ \cdot \frac{\pi}{180^\circ}$	

1.6 Längen-, Flächen- und Körperberechnungen

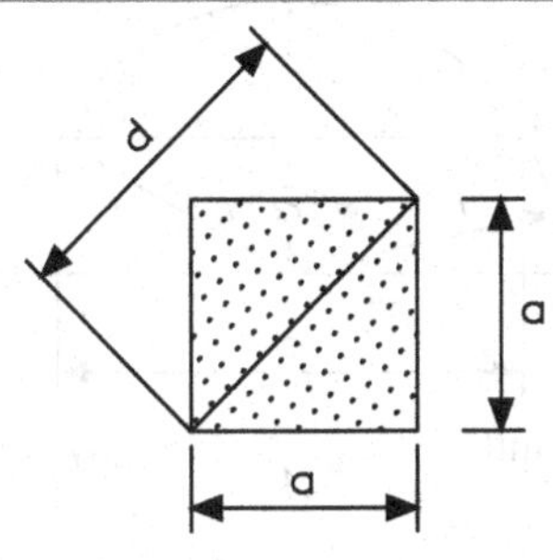

Quadrat

$$A = a^2$$
$$U = 4 \cdot a$$
$$d = \sqrt{2} \cdot a$$

Kreis

$$A = \pi \cdot r^2$$
$$A = \frac{\pi \cdot d^2}{4}$$
$$U = \pi \cdot d$$

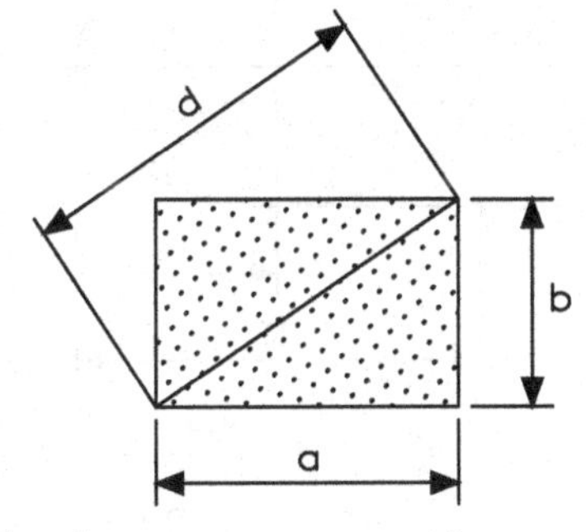

Rechteck

$$A = a \cdot b$$
$$U = 2 \cdot (a + b)$$
$$d = \sqrt{a^2 + b^2}$$

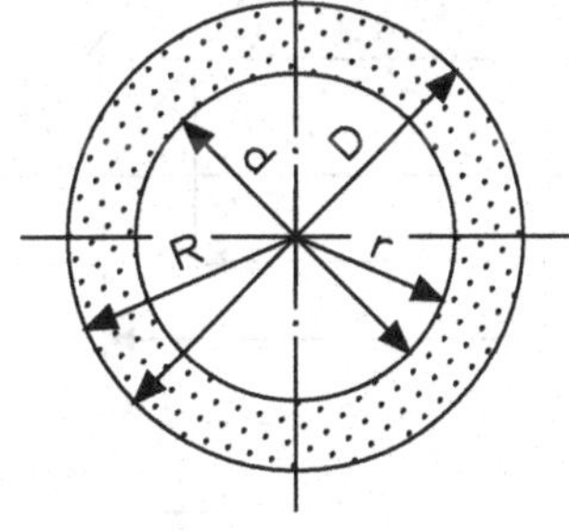

Kreisring

$$A = \pi \cdot (R^2 - r^2)$$
$$A = \frac{\pi}{4} \cdot (D^2 - d^2)$$

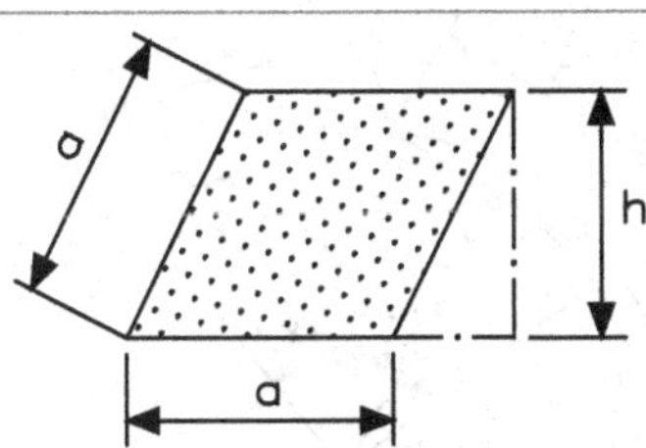

Raute (Rombus)

$$A = a \cdot h$$
$$U = 4 \cdot a$$

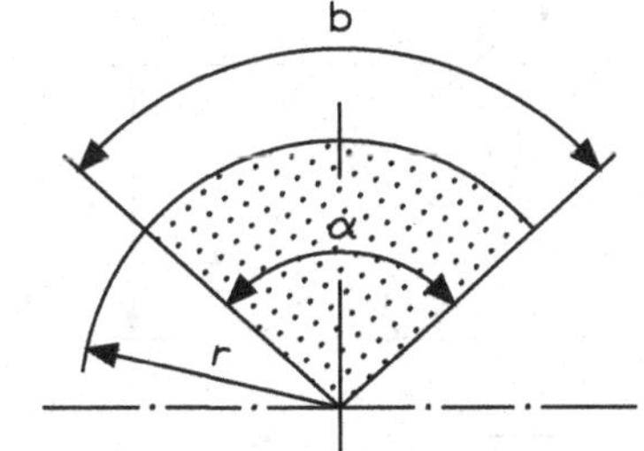

Kreisausschnitt

$$A = \frac{b \cdot r}{2}$$
$$b = \frac{\pi \cdot r \cdot \alpha}{180°}$$

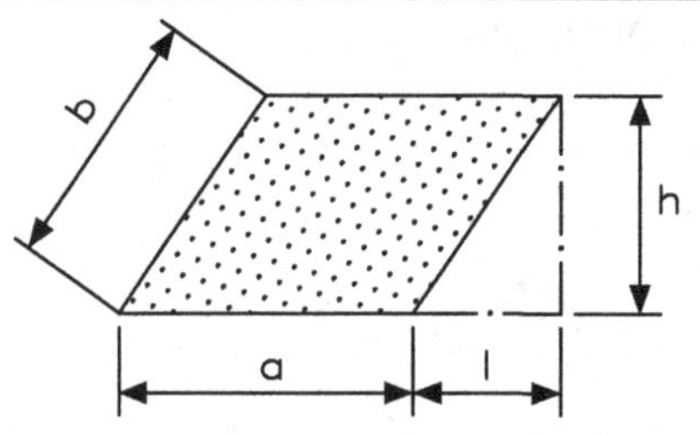

Parallelogramm

$$A = a \cdot h$$
$$U = 2 \cdot \left(a + \sqrt{l^2 + h^2}\right)$$
$$U = 2 \cdot (a + b)$$

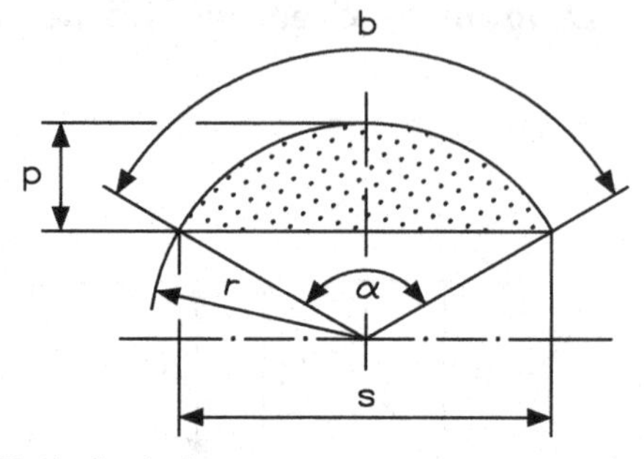

Kreisabschnitt

$$A = \frac{b \cdot r - s(r-p)}{2}$$
$$b = \frac{\pi \cdot r \cdot \alpha}{180°}$$

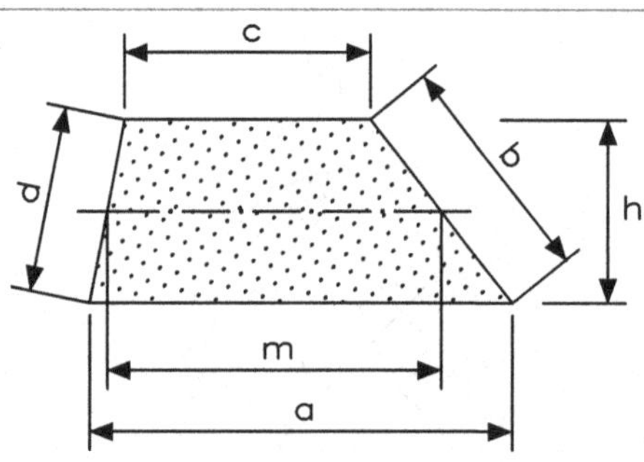

Trapez

$$A = m \cdot h$$
$$m = \frac{a+c}{2}$$
$$U = a + b + c + d$$

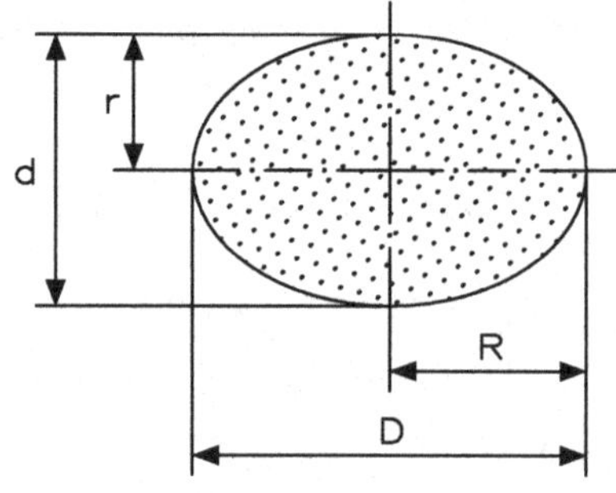

Ellipse

$$A = \frac{\pi \cdot D \cdot d}{2}$$
$$U = \pi \cdot \frac{D+d}{2}$$
$$U = \pi \cdot \sqrt{2\left(R^2 + r^2\right)}$$

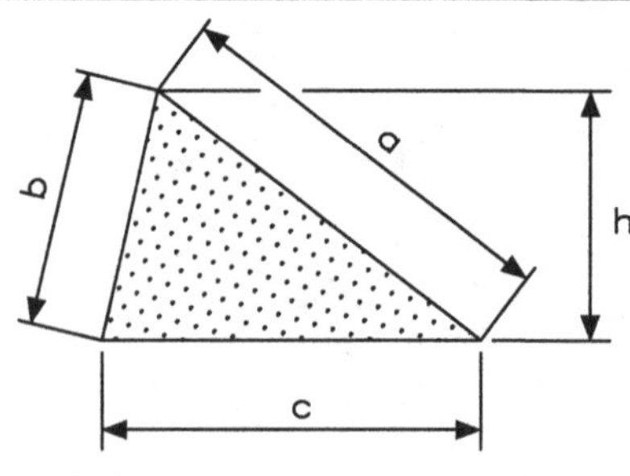

Dreieck

$$A = \frac{c+h}{2}$$
$$U = a + b + c$$

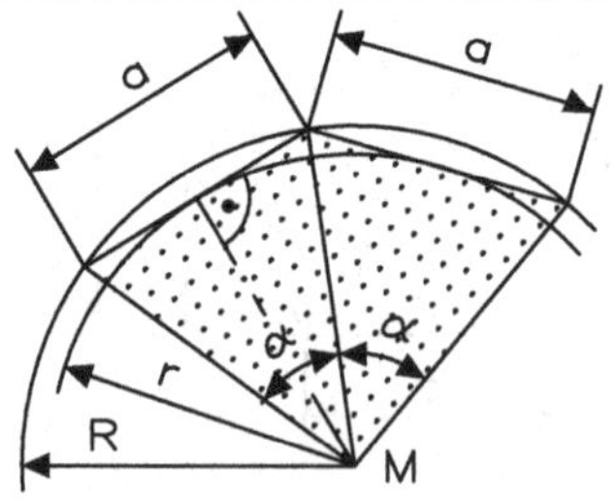

Regelmäßige n-Ecke

$$r = \frac{\alpha}{2} \cdot \cot\frac{\alpha}{2}$$
$$R = \frac{a}{2 \cdot \sin\frac{\alpha}{2}}$$
$$U = n \cdot a$$
$$A = \frac{n \cdot \alpha^2}{4} \cdot \cot\frac{\alpha}{2}$$

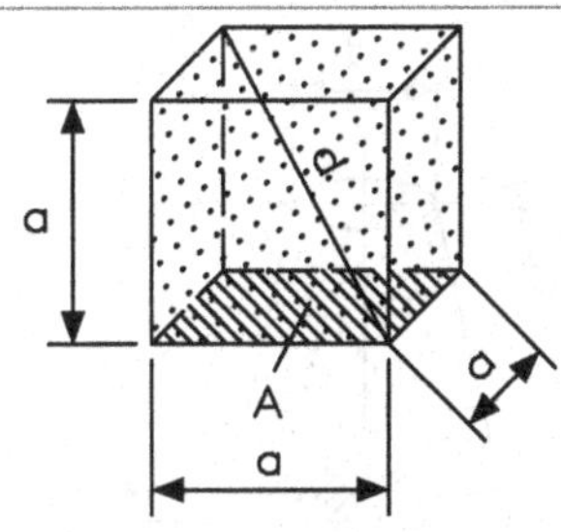

Würfel

$$V = a^3$$
$$d = a \cdot \sqrt{3}$$
$$A = 6 \cdot a^2$$

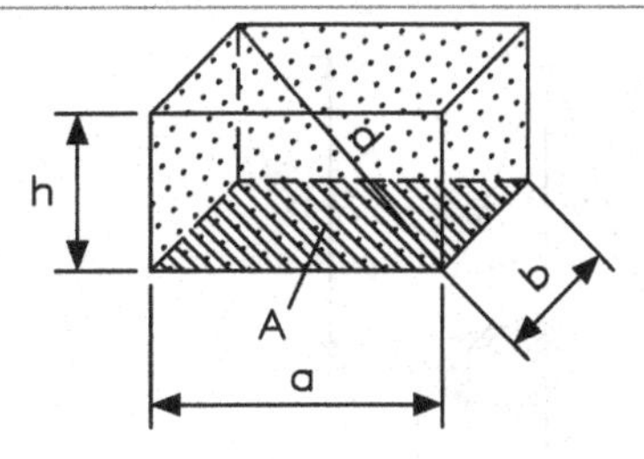

Prisma (allgemein: $V = A \cdot h$)

$$V = a \cdot b \cdot h$$
$$d = \sqrt{a^2 + b^2 + h^2}$$
$$A = 2(a \cdot b + a \cdot h + b \cdot h)$$

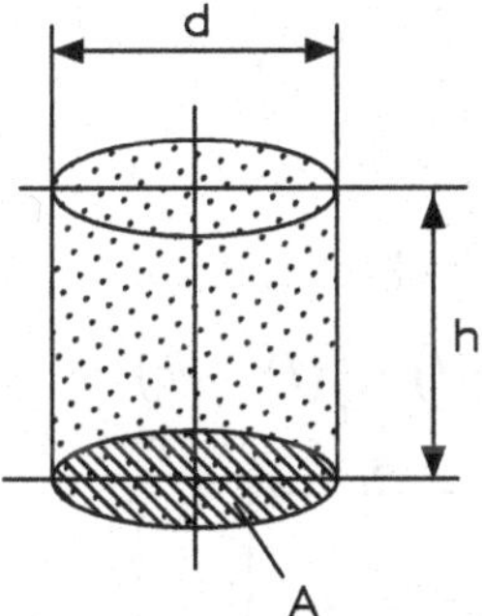

Zylinder

$$V = \frac{\pi \cdot d^2}{4} \cdot h$$
$$A_M = \pi \cdot d \cdot h$$
$$A_0 = \pi \cdot d \cdot h + \frac{\pi \cdot d^2}{2}$$

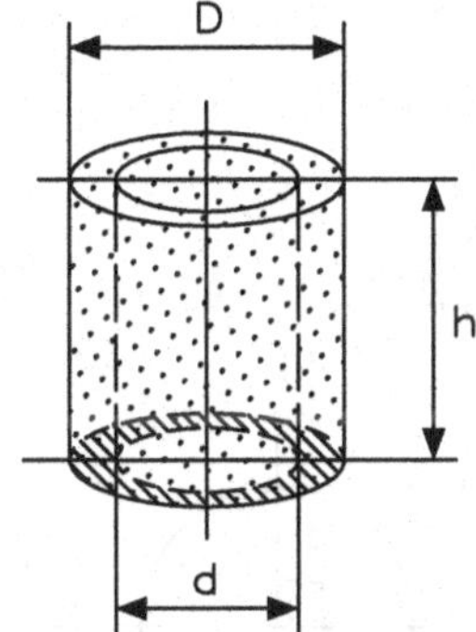

Hohlzylinder

$$V = \frac{\pi \cdot h}{4} \cdot \left(D^2 - d^2\right)$$

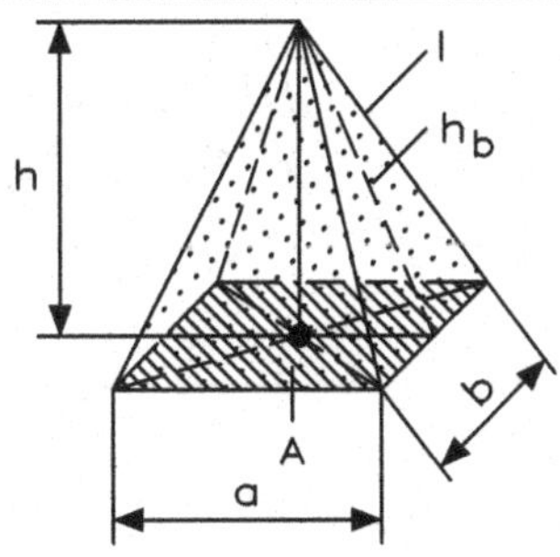

Pyramide

$$V = \frac{a \cdot b \cdot h}{3}$$
$$h_b = \sqrt{h^2 + \frac{a^2}{4}}$$
$$l = \sqrt{h_b^2 + \frac{b^2}{4}}$$

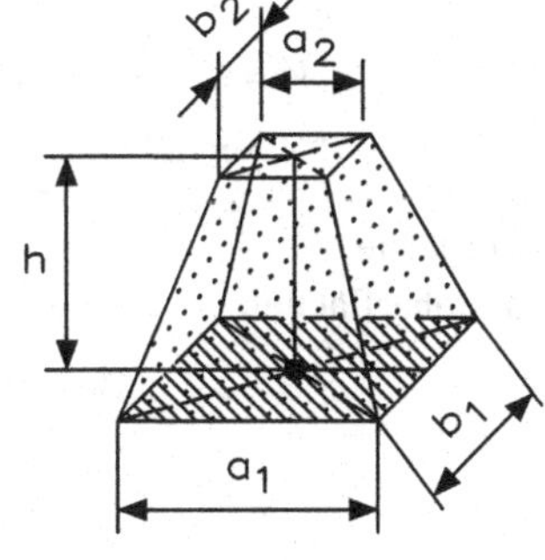

Pyramidenstumpf

$$V = \frac{h}{3}\left(a_1 \cdot b_1 + a_2 \cdot b_2\right) + \sqrt{a_1 \cdot b_1 \cdot a_2 \cdot b_2}$$

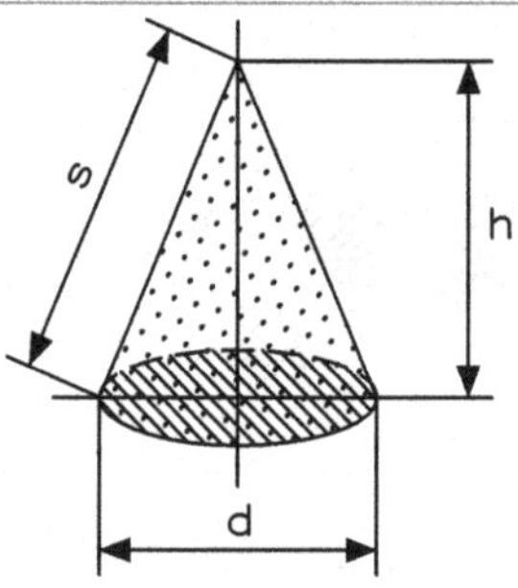

Kegel

$V = \frac{\pi \cdot d^2 \cdot h}{12}$

$s = \sqrt{r^2 + h^2}$

$A_M = \pi \cdot r \cdot s$

$A_0 = \pi \cdot r \cdot s + \frac{\pi \cdot d^2}{4}$

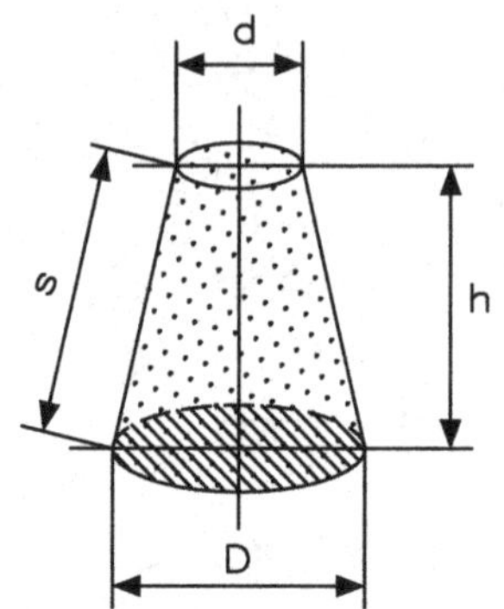

Kegelstumpf

$V = \frac{\pi \cdot h}{12}\left(D^2 + d^2 + D \cdot d\right)$

$s = \sqrt{h^2 + (R - r)^2}$

$A_M = \frac{\pi \cdot s}{2}\left(D + d\right)$

$A_0 = \frac{\pi \cdot s}{2}\left(D + d\right) + \frac{\pi}{4}\left(D^2 + d^2\right)$

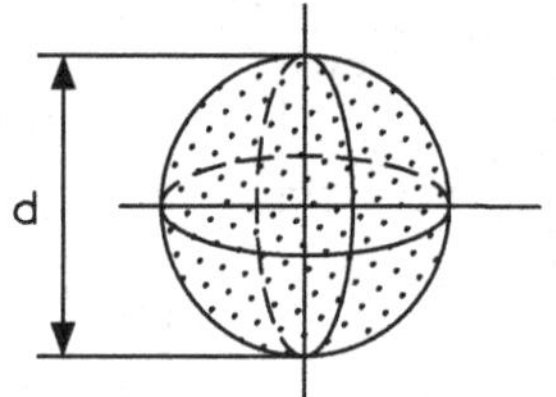

Kugel

$V = \frac{4}{3} \cdot \pi \cdot r^3$

$V = \frac{\pi \cdot d^3}{6}$

$A = \pi \cdot d^2$

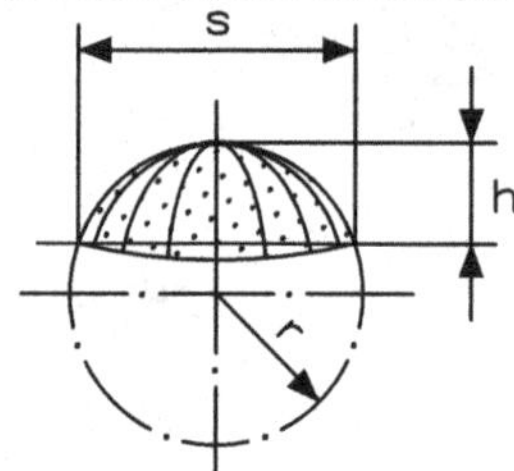

Kugelabschnitt

$V = \pi \cdot h^2 \cdot \left(r - \frac{h}{3}\right)$

$A = 2 \cdot \pi \cdot r \cdot h$

$A = \frac{\pi}{4}\left(s^2 + 4h^2\right)$

A_M: Mantelfläche

A_0: Gesamtoberfläche

1.7 Vorsätze und Vorsatzzeichen für dezimale Teile und Vielfache

Faktor	Vorsätze	Vorsatzzeichen	Faktor	Vorsätze	Vorsatzzeichen
10^{-18}	Atto	a	10^{1}	Deka	da
10^{-15}	Femto	f	10^{2}	Hekto	h
10^{-12}	Piko	p	10^{3}	Kilo	k
10^{-9}	Nano	n	10^{6}	Mega	M
10^{-6}	Mikro	µ	10^{9}	Giga	G
10^{-3}	Milli	m	10^{12}	Tera	T
10^{-2}	Zenti	c	10^{15}	Peta	P
10^{-1}	Dezi	d	10^{18}	Exa	E

1.8 SI-Basiseinheiten

Die SI-Einheiten (Système International d'Unités) wurden auf einer Generalkonferenz (1960) für Maß und Gewicht angenommen. Die Basiseinheiten sind definierte Einheiten der voneinander unabhängigen Basisgrößen als Grundlage des SI-Systems.

Größe	Formelzeichen	Einheitenname	Einheitenzeichen
Länge	l	Meter	m
Masse	m	Kilogramm	kg
Zeit	t	Sekunde	s
elektrische Stromstärke	I	Ampere	A
thermodynamische Temperatur	T	Kelvin	K
Lichtstärke	I_v	Candela	cd
Stoffmenge	n	Mol	mol

Definitionen der Basiseinheiten

Meter: 1 m ist die Länge der Strecke, die Licht im Vakuum während des Intervalls von 1/299 792 458 Sekunden durchläuft.
Kilogramm: 1 kg ist die Masse des in Paris aufbewahrten Internationalen Kilogrammprototyps (Platin-Iridium-Zylinder).
Sekunde: 1 s ist das 9 192 631 770-fache der Periodendauer der Strahlung des Nuklids Caesium ^{133}Cs.
Ampere: 1 A ist die Stärke eines Gleichstromes, der zwei lange, gerade und im Abstand von 1 m parallel verlaufende Leiter mit sehr kleinen kreisförmigem Querschnitt durchfließt und zwischen diesen die Kraft $0{,}2 \cdot 10^{-6}$ N je Meter ihrer Länge erzeugt.
Kelvin: 1 K ist der 273,16te Teil der Temperaturdifferenz zwischen dem absoluten Nullpunkt und dem Tripelpunkt des Wassers. Beim Tripelpunkt sind Dampf, Flüssigkeit und fester Stoff im Gleichgewicht.
Candela: 1 cd ist die Lichtstärke einer Strahlungsquelle in bestimmter Richtung, die eine monochromatische Strahlung der Frequenz 540 Terahertz (THz) aussendet und deren Strahlstärke in dieser Richtung 1/683 Watt je Steradiant (W/sr) beträgt.
Mol: 1 mol ist die Stoffmenge eines Systems bestimmter Zusammensetzung, das aus ebenso vielen Teilchen besteht, wie Atome in $12 \cdot 10^{-3}$ kg des Nuklids Kohlenstoff ^{12}C enthalten sind.

Elektrische Einheiten – Umwandlung von Einheiten

$$1\,\text{Volt} = 1\frac{\text{Watt}}{\text{Ampere}} = 1\frac{\text{J}}{\text{A}\cdot\text{s}} = 1\frac{\text{N}\cdot\text{m}}{\text{A}\cdot\text{s}} = 1\frac{\text{kg}\cdot\text{m}^2}{\text{A}\cdot\text{s}^3}$$

$$1\,\text{Ampere} = 1\frac{\text{Watt}}{\text{Volt}} = 1\frac{\text{J}}{\text{V}\cdot\text{s}} = 1\frac{\text{N}\cdot\text{m}}{\text{V}\cdot\text{s}} = 1\frac{\text{kg}\cdot\text{m}^2}{\text{V}\cdot\text{s}^3}$$

$$1\,\text{Ohm} = 1\frac{\text{Volt}}{\text{Ampere}}$$

$$1\,\text{Watt} = 1\,\text{Volt}\cdot\text{Ampere} = 1\frac{\text{J}}{\text{s}} = 1\frac{\text{N}\cdot\text{m}}{\text{s}} = 1\frac{\text{kg}\cdot\text{m}^2}{\text{s}^3}$$

$$1\,\text{Farad} = 1\frac{\text{Coulomb}}{\text{Volt}} = 1\frac{\text{A}\cdot\text{s}}{\text{V}} = 1\frac{\text{s}}{\Omega} = 1\frac{\text{N}\cdot\text{m}}{\text{V}^2} = 1\frac{\text{kg}\cdot\text{m}^2}{\text{V}^2\cdot\text{s}^2}$$

$$1\,\text{Henry} = 1\frac{\text{Weber}}{\text{Ampere}} = 1\,\Omega\cdot\text{s} = 1\frac{\text{Vs}}{\text{A}} = 1\frac{\text{N}\cdot\text{m}}{\text{A}^2} = 1\frac{\text{kg}\cdot\text{m}^2}{\text{A}^2\cdot\text{s}^2}$$

$$1\,\text{Weber} = 1\,\text{Voltsekunde} = 1\frac{\text{J}}{\text{A}} = 1\frac{\text{N}\cdot\text{m}}{\text{A}} = 1\frac{\text{kg}\cdot\text{m}^2}{\text{A}\cdot\text{s}^2}$$

$$1\,\text{Tesla} = 1\frac{\text{Wb}}{\text{m}^2} = 1\frac{\text{Vs}}{\text{m}^2} = 1\frac{\text{N}}{\text{A}\cdot\text{m}} = 1\frac{\text{kg}}{\text{A}\cdot\text{s}^2}$$

$$1\,\text{Coulomb} = 1\,\text{Amperesekunde} = 1\frac{\text{W}\cdot\text{s}}{\text{V}} = 1\frac{\text{N}\cdot\text{m}}{\text{V}} = 1\frac{\text{kg}\cdot\text{m}^2}{\text{V}\cdot\text{s}^2}$$

Einheiten nach DIN 1302

Zeichen	Einheit	Bemerkung
rad	Radiant	1 rad = 1 m/m
sr	Steradiant	1 sr = 1 m^2/m^2
m	Meter	
m^2	Quadratmeter	
m^3	Kubikmeter	
s	Sekunde	
Hz	Hertz	1 Hz = 1 s^{-1}
kg	Kilogramm	
N	Newton	1 N = 1 kg · m/s^2
Pa	Pascal	1 Pa = 1 N/m^2
J	Joule	1 J = 1 N · m = 1 W · s
W	Watt	1 W = 1 J/s
C	Coulomb	1 C = 1 A · s
V	Volt	1 V = 1 J/C
F	Farad	1 F = 1 C/V
A	Ampere	
Wb	Weber	1 Wb = 1 V · s
T	Tesla	1 T = 1 Wb/m^2
H	Henry	1 H = 1 Wb/A
Ω	Ohm	1 Ω = 1 V/A
S	Siemens	1 S = 1 Ω^{-1}
K	Kelvin	
°C	Grad Celsius	1 °C = 1 K
mol	Mol	
cd	Candela	
lm	Lumen	1 lm = 1 cd · sr
lx	Lux	1 lx = 1 lm/m^2
Bq	Becquerel	1 Bq = 1 s^{-1}
Gy	Gray	1 Gy = 1 J/kg

Einheiten außerhalb des SI nach DIN 13011-1

gon	Gon	1 gon = (π/200) rad
l	Liter	1 l = 1 dm^3
min	Minute	1 min = 60 s
h	Stunde	1 h = 60 min
d	Tag	1 d = 24 h
a	Gemeinjahr	1 a = 365 d = 8760 h

Einheiten außerhalb des SI nach DIN 13011-1 (Fortsetzung)		
t	Tonne	1 t $= 10^3$ kg = 1 Mg
bar	Bar	1 bar $= 10^5$ Pa
a	Ar	1 a $= 10^2\ \text{m}^2$
ha	Hektar	1 ha $= 10^4\ \text{m}^2$
eV	Elektronvolt	1 eV $= 1{,}602189 \cdot 10^{-19}$ J
u	atomare Masseneinheit	1 u $= 1{,}6605655 \cdot 10^{-27}$ kg
Kt	metrisches Karat	1 Kt = 0,2 g

1.9 Schaltalgebra

Konjunktion (UND-Funktion)	Disjunktion (ODER-Funktion)	Negation (NICHT-Funktion)
$x = a \wedge 0 = 0$ $x = a \wedge 1 = a$ $x = a \wedge a = a$ $x = a \wedge \bar{a} = 0$	$x = a \vee 0 = a$ $x = a \vee 1 = 1$ $x = a \vee a = a$ $x = a \vee \bar{a} = 1$	$x = \bar{a}$ $\quad x = \bar{\bar{a}} = a$ $x = \bar{\bar{\bar{a}}} = \bar{a}$ $\quad x = \bar{\bar{\bar{\bar{a}}}} = a$

Rechenregel	**Schaltungsbeispiel**
Vertauschungsregel (kommunikatives Gesetz) $x = a \wedge b = b \wedge a$ $x = a \vee b = b \vee a$	
Verbindungsregel (assoziatives Gesetz) $x = a \wedge b \wedge c = a \wedge (b \wedge c)$ $= b \wedge (a \wedge c) = c \wedge (a \wedge b)$ $x = a \vee b \vee c = a \vee (b \vee c)$ $= b \vee (a \vee c) = c \vee (a \vee b)$	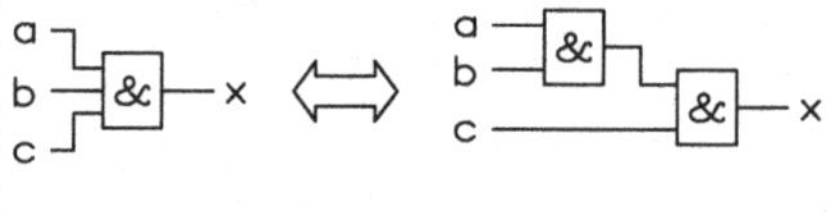
Verteilungsregel (distributives Gesetz) $x = a \wedge b \vee a \wedge c = a \wedge (b \vee c)$[1)] $x = (a \vee b) \wedge (a \vee c) = a \vee (b \wedge c)$ [1)] UND-Funktion immer vor ODER-Funktion	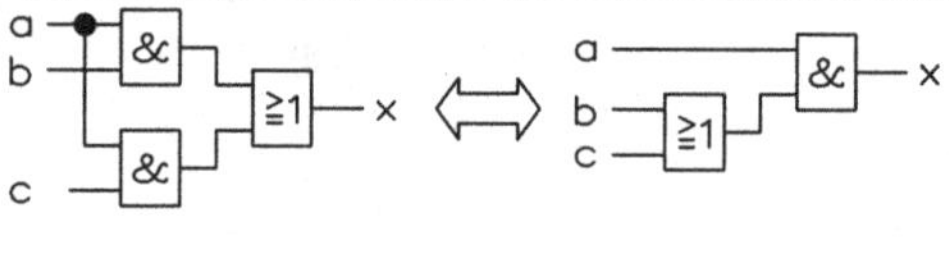
De Morgan'sches Gesetz $x = a \wedge b = \overline{\bar{a} \vee \bar{b}}$ $x = a \vee b = \overline{\bar{a} \wedge \bar{b}}$ $x = \overline{a \wedge b} = \bar{a} \vee \bar{b}$ $x = \overline{a \vee b} = \bar{a} \wedge \bar{b}$	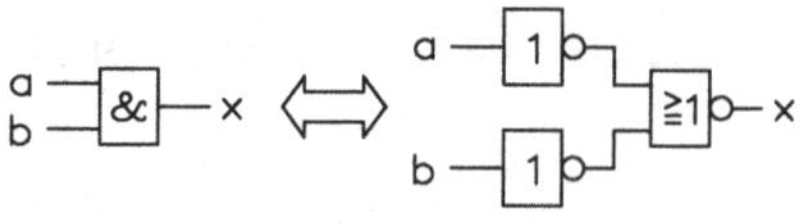 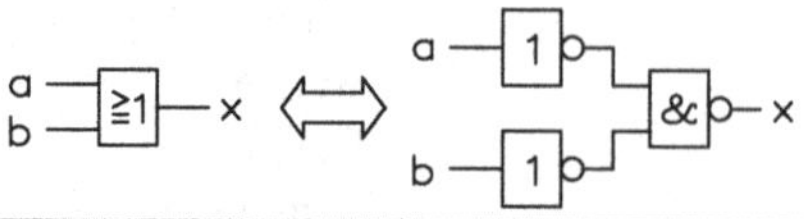

Rechenregel	Schaltungsbeispiel
Vereinfachung $x = a \wedge (b \vee b) = a$ $x = a \vee a \wedge b = a$	
$x = a \wedge (\overline{a} \vee b) = a \wedge b$ $x = a \vee (\overline{a} \wedge b) = a \vee b$	
$x = a \vee \overline{a} \wedge \overline{b}) = a \vee \overline{b}$ $x = a \vee a \wedge b = \overline{a} \vee b$ $x = a \vee a \wedge \overline{b} = \overline{a} \vee \overline{b}$	

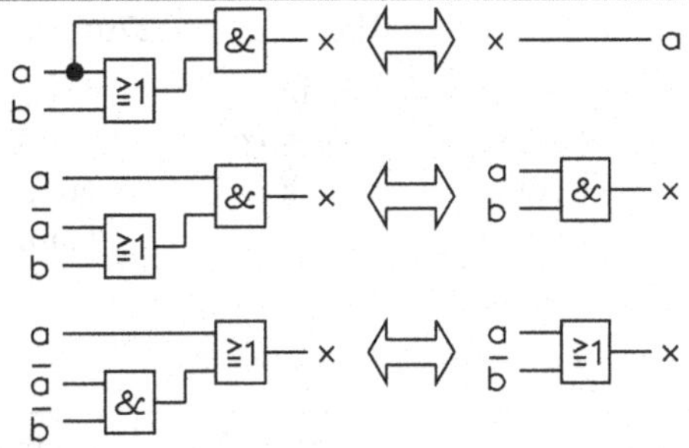

1.10 Trigonometrie (Ebene)

Winkelfunktionen

Vorzeichen in den vier Quadranten

	I	II	III	IV
sin	+	+	–	–
cos	+	–	–	+
tan	+	–	+	–
cot	+	–	+	–

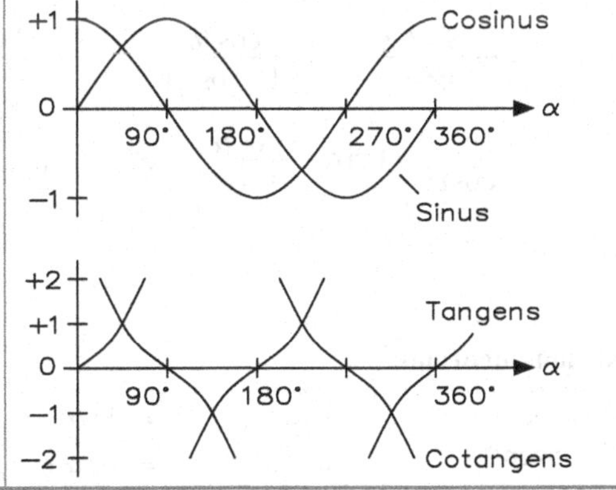

Besondere Werte

	0°	30°	45°	60°	90°	180°	270°	360°
sin	0	$\frac{1}{2}$	$\frac{1}{2}\sqrt{2}$	$\frac{1}{2}\sqrt{3}$	1	0	–1	0
cos	1	$\frac{1}{2}\sqrt{3}$	$\frac{1}{2}\sqrt{2}$	$\frac{1}{2}$	0	–1	0	1
tan	0	$\frac{1}{3}\sqrt{3}$	1	$\sqrt{3}$	(±∞)	0	(±∞)	0
cot	(±∞)	$\sqrt{3}$	1	$\frac{1}{3}\sqrt{3}$	0	(±∞)	0	(±∞)

Zusammenhänge

	$90° \pm \alpha$	$180° \pm \alpha$	$270° \pm \alpha$	$360° \pm \alpha$	$-\alpha$
sin	$\cos\alpha$	$\mp\sin\alpha$	$-\cos\alpha$	$\pm\sin\alpha$	$-\sin\alpha$
cos	$\mp\sin\alpha$	$-\cos\alpha$	$\pm\sin\alpha$	$\cos\alpha$	$\cos\alpha$
tan	$\mp\cot\alpha$	$\pm\tan\alpha$	$\mp\cot\alpha$	$\pm\tan\alpha$	$-\tan\alpha$
cot	$\mp\tan\alpha$	$\pm\cot\alpha$	$\mp\tan\alpha$	$\pm\cot\alpha$	$-\cot\alpha$

	$\sin^2\alpha$	$\cos^2\alpha$	$\tan^2\alpha$	$\cot^2\alpha$
$\sin^2\alpha$	–	$1-\cos^2\alpha$	$\frac{\tan^2\alpha}{1+\tan^2\alpha}$	$\frac{1}{1+\cot^2\alpha}$
$\cos^2\alpha$	$1-\sin^2\alpha$	–	$\frac{1}{1+\tan^2\alpha}$	$\frac{\cot^2\alpha}{1+\cot^2\alpha}$
$\tan^2\alpha$	$\frac{\sin^2\alpha}{1-\sin^2\alpha}$	$\frac{1-\cos^2\alpha}{\cos^2\alpha}$	–	$\frac{1}{\cot^2\alpha}$
$\cot^2\alpha$	$\frac{1-\sin^2\alpha}{\sin^2\alpha}$	$\frac{\cos^2\alpha}{1-\cos^2\alpha}$	$\frac{1}{\tan^2\alpha}$	–
	$\frac{\sin\alpha}{\cos\alpha}=\tan\alpha$	$\frac{\cos\alpha}{\sin\alpha}=\cot\alpha$	$\sin^2\alpha+\cos^2\alpha=1$	$\tan\alpha\cdot\cot\alpha=1$

Additionstheoreme

Summe und Differenzen:	$\sin(\alpha\pm\beta)=\sin\alpha\,\cos\beta\pm\cos\alpha\,\sin\beta$ $\cos(\alpha\pm\beta)=\cos\alpha\,\cos\beta\mp\sin\alpha\,\sin\beta$ $\tan(\alpha\pm\beta)=\frac{\tan\alpha\pm\tan\beta}{1\mp\tan\alpha\,\tan\beta}$ $\cot(\alpha\pm\beta)=\frac{\cot\alpha\,\cot\beta\mp1}{\cot\beta\pm\cot\alpha}$ $\sin\alpha+\sin\beta=2\sin\frac{\alpha+\beta}{2}\cos\frac{\alpha-\beta}{2}$ $\cos\alpha+\cos\beta=2\cos\frac{\alpha+\beta}{2}\cos\frac{\alpha-\beta}{2}$ $\sin\alpha-\sin\beta=2\cos\frac{\alpha+\beta}{2}\sin\frac{\alpha-\beta}{2}$ $\cos\alpha-\cos\beta=-2\sin\frac{\alpha+\beta}{2}\sin\frac{\alpha-\beta}{2}$

Additionstheoreme (Fortsetzung)	
Doppelter Winkel:	$\sin 2\alpha = 2\sin\alpha\,\cos\alpha = \dfrac{2\tan\alpha}{1+\tan^2\alpha}$ $\cos 2\alpha = \cos^2\alpha - \sin^2\alpha = 1 - 2\sin^2\alpha = 2\cos^2\alpha - 1 = \dfrac{1-\tan^2\alpha}{1+\tan^2\alpha}$ $\tan 2\alpha = \dfrac{2\tan\alpha}{1-\tan^2\alpha}$ $\cot 2\alpha = \dfrac{\cot^2\alpha - 1}{2\cot\alpha}$
Dreifacher Winkel:	$\sin 3\alpha = 3\sin\alpha - 4\sin^3\alpha$ $\cos 3\alpha = 4\cos^3\alpha - 3\cos\alpha$
Halber Winkel:	$\sin\dfrac{\alpha}{2} = \sqrt{\dfrac{1-\cos\alpha}{2}}$ $\cos\dfrac{\alpha}{2} = \sqrt{\dfrac{1+\cos\alpha}{2}}$ $\tan\dfrac{\alpha}{2} = \sqrt{\dfrac{1-\cos\alpha}{1+\cos\alpha}} = \dfrac{1-\cos\alpha}{\sin\alpha} = \dfrac{\sin\alpha}{1+\cos\alpha}$

Sätze	
Sinussatz:	$a : b : c = \sin\alpha : \sin\beta : \sin\gamma$ $\dfrac{\alpha}{\sin\alpha} = \dfrac{b}{\sin\beta} = \dfrac{c}{\sin\gamma} = 2r$
Cosinussatz:	$c^2 = a^2 + b^2 - 2ab\cos\gamma$ $\cos\gamma = \dfrac{a^2+b^2-c^2}{2ab}$
Tangenssatz:	$\dfrac{a-b}{a+b} = \dfrac{\tan\dfrac{\alpha-\beta}{2}}{\tan\dfrac{\alpha+\beta}{2}}$
Projektionssatz:	$c = a\,\cos\beta + b\cos\alpha$

Formeln und Funktionen	
Dreieckfläche:	$A = \dfrac{1}{2}ab\sin\gamma$
Euler'sche Funktionen:	$e^{j\varphi} = \cos\varphi + j\sin\varphi$ $e^{-j\varphi} = \cos\varphi - j\sin\varphi$
Winkelfunktionen:	$\sin\varphi = \dfrac{1}{2j}\left(e^{j\varphi} - e^{-j\varphi}\right)$ $\cos\varphi = \dfrac{1}{2}\left(e^{j\varphi} + e^{-j\varphi}\right)$ $\tan\varphi = \dfrac{1}{j}\cdot\dfrac{e^{2j\varphi}-1}{e^{2j\varphi}+1} = \dfrac{1}{j}\cdot\dfrac{e^{j\varphi}-e^{-j\varphi}}{e^{j\varphi}+e^{-j\varphi}}$
Hyperbolische Funktionen:	$\sinh x = \dfrac{e^x - e^{-x}}{2}$ $\cosh x = \dfrac{e^x + e^{-x}}{2}$ $\tanh x = \dfrac{e^x - e^{-x}}{e^x + e^{-x}}$ $\coth x = \dfrac{e^x + e^{-x}}{e^x - e^{-x}}$

1.11 Sphärische Trigonometrie

Zweieck

Flächeninhalt: $A = \frac{2x}{180°} \cdot \pi \cdot r^2$

Rechtwinkliges Dreieck ($\gamma = 90°$)

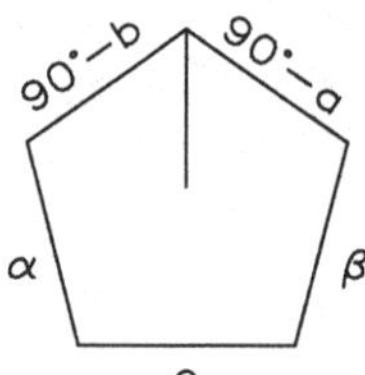

Neper'sche Regel: Ersetzt man a und b durch ihre Komplemente und lässt man γ aus, so gilt:

- der Cosinus einer jeder Strecke als gleich
- dem Produkt der Cotangenswerte der anliegenden Strecke und
- dem Produkt der Sinuswerte der gegenüberliegenden Strecke

$\cos c = \cot \alpha \cot \beta = \cos a \cos b$

$\cos \alpha = \tan b \cot c = \sin \beta \cos a$ $\qquad \sin \alpha = \tan b \cot \beta = \sin \alpha \sin c$

$\cos \beta = \tan a \cot c = \sin \alpha \cos b$ $\qquad \sin b = \tan a \cot \alpha = \sin \beta \sin c$

Allgemeines Dreieck

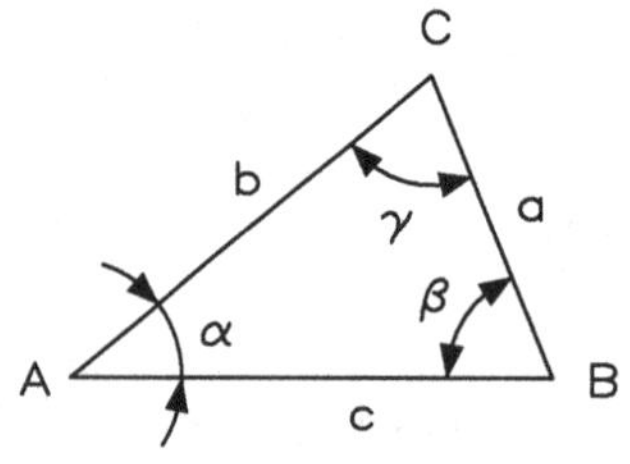

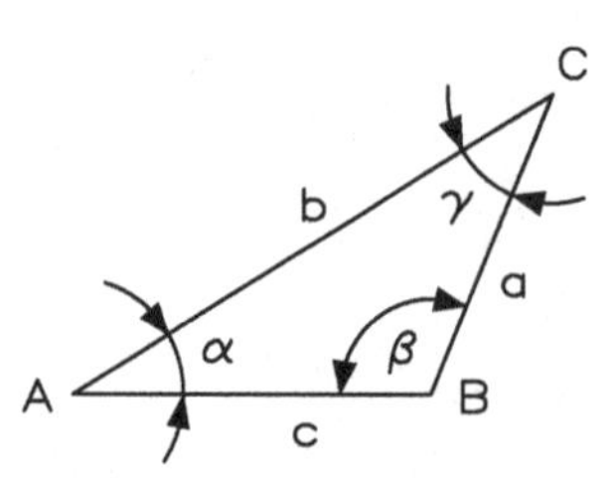

Sinussatz:
$\sin a : \sin b : \sin c = \sin \alpha : \sin \beta : \sin \gamma$

Seitencosinussatz:
$\cos a = \cos b \cos c + \sin b \sin c \cos \alpha$

Winkelcosinussatz:
$\cos \alpha = -\cos \beta \cos \gamma + \sin \beta \sin \gamma \cos a$

Winkelsumme:
$\alpha + \beta + \gamma = 180° + \varepsilon$ (ε = sphärischer Exzess)

1.12 Gleichungen

Quadratische Gleichungen

Normalform:	$x^2 + px + q = 0$
Lösungen:	$x_1 = -\frac{p}{2} + \frac{1}{2}\sqrt{p^2 - 4q}$; $x_2 = -\frac{p}{2} - \frac{1}{2}\sqrt{p^2 - 4q}$
Diskriminante:	$D = p^2 - 4\,q$; $D > 0$: x_1, x_2 reell und voneinander verschieden $D = 0$: x_1, x_2 reell und einander gleich $D < 0$: x_1, x_2 konjugiert komplex
Satz von Vieta:	$x_1 + x_2 = -p$; $x_1 \cdot x_2 = q$

Kubische Gleichungen

Normalform:	$x^3 + a_1 x^2 + a_2 x + a_3 = 0$ durch Substitution $x = y - \frac{a_1}{3}$ reduziert auf $y^3 - py + q = 0$
Lösungen:	$p = \frac{a_1^2}{3} - a_2$; $q = \frac{2a_1^3}{27} - \frac{a_1 a_2}{3} + a_3$
Diskriminante:	$D = \left(\frac{q}{2}\right)^2 - \left(\frac{p}{3}\right)^3$
$D > 0$:	Cardanische Formel: y_1 reell, y_2, y_3 konjugiert komplex $u = \sqrt[3]{-\frac{q}{2} + \sqrt{D}}$; $v = \sqrt[3]{-\frac{q}{2} - \sqrt{D}}$ $y_1 = u + v$ $y_{2,3} = -\frac{u+v}{2} \pm \frac{u-v}{2}\,j\sqrt{3}$
$D = 0$:	y_1 reell, y_2, y_3 reell und einander gleich $u = v = \sqrt[3]{-\frac{q}{2}}$; $y_1 = 2\,u$; $y_{2,3} = -u$
$D < 0$:	y_1, y_2, y_3 reell und voneinander verschieden $\cos\varphi = \frac{-q/2}{\sqrt{(p/3)^3}}$; $y_1 = 2\sqrt{\frac{p}{3}}\cos\frac{\varphi}{3}$; $y_{2,3} = -2\sqrt{\frac{p}{3}}\cos\left(60° \mp \frac{\varphi}{3}\right)$
Satz von Vieta:	$x_1 + x_2 + x_3 = -a_1$, $x_1 x_2 + x_2 x_3 + x_3 x_1 = +a_2$, $x_1 x_3 x_3 = -a_3$

Näherungslösung von $f(x) = 0$

Sekantennäherungsverfahren: Aus zwei bekannten Näherungswerten x_1 und x_2 findet man

$$x_3 = x_1 - \frac{x_2 - x_1}{f(x_2) - f(x_1)} \cdot f(x_1) \quad \text{für} \quad f(x_1) \cdot f(x_2) < 0$$

Tangentennäherungsverfahren: Aus einem bekannten Näherungswert x_1 findet man

(Newton Näherungsverfahren) $x_2 = x_1 - \dfrac{f(x_1)}{f'(x_1)}$ für $f(x_1) \cdot f''(x_1) > 0$.

1.13 Analytische Geometrie

Strecke

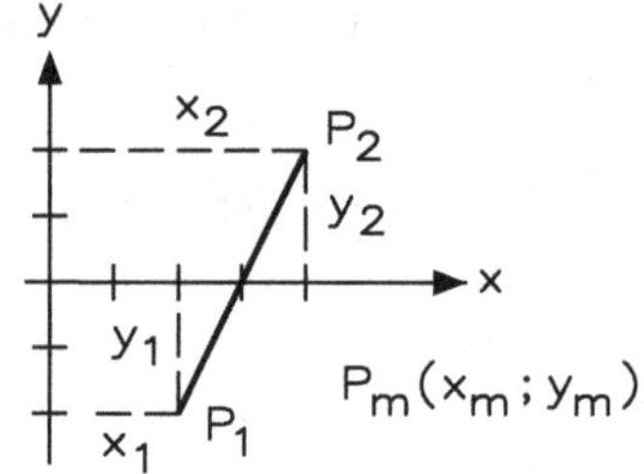

Länge:	$\overline{P_1P_2} = \sqrt{(x_2 - x_1)^2 + (y_2 - y_1)^2}$
Streckenmittelpunkt:	$x_m = \dfrac{x_1 + x_2}{2}, \quad y_m = \dfrac{y_1 + y_2}{2}$
Streckenteilungspunkt:	$\xi = \dfrac{x_1 + \lambda x_2}{1 + \lambda}, \quad \eta = \dfrac{y_1 + \lambda y_2}{1 + \lambda};$ innere Teilung: $\lambda > 0$ äußere Teilung: $\lambda < 0$ Teilerverhältnis: $\lambda = m : n$
Dreieckfläche:	$A = -\frac{1}{2}\left[x_1(y_2 - y_3) + x_2(y_3 - y_1) + x_3(y_1 - y_2)\right]$
Schwerpunkt:	$x_s = \dfrac{x_1 + x_2 + x_3}{3}, \quad y_s = \dfrac{y_1 + y_2 + y_3}{3}$ (Schnittpunkt der Seitenhalbierenden)

Gerade

Normalform:	$y = mx + n$	m = Anstieg von tan φ n = Abschnitt auf y-Achse
Achsenabschnitts-gleichung:	$\frac{x}{a} + \frac{y}{b} = 1$	a = Abschnitt auf x-Achse b = Abschnitt auf y-Achse
Zweipunktegleichung:	$\frac{y - y_1}{x - x_1} = \frac{y_2 - y_1}{x_2 - x_1}$	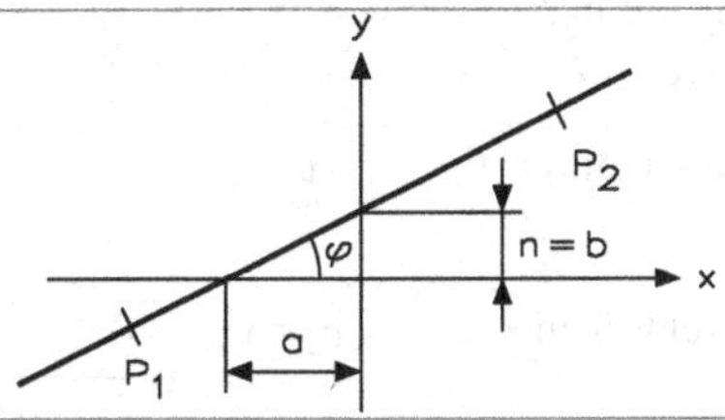 y, x, P_1, P_2, φ, n = b, a
Punktrichtungs-gleichung:	$\frac{y - y_1}{x - x_1} = \tan \varphi$	
Allgemeine Geraden-gleichung:	$Ax + By + C = 0$ $(A^2 + B^2 > 0)$	
Hesse'sche Normal-form:	$x \cos \varphi + y \sin \varphi - p = 0 \quad (p \geq 0)$ p Lot von Nullpunkt auf Gerade α Winkel zwischen Lot und positiver x-Achse	
Abstand der Geraden von P_1:	$d = x_1 \cos \alpha + y_1 \sin \alpha - p$	$\cos\alpha = -\frac{\lvert C \rvert}{C} \cdot \frac{A}{\sqrt{A^2 + B^2}}$ $\sin\alpha = -\frac{\lvert C \rvert}{C} \cdot \frac{B}{\sqrt{A^2 + B^2}}$ $p = -\frac{\lvert C \rvert}{\sqrt{A^2 + B^2}} \quad (C \neq 0$

Zwei Geraden

Normalform:	$y = m_1 x + n_1;\ y = m_2 x + n_2$
Schnittwinkel:	ψ aus $\tan \psi = \frac{m_2 - m_1}{1 + m_1 \cdot m_2}$ (für $\psi \neq 90°$)
Parallele Geraden:	$m_1 = m_2$
Zueinander senkrechte Geraden:	$m_1 m_2 = -1$

Kegelschnitte

Allgemeine Gleichung (zweiten Grades):	$Ax^2 + 2Bxy + Cy^2 + 2Dx + 2Ey + F = 0$ $AC - B^2 > 0$ Ellipse, Punkt oder imaginäre Kurve $AC - B^2 < 0$ Hyperbel oder Geradenpaar $AC - B^2 = 0$ Parabel oder Parallelenpaar

Größe	**Kreis** r Radius	**Elipse**[1] **Hyperbel**[1] a große, b kleine Halbachse	**Parabel** $2p$ Parameter
Mittelpunkt O (0; 0)	$x^2 + y^2 = r^2$	$\frac{x^2}{a^2} \pm \frac{y^2}{b^2} = 1$	Scheitel O (0; 0) $y^2 = 2px$
Tangente in P_1 (Polare zu P_1)	$xx_1 + yy_1 = r^2$	$\frac{xx_1}{a^2} \pm \frac{yy_1}{b^2} = 1$	$y \cdot y_1 = p(x + x_1)$
Normale durch P_1	$y = \frac{y_1}{x_1} \cdot x$	$y - y_1 = \pm \frac{a^2 y_1}{b^2 x_1}(x - x_1)$	$y - y_1 = -\frac{y_1}{p}(x - x_1)$
Tangente von P_2	$y - y_2 = (x - x_2) \cdot \frac{-x_2 y_2 \pm r\sqrt{x_2^2 + y_2^2 - r^2}}{r^2 - x_2^2}$	$y - y_2 = (x - x_2) \cdot \frac{-x_2 y_2 \pm \sqrt{\pm b^2 x_2^2 + a^2 y_2^2 \mp a^2 b^2}}{a^2 - x_2^2}$	$y - y_2 = (x - x_2) \cdot \frac{y_2 \pm \sqrt{y_2^2 - 2px_2}}{2x_2}$
Tangente mit Anstieg m	$y - mx = \pm r\sqrt{m^2 + 1}$	$y - mx = \pm\sqrt{m^2 a^2 \pm b^2}$	$y - mx = \frac{p}{2m}$
Mittelpunkt M (c; d)	$(x - c)^2 + (y - d)^2 = r^2$	$\frac{(x-c)^2}{a^2} \pm \frac{(y-d)^2}{b^2} = 1$	Scheitel M (c; d) $(y - d)^2 = 2p(x - c)$
Tangente in P_1 (Polare zu P_1)	$(x - c)(x_1 - c) +$ $+ (y - d)(y_1 - d) = r^2$	$\frac{(x-c)(x_1-c)}{a^2}$ $\pm \frac{(y-d)(y_1-d)}{b^2} = 1$	$(y - d)(y_1 - d) =$ $= p(x - c) + p(x_1 - c)$
$2p$ ist Sehne senkrecht durch Brennpunkt	$p = r$	$p = \frac{b^2}{a}$	p
Scheitelgleichung	$y^2 = 2px - x^2$	$y^2 = 2px \mp \frac{p}{a} \cdot x^2$	siehe oben
Exzentrizität - lineare - numerische	– –	$e^2 = a^2 \mp b^2$ $\varepsilon = \frac{e}{a} \lessgtr 1$	Länge des Brennstrahls $x_1 + p/2$, der Subtangente $2x_1$, der Subnormale p
Polargleichung - Mittelpunkt ist Pol - Brennpunkt ist Pol	– –	$\rho^2 = \frac{\pm b^2}{1 - \varepsilon^2 \cos^2 \vartheta}$ $r = \frac{p}{1 - \varepsilon \cos \varphi}$	$r = \frac{p}{1 - \cos \varphi}$

[1] Bei den übereinandergesetzten Rechenzeichen gilt das obere Rechenzeichen für die Ellipse, das untere für die Hyperbel.

1.14 Vektoren

Allgemeines	
Darstellung:	$a = a_1 i + a_2 j + a_3 k$ $\quad a = (a_1, a_2, a_3)$ $\quad a = \|a\|\, a^0$ $a = \|a\| \cos\alpha_1 \cdot i + \|a\| \cos\alpha_2 \cdot j + \|a\| \cos\alpha_3 \cdot k$
Betrag:	$\|a\| = a = \sqrt{a_1^2 + a_2^2 + a_3^2}$ $\quad \|a\| = \sqrt{a \cdot a}$
Einheitsvektor:	$a^0 = \frac{a}{\|a\|}$ $\quad \|i\| = \|j\| = \|k\| = 1$ (normierter Vektor)
Nullvektor:	$O = (0, 0, 0)$
Richtungscosinus:	$\cos\alpha_1 = \frac{a_1}{\|a\|}, \quad \cos\alpha_2 = \frac{a_2}{\|a\|}, \quad \cos\alpha_3 = \frac{a_3}{\|a\|}$ $\cos^2\alpha_1 + \cos^2\alpha_2 + \cos^2\alpha_3 = 1$
Summe, Differenz:	$a \pm b = (a_1 \pm b_1)\, i + (a_2 \pm b_2)\, j + (a_3 \pm b_3)\, k$

1.14.1 Skalarprodukt

Schreibweise:	$a \cdot b = \|a\|\,\|b\| \cos(a, b)$ $a \cdot b = 0$ für $a \perp b$, für $a = 0$ oder für $b = 0$ $a \cdot b = a_1 b_1 + a_2 b_2 + a_3 b_3$ $\quad a \cdot a = \|a\|^2$ $i \cdot j = j \cdot k = k \cdot i = 0$ $\quad i \cdot i = j \cdot j = k \cdot k = 1$
Kommutativgesetz:	$a \cdot b = b \cdot a$
Distributivgesetz:	$c(a + b) = c \cdot a + c \cdot b$
Matrixschreibweise:	$a \cdot b = (a_1 a_2 a_3) \cdot \begin{pmatrix} b_1 \\ b_2 \\ b_3 \end{pmatrix}$
Multiplikation eines Vektors mit einer reellen Zahl α:	$\alpha(a_1, a_2, a_3) = (\alpha\, a_1, \alpha\, a_2, \alpha\, a_3)$

1.14.2 Vektorprodukt

Schreibweise:	$x \cdot b = c$ Betrag $\lvert c\rvert = \lvert a\rvert\,\lvert b\rvert \sin(a, b)$; Richtung $c \perp a, b$ a, b, c Rechtssystem
Determinanten-Schreibweise:	$a \cdot b = \begin{pmatrix} i & j & k \\ a_1 & a_2 & a_3 \\ b_1 & b_2 & b_3 \end{pmatrix} =$ $= (a_2\,b_3 - a_3\,b_2)\,i + (a_3\,b_1 - a_1\,b_3)\,j + (a_1\,b_2 - a_2\,b_1)\,k$ $a \cdot a = 0$ $i \cdot i = j \cdot j = k \cdot k = 0$ $i \cdot j = k, \quad j \cdot k = i, \quad k \cdot i = j$
Kommutativgesetz:	nicht gültig, denn $a \cdot b = -b \cdot a$
Distributivgesetz:	$a(b \cdot c) = a \cdot b + a \cdot c$
Geradengleichung – Punktrichtungsgleichung: – Zweipunktegleichung:	 $r = r_1 + ta$ $r = r_1 + t(r_2 - r_1)$ t = Parameter

1.15 Komplexe Zahlen

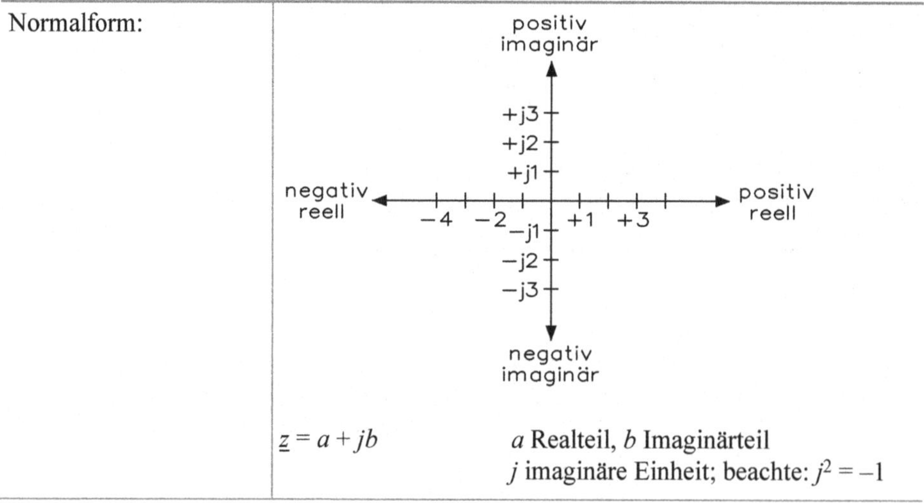

Normalform:	$\underline{z} = a + jb$ — a Realteil, b Imaginärteil j imaginäre Einheit; beachte: $j^2 = -1$

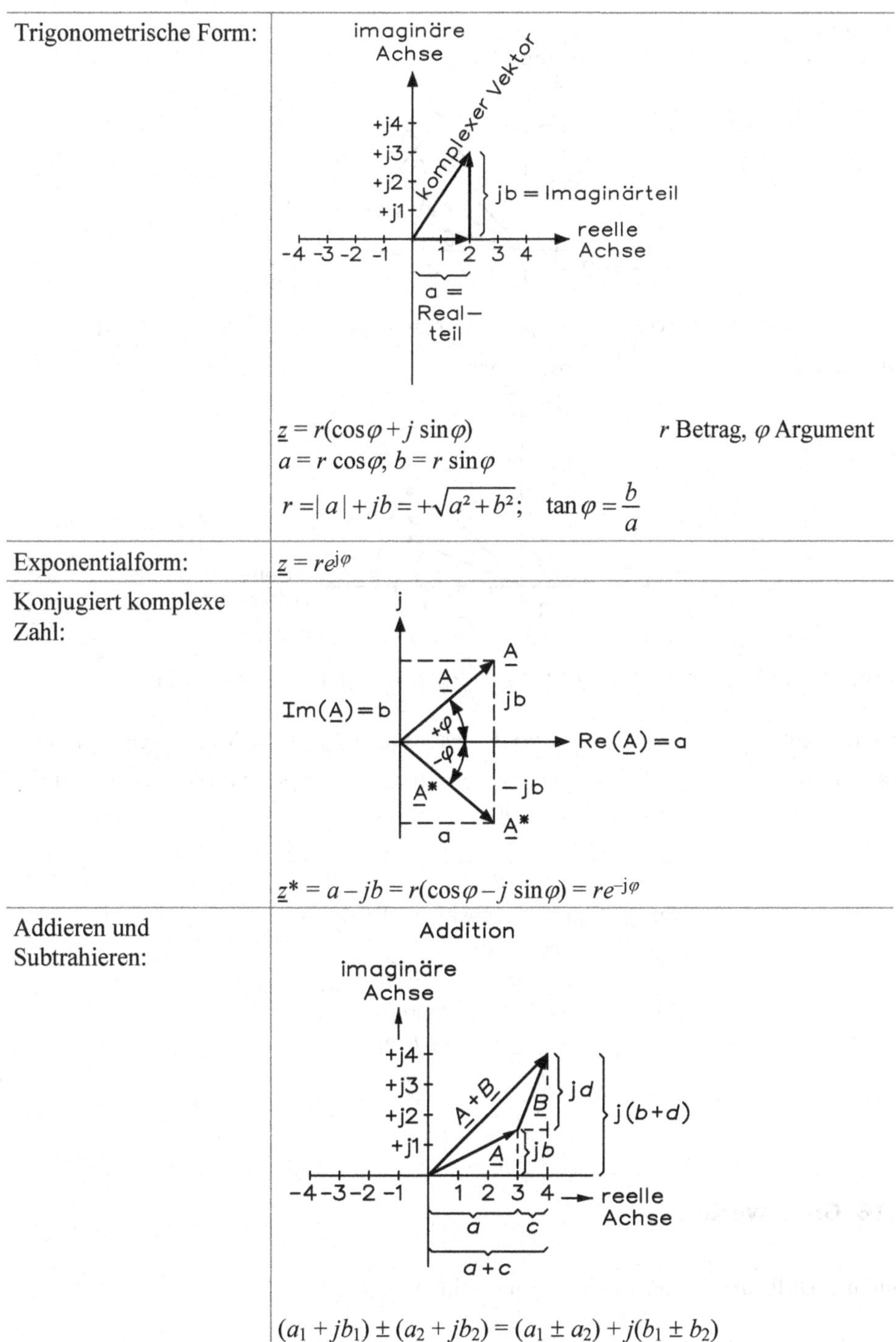

Trigonometrische Form:	$\underline{z} = r(\cos\varphi + j\,\sin\varphi)$ r Betrag, φ Argument $a = r\,\cos\varphi;\ b = r\,\sin\varphi$ $r = \lvert a \rvert + jb = +\sqrt{a^2 + b^2};\quad \tan\varphi = \dfrac{b}{a}$
Exponentialform:	$\underline{z} = re^{j\varphi}$
Konjugiert komplexe Zahl:	$\underline{z}^* = a - jb = r(\cos\varphi - j\,\sin\varphi) = re^{-j\varphi}$
Addieren und Subtrahieren:	$(a_1 + jb_1) \pm (a_2 + jb_2) = (a_1 \pm a_2) + j(b_1 \pm b_2)$

Multiplizieren:

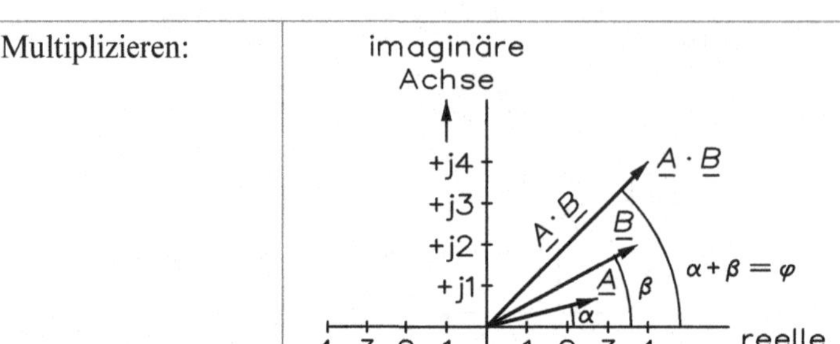

$r_1\,(\cos\varphi_1 + j\,\sin\varphi_1)\cdot r_2\,(\cos\varphi_2 + j\,\sin\varphi_2) = r_1 \cdot r_2\,[\cos\,(\varphi_1 + \varphi_2) + j\,\sin\,(\varphi_1 + j\;\varphi_2)]$

Dividieren:

$$r_1\,(\cos\varphi_1 + j\,\sin\varphi_1) : r_2\,(\cos\varphi_2 + j\,\sin\varphi_2) = \frac{r_1}{r_2}\left[\cos(\varphi_1 - \varphi_2) + j\sin(\varphi_1 - \varphi_2)\right]$$

Potenzieren:	$[r\,(\cos\varphi - j\,\sin\varphi)]^n = r^n(\cos n\varphi + j\,\sin n\varphi)]$ Moivre'sche Formel
Radizieren:	Jede komplexe Zahl $\underline{z} = r(\cos\varphi + j\,\sin\varphi)$ hat n verschiedene n-te Wurzeln $w_0, ..., w_{n-1}$: $\underline{w}_k = \sqrt[n]{r}\cdot\left(\frac{\cos\varphi + k\cdot 2\pi}{n} + j\frac{\sin\varphi + k\cdot 2\pi}{n}\right)$ $k = 0, ..., n-1$ Speziell für $\underline{z} = a$ (positiv reell): $\underline{w}_k = \sqrt[n]{a}\cdot\left(\frac{\cos k\cdot 2\pi}{n} + j\frac{\sin k\cdot 2\pi}{n}\right)$ $k = 0, ..., n-1$ Einheitswurzeln (n-te Wurzel aus 1): $\underline{w}_k = 1\cdot\left(\frac{\cos k\cdot 2\pi}{n} + j\frac{\sin k\cdot 2\pi}{n}\right)$ $k = 0, ..., n-1$

1.16 Grenzwerte

Summe, Differenz:	$\lim\limits_{x\to a}(u \pm v) = \lim\limits_{x\to a} u \pm \lim\limits_{x\to a} v$
Produkt:	$\lim\limits_{x\to a}(u\cdot v) = \lim\limits_{x\to a} u \cdot \lim\limits_{x\to a} v$

Quotient:	$\lim\limits_{x\to a}\dfrac{u}{v}=\dfrac{\lim\limits_{x\to a}u}{\lim\limits_{x\to a}v}$ für $\lim\limits_{x\to a}v\neq 0$
Beispiele:	$\lim\limits_{x\to\infty}a^x=\begin{cases}\infty & \text{für } a>1\\ 1 & \text{für } a=1\\ 0 & \text{für } a<1\end{cases}$ $\qquad \lim\limits_{x\to 0}\dfrac{e^x-1}{x}=1$ $\lim\limits_{x\to\infty}\dfrac{1}{x}=0 \qquad \lim\limits_{x\to 0}\dfrac{\sin x}{x}=1$ $\lim\limits_{x\to\infty}\left(1+\dfrac{1}{x}\right)^x=e=2{,}71828128... \qquad \lim\limits_{x\to 0}\dfrac{\tan x}{x}=1$ $\lim\limits_{x\to 0}\dfrac{a^x-1}{x}=\ln a$ für $a>0 \qquad \lim\limits_{x\to 0}\dfrac{1-\cos x}{x^2}=\dfrac{1}{2}$

1.17 Differentialrechnungen

Regel	Funktion	Differentialquotient
Konstanter Faktor:	$y=a\cdot f(x)$	$\dfrac{dy}{dx}=a\cdot f'(x)$
Summe und Differenz:	$y=u\pm v$	$\dfrac{dy}{dx}=u'\pm v'$
Produkt:	$y=u\cdot v$	$\dfrac{dy}{dx}=vu'+uv'$
Quotient:	$y=\dfrac{u}{v}$	$\dfrac{dy}{dx}=\dfrac{vu'-uv'}{v^2}$
Kettenregel:	$y=f[\varphi(x)]=f(z)$	$\dfrac{dy}{dx}=\dfrac{dy}{dz}\cdot\dfrac{dz}{dx}$

Reziproke Funktion:	$y = \dfrac{1}{f(x)}$	$\dfrac{dy}{dx} = \dfrac{-f'(x)}{[f(x)]^2}$
Inverse Funktion:	$y = \varphi(y)$	$\dfrac{dy}{dx} = \dfrac{1}{\left(\dfrac{dx}{dy}\right)}$

Ableitungen einiger Funktionen

Funktion	Differentialquotient	Funktion	Differentialquotient
$y = c$	$\dfrac{dy}{dx} = 0$	$y = \arccos x$	$\dfrac{dy}{dx} = \dfrac{1}{\sqrt{1-x^2}}$
$y = x^n$	$\dfrac{dy}{dx} = nx^{n-1}$	$y = \arctan x$	$\dfrac{dy}{dx} = \dfrac{1}{1+x^2}$
$y = \sin x$	$\dfrac{dy}{dx} = \cos x$	$y = \operatorname{arccot} x$	$\dfrac{dy}{dx} = -\dfrac{1}{1+x^2}$
$y = \cos x$	$\dfrac{dy}{dx} = -\sin x$	$y = a^x$	$\dfrac{dy}{dx} = a^x \ln a$
$y = \tan x$	$\dfrac{dy}{dx} = \dfrac{1}{\cos^2 x} = 1 + \tan^2 x$	$y = e^x$	$\dfrac{dy}{dx} = e^x$
$y = \cot x$	$\dfrac{dy}{dx} = \dfrac{1}{\sin^2 x} = -1 - \cot^2 x$	$y = \lg x$	$\dfrac{dy}{dx} = \dfrac{1}{x} \lg e$
$y = \arcsin x$	$\dfrac{dy}{dx} = \dfrac{1}{\sqrt{1-x^2}}$	$y = \ln x$	$\dfrac{dy}{dx} = \dfrac{1}{x}$

Kurvendiskussion	Hinreichende Bedingungen		
	$f'(x)$	$f''(x)$	$f'''(x)$
Maximum	0	<0	
Minimum	0	>0	
Wendepunkt		0	$\neq 0$
Horizontalwendepunkt	0	0	$\neq 0$

1.18 Integralrechnungen

Regeln	
Konstanter Faktor	$\int a \cdot f(x)\,dx = a\int f(x)\,dx$
Summe/Differenz	$\int [u(x) \pm v(x)]dx = \int u(x)dx \pm \int v(x)\,dx$
Partielle Integration	$\int u\ dv = uv - \int v\,du$
Substitutionsmethode	$\int f[t(x)]t'(x)dx = \int f(t)\,dt$

Grundintegrale	
$\int x^n\ dx = \frac{x^{n+1}}{n+1} + C$ für $n \neq -1$	$\int \frac{dx}{\sqrt{1-x^2}} = \arcsin x + C$
$\int \sin x\ dx = -\cos x + C$	$\int \frac{dx}{\sqrt{1+x^2}} = \ln(x + \sqrt{x^2+1}) + C$
$\int \cos x\ dx = \sin x + C$	$\int \frac{dx}{\sqrt{x^2-1}} = \ln(x + \sqrt{x^2-1}) + C$ für $\lvert x\rvert > 1$
$\int \frac{dx}{\cos^2 x} = \tan x + C$	$\int e^x\ dx = e^x + C$
$\int \frac{dx}{\sin^2 x} = -\cot x + C$	$\int a^x\ dx = \frac{a^x}{\ln a} + C$
$\int \frac{dx}{1+x^2} = \arctan x + C$	$\int \frac{dx}{x} = \ln \lvert x\rvert + C$
$\int \frac{dx}{1-x^2} = \frac{1}{2}\ln\frac{1+x}{1-x} + C$ für $\lvert x\rvert < 1$	

Anwendungen in der Geometrie	
Bogenlänge:	$s = \int_a^b \sqrt{1+[f'(x)]^2}\,dx$
Flächenstück:	$A = \int_a^b f(x)\,dx$
Drehkörpervolumen:	$V_x = \pi \int_a^b [f'(x)]^2\,dx$ bei Rotation der Kurve $y = f(x)$ um x-Achse
Drehkörper-Mantelfläche:	$M_x = 2\pi \int_a^b f[x] \cdot \sqrt{1+[f'(x)]^2}\,dx$

1.19 Potenzreihenentwicklung

Taylor'sche Reihe:	Entwicklung der Funktion f $f(x_0+h) = f(x_0) + \frac{h}{1!} f'(x_0) + \frac{h^2}{2!} f''(x_0) + \ldots + \frac{h^{n-1}}{(n-1)!} f^{(n-1)}(x) + R_n$ (x) an der Stelle x_0 nach Potenzen von h
Restglied:	$R_n = \frac{h^n}{n!} f^{(n)}(x_0 - \vartheta h) \qquad 0 < \vartheta < 1$
MacLaurin'sche Reihe:	$f(x) = f(0) + \frac{x}{1!} f'(0) + \frac{x^2}{2!} f''(0) + \frac{x^3}{3!} f'''(0) + \ldots$ Entwicklung der Funktion $f(x)$ an der Stelle 0 nach Potenzen von x (Spezialfall der Taylor'schen Reihe)

Potenzreihen ausgewählter Funktionen

Funktion	**Reihe**
$(1+x)^n$:	$1 + \binom{n}{1} x + \binom{n}{2} x^2 + \ldots + (-1)^k \binom{n}{k} x^k + \ldots$ $\quad |x| < 1$, n beliebig

Funktion	Reihe	
e^x:	$1+\frac{x}{1!}+\frac{x^2}{2!}+\frac{x^3}{3!}+\ldots$; hieraus ist	$e=1+\frac{1}{1!}+\frac{1}{2!}+\frac{1}{3!}+\ldots$
$\sin x$:	$x-\frac{x^3}{3!}+\frac{x^5}{5!}-\frac{x^7}{7!}+-\ldots$	
$\cos x$:	$1-\frac{x^2}{2!}+\frac{x^4}{4!}-\frac{x^6}{6!}+-\ldots$	
$\tan x$:	$x+\frac{1}{3}x^3+\frac{2}{15}x^5+\frac{17}{315}x^7+\ldots$	$\lvert x\rvert<\frac{\pi}{2}$
$\arcsin x$:	$x+\frac{1}{2}\cdot\frac{x^3}{3}+\frac{1\cdot 3}{2\cdot 4}\cdot\frac{x^5}{5}+\frac{1\cdot 3\cdot 5}{2\cdot 4\cdot 6}\cdot\frac{x^7}{7}+\ldots$	$\lvert x\rvert\le 1$
$\arctan x$:	$x-\frac{x^3}{3}+\frac{x^5}{5}-\frac{x^7}{7}+-\ldots$ $\left(\text{hieraus } \frac{\pi}{4}=1-\frac{1}{3}+\frac{1}{5}-\frac{1}{7}+-\ldots\right)$	$\lvert x\rvert\le 1$
$\ln(1+x)$:	$x-\frac{x^2}{2}+\frac{x^3}{3}-\frac{x^4}{4}+-\ldots$	$-1<x\le +1$
$\ln(1-x)$:	$-x-\frac{x^2}{2}-\frac{x^3}{3}-\frac{x^4}{4}-\ldots$	$-1\le x<+1$
$\frac{1}{2}\ln\frac{1+x}{1-x}$:	$\frac{x}{1}+\frac{x^3}{3}+\frac{x^5}{5}+\frac{x^7}{7}+\ldots$	$\lvert x\rvert<1$

Näherungsformeln

Näherungswert	$k=2$	$k=3$	$k=4$	Näherungswert	$k=2$	$k=3$	$k=4$
$(1+x)^2\approx 1+2x$	0,07	0,022	0,007	$\frac{1}{\sqrt[3]{1+x}}\approx 1-\frac{x}{3}$	0,15	0,045	0,014
$(1+x)^3\approx 1+3x$	0,04	0,012	0,004	$\sin x\approx x$	17,75°	8,25°	3,83°
$\frac{1}{1+x}\approx 1-x$	0,07	0,022	0,007	$\cos x\approx 1$	5,66°	1,75°	0,56°
$\sqrt{1+x}\approx 1+\frac{x}{2}$	0,19	0,062	0,020	$\cos x\approx 1-\frac{x^2}{2}$	33,75°	18,91°	10,60°
$\frac{1}{\sqrt{1+x}}\approx 1-\frac{x}{2}$	0,11	0,036	0,011	$\tan x\approx x$	14,08°	6,41°	3,03°
$\sqrt[3]{1+x}\approx 1+\frac{x}{3}$	0,20	0,065	0,021				

Soll der Näherungswert auf k Dezimalen genau sein (Fehler $\Delta x < 5\cdot 10^{-(k+1)}$), so darf x den in der betreffenden Spalte angegebenen Wert nicht überschreiten.

1.20 Kombinatorik

n-Fakultät:	$n! = 1 \cdot 2 \cdot 3 \ldots (n-1) \cdot n \quad 0! = 1$
Binomialkoeffizient n über k:	$\binom{n}{k} = \frac{n!}{k!(n-k)!} = \binom{n}{n-k} = \frac{n(n-1)(n-2)\ldots(n-k+1)}{1 \cdot 2 \cdot 3 \ldots k}$
Binomischer Satz:	$(a+b)^n = a^n + \binom{n}{1}a^{n-1}b + \binom{n}{2}a^{n-2}b^2 + \binom{n}{n-1}ab^{n-1} + b^n$ $n > 0$, ganzzahlig
Anzahl der Permutationen:	die verschiedenen linearen Anordnungen von n Elementen alle Elemente verschieden: $P_n = n!$ je $\alpha_1, \alpha_2, \ldots, \alpha_r$ Elemente gleich: $\overline{P}_n = \frac{n!}{\alpha_1!\alpha 2! \ldots \alpha_r!}$
Beispiel:	*abc, acb, bac, bca, cab, cba* — $P_3 = 3! = 6$ *aac, aca, (aac), (aca), caa, (caa)* — $\overline{P}_3 = \frac{3!}{2!} = 3$
Anzahl der Kombinationen k-ter Klasse:	die verschiedenen Zusammenstellungen von jeweils k der n verschiedenen Elemente ohne Berücksichtigung der Reihenfolge ohne Wiederholung: $K_n^{(k)} = \binom{n}{k}$ mit Wiederholung: $\overline{K}_n^{(k)} = \binom{n+k-1}{k}$
Beispiel:	ohne Wiederholung: *ab, ac, ad* *bc, bd* *cd* $K_4^{(2)} = \binom{4}{2} = 6$ mit Wiederholung: *aa, ab, ac, ad* *bb, bc, bd* *cc, cd* *dd* $\overline{K}_4^{(2)} = \binom{5}{2} = 10$
Anzahl der Variationen k-ter Klasse:	die verschiedenen Zusammenstellungen von k der n verschiedenen Elemente mit Berücksichtigung der Reihenfolge ohne Wiederholung: $V_n^{(k)} = \frac{n!}{(n-k)!} = k!\binom{n}{k}$ mit Wiederholung: $\overline{V}_n^{(k)} = n^k$
Beispiel:	ohne Wiederholung: *ab, ac, ad* *ba, bc, bd* *ca, cb, cd* *da, db, dc* $V_4^{(2)} = \frac{4!}{2!} = 12$ mit Wiederholung: *aa, ab, ac, ad* *ba, bb, bc, bd* *ca, cd, cc, cd* *da, db, dc, dd* $\overline{V}_4^{(2)} = 4^2 = 16$

1.21 Determinanten

Grundbegriffe

Darstellung:	n-reihige Determinante besteht aus n Zeilen, n Spalten, n^2 Elementen a_{ik}	$D = \lvert a_{ik} \rvert = \begin{vmatrix} a_{11} & a_{12} & \cdots & a_{1n} \\ a_{21} & a_{22} & \cdots & a_{2n} \\ \cdots & \cdots & \cdots & \cdots \\ a_{n1} & a_{n2} & \cdots & a_{nn} \end{vmatrix}$
Element a_{ik}:	steht in der i-ten Zeile und der k-ten Spalte	
Adjunkte des Elements a_{ik}:	das ist die mit Vorzeichen $(-1)^{i+k}$ versehene $(n-1)$-reihige Unterdeterminante	$A_{ik} = (-y)^{i+k} \begin{vmatrix} a_{11} & \cdots & a_{1k-1} & a_{1k+1} & \cdots & a_{1n} \\ \cdots & \cdots & \cdots & \cdots & \cdots & \cdots \\ a_{i-11} & \cdots & a_{i-1k-1} & a_{i-1k+1} & \cdots & a_{i-1n} \\ a_{i-11} & \cdots & a_{i+1k-1} & a_{i+1k+1} & \cdots & a_{i+1n} \\ \cdots & \cdots & \cdots & \cdots & \cdots & \cdots \\ a_{n1} & \cdots & a_{nk-1} & a_{nk+1} & \cdots & a_{nn} \end{vmatrix}$
Unterdeterminante:	entsteht durch Streichen der i-ten Zeile und der k-ten Spalte	
Wert der Determinante:	ist die Summe der mit der jeweiligen Adjunkte multiplizierten Glieder einer Zeile oder einer Spalte	$D = a_{i1}A_{i1} + \ldots + a_{in}A_{in}$ $= a_{1k}A_{1k} + \ldots + a_{nk}A_{nk}$
Dreireihige Determinanten:	$D = \begin{vmatrix} a_{11} & a_{12} & a_{13} \\ a_{21} & a_{22} & a_{23} \\ a_{31} & a_{32} & a_{33} \end{vmatrix} = a_{11}A_{11} + a_{12}A_{12} + a_{13}A_{13}$ $A_{11} = +\begin{vmatrix} a_{22} & a_{23} \\ a_{32} & a_{33} \end{vmatrix}$ $A_{12} = -\begin{vmatrix} a_{21} & a_{23} \\ a_{31} & a_{33} \end{vmatrix}$ $A_{13} = +\begin{vmatrix} a_{21} & a_{22} \\ a_{31} & a_{32} \end{vmatrix}$	
Beispiel:	$D = \begin{vmatrix} 1 & 3 & 2 \\ 0 & 4 & 5 \\ 3 & 1 & 0 \end{vmatrix} = 1 \cdot \begin{vmatrix} 4 & 5 \\ 1 & 0 \end{vmatrix} - 3 \cdot \begin{vmatrix} 0 & 5 \\ 3 & 0 \end{vmatrix} + 2 \cdot \begin{vmatrix} 0 & 4 \\ 3 & 1 \end{vmatrix} =$ $= 1 \cdot (-5) - 3 \cdot (-15) + 2 \cdot (-12) = -5 + 45 - 24 = 16$	

1.21.1 Eigenschaften

Regel	Beispiel
Der Wert einer Determinante ändert sich nicht, wenn man die Zeilen mit den Spalten vertauscht (Spiegelung an der Hauptdiagonalen).	$D=\begin{vmatrix} a_{11} & a_{12} & a_{13} \\ a_{21} & a_{22} & a_{23} \\ a_{31} & a_{32} & a_{33} \end{vmatrix} = \begin{vmatrix} a_{11} & a_{21} & a_{31} \\ a_{12} & a_{22} & a_{32} \\ a_{13} & a_{23} & a_{33} \end{vmatrix}$
Der Wert einer Determinante ändert sein Vorzeichen, wenn man zwei Zeilen miteinander vertauscht.	$D=\begin{vmatrix} a_{11} & a_{12} & a_{13} \\ a_{21} & a_{22} & a_{23} \\ a_{31} & a_{32} & a_{33} \end{vmatrix} = -\begin{vmatrix} a_{11} & a_{12} & a_{13} \\ a_{31} & a_{32} & a_{33} \\ a_{21} & a_{22} & a_{23} \end{vmatrix}$
Tritt in allen Elementen einer Zeile der gleiche Faktor auf, so kann man diesen als Faktor vor die Determinante setzen.	$D=\begin{vmatrix} a_{11} & a_{12} & a_{13} \\ \lambda a_{21} & \lambda a_{22} & \lambda a_{23} \\ a_{31} & a_{32} & a_{33} \end{vmatrix} = \lambda \begin{vmatrix} a_{11} & a_{12} & a_{13} \\ a_{21} & a_{22} & a_{23} \\ a_{31} & a_{32} & a_{33} \end{vmatrix}$
Ist einer Zeile proportional einer anderen Zeile, so ist der Wert der Determinante Null.	$D=\begin{vmatrix} a_{11} & a_{12} & a_{13} \\ ka_{11} & ka_{12} & ka_{13} \\ a_{31} & a_{32} & a_{33} \end{vmatrix} = 0$
Insbesondere gilt dies für $k = 1$ (zwei Zeilen sind einander gleich) und für $k = 0$ (eine Zeile besteht nur aus Nullen).	$D=\begin{vmatrix} a_{11} & a_{12} & a_{13} \\ a_{11} & a_{12} & a_{13} \\ a_{31} & a_{32} & a_{33} \end{vmatrix} = 0$
Der Wert einer Determinante ändert sich nicht, wenn man zu den Elementen einer Zeile die mit einem konstanten Faktor multiplizierten Elemente einer anderen Zeile addiert.	$D=\begin{vmatrix} a_{11} & a_{12} & a_{13} \\ 0 & 0 & 0 \\ a_{31} & a_{32} & a_{33} \end{vmatrix} = 0$ $D=\begin{vmatrix} a_{11} & a_{12} & a_{13} \\ a_{21} & a_{22} & a_{23} \\ a_{31} & a_{32} & a_{33} \end{vmatrix}$ $=\begin{vmatrix} a_{11} & a_{12} & a_{13} \\ a_{21}+ka_{11} & a_{22}+ka_{12} & a_{23}+ka_{13} \\ a_{31} & a_{32} & a_{33} \end{vmatrix}$

1.21.2 Auflösung eines linearen Gleichungssystems

Inhomogenes Gleichungssystem:	(rechte Seite $b_1, b_2, ..., b_n$ nicht alle Null), Anzahl n der Unbekannten gleich Anzahl der Gleichungen $n=3$ $a_{11}\mathrm{x}+a_{12}y+a_{13}\mathrm{z}=b_1$ $a_{21}\mathrm{x}+a_{22}y+a_{23}\mathrm{z}=b_2$ $a_{31}\mathrm{x}+a_{32}y+a_{33}\mathrm{z}=b_3$ Koeffizienten-determinante $D=\begin{vmatrix} a_{11} & a_{12} & a_{13} \\ a_{21} & a_{22} & a_{23} \\ a_{31} & a_{32} & a_{33} \end{vmatrix}$
	$D_x=\begin{vmatrix} b_1 & a_{12} & a_{13} \\ b_2 & a_{22} & a_{23} \\ b_3 & a_{32} & a_{33} \end{vmatrix}$ $D_y=\begin{vmatrix} a_{11} & b_1 & a_{13} \\ a_{21} & b_2 & a_{23} \\ a_{31} & b_3 & a_{33} \end{vmatrix}$ $D_z=\begin{vmatrix} a_{11} & a_{12} & b_1 \\ a_{21} & a_{22} & b_2 \\ a_{31} & a_{32} & b_3 \end{vmatrix}$
Cramer'sche Regel:	Lösung: $x=\frac{D_x}{D}$; $y=\frac{D_y}{D}$; $z=\frac{D_z}{D}$, wenn $D\neq 0$
Beispiel:	$3\,x-2y+\;z=\;8$ $x+\;y-3z=-9$ $-2x+3y+4z=\;7$ $D=\begin{vmatrix} 3 & -2 & 1 \\ 1 & 1 & -3 \\ -2 & 3 & 4 \end{vmatrix}=-1\cdot\begin{vmatrix} -2 & 1 \\ 3 & 4 \end{vmatrix}+1\cdot\begin{vmatrix} 3 & 1 \\ -2 & 4 \end{vmatrix}-(-)3\cdot\begin{vmatrix} 3 & -2 \\ -2 & 3 \end{vmatrix}=$ $=11+14+15=40$ $D_x=\begin{vmatrix} 8 & -2 & 1 \\ -9 & 1 & -3 \\ 7 & 3 & 4 \end{vmatrix}=1\cdot\begin{vmatrix} -9 & 1 \\ 7 & 3 \end{vmatrix}-(-3)\cdot\begin{vmatrix} 8 & -2 \\ 7 & 3 \end{vmatrix}+4\cdot\begin{vmatrix} 8 & -2 \\ -9 & 1 \end{vmatrix}=$ $=-34+114-40=40$ $D_y=\begin{vmatrix} 3 & 8 & 1 \\ 1 & -9 & -3 \\ -2 & 7 & 4 \end{vmatrix}=3\cdot\begin{vmatrix} -9 & -3 \\ 7 & 4 \end{vmatrix}-1\cdot\begin{vmatrix} 8 & 1 \\ 7 & 4 \end{vmatrix}+(-)2\cdot\begin{vmatrix} 8 & 1 \\ -9 & -3 \end{vmatrix}=$ $=-45-25+30=-40$ $D_z=\begin{vmatrix} 3 & -2 & 8 \\ 1 & 1 & -9 \\ -2 & 3 & 7 \end{vmatrix}=-1\cdot\begin{vmatrix} -2 & 8 \\ 3 & 7 \end{vmatrix}+1\cdot\begin{vmatrix} 3 & 8 \\ -2 & 7 \end{vmatrix}-(-)9\cdot\begin{vmatrix} 3 & -2 \\ -2 & 3 \end{vmatrix}=$ $=38+37+45=120$ Lösung: $x=\frac{40}{40}=1$, $y=\frac{-40}{40}=-1$, $z=\frac{120}{40}=3$

1.22 Matrizen

Grundbegriffe	
m, n-Matrix:	$A = \begin{pmatrix} a_{11} & a_{12} & \dots a_{1n} \\ a_{21} & a_{22} & \dots a_{2n} \\ \dots & \dots & \dots \\ a_{m1} & a_{m2} & \dots a_{mn} \end{pmatrix} = (a_{ik})$
Elemente der Matrix:	a_{ik} ist das Element, das der i-ten Zeile und der k-ten Spalte angehört; m Zeilen, n Spalten; $m \cdot n$ Elemente Zeilenvektor $a' = (a_{i1}\ a_{i1} \dots a_{in})$ Spaltenvektor $a_k = \begin{pmatrix} a_{1k} \\ a_{2k} \\ . \\ . \\ a_{mk} \end{pmatrix}$
Schreibweise einer Matrix:	mit Hilfe ihrer Zeilen- oder ihrer Spaltenvektoren $A = \begin{pmatrix} a_{11} & a_{12} & \dots a_{1n} \\ \dots & \dots & \dots \\ a_{m1} & a_{m2} & \dots a_{mn} \end{pmatrix} = \begin{pmatrix} a^1 \\ a^2 \\ . \\ . \\ a^m \end{pmatrix} = (a_1\ a_2 \dots a_n)$ Nullmatrix $N = \begin{pmatrix} 0 & 0 & \dots 0 \\ 0 & 0 & \dots 0 \\ \dots & \dots & \dots \\ 0 & 0 & \dots 0 \end{pmatrix}$ Einheitsmatrix $E = \begin{pmatrix} 1 & 0 & \dots 0 \\ 0 & 1 & \dots 0 \\ \dots & \dots & \dots \\ 0 & 0 & \dots 1 \end{pmatrix}$
Unterdeterminante:	k-ter Ordnung der Matrix A entsteht, wenn man so viele Zeilen und Spalten kürzt, dass quadratische Matrix mit k Spalten und k Zeilen verbleibt $A = \begin{pmatrix} 1 & 0 & 3 & 4 \\ 2 & 1 & 1 & 0 \\ 0 & 3 & 4 & 1 \end{pmatrix}$ Unterdeterminante 3. Ordnung $D_3 = \begin{vmatrix} 1 & 0 & 3 \\ 2 & 1 & 1 \\ 0 & 3 & 4 \end{vmatrix}$ Unterdeterminante 2. Ordnung $D_2 = \begin{vmatrix} 1 & 1 \\ 3 & 4 \end{vmatrix}$

1.22.1 Rechenregeln

Gleichheit zweier m, n-Matrizen:	$\boldsymbol{A} = (a_{ik})$, $\boldsymbol{B} = (b_{ik})$, $\boldsymbol{A} = \boldsymbol{B}$, wenn für $i = 1, ..., m$ und $k = 1, ..., n$ gilt: $a_{ik} = b_{ik}$
Summe zweier m, n-Matrizen:	$(a_{ik}) + (b_{ik}) = (a_{ik} + b_{ik})$ Beispiel: $\begin{pmatrix} 1 & 0 & 3 \\ 2 & 1 & 0 \end{pmatrix} + \begin{pmatrix} 2 & 4 & 1 \\ 3 & 0 & 2 \end{pmatrix} = \begin{pmatrix} 3 & 4 & 4 \\ 5 & 1 & 2 \end{pmatrix}$
Multiplikation mit konstantem Faktor:	$k \cdot (a_{ik}) = (k \cdot a_{ik})$ Beispiel: $2 \cdot \begin{pmatrix} 1 & 1 & 0 \\ 2 & 3 & 1 \end{pmatrix} = \begin{pmatrix} 2 & 2 & 0 \\ 4 & 6 & 2 \end{pmatrix}$
Produkt zweier Matrizen:	$C = A \cdot B = (a^i \cdot b_k) = (c_{ik})$ Beispiel: 2, 3-Matrix $A = \begin{pmatrix} 1 & 1 & 2 \\ 3 & 1 & 0 \end{pmatrix}$ 3, 4-Matrix $B = \begin{pmatrix} 2 & 1 & 2 & 1 \\ 1 & 0 & 0 & 1 \\ 4 & 3 & 1 & 2 \end{pmatrix}$ 2, 4-Matrix $A \cdot B =$ $\begin{pmatrix} 1\cdot 2+1\cdot 1+2\cdot 4 & 1\cdot 1+1\cdot 0+2\cdot 3 & 1\cdot 2+1\cdot 0+2\cdot 1 & 1\cdot 1+1\cdot 1+2\cdot 2 \\ 3\cdot 2+1\cdot 1+0\cdot 4 & 3\cdot 1+1\cdot 0+0\cdot 3 & 3\cdot 2+1\cdot 0+0\cdot 1 & 3\cdot 1+1\cdot 1+0\cdot 2 \end{pmatrix} =$ $= \begin{pmatrix} 11 & 7 & 4 & 6 \\ 7 & 3 & 6 & 4 \end{pmatrix}$

1.23 Mengenlehre

1.23.1 Grundbegriffe

Elemente der Menge:	$a \in A$	a ist Element der Menge A
Nicht Elemente der Menge:	$a \notin A$	a ist nicht Element der Menge A
Leere Menge:	$\varnothing$	enthält kein Element
Teilmenge:	$A \subseteq B$	A ist Teilmenge von B, d. h. jedes Element von A ist Element von B
Echte Teilmenge:	$A \subset B$	A ist echte Teilmenge von B, d. h., $A \subseteq B$, aber nicht $A = B$ Für jede Menge gilt: $A \subseteq A$ und $\varnothing \subseteq A$ Aus $A \subseteq B$ und $B \subseteq C$ folgt $A \subseteq C$ Aus $A \subseteq B$ und $B \subseteq A$ folgt $A = B$

1.23.2 Mengenoperation

Vereinigung $A \cup B$	besteht aus allen Elementen, die wenigstens einer der beiden Mengen A, B angehören	Beispiel: $A = \{1, 2\}$ $B = \{2, 3\}$ $A \cup B = \{1, 2, 3\}$
Durchschnitt $A \cap B$	besteht aus allen Elementen, die sowohl zu A auch zu B gehören	Beispiel: $A = \{3, 4\}$ $B = \{4, 5\}$ $A \cap B = \{4\}$
Differenz $A \setminus B$	besteht aus allen Elementen, die zu A gehören, aber nicht zu B	Beispiel: $A = \{1, 2, 3\}$ $B = \{3, 4, 5\}$ $A \setminus B = \{1, 2\}$
Produkt $A \times B$	besteht aus allen geordneten Elementpaaren (a, b) mit $a \in A$ und $b \in B$	Beispiel: $A = \{a, b, c\}$ $B = \{d, e\}$ $A \times B = \{(a, d), (a, e),$ $(b, d), (b, e), (c, d), (c, e)\}$

1.23.3 Rechenregeln

Kommutatives Gesetz:	$A \cup B = B \cup A$; $A \cap B = B \cap A$
Assoziatives Gesetz:	$(A \cup B) \cup C = A \cup (B \cup C) = A \cup B \cup C$ $(A \cap B) \cap C = A \cap (B \cap C) = A \cap B \cap C$
Verschmelzungsgesetz:	$A \cup (A \cap B) = A$; $A \cup (A \cap B) = A$
Distributives Gesetz:	$A \cup (B \cap C) = (A \cup B) \cap (A \cup C)$ $A \cap (B \cup C) = (A \cap B) \cup (A \cap C)$

1.24 Wahrscheinlichkeitsrechnung

Zufällige Ergebnisse:	A, B (als Mengen erkennbar) $A \cup B$, d. h. A oder B (Summe, Vereinigung) $A \cap B$, d. h. A und B (Produkt, Durchschnitt) E sicheres Ergebnis $\varnothing$ kein Ergebnis $A, \bar{A}$ zueinander komplementäre Ereignisse $A \cup \bar{A} = E$, $A \cap \bar{A} = \varnothing$; wenn A, B einander ausschließen, dann $A \cap B = \varnothing$

Wahrscheinlichkeit:	für das Eintreten von A ist $P(A)$	
	Klassische Definition:	$P(A) = \frac{m}{n}$ m Anzahl günstiger Fälle, n Anzahl möglicher Fälle (endlich)
	Statistische Definition:	$P(A) \approx P_n(A) = \frac{m}{n}$ n hinreichend groß; $P_n(A)$ relative Häufigkeit; bei n Versuchen m mal Ereignis A
	Axiomatische Definition:	$P(A) \geq 0 \qquad P(E) = 1$ $P(A_1 \cup A_2 \cup \ldots \cup A_n) = P(A_1) + P(A_2) + \ldots + P(A_n)$ für $A_1 \cap A_{\mathrm{i}} = \varnothing; \qquad i \neq j$
Additionsgesetz:	A, B nicht notwendig einander ausschließend $P(A \cup B) = P(A) + P(B) - P(A \cap B)$ A, B einander ausschließend (disjunktiv) $P(A \cup B) = P(A) + P(B)$	
Beispiele:	1. Wahrscheinlichkeit, mit einem Würfel bei einem Spiel ist eine Zahl zu werfen, die durch 2 (A) oder durch 3 (B) teilbar ist: $P(A) = \frac{3}{6}, \quad P(B) = \frac{2}{6}, \quad P(A \cap B) = \frac{1}{6};$ $P(A \cup B) = \frac{3}{6} + \frac{2}{6} - \frac{1}{6} = \frac{2}{3} \mathrel{\hat{=}} 66{,}7\,\%$ 2. Wahrscheinlichkeit, mit einem Würfel bei einem Spiel ist eine Zahl zu werfen, die entweder durch 2 (A) oder durch eine 1 (B) teilbar ist: $P(A) = \frac{3}{6}, \quad P(B)\ \frac{1}{6}; \quad P(A \cup B) = \frac{3}{6} + \frac{1}{6} = \frac{2}{3} \mathrel{\hat{=}} 66{,}7\,\%$	
Multiplikationsgesetz:	A, B nicht notwendig voneinander unabhängig $P(A \cap B = P(B) \cdot P(A / B) = P(A) \cdot P(B / A)$ $P(A / B)$ ist Wahrscheinlichkeit für A unter der Bedingung, dass B bereits eingetreten ist: A, B voneinander unabhängig $\qquad P(A \cap B) = P(A) \cdot P(B)$	
Beispiele:	1. Wahrscheinlichkeit, mit einem Würfel bei einem Spiel eine Zahl zu werfen, die durch 2 teilbar (A) und außerdem größer als 3 (B) ist: $P(A) = \frac{3}{6}, \quad P(B / A) = \frac{2}{3}; \quad P(A \cap B) = \frac{3}{6} \cdot \frac{2}{3} = \frac{1}{3} \mathrel{\hat{=}} 33{,}3\,\%$ 2. Wahrscheinlichkeit, mit einem Würfel bei einem Spiel eine Zahl zu werfen, die sowohl durch 2 (A) als auch durch 3 (B) teilbar ist: $P(A) = \frac{3}{6}, \quad P(B)\ \frac{2}{6}; \quad P(A \cap B) = \frac{3}{6} \cdot \frac{2}{6} = \frac{6}{36} = \frac{1}{6} \mathrel{\hat{=}} 16{,}7\,\%$	

1.25 Normalverteilung

Dichtefunktion:	$\varphi(x;\mu,\sigma^2)=\frac{1}{\sigma\cdot\sqrt{2\cdot\pi}}\cdot e^{-\frac{(x-\mu)^2}{2\sigma^2}}$
Standardisierte Funktion:	$\mu=0;\ \sigma^2=1;\ \varphi(x)=\frac{1}{\sqrt{2\cdot\pi}}\cdot e^{-\frac{x^2}{2}}$ $[=\varphi(x;0,1)]$ $\varphi(-x)=1-\varphi(x)$
Verteilungsfunktion:	$\Phi(x;\mu,\sigma^2)=\int\limits_{-\infty}^{x}\varphi(t;\mu,\sigma^2)dt$
Standardisierte Verteilungsfunktion:	$\Phi(x)=\int\limits_{-\infty}^{x}\varphi(t)\,dt=\frac{1}{\sqrt{2\cdot\pi}}\int\limits_{-\infty}^{x}e^{-\frac{t^2}{2}}dt$ $[=\Phi(x;0,1)]$ $\Phi(-x)=1-\Phi(x)$
Zusammenhang:	$\Phi(x;\mu,\sigma^2)=\Phi\left(\frac{x-\mu}{\sigma}\right)=\frac{1}{\sqrt{2\cdot\pi}}\int\limits_{-\infty}^{\frac{x-\mu}{\sigma}}e^{-\frac{t^2}{2}}\,dt$
Dichtefunktion $\varphi(x;\mu,\sigma^2)$ und Verteilungsfunktion $\Phi(x;\mu,\sigma^2)$	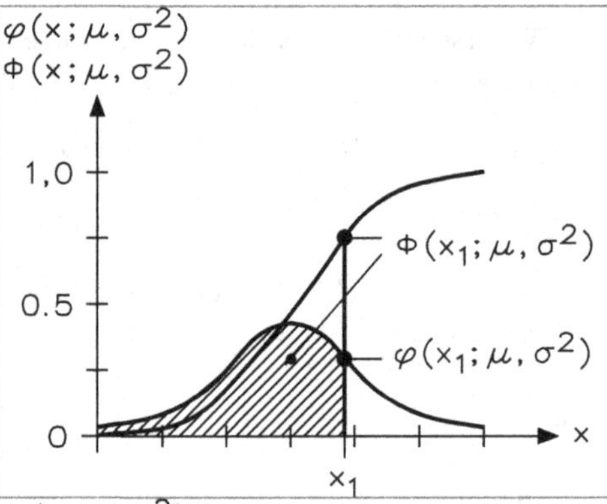 $\varphi(x;\mu,\sigma^2)$ $\Phi(x;\mu,\sigma^2)$
Präzisionsmaß:	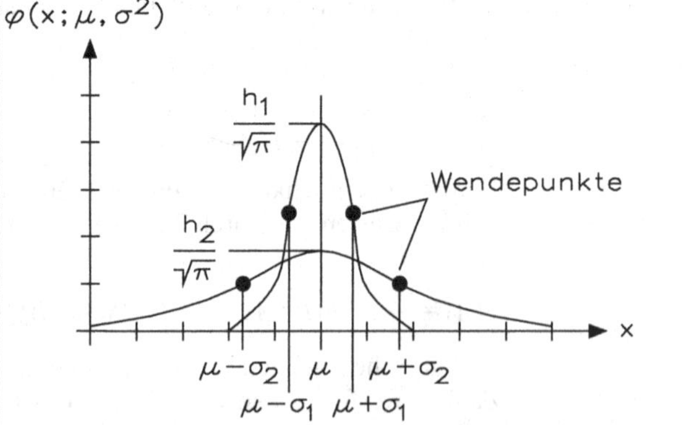 $\varphi(x;\mu,\sigma^2)$ $h=\frac{1}{\sigma\cdot\sqrt{2}};\ \varphi(x;\mu,\sigma^2)=\frac{h}{\sqrt{\pi}};\ \varphi(x;\mu,\sigma^2)=\frac{h}{\sqrt{\pi}}e^{-h^2(x-\mu)^2}$ Dichtefunktion mit verschiedenem Präzisionsmaß h

Allgemeine Elektrotechnik 2

2.1 Einheiten der Elektrotechnik

Ampere A: Einheit der elektrischen Stromstärke I

Das Ampere ist die Stärke des zeitlich unveränderlichen elektrischen Stromes durch zwei geradlinige, parallele, unendlich lange Leiter der relativen Permeabilität von $\mu_r = 1$ und von vernachlässigbarem Querschnitt, die den Abstand von 1 m aufweisen und zwischen denen die durch den Strom elektrodynamisch hervorgerufene Kraft im leeren Raum je 1 m Länge der Doppelleitung $2 \cdot 10^{-7}$ N beträgt.

Volt V: Einheit der elektrischen Spannung U

$$V = \frac{W}{A} \qquad 1\ V = 1 \frac{kg \cdot m^2}{s^3 \cdot A}$$

Ohm Ω: Einheit des elektrischen Widerstandes R

$$\Omega = \frac{V}{A} \qquad 1\Omega = 1 \frac{kg \cdot m^2}{s^3 \cdot A^2}$$

Siemens S: Einheit des elektrischen Leitwertes G

$$S = \frac{1}{\Omega} = \frac{A}{V} \qquad 1S = \frac{s^3 \cdot A^2}{kg \cdot m^2}$$

Watt W: Einheit der Leistung P

$$W = V \cdot A = \frac{J}{s} \qquad 1\ W = 1 \frac{kg \cdot m^2}{s^3}$$

H. Bernstein, *Formelsammlung*, https://doi.org/10.1007/978-3-658-18179-6_2

Joule J: Einheit der Energie W, Arbeit A und Wärmemenge Q

$$1\ \text{Joule} = 1\ \text{J} = 1\ \text{Nm} = 1\ \text{Ws} = 1\ \text{VAs} = 1\frac{\text{kg}\cdot\text{m}^2}{\text{s}^2}$$

kcal (Kilokalorie) 1 kcal = 4186,8 J

Coulomb C: Einheit der elektrischen Ladung (Elektrizitätsmenge) Q
C = Amperesekunde As 1 C = 1 As

Farad F: Einheit der elektrischen Kapazität C

$$\text{F} = \frac{\text{C}}{\text{V}} \qquad 1\,\text{F} = 1\,\frac{\text{A}\cdot\text{s}}{\text{V}} = 1\frac{\text{s}^4\cdot\text{A}^2}{\text{kg}\cdot\text{m}^2}$$

Weber Wb: Einheit des magnetischen Flusses Φ

Wb = Voltsekunde Vs $\quad 1\ \text{Wb} = 1\dfrac{\text{kg}\cdot\text{m}^2}{\text{s}^2\cdot\text{A}}$

Tesla T: Einheit der magnetischen Flussdichte B (magnetische Induktion)

$$\text{T} = \frac{\text{Vs}}{\text{m}^2} = \frac{\text{Wb}}{\text{m}^2} \qquad 1\,\text{T} = 1\frac{\text{Wb}}{\text{m}^2} = 1\,\frac{\text{V}\cdot\text{s}}{\text{m}^2} = 1\frac{\text{kg}}{\text{s}^2\cdot\text{A}}$$

Ampere durch Meter $\frac{\mathbf{A}}{\mathbf{m}}$: Einheit der magnetischen Feldstärke H

$$\frac{\text{A}}{\text{m}} = \frac{\text{N}}{\text{Wb}}$$

Henry H: Einheit der elektromagnetischen Induktivität L

$$\text{H} = \frac{\text{Vs}}{\text{A}} = \frac{\text{Wb}}{\text{A}} = \Omega\text{s} \qquad 1\,\text{H} = 1\frac{\text{kg}\cdot\text{m}^2}{\text{s}^2\cdot\text{A}^2}$$

Henry H durch Meter $\frac{\mathbf{H}}{\mathbf{m}}$: Einheit der Induktionskonstante μ_0

$$\frac{\text{H}}{\text{m}} = \frac{\text{Vs}}{A\cdot\text{m}} = \frac{\text{Wb}}{\text{A}\cdot\text{m}} = 10^{-2}\,\frac{\text{Wb}}{\text{A}\cdot\text{cm}} = \frac{\Omega\cdot\text{s}}{\text{m}}$$

Hertz Hz: Einheit der Frequenz f

$$\text{Hz} = \frac{1}{\text{s}}$$

2.2 Ladung

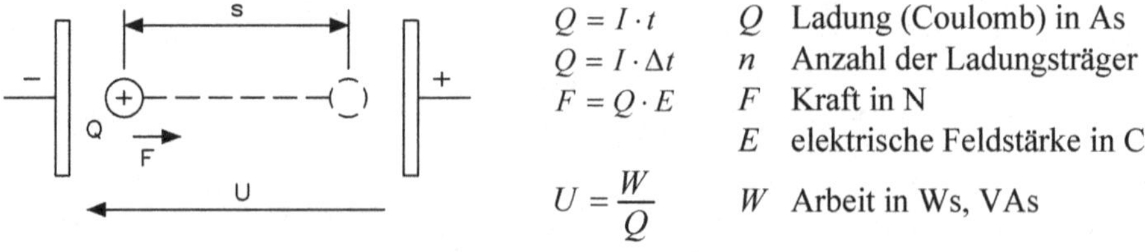

$Q = I \cdot t$
$Q = I \cdot \Delta t$
$F = Q \cdot E$
$U = \dfrac{W}{Q}$

Q Ladung (Coulomb) in As
n Anzahl der Ladungsträger
F Kraft in N
E elektrische Feldstärke in C
W Arbeit in Ws, VAs

2.3 Spannung

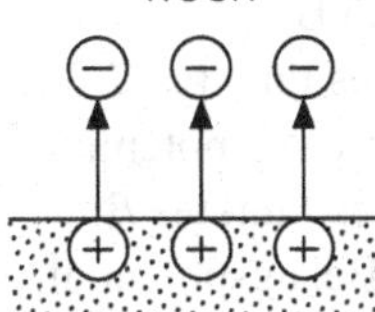

Spannung niedrig

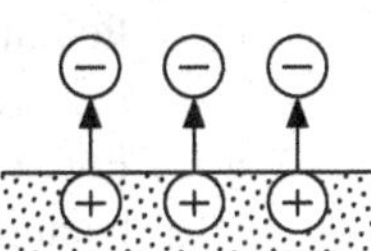

Spannung Null

$$U = \frac{W}{Q}$$

U Spannung
W Arbeit in Ws, VAs
Q Ladung

2.4 Stromstärke

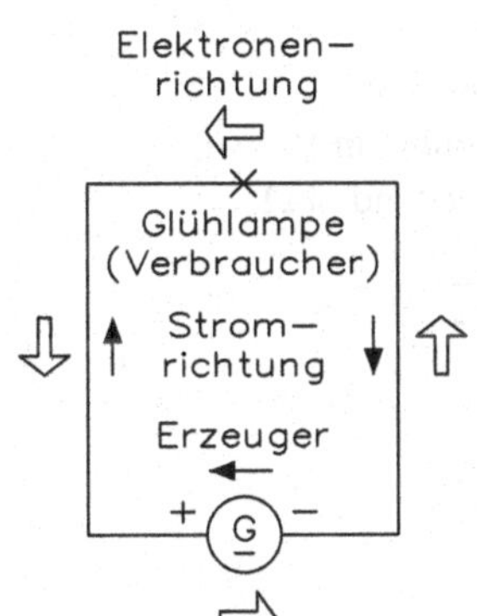

$$I = \frac{Q}{t}$$

$$I = \frac{C}{s} = \frac{As}{s} = A$$

$$i = \frac{\Delta Q}{\Delta t}$$

ΔQ Ladungsänderung
I Stromstärke in A
t in s
i Augenblickänderung
Δt Zeitabschnitt

2.5 Stromdichte

$$S = \frac{I}{A}$$

S Stromdichte in $\frac{\text{A}}{\text{mm}^2}$
A Leiterquerschnitt in mm^2

2.6 Elektrizitätsmenge

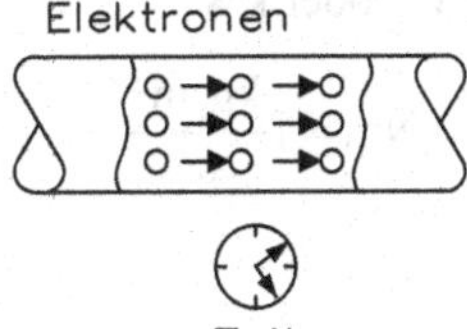

$$Q = I \cdot t$$

1 C = 1 As = 1 A · 1s
Q Elektrizitätsmenge in As
Elektronengeschwindigkeit $v = 0{,}1$ mm/s
Signalgeschwindigkeit $c \approx 300\,000$ m/s
(Lichtgeschwindigkeit)

2.7 Spannungspotential

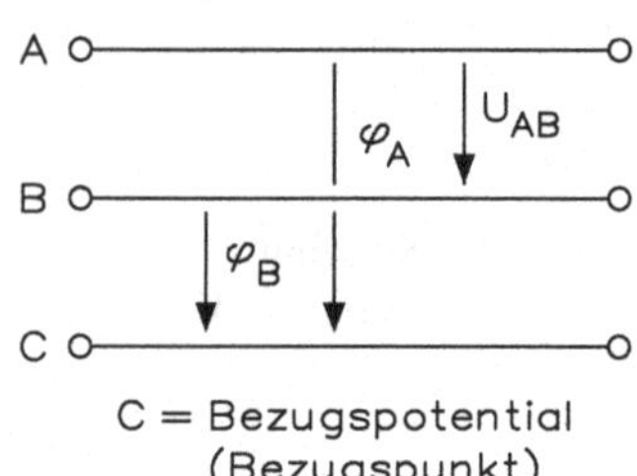

$$U_{AB} = \varphi_A - \varphi_B$$

U_{AB} Potentialdifferenz zwischen *A* und B

φ_A Potential des Punktes *A* bezüglich Bezugspotential

φ_B Potential des Punktes *B* bezüglich Bezugspotential

2.8 Ohm'sches Gesetz

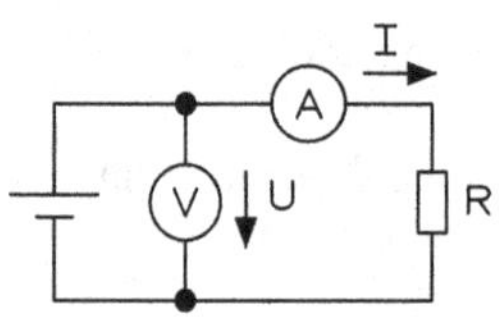

$$I = \frac{U}{R}$$

I Strom in A

U Spannung in V

R Widerstand in Ω

$$1\,\text{A} = \frac{1\,\text{V}}{1\,\Omega}$$

2.9 Elektrische Leistung

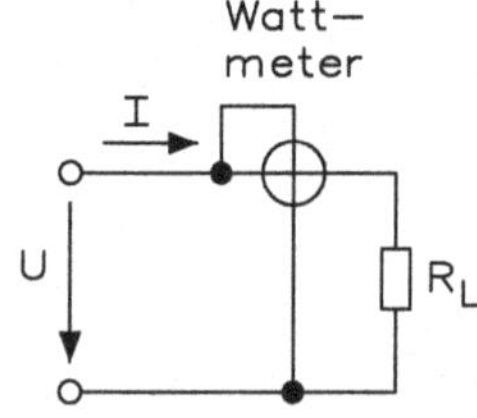

$$P = U \cdot I$$

$$P = I^2 \cdot R$$

$$P = \frac{U^2}{R}$$

$$P = \frac{W}{t}$$

P elektrische Leistung in W

$$1\,\text{W} = 1\,\text{V} \cdot 1\,\text{A} = 1\frac{\text{J}}{\text{s}} = 1\frac{\text{N m}}{\text{s}} = 1\frac{\text{kg m}^2}{\text{V} \cdot \text{s}^2}$$

2.10 Elektrische Arbeit

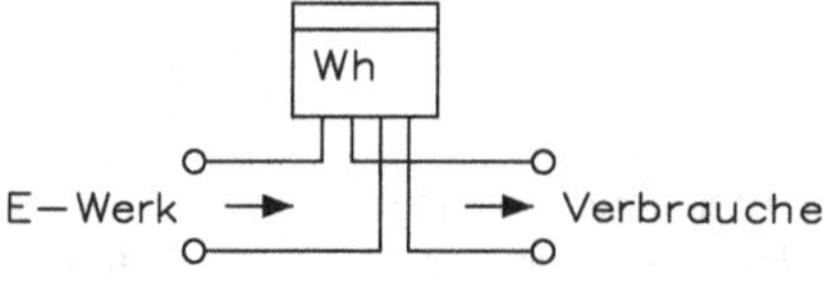

$$W = P \cdot t$$

W elektrische Arbeit in Ws oder kWh

$$1\,\text{Ws} = 1\,\text{V} \cdot 1\,\text{A} \cdot 1\,\text{s} = 1\,\text{J} = 1\,\text{Nm} = 1\frac{\text{kg m}^2}{\text{s}^2}$$

2.11 Messen der elektrischen Leistung

Leistungsschild eines Zählers

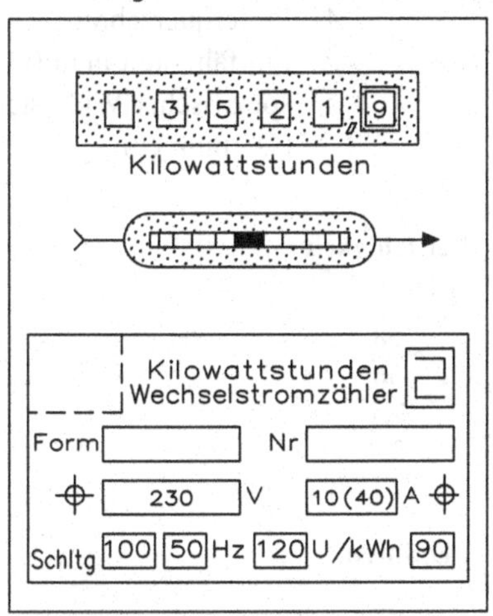

$$P = \frac{n}{c_Z}$$

P Leistung in kW

n Zählerumdrehung je min

c_Z Zählerkonstante in Umdrehungen/kWh

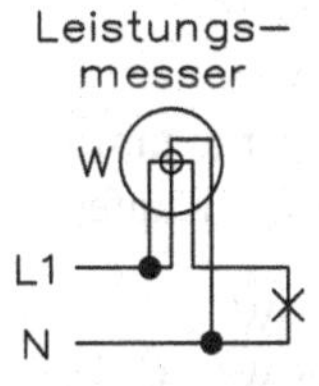

1. Direkte Messung

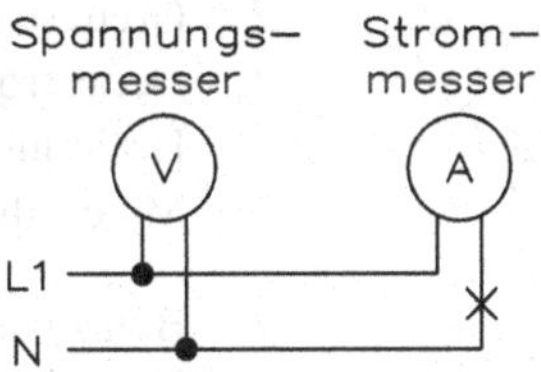

2. Indirekte Messung

2.12 Wirkungsgrad

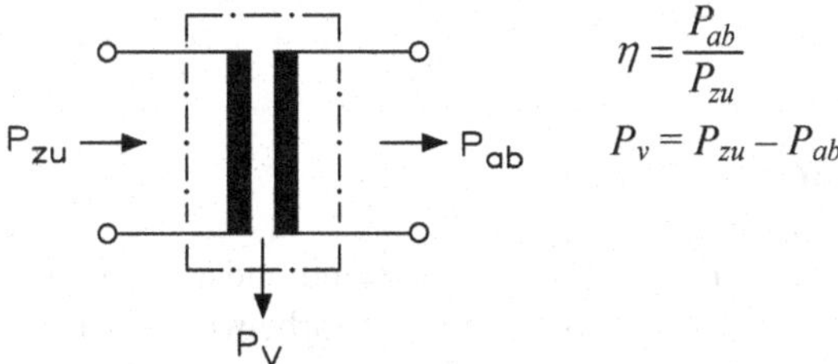

$$\eta = \frac{P_{ab}}{P_{zu}}$$

$$P_v = P_{zu} - P_{ab}$$

η Wirkungsgrad

P_v Verluste

P_{zu} zugeführte Leistung

P_{ab} abgegebene Leistung

2.13 Leitungswiderstand

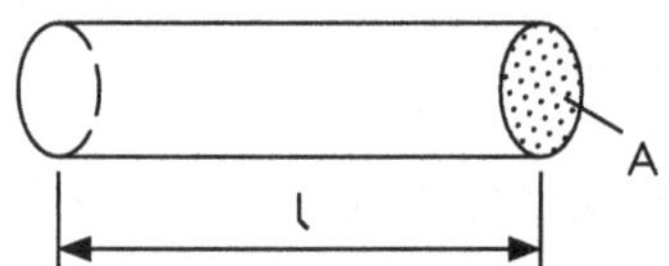

$$R = \frac{l}{\gamma \cdot A}$$

$$R = \frac{\rho \cdot l}{A}$$

l Leiterlänge
A Leiterquerschnitt
γ Leitfähigkeit in m/(Ω · mm²)
ρ spezifischer Widerstand in (Ω · mm²)/m

Werkstoff	Spezifischer Widerstand	Leitfähigkeit
Silber	0,0164	61
Kupfer	0,01724	58
Aluminium	0,0278	36
Eisen	0,13	7,7
Konstantan	0,50	2,0

Zulässiger Strom bei frei in Luft ausgespannten Drähten:

$$I_g = \alpha\sqrt{d^3}$$

$$I_n = \frac{I_g}{1{,}6}$$

I_g Grenzstrom in A
I_n Nennstrom in A
d Drahtdurchmesser in mm
α Materialkonstante (Kupfer $\alpha = 60$)

Belastbarkeit:

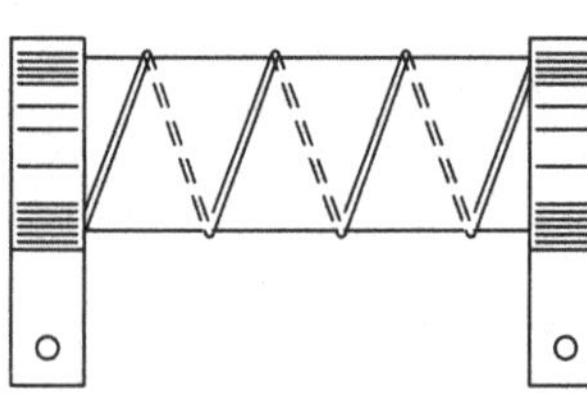

$$A = \frac{P}{p}$$

$$l = \frac{P}{p \cdot D \cdot \pi}$$

$$c = \frac{\alpha}{d}$$

$$d \approx \sqrt[3]{\frac{\rho \cdot P}{R \cdot c \cdot p}}$$

P Belastbarkeit in W
p Belastbarkeit in W/cm²
l Länge in cm
D Durchmesser des Trägers in cm
A Querschnitt in cm²
a Abstand von Windung zu Windung in mm
c Konstante der Windungssteigung
ρ spezifischer Widerstand

2.14 Widerstand und Temperatur

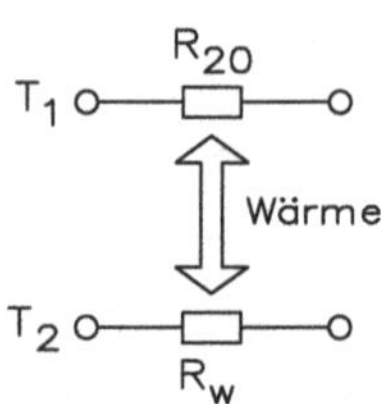

$$\Delta R = \alpha \cdot R_{20} \cdot \Delta T$$

ΔR Widerstandsänderung in Ω
α Temperaturbeiwert in 1/K
R_{20} Widerstand bei 20 °C
R_W Widerstand bei Erwärmung

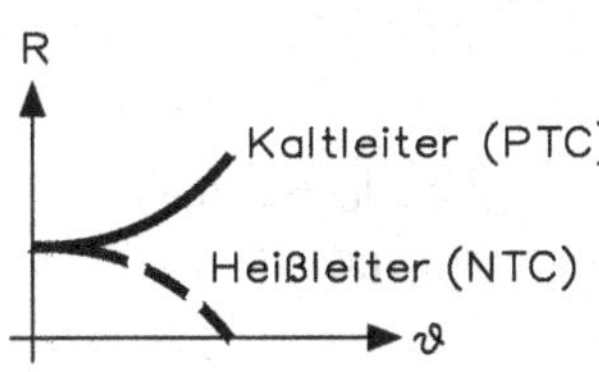

$$R_w = R_k \cdot (1 + \alpha \cdot \Delta T)$$
$$R_w = R_k + \Delta R$$
$$\Delta T = \frac{R_w - R_k}{R_k \cdot \alpha}$$

R_k Kaltwiderstand in Ω
R_{20} Widerstandswert bei 20 °C
R_w Warmwiderstand in Ω
ΔT Temperaturänderung in K

2.15 Spannungsfall auf Leitungen

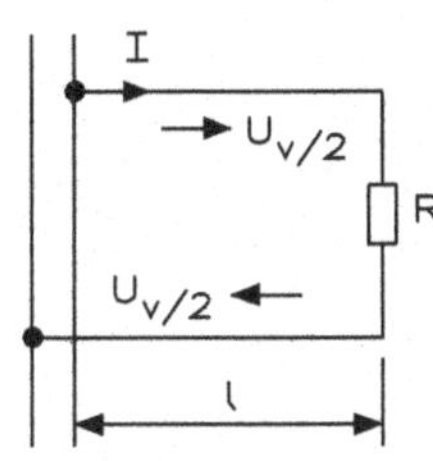

$$U_v = I \cdot R_l = \frac{2 \cdot l \cdot I}{\gamma \cdot A} = \frac{2 \cdot l \cdot I \cdot \rho}{A}$$

Querschnittsbestimmung:

$$A = \frac{2 \cdot l \cdot I}{\gamma \cdot u_v} = \frac{2 \cdot l \cdot I \cdot \rho}{u_v} = \frac{2 \cdot l \cdot P \cdot \rho}{u_v \cdot U_v}$$

Leistungsverlust:

$$P_v = \frac{2 \cdot l \cdot P^2}{\gamma \cdot A \cdot U^2} = \frac{2 \cdot l \cdot P^2 \cdot \rho}{A \cdot U^2} = I^2 \cdot R = \frac{2 \cdot l \cdot I^2}{\gamma \cdot A}$$

$$p_n = \frac{P_v}{P} \cdot 100 = \frac{2 \cdot l \cdot P \cdot 100}{\gamma \cdot A \cdot U^2} = \frac{2 \cdot l \cdot \rho \cdot P \cdot 100}{A \cdot U^2}$$

Erforderliche Spannung:

$$U_v = \sqrt{\frac{2 \cdot l \cdot \rho \cdot P \cdot 100}{A \cdot p_n}} = \frac{2 \cdot l \cdot I \cdot \rho \cdot 100}{A \cdot p_u}$$

U_v Spannungsfall in V
A Leiterquerschnitt in mm²
u_v Spanungsfall in %
p_n Leistungsverlust in %
p_u Spannungsverlust in %

2.16 Leitwert und Widerstand

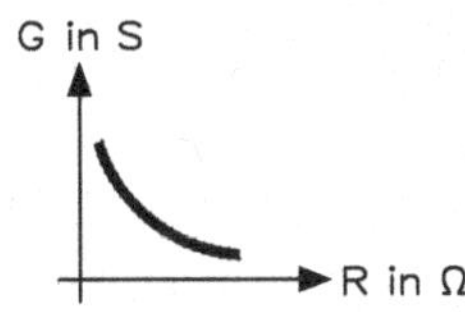

$$G = \frac{1}{R}$$
$$1\ \mathrm{S} = \frac{1}{1\ \Omega}$$

G Leitwert in S oder mho (mho amerikanische Bezeichnung)

2.17 Reihenschaltung von Widerständen

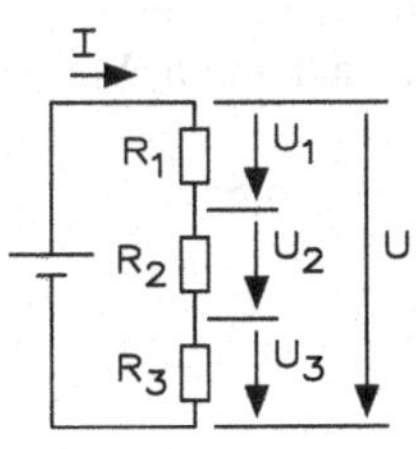

$$I = I_1 = I_2 = I_3 = \ldots$$
$$U = U_1 + U_2 + U_3 + \ldots$$
$$R = R_1 + R_2 + R_3 + \ldots$$
$$\frac{U_1}{U_2} = \frac{R_1}{R_2}$$

2.18 Parallelschaltung von Widerständen

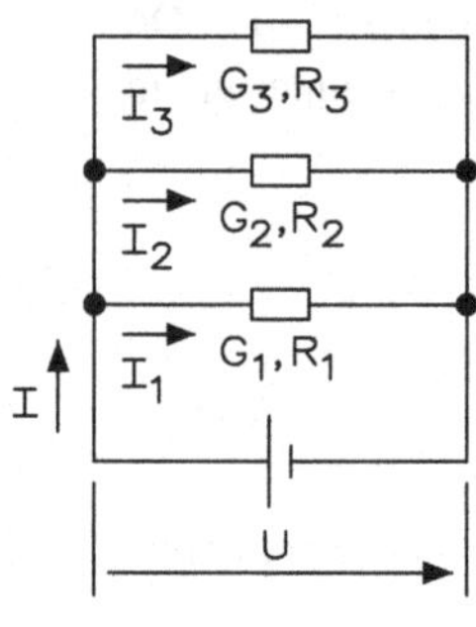

$I = I_1 + I_2 + I_3 + ...$

$G = G_1 + G_2 + G_3 + ...$

$$\frac{1}{R} = \frac{1}{R_1} + \frac{1}{R_2} + \frac{1}{R_3} + ...$$

$$\frac{I_1}{I_2} = \frac{G_1}{G_2} \qquad \frac{I_1}{I_2} = \frac{R_2}{R_1}$$

bei zwei Widerständen

$$R = \frac{R_1 \cdot R_2}{R_1 + R_2}$$

$$R_1 = \frac{R_2 \cdot R}{R_2 - R} \qquad R_n = \frac{R_1}{n}$$

n Zahl der gleichen Widerstände

2.19 Widerstände mit unterschiedlichen Temperaturkoeffizienten

Reihenschaltung

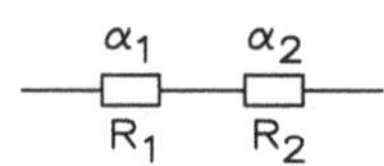

$$\alpha = \frac{\alpha_1 \cdot R_1 + \alpha_2 \cdot R_2}{R_1 + R_2}$$

Parallelschaltung

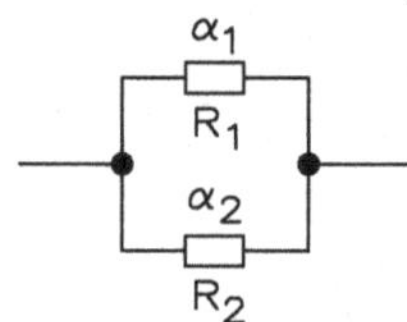

$$\alpha = R \cdot \frac{\alpha_1 \cdot R_2 + \alpha_2 \cdot R_1}{R_1 \cdot R_2}$$

α Gesamttemperaturbeiwert in 1/K

R Gesamtwiderstand in Ω

α_1, α_2 Temperaturbeiwert der Einzelwiderstände in 1/K

R_1, R_2 Einzelwiderstände in Ω

2.20 Ideale Spannungsquelle

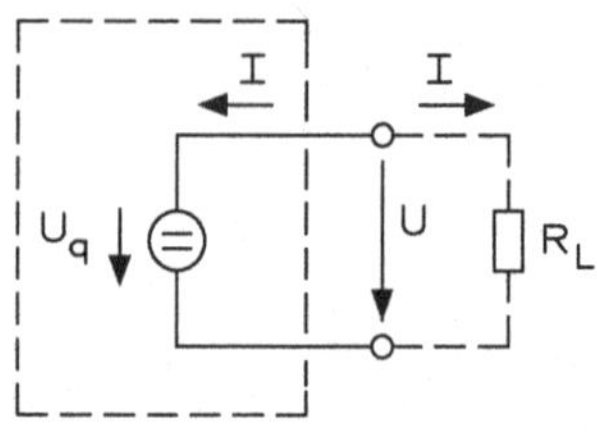

$U = U_0 = U_q$

U Ausgangsspannung in V

U_0 Leerlaufspannung in V

U_q Quellenspannung in V

2.21 Ideale Stromquelle

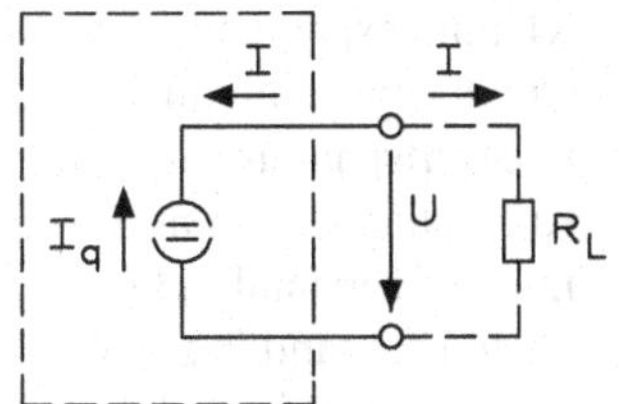

$I = I_q = -I$

I	Ausgangsstrom in A
I_q	Quellenstrom in A

2.22 Reale Spannungsquelle

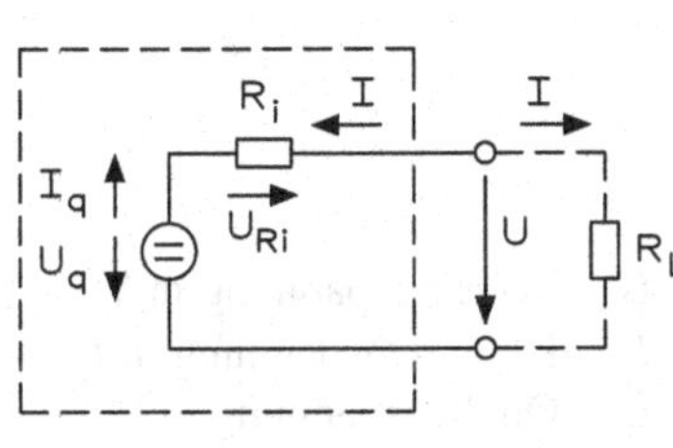

Leerlauf: $I = 0 \quad (R_L \to \infty\,\Omega)$

$U = U_0 = U_q$

Kurzschluss: $U = 0\ (R_L \to 0\,\Omega)$

$I = -I_q = -I$

$$U = U_q - U_{Ri} \Rightarrow U = U_q - (R_i \cdot I) \Rightarrow U = U_q - \left(\frac{U_0}{I_k} \cdot I\right)$$

U immer $< U_q$!

2.23 Reale Stromquelle

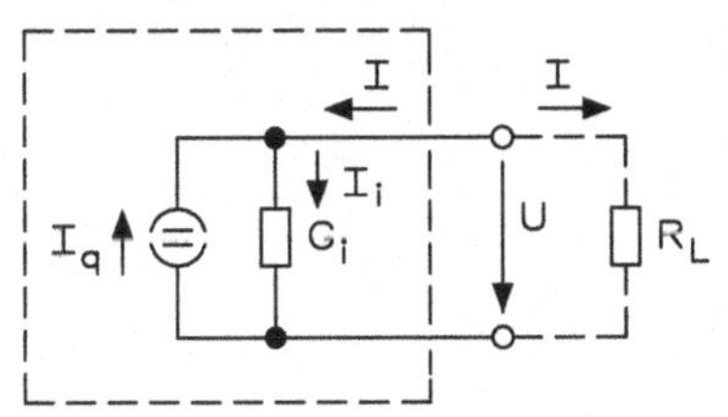

Kurzschluss: $U = 0\ (R_L \to 0\,\Omega)$

$I = -I_q = -I$

I_k Klemmenstrom in A

Leerlauf: $I = 0 \quad (R_L \to \infty\,\Omega)$

$U = U_0$

$$I = I_1 - I_q \Rightarrow I = (G_i \cdot U) - I_q \Rightarrow I = \left(\frac{I_k}{U_0} \cdot U\right) - I_q$$

2.24 Belasteter Spannungserzeuger

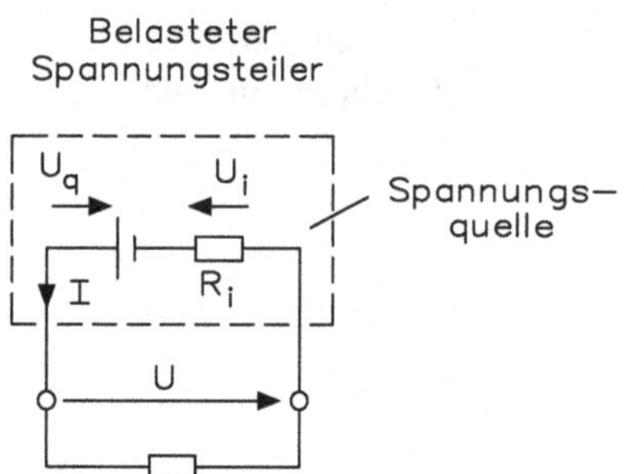

$$U = U_q - I \cdot R_i$$

$$I = \frac{U_q}{R_i + R_L}$$

$$R_i = \frac{U_q}{I_K}$$

$$R_i = \left|\frac{\Delta U}{\Delta I}\right|$$

U Klemmenspannung in V
U_q Quellenspannung in V
U_0 Leerlaufspannung in V
I_K Kurzschlussstrom in A
R_i Innenwiderstand in Ω
R_L Lastwiderstand in Ω
ΔU Spannungsänderung in V
ΔI Stromänderung in A

2.25 Anpassung

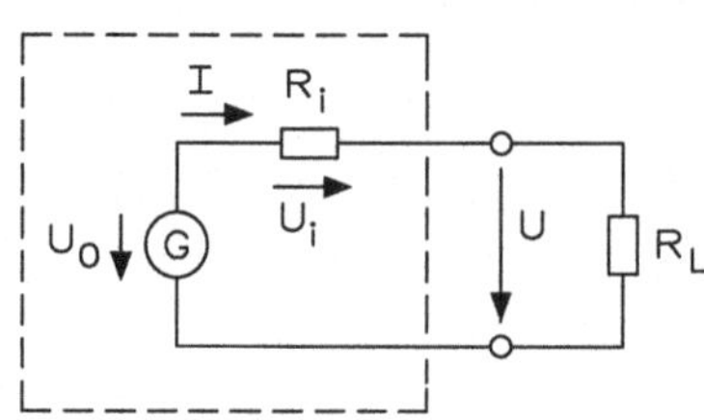

$$U_0 = U_i + U$$

$$I = \frac{U_0}{R_i + R_L}$$

$$I_K = \frac{U_0}{R_i}$$

U_0 Leerlaufspannung in V
U Klemmenspannung in V
U_q Quellenspannung in V
I_K Kurzschlussstrom in A
ΔU Spannungsänderung in V
ΔI Stromänderung in A
P_L Ausgangsleistung in W

- Spannungsanpassung $R_L >> R_i$

  $I \approx \frac{U_0}{R_L}$ $\quad U \approx U_0$ $\quad P_L \approx 0$

- Leistungsanpassung $R_L = R_i$

  $I = \frac{U_0}{2 \cdot R_i}$ $\quad I = \frac{U_0}{2 \cdot R_L}$

  $U = \frac{U_0}{2}$

  $P_L = \frac{U_0^2}{4 \cdot R_i}$ $\quad P_L = \frac{U_0}{4 \cdot R_L}$

- Stromanpassung $R_L << R_i$

  $I \approx \frac{U_0}{R_i}$ $\quad U \approx \frac{U_0 \cdot R_L}{R_i}$ $\quad P_L \approx 0$

2.26 Reihenschaltung von Spannungserzeugern

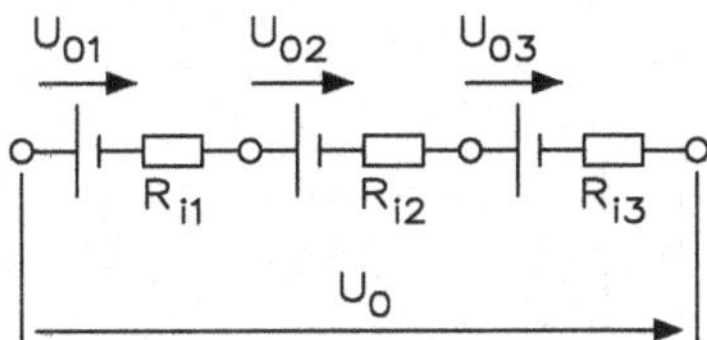

$$U_0 = U_{01} + U_{02} + U_{03} + \dots.$$
$$R_i = R_{i1} + R_{i2} + R_{i3} + \dots.$$

2.27 Parallelschaltung von Spannungserzeugern

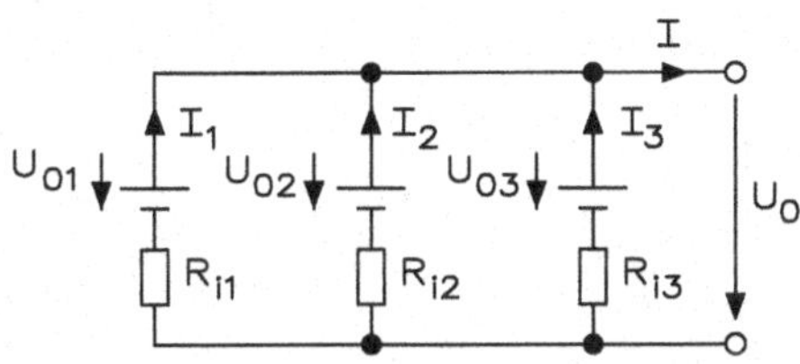

$$I = I_1 + I_2 + I_3 + \dots.$$
$$\frac{1}{R_i} = \frac{1}{R_{i1}} + \frac{1}{R_{i2}} + \frac{1}{R_{i3}} + \dots$$

2.28 Erstes Kirchhoff'sches Gesetz (Knotenregel)

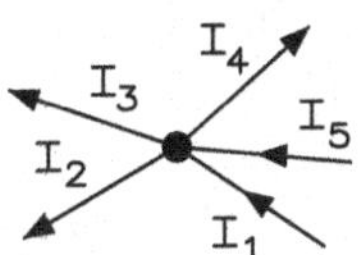

In jedem Knotenpunkt ist die Summe aller Ströme Null

$$\Sigma I = 0 \qquad \Sigma I_{zu} = \Sigma I_{ab}$$

2.29 Zweites Kirchhoff'sches Gesetz (Maschenregel)

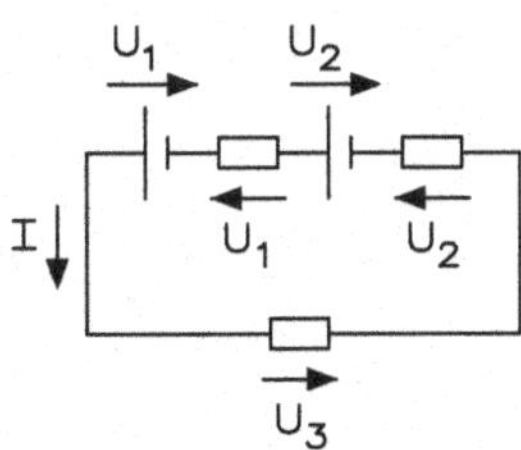

Die Summe aller Teilspannungen eines gewählten Stromlaufs ist Null

$$\Sigma U = 0$$

2.30 Umrechnung einer Strom- in eine Spannungsquelle

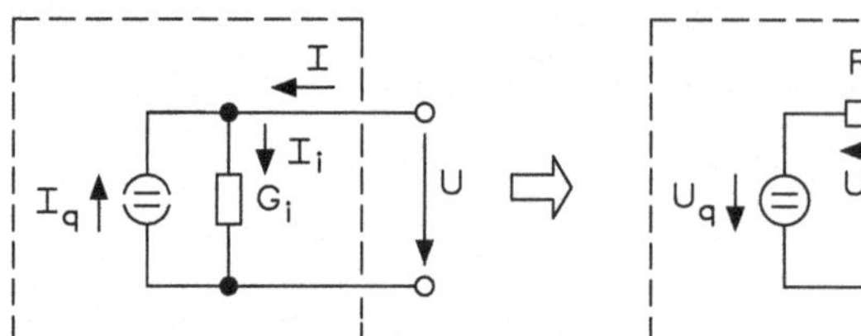

Bei Leerlauf $\Rightarrow U_0 = \frac{I_q}{G_i}$ $\Rightarrow U_0 = U_q$ $R_i = \frac{1}{G_i}$

U_0 Leerlaufspannung in V
U_q Quellenspannung in V
R_i Innenwiderstand in Ω
G_i Innenleitwert in S
! Pfeilrichtung von U_q und I_q sind entgegengesetzt !

2.31 Umrechnung einer Spannungs- in eine Stromquelle

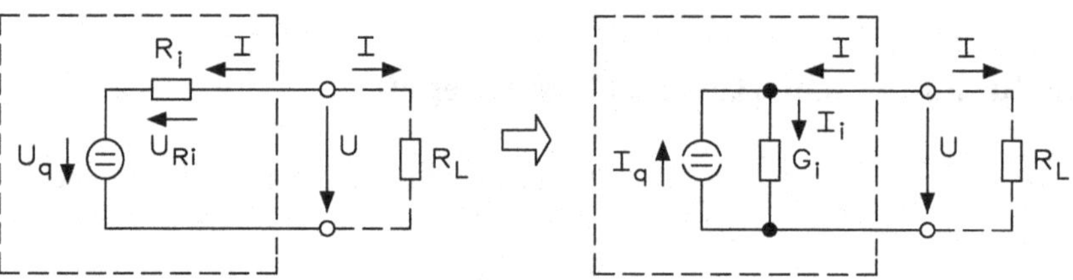

Bei Kurzschluss $\Rightarrow I_K = \frac{U_q}{R_i}$ $\Rightarrow I = -I_q = -I_k$ $G_i = \frac{1}{R_i}$

! Pfeilrichtung von U_q und I_q sind entgegengesetzt !

2.32 Wärmewirkungsgrad

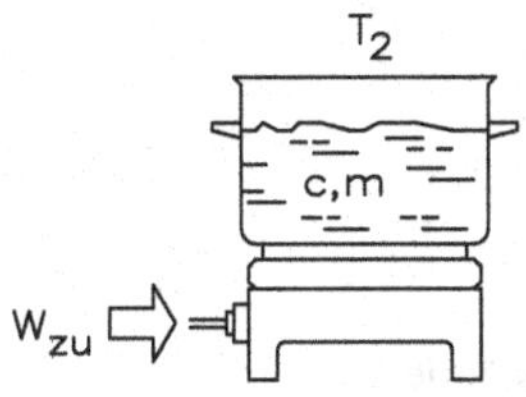

$$W_{zu} = P \cdot t$$
$$W_{ab} = Q$$
$$Q_N = m \cdot c \cdot \Delta T$$
$$\eta = \frac{W_{ab}}{W_{zu}} = \frac{Q_N}{Q_S}$$
$$P = \frac{m \cdot c \cdot \Delta T}{\eta \cdot t}$$
$$P = \frac{m \cdot c \cdot \Delta T}{\eta_N}$$

W_{zu} zugeführte Arbeit in Ws
W_{ab} abgegebene Arbeit in Ws
ΔT Temperaturänderung
c spezifische Wärmekapazität in $\frac{\text{J}}{\text{kg} \cdot \text{K}}$
m Masse (z. B. Wasser)
Q_N Nutzwärme in J
Q_S Stromwärme in J

2.33 Faraday'sches Gesetz

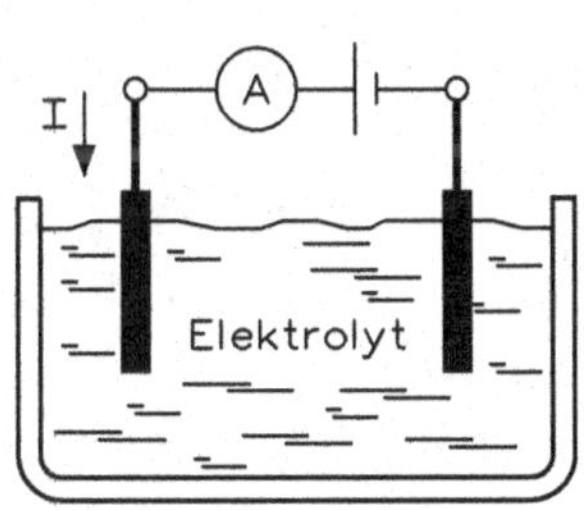

$$m = I \cdot c \cdot t$$
$$Q = I_E \cdot t_E$$
$$\eta_{Ah} = \frac{I_E \cdot t_E}{I_L \cdot t_L}$$
$$\eta_{Wh} = \frac{U_E \cdot I_E \cdot t_E}{U_L \cdot I_L \cdot t_L}$$
$$1\ \text{Ah} = 1\ \text{A} \cdot 1\ \text{h}$$

m Stoffmenge
c elektrochemisches Äquivalent
I_E Entladestrom
η_{Ah} Amperestunden-Wirkungsgrad
η_{Wh} Wattstunden-Wirkungsgrad
I_L Ladestrom
t_L Ladedauer
U_E Entladespannung
U_L Ladespannung
Q Entladekapazität

	Bleiakku	**Stahlakku**
Zellennennspannung	2,0 V	1,2 V
Säureart	H_2SO_4	KCI
Säuredichte	1,18 g/cm³...1,28 g/cm³	1,2 g/cm³
Ladespannung	2,1 V...2,75 V	1,35 V...1,8 V
Entladespannung	1,83 V	1,0 V
η_{Ah}	83 %...90 %	72 %
η_{Wh}	70 %...75 %	55 %

2.34 Ersatzspannungsquelle

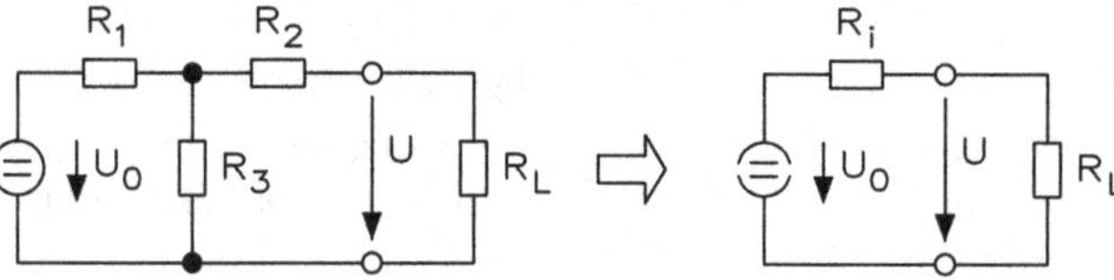

$$R_i' = R_2 + \frac{R_1 \cdot R_3}{R_1 + R_3}$$

$$U_0' = U_0 \cdot \frac{R_3}{R_1 + R_3}$$

R_1, R_2, R_3 Widerstände
R_L Lastwiderstand
U Spannung am Lastwiderstand
R_i' Ersatzwiderstand
U_0 Quellenspannung
U_0' Ersatzquellenspannung

2.35 Ersatzstromquelle

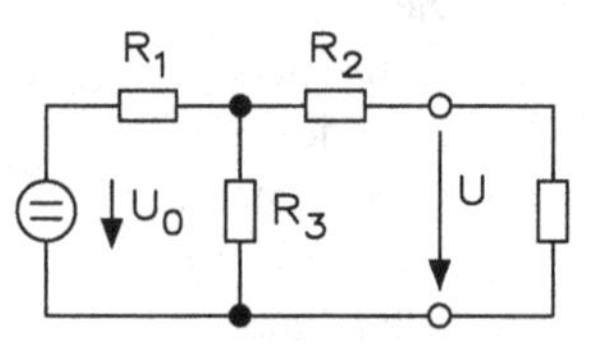

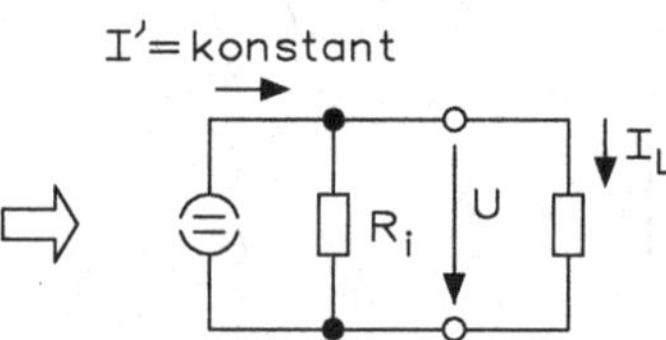

$$R_i' = R_2 + \frac{R_1 \cdot R_3}{R_1 + R_3}$$

$$I' = \frac{U_0}{R_1 + R_2}$$

$$\frac{I_L}{I'} = \frac{R_i'}{R_i' + R_L}$$

I_L Laststrom
I' Ersatzstrom
R_i' Ersatzinnenwiderstand

3 Gleichstromkreis

3.1 Elektrische Größen

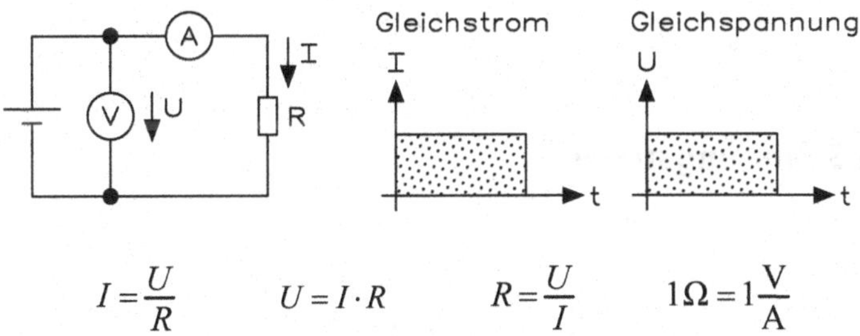

$$I = \frac{U}{R} \qquad U = I \cdot R \qquad R = \frac{U}{I} \qquad 1\,\Omega = 1\,\frac{\text{V}}{\text{A}}$$

3.2 Strom-Spannungs-Diagramm

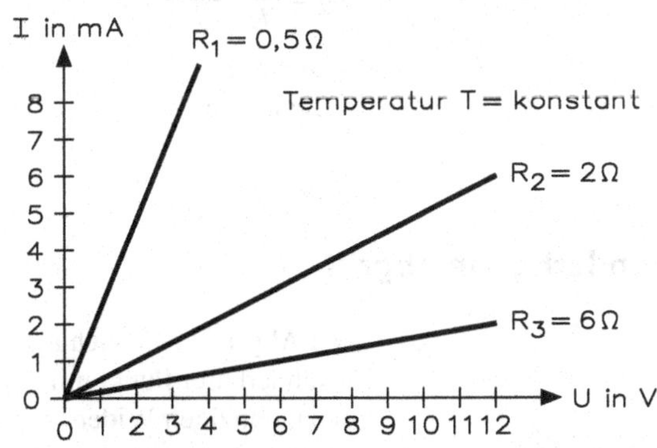

$I = \frac{U}{R}$ lineare Funktion mit der Steigung $\frac{1}{R}$

H. Bernstein, *Formelsammlung*, https://doi.org/10.1007/978-3-658-18179-6_3

3.3 Reihen- und Parallelschaltung

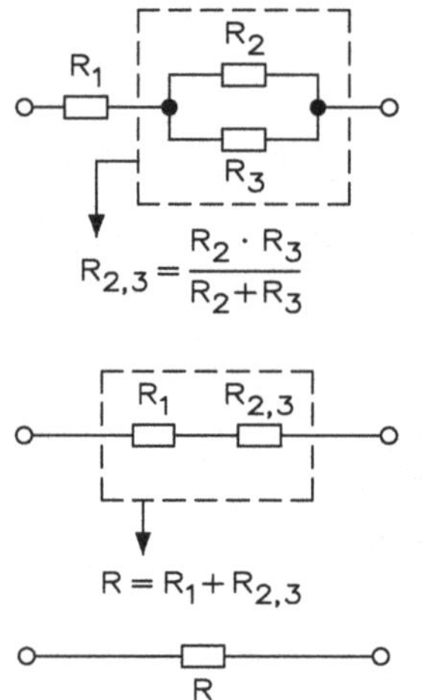

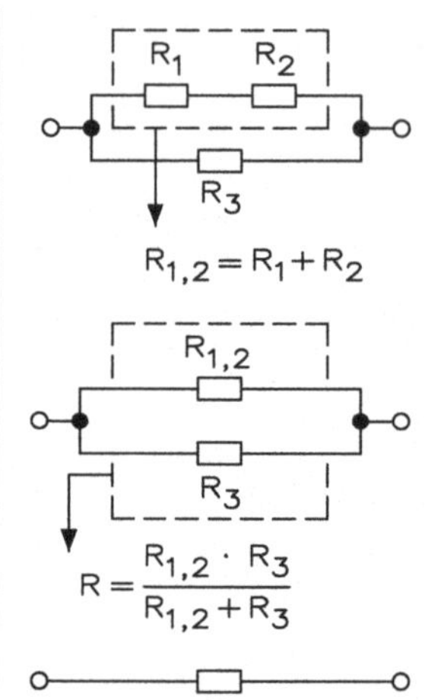

Umrechnen einer gemischten Schaltung zu einem Ersatzwiderstand

3.4 Unbelasteter Spannungsteiler

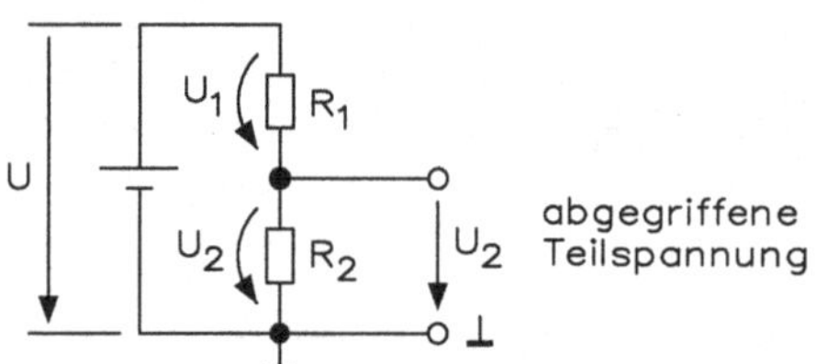

$$\frac{U_1}{R_1} = \frac{U_2}{R_2}$$

$$U_2 = U \frac{R_2}{R_1 + R_2}$$

$$U_L = U \frac{(R_1 + R_2) \cdot U_2}{R_2}$$

$$R_1 = \frac{R_2 \cdot U}{U_2} \qquad R_2 = \frac{R_1 \cdot U_2}{(U - U_2)}$$

U_1, U_2 Teilspannungen
R_1, R_2 Teilwiderstände

3.5 Spannungsteiler mit veränderbarem Abgriff

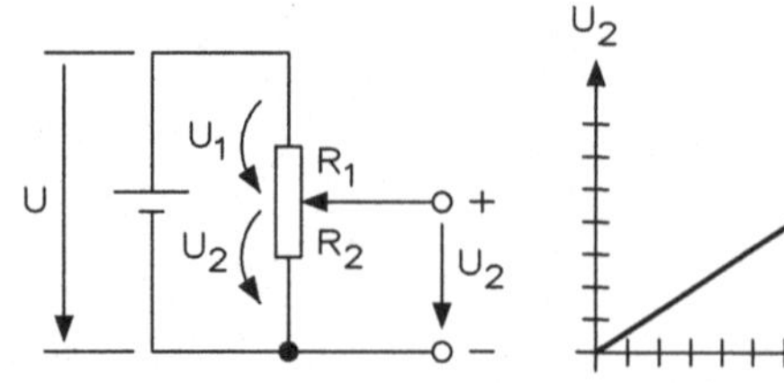

Der Abgriff kann auch als veränderbarer Punkt mit einem einzigen Widerstand vorhanden sein.

3.6 Belasteter Spannungsteiler

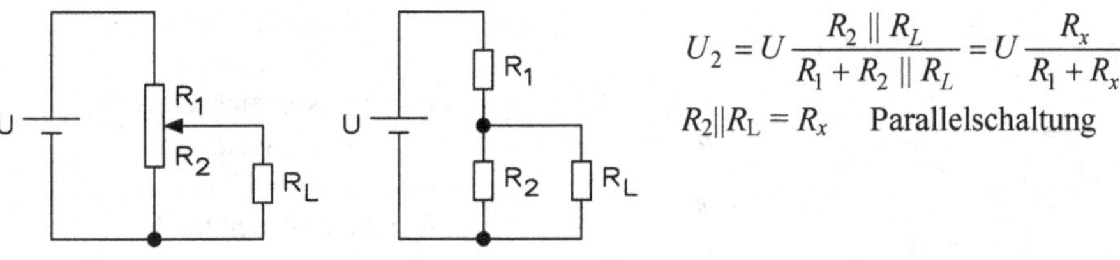

$$U_2 = U \frac{R_2 \parallel R_L}{R_1 + R_2 \parallel R_L} = U \frac{R_x}{R_1 + R_x}$$

$R_2 \| R_L = R_x$ Parallelschaltung

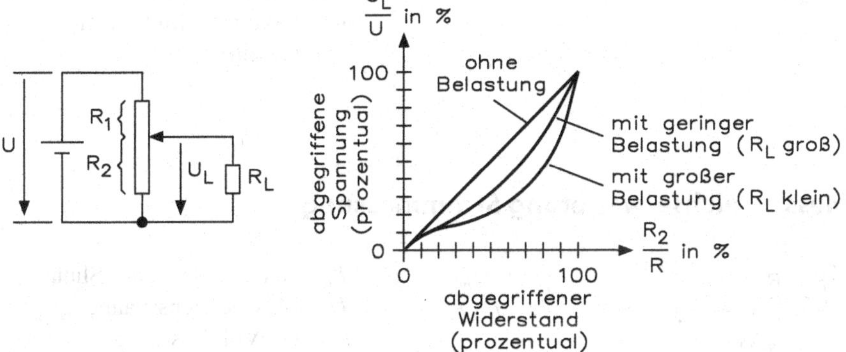

$$U_2 = \frac{U_x \cdot U}{R_1 - R_x} \qquad R_2 \parallel R_b = R_L = \frac{R_2 \cdot R_b}{R_2 + R_b}$$

$$U = \frac{(R_1 + R_2) \cdot U_2}{R_x} \qquad R_1 = \frac{R_x \cdot U}{U_2} - R_x \qquad R_x = \frac{R_1 \cdot U_2}{(U - U_2)}$$

3.7 Vorwiderstand

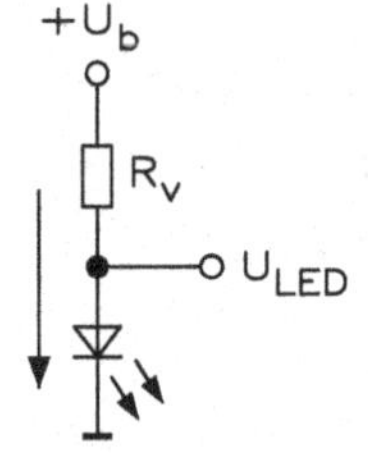

$$R_v = \frac{U_b - U_{\text{LED}}}{I}$$

U_b	Betriebsspannung
U_{LED}	Spannung an der LED
R_v	Vorwiderstand

3.8 Messbereichserweiterung für Spannungsmessung

$$R_v = \frac{U - U_m}{I_m}$$

$$n = \frac{U}{U_m}$$

$$R_v = R_m \cdot (n-1)$$

U_m Messbereichsendwert vor Erweiterung
U Messbereichsendwert nach Erweiterung
I_m Strom bei Vollausschlag
R_m Innenwiderstand des Messwerks
R_v Vorwiderstand
n Faktor der Messbereichserweiterung

3.9 Messbereichserweiterung Strommessung

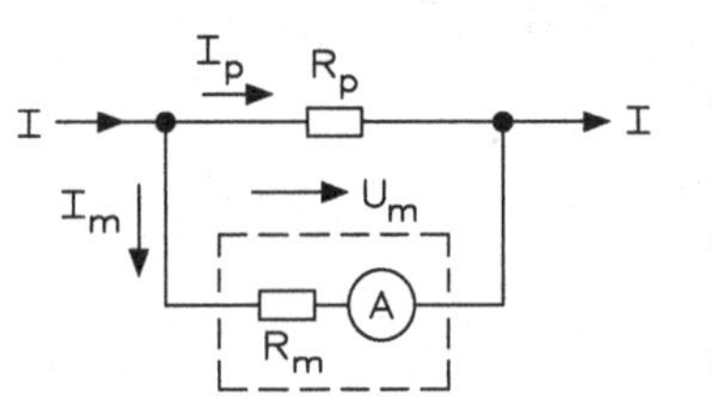

$$R_p = \frac{U_m}{I - I_m}$$

$$R_p = \frac{R_m \cdot I_m}{I - I_m}$$

$$n = \frac{I}{I_m}$$

$$R_p = \frac{R_m}{n-1}$$

R_p Nebenwiderstand (Shunt)
U_m Messbereichsspannung bei Vollausschlag
I Messbereichsendwert nach Erweiterung
I_m Messbereichsendwert vor Erweiterung
R_m Widerstand des Messwerks
n Faktor der Messbereichserweiterung

3.10 Wheatstone Brücke

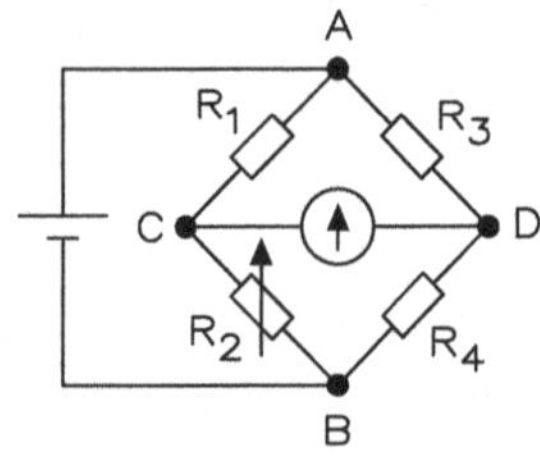

$$\frac{R_1}{R_2} = \frac{R_3}{R_4}$$

$$R_1 = \frac{R_2 \cdot R_3}{R_4}$$

R_1, R_2, R_3, R_4 Brückenwiderstand

3.11 Schleifdrahtbrücke

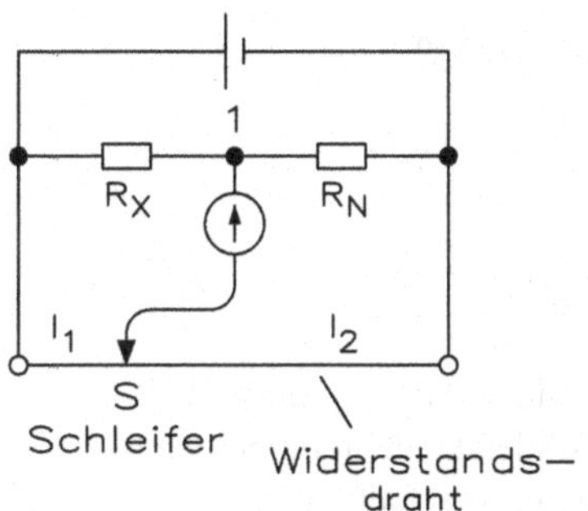

Für den Abgleich gilt $R_X = \frac{R_N \cdot l_1}{l_2}$

R_X Prüfling

R_N Normalwiderstand (≈ R_X)

R_l Widerstand der Zuleitungen (vernachlässigbar)

3.12 Schleifdrahtbrücke nach Thomson

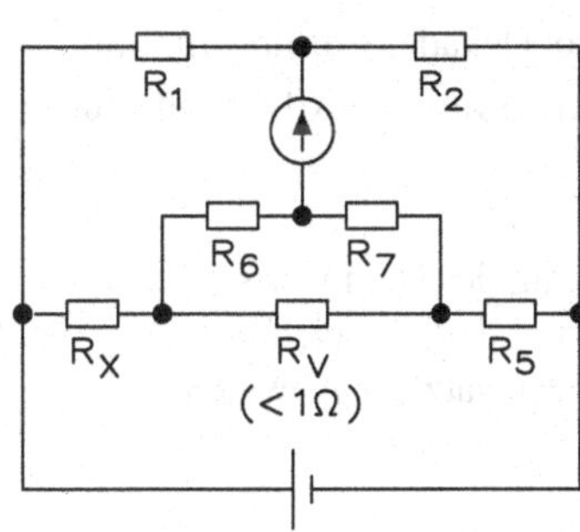

$$R_X = \frac{R_1 \cdot R_3}{R_2}, \text{ wenn } \frac{R_1}{R_2} = \frac{R_6}{R_7}$$

R_V Prüfling

R_5 Normalwiderstand (≈ R_X)

R_V Widerstand der Zuleitungen (vernachlässigbar)

3.13 Dreieck-Stern-Umwandlung

$$R_{s1} = \frac{R_{d1} \cdot R_{d2}}{R_{d1} + R_{d2} + R_{d3}}$$

$$R_{s2} = \frac{R_{d2} \cdot R_{d3}}{R_{d1} + R_{d2} + R_{d3}}$$

$$R_{s3} = \frac{R_{d1} \cdot R_{d3}}{R_{d1} + R_{d2} + R_{d3}}$$

R_{d1}, R_{d2}, R_{d3} Widerstände in Dreieckschaltung

R_{s1}, R_{s2}, R_{s3} Widerstände in umgerechneter Sternschaltung

3.14 Stern-Dreieck-Umwandlung

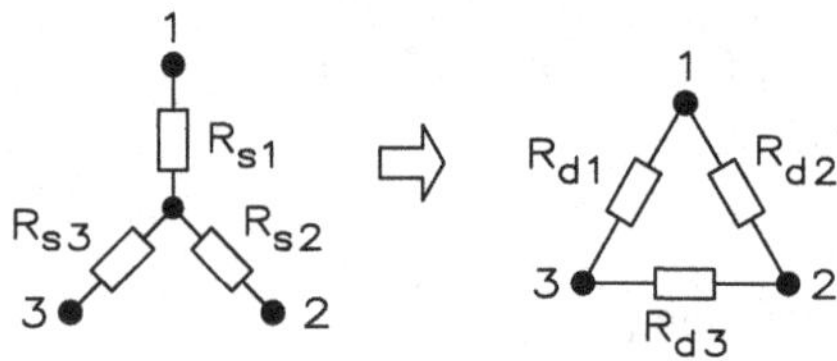

$$R_{d1} = \frac{R_{s1} \cdot R_{s3}}{R_{s2}} + R_{s1} + R_{s3}$$

$$R_{d2} = \frac{R_{s1} \cdot R_{s2}}{R_{s3}} + R_{s1} + R_{s2}$$

$$R_{d3} = \frac{R_{s2} \cdot R_{s3}}{R_{s1}} + R_{s2} + R_{s3}$$

R_{s1}, R_{s2}, R_{s3} Widerstände in Sternschaltung
R_{d1}, R_{d2}, R_{d3} Widerstände in umgerechneter Dreieckschaltung

3.15 Internationale Reihe von Widerständen

Bei den Widerständen bestimmt die Anzahl der Werte pro Dekade, Stufungsfunktion und Auslieferungstoleranz. Den Stufungsfaktor errechnet man aus $q = \sqrt[q]{10}$ und man erhält die Werte. Für die Toleranz gilt:

$$p = \frac{a}{N} \cdot 100$$

$$a = \frac{p \cdot N}{100}$$

$$N = \frac{a \cdot 100}{p} \qquad \frac{N}{100} = 1\,\% \qquad p_{\%} = \frac{a}{N/100}$$

N Betrag des Nennwerts
a Betrag der Abweichung
$p_{\%}$ Prozentsatz der Abweichung

Bezeichnung der IEC-Reihe	**Anzahl der Werte/ Dekade *n***	**Stufungsfaktor *q***	**Auslieferungs-toleranz in %**
E 6	6	1,47	±20
E 12	12	1,21	±10
E 24	24	1,10	±5
E 48	48	1,05	±5
E 96	96	1,02	±1
E 192	192	1,01	±0,5

Widerstandsfarbkennzeichnung

Farbe	1. Ring 1. Ziffer	2. Ring 2. Ziffer	3. Ring Multiplikator	4. Ring 4. Ziffer
Schwarz	–	0	$10^0 = 1$	–
Braun	1	1	10^1	±1 %
Rot	2	2	10^2	±2 %
Orange	3	3	10^3	–
Gelb	4	4	10^4	–
Grün	5	5	10^5	±0,5 %
Blau	6	6	10^6	±0,25 %
Violett	7	7	10^7	±0,1 %
Grau	8	8	10^8	–
Weiß	9	9	10^9	–
Gold	–	–	10^{-1}	±5 %
Silber	–	–	10^{-2}	±10 %
keine	–	–	–	±20 %

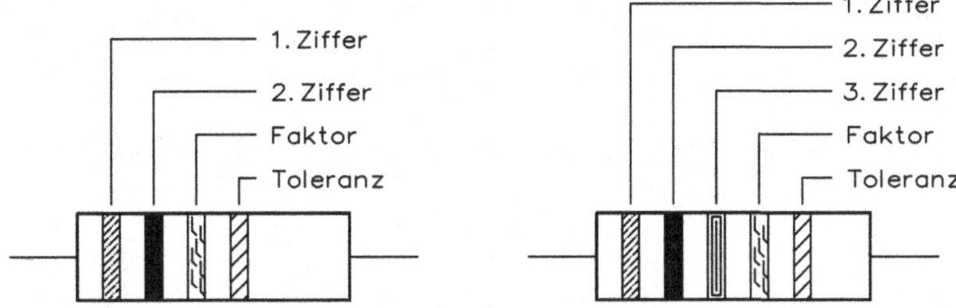

Der erste Ring liegt näher an dem einen Ende des Widerstandswerts als der letzte Ring am anderen Ende.

4 Wechselspannung und Wechselstrom

4.1 Sinusförmige Wechselspannung

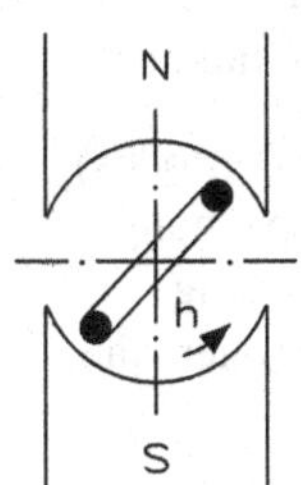

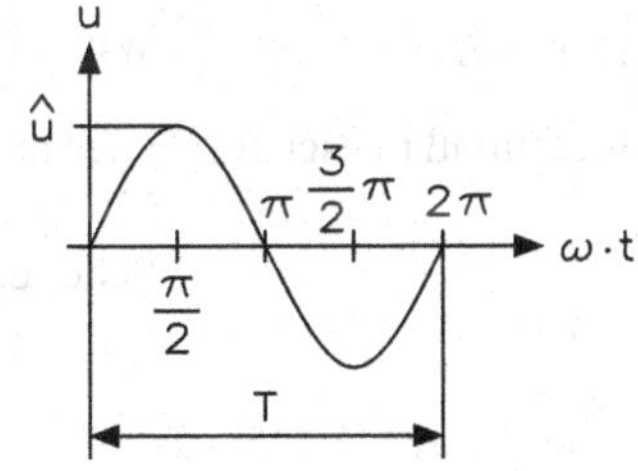

$u = \hat{u} \cdot \sin \omega \cdot t$

$\omega = 2 \cdot \pi \cdot f$

$f = \dfrac{1}{T}$

$f = p \cdot n$

u, i	Momentanwerte (Augenblickswerte)
$\hat{u}$, $\hat{\imath}$	Maximalwerte, Spitzenwerte
f	Frequenz
T	Periodendauer
ω	Kreisfrequenz
p	Polpaarzahl (E-Motor)
n	Drehzahl (E-Motor)

4.2 Spitzen- und Effektivwerte

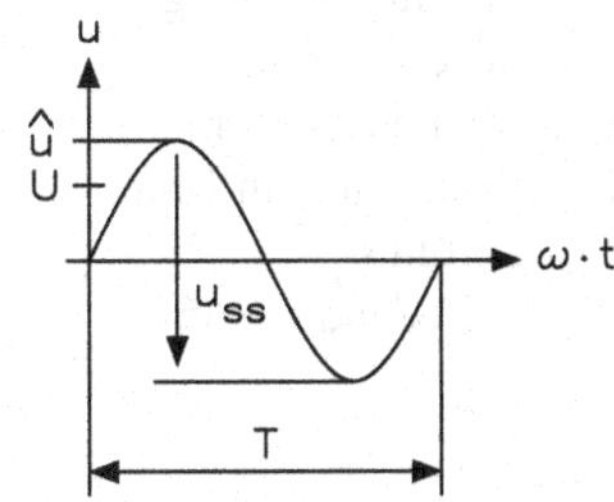

$U = \dfrac{\hat{u}}{\sqrt{2}}$

$I = \dfrac{\hat{\imath}}{\sqrt{2}}$

$\hat{u}_{SS} = 2 \cdot \hat{u}$

$\hat{\imath}_{SS} = 2 \cdot \hat{\imath}$

$\hat{u}$, $\hat{\imath}$	Maximalwerte, Spitzenwerte
U, I	Effektivwerte, auch U_{eff} und I_{eff}
$\hat{u}_{SS}$, $\hat{\imath}_{SS}$	Spitze-Spitze-Werte

H. Bernstein, *Formelsammlung*, https://doi.org/10.1007/978-3-658-18179-6_4

4.3 Zeiger- und Liniendiagramm

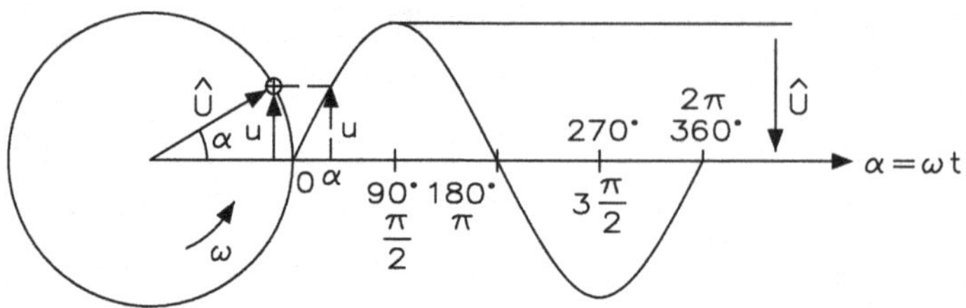

$u = \hat{U} \cdot \sin(\omega t + \varphi)$
$i = \hat{I} \cdot \sin(\omega t + \varphi)$

u, i Momentanwerte (Augenblickswerte)
φ Phasenverschiebungswinkel

Die sinusförmige Spannung kann dargestellt und berechnet werden:

- Abhängigkeit vom Phasenwinkel α im Gradmaß (Taschenrechner im DEG-Modus)

$u(\alpha°) = \hat{u} \cdot \sin \alpha$ $\qquad \hat{u} = \frac{u(\alpha°)}{\sin \alpha}$

(zweite Lösung: $\alpha°$, $180° - \alpha°$)

$u(\alpha°)$ Momentanspannung
$\hat{u}$ Scheitelspannung
α Winkel im Gradmaß

- Abhängigkeit vom Phasenwinkel b im Bogenmaß (Taschenrechner im RAD-Modus)

$u(b°) = \hat{u} \cdot \sin b$ $\qquad \hat{u} = \frac{u(b)}{\sin b}$

(zweite Lösung: b, $\pi - b$)

$u(b)$ Momentanspannung
$\hat{u}$ Scheitelspannung
b Winkel im Bogenmaß

- Abhängigkeit von der Zeit t (Taschenrechner im RAD-Modus)

$u(t) = \hat{u} \cdot \sin(\omega \cdot t)$ $\qquad \hat{u} = \frac{u(t)}{\sin(\omega \cdot t)}$

(zweite Lösung: t, $\frac{T}{2} - t$)

$u(t)$ Momentanspannung
$\hat{u}$ Scheitelspannung
ω Kreisfrequenz (1/s)
t Zeit
T Periodendauer

Ohm'scher Widerstand an sinusförmiger Wechselspannung:

$u(t) = \hat{u} \cdot \sin(\omega \cdot t)$ $\qquad \hat{u} = \frac{u(t)}{\sin(\omega \cdot t)}$

(zweite Lösung: t, $\frac{T}{2} - t$)

$i(t) = \hat{\imath} \cdot \sin(\omega \cdot t)$ $\qquad \hat{\imath} = \frac{i(t)}{\sin(\omega \cdot t)}$

(zweite Lösung: t, $\frac{T}{2} - t$)

Taschenrechner im RAD-Modus
$u(t)$ Momentanspannung
$\hat{u}$ Scheitelspannung
$\hat{\imath}$ Scheitelstrom
$i(t)$ Momentanstrom
R Widerstand in Ohm
t Zeit in s
T Periodendauer in s

4.4 Phasenverschiebung

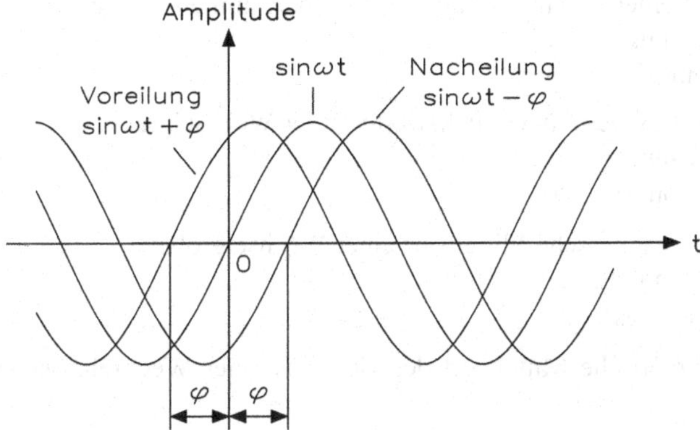

$\frac{\text{Positiver}}{\text{Negativer}}$ Phasenwinkel oder $\frac{\text{Voreilung}}{\text{Nacheilung}}$ bedeutet Verschiebung der Sinuswelle in $\frac{\text{negativer}}{\text{positiver}}$ Richtung der Zeitachse.

Im Zeigerdiagramm ist der $\frac{\text{voreilende}}{\text{nacheilende}}$ Zeiger gegenüber dem Bezugszeiger im $\frac{\text{linken}}{\text{rechten}}$ Sinn um den Winkel $\pm\varphi$ gedreht.

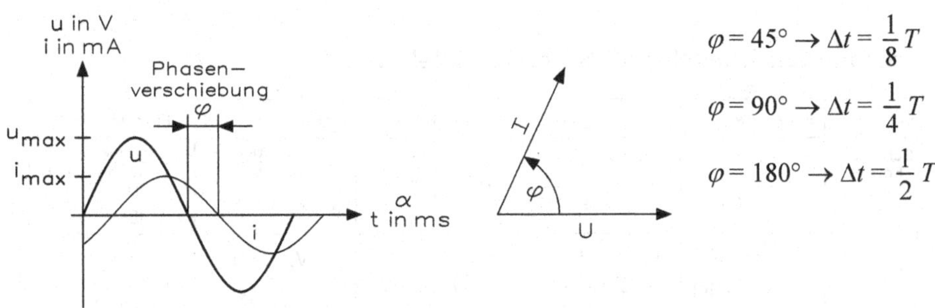

$$\varphi = 45° \rightarrow \Delta t = \frac{1}{8}T$$

$$\varphi = 90° \rightarrow \Delta t = \frac{1}{4}T$$

$$\varphi = 180° \rightarrow \Delta t = \frac{1}{2}T$$

4.5 Leistung im Wechselstromkreis

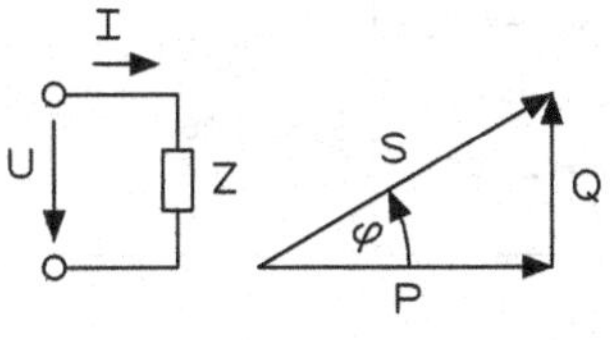

$$S = U \cdot I$$

$$S = \sqrt{P^2 + Q^2}$$

$$S = U \cdot I \cdot \cos\varphi$$

$$\cos\varphi = \frac{P}{S}$$

$$Q = U \cdot I \cdot \sin\varphi$$

S	Scheinleistung in VA
P	Wirkleistung in W
Q	Blindleistung in var
$\cos\varphi$	Leistungsfaktor (Wirkleistungsfaktor)
$\sin\varphi$	Blindleistungsfaktor

4.6 Amplitudenform der Messgröße

Der Augenblickswert ist der Wert einer Wechselgröße zu einem bestimmten Zeitpunkt:

- u Augenblickswert der Spannung
- i Augenblickswert des Stromes

Der Scheitelwert ist der größte Betrag des Augenblickswertes einer Wechselgröße:

- $\hat{u} = u_{\max}$ Scheitelwert der Spannung
- $\hat{\imath} = i_{\max}$ Scheitelwert des Stromes

Der Effektivwert ist der zeitliche quadratische Mittelwert einer Wechselgröße:

- $U = U_{\text{eff}}$ Effektivwert der Spannung
- $I = I_{\text{eff}}$ Effektivwert des Stromes

Der Gleichrichtwert ist der arithmetische Mittelwert des Betrages einer Wechselgröße über eine Periode:

- $\bar{u}$ Gleichrichtwert der Spannung
- $\bar{\imath}$ Gleichrichtwert des Stromes

Der Scheitelfaktor einer Wechselgröße ist das Verhältnis von Scheitelwert zu Effektivwert:

$$S = \frac{\hat{u}}{U} = \frac{\hat{\imath}}{I}$$

Der Formfaktor einer Wechselgröße ist das Verhältnis von Effektivwert zu Gleichrichtwert:

$$F = \frac{U}{|\bar{u}|} = \frac{I}{|\bar{\imath}|} \qquad F \geq 1$$

Umrechnung von Scheitel-, Gleichricht- und Effektivwert

Schwingung	Scheitelwert $\hat{u}$	Gleichrichtwert $\lvert\bar{u}\rvert$	Effektivwert U	Scheitelfaktor S	Formfaktor F
mit Scheitel- und Form- faktor	$\hat{u} = S \cdot U$ $\hat{u} = S \cdot F \cdot \lvert\bar{u}\rvert$	$\lvert\bar{u}\rvert = U/F$ $\lvert\bar{u}\rvert = \frac{\hat{u}}{S \cdot F}$	$U = \hat{u}/S$ $U = \lvert\bar{u}\rvert \cdot F$	$S = \frac{\text{Scheitelwert}}{\text{Effektivwert}}$ $S = \frac{\hat{u}}{U}$	$F = \frac{\text{Effektivwert}}{\text{Gleichrichtwert}}$ $F = \frac{U}{\lvert\bar{u}\rvert}$
Sinus	$\hat{u} = \frac{\pi}{2} \cdot \lvert\bar{u}\rvert$ $\hat{u} = 1{,}571 \cdot \lvert\bar{u}\rvert$ $\hat{u} = \sqrt{2} \cdot U$ $\hat{u} = 1{,}414 \cdot U$	$\lvert\bar{u}\rvert = \frac{2 \cdot \hat{u}}{\pi}$ $\lvert\bar{u}\rvert = 0{,}637 \cdot \hat{u}$ $\lvert\bar{u}\rvert = \frac{2 \cdot \sqrt{2}}{\pi} \cdot U$ $\lvert\bar{u}\rvert = 0{,}9 \cdot U$	$U = \hat{u}/\sqrt{2}$ $U = 0{,}707 \cdot \hat{u}$ $U = \frac{\pi}{2 \cdot \sqrt{2}} \cdot \lvert\bar{u}\rvert$ $U = 1{,}111 \cdot \lvert\bar{u}\rvert$	$S = \sqrt{2} = 1{,}414$ $\frac{1}{S} = 0{,}707$ $S \cdot F = \frac{\pi}{2} = 1{,}571$	$U = \frac{\pi}{2 \cdot \sqrt{2}} = 1{,}111$ $\frac{1}{F} = 0{,}900$
Rechteck	$\hat{u} = \lvert\bar{u}\rvert$ $\hat{u} = U$	$\lvert\bar{u}\rvert = \hat{u}$ $\lvert\bar{u}\rvert = U$	$U = \hat{u}$ $U = \lvert\bar{u}\rvert$	$S = 1{,}000$ $\frac{1}{S} = 1{,}000$ $S \cdot F = 1{,}000$	$F = 1{,}000$ $\frac{1}{F} = 1{,}000$
Dreieck	$\hat{u} = 2 \cdot \lvert\bar{u}\rvert$ $\hat{u} = \sqrt{3} \cdot U$ $\hat{u} = 1{,}732 \cdot U$	$\lvert\bar{u}\rvert = 0{,}5 \cdot \hat{u}$ $\lvert\bar{u}\rvert = \frac{\sqrt{3} \cdot U}{2}$ $\lvert\bar{u}\rvert = 0{,}866 \cdot U$	$U = \hat{u}/\sqrt{3}$ $U = 0{,}577 \cdot \hat{u}$ $U = \frac{2 \cdot \lvert\bar{u}\rvert}{\sqrt{3}}$ $U = 1{,}155 \cdot \lvert\bar{u}\rvert$	$S = \sqrt{3} = 1{,}732$ $\frac{1}{S} = 0{,}577$ $S \cdot F = 2{,}000$	$F = \frac{2}{\sqrt{3}} = 1{,}155$ $\frac{1}{F} = 0{,}866$

Abhängigkeit der Messgröße

Kurvenform	Korrekturfaktor	$F = \frac{Effektivwert}{Gleichrichtwert}$
Sinus	1	0,707
Rechteck	1,41	1,0
Dreieck	0,82	0,577
Parabelspitzen	0,64	0,45
Halbellipsen	1,16	0,82
Halbkreise	1,16	0,82

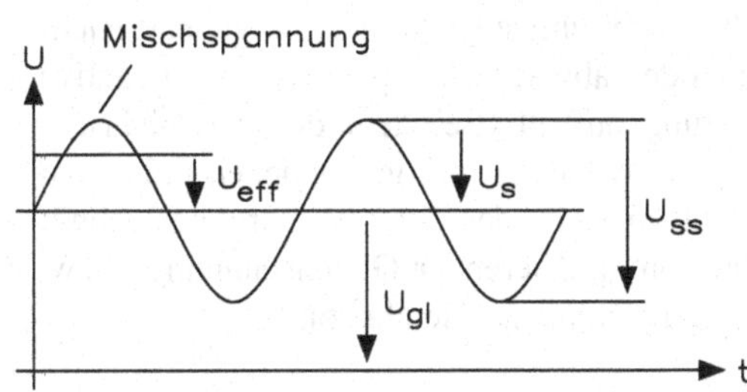

$$U_{eff} = \sqrt{U_{gl}^2 + \frac{U_s^2}{2}}$$

4.7 Spannungsarten

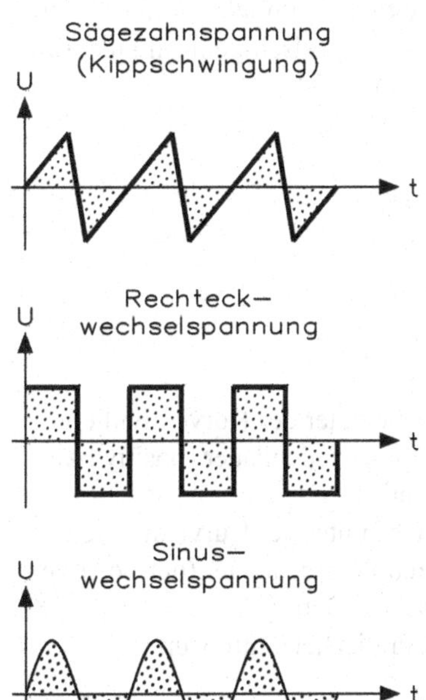

Wechselspannung und -strom

Periodisch, d. h. in regelmäßigen Zeitabständen, im gleichen Verlauf wiederkehrender Spannung (bzw. Strom) wechselnder Richtung, aber beliebiger Kurvenform. Der lineare Mittelwert ist Null, d. h., die Summe aller positiven und negativen Augenblickswerte einer Periode ergibt den Wert Null. Sonderfall: Sinuswechselspannung bzw. Sinuswechselstrom.

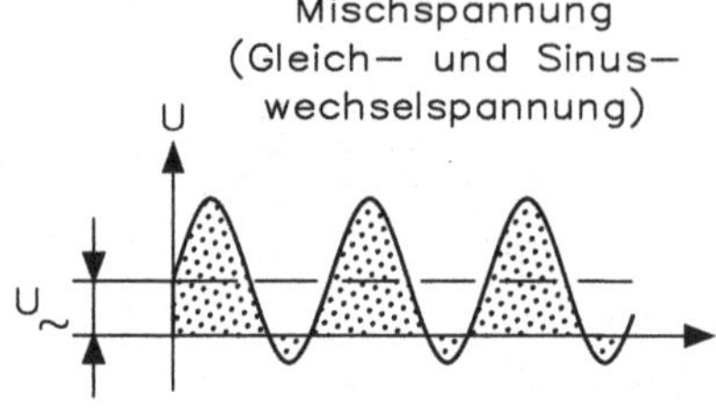

Mischspannung und -strom

Entsteht durch die Überlagerung von Gleich- und Wechselstrom; deshalb ist der lineare Mittelwert nicht Null.

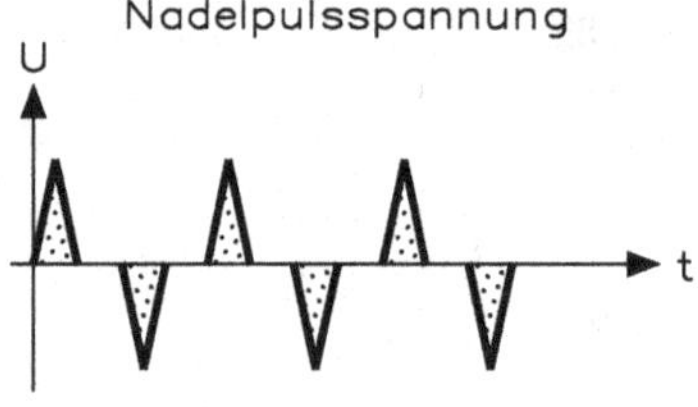

Pulsspannung und -strom

Periodisch, d. h. in regelmäßigen Zeitabständen, wiederkehrender Spannungs- oder Stromstoß, wobei entweder immer die gleiche Richtung oder abwechselnd positive und negative Richtung auftritt. Bei dem durch Gleichrichtung aus Wechselstrom gewonnenen Pulsstrom spricht man in der Stromversorgungstechnik auch von „pulsierender Gleichspannung" bzw. von „pulsierendem Gleichstrom".

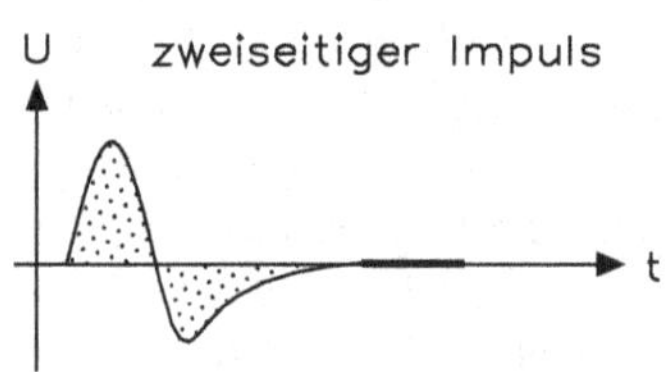

Impuls

Kurzzeitig wirkender Strom- oder Spannungsstoß beliebiger Kurvenform. Man unterscheidet zwischen einseitigem Impuls (ohne Richtungswechsel) und zweiseitigem Impuls (ein Richtungswechsel).

Formelzeichen:

$\bar{u}$, U_{AV}	Arithmetischer Mittelwert (zeitlich linearer Mittelwert, Gleichwert, Gleichspannungswert)	Fläche unter der Kurve dividiert durch Periodendauer (positiv bzw. negativ)
$\lvert\bar{u}\rvert$	Gleichrichtwert	Fläche unter der Kurve dividiert durch Periodendauer (nur positive Flächen, Beträge)
U, U_{RMS}	Effektivwert (Root Mean Square)	quadratischer Mittelwert
$\hat{u}/U$ $\quad F_{\mathrm{Crest}} = \hat{u}/U$	Scheitelfaktor (Crest-Faktor)	Maximalwert/Effektivwert
$U/\lvert\bar{u}\rvert$ $\quad F = U/\lvert\bar{u}\rvert$	Formfaktor	Effektivwert/Gleichrichtwert

4.8 Rechtecksignale

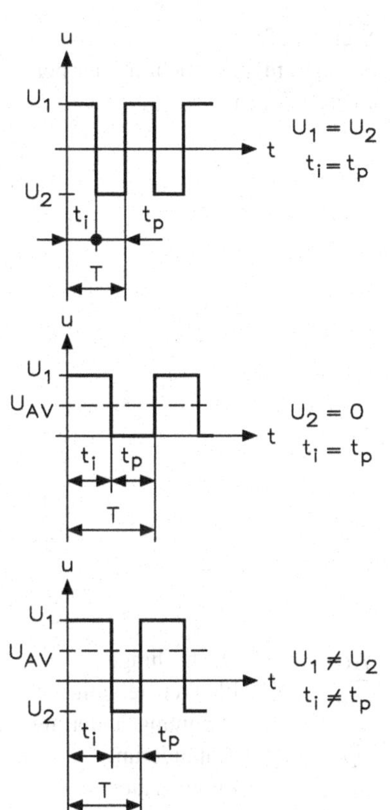

$$T = t_1 + t_p$$

$$f = \frac{1}{T}$$

$$g = \frac{t_i}{T}$$

$$U_{AV} = \frac{U_1 \cdot t_1 + U_2 \cdot t_p}{T}$$

t_i	Impulsdauer
t_p	Impulspause
T	Periodendauer
f	Frequenz
g	Tastgrad
$\bar{u}$, U_{AV}	arithmetischer Mittelwert

4.9 Signallaufzeit

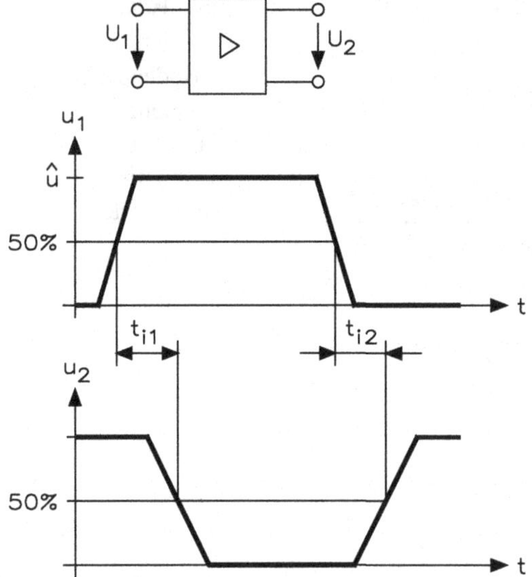

t_l Signallaufzeit
Bezugspegel müssen nicht immer bei 50 % von $\hat{u}$ liegen.

- **Impulsform:**

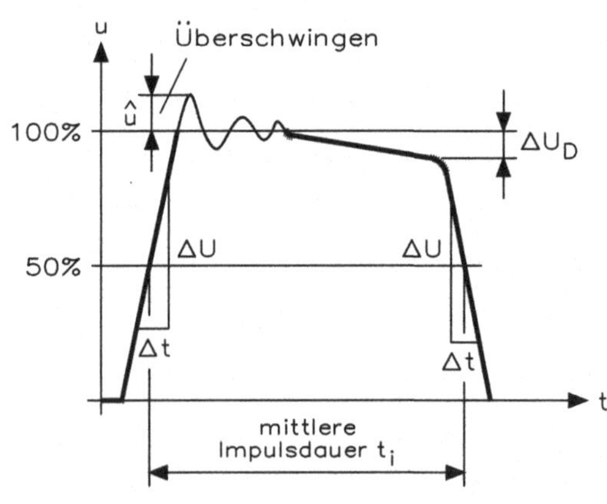

$$D = \frac{\Delta U_D}{\hat{u}}$$

$$S = \frac{\Delta U}{\Delta t}$$

D Dachschräge
S Flankensteilheit
ΔU Spannungsänderung
Δt Zeitänderung
t_i Impulsdauer

- **Impulsverformung:**

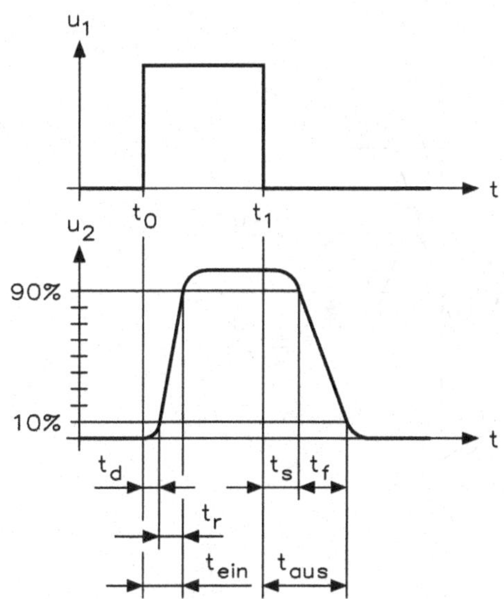

$t_{ein} = t_d + t_r$

$t_{aus} = t_s + t_f$

t_d	Verzögerungszeit (delay time)
t_r	Anstiegszeit (rise time)
t_s	Speicherzeit (storage time)
t_f	Fallzeit (fall time)
t_{ein}	Einschaltzeit
t_{aus}	Ausschaltzeit

4.10 Addition phasenverschobener Spannungen und Ströme

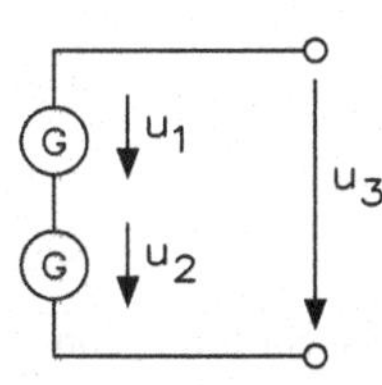

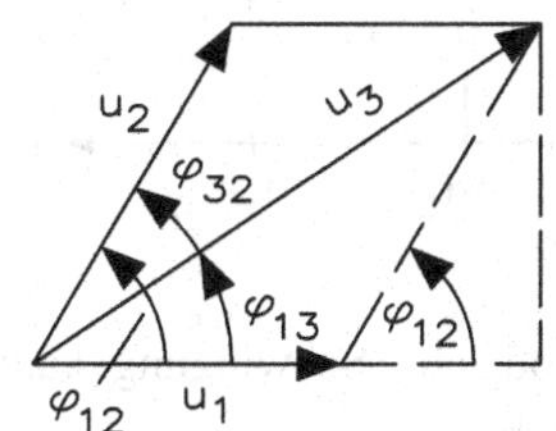

$$\hat{u}_3^2 = \hat{u}_1^2 + \hat{u}_2^2 - 2 \cdot \hat{u}_1 \cdot \hat{u}_2 \cdot \cos(180° - \varphi_{12})$$

$$\tan \varphi_{13} = \frac{\hat{u}_1 \cdot \sin \varphi_{12}}{\hat{u}_2 + \hat{u}_1 \cdot \sin \varphi_{12}}$$

φ_{12}, φ_{13}, φ_{32}	Phasenverschiebungswinkel
$\hat{u}_1$, $\hat{u}_2$	Spitzenwerte der Einzelspannungen
$\hat{u}_3$	Spitzenwerte der Gesamtspannung

4.11 Fourier-Analyse

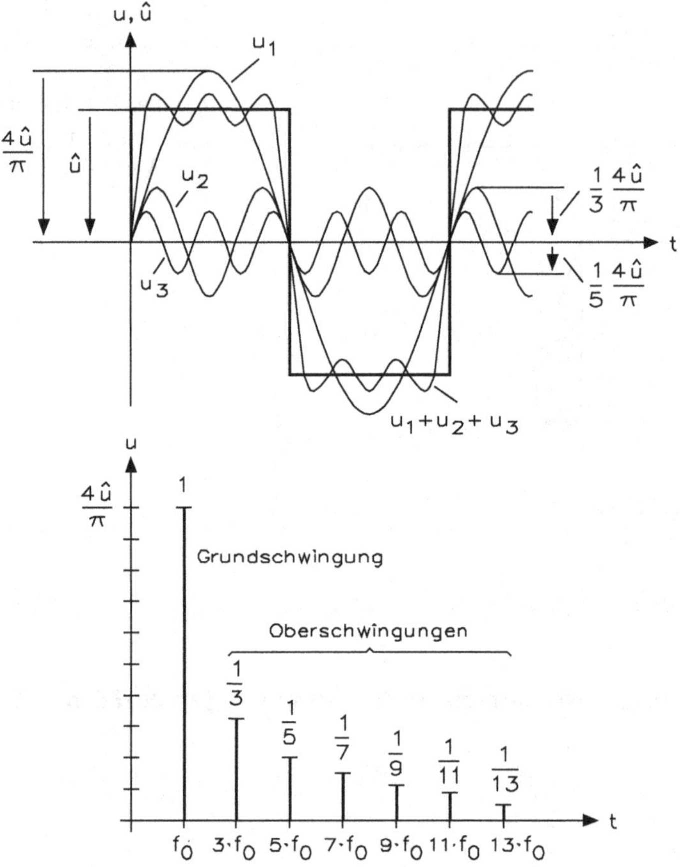

Linien- und Frequenzspektrum. Jede periodische Schwingung kann als Summe von sinusförmiger Teilschwingung dargestellt werden.

Funktionsgleichung: $u = \frac{4 \cdot \hat{u}}{\pi}\left(\sin \omega t + \frac{1}{3}\sin 3\omega t + \frac{1}{5}\sin 5\omega t + \frac{1}{7}\sin 7\omega t + \ldots\right)$; $\omega = 2 \cdot \pi \cdot f$

Kurvenanalyse und deren Oberwellen

Kurvenverlauf und Gleichung	Oberwellenaufbau
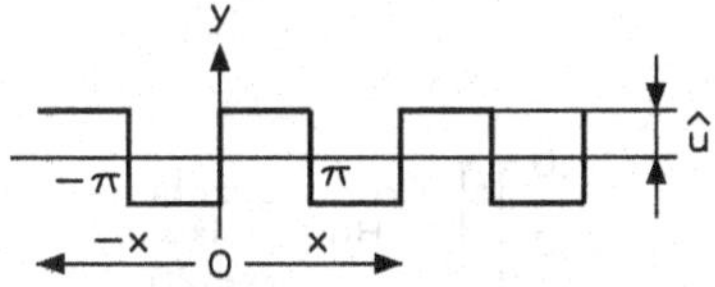 $f(x)=\frac{4\hat{u}}{\pi}\left(\sin x+\frac{\sin 3x}{3}+\frac{\sin 5x}{5}+\frac{\sin 7x}{7}+\frac{\sin 9x}{9}...\right)$ 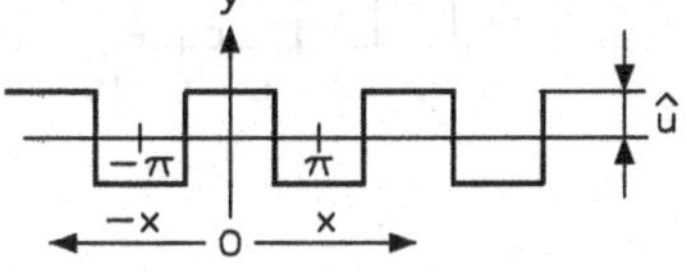 $f(x)=\frac{4\hat{u}}{\pi}\left(\cos x-\frac{\cos 3x}{3}+\frac{\cos 5x}{5}-\frac{\cos 7x}{7}+\frac{\cos 9x}{9}...\right)$	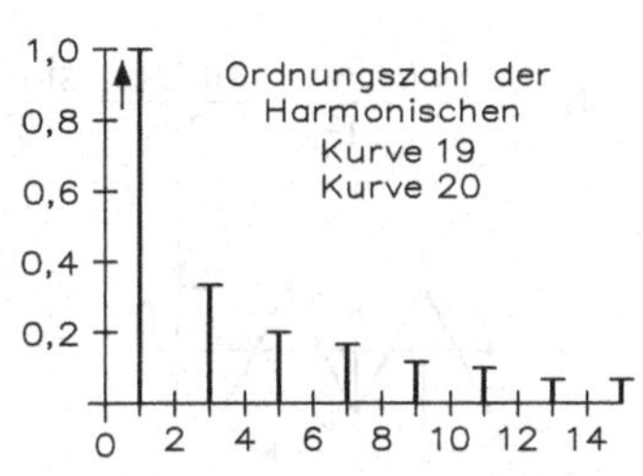
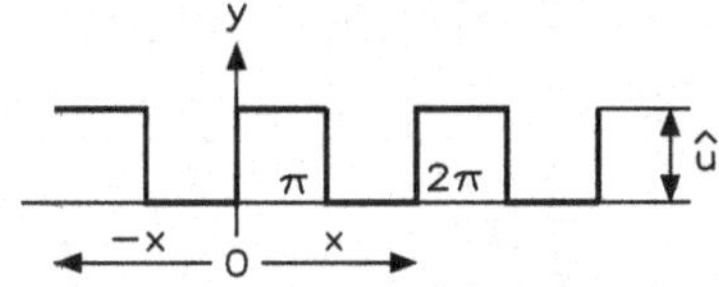 $f(x)=\frac{\hat{u}}{2}+\frac{2\hat{u}}{\pi}\left(\sin x+\frac{\sin 3x}{3}+\frac{\sin 5x}{5}+\frac{\sin 7x}{7}...\right)$ 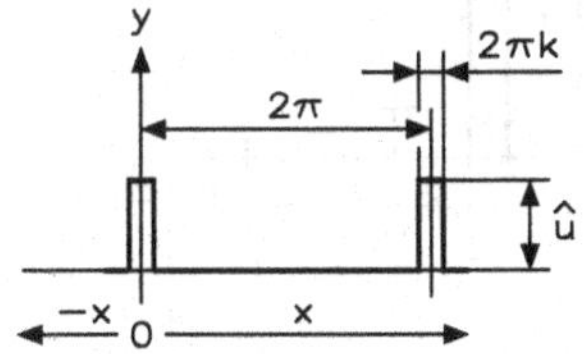 $f(x)=\hat{u}\left\{k+\frac{2}{\pi}\left(\begin{array}{l}\sin\cdot k\cdot\pi\cdot\cos x+\frac{1}{2}\sin\cdot k\cdot\pi\cdot\cos\cdot 2\cdot x+\\ \frac{1}{3}\sin\cdot 3\cdot k\cdot\pi\cdot\cos\cdot 3\cdot x...\end{array}\right)\right\}$	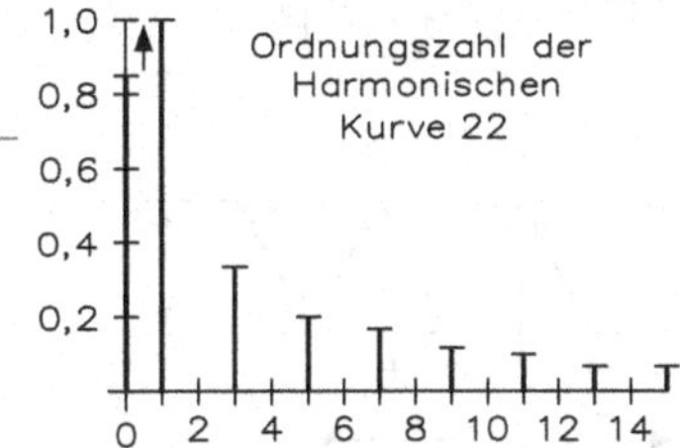
y −2π 2π −π π û −x 0 x $f(x)=-\frac{8\hat{u}}{\pi^2}\left(\frac{\cos x}{1^2}+\frac{\cos 3x}{3^2}+\frac{\cos 5x}{5^2}...\right)$	

Kurvenverlauf und Gleichung	Oberwellenaufbau
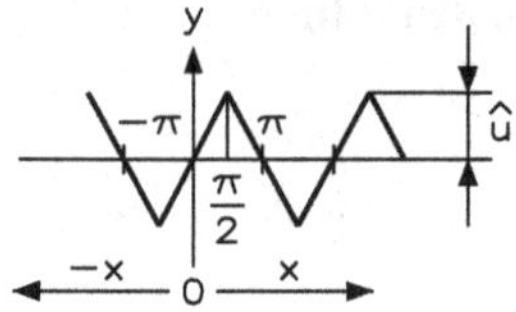 $$f(x) = \frac{8\hat{u}}{\pi^2}\left(\frac{\sin x}{1^2} - \frac{\sin 3x}{3^2} + \frac{\sin 5x}{5^2}...\right)$$ 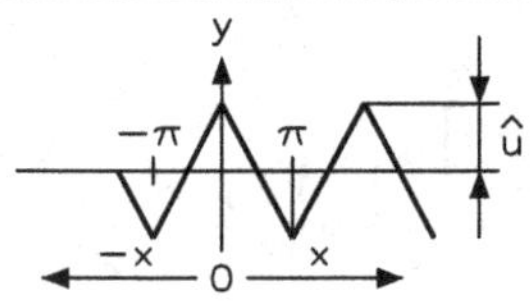 $$f(x) = \frac{8\hat{u}}{\pi^2}\left(\frac{\cos x}{1^2} + \frac{\cos 3x}{3^2} + \frac{\cos 5x}{5^2}...\right)$$	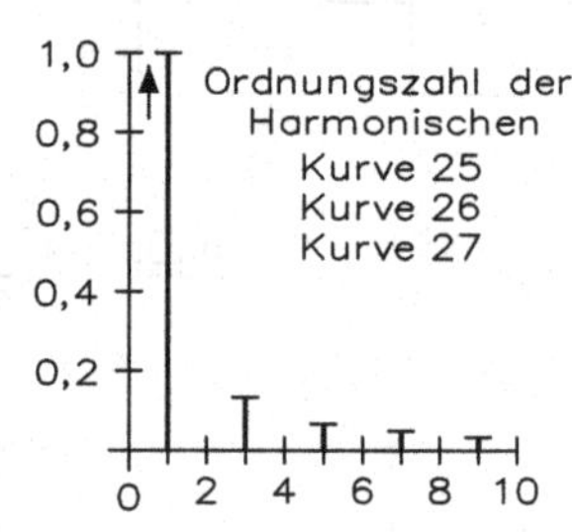
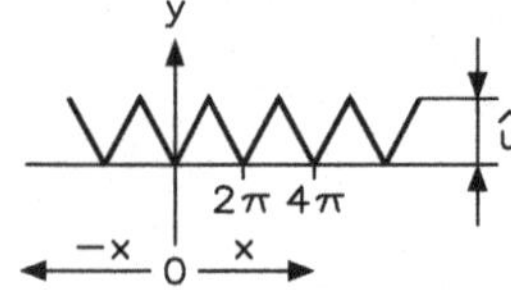 $$f(x) = \frac{\hat{u}}{2} - \frac{4\hat{u}}{\pi^2}\left(\frac{\cos x}{1^2} + \frac{\cos 3x}{3^2} + \frac{\cos 5x}{5^2}...\right)$$ 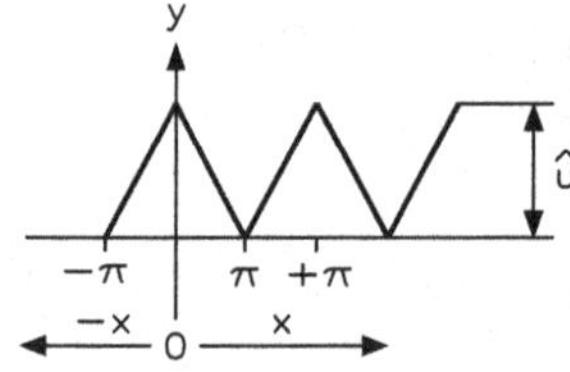 $$f(x) = \frac{\hat{u}}{2} + \frac{4\hat{u}}{\pi^2}\left(\frac{\cos x}{1^2} + \frac{\cos 3x}{3^2} + \frac{\cos 5x}{5^2}...\right)$$	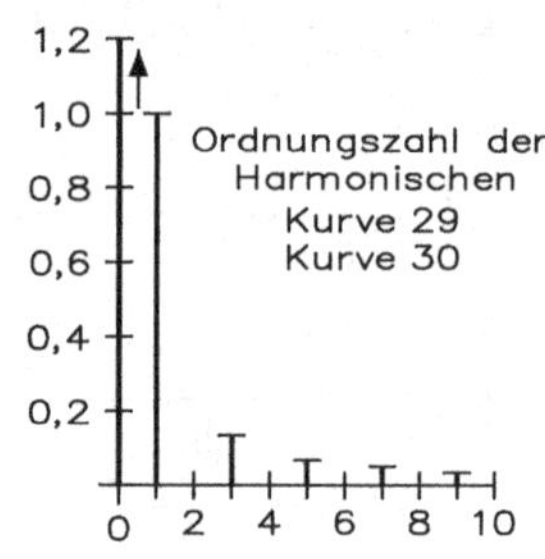
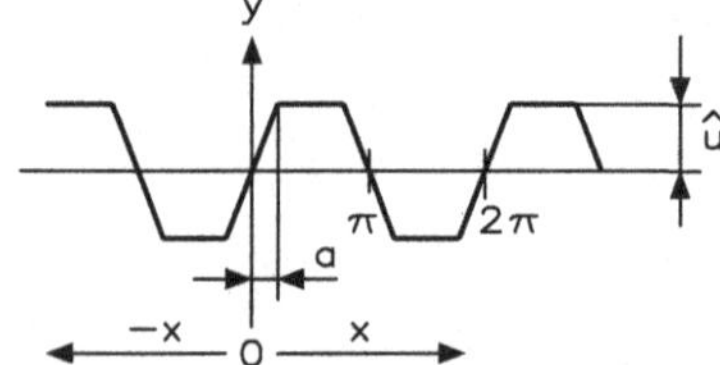 $$f(x) = \frac{4\hat{u}}{a \cdot \pi}\left(\frac{\sin a}{1^2} \cdot \sin x + \frac{\sin 3a}{3^2} \cdot \sin x + \frac{\sin 5a}{5^2} \cdot \sin 5x...\right)$$	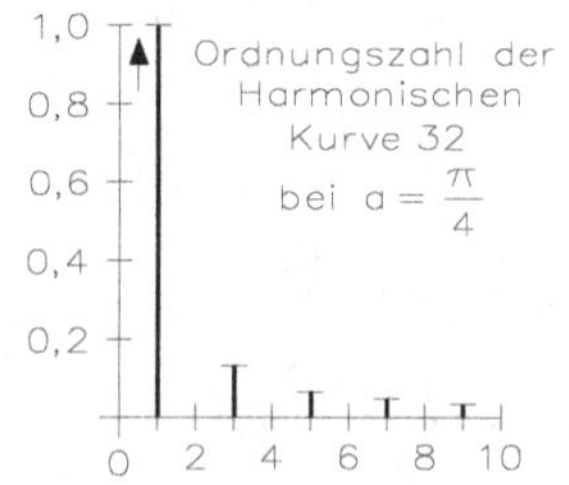

Kurvenverlauf und Gleichung	**Oberwellenaufbau**

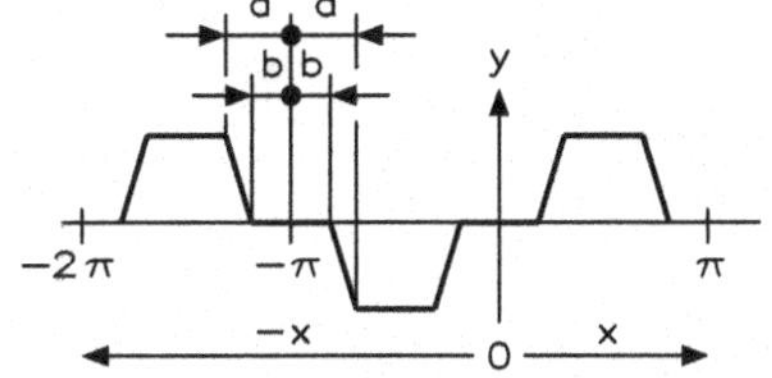

$$f(x) = \frac{4\hat{u}}{\pi(a-b)}\left(\frac{\sin a - \sin b}{1^2}\cdot\sin x + \frac{\sin 3a - \sin 3b}{3^2}\cdot\sin 3x + \frac{\sin 5a - \sin 5b}{5^2}\cdot\sin 5x...\right)$$

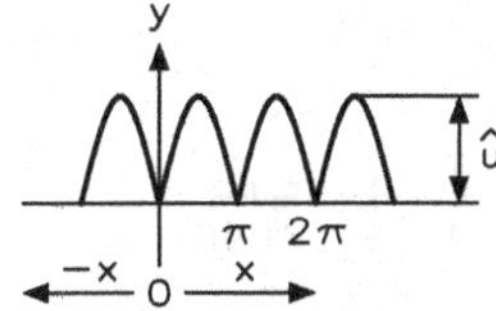

Halbwellen von sin- und -sin-Schwingungen

$$f(x) = \frac{2\hat{u}}{\pi} - \frac{4\hat{u}}{\pi}\left(\frac{\cos 2x}{3} + \frac{\cos 4x}{3\cdot 5} + \frac{\cos 6x}{5\cdot 7}...\right)$$

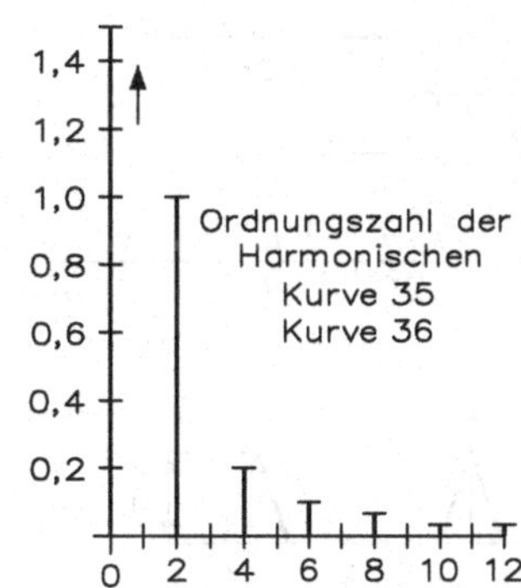

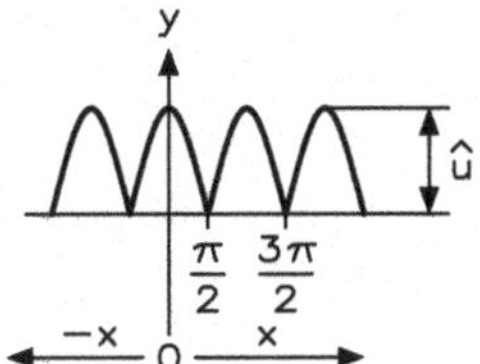

Halbwellen von cos- und -cos-Schwingungen

$$f(x) = \frac{2\hat{u}}{\pi} - \frac{4\hat{u}}{\pi}\left(-\frac{\cos 2x}{3} + \frac{\cos 4x}{3\cdot 5} - \frac{\cos 6x}{5\cdot 7} + -...\right)$$

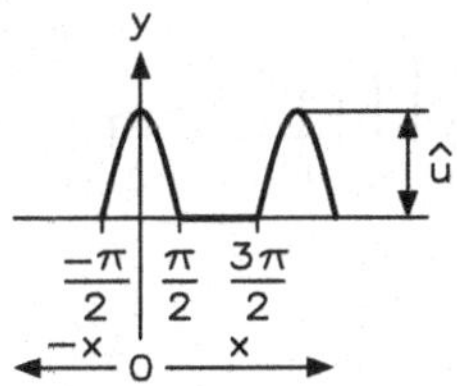

Halbwellen einer cos-Schwingung

$$f(x) = \frac{\hat{u}}{\pi} - \frac{\hat{u}}{2}\cos x + \frac{2\cdot\hat{u}}{\pi}\left(\frac{\cos 2x}{1\cdot 3} - \frac{\cos 4x}{3\cdot 5} + \frac{\cos 6x}{5\cdot 7} - +...\right)$$

Kurvenverlauf und Gleichung	Oberwellenaufbau
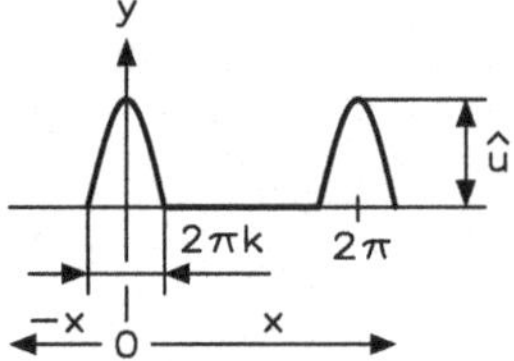 Halbwellen einer cos-Schwingung $$f(x)=\frac{2\cdot k\cdot\hat{u}}{\pi}+\frac{4\cdot k\cdot\hat{u}}{\pi}\sum_{n=1}\frac{\cos\cdot n\cdot\pi\cdot k}{1-4\cdot k^2\cdot n^2}\cdot\cos\cdot n\cdot x$$	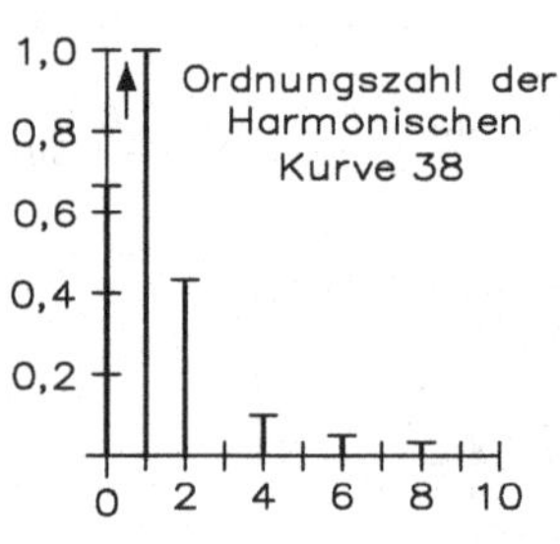
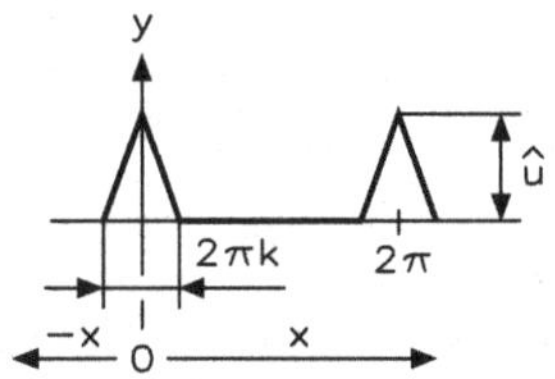 $$f(x)=\frac{k\cdot\hat{u}}{2}+\frac{2\cdot\hat{u}}{\pi^2\cdot k}\sum_{n=1}^{\infty}\frac{1-\cos\cdot n\cdot\pi\cdot k}{n^2}\cdot\cos\cdot n\cdot x$$	
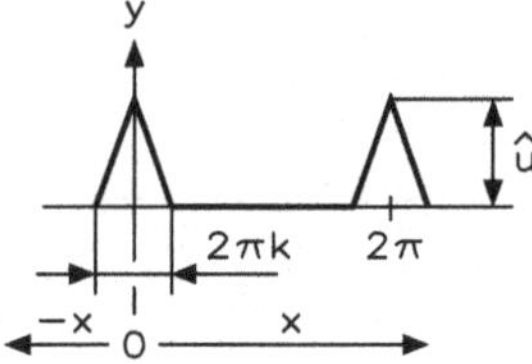 $$f(x)=\frac{2\hat{u}}{\pi}\left(\frac{\sin x}{1}-\frac{\sin 2x}{2}+\frac{\sin 3x}{3}-\frac{\sin 4x}{4}\right)$$	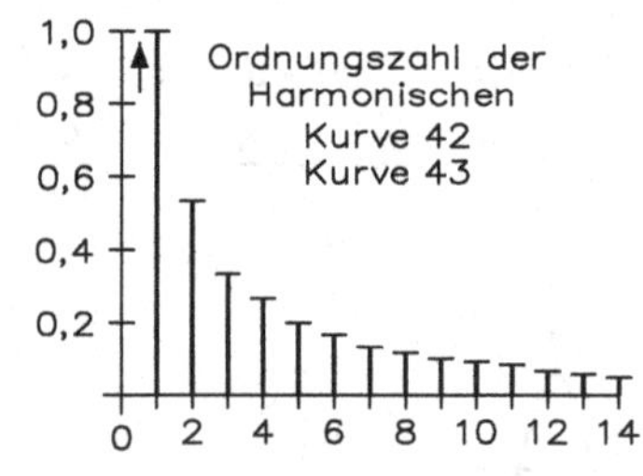
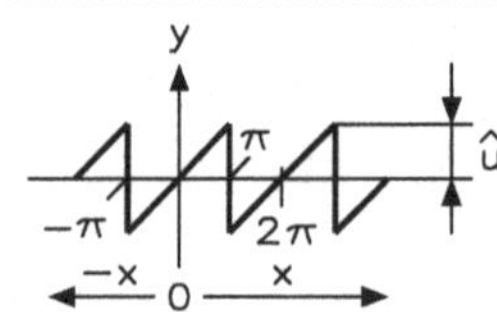 $$f(x)=-\frac{2\hat{u}}{\pi}\left(\sin x+\frac{1}{2}\sin 2x+\frac{1}{3}\sin 3x\ldots\right)$$	

Kurvenverlauf und Gleichung	**Oberwellenaufbau**

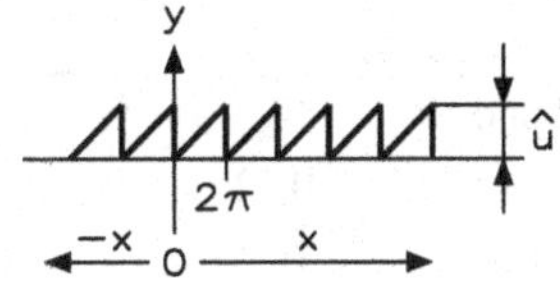

$$f(x)=\frac{\hat{u}}{2}-\frac{\hat{u}}{\pi}\left(\frac{\sin x}{1}+\frac{\sin 2x}{2}+\frac{\sin 3x}{3}\dots\right)$$

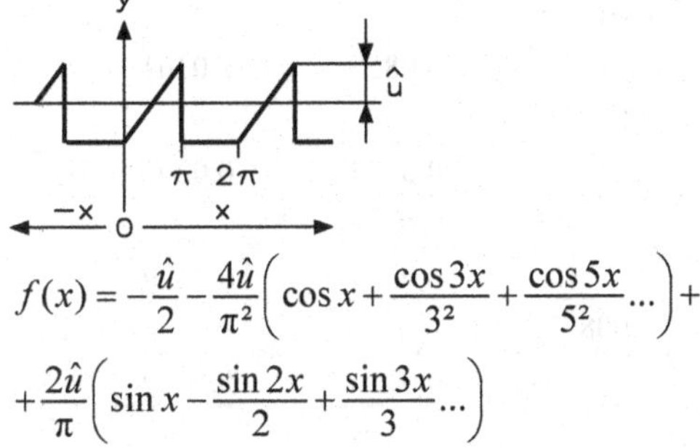

$$f(x)=-\frac{\hat{u}}{2}-\frac{4\hat{u}}{\pi^2}\left(\cos x+\frac{\cos 3x}{3^2}+\frac{\cos 5x}{5^2}\dots\right)+$$
$$+\frac{2\hat{u}}{\pi}\left(\sin x-\frac{\sin 2x}{2}+\frac{\sin 3x}{3}\dots\right)$$

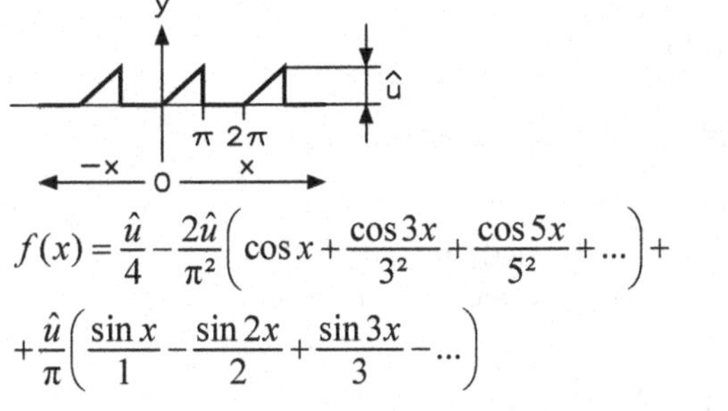

$$f(x)=\frac{\hat{u}}{4}-\frac{2\hat{u}}{\pi^2}\left(\cos x+\frac{\cos 3x}{3^2}+\frac{\cos 5x}{5^2}+\dots\right)+$$
$$+\frac{\hat{u}}{\pi}\left(\frac{\sin x}{1}-\frac{\sin 2x}{2}+\frac{\sin 3x}{3}-\dots\right)$$

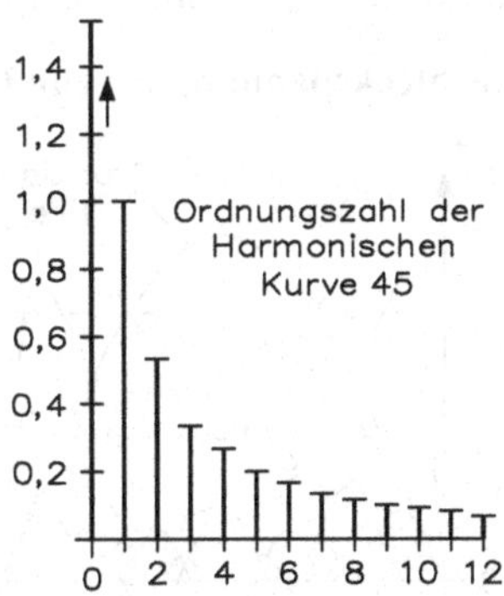

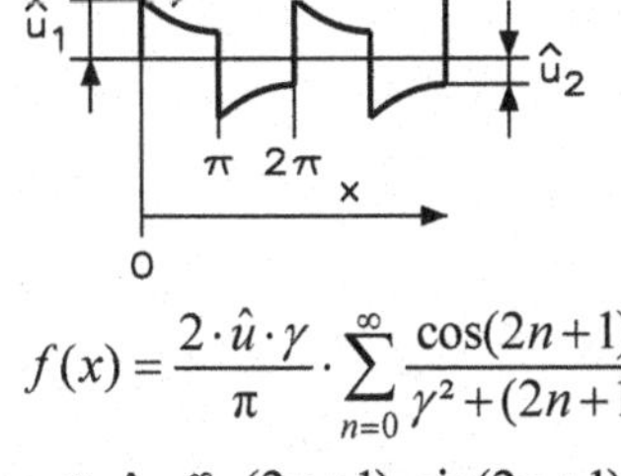

$$f(x)=\frac{2\cdot\hat{u}\cdot\gamma}{\pi}\cdot\sum_{n=0}^{\infty}\frac{\cos(2n+1)x}{\gamma^2+(2n+1)^2}+$$
$$+\frac{2\cdot\hat{u}}{\pi}\cdot\sum_{n=0}^{\infty}\frac{(2n+1)\cdot\sin(2n+1)x}{\gamma^2+(2n+1)^2}$$

Tabelle der Amplitudenwerte (Kurven 5 bis 14)

Ordnungszahl der Harmonischen	**Kurve**				
	5, 6 und 7	8 und 9	10	12 und 13	14
f_0	–	1,23	–	1,5	0,626
f_1	1	1	1	–	1
f_2	–	–	–	1	0,425
f_3	0,111	0,111	0,111	–	–
f_4	–	–	–	0,2	0,085
f_5	0,04	0,04	0,04	–	–
f_6	–	–	–	0,0855	0,0364
f_7	0,0204	0,0204	0,0204	–	–
f_8	–	–	–	0,0475	0,0202
f_9	0,0124	0,0124	0,0124	–	–
f_{10}	–	–	–	0,0303	0,0129
f_{11}	0,00827	0,00827	0,00827	–	–
f_{12}	–	–	–	0,021	0,0089

Bildung einer Spannungsform aus den Oberwellen

a) Rechteckspannung bis zur 11. Oberwelle

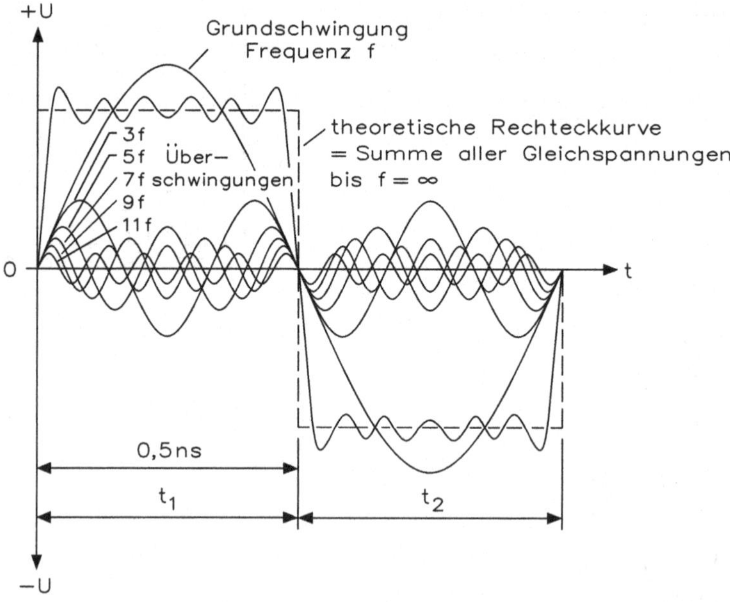

b) Summenschwingung aus f_1 und f_3

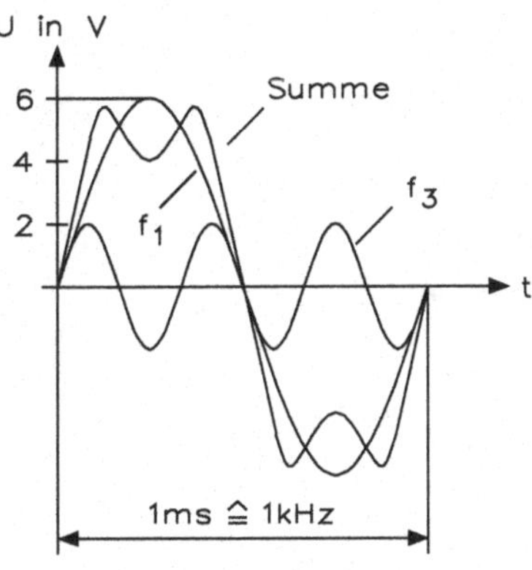

c) Summenschwingung aus f_1 und f_2

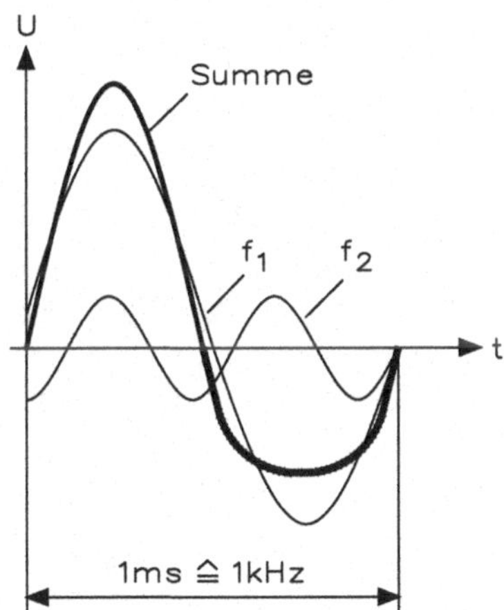

d) Rechtecksprung durch Überlagerung mit Oberwellen bis zur 10. Harmonischen

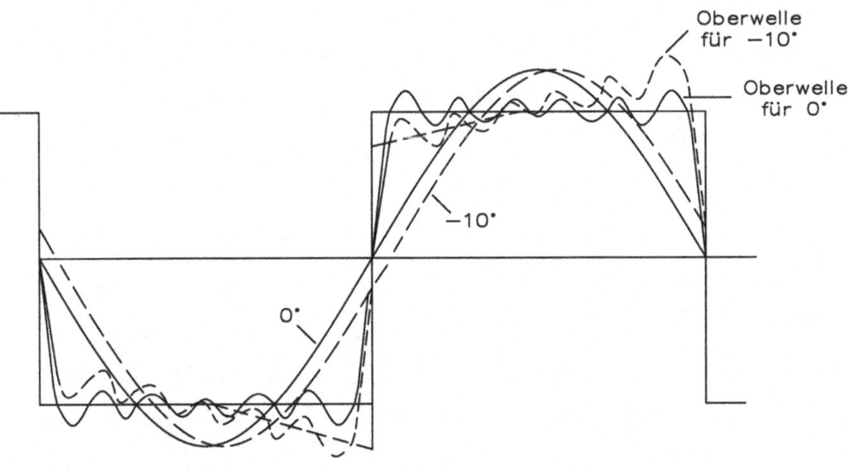

——— Amplituden- und phasenrichtig

- - - - Amplitudenrichtig, denn die Grundwelle eilt um 10° gegenüber den Oberwellen nach

5 Elektrisches Feld und Kondensator

5.1 Kraft zwischen Ladungen (Coulomb'sches Gesetz)

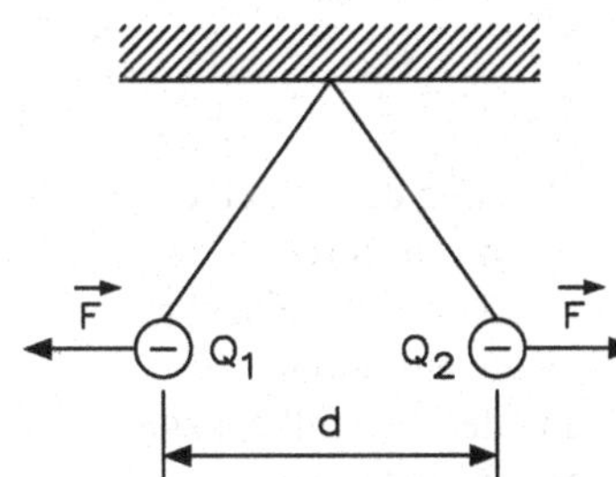

$$F = \frac{Q_1 \cdot Q_2}{4 \cdot \pi \cdot \varepsilon \cdot d^2}$$

$$\varepsilon = \varepsilon_0 \cdot \varepsilon_r$$

$$\varepsilon_0 = 8{,}86 \cdot 10^{-12}\,\frac{\text{As}}{\text{Vm}}$$

- F Kraft zwischen den Ladungen in N
- Q_1, Q_2 Ladungen in C
- ε Permittivität
- ε_0 elektrische Feldkonstante
- ε_r Permittivitätszahl
- d Abstand der Ladungen in m

5.2 Elektrische Feldstärke

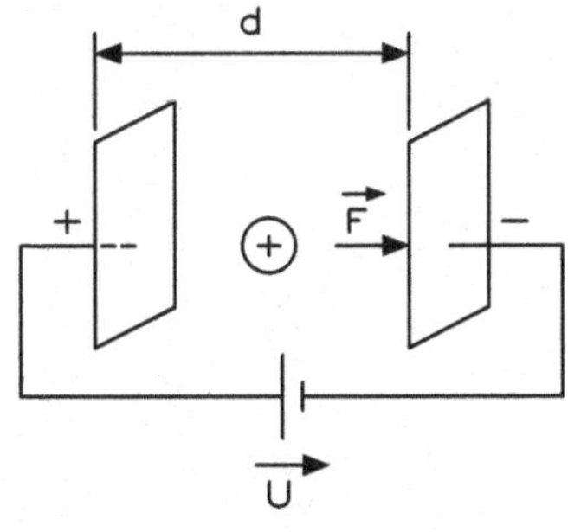

$$E = \frac{F}{Q} \qquad 1\,\text{C} = 1\,\text{As}$$

$$E = \frac{U}{d}$$

- E elektrische Feldstärke in V/m
- F Kraft auf die Ladung im Feld in N
- Q Ladung im Feld in C
- U Spannung zwischen den Platten in V
- d Abstand der Platten in m

H. Bernstein, *Formelsammlung*, https://doi.org/10.1007/978-3-658-18179-6_5

5.3 Kapazität eines Kondensators

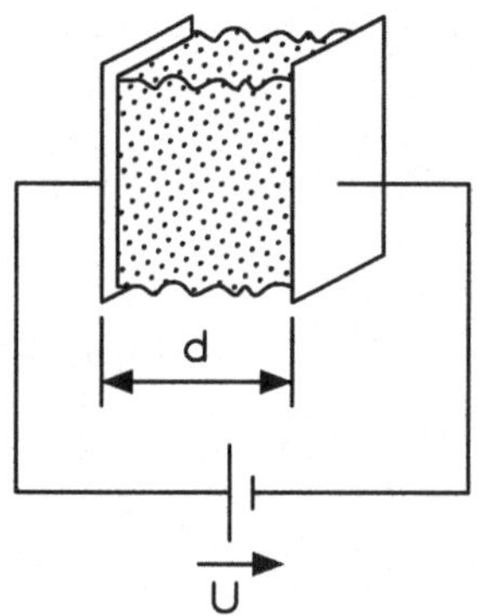

$$C = \frac{Q}{U}$$

$$C = \frac{\varepsilon \cdot A}{d}$$

$$\varepsilon = \varepsilon_0 \cdot \varepsilon_r$$

$$W = \frac{C \cdot U^2}{2}$$

$[C] = \frac{As}{V}$ $1\frac{As}{V} = 1\,F$ (Farad)

C Kapazität des Kondensators in F

Q Ladung des Kondensators in C

ε_0 elektrische Feldkonstante

$8{,}86 \cdot 10^{-12}\,\frac{As}{Vm}$

$[W] = VAs$

5.4 Parallelschaltung für Kondensatoren

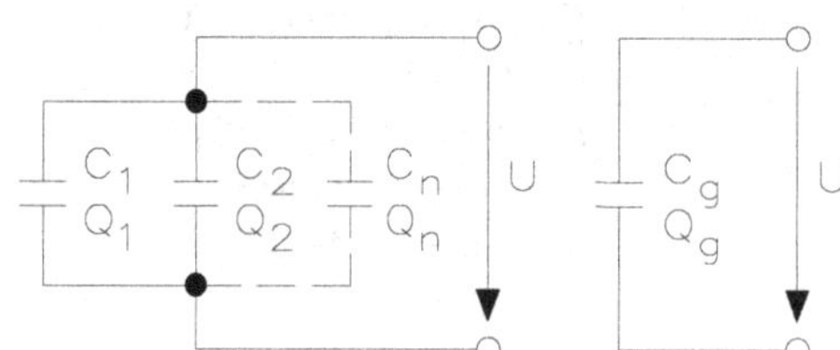

$Q_1 \ldots Q_n$ Ladung der einzelnen Kondensatoren

$C_1 \ldots C_n$ Kapazität der einzelnen Kondensatoren

Q Ladung der Gesamtkapazität

C Gesamtkapazität

$$Q = C \cdot U$$

$$Q = Q_1 + Q_2 + \ldots + Q_n$$

$$C = C_1 + C_2 + \ldots + C_n$$

$$U = \frac{Q}{C} = \frac{Q_1}{C_1} + \frac{Q_2}{C_2} + \ldots + \frac{Q_n}{C_n}$$

Für zwei Kondensatoren gilt:

$$C = \frac{C_1 \cdot C_2}{C_1 + C_2} \quad C_1 = \frac{C_2 \cdot C}{C_2 - C} \quad C_2 = \frac{C_1 \cdot C}{C_1 - C}$$

Für drei Kondensatoren gilt:

$$C = \frac{C_1 \cdot C_2 \cdot C_3}{C_1 \cdot C_2 + C_2 \cdot C_3 + C_1 \cdot C_3}$$

Bei n gleichen Kondensatoren in Reihe: $C = \frac{C_1}{n}$

5.5 Reihenschaltung für Kondensatoren

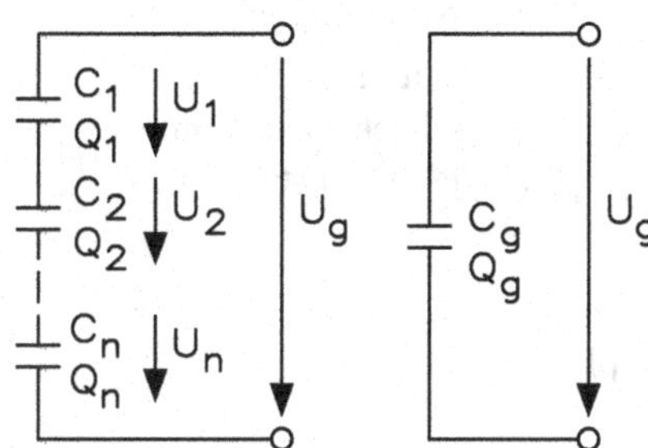

$$Q = C \cdot U$$
$$Q = Q_1 = Q_2 = ... = Q_n$$
$$U = U_1 + U_2 + ... + U_n$$
$$\frac{1}{C} = \frac{1}{C_1} + \frac{1}{C_2} + ... + \frac{1}{C_n}$$
$$\frac{U_1}{U_n} = \frac{C_n}{C_1}$$

$Q_1...Q_n$	Ladung der einzelnen Kondensatoren
$C_1...C_n$	Kapazität der einzelnen Kondensatoren
Q	Ladung der Gesamtkapazität
C	Gesamtkapazität in F
$U_1...U_n$	Einzelspannungen in V
U	Gesamtspannung in V

5.6 Temperaturverhalten von Kondensatoren

$$\Delta C = \alpha \cdot C_k \cdot \Delta T$$
$$C_w = C_k (1 + \alpha \cdot \Delta T)$$

Parallelschaltung: $\alpha = \frac{\alpha_1 \cdot C_1 + \alpha_2 \cdot C_2}{C_1 + C_2}$

Reihenschaltung: $\alpha = \frac{\alpha_2 \cdot C_1 + \alpha_1 \cdot C_2}{C_1 + C_2}$

ΔC	Kapazitätsänderung
α	Temperaturkoeffizient
C_w	Kapazität im warmen Zustand
ΔT	Temperaturänderung in K
α	Gesamttemperaturkoeffizient in 1/K
α_1, α_2	Temperaturkoeffizient der einzelnen Kondensatoren
C_1, C_2	Einzelkapazität in F

5.7 Kapazität von Kondensatoren

Plattenkondensator

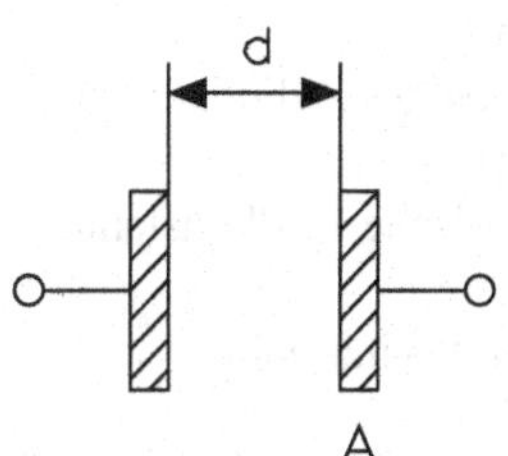

$$C = \varepsilon_0 \cdot \varepsilon_r \cdot \frac{A}{d}$$

C	Kapazität in F bzw. As/V
ε_0	elektrische Feldkonstante in F/m
ε_r	Permittivitätszahl
d	Abstand der Platten in m
A	Fläche in m^2

Kapazität und Plattengröße (ohne Berücksichtigung des Streufeldes)

Bei einem Plattenpaar:

$$C = \frac{A \cdot \varepsilon_r}{0{,}9 \cdot 4 \cdot \pi \cdot a} \text{ in pF}$$

$$C = 0{,}0885 \cdot \frac{A \cdot \varepsilon_r}{a} \text{ in pF}$$

$$A = \frac{C \cdot 0{,}9 \cdot 4 \cdot \pi \cdot a}{\varepsilon_r} \text{ in cm}^2$$

C Kapazität in pF
A Wirksame Fläche einer Platte in cm^2
ε_r Dielektrizitätszahl
a Plattenabstand in cm

Bei n Platten:

$$C = 0{,}0885 \cdot \frac{A \cdot \varepsilon_r}{a} (n-1) \text{ in pF}$$

Zylinderkondensator

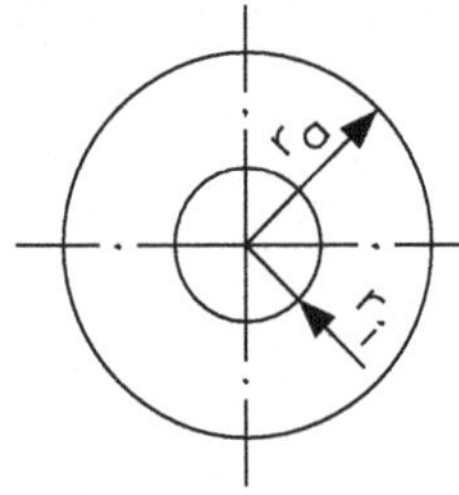

$$C = \varepsilon_0 \cdot \varepsilon_r \cdot 2 \cdot \pi \cdot \frac{l}{\ln \frac{r_a}{r_i}}$$

l Länge des Zylinders in m
r_a Innenradius des äußeren Zylinders in mm
r_i Außenradius des inneren Zylinders in mm
ln natürlicher Logarithmus
ε_0 elektrische Feldkonstante in F/m
ε_r Permittivitätszahl

Kugelkondensator

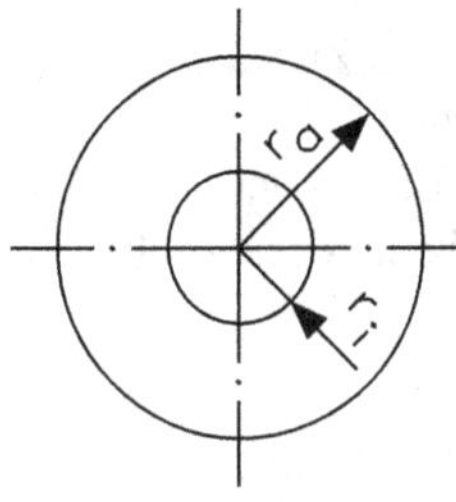

$$C = \varepsilon_0 \cdot \varepsilon_r \cdot 4 \cdot \pi \cdot \frac{r_a \cdot r_i}{r_a - r_i}$$

r_a Innenradius der äußeren Kugel in mm
r_i Außenradius der inneren Kugel in mm

Koaxialkabel

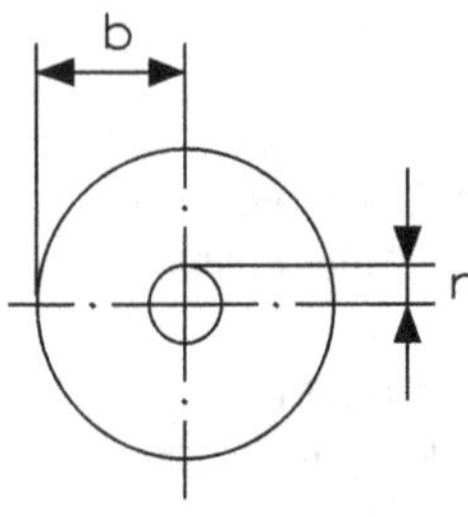

$$C = \varepsilon_0 \cdot \varepsilon_r \cdot \pi \cdot \frac{l}{\ln \frac{b-r}{r}}$$

gilt für $b >> r$

l Länge des Zylinders in m
b Abstand der Zylinder in m
r Radius des Zylinders in m
ε_0 elektrische Feldkonstante in F/m
ε_r Permittivitätszahl

Leitung gegen Masse

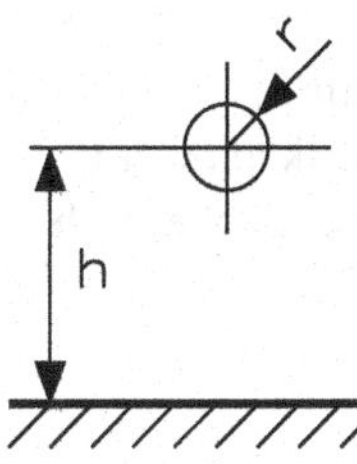

$$C = \varepsilon_0 \cdot \varepsilon_r \cdot 2 \cdot \pi \cdot \frac{l}{\ln \frac{2 \cdot h}{r}}$$

gilt für $h >> r$

- h Abstand der Leitung zur Masse in m
- l Länge des Zylinders in m
- r Zylinderradius in m
- ε_0 elektrische Feldkonstante in F/m
- ε_r Permittivitätszahl

5.8 Energie eines geladenen Kondensators

$$W_{\text{el}} = \frac{1}{2} \cdot C \cdot U^2$$

- W_{el} gespeicherte Energie in Ws
- C Kapazität in F

5.9 Elektrische Ladungsverschiebung

$$D = \frac{Q}{A} = \varepsilon \cdot E = \varepsilon_0 \cdot \varepsilon_r \cdot E$$

- D elektrische Flussdichte in As/m²
- Q Ladung des Körpers in As
- E elektrische Feldstärke in V/m
- A Fläche in m²
- ε Permittivität in As/(Vm) bzw. F/m
- ε_0 elektrische Feldkonstante in F/m
- ε_r Permittivitätszahl

5.10 Kapazitiver Blindwiderstand

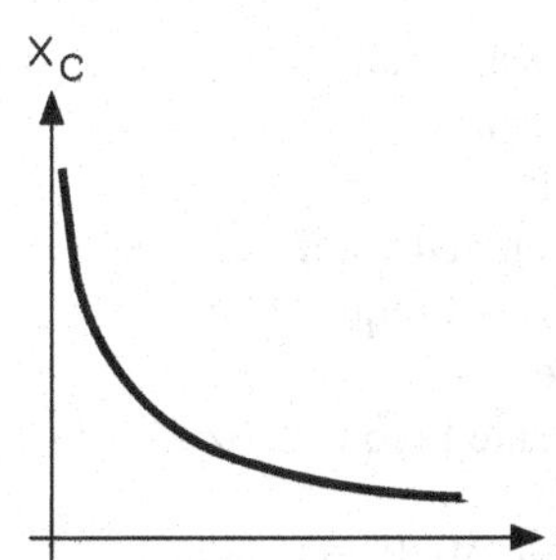

$$X_C = \frac{1}{\omega \cdot C} = \frac{1}{2 \cdot \pi \cdot f \cdot C}$$

$$X_C = \frac{U_C}{I_C}$$

- X_C kapazitiver Blindwiderstand in Ω
- ω Kreisfrequenz
- C Kapazität
- U_C Spannung am Kondensator
- I_C Strom durch den Kondensator

5.11 Drehkondensator

Beim Kreisplattenkondensator nimmt die Kapazität C proportional mit dem Drehwinkel α zu und ist auch abhängig von der Form der Platten. Eine gewisse Anfangskapazität C_0 ist immer vorhanden. Beträgt die Summe von Stator- und Rotorplatten n, errechnet sich die Kapazität zu

$$C = \varepsilon \cdot (n-1) \cdot \frac{A}{d} \qquad \varepsilon = \varepsilon_0 \cdot \varepsilon_r$$

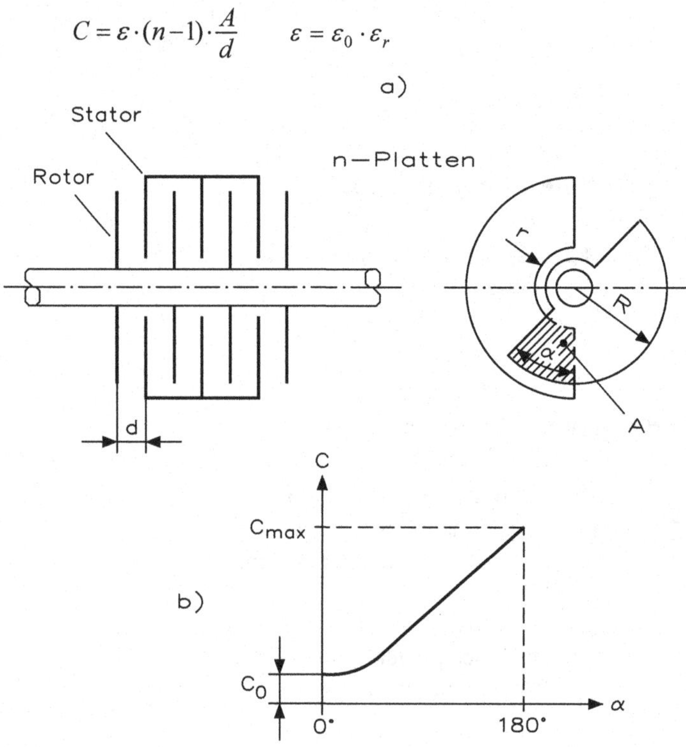

Kapazitätsgerader Drehkondensator

Die Kennlinie zeigt den Kapazitätsverlauf für einen kapazitätsgeraden Drehkondensator:

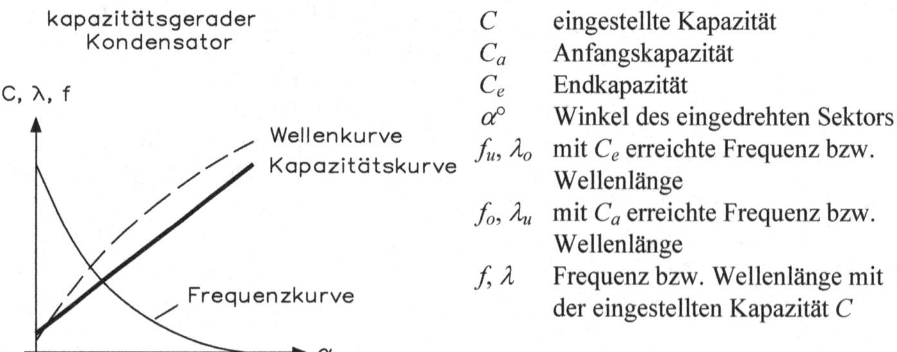

C	eingestellte Kapazität
C_a	Anfangskapazität
C_e	Endkapazität
$\alpha°$	Winkel des eingedrehten Sektors
f_u, λ_o	mit C_e erreichte Frequenz bzw. Wellenlänge
f_o, λ_u	mit C_a erreichte Frequenz bzw. Wellenlänge
f, λ	Frequenz bzw. Wellenlänge mit der eingestellten Kapazität C

$$C = C_a + (C_e - C_a) \cdot \frac{\alpha^\circ}{180^\circ}$$

$$\frac{C}{C_e} = \frac{C_a}{C_e} + \left(1 - \frac{C_a}{C_e}\right) \cdot \frac{\alpha^\circ}{180^\circ}$$

$$\frac{f}{f_u} = \frac{1}{\sqrt{\left(\frac{f_u}{f_o}\right)^2 + \left[1 - \left(\frac{f_u}{f_o}\right)^2\right] \cdot \frac{\alpha^\circ}{180^\circ}}}$$

$$\frac{\lambda}{\lambda_o} = \sqrt{\left(\frac{\lambda_u}{\lambda_o}\right)^2 + \left[1 - \left(\frac{\lambda_u}{\lambda_o}\right)^2\right] \cdot \frac{\alpha^\circ}{180^\circ}}$$

Frequenzgerader Kondensator

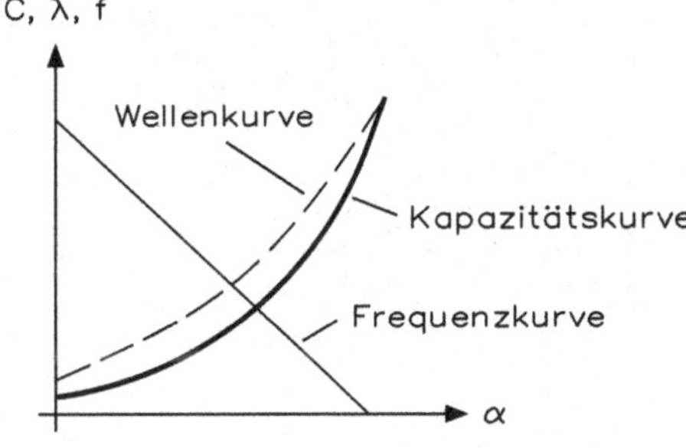

C	eingestellte Kapazität
C_a	Anfangskapazität
C_e	Endkapazität
α°	Winkel des eingedrehten Sektors
f_u, λ_o	mit C_e erreichte Frequenz bzw. Wellenlänge
f_o, λ_u	mit C_a erreichte Frequenz bzw. Wellenlänge
f, λ	Frequenz bzw. Wellenlänge mit der eingestellten Kapazität C

$$f = f_o - (f_o - f_u) \cdot \frac{\alpha^\circ}{180^\circ}$$

$$\frac{C}{C_e} = \frac{1}{\left[\sqrt{\frac{C_e}{C_a}} - \left(\sqrt{\frac{C_e}{C_a}} - 1\right) \cdot \frac{\alpha^\circ}{180^\circ}\right]^2}$$

$$\frac{f}{f_u} = \frac{f_o}{f_u} - \left(\frac{f_o}{f_u} - 1\right) \cdot \frac{\alpha^\circ}{180^\circ}$$

$$\frac{\lambda}{\lambda_o} = \frac{1}{\frac{\lambda_o}{\lambda_u} - \left(\frac{\lambda_o}{\lambda_u} - 1\right) \cdot \frac{\alpha^\circ}{180^\circ}}$$

Wellengerader Kondensator

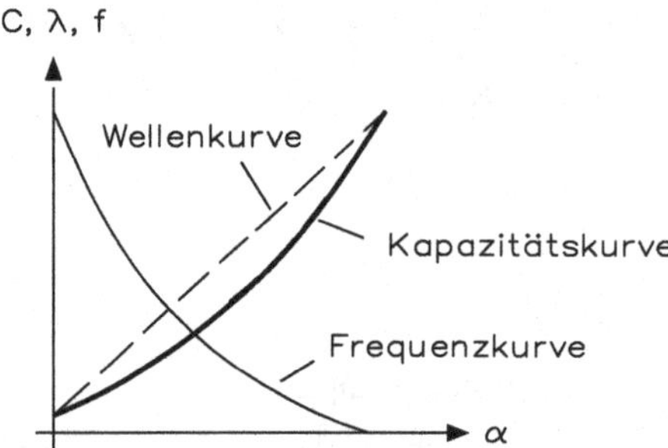

C	eingestellte Kapazität
C_a	Anfangskapazität
C_e	Endkapazität
$\alpha°$	Winkel des eingedrehten Sektors
f_u, λ_o	mit C_e erreichte Frequenz bzw. Wellenlänge
f_o, λ_u	mit C_a erreichte Frequenz bzw. Wellenlänge
f, λ	Frequenz bzw. Wellenlänge mit der eingestellten Kapazität C

$$\lambda = \lambda_u + (\lambda_o - \lambda_u) \cdot \frac{\alpha°}{180°}$$

$$\frac{C}{C_e} = \left[\sqrt{\frac{C_a}{C_e}} + \left(1 - \sqrt{\frac{C_a}{C_e}}\right) \cdot \frac{\alpha°}{180°}\right]^2$$

$$\frac{f}{f_u} = \frac{1}{\frac{f_u}{f_o} + \left(1 - \frac{f_u}{f_o}\right) \cdot \frac{\alpha°}{180°}}$$

$$\frac{\lambda}{\lambda_o} = \frac{\lambda_u}{\lambda_o} + \left(1 - \frac{\lambda_u}{\lambda_o}\right) \cdot \frac{\alpha°}{180°}$$

5.12 Zeitkonstante eines Kondensators

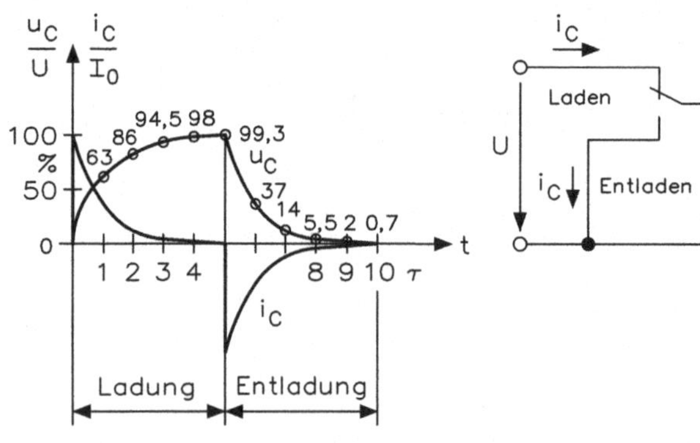

$\tau = R \cdot C \qquad I_0 = R \cdot C$

Einschalten: $u_C = U \cdot \left(1 - e^{-\frac{t}{\tau}}\right)$

Entladung: $i_C = -\frac{U}{R} \cdot \left(e^{-\frac{t}{\tau}}\right)$

τ	Zeitkonstante in s
I_C	Augenblickswert der Kondensatorspannung
i_C	Strom im Einschaltaugenblick in A
t	Zeit nach Beginn des Ein- bzw. Ausschaltens

5.13 Austausch eines Kondensators (Kapazitätsvariation)

$$C_2 = C_1 \cdot \left(\frac{f_2}{f_1}\right)^2$$

C_1	bisheriger Kondensator in F
C_2	neuer Kondensator in F
f_1, f_2	gewünschter Frequenzbereich (für Schwingkreis mit konstanter Induktivität)

5.14 Verlustfaktor von Kondensatoren

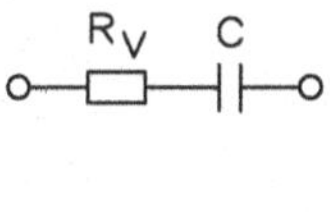

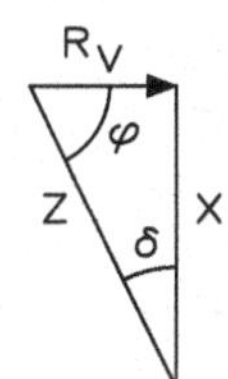

$$X_C = \frac{1}{2 \cdot \pi \cdot f \cdot C} = \frac{1}{\omega \cdot C}$$

$$\tan \delta = \frac{R_v}{X_C} = R_v \cdot \omega \cdot C$$

$$R_v = \frac{\tan \delta}{\omega \cdot C}$$

R_V	Verlustwiderstand bei Wechselstrom
X_C	kapazitiver Blindwiderstand
φ	Phasenwinkel
δ	Verlustwinkel
$\tan \delta$	Verlustfaktor

5.15 Reststrom von Elektrolytkondensatoren

$$I_R = 0{,}5 \cdot C \cdot U$$

I_R	höchstzulässiger Reststrom in µA
C	Nennkapazität in µF
U	Nennspannung in V

6 Magnetisches Feld und Induktionsspannung

6.1 Magnetische Durchflutung

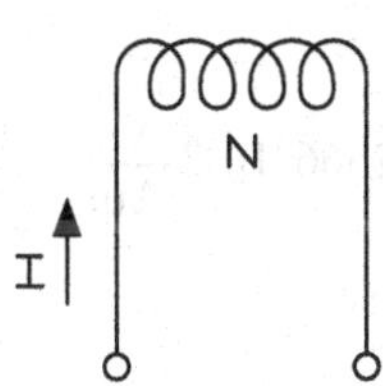

$\Theta = N \cdot I$

$1\,\text{A} = 1\,\text{A} \cdot 1$

- Θ Durchflutung in A (magnetische Spannung)
- N Windungszahl
- I Strom in A

6.2 Magnetische Feldstärke

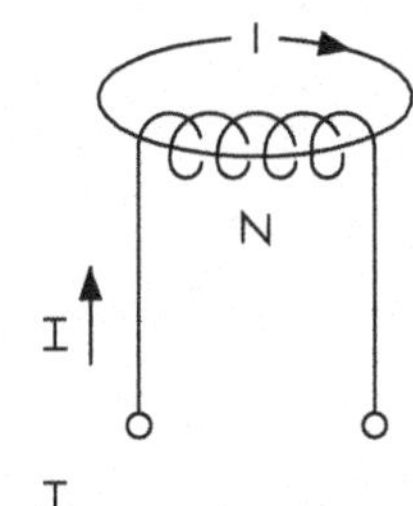

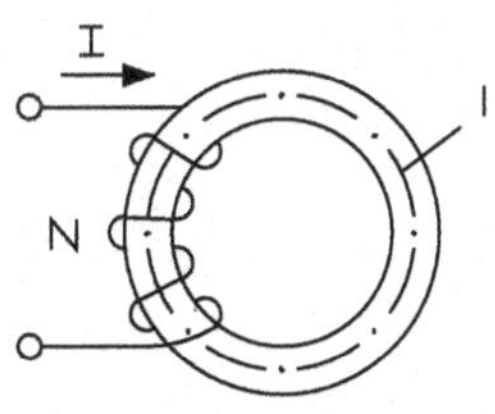

$$H = \frac{\Theta}{l}$$

$$1\frac{\text{A}}{\text{m}} = \frac{1\,\text{A}}{1\,\text{m}} = \frac{10^{-2}\,\text{A}}{\text{cm}}$$

$$H = \frac{N \cdot I}{l}$$

- H magnetische Feldstärke in A/m
- l mittlere Feldlinienlänge in m
- N Windungszahl

H. Bernstein, *Formelsammlung*, https://doi.org/10.1007/978-3-658-18179-6_6

6.3 Magnetische Flussdichte (Induktion)

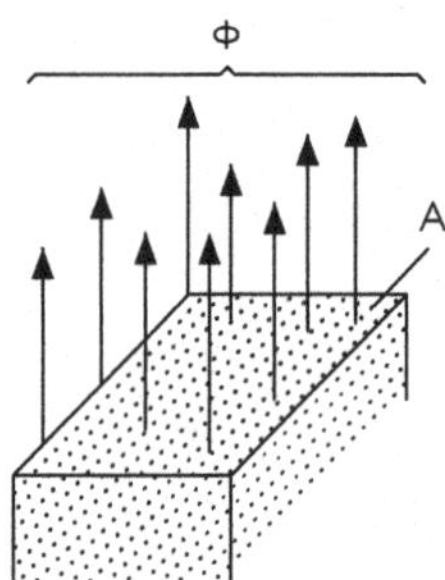

$$B = \frac{\Phi}{A}$$

1 T = 1 Tesla = 1 Vs/m²

1 Wb = 1 Weber = 1 Vs

B magnetische Flussdichte in Tesla (Vs/m²)

Φ magnetischer Fluss in Weber (Vs)

A Fläche in m²

6.4 Magnetische Feldstärke und Flussdichte

Vakuum (Luft)

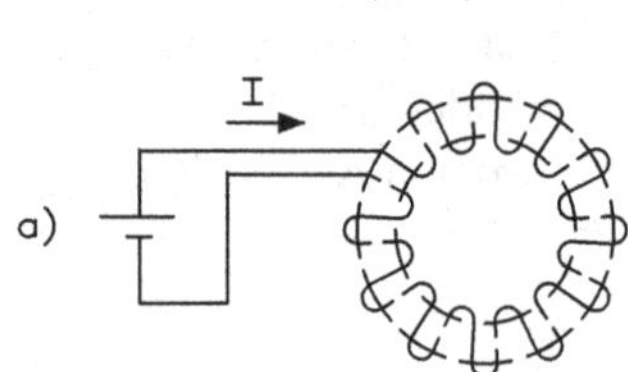

μ_0: Magnetische Feldkonstante

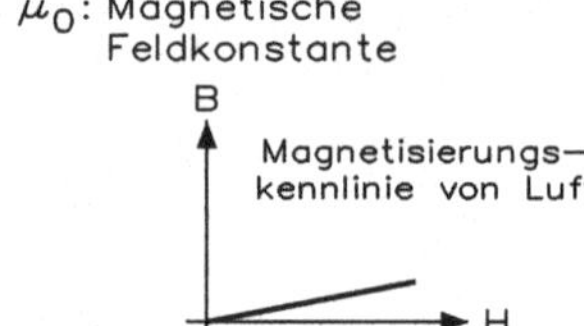

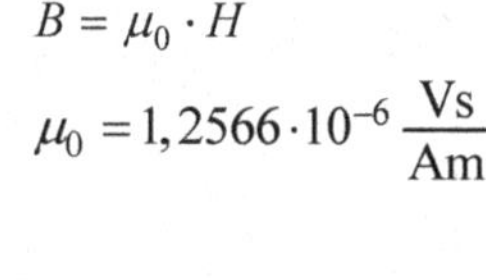

$$B = \mu_0 \cdot H$$

$$\mu_0 = 1{,}2566 \cdot 10^{-6} \frac{\mathrm{Vs}}{\mathrm{Am}}$$

Eisenkern

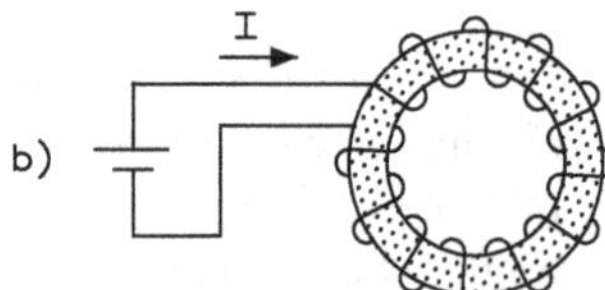

μ_r : Permeabilitätszahl
μ : Permeabilität

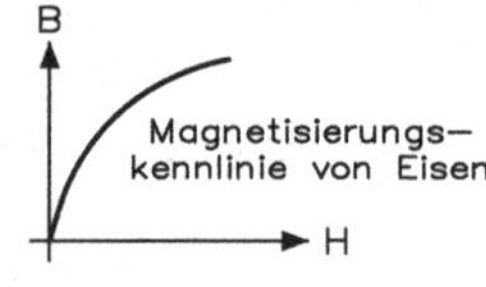

$$B = \mu \cdot H$$

$$\mu = \mu_0 \cdot \mu_r$$

B magnetische Flussdichte in Tesla (Vs/m²)
μ Permeabilität in Vs/Am
μ_0 magnetische Feldkonstante
μ_r Permeabilitätszahl
H Feldstärke in A/m

Werkstoff	μ_r
Luft	1
Fe	6000
Fe – Co	6000
Fe – Si	20000
Fe – Ni	30000

In Luft: $B = \mu \cdot H$ μ_0 konstant $\mu_r = 1$

In Eisen: $B = \mu \cdot H$ μ nicht konstant

6.5 Magnetischer Widerstand und magnetischer Leitwert

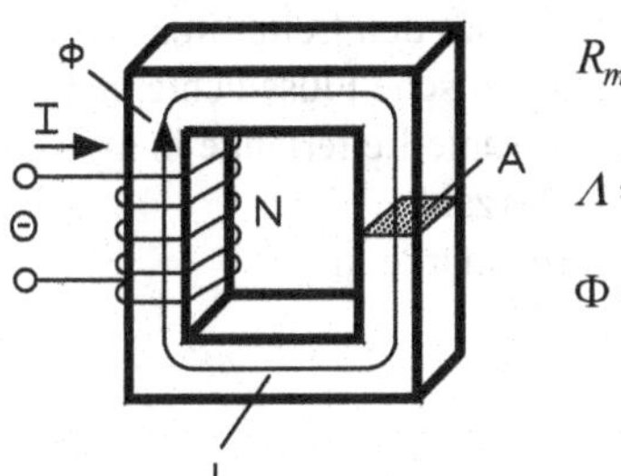

$$R_m = \frac{\Theta}{\Phi} = \frac{l}{\mu \cdot A}$$

$$\Lambda = \frac{l}{R_m} = \frac{\mu \cdot A}{l}$$

$$\Phi = \Theta \cdot \Lambda$$

R_m	magnetischer Widerstand in A/Wb
Θ	Durchflutung in A
Φ	magnetischer Fluss in Wb bzw. Vs
l	mittlere Feldlinienlänge in m
μ	Permeabilität in Vs/Am
A	Fläche in m^2
Λ	magnetischer Leitwert in Wb/A

6.6 Magnetischer Kreis mit Luftspalt (ohne Streuung)

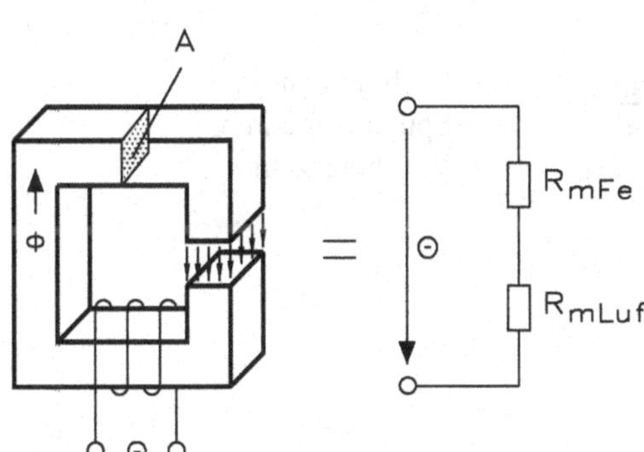

$$R_m = R_{m\text{Fe}} + R_{m\text{Luft}}$$

$$V_g = V_{\text{Fe}} + V_{\text{Luft}}$$

$$\Theta = H_{\text{Fe}} \cdot l_{\text{Fe}} + H_{\text{Luft}} \cdot l_{\text{Luft}}$$

$$R_m = \frac{1}{\mu_0 \cdot \mu_r \cdot A}$$

R_m	gesamter magnetischer Widerstand in A/Wb
$R_{m\text{Fe}}$, $R_{m\text{Luft}}$	magnetische Einzelwiderstände in A/Wb
V_g	magnetische Gesamtspannung in A
V_{Luft}, V_{Fe}	magnetische Teilspannung in A
Θ	Durchflutung in A
H_{Luft}, H_{Fe}	magnetische Feldstärken in A/m
l_{Luft}, l_{Fe}	mittlere Feldlinienlänge in m

6.7 Kraft im Magnetfeld

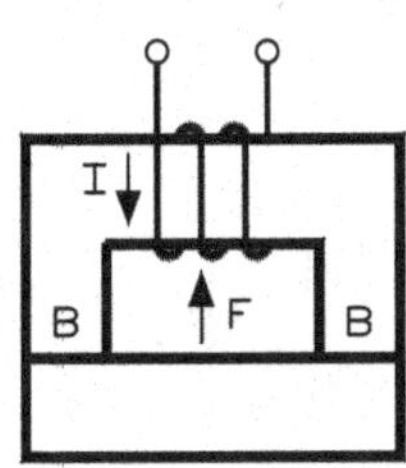

$$F = \frac{B^2 \cdot A}{2 \cdot \mu_0}$$

F	Kraft in N
B	magnetische Flussdichte in T
A	Fläche in m^2

6.8 Stromdurchflossener Leiter mit Magnetfeld

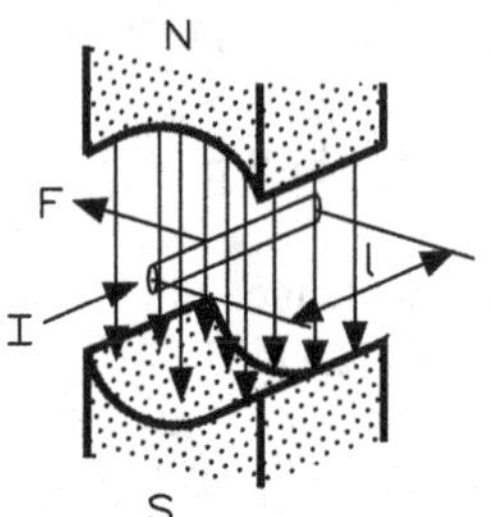

$$F = B \cdot I \cdot l \cdot z$$

$$[F] = N$$

F Kraft auf den Leiter in N
B magnetische Flussdichte in T
l wirksame Leiterlänge in m
z Leiterzahl
I Stromstärke in A

6.9 Spule im Magnetfeld

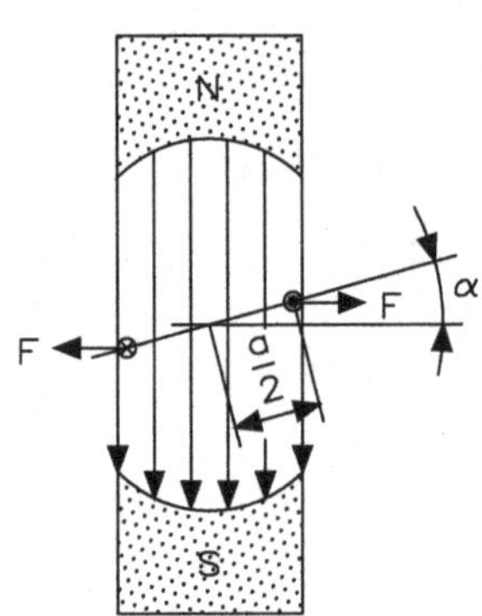

$$M = \frac{F \cdot a \cdot \sin\alpha}{2}$$

$$F = 2 \cdot N \cdot B \cdot I \cdot l$$

M Drehmoment in N
a Spulenlänge in m
N Windungszahl

6.10 Kraft auf parallele Stromleiter

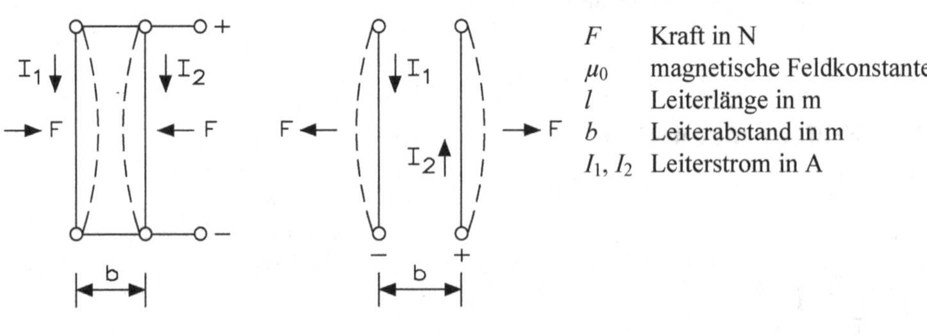

F Kraft in N
μ_0 magnetische Feldkonstante
l Leiterlänge in m
b Leiterabstand in m
I_1, I_2 Leiterstrom in A

$$F = \frac{\mu_0 \cdot l \cdot I_1 \cdot I_2}{2 \cdot \pi \cdot b} \qquad \mu_0 = 1{,}2566 \cdot 10^{-6}\,\frac{\text{Vs}}{\text{Am}}$$

6.11 Induktion

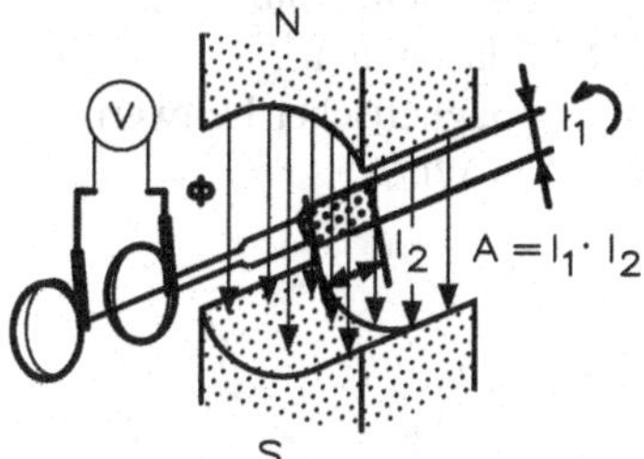

$$U_{ind} = -N\frac{\Delta\Phi}{\Delta t}$$

$$U_{ind} = N\frac{\Delta\Phi}{\Delta t}$$

U_{ind} induzierte Spannung in V
N Windungszahl
$\frac{\Delta\Phi}{\Delta t}$ zeitliche Veränderung des magnetischen Flusses in Wb/s (Das Vorzeichen hängt vom gewählten Richtungssinn ab.)
$\Delta\Phi$ Flussänderung
Δt Zeitänderung

6.12 Induktion der Bewegung

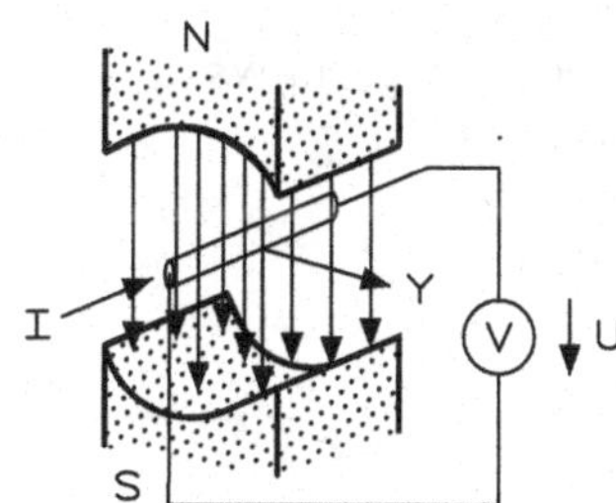

$|U_{\text{ind}}| = B \cdot l \cdot v \cdot z$, wenn $v \perp B$
$\perp$ (senkrechte Einwirkung)

$|U_{ind}|$ induzierte Spannung in V
l wirksame Leiterlänge in m
v Geschwindigkeit in m/s
z Leiterzahl
B magnetische Flussdichte in T

6.13 Selbstinduktionsspannung

$$U_0 = -L\frac{\Delta I}{\Delta t}$$

$$1\,\text{H} = 1\frac{\text{Vs}}{\text{A}} = 1\,\Omega$$

U_0 Selbstinduktionsspannung in V
L Induktivität in H
$\frac{\Delta I}{\Delta t}$ zeitliche Veränderung des Stromes in A/s

6.14 Selbstinduktivität von Spulen

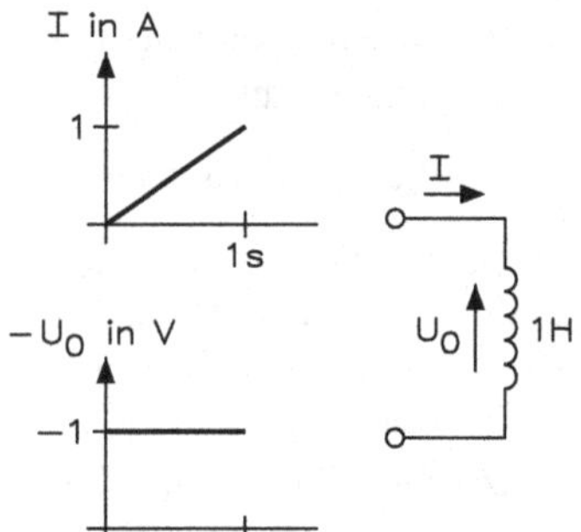

$$L = N^2 \cdot \frac{\mu_0 \cdot \mu_r \cdot A}{l}$$

$1\ \text{H} = \text{Wb/A}$

$$L = N^2 \cdot \Lambda$$

L Selbstinduktivität in H
N Windungszahl
A Fläche in m^2
Λ magnetischer Leitwert in Wb/A

6.15 Energie einer stromdurchflossenen Spule

$$W_{mag} = \frac{1}{2} \cdot L \cdot I^2$$

W_{mag} magnetisch gespeicherte Energie in Ws
L Selbstinduktivität in H
I Strom in A

6.16 Reihenschaltung von Induktivitäten

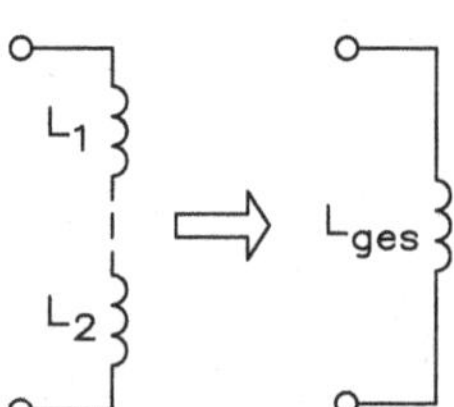

$$L = L_1 + L_2 + ... + L_n$$

L Gesamtinduktivität in H
L_1, L_n Einzelinduktivität in H

6.17 Parallelschaltung von Induktivitäten

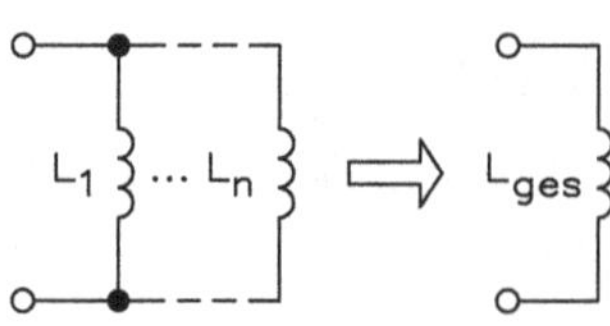

$$\frac{1}{L} = \frac{1}{L_1} + \frac{1}{L_2} + ... + \frac{1}{L_n}$$

für zwei Spulen

$$L = \frac{L_1 \cdot L_2}{L_1 + L_2}$$

L Gesamtinduktivität in H
L_1, L_n Einzelinduktivität in H

6.18 Reihenschaltung von Induktivitäten mit magnetischer Kopplung

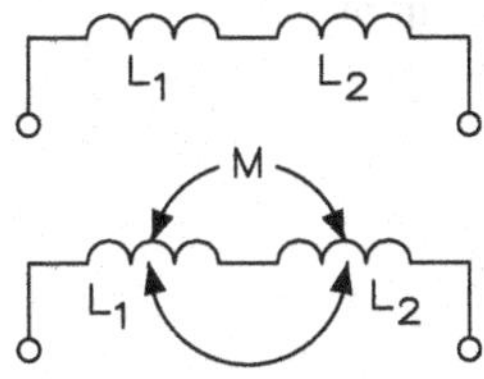

$L = L_1 + L_2 + \ldots$

(ohne gegenseitige magnetische Kopplung)

$L = L_1 + L_2 + M$

(Kopplung mit gleichem Wickelsinn der Spulen)

$L = L_1 + L_2 - M$

(Kopplung mit entgegengesetztem Wickelsinn der Spulen)

$M = k \cdot \sqrt{L_1 \cdot L_2}$ $\quad L = \dfrac{L_1 \cdot L_2 - M^2}{L_1 + L_2 - 2M}$

(Kopplung mit gleichem Wickelsinn)

$$L = \frac{L_1 \cdot L_2 - M^2}{L_1 + L_2 + 2M}$$

(Kopplung mit entgegengesetztem Wickelsinn)

$M = k \cdot \sqrt{L_1 \cdot L_2}$

L Gesamtinduktivität
L_1, L_2 Einzelinduktivität in H
M Gegeninduktivität in H

k Kopplungsfaktor
$k = 0 \rightarrow$ keine Kopplung
$k = 1 \rightarrow$ ideale feste Kopplung

6.19 Parallelschaltung von Induktivitäten mit magnetischer Kopplung

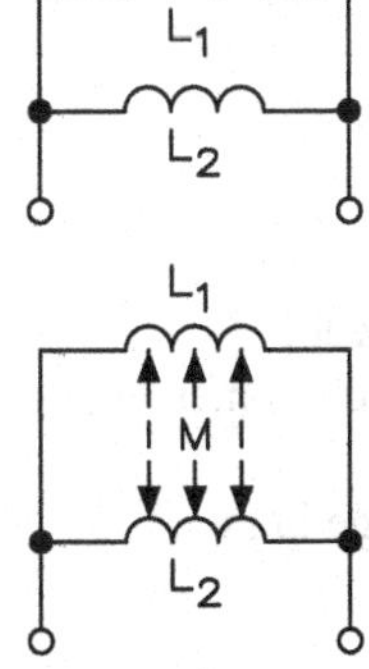

$$\frac{1}{L} = \frac{1}{L_1} + \frac{1}{L_2} + \ldots$$

(ohne gegenseitige magnetische Kopplung)

$$L = \frac{L_1 \cdot L_2 - M^2}{L_1 + L_2 - 2M}$$

(Kopplung mit gleichem Wickelsinn)

$$L = \frac{L_1 \cdot L_2 - M^2}{L_1 + L_2 + 2M}$$

(Kopplung mit entgegengesetztem Wickelsinn)

$M = k \cdot \sqrt{L_1 \cdot L_2}$

L_1, L_2 Einzelinduktivität in H
M Gegeninduktivität in H

k Kopplungsfaktor
$k = 0 \rightarrow$ keine Kopplung
$k = 1 \rightarrow$ ideale feste Kopplung

6.20 Selbstinduktion (konzentrisches Kabel, Koaxialkabel)

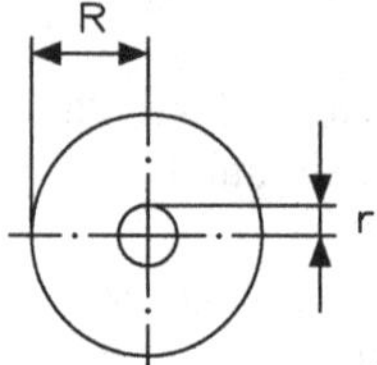

$$L = 0{,}2 \cdot 10^{-6} \cdot l \cdot \ln\left(\frac{R}{r}\right)$$

L Induktivität in H
l Länge in m

6.21 Selbstinduktion (Leitung gegen Masse)

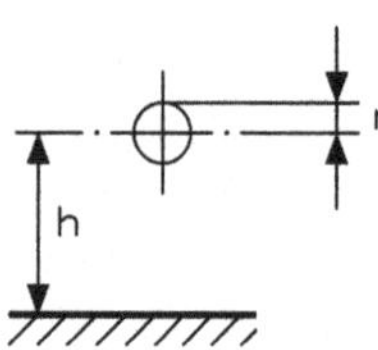

$$L = 0{,}2 \cdot 10^{-6} \cdot l \cdot \ln\left(\frac{2h}{r}\right)$$

6.22 Selbstinduktion (Doppelleitung)

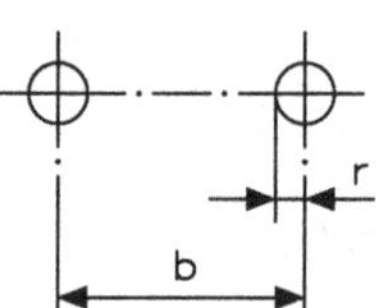

$$L = 0{,}4 \cdot 10^{-6} \cdot l \cdot \ln\left(\frac{b}{r}\right)$$

6.23 Einlagige Spule

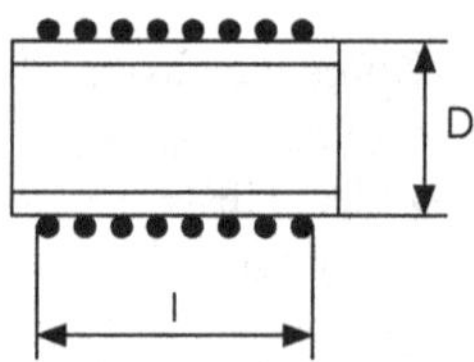

$$L = 10^{-6} \cdot N^2 \cdot \frac{D^2}{l}$$

L Induktivität in H
N Windungszahl
D Windungsdurchmesser in m
l Spulenlänge in m

6.24 Mehrlagige Spule

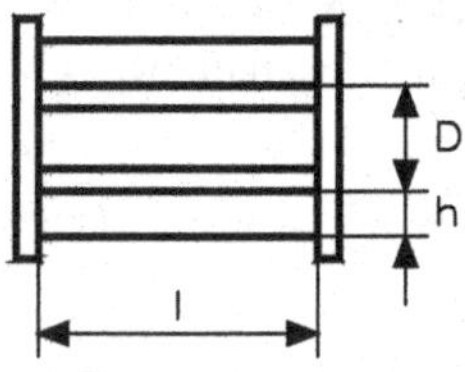

$$L \approx 10^{-6} \cdot N^2 \cdot D \left[\frac{D}{2(l+h)} \right]^n$$

$$n = 0{,}75 \quad \text{für} \quad 0 < \frac{D}{2(l+h)} < 1$$

$$n = 0{,}5 \quad \text{für} \quad 1 \leq \frac{D}{2(l+h)} < 3$$

L Induktivität in H
N Windungszahl
h Wicklungshöhe in m
D Windungsdurchmesser in m
l Spulenlänge in m

6.25 Ringkreisförmige Luftspule

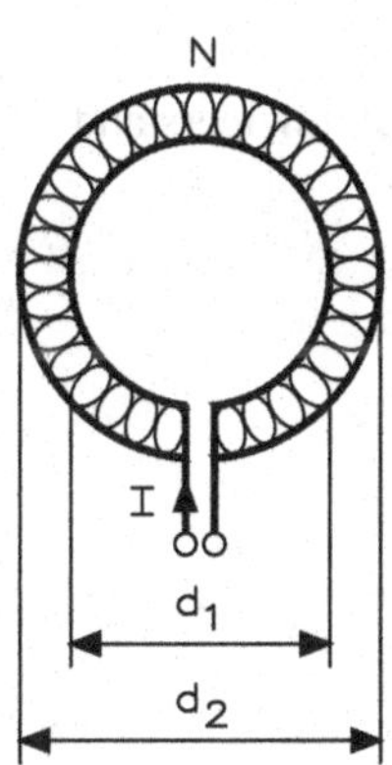

$$H = \frac{\Theta}{l} = \frac{I \cdot N}{l} = \frac{I \cdot N}{\pi \cdot \frac{d_1 + d_2}{2}}$$

H Feldstärke in A/m
Θ Durchflutung
l mittlere Feldlinienlänge
d_1 innerer Spulendurchmesser
d_2 äußerer Spulendurchmesser

6.26 Zeitkonstante einer Spule

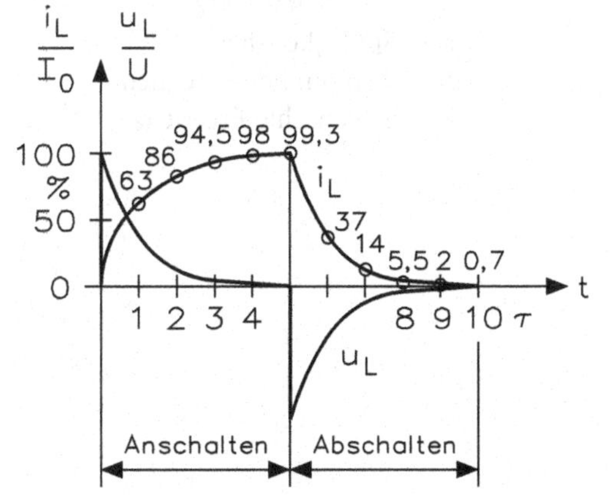

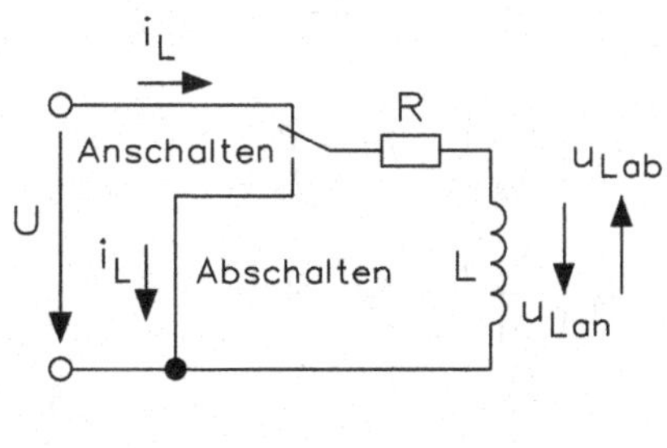

$$\tau = \frac{L}{R} \qquad I_0 = \frac{U}{R}$$

Einschalten: $i_L = \frac{U}{R} \cdot \left(1 - e^{-\frac{t}{\tau}}\right)$

$$u_L = U \cdot e^{-\frac{t}{\tau}}$$

Abschalten: $I_L = \frac{U}{R} \cdot e^{-\frac{t}{\tau}}$

$$u_L = -U \cdot e^{-\frac{t}{\tau}}$$

τ Zeitkonstante in s
I_L Augenblickswert des Spulenstromes
I_0 Strom im Einschaltaugenblick in A
t Zeit nach Beginn des Ein- bzw. Abschaltens

6.27 Induktiver Blindwiderstand

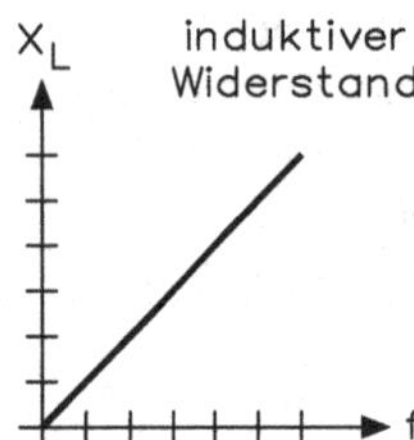

$$X_L = 2 \cdot \pi \cdot f \cdot L$$

$$f = \frac{X_L}{2 \cdot \pi \cdot L}$$

X_L induktiver Blindwiderstand (Induktanz)
L Induktivität
f Frequenz

6.28 Umwickeln von Spulen

Gilt für Schwingkreis bei konstanter Kapazität!

$$\frac{N_1}{N_2} = \sqrt{\frac{L_1}{L_2}} \qquad \frac{N_1}{\sqrt{L_1}} = \frac{N_2}{\sqrt{L_2}} = \text{k}$$

$$N_1 = N_2 \cdot \sqrt{\frac{L_1}{L_2}} \qquad N_2 = N_1 \cdot \sqrt{\frac{L_2}{L_1}}$$

$$L_1 = L_2 \cdot \left(\frac{N_1}{N_2}\right)^2 = L_2 \cdot \left(\frac{f_2}{f_1}\right)^2$$

$$L_2 = L_1 \cdot \left(\frac{N_2}{N_1}\right)^2 = L_1 \cdot \left(\frac{f_1}{f_2}\right)^2$$

L_1 ursprüngliche Induktivität
L_2 gewünschte Induktivität
N_1 ursprüngliche Windungszahl
N_2 neue Windungszahl
k Spulenkonstante
f_1 ursprüngliche Frequenz
f_2 gewünschte Frequenz

6.29 Spulengüte

$$Q = \frac{X_L}{R} = \frac{2 \cdot \pi \cdot f \cdot L}{R}$$

$$R = \frac{\omega \cdot L}{Q}; \quad X_L = Q \cdot R$$

Q Spulengüte
R Verlustwiderstand (Drahtwiderstand)
X_L induktiver Blindwiderstand (Induktanz)

6.30 Transformator (ohne Verluste)

N1, U1, Z1
N2, U2, Z2

Voraussetzung: $P_1 = P_2 = P$

$ü$ Übersetzungsverhältnis
N_1 Primärwindungszahl
N_2 Sekundärwindungszahl
Z_1 Primärwiderstand (induktiver Widerstand)
Z_2 Sekundärwiderstand (induktiver Widerstand)
P_1 Primärleistung
P_2 Sekundärleistung
U_1 Primärspannung
U_2 Sekundärspannung

$$ü = \frac{N_1}{N_2} = \frac{U_1}{U_2} = \frac{I_2}{I_1} = \sqrt{\frac{Z_1}{Z_2}}$$

$$N_1 = ü \cdot N_2 = N_2 \cdot \frac{U_1}{U_2} = N_2 \cdot \frac{I_2}{I_1} = N_2 \cdot \sqrt{\frac{Z_1}{Z_2}}$$

$$N_2 = \frac{N_1}{ü} = N_1 \cdot \frac{U_2}{U_1} = N_1 \cdot \frac{I_1}{I_2} = N_1 \cdot \sqrt{\frac{Z_2}{Z_1}}$$

$$U_1 = U_2 \cdot ü = \frac{P}{I_1} = \sqrt{P \cdot Z_1}$$

$$U_2 = \frac{U_1}{ü} = \frac{P}{I_2} = \sqrt{P \cdot Z_2}$$

$$I_1 = \frac{I_2}{ü} = I_1 \cdot \frac{N_2}{N_1} = \frac{P}{U_1} = \sqrt{\frac{P}{Z_1}}$$

$$I_2 = I_1 \cdot ü = I_1 \cdot \frac{N_1}{N_2} = \frac{P}{U_2} = \sqrt{\frac{P}{Z_2}}$$

$$Z_1 = Z_2 \cdot ü^2 = \frac{U_1^2}{P}$$

$$Z_2 = \frac{Z_1}{ü^2} = \frac{U_2^2}{P}$$

$$P = U_1 \cdot I_1 = U_2 \cdot I_2$$

7 Widerstände im Wechselstromkreis

7.1 Ohm'scher Widerstand

Schaltung	Stromstärke und Spannung	Widerstand und Leitwert	Leistung
a) b)	$I = \frac{U}{R}$	$R = \frac{U}{I}$	$P = U \cdot I$
I R U / I U		$G = \frac{I}{U} = \frac{1}{R}$	$P = \frac{U^2}{R}$
			$P = I^2 \cdot R$

$\varphi = 0°$ (rein ohmsch)

7.2 Induktiver Widerstand

Schaltung	Stromstärke und Spannung	Widerstand und Leitwert	Leistung
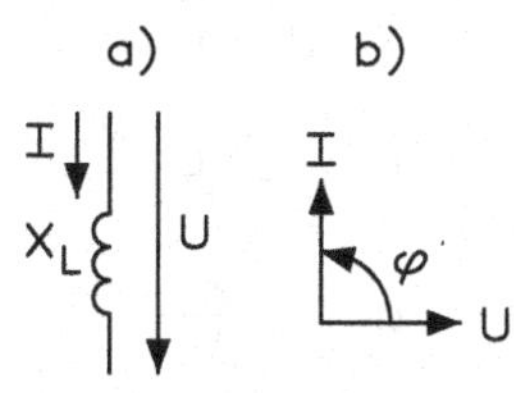	$I = \frac{U}{X_L}$	$X_L = 2 \cdot \pi \cdot f \cdot L$	$Q_L = U \cdot I$
		$X_L = \omega \cdot L$	

$\varphi = 90°$ (induktiv)

H. Bernstein, *Formelsammlung*, https://doi.org/10.1007/978-3-658-18179-6_7

7.3 Kapazitiver Widerstand

Schaltung	Stromstärke und Spannung	Widerstand und Leitwert	Leistung
a) b)	$I = \dfrac{U}{X_C}$	$X_C = \dfrac{1}{2 \cdot \pi \cdot f \cdot C}$	$Q_C = U \cdot I$
		$X_C = \dfrac{1}{\omega \cdot C}$	

$\varphi = 90°$ (kapazitiv)

7.4 RL-Reihenschaltung

Schaltung	Stromstärke und Spannung	Widerstand und Leitwert	Leistung
a)	b)	c)	d)

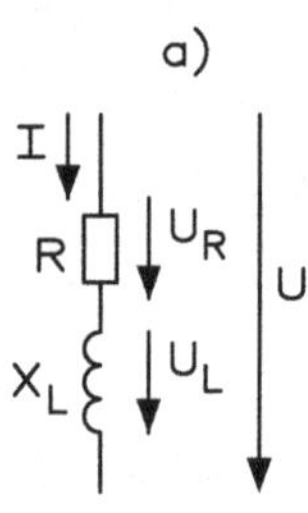

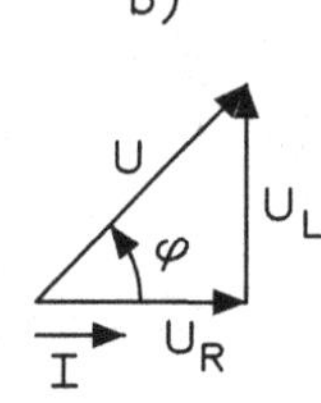

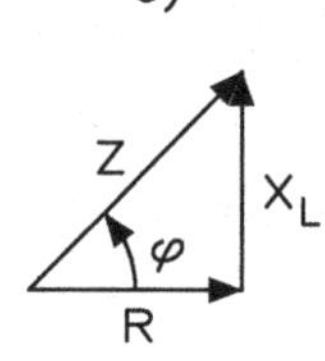

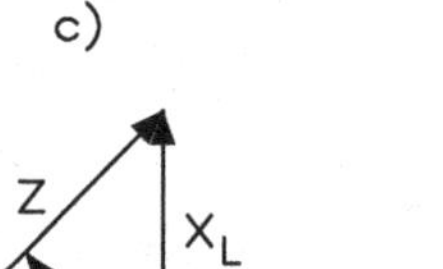

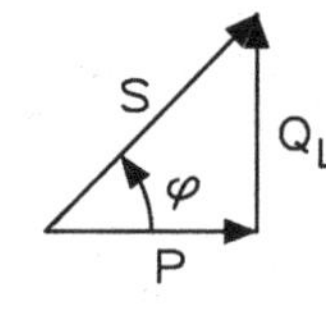

Stromstärke und Spannung	Widerstand und Leitwert	Leistung
$I = \dfrac{U_R}{R}$		$P = U_R \cdot I$
$I = \dfrac{U_L}{X_L}$		$Q_L = U_L \cdot I$
$I = \dfrac{U}{Z}$		$S = U \cdot I$
$U = \sqrt{U_R^2 + U_L^2}$	$Z = \sqrt{R^2 + X_L^2}$	$S = \sqrt{P^2 + Q_L^2}$
$\tan\varphi = \dfrac{U_L}{U_R}$	$\tan\varphi = \dfrac{X_L}{R}$	$\tan\varphi = \dfrac{Q_L}{P}$
$\sin\varphi = \dfrac{U_L}{U}$	$\sin\varphi = \dfrac{X_L}{Z}$	$\sin\varphi = \dfrac{Q_L}{S}$
$\cos\varphi = \dfrac{U_R}{U}$	$\cos\varphi = \dfrac{R}{Z}$	$\cos\varphi = \dfrac{P}{S}$

7.5 RL-Parallelschaltung

Schaltung

a)

Stromstärke und Spannung

b)

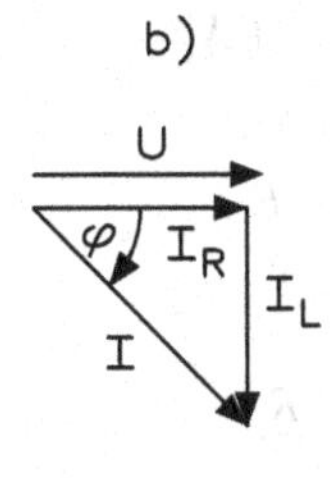

$$U = I_R \cdot R$$
$$U = I_L \cdot X_L$$
$$U = I \cdot Z$$
$$I = \sqrt{I_R^2 + I_L^2}$$
$$\tan\varphi = \frac{I_L}{I_R}$$
$$\sin\varphi = \frac{I_L}{I}$$
$$\cos\varphi = \frac{I_R}{I}$$

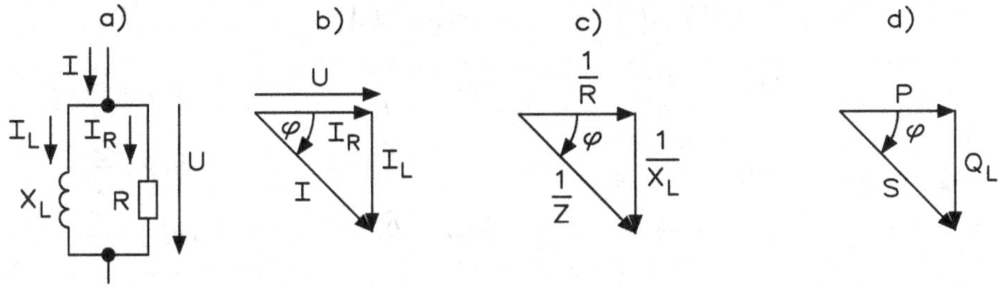

Widerstand und Leitwert

c)

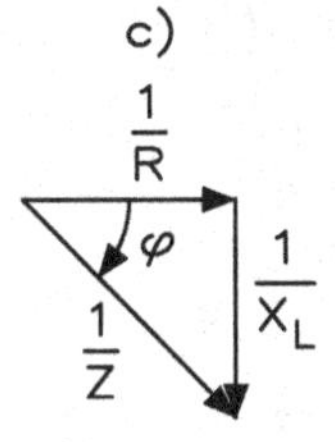

$$Y = \sqrt{G^2 + B_L^2}$$
$$\frac{1}{Z} = \sqrt{\left(\frac{1}{R}\right)^2 + \left(\frac{1}{X_L}\right)^2}$$
$$\tan\varphi = \frac{R}{X_L}$$
$$\sin\varphi = \frac{Z}{X_L}$$
$$\cos\varphi = \frac{Z}{R}$$

Leistung

d)

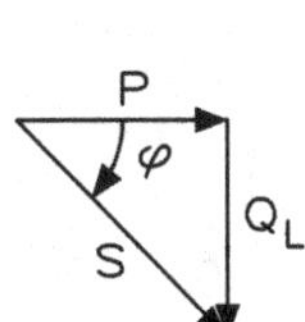

$$P = U \cdot I_R$$
$$Q_L = U \cdot I_L$$
$$S = U \cdot I$$
$$S = \sqrt{P^2 \cdot Q_L^2}$$
$$\tan\varphi = \frac{Q_L}{P}$$
$$\sin\varphi = \frac{Q_L}{S}$$
$$\cos\varphi = \frac{P}{S}$$

7.6 RC-Reihenschaltung

Schaltung

a)

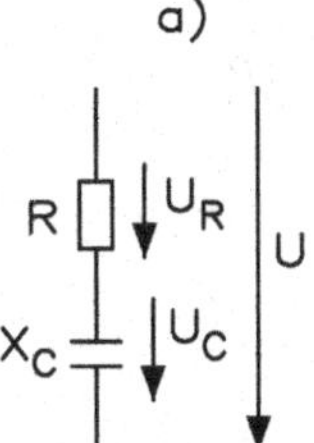

Stromstärke und Spannung

b)

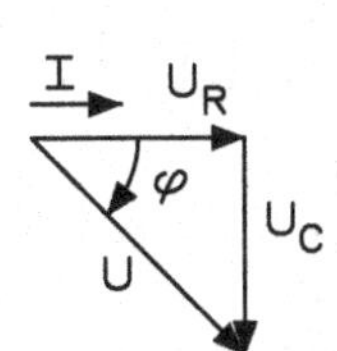

Widerstand und Leitwert

c)

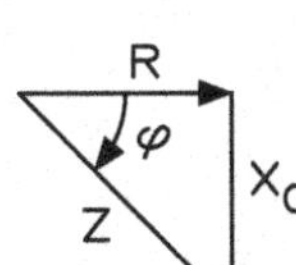

Leistung

d)

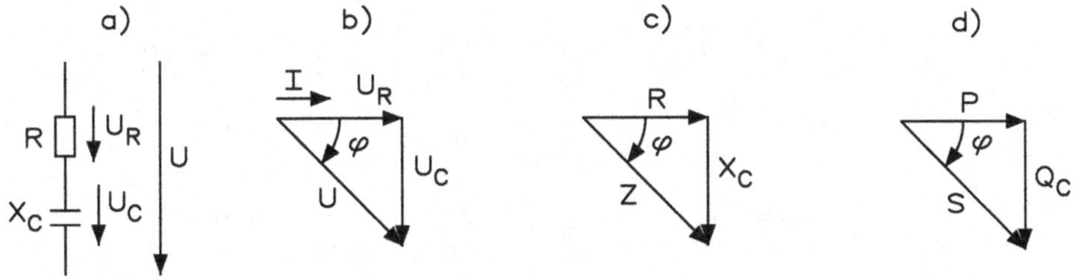

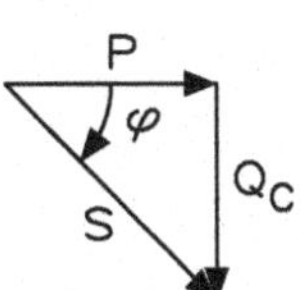

$$I = \frac{U_R}{R}$$

$$I = \frac{U_C}{X_C} \qquad I = \frac{U}{Z}$$

$$P = U_R \cdot I$$

$$Q_C = U_C \cdot I$$

$$S = U \cdot I$$

$$U = \sqrt{U_R^2 + U_C^2} \qquad Z = \sqrt{R^2 + X_C^2} \qquad S = \sqrt{P^2 + Q_C^2}$$

$$\tan\varphi = \frac{U_C}{U_R} \qquad \tan\varphi = \frac{X_C}{R} \qquad \tan\varphi = \frac{Q_C}{P}$$

$$\sin\varphi = \frac{U_C}{U} \qquad \sin\varphi = \frac{X_C}{Z} \qquad \sin\varphi = \frac{Q_C}{S}$$

$$\cos\varphi = \frac{U_R}{U} \qquad \cos\varphi = \frac{R}{Z} \qquad \cos\varphi = \frac{P}{S}$$

7.7 RC-Parallelschaltung

Schaltung	Stromstärke und Spannung	Widerstand und Leitwert	Leistung

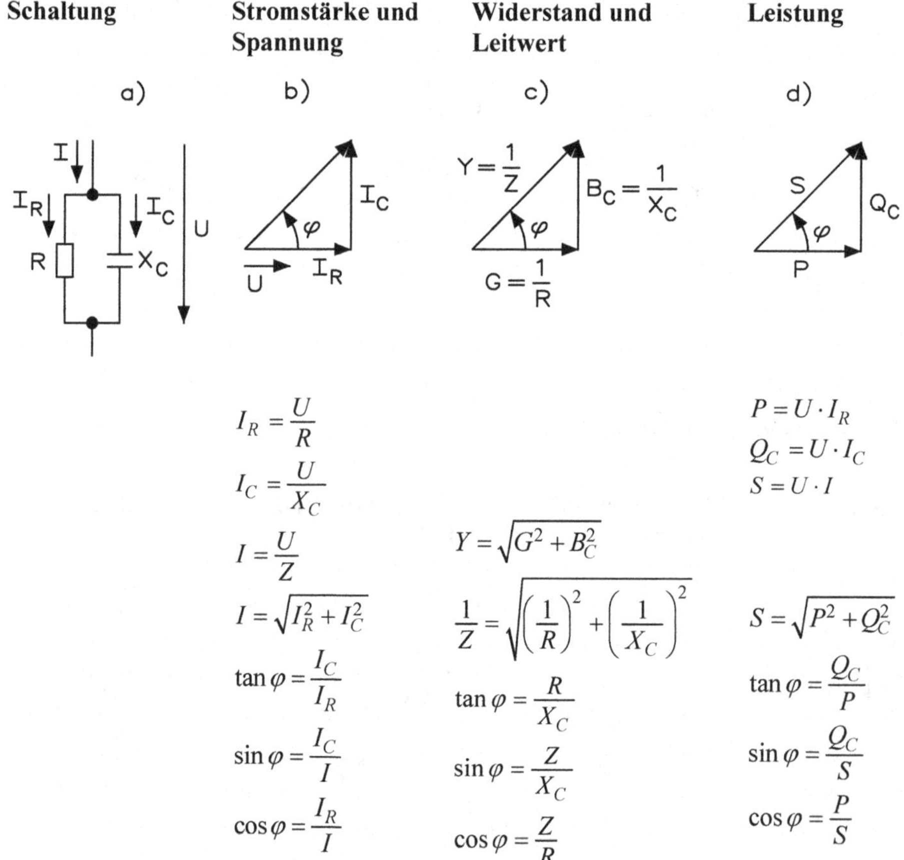

$$I_R = \frac{U}{R}$$

$$I_C = \frac{U}{X_C}$$

$$P = U \cdot I_R$$

$$Q_C = U \cdot I_C$$

$$S = U \cdot I$$

$$I = \frac{U}{Z} \qquad Y = \sqrt{G^2 + B_C^2}$$

$$I = \sqrt{I_R^2 + I_C^2} \qquad \frac{1}{Z} = \sqrt{\left(\frac{1}{R}\right)^2 + \left(\frac{1}{X_C}\right)^2} \qquad S = \sqrt{P^2 + Q_C^2}$$

$$\tan\varphi = \frac{I_C}{I_R} \qquad \tan\varphi = \frac{R}{X_C} \qquad \tan\varphi = \frac{Q_C}{P}$$

$$\sin\varphi = \frac{I_C}{I} \qquad \sin\varphi = \frac{Z}{X_C} \qquad \sin\varphi = \frac{Q_C}{S}$$

$$\cos\varphi = \frac{I_R}{I} \qquad \cos\varphi = \frac{Z}{R} \qquad \cos\varphi = \frac{P}{S}$$

7.8 RLC-Reihenschaltung

Schaltung | **Stromstärke und Spannung** | **Widerstand und Leitwert** | **Leistung**

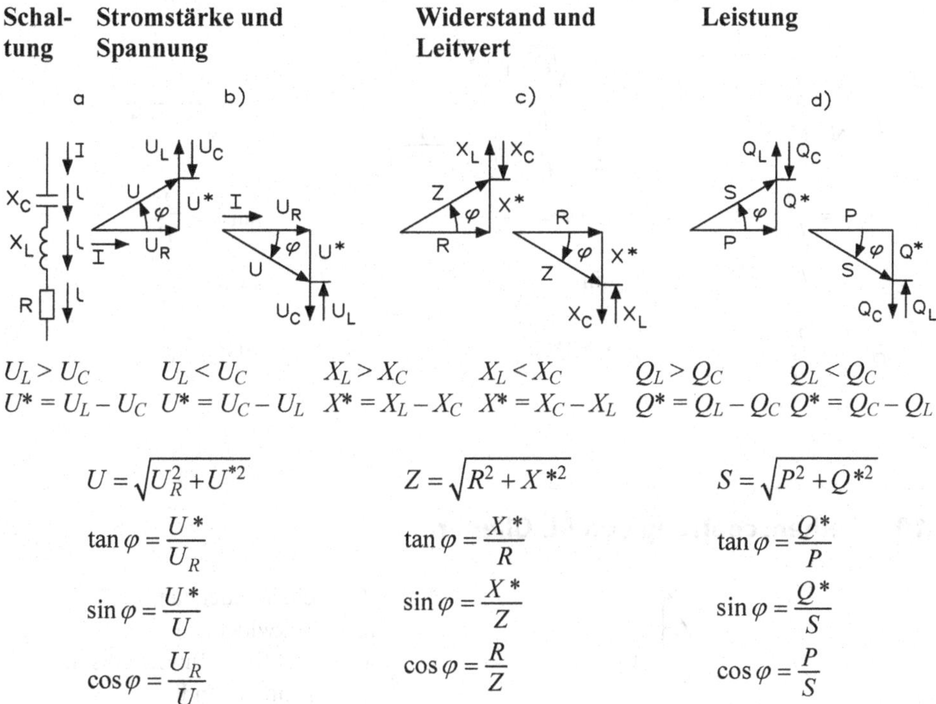

$U_L > U_C$ $\quad$ $U_L < U_C$ $\quad$ $X_L > X_C$ $\quad$ $X_L < X_C$ $\quad$ $Q_L > Q_C$ $\quad$ $Q_L < Q_C$

$U^* = U_L - U_C$ $\quad$ $U^* = U_C - U_L$ $\quad$ $X^* = X_L - X_C$ $\quad$ $X^* = X_C - X_L$ $\quad$ $Q^* = Q_L - Q_C$ $\quad$ $Q^* = Q_C - Q_L$

$$U = \sqrt{U_R^2 + U^{*2}} \qquad Z = \sqrt{R^2 + X^{*2}} \qquad S = \sqrt{P^2 + Q^{*2}}$$

$$\tan\varphi = \frac{U^*}{U_R} \qquad \tan\varphi = \frac{X^*}{R} \qquad \tan\varphi = \frac{Q^*}{P}$$

$$\sin\varphi = \frac{U^*}{U} \qquad \sin\varphi = \frac{X^*}{Z} \qquad \sin\varphi = \frac{Q^*}{S}$$

$$\cos\varphi = \frac{U_R}{U} \qquad \cos\varphi = \frac{R}{Z} \qquad \cos\varphi = \frac{P}{S}$$

7.9 RLC-Parallelschaltung

Schaltung | **Stromstärke und Spannung** | **Widerstand und Leitwert** | **Leistung**

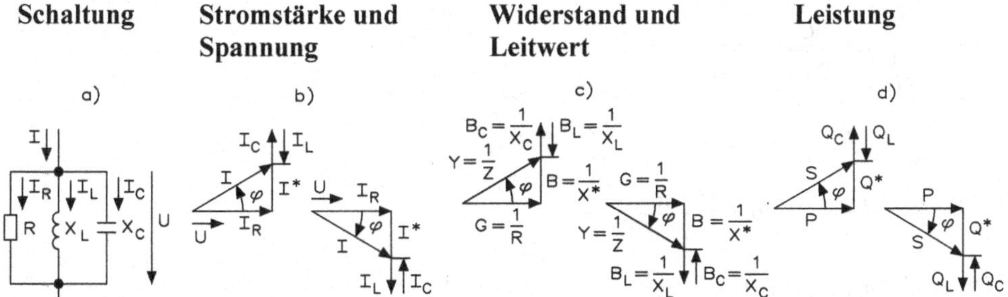

$I_C > I_L$	$I_C < I_L$	$X_C < X_L$	$X_C > X_L$	$Q_C > Q_L$	$Q_C < Q_L$
$I^* = I_C - I_L$	$I^* = I_L - I_C$	$\frac{1}{X^*} = \frac{1}{X_L} - \frac{1}{X_C}$	$\frac{1}{X^*} = \frac{1}{X_C} - \frac{1}{X_L}$	$Q^* = Q_C - Q_L$	$Q^* = Q_L - Q_C$

$$Y = \sqrt{G^2 + B^{*2}}$$

$$I = \sqrt{I_R^2 \cdot I^{*2}} \qquad \frac{1}{Z} = \sqrt{\left(\frac{1}{R}\right)^2 + \left(\frac{1}{X^*}\right)^2} \qquad S = \sqrt{P^2 \cdot Q^{*2}}$$

$$\tan\varphi = \frac{I^*}{I_R} \qquad \tan\varphi = \frac{R}{X^*} \qquad \tan\varphi = \frac{Q^*}{P}$$

$$\sin\varphi = \frac{I^*}{I} \qquad \sin\varphi = \frac{Z}{X^*} \qquad \sin\varphi = \frac{Q^*}{S}$$

$$\cos\varphi = \frac{I_R}{I} \qquad \cos\varphi = \frac{Z}{R} \qquad \cos\varphi = \frac{P}{S}$$

7.10 Reihenschaltung von RL-Gliedern

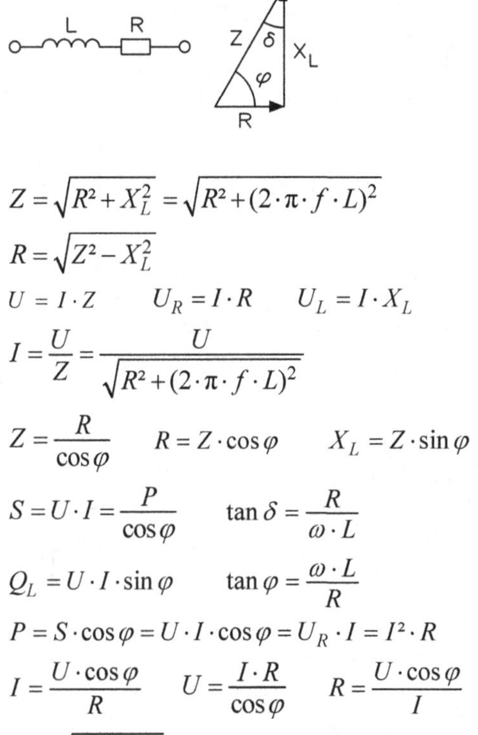

$$Z = \sqrt{R^2 + X_L^2} = \sqrt{R^2 + (2 \cdot \pi \cdot f \cdot L)^2}$$

$$R = \sqrt{Z^2 - X_L^2}$$

$$U = I \cdot Z \qquad U_R = I \cdot R \qquad U_L = I \cdot X_L$$

$$I = \frac{U}{Z} = \frac{U}{\sqrt{R^2 + (2 \cdot \pi \cdot f \cdot L)^2}}$$

$$Z = \frac{R}{\cos\varphi} \qquad R = Z \cdot \cos\varphi \qquad X_L = Z \cdot \sin\varphi$$

$$S = U \cdot I = \frac{P}{\cos\varphi} \qquad \tan\delta = \frac{R}{\omega \cdot L}$$

$$Q_L = U \cdot I \cdot \sin\varphi \qquad \tan\varphi = \frac{\omega \cdot L}{R}$$

$$P = S \cdot \cos\varphi = U \cdot I \cdot \cos\varphi = U_R \cdot I = I^2 \cdot R$$

$$I = \frac{U \cdot \cos\varphi}{R} \qquad U = \frac{I \cdot R}{\cos\varphi} \qquad R = \frac{U \cdot \cos\varphi}{I}$$

$$U = \sqrt{U_R^2 + U_L^2}$$

Z	Scheinwiderstand
R	Wirkwiderstand
X_L	induktiver Blindwiderstand
U_R	Spannung an R
U_L	Spannung an L
P	Wirkleistung
S	Scheinleistung
Q_L	induktive Blindleistung
φ	Phasenwinkel

7.11 Reihenschaltung von RC-Gliedern

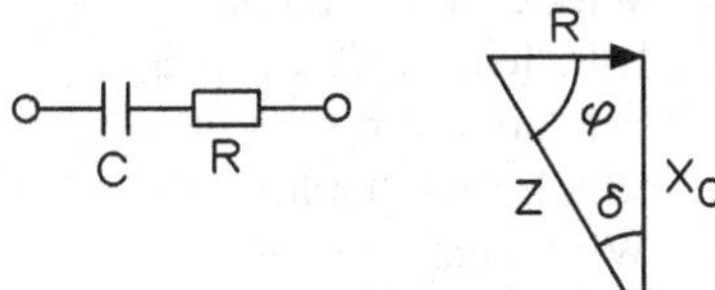

Z Scheinwiderstand
R Wirkwiderstand
X_C kapazitiver Blindwiderstand
U_R Spannung an R
U_L Spannung an L (Konduktanz)
P Wirkleistung (Suszeptanz)
S Scheinleistung (Admittanz)
Q_L kapazitiver Blindwiderstand
φ Phasenwinkel
$\cos\varphi$ Leistungsfaktor
δ Verlustwinkel
$\tan\delta$ Verlustfaktor

$$Z = \sqrt{R^2 + X_C^2} = \sqrt{R^2 + \frac{1}{(2 \cdot \pi \cdot f \cdot C)^2}}$$

$$R = \sqrt{Z^2 - X_C^2} \qquad X_C = \sqrt{Z^2 - R^2}$$

$$I = \frac{U}{Z} = \frac{U}{\sqrt{R^2 + \left(\frac{1}{2 \cdot \pi \cdot f \cdot C}\right)^2}}$$

$$U = I \cdot Z \qquad U_R = I \cdot R \qquad U_C = I \cdot X_C$$

$$Z = \frac{U}{I} \qquad \cos\varphi = \frac{R}{Z} = \frac{U_R}{U} = \frac{P}{S}$$

$$S = U \cdot I = \frac{P}{\cos\varphi} \qquad \tan\delta = \omega \cdot R \cdot C$$

$$Z = \frac{R}{\cos\varphi} \qquad R = Z \cdot \cos\varphi \qquad \tan\varphi = -\frac{1}{\omega \cdot R \cdot C}$$

$$Q_c = U \cdot I \cdot \sin\varphi$$

$$P = S \cdot \cos\varphi = U \cdot I \cdot \cos\varphi = U_R \cdot I = I^2 \cdot R$$

$$I = \frac{U \cdot \cos\varphi}{R} \qquad U = \frac{I \cdot R}{\cos\varphi} \qquad R = \frac{U \cdot \cos\varphi}{I}$$

$$U = \sqrt{U_R^2 - U_C^2}$$

7.12 Parallelschaltung von RL-Gliedern

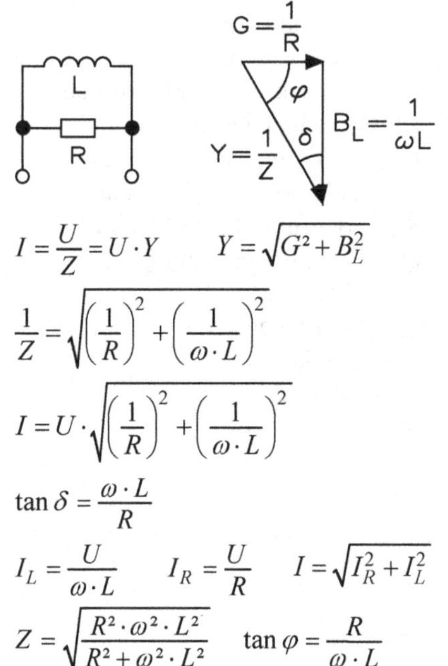

$$I = \frac{U}{Z} = U \cdot Y \qquad Y = \sqrt{G^2 + B_L^2}$$

$$\frac{1}{Z} = \sqrt{\left(\frac{1}{R}\right)^2 + \left(\frac{1}{\omega \cdot L}\right)^2}$$

$$I = U \cdot \sqrt{\left(\frac{1}{R}\right)^2 + \left(\frac{1}{\omega \cdot L}\right)^2}$$

$$\tan\delta = \frac{\omega \cdot L}{R}$$

$$I_L = \frac{U}{\omega \cdot L} \qquad I_R = \frac{U}{R} \qquad I = \sqrt{I_R^2 + I_L^2}$$

$$Z = \sqrt{\frac{R^2 \cdot \omega^2 \cdot L^2}{R^2 + \omega^2 \cdot L^2}} \qquad \tan\varphi = \frac{R}{\omega \cdot L}$$

G	Wirkleitwert (Konduktanz)
B_L	Blindleitwert (Suszeptanz)
Y	Scheinleitwert (Admittanz)
I_L	Blindstrom durch L
I_R	Wirkstrom durch R
I	Scheinstrom
$\cos\varphi$	Leistungsfaktor
$\tan\delta$	Verlustfaktor

7.13 Parallelschaltung von RC-Gliedern

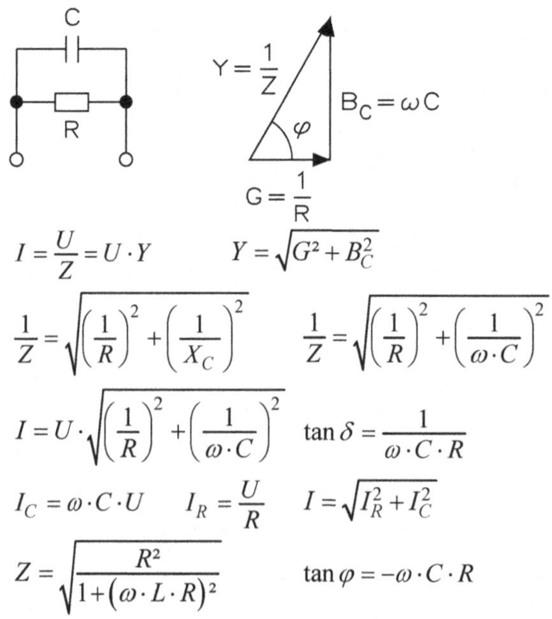

$$I = \frac{U}{Z} = U \cdot Y \qquad Y = \sqrt{G^2 + B_C^2}$$

$$\frac{1}{Z} = \sqrt{\left(\frac{1}{R}\right)^2 + \left(\frac{1}{X_C}\right)^2} \qquad \frac{1}{Z} = \sqrt{\left(\frac{1}{R}\right)^2 + \left(\frac{1}{\omega \cdot C}\right)^2}$$

$$I = U \cdot \sqrt{\left(\frac{1}{R}\right)^2 + \left(\frac{1}{\omega \cdot C}\right)^2} \qquad \tan\delta = \frac{1}{\omega \cdot C \cdot R}$$

$$I_C = \omega \cdot C \cdot U \qquad I_R = \frac{U}{R} \qquad I = \sqrt{I_R^2 + I_C^2}$$

$$Z = \sqrt{\frac{R^2}{1 + (\omega \cdot L \cdot R)^2}} \qquad \tan\varphi = -\omega \cdot C \cdot R$$

G	Wirkleitwert (Konduktanz)
B_C	Blindleitwert (Suszeptanz)
Y	Scheinleitwert (Admittanz)
I_C	Blindstrom durch C
I_R	Wirkstrom durch R
I	Scheinstrom

7.14 Reihenschaltung von RLC-Gliedern

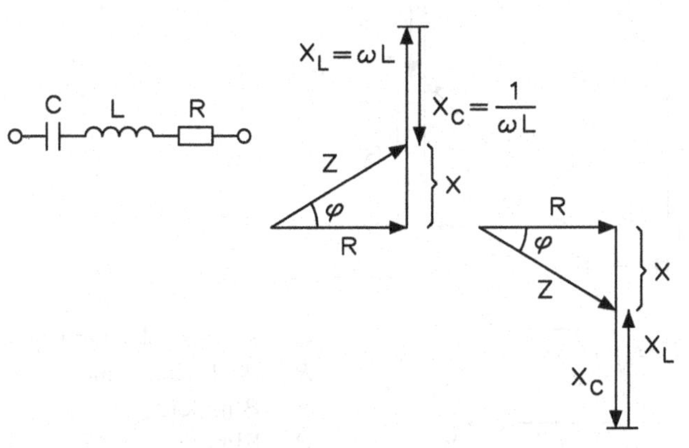

Z	Scheinwiderstand
R	Wirkwiderstand
X	Blindwiderstand
U_R	Spannung an R
U_L	Spannung an L
S	Scheinleistung
P	Wirkleistung
Q_L	induktive Blindleistung
$\cos\varphi$	Leistungsfaktor
$\tan\delta$	Verlustfaktor

$$Z = \sqrt{R^2 + X^2} = \sqrt{R^2 + \left(\omega \cdot L - \frac{1}{\omega \cdot C}\right)^2}$$

$$I = \frac{U}{Z} = \frac{U}{\sqrt{R^2 + \left(\omega \cdot L - \frac{1}{\omega \cdot C}\right)^2}}$$

$X = X_C - X_L$ (kapazitiv) $\quad X = X_L - X_C$ (induktiv)

$$U = I \cdot Z \qquad U_R = I \cdot R \qquad U_C = I \cdot X_C \qquad U_L = I \cdot X_L$$

$$U = \sqrt{U_R^2 + (U_L - U_C)^2}$$

$$Z = \frac{U}{I} \qquad \cos\varphi = \frac{R}{Z} = \frac{U_R}{U} = \frac{P}{S} \qquad \tan\varphi = \frac{\omega \cdot L - \frac{1}{\omega \cdot C}}{R}$$

$$Z = \frac{R}{\cos\varphi} \qquad R = Z \cdot \cos\varphi \qquad \tan\delta = \frac{R}{\omega \cdot L - \frac{1}{\omega \cdot C}}$$

$$S = U \cdot I = \frac{P}{\cos\varphi} \qquad Q = U \cdot I \cdot \sin\varphi$$

$$P = S \cdot \cos\varphi = U \cdot I \cdot \cos\varphi = U_R \cdot I$$

$$I = U \cdot \frac{\cos\varphi}{R} \qquad U = \frac{I \cdot R}{\cos\varphi} \qquad R = \frac{U \cdot \cos\varphi}{I}$$

7.15 Parallelschaltung von RLC-Gliedern

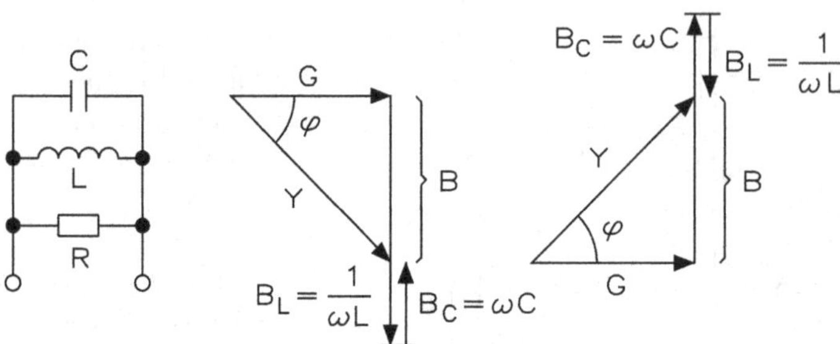

$$I = \frac{U}{Z} = U \cdot Y \qquad Y = \sqrt{G^2 + B^2}$$

$$\frac{1}{Z} = \sqrt{\left(\frac{1}{R}\right)^2 + \left(\frac{1}{X}\right)^2} \quad \text{oder} \quad Y = \sqrt{G^2 + (B_C - B_L)^2}$$

$X = X_C - X_L$ (kapazitiv) $\qquad X = X_L - X_C$ (induktiv)

$$I = U \cdot \sqrt{\left(\frac{1}{R}\right)^2 + \left(\omega \cdot C - \frac{1}{\omega \cdot L}\right)^2} = U \cdot \sqrt{G^2 + (B_C - B_L)^2}$$

$$Z = \sqrt{\left(\frac{1}{R}\right)^2 + \left(\omega \cdot C - \frac{1}{\omega \cdot L}\right)^2}$$

$$\tan\delta = \frac{1}{R \cdot \left(\omega \cdot C - \frac{1}{\omega \cdot L}\right)} \qquad \tan\varphi = R \cdot \left(\omega \cdot C - \frac{1}{\omega \cdot L}\right)$$

Z Scheinwiderstand
R Wirkwiderstand
B Blindleitwert
B_C Blindleitwert
B_L Blindleitwert

7.16 Umrechnung von RC-Gliedern zwischen Reihen- und Parallelschaltung

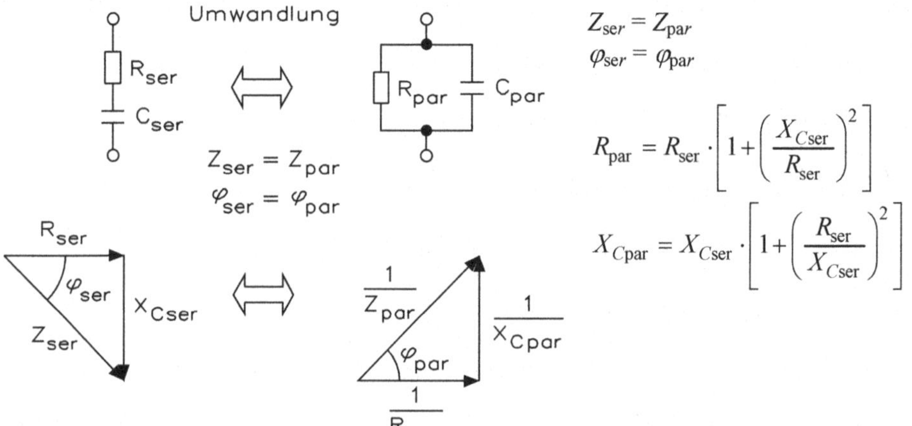

$$Z_{ser} = Z_{par}$$

$$\varphi_{ser} = \varphi_{par}$$

$$R_{par} = R_{ser} \cdot \left[1 + \left(\frac{X_{Cser}}{R_{ser}}\right)^2\right]$$

$$X_{Cpar} = X_{Cser} \cdot \left[1 + \left(\frac{R_{ser}}{X_{Cser}}\right)^2\right]$$

7.17 Umrechnung von RL-Schaltung zwischen Reihen- und Parallelschaltung

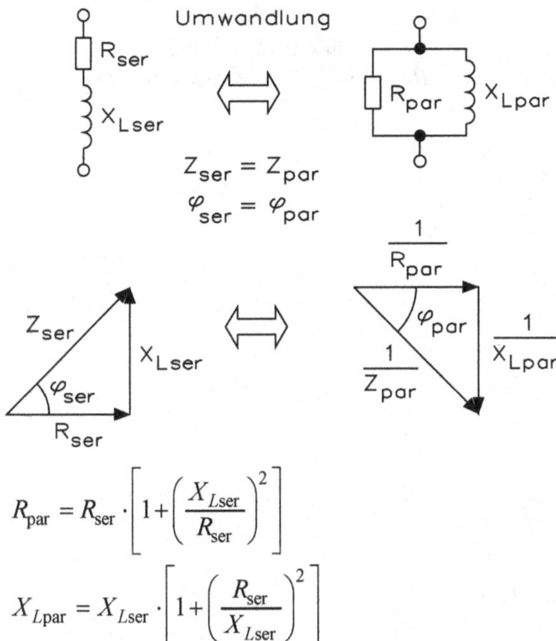

$Z_{\text{ser}} = Z_{\text{par}}$
$\varphi_{\text{ser}} = \varphi_{\text{par}}$

$$R_{\text{par}} = R_{\text{ser}} \cdot \left[1 + \left(\frac{X_{L\text{ser}}}{R_{\text{ser}}} \right)^2 \right]$$

$$X_{L\text{par}} = X_{L\text{ser}} \cdot \left[1 + \left(\frac{R_{\text{ser}}}{X_{L\text{ser}}} \right)^2 \right]$$

7.18 Verlustbehafteter Kondensator

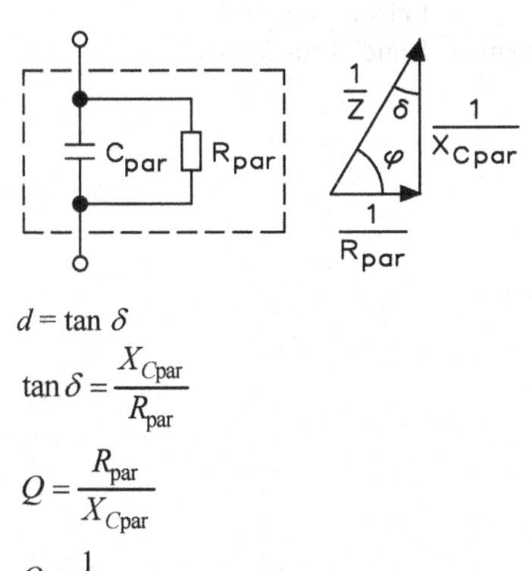

$\tan\delta$ Verlustfaktor
d Verlustfaktor
Q Güte (Gütefaktor)
R_{par} paralleler Verlustwiderstand

$$d = \tan\delta$$

$$\tan\delta = \frac{X_{C\text{par}}}{R_{\text{par}}}$$

$$Q = \frac{R_{\text{par}}}{X_{C\text{par}}}$$

$$Q = \frac{1}{d}$$

7.19 Verlustbehaftete Spule

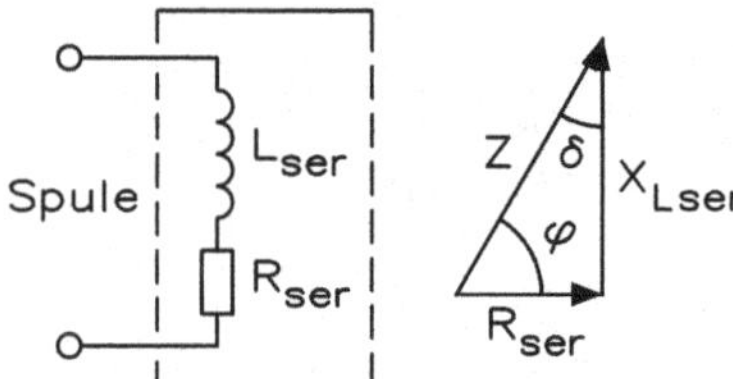

$\tan\delta$ Verlustfaktor
d Verlustfaktor
Q Güte (Gütefaktor)
R_{ser} serieller Verlustwiderstand

$d = \tan\delta$

$$\tan\delta = \frac{R_{ser}}{X_L}$$

$$Q = \frac{X_{Lser}}{R_{ser}}$$

$$Q = \frac{1}{d}$$

7.20 Leistung und Leistungsfaktor

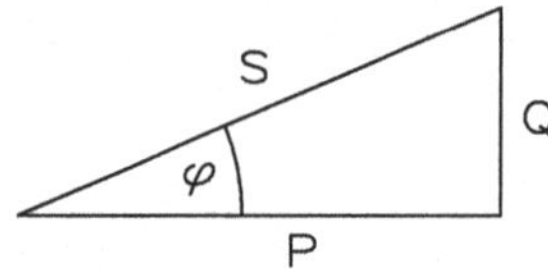

S Scheinleistung in VA
P Wirkleistung in W
Q Blindleistung in var
U Spannung (Effektivwert)
I Strom (Effektivwert)
$\cos\varphi$ Leistungsfaktor
$\sin\varphi$ Blindleistungsfaktor

Bei sinusförmigem Verlauf: $S = U \cdot \mathrm{I}$
Bei Phasenverschiebung von Strom und Spannung um den Phasenwinkel φ:

$P = U \cdot I \cdot \cos\varphi$

$P = S \cdot \cos\varphi$

$$S = \frac{P}{\cos\varphi} \qquad \cos\varphi = \frac{P}{S}$$

$Q = U \cdot I \cdot \sin\varphi$

$$Q = S \cdot \sin\varphi \qquad \sin\varphi = \frac{Q}{S}$$

$$P = \sqrt{S^2 - Q^2}$$

$$Q = \sqrt{S^2 - P^2}$$

7.21 Bauelement, Zeiger- und Liniendiagramme für Ohm'sche Widerstände

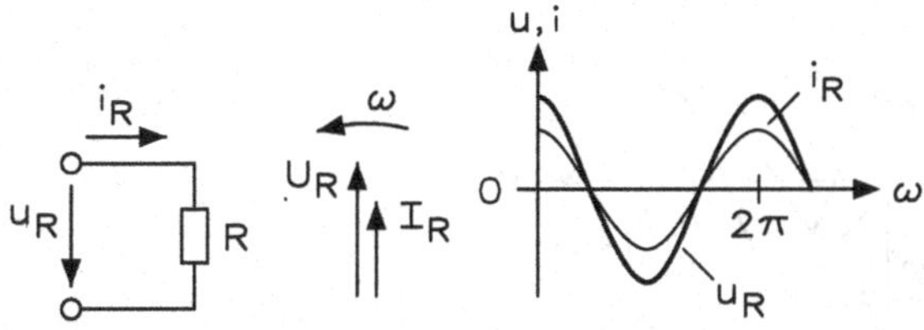

$$R = \frac{u_R}{i_R} = \frac{\hat{u}_R \cdot (\cos \omega \cdot t_u + \omega_u)}{\hat{i}_R \cdot (\cos \omega \cdot t_i + \omega_i)}$$

$$R = \frac{u_R}{i_R} = \frac{\hat{u}_R}{\hat{i}_R} = \frac{u_R \cdot \sqrt{2}}{i_R \cdot \sqrt{2}} = \frac{U_R}{I_R} \qquad \text{bei } \varphi = \varphi_u - \varphi_i = 0$$

7.22 Bauelement, Zeiger- und Liniendiagramme für induktive Blindwiderstände

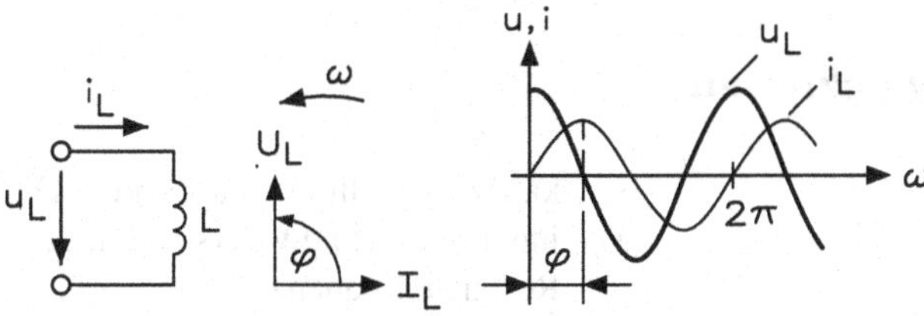

$$u_L = L \cdot \frac{\Delta i_L}{\Delta t}$$

$$u_L = \omega \cdot L \cdot \hat{i}_L \cdot \cos \omega \cdot t$$

$$X_L = \omega \cdot L = \frac{U_L}{I_l}$$

$$B_L = \frac{1}{X_L} = \frac{1}{\omega \cdot L} = \frac{I_L}{U_L} \qquad \text{bei } \varphi = \varphi_u - \varphi_i = 90° = \frac{\pi}{2}$$

7.23 Bauelement, Zeiger- und Liniendiagramme für kapazitive Blindwiderstände

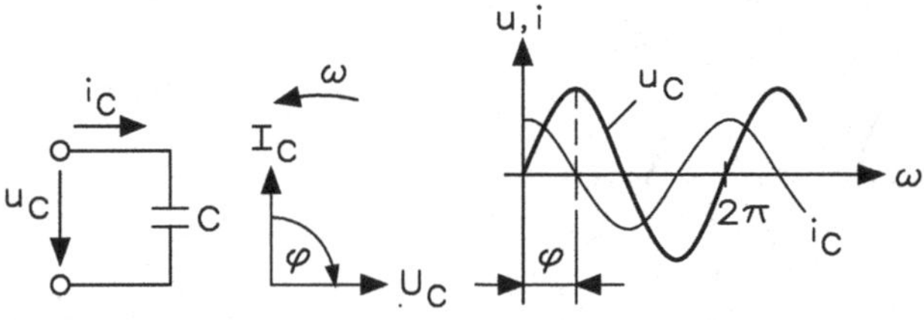

$Q = I_C \cdot t = C \cdot U_C$

$i_C = C \cdot \dfrac{\Delta u_C}{\Delta t}$

$i_C = \omega \cdot C \cdot \hat{u}_c \cdot \cos \omega t$ bei $\varphi = \varphi_u - \varphi_i = 90° - 0 = -90° = -\dfrac{\pi}{2}$

$X_C = \dfrac{1}{\omega \cdot C} = \dfrac{U_C}{I_C}$

$B_C = \omega \cdot C = \dfrac{I_C}{U_C}$ bei $\varphi = \varphi_u - \varphi_i = -90° = -\dfrac{\pi}{2}$

7.24 Resonanz bei Schwingkreisen

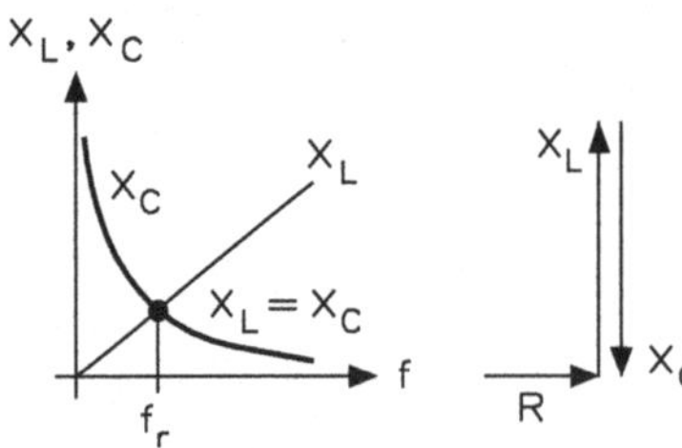

X_C kapazitiver Blindwiderstand in Ω
X_L induktiver Blindwiderstand in Ω
f_r Resonanzfrequenz in Hz
C Kapazität in F
L Induktivität in H

Resonanzbedingung: $X_C = X_L$

$\omega \cdot L = \dfrac{1}{\omega \cdot C}$ $\omega^2 \cdot L \cdot C = 1$

$L = \dfrac{1}{\omega^2 \cdot C}$ $C = \dfrac{1}{\omega^2 \cdot L}$

$f_r = \dfrac{1}{2 \cdot \pi \cdot f \cdot \sqrt{L \cdot C}}$

7.25 Reihenschwingkreis

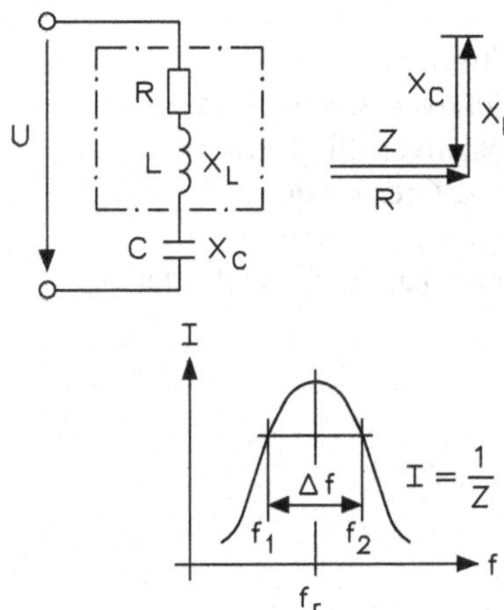

Z Scheinwiderstand
f_r Resonanzfrequenz
Q Güte
d tan δ (Dämpfung, Verlustfaktor)
Δf Bandbreite
f_1 untere Grenzfrequenz
f_2 obere Grenzfrequenz

$$Z = \sqrt{R^2 + (X_L - X_C)^2}$$

bei Resonanz ist $X_L = X_C$

$$f_r = \frac{1}{2 \cdot \pi \cdot \sqrt{L \cdot C}}$$

$$Q = \frac{2 \cdot \pi \cdot f_r \cdot L}{R} = \frac{1}{R} \cdot \sqrt{\frac{L}{C}}$$

$$Q = \frac{1}{d} = \frac{1}{\tan \delta}$$

$$\Delta f = f_2 - f_1 = \frac{f_r}{Q} = f_r \cdot d$$

$$R_r = r = \frac{X_L}{Q} = \frac{X_C}{Q} = \frac{1}{2 \cdot \pi \cdot f_r^2 \cdot C}$$

7.26 Parallelschwingkreis

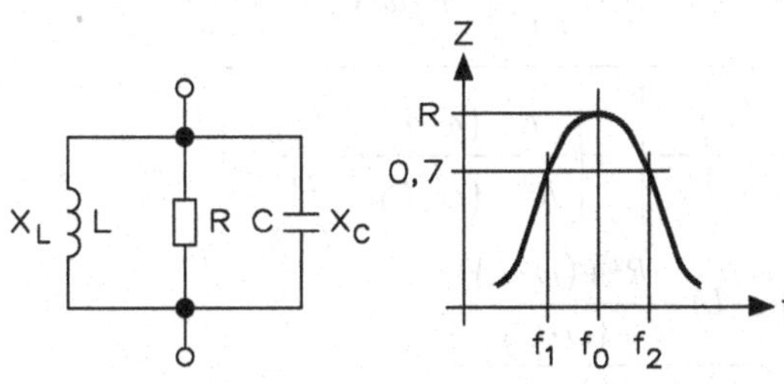

$$Y=\sqrt{G^2+(B_L-B_C)^2}$$

bei Resonanz ist $B_L = B_C$

$$f_r=\frac{1}{2\cdot\pi\cdot\sqrt{L\cdot C}}$$

$$Q=\frac{R}{\omega_0\cdot L}=R\cdot\sqrt{\frac{C}{L}}$$

$$R=Q^2\cdot r=\frac{L}{C\cdot r}$$

$$Q=\frac{1}{d}\approx\frac{\omega\cdot L}{R}\approx\frac{1}{\omega\cdot R}\approx\frac{1}{R}\cdot\sqrt{\frac{L}{C}}$$

$$R_r=Q^2\cdot r=Q\cdot X_L=Q\cdot X_C=\frac{Q}{2\cdot\pi\cdot f_r\cdot C}=\frac{1}{2\cdot\pi\cdot\Delta f\cdot C}$$

Y Scheinleitwert
f_r Resonanzfrequenz
Q Güte
G Leitwert
B_L induktiver Blindleitwert
B_C kapazitiver Blindleitwert
f_1 untere Grenzfrequenz
f_2 obere Grenzfrequenz
d $\tan\delta$ (Dämpfung, Verlustfaktor)

7.27 Scheinwiderstand und Phasenverschiebung

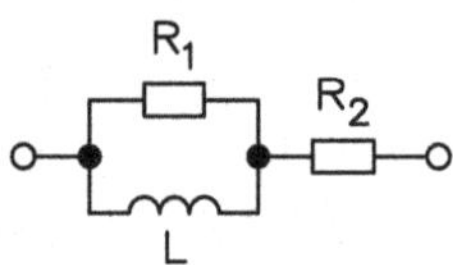

$$Z=\sqrt{\left[R_2+\frac{R_1\cdot(\omega\cdot L)^2}{R_1^2+(\omega\cdot L)^2}\right]^2+\left[\frac{R_1^2\cdot(\omega\cdot L)}{R_1^2+(\omega\cdot L)^2}\right]^2}$$

$$\tan\varphi=\frac{R_1^2\cdot\omega\cdot L}{R_2\cdot[R_1^2+(\omega\cdot L)^2]+R_1\cdot(\omega\cdot L)^2}$$

$$Z=\sqrt{R^2+\left[\frac{\omega\cdot L}{1-\omega^2\cdot L\cdot C}\right]^2}$$

$$\tan\varphi=\frac{\omega\cdot L}{R\cdot(1-\omega^2\cdot L\cdot C)}$$

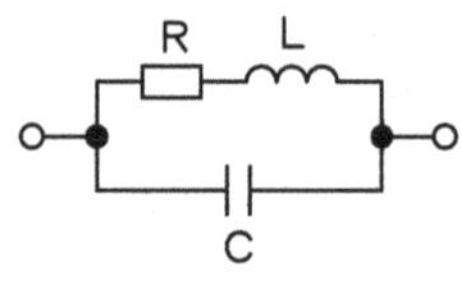

$$Z=\sqrt{\left[\frac{\frac{R}{(\omega\cdot C)^2}}{R^2+\left(\omega\cdot L-\frac{1}{\omega\cdot C}\right)^2}\right]^2+\left[\frac{\frac{L}{C}\left(\omega\cdot L-\frac{1}{\omega\cdot C}\right)-\frac{R^2}{\omega\cdot C}}{R^2+\left(\omega\cdot L-\frac{1}{\omega\cdot C}\right)^2}\right]^2}$$

$$\tan\varphi=\frac{\omega^2\cdot L\cdot C}{R}\left(\omega\cdot L-\frac{1}{\omega\cdot C}\right)-R\cdot\omega\cdot C$$

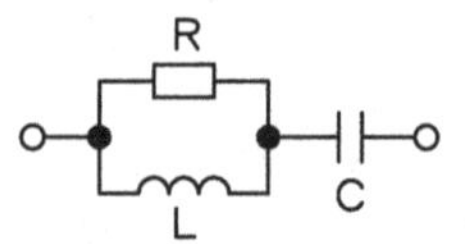

$$Z=\sqrt{\left[\frac{R\cdot(\omega\cdot L)^2}{R^2+(\omega\cdot L)^2}\right]^2+\left[\frac{R^2\cdot(\omega\cdot L)}{R^2+(\omega\cdot L)^2}-\frac{1}{\omega\cdot C}\right]^2}$$

$$\tan\varphi=\frac{R^2\cdot(\omega\cdot L)-\frac{R^2+(\omega\cdot L)^2}{(\omega\cdot C)}}{R^2\cdot(\omega\cdot L)^2}$$

7.28 Komplexe Darstellung von R, C und L

Impedanz $\underline{Z}$ Admittanz $\underline{Y}$	Scheinwiderstand $\lvert\underline{Z}\rvert = Z$ Scheinleitwert $\lvert\underline{Y}\rvert = Y$	Phasenverschiebungswinkel φ
$\underline{Z} = R$ $\underline{Y} = G = \frac{1}{R}$	$Z = R$ $Y = G = \frac{1}{R}$	$\varphi = 0°$
$\underline{Z} = jX_L = j\omega \cdot L$ $\underline{Y} = -jB_L = \frac{1}{j\omega \cdot L} = -j\frac{1}{\omega \cdot L}$	$Z = \omega L$ $Y = \frac{1}{\omega \cdot L}$	$\varphi_Z = +90°$ $\varphi_Y = -90°$
$\underline{Z} = -jX_C = \frac{1}{j\omega \cdot C} = -j\frac{1}{\omega \cdot C}$ $\underline{Y} = jB_C = j\omega \cdot C$	$Z = \frac{1}{\omega \cdot C}$ $Y = \omega \cdot C$	$\varphi_Z = -90°$ $\varphi_Y = +90°$
$\underline{Z} = R + j\omega \cdot L$ $\underline{Y} = \frac{1}{R^2 + (\omega \cdot L)^2} - j\frac{\omega \cdot L}{R^2 + (\omega \cdot L)^2}$	$Z = \sqrt{R^2 + (\omega \cdot L)^2}$ $Y = \sqrt{\frac{R^2 + (\omega \cdot L)^2}{[R^2 + (\omega \cdot L)^2]^2}}$	$\varphi_Z = +\arctan\frac{\omega \cdot L}{R}$ $\varphi_Y = -\arctan\frac{\omega \cdot L}{R}$
$\underline{Z} = R - j\frac{1}{\omega \cdot C}$ $\underline{Y} = \frac{R(\omega \cdot C)^2}{(\omega \cdot C \cdot R)^2 + 1} = +j\frac{\omega \cdot C}{(\omega \cdot C \cdot R)^2 + 1}$	$Z = \sqrt{R^2 + \left(\frac{1}{\omega \cdot C}\right)^2}$ $Y = \sqrt{\frac{[R(\omega \cdot C)^2]^2 + (\omega \cdot C)^2}{[(\omega \cdot C \cdot R)^2 + 1]^2}}$	$\varphi_Z = -\arctan\frac{1}{\omega \cdot C \cdot R}$ $\varphi_Y = +\arctan\frac{1}{\omega \cdot C \cdot R}$

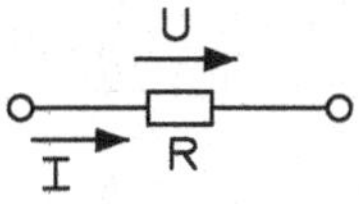

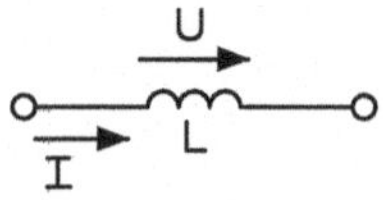

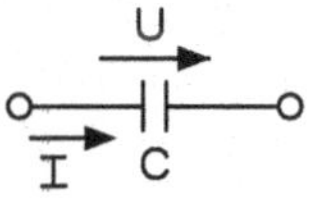

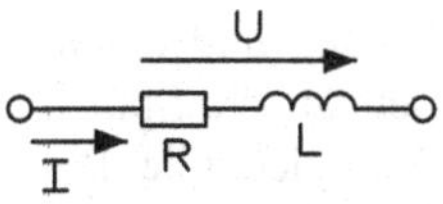

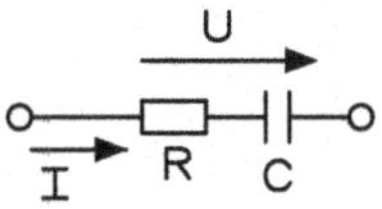

$$\underline{Z} = \frac{R(\omega \cdot L)^2}{R^2 + (\omega \cdot L)^2} + j\frac{R^2 \cdot \omega \cdot L}{[(R^2 + \omega \cdot L)^2]^2} \qquad Z = \sqrt{\frac{[R(\omega \cdot L)^2]^2 + (R^2 \cdot \omega \cdot L)^2}{[R^2 + (\omega \cdot L)^2]^2}} \qquad \varphi_Z = +\arctan\frac{R}{\omega \cdot L}$$

$$\underline{Y} = \frac{1}{R} - j\frac{1}{\omega \cdot L} \qquad Y = \sqrt{\left(\frac{1}{R}\right)^2 + \left(\frac{1}{\omega \cdot L}\right)^2} \qquad \varphi_Y = +\arctan\frac{R}{\omega \cdot L}$$

$$\underline{Z} = \frac{R}{1 + (\omega \cdot C \cdot R)^2} - j\frac{\omega \cdot C \cdot R^2}{(1 + \omega \cdot C \cdot R)^2} \qquad Z = \sqrt{\frac{R^2 + (\omega \cdot C \cdot R^2)^2}{[1 + (\omega \cdot C \cdot R)^2]^2}} \qquad \varphi_Z = -\arctan \omega \cdot C \cdot R$$

$$\underline{Y} = \frac{1}{R} + j\omega \cdot C \qquad Y = \sqrt{\left(\frac{1}{R}\right)^2 + (\omega \cdot C)^2} \qquad \varphi_Y = +\arctan \omega \cdot C \cdot R$$

7.29 Vierpolparameter von elektrischen Zweitoren

Vierpole sind beliebig zusammengeschaltete Zweipole mit einem Eingang und einem Ausgang. Passive Vierpole bestehen nur aus passiven Zweipolen (Widerständen, Spulen und Kondensatoren usw.). Aktive Vierpole enthalten eine zusätzliche Energiequelle. Bei passiven Vierpolen besteht ein linearer Zusammenhang zwischen Spannungen und Strömen am Ein- und Ausgang.

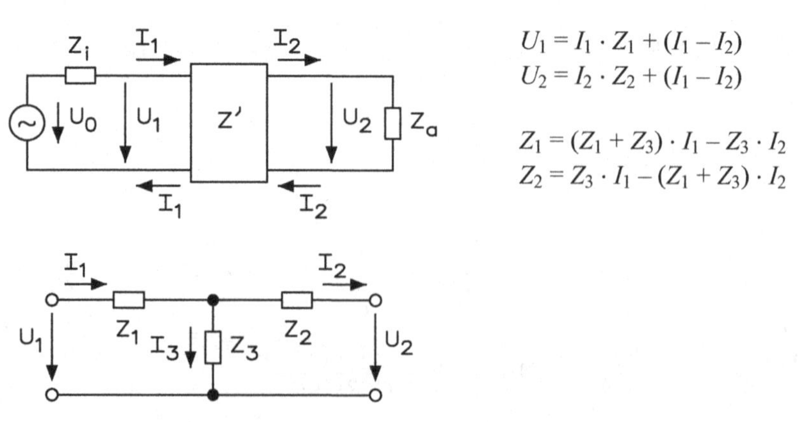

$$U_1 = I_1 \cdot Z_1 + (I_1 - I_2)$$
$$U_2 = I_2 \cdot Z_2 + (I_1 - I_2)$$

$$Z_1 = (Z_1 + Z_3) \cdot I_1 - Z_3 \cdot I_2$$
$$Z_2 = Z_3 \cdot I_1 - (Z_1 + Z_3) \cdot I_2$$

Vierpolgleichungen (Widerstandsform)

$U_1 = Z_{11} \cdot I_1 + Z_{12} \cdot I_2$
$U_2 = Z_{21} \cdot I_1 + Z_{22} \cdot I_2$

Matrizenschreibweise $\begin{pmatrix} U_1 \\ U_2 \end{pmatrix} = \begin{pmatrix} Z_{11} & Z_{12} \\ Z_{21} & Z_{22} \end{pmatrix} \cdot \begin{pmatrix} I_1 \\ I_2 \end{pmatrix}$

$Z_{11} = \frac{U_1}{I_1}$ bei $I_2 = 0$: Leerlaufwiderstand primär

$-Z_{22} = \frac{U_2}{I_2}$ bei $I_1 = 0$: Leerlaufwiderstand sekundär (Vierpol wird von rechts betrieben)

$Z_{21} = \frac{U_2}{I_1}$ bei $I_2 = 0$: Kernwiderstand vorwärts

$-Z_{12} = \frac{U_1}{I_2}$ bei $I_1 = 0$: Kernwiderstand rückwärts (Vierpol wird von rechts betrieben)

Vierpolgleichungen (Leitwertform)

$I_1 = Y_{11} \cdot U_1 + Y_{12} \cdot U_2$
$I_2 = Y_{21} \cdot I_1 + Y_{22} \cdot U_2$

Matrizenschreibweise $\begin{pmatrix} I_1 \\ I_2 \end{pmatrix} = \begin{pmatrix} Y_{11} & Y_{12} \\ Y_{21} & Y_{22} \end{pmatrix} \cdot \begin{pmatrix} U_1 \\ U_2 \end{pmatrix}$

$Y_{11} = \frac{I_1}{U_1}$ bei $U_2 = 0$: Kurzschlussleitwert primär

$-Y_{22} = \frac{I_2}{U_2}$ bei $U_1 = 0$: Kurzschlussleitwert sekundär (Vierpol wird von rechts betrieben)

$Y_{21} = \frac{I_2}{U_1}$ bei $U_2 = 0$: Kernleitwert vorwärts

$-Y_{12} = \frac{I_1}{U_2}$ bei $U_1 = 0$: Kernleitwert rückwärts (Vierpol wird von rechts betrieben)

Vierpolgleichungen (Kettenform)

$U_1 = A_{11} \cdot U_2 + A_{12} \cdot I_2$
$I_1 = A_{21} \cdot U_2 + A_{22} \cdot I_2$

Matrizenschreibweise $\begin{pmatrix} U_1 \\ I_1 \end{pmatrix} = \begin{pmatrix} A_{11} & A_{12} \\ A_{21} & A_{22} \end{pmatrix} \cdot \begin{pmatrix} U_2 \\ I_2 \end{pmatrix}$

$A_{11} = \frac{U_1}{U_2}$ bei $I_2 = 0$: umgekehrte Spannungsübersetzung im Leerlauf

$A_{22} = \frac{I_1}{I_2}$ bei $U_2 = 0$: umgekehrte Stromübersetzung im Kurzschluss

$A_{21} = \frac{I_1}{U_2}$ bei $I_2 = 0$: umgekehrter primärer Kernwiderstand im Leerlauf

$A_{12} = \frac{U_1}{I_2}$ bei $U_2 = 0$: umgekehrter primärer Kernleitwert im Kurzschluss

Vierpolgleichungen (Hybridform)

$U_1 = H_{11} \cdot I_1 + H_{12} \cdot U_2$
$I_2 = H_{21} \cdot I_1 + H_{22} \cdot U_2$

Matrizenschreibweise $\begin{pmatrix} U_1 \\ I_2 \end{pmatrix} = \begin{pmatrix} H_{11} & H_{12} \\ H_{21} & H_{22} \end{pmatrix} \cdot \begin{pmatrix} I_1 \\ U_2 \end{pmatrix}$

$H_{11} = \frac{U_1}{I_1}$ bei $U_2 = 0$: Eingangswiderstand bei Ausgangskurzschluss

$H_{22} = \frac{I_2}{U_2}$ bei $I_1 = 0$: Ausgangsleitwert bei offenem Eingang

$H_{21} = \frac{I_2}{I_1}$ bei $U_2 = 0$: Stromverstärkung bei Ausgangskurzschluss

$H_{12} = \frac{U_1}{U_2}$ bei $I_1 = 0$: Spannungsrückwirkung bei offenem Eingang

Vierpolgleichungen vereinfachen sich bei richtungssymmetrischen Vierpolen:
$Y_{11} = -Y_{22}, Z_{11} = -Z_{22}, A_{11} \cdot A_{22}$

Multiplikation von Matrizen $\begin{pmatrix} a_{11} & a_{12} \\ a_{21} & a_{22} \end{pmatrix} \cdot \begin{pmatrix} b_{11} & b_{12} \\ b_{21} & b_{22} \end{pmatrix} = \begin{pmatrix} c_{11} & c_{12} \\ c_{21} & c_{22} \end{pmatrix} \Rightarrow$

$c_{11} = a_{11} \cdot b_{11} + a_{12} \cdot b_{21}$ $c_{12} = a_{11} \cdot b_{12} + a_{12} \cdot b_{22}$
$c_{21} = a_{21} \cdot b_{11} + a_{22} \cdot b_{21}$ $c_{22} = a_{21} \cdot b_{12} + a_{22} \cdot b_{22}$

7.30 Umrechnung der Vierpolparameter

gegeben / gesucht	*Y*		*Z*		*A*		*H*	
Y	Y_{11}	Y_{12}	$\frac{Z_{22}}{\Delta Z}$	$\frac{-Y_{12}}{\Delta Z}$	$\frac{A_{22}}{A_{12}}$	$\frac{-\Delta A}{A_{12}}$	$\frac{1}{H_{11}}$	$\frac{-H_{12}}{H_{11}}$
	Y_{21}	Y_{22}	$\frac{-Z_{21}}{\Delta Z}$	$\frac{Z_{11}}{\Delta Z}$	$\frac{1}{A_{12}}$	$\frac{-A_{11}}{A_{12}}$	$\frac{H_{21}}{H_{11}}$	$\frac{\Delta H}{H_{11}}$
Z	$\frac{Y_{22}}{\Delta Y}$	$\frac{-Y_{22}}{\Delta Y}$	Z_{11}	Z_{12}	$\frac{A_{11}}{A_{21}}$	$\frac{-\Delta A}{A_{21}}$	$\frac{\Delta H}{H_{22}}$	$\frac{H_{12}}{H_{22}}$
	$\frac{-Y_{21}}{\Delta Y}$	$\frac{Y_{11}}{\Delta Y}$	Z_{21}	Z_{22}	$\frac{1}{A_{21}}$	$\frac{-A_{22}}{A_{21}}$	$\frac{-H_{21}}{H_{22}}$	$\frac{1}{H_{22}}$
A	$\frac{-Y_{22}}{Y_{21}}$	$\frac{-1}{Y_{21}}$	$\frac{Z_{11}}{Z_{21}}$	$\frac{-\Delta Z}{Z_{21}}$	A_{11}	A_{12}	$\frac{-\Delta H}{H_{21}}$	$\frac{H_{11}}{H_{21}}$
	$\frac{-\Delta Y}{Y_{21}}$	$\frac{Y_{11}}{Y_{21}}$	$\frac{1}{Z_{21}}$	$\frac{-Z_{22}}{Z_{21}}$	A_{21}	A_{22}	$\frac{-H_{22}}{H_{21}}$	$\frac{1}{H_{21}}$
H	$\frac{1}{Y_{11}}$	$\frac{-Y_{12}}{Y_{11}}$	$\frac{\Delta Z}{Z_{22}}$	$\frac{Z_{12}}{Z_{22}}$	$\frac{A_{12}}{A_{22}}$	$\frac{\Delta A}{A_{22}}$	H_{11}	H_{12}
	$\frac{Y_{21}}{Y_{11}}$	$\frac{\Delta Y}{Y_{11}}$	$\frac{-Z_{21}}{Z_{12}}$	$\frac{1}{Z_{22}}$	$\frac{1}{A_{22}}$	$\frac{-A_{21}}{A_{22}}$	H_{21}	H_{22}

Δ: Determinante einer Matrix: z. B. $\Delta Z = Z_{11} \cdot Z_{22} - Z_{12} \cdot Z_{21}$

7.31 Zusammenschalten von Vierpolen

Reihenschaltung

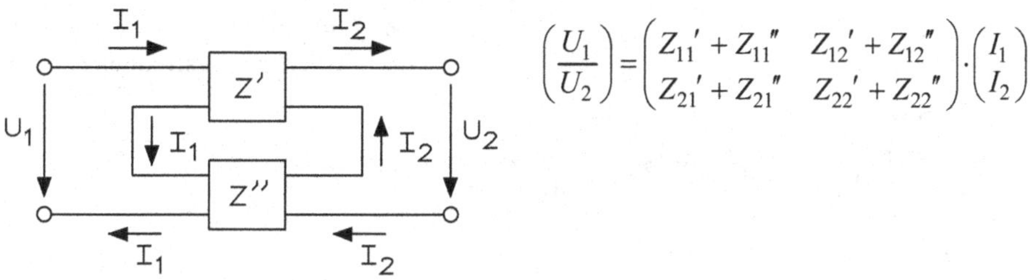

$$\begin{pmatrix} U_1 \\ U_2 \end{pmatrix} = \begin{pmatrix} Z_{11}' + Z_{11}'' & Z_{12}' + Z_{12}'' \\ Z_{21}' + Z_{21}'' & Z_{22}' + Z_{22}'' \end{pmatrix} \cdot \begin{pmatrix} I_1 \\ I_2 \end{pmatrix}$$

Parallelschaltung

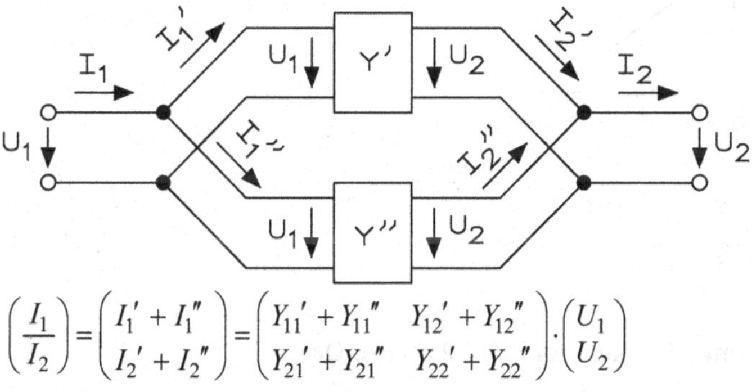

$$\begin{pmatrix} I_1 \\ I_2 \end{pmatrix} = \begin{pmatrix} I_1' + I_1'' \\ I_2' + I_2'' \end{pmatrix} = \begin{pmatrix} Y_{11}' + Y_{11}'' & Y_{12}' + Y_{12}'' \\ Y_{21}' + Y_{21}'' & Y_{22}' + Y_{22}'' \end{pmatrix} \cdot \begin{pmatrix} U_1 \\ U_2 \end{pmatrix}$$

Kettenschaltung

$$\begin{pmatrix} U_1' \\ I_1' \end{pmatrix} = \begin{pmatrix} A_{11}' \cdot A_{11}'' + A_{12}' \cdot A_{21}'' & A_{11}' \cdot A_{12}'' + A_{12}' \cdot A_{22}'' \\ A_{21}' \cdot A_{11}'' + A_{22}' \cdot A_{21}'' & A_{21}' \cdot A_{12}'' + A_{22}' \cdot A_{22}'' \end{pmatrix} \cdot \begin{pmatrix} U_2'' \\ I_2'' \end{pmatrix}$$

Reihen-Parallelschaltung

$$\begin{pmatrix} U_1 \\ I_2 \end{pmatrix} = \begin{pmatrix} H_{11}' + H_{11}'' & H_{12}' + H_{12}'' \\ H_{21}' + H_{21}'' & H_{22}' + H_{22}'' \end{pmatrix} \cdot \begin{pmatrix} U_2 \\ I_1 \end{pmatrix}$$

7.32 Frequenzweichen für Lautsprecher

Frequenzweichen 1. Ordnung (Flankensteilheit 6 dB pro Oktave)

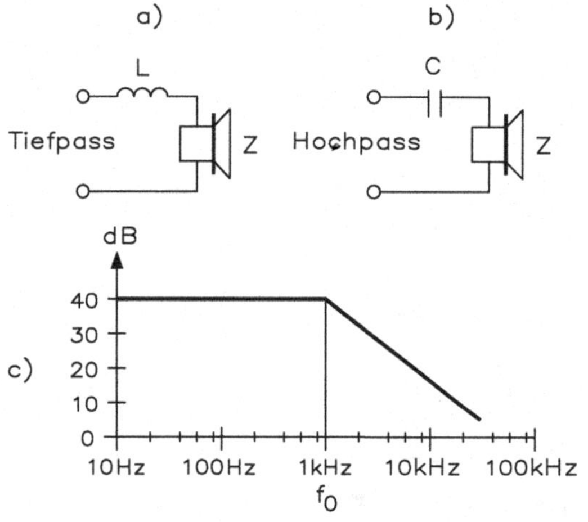

Z Impedanz
f_0 Übertragungsfrequenz

$$L = \frac{Z}{6{,}3 \cdot f_0} \qquad C = \frac{1}{6{,}3 \cdot f_0 \cdot Z}$$

Frequenzweichen 2. Ordnung (Flankensteilheit 12 dB pro Oktave)

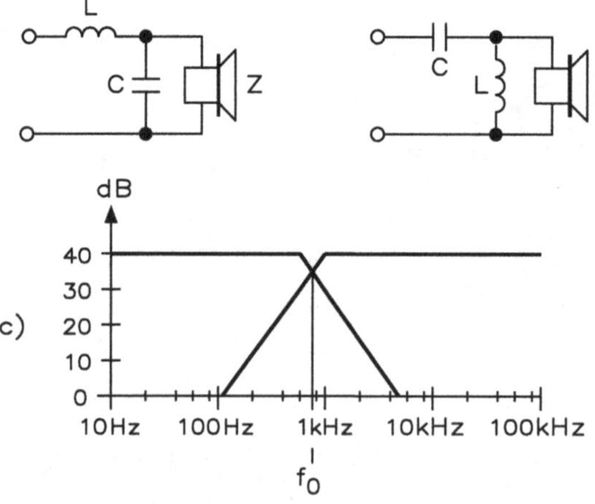

Z Impedanz
f_0 Übertragungsfrequenz

$$L = \frac{0{,}225 \cdot Z}{f_0} \qquad C = \frac{0{,}112}{f_0 \cdot Z}$$

Bandpass für Mittelton 2. Ordnung (Flankensteilheit 12 dB pro Oktave)

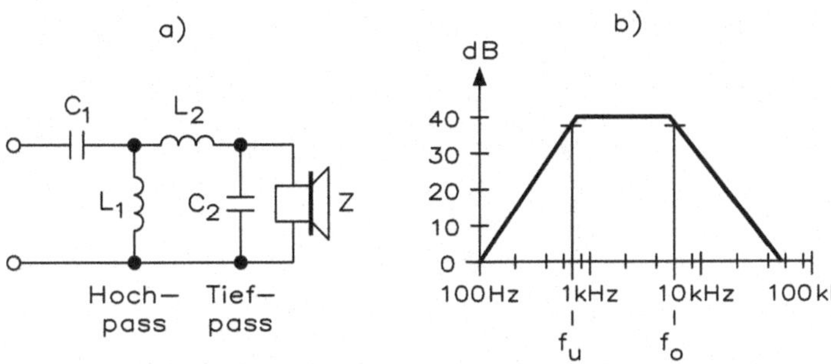

Für Hochpass: $L_1 \approx \dfrac{0,225 \cdot Z}{f_u}$ $\quad C_1 \approx \dfrac{0,112}{f_u \cdot Z}$

Für Tiefpass: $L_2 \approx \dfrac{0,225 \cdot Z}{f_o}$ $\quad C_2 \approx \dfrac{0,112}{f_o \cdot Z}$

f_u untere Grenzfrequenz
f_o obere Grenzfrequenz

Frequenzweichen 3. Ordnung (Flankensteilheit 18 dB pro Oktave)

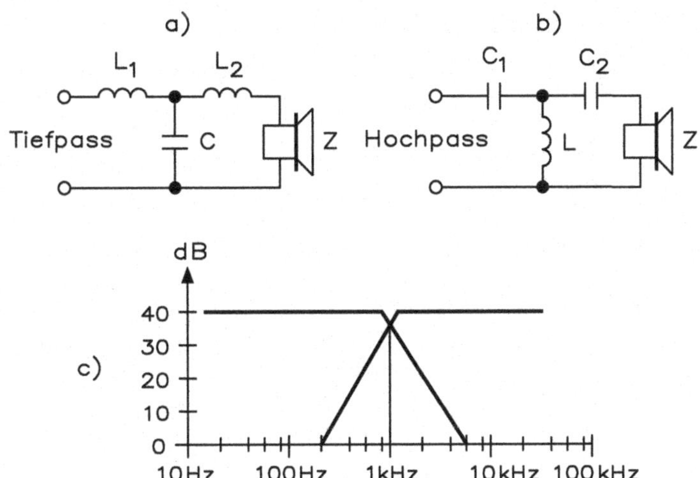

Für Hochpass: $C_1 \approx \dfrac{0,21}{f_o \cdot Z}$ $\quad C_2 \approx \dfrac{0,32}{f_o \cdot Z}$ $\quad L \approx \dfrac{0,125 \cdot Z}{f_o}$

Für Tiefpass: $L_1 \approx \dfrac{0,24 \cdot Z}{f_o}$ $\quad L_2 \approx \dfrac{0,125 \cdot Z}{f_o}$ $\quad C \approx \dfrac{0,32}{f_o \cdot Z}$

Filterschaltungen 8

8.1 RC- und LR-Tiefpass

RC–Tiefpass

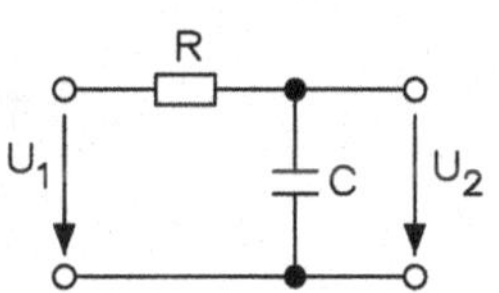

$$f_g = \frac{1}{2\pi \cdot R \cdot C}$$

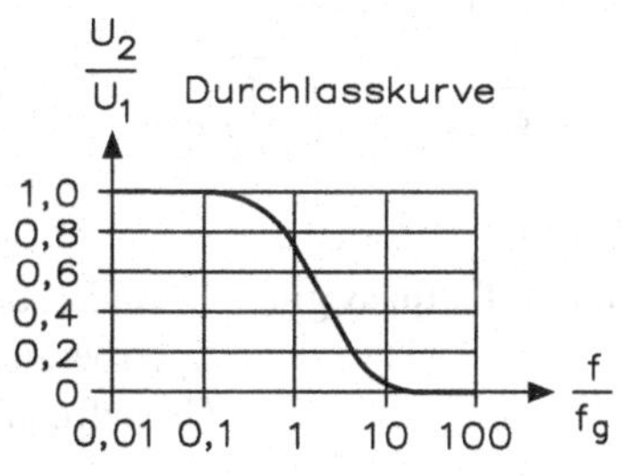

LR–Tiefpass

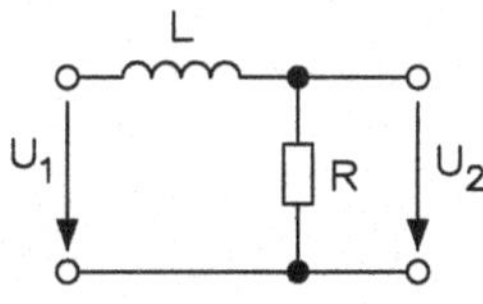

$$f_g = \frac{R}{2\pi \cdot L}$$

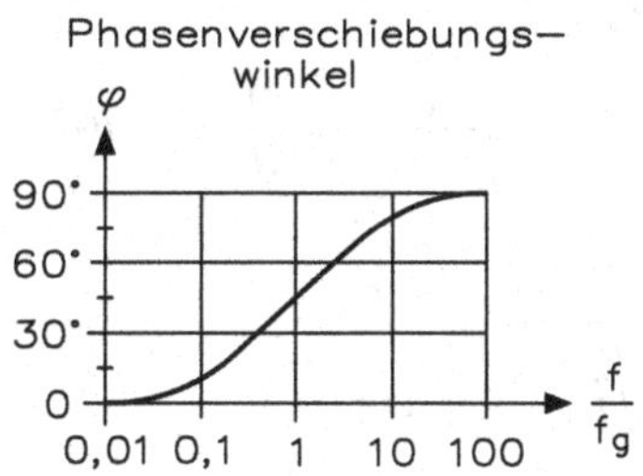

Für den **RC-Tiefpass** gilt: Durchlassbereich: $f < f_g$
Sperrbereich: $f > f_g$
Grenzfrequenz: f_g bei $R = X_C$

$$f_g = \frac{1}{2 \cdot \pi \cdot R \cdot C}$$

$$\frac{U_2}{U_1} = \frac{X_C}{Z} = \frac{R}{\sqrt{R^2 + X_C^2}} = \frac{1}{\sqrt{2}} = 0{,}707$$

f_g Grenzfrequenz in Hz
R Widerstand in Ω
Z Scheinwiderstand in Ω
C Kondensator in F
X_C kapazitiver Blindwiderstand

H. Bernstein, *Formelsammlung*, https://doi.org/10.1007/978-3-658-18179-6_8

$$U_2 = \frac{U_1}{\sqrt{2}} = 0{,}707 \cdot U_1$$

$$U_1 = \sqrt{2} \cdot U_2 = 1{,}414 \cdot U_1$$

f Frequenz der Wechselspannung in Hz
U_1 Eingangsspannung
U_2 Ausgangsspannung
s Siebfaktor

$R \neq X_C$ $$U_2 = \frac{X_C}{Z} = U_1 \cdot \frac{X_C}{\sqrt{R^2 + X_C^2}} = \frac{U_1}{\omega \cdot C \cdot \sqrt{R^2 + \left(\frac{1}{\omega \cdot C}\right)^2}}$$

$$U_1 = U_2 \cdot \frac{Z}{X_C} = \frac{\sqrt{R^2 + X_C^2}}{X_C} = U_2 \cdot \omega \cdot C \cdot \sqrt{R^2 + \left(\frac{1}{\omega C}\right)^2}$$

$$X_C = \frac{1}{\omega \cdot C} \qquad X_C = Z \cdot \frac{U_2}{U_1} = \frac{Z}{s}$$

$$f = \frac{U_1}{U_2 \cdot 2 \cdot \pi \cdot C \cdot \sqrt{R^2 + X_C^2}}$$

$$Z = \sqrt{R^2 + X_C^2} = \sqrt{R^2 + \left(\frac{1}{\omega \cdot C}\right)^2} \qquad Z = X_C \cdot \frac{U_1}{U_2} = s \cdot X_C$$

Für den **LR-Tiefpass** gilt:
Durchlassbereich: $f > f_g$
Sperrbereich: $f < f_g$
Grenzfrequenz: f_g bei $R = X_L$

$$f_g = \frac{R}{2 \cdot \pi \cdot L}$$

$$\frac{U_2}{U_1} = \frac{R}{Z} = \frac{R}{\sqrt{R^2 + X_L^2}} = \frac{1}{\sqrt{2}} = 0{,}707$$

$$U_2 = \frac{U_1}{\sqrt{2}} = 0{,}707 \cdot U_1$$

$$U_1 = \sqrt{2} \cdot U_2 = 1{,}414 \cdot U_1$$

$R \neq X_L$ $$U_2 = U_1 \cdot \frac{R}{Z} = U_1 \cdot \frac{R}{\sqrt{R^2 + X_L^2}} = \frac{U_1 \cdot R}{\sqrt{R^2 + (\omega \cdot L)^2}}$$

$$U_1 = U_2 \cdot \frac{Z}{X_L} = U_2 \cdot \frac{\sqrt{R^2 + X_L^2}}{X_L} = U_2 \cdot \frac{\sqrt{R^2 + (\omega \cdot L)^2}}{X_L}$$

$$X_L = \omega \cdot L = \sqrt{Z^2 - R^2}$$

$$Z = \sqrt{Z^2 + X_L^2} = \sqrt{R^2 + (\omega \cdot L)^2} \qquad Z = R \cdot \frac{U_1}{U_2}$$

$$R = \sqrt{Z^2 - X_L^2} = \sqrt{Z^2 - (\omega \cdot L)^2}$$

8.2 CR- und RL-Hochpass

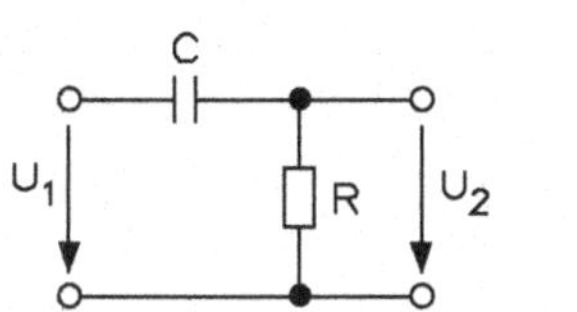

$$f_g = \frac{1}{2\pi \cdot R \cdot C}$$

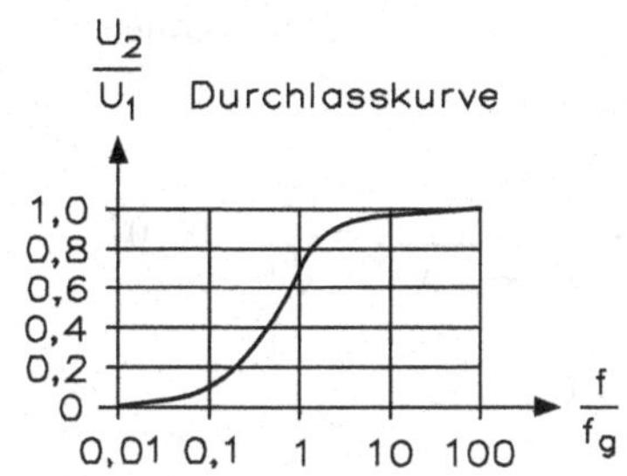

RL—Hochpass

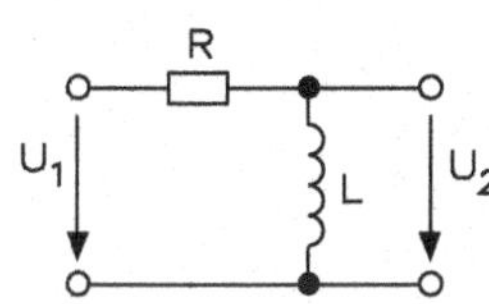

$$f_g = \frac{R}{2\pi \cdot L}$$

Phasenverschiebungs-winkel φ

90° 60° 30° 0

0,01 0,1 1 10 100 $\frac{f}{f_g}$

Für den **CR-Hochpass**: Durchlassbereich: $f > f_g$
Sperrbereich: $f < f_g$
Grenzfrequenz: f_g bei $R = X_C$

$$f_g = \frac{1}{2 \cdot \pi \cdot R \cdot C}$$

$$\frac{U_2}{U_1} = \frac{R}{Z} = \frac{R}{\sqrt{R^2 + X_C^2}} = \frac{1}{\sqrt{2}} = 0,707$$

$$U_2 = \frac{U_1}{\sqrt{2}} = 0,707 \cdot U_1$$

$$U_1 = \sqrt{2} \cdot U_2 = 1,414 \cdot U_1$$

$\boldsymbol{R \neq X_C}$ $$U_2 = U_1 \cdot \frac{R}{Z} = U_1 \cdot \frac{U_1 \cdot R}{\sqrt{(R + X_C)^2}} = \frac{U_1 \cdot R}{\sqrt{R^2 + \left(\frac{1}{\omega \cdot C}\right)^2}}$$

$$U_1 = U_2 \cdot \frac{Z}{R} = U_2 \cdot \frac{\sqrt{R^2 + X_C^2}}{R} = \frac{U_2 \cdot \sqrt{R^2 + \left(\frac{1}{\omega \cdot C}\right)^2}}{R}$$

$$X_C = \frac{1}{\omega \cdot C} = \sqrt{Z^2 - R^2}$$

$$Z = \sqrt{R^2 + X_C^2} = \sqrt{R^2 + \left(\frac{1}{\omega \cdot C}\right)^2} \qquad Z = R \cdot \frac{U_1}{U_2} = s \cdot R$$

Für den **RL-Hochpass**: Durchlassbereich: $f > f_g$
Sperrbereich: $f < f_g$
Grenzfrequenz: f_g bei $R = X_C$

$$f_g = \frac{R}{2 \cdot \pi \cdot L}$$

$$\frac{U_2}{U_1} = \frac{X_L}{Z} = \frac{R}{\sqrt{R^2 + X_L^2}} = \frac{1}{\sqrt{2}} = 0{,}707$$

$$U_2 = \frac{U_1}{\sqrt{2}} = 0{,}707 \cdot U_1$$

$$U_1 = \sqrt{2} \cdot U_2 = 1{,}414 \cdot U_1$$

***R* ≠ *X*$_L$**

$$U_2 = U_1 \cdot \frac{X_L}{Z} = U_1 \cdot \frac{X_L}{\sqrt{R^2 + X_L^2}} = \frac{U_1 \cdot \omega \cdot L}{\sqrt{R^2 + (\omega \cdot L)^2}}$$

$$U_1 = U_2 \cdot \frac{Z}{X_L} = U_2 \cdot \frac{\sqrt{R^2 + X_L^2}}{X_L} = U_2 \cdot \frac{\sqrt{R^2 + (\omega \cdot L)^2}}{\omega \cdot L}$$

$$Z = \sqrt{R^2 + X_L^2} = \sqrt{(Z^2 + (\omega \cdot L)^2} \qquad Z = X_L \cdot \frac{U_1}{U_2} = s \cdot X_L$$

$$R = \sqrt{Z^2 - X_L^2} = \sqrt{R^2 - (\omega \cdot L)^2}$$

8.3 LC-Glied

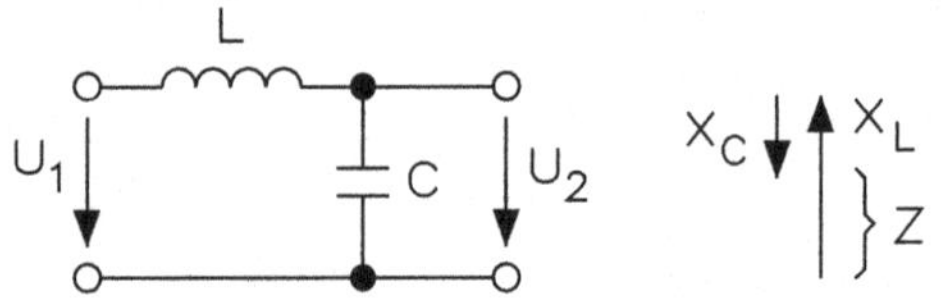

$$\frac{U_2}{U_1} = \frac{X_C}{Z}$$

$$U_2 = U_1 \cdot \frac{X_C}{Z} = U_1 \cdot \frac{X_C}{X_L - X_C} = U_1 \cdot \frac{\frac{1}{\omega \cdot C}}{\omega \cdot L - \frac{1}{\omega \cdot C}} = \frac{U_1}{\omega \cdot C\left(\omega \cdot L - \frac{1}{\omega \cdot C}\right)} = \frac{U_1}{\omega^2 \cdot L \cdot C - 1}$$

$$U_1 = U_2 \cdot \frac{Z}{X_C} = U_2 \cdot \frac{X_L - X_C}{X_C} = U_2 \cdot (\omega^2 \cdot L \cdot C - 1)$$

$$X_C = \frac{1}{\omega \cdot C} \qquad X_C = Z \cdot \frac{U_2}{U_1} = \frac{Z}{s}$$

$$X_L = \omega \cdot L = 2 \cdot \pi \cdot f \cdot L$$

$$f = \frac{U_1}{U_2 \cdot 2 \cdot \pi \cdot C \cdot Z}$$

$$Z = X_L - X_C = \omega \cdot L - \frac{1}{\omega \cdot C} \qquad Z = X_C \cdot \frac{U_1}{U_2} = s \cdot X_C$$

8.4 CL-Glied

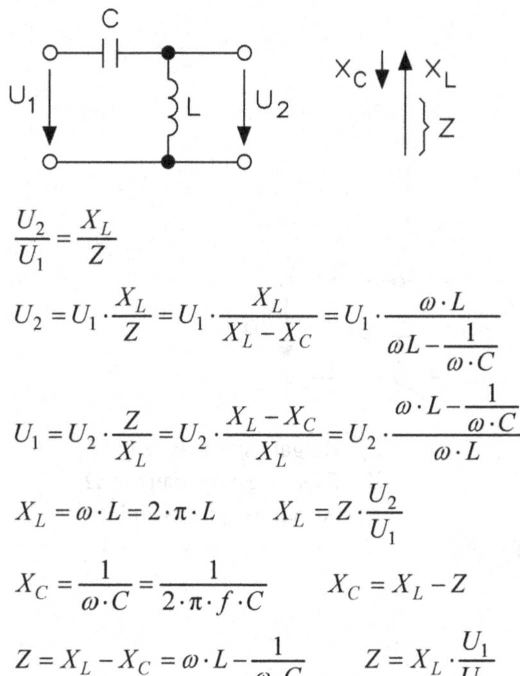

$$\frac{U_2}{U_1} = \frac{X_L}{Z}$$

$$U_2 = U_1 \cdot \frac{X_L}{Z} = U_1 \cdot \frac{X_L}{X_L - X_C} = U_1 \cdot \frac{\omega \cdot L}{\omega L - \frac{1}{\omega \cdot C}}$$

$$U_1 = U_2 \cdot \frac{Z}{X_L} = U_2 \cdot \frac{X_L - X_C}{X_L} = U_2 \cdot \frac{\omega \cdot L - \frac{1}{\omega \cdot C}}{\omega \cdot L}$$

$$X_L = \omega \cdot L = 2 \cdot \pi \cdot L \qquad X_L = Z \cdot \frac{U_2}{U_1}$$

$$X_C = \frac{1}{\omega \cdot C} = \frac{1}{2 \cdot \pi \cdot f \cdot C} \qquad X_C = X_L - Z$$

$$Z = X_L - X_C = \omega \cdot L - \frac{1}{\omega \cdot C} \qquad Z = X_L \cdot \frac{U_1}{U_2}$$

8.5 T- und π-Tiefpass

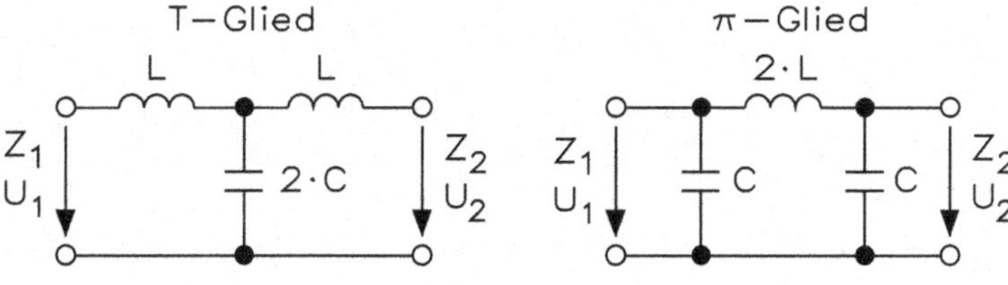

Durchlassbereich: $f < f_g$
Sperrbereich: $f > f_g$

Für die Grenzfrequenz ist eine richtige Anpassung erforderlich:

$$Z_1 = Z_2 = Z = \sqrt{\frac{L}{C}}$$

Die Grenzfrequenz ist die Resonanzfrequenz für L und C:

$$f_g = \frac{1}{2 \cdot \pi \cdot \sqrt{L \cdot C}}$$

$$L = \frac{Z}{2 \cdot \pi \cdot f_g} \qquad C = \frac{1}{2 \cdot \pi \cdot f_g \cdot Z}$$

Z_1 Eingangsimpedanz in Ω
Z_2 Ausgangsimpedanz in Ω
L Induktivität in H
C Kapazität in F
f_g Grenzfrequenz in Hz

8.6 T- und π-Hochpass

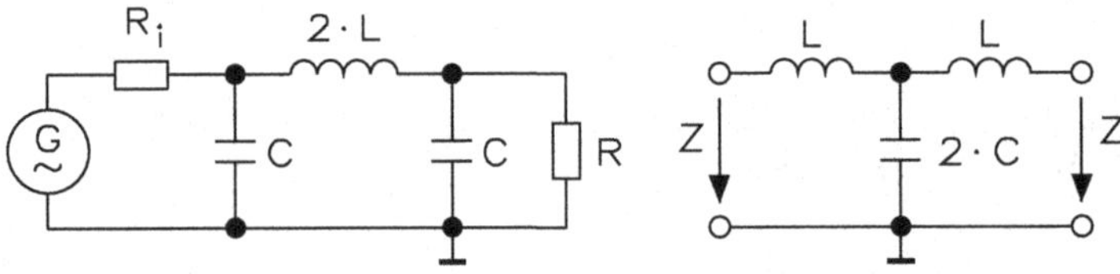

Durchlassbereich: $f > f_g$
Sperrbereich: $f < f_g$

Für die Grenzfrequenz ist eine richtige Anpassung erforderlich:

$$Z_1 = Z_2 = Z = \sqrt{\frac{L}{C}}$$

Die Grenzfrequenz ist die Resonanzfrequenz für L und C:

$$f_g = \frac{1}{2 \cdot \pi \cdot \sqrt{L \cdot C}}$$

$$L = \frac{Z}{2 \cdot \pi \cdot f_g} \qquad C = \frac{1}{2 \cdot \pi \cdot f_g \cdot Z}$$

Z_1 Eingangsimpedanz in Ω
Z_2 Ausgangsimpedanz in Ω
Z Abschlusswiderstand in Ω

8.7 LC-Verzögerungsleitung

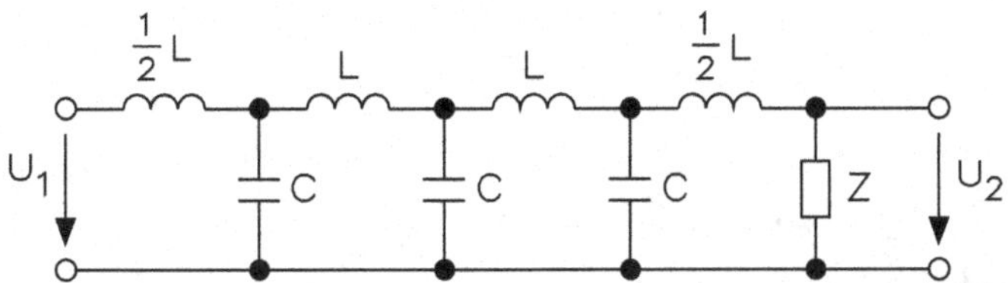

$$Z = \sqrt{\frac{L}{C}}$$

Für verlustfreie C und L gilt:

$$U_2 = U_1$$

$$\tau = \sqrt{L \cdot C}$$

$$\tau = \frac{1}{2 \cdot \pi \cdot f_g}$$

Z Abschlusswiderstand
L Induktivität in H
C Kapazität in F
τ Laufzeit für ein Halbglied in s
f_g Grenzfrequenz in Hz

8.8 Tiefpass-Doppelglied

Tiefpass–Doppelsieb:

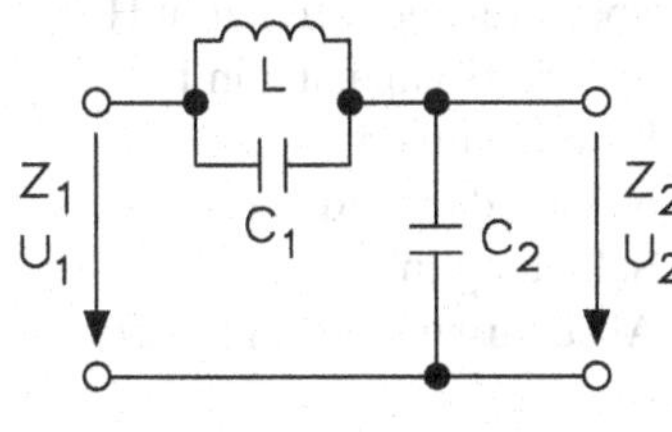

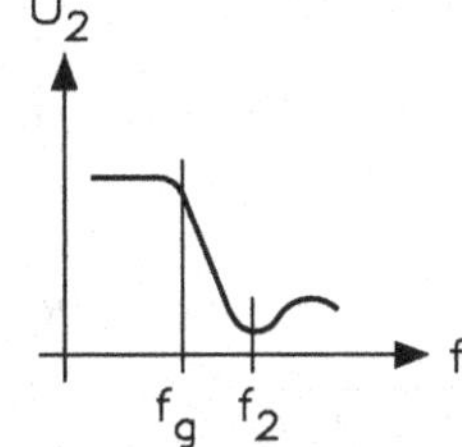

Die steile Flanke des Doppelgliedes erhält man durch einen Längssperrkreis, der auf f_2 abgestimmt ist. Kondensator und Induktivität müssen auf die Resonanz bei der Grenzfrequenz f_g abgestimmt sein. Zur Berechnung wird das Verhältnis $f_g : f_2$ gewählt und dieses liegt zwischen 0,95 und 0,8. Ist R der bei Z_2 angeschlossene Abschlusswiderstand, so wird mit dem Nennwiderstand der Schaltung von $Z_2 = 1{,}25 \cdot R$ gerechnet.

$$Z_2 = 1{,}25 \cdot R$$

$$m = \sqrt{1 - \left(\frac{f_g}{f_2}\right)^2}$$

$$L = m \cdot \frac{Z}{2 \cdot \pi \cdot f_g}$$

f_2 Sperrkreisfrequenz in Hz
L Sperrkreisinduktivität in H
C_1 Sperrkreiskapazität in F
m Filter-Kennwert
C_2 Querkapazität in F
Z Nennwiderstand der Schaltung in Ω

$$C_1 = \frac{1-m^2}{m} \cdot \frac{1}{2 \cdot \pi \cdot f_g \cdot Z} \qquad C_2 = m \cdot \frac{1}{2 \cdot \pi \cdot f_g \cdot Z}$$

$$f_g = \frac{m \cdot Z}{2 \cdot \pi \cdot L}$$

8.9 Hochpass-Doppelglied

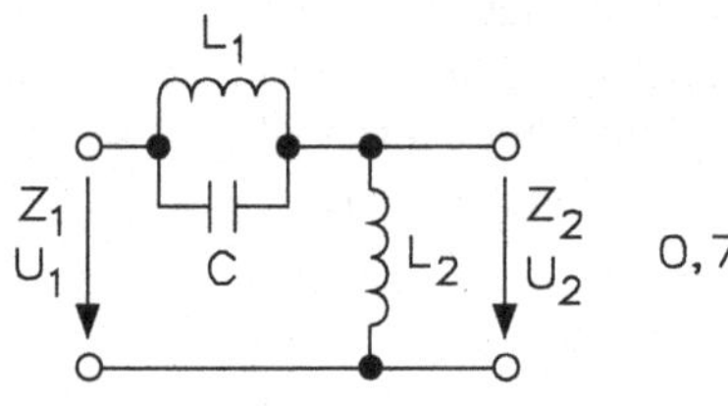

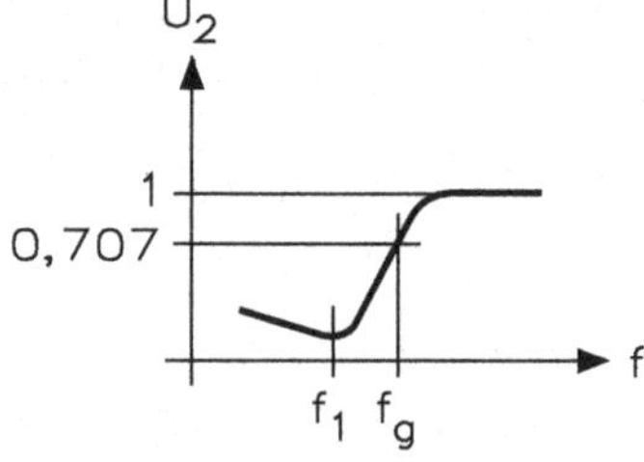

Die steile Flanke des Doppelgliedes erhält man durch einen Längssperrkreis, der auf f_2 abgestimmt ist. Kondensator und Induktivität müssen auf die Resonanz bei der Grenzfrequenz f_g abgestimmt sein. Zur Berechnung wird das Verhältnis $f_g : f_2$ gewählt und dieses liegt zwischen 0,95 und 0,8. Ist R der bei Z_2 angeschlossene Abschlusswiderstand, so wird mit dem Nennwiderstand der Schaltung von $Z_2 = 1{,}25 \cdot R$ gerechnet.

$$Z_2 = 1{,}25 \cdot R$$

$$m = \sqrt{1 - \left(\frac{f_1}{f_g}\right)^2}$$

$$C = \frac{1}{m} \cdot \frac{1}{2 \cdot \pi \cdot f_g \cdot Z}$$

$$L_1 = \frac{m}{1-m^2} \cdot \frac{Z}{2 \cdot \pi \cdot f_g} \qquad L_2 = \frac{1}{m} \cdot \frac{Z}{2 \cdot \pi \cdot f_g}$$

$$f_g = \frac{1}{2 \cdot \pi \cdot m \cdot Z}$$

f_1	Sperrkreisfrequenz in Hz
L	Sperrkreisinduktivität in H
C_{Sperr}	Sperrkreiskapazität in F
m	Filterkennwert
Z_2	Nennwiderstand der Schaltung in Ω
R	Abschlusswiderstand in Ω

8.10 LC-Bandpass

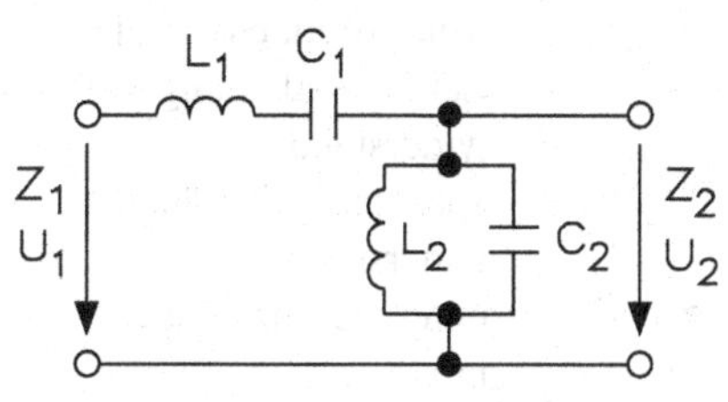

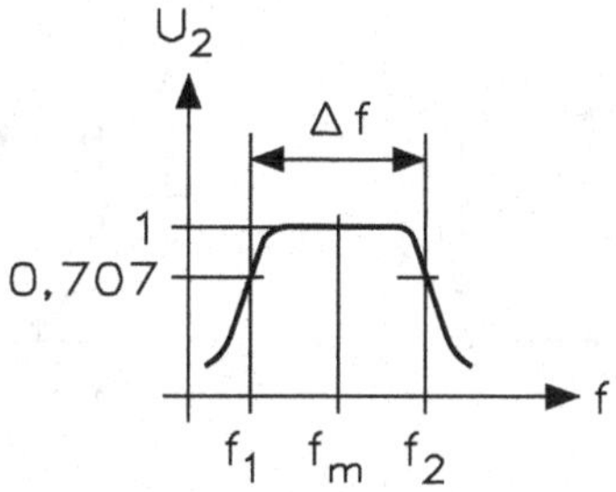

$$f_m = \frac{1}{2\cdot\pi\cdot\sqrt{L_1\cdot C_1}} = \frac{1}{2\cdot\pi\cdot\sqrt{L_2\cdot C_2}}$$

$$f_m = \sqrt{f_1\cdot f_2}$$

$$\Delta f = f_2 - f_1$$

$$f_1 = \frac{\sqrt{\frac{1}{4\cdot C_2\cdot L_1}+\frac{1}{C_1\cdot L_1}} - \frac{1}{2\cdot\sqrt{C_2\cdot L_1}}}{2\cdot\pi}$$

$$f_2 = \frac{\sqrt{\frac{1}{4\cdot C_2\cdot L_1}+\frac{1}{C_1\cdot L_1}} + \frac{1}{2\cdot\sqrt{C_2\cdot L_1}}}{2\cdot\pi}$$

$$L_1 = \frac{Z}{2\cdot\pi\cdot\Delta f} \qquad C_1 = \frac{\Delta f}{2\cdot\pi\cdot Z\cdot f_1\cdot f_2}$$

$$L_2 = \frac{Z\cdot\Delta f}{2\cdot\pi\cdot f_1\cdot f_2} \qquad C_2 = \frac{1}{2\cdot\pi\cdot Z\cdot\Delta f}$$

Für $Z_1 = Z_2 = Z$ gilt:

$$L_1 = \frac{b\cdot Z}{2\cdot\pi\cdot f_1\cdot f_2} \qquad C_1 = \frac{1}{2\cdot\pi\cdot Z\cdot\Delta f}$$

$$L_2 = \frac{Z}{2\cdot\pi\cdot\Delta f} \qquad C_2 = \frac{\Delta f}{2\cdot\pi\cdot Z\cdot f_1\cdot f_2}$$

Durchlassbereich für alle Frequenzen zwischen f_1 und f_2. Gesperrt wird der Bereich unterhalb von f_1 und oberhalb f_2.

Δf	Bandbreite in Hz
f_m	Mittenfrequenz in Hz
L_1, C_1	Leitkreis als Längswiderstand
L_2, C_2	Sperrkreis als Längswiderstand
f_1	untere Grenzfrequenz in Hz
f_2	obere Grenzfrequenz in Hz

8.11 LC-Bandsperre

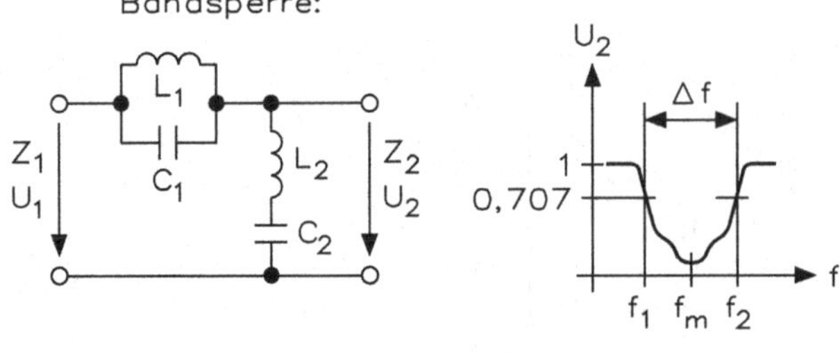

Δf Bandbreite in Hz
f_m Mittenfrequenz in Hz
L_1, C_1 Leitkreis als Längswiderstand
L_2, C_2 Sperrkreis als Längswiderstand
f_1 untere Grenzfrequenz in Hz
f_2 obere Grenzfrequenz in Hz

$$f_m = \frac{1}{2 \cdot \pi \cdot \sqrt{L_1 \cdot C_1}} = \frac{1}{2 \cdot \pi \cdot \sqrt{L_2 \cdot C_2}}$$

$$f_m = \sqrt{f_1 \cdot f_2}$$

$$\Delta f = f_2 - f_1$$

Für $Z_1 = Z_2 = Z$ gilt:

$$L_1 = \frac{b \cdot Z}{2 \cdot \pi \cdot f_1 \cdot f_2} \qquad C_1 = \frac{1}{2 \cdot \pi \cdot Z \cdot \Delta f}$$

$$L_2 = \frac{Z}{2 \cdot \pi \cdot \Delta f} \qquad C_2 = \frac{\Delta f}{2 \cdot \pi \cdot Z \cdot f_1 \cdot f_2}$$

Durchlassbereich für alle Frequenzen zwischen f_1 und f_2. Gesperrt wird der Bereich unterhalb von f_1 und oberhalb f_2.

8.12 RC-Bandpass (Wienbrücke)

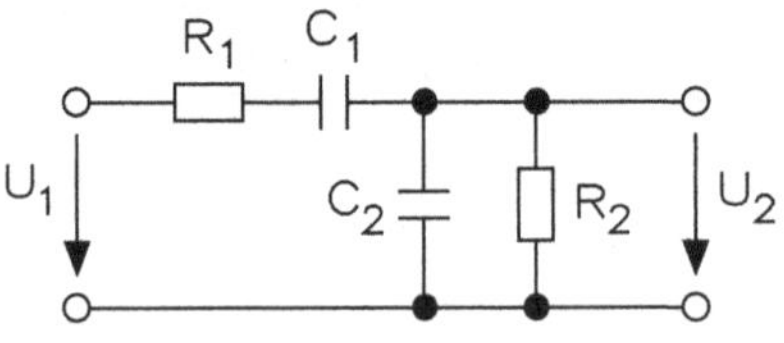

U_1 Eingangsspannung
U_2 Ausgangsspannung

$$f_r = \frac{1}{2 \cdot \pi \sqrt{R_1 \cdot C_1 \cdot R_2 \cdot C_2}}$$

$\frac{U_2}{U_1} = \frac{1}{1 + \frac{R_1}{R_2} + \frac{C_2}{C_1}}$, wenn $R_1 = R_2 = R$ und $C_1 = C_2 = C$ ist, dann gilt $f_r = \frac{1}{2 \cdot \pi \cdot R \cdot C}$.

Die Ausgangsspannung hat im Resonanzfall $\frac{U_2}{U_1} = \frac{1}{3}$.

8.13 Phasenschieber

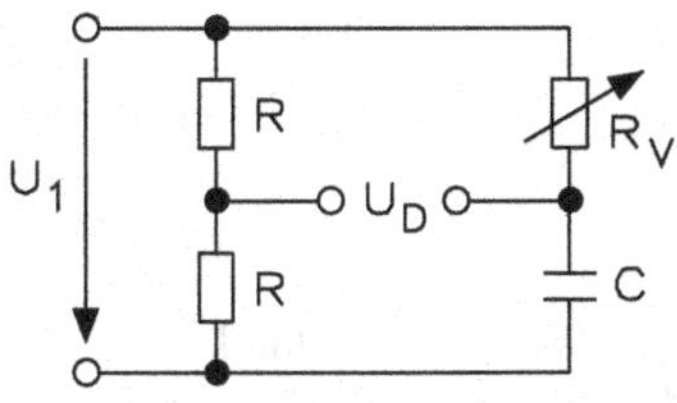

$$R_v = \sqrt{R_{min} \cdot R_{max}} = X_C$$

Der einstellbare Widerstand R_v ist so zu wählen, dass das R_v einstellbarer Widerstand geometrische Mittel von Anfangswiderstand R_{min} und Endwiderstand R_{max} gleich dem kapazitiven Widerstand von C ist.

r Radius des Thaleskreises: $U_2 = 0{,}5 \cdot U_1$

U_D Spannungsdifferenz

8.14 Integrierglied

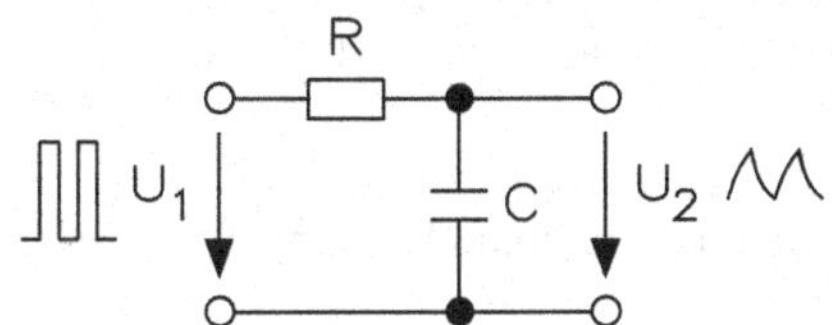

$$\tau >> \mathrm{T}$$

$$U_2 = \frac{1}{R \cdot C} \int U \cdot dt$$

$$\tau = R \cdot C$$

$$U_2 = \frac{1}{\tau} \int U \cdot dt$$

8.15 Differenzierglied

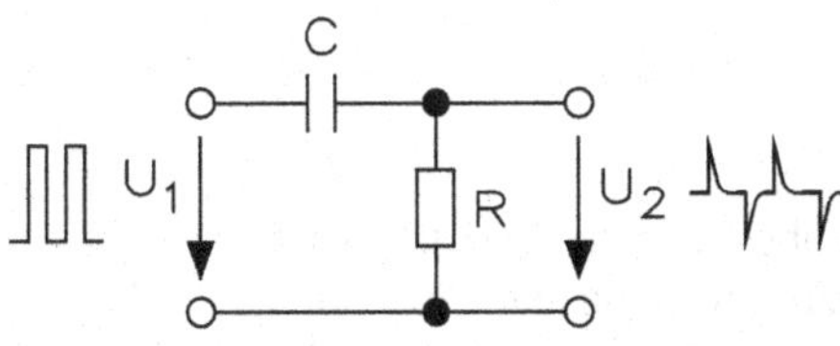

$$\tau << T$$

$$U_2 = R \cdot C \cdot \frac{dU}{dt} \qquad \tau = R \cdot C$$

τ Zeitkonstante in s

8.16 Wellenwiderstand für Leitungen

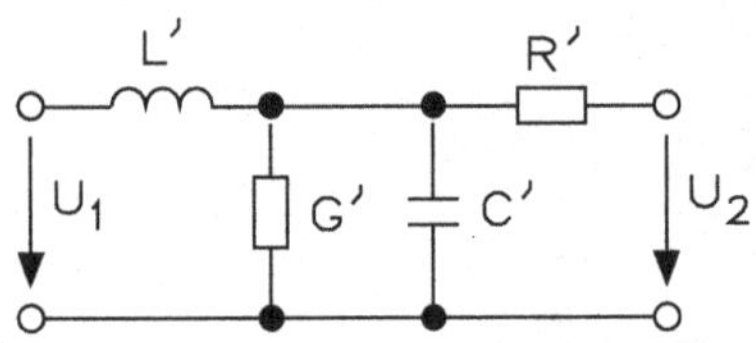

– Für verlustfreie Leitungen: $Z = \sqrt{\frac{L'}{C'}}$

– Für verlustbehaftete Leitungen: $Z = \sqrt{\frac{R' + j \cdot \omega \cdot L'}{R' + j \cdot \omega \cdot C'}}$

Z Wellenwiderstand
L' Längsinduktivität pro km
C' Querkapazität pro km
R' Längswiderstand pro km
G' Querleitwert pro km

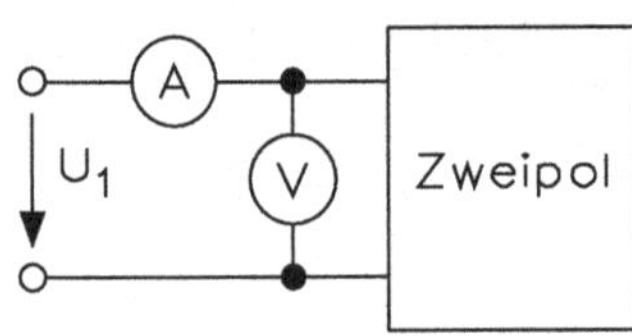

$$Z = \frac{U}{I}$$

$$Z = \sqrt{Z_L \cdot Z_k}$$

Z_L Wellenwiderstand bei offenem Ausgang
Z_k Wellenwiderstand bei kurzgeschlossenem Ausgang

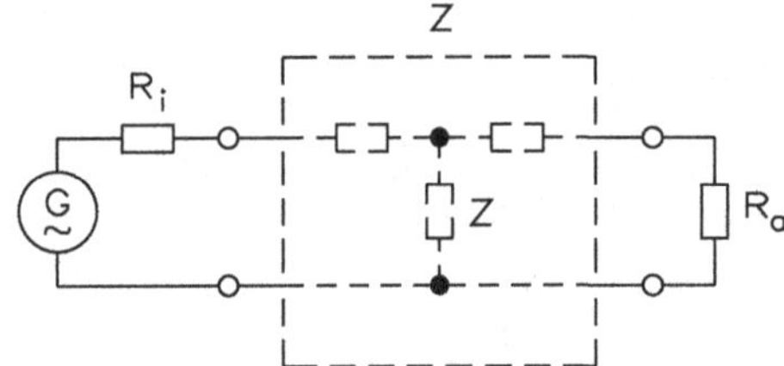

R_i Innenwiderstand der Spannungsquelle
R_a Belastungswiderstand der Leitung

Anpassung und maximale Leistung
$R_i = Z = R_a$

8.17 Dämpfungskonstante für Kabel

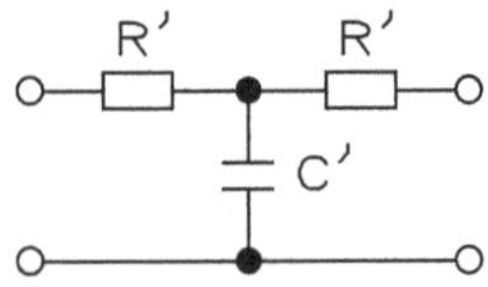

Für niedrige Frequenzen:

$$Z = \sqrt{\frac{R'}{\omega \cdot C'}}$$

$$\alpha = \sqrt{\frac{\omega \cdot R' \cdot C'}{2}}$$

$$v = \sqrt{\frac{2 \cdot \omega}{R' \cdot C'}}$$

ω zu übertragende Kreisfrequenz
α Dämpfungskonstante in dB/km
v Ausbreitungsgeschwindigkeit

8.18 Ausbreitungsgeschwindigkeit für Freileitungen

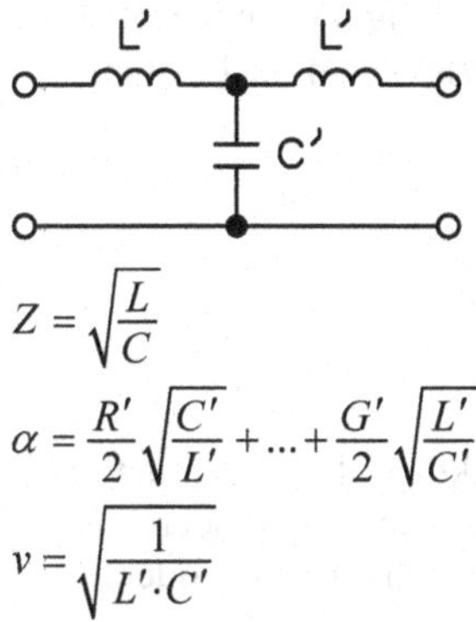

$$Z = \sqrt{\frac{L}{C}}$$

$$\alpha = \frac{R'}{2}\sqrt{\frac{C'}{L'}} + \ldots + \frac{G'}{2}\sqrt{\frac{L'}{C'}}$$

$$v = \sqrt{\frac{1}{L' \cdot C'}}$$

Z Impedanz
ω zu übertragende Kreisfrequenz
α Dämpfungskonstante in dB/km
v Ausbreitungsgeschwindigkeit

8.19 Ausbreitungsgeschwindigkeit für hochfrequente Leitungen und Kabel

$$Z = \sqrt{\frac{L}{C}}$$

L Leitungsinduktivität
C Leitungsinduktivität

8.20 Reflexionsfaktor

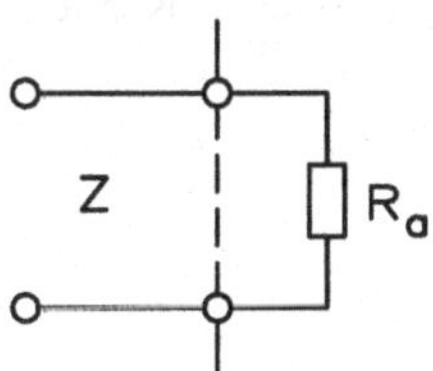

$$r = \frac{R_a - Z}{R_a + Z}$$

Der Reflexionsfaktor r gibt das Verhältnis von rücklaufender zu hinlaufender Welle an.

8.21 Rückflussdämpfung

$a_r = 20 \cdot \lg \frac{1}{r}$ in dB

Die Rückflussdämpfung a_r ist ein Maß für die Stärke der Reflexionen an Leistungsschaltpunkten.

– Anpassungsfaktor:

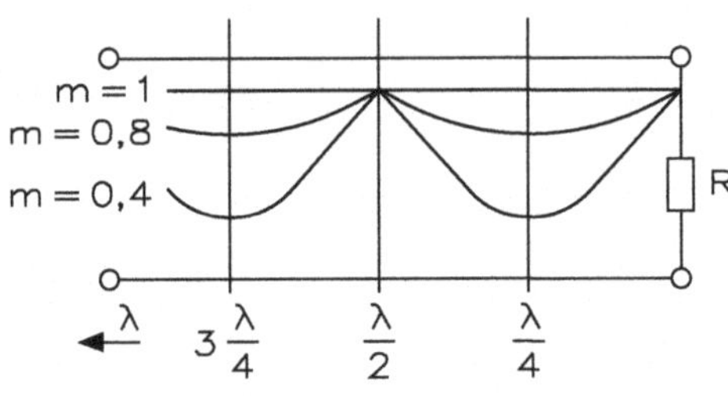

$$m = \frac{U_{\min}}{U_{\max}} = \frac{I_{\min}}{I_{\max}}$$

$$m = \frac{1-r}{1+r}$$

Der Anpassungsfaktor m kennzeichnet das Verhältnis von Spannungs- oder Stromminimum zum Spannungs- oder Strommaximum.

r Radius der Leitung

– Welligkeitsfaktor:

$$s = \frac{1}{m}$$

$$s = \frac{1+r}{1-r}$$

Verlauf von Spannung oder Strom bei verschiedenen Längen in m

8.22 Wellenwiderstand im Aufbau

– Symmetrische Doppelleitung (Flachbandkabel):

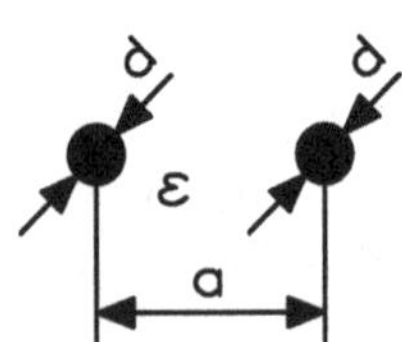

$$Z \approx \frac{120}{\sqrt{\varepsilon}} \cdot \ln \frac{2 \cdot a}{d}$$

$$Z \approx \frac{276}{\sqrt{\varepsilon}} \cdot \lg \frac{2 \cdot a}{d}$$

$$C = \frac{\pi \cdot \varepsilon_0 \cdot \varepsilon_r \cdot l}{\ln \frac{a}{d}}$$

$$L = 0{,}4 \cdot 10^{-6} \cdot l \cdot \ln \frac{2 \cdot a}{d}$$

Z Wellenwiderstand
ε Dielektrizitätskonstante

– Koaxialkabel:

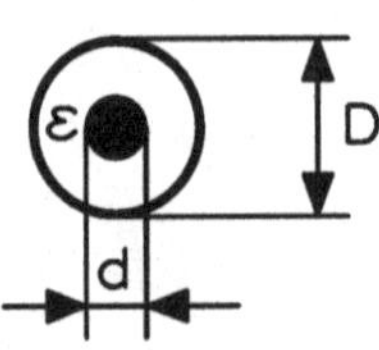

$$Z \approx \frac{60}{\sqrt{\varepsilon}} \cdot \ln \frac{D}{d}$$

$$Z \approx \frac{138}{\sqrt{\varepsilon}} \cdot \lg \frac{D}{d}$$

– Symmetrisches Kabel:

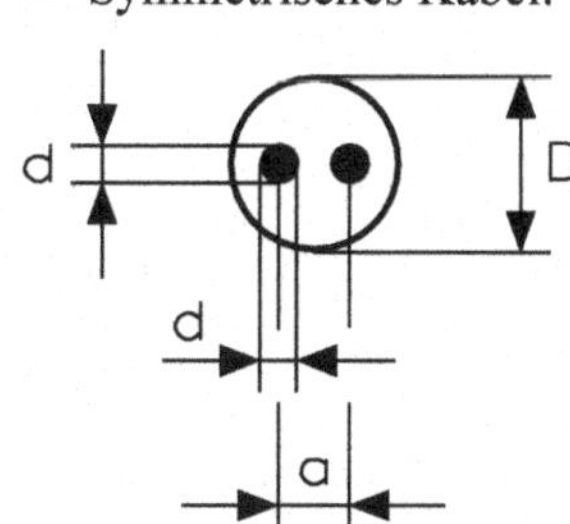

$$Z \approx \frac{120}{\sqrt{\varepsilon}} \cdot \ln\left\{\frac{2a[1-(a/D)^2]}{d[1+(a/D)^2]}\right\}$$

$$Z \approx \frac{276}{\sqrt{\varepsilon}} \cdot \lg\left\{\frac{2a[1-(a/D)^2]}{d[1+(a/D)^2]}\right\}$$

8.23 Klirrfaktor

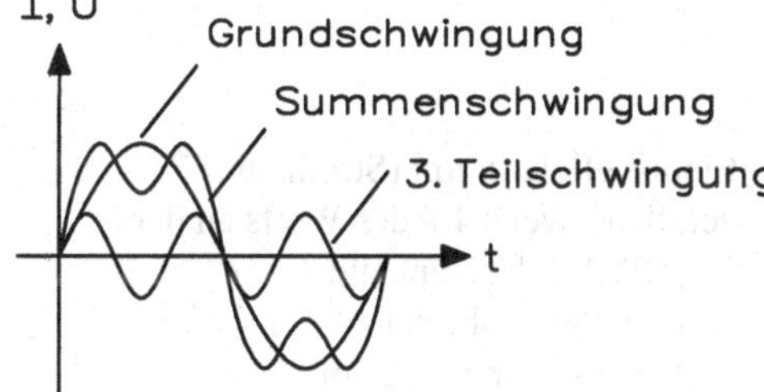

$$k = \sqrt{\frac{U_{2f}^2 + U_{3f}^2 + \ldots}{U_{1f}^2 + U_{2f}^2 + U_{3f}^2 + \ldots}}$$

$$k = \sqrt{\frac{I_{2f}^2 + I_{3f}^2 + \ldots}{I_{1f}^2 + I_{2f}^2 + I_{3f}^2 + \ldots}}$$

k Klirrfaktor
U_{1f} Spannung der Grundfrequenz
U_{2f} Spannung der 1. Oberschwingung oder 2. Harmonischen
U_{3f} Spannung der 3. Teilschwingung

8.24 Klirrdämpfung

$$a_k = 20 \lg \frac{1}{k} \text{ in dB}$$

a_k Klirrdämpfung

8.25 Skineffekt, Hauteffekt

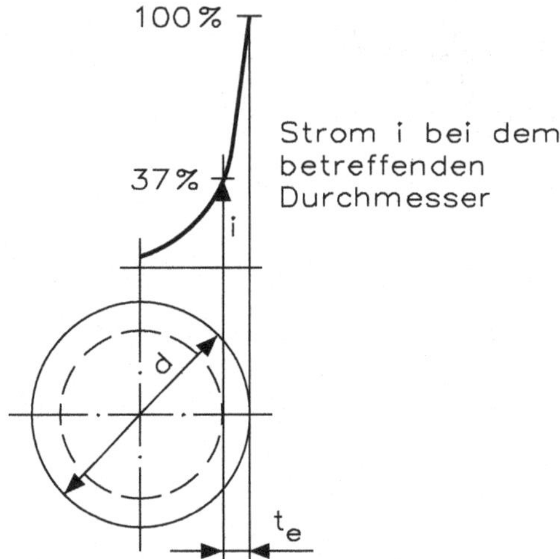

$$\delta = \sqrt{\frac{2}{2 \cdot \pi \cdot f \cdot \mu_r \cdot \gamma}}$$

$$R_{Hf} = n \cdot R$$

bei $f > 10$ MHz gilt: $n = \mathrm{k} \cdot d \cdot \sqrt{f}$

$$k = \frac{\sqrt{\gamma \cdot \mu_r}}{2} = \sqrt{\frac{\mu_r}{4 \cdot \rho}}$$

$$t_e = \frac{503}{\sqrt{\mu_r \cdot \gamma \cdot f}}$$

- δ Eindringtiefe in µm (Strom auf 37 % gefallen), wenn $1/e$ des Werts an der Oberfläche abgesunken ist.
- μ_r relative Permeabilität
- γ Leitfähigkeit in m/(Ω · mm²)
- f Frequenz
- v Vervielfachungsfaktor
- ρ spezifischer Widerstand in (Ω · mm²)/m
- k Materialkonstante (Kupfer k ≈ 3,75)
- d Drahtdurchmesser in mm
- t_e Eindringtiefe in µm

8.26 Induktive Erwärmung

$$\delta = \frac{1}{2 \cdot \pi} \sqrt{\frac{10^7}{f \cdot \mu_r \cdot \gamma}} = \frac{50}{\sqrt{f \cdot \mu_r \cdot \gamma}}$$

$$f_{\min} = 16 \cdot 10^6 \frac{1}{d^2 \cdot \mu_r \cdot \gamma}$$

- δ Eindringtiefe in mm (Strom auf 37 % verringert)
- d Durchmesser des Arbeitsstückes in mm
- μ_r relative Permeabilität
- γ Leitfähigkeit

8.27 Rauschen

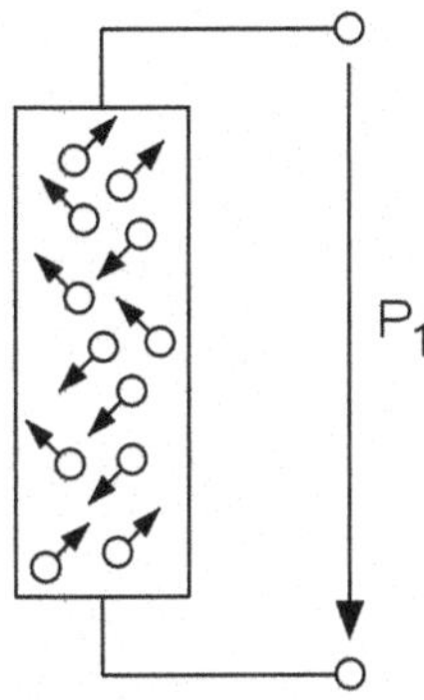

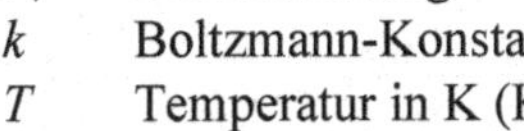

P_r	Rauschleistung
k	Boltzmann-Konstante
T	Temperatur in K (Kelvin)
Δf	Bandbreite
$k \cdot T_0$	Bezugsrauschleistung
F	Rauschzahl
F_z	zusätzliches Empfängerrauschen

$$P_r = 4 \cdot k \cdot T \cdot \Delta f$$

$$k = 1{,}38 \cdot 10^{-23} \frac{\mathrm{Ws}}{\mathrm{K}}$$

bei 20 °C: $P_r = 1{,}6 \cdot 10^{-20}\,\mathrm{W} \cdot \Delta f$

$$k \cdot T_0 = 4 \cdot 10^{-21} \frac{\mathrm{W}}{\mathrm{Hz}}$$

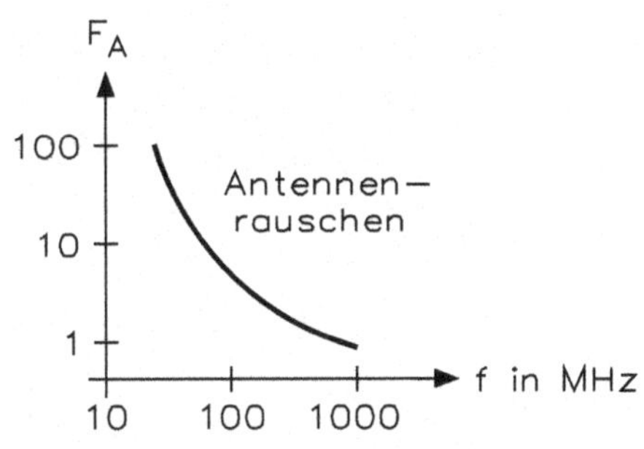

F_A	effektive Empfängerrauschzahl
T_A	Antennenrauschtemperatur
T_0	300 Kelvin

$$F = 1 + F_z$$

$$U_R = \sqrt{F \cdot k \cdot T_0 \cdot R \cdot \Delta f} \quad F_A = F + \frac{T_A - T_0}{T_0}$$

Dämpfung, Verstärkung, Pegel

9

9.1 Dämpfungsfaktor

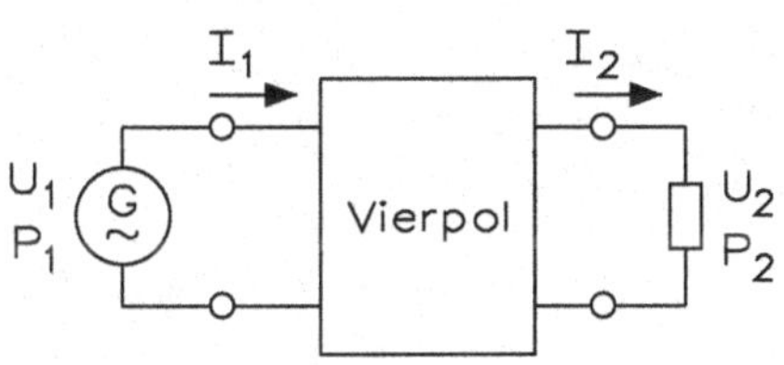

D_P Leistungsdämpfungsfaktor
D_U Spannungsdämpfungsfaktor
D_I Stromdämpfungsfaktor

$$D_P = \frac{P_1}{P_2} \qquad D_U = \frac{U_1}{U_2} \qquad D_I = \frac{I_1}{I_2}$$

9.2 Übertragungsfaktor

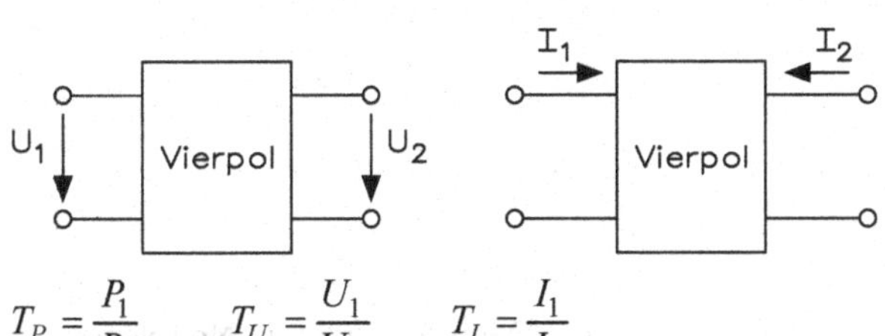

T_P Leistungsübertragungsfaktor
T_U Spannungsübertragungsfaktor
T_I Stromübertragungsfaktor

$$T_P = \frac{P_1}{P_2} \qquad T_U = \frac{U_1}{U_2} \qquad T_I = \frac{I_1}{I_2}$$

H. Bernstein, *Formelsammlung*, https://doi.org/10.1007/978-3-658-18179-6_9

9.3 Dämpfungsmaß in Bel

$$a_U = \lg \frac{U_1}{U_2}$$

a_U Dämpfungsmaß in Bel (Bell)
lg Zehnerlogarithmus

9.4 Dämpfungsmaß in dB

$$a_P = 10 \cdot \lg \frac{P_1}{P_2} \qquad a_U = 20 \cdot \lg \frac{U_1}{U_2} \qquad a_I = 20 \cdot \lg \frac{I_1}{I_2}$$

a Dämpfungsmaß in dB

Spannungs- oder Stromverhältnisse

20 dB ≙ 1 : 10
40 dB ≙ 1 : 100
60 dB ≙ 1 : 1000
80 dB ≙ 1 : 10 000
100 dB ≙ 1 : 100 000
120 dB ≙ 1 : 1 000 000
10 dB ≙ 1 Bell

9.5 Übertragungsmaß in dB

$$-a_P = v_P = 10 \cdot \lg \frac{P_2}{P_1} \qquad -a_U = v_U = 20 \cdot \lg \frac{U_2}{U_1} \qquad a_I = v_I = 20 \cdot \lg \frac{I_2}{I_1}$$

a Verstärkungsmaß in dB

9.6 Dämpfungsmaß in Np

$$a_U = \ln \frac{U_1}{U_2}$$

a_U Dämpfungsmaß in Np (Neper)
ln natürlicher Logarithmus

9.7 Relativer Pegel

$$L_{rel} = 20 \cdot \lg \frac{U_x}{\mu V}$$

L_{rel} relativer Pegel in dBµV

9.8 Absoluter Pegel in dB

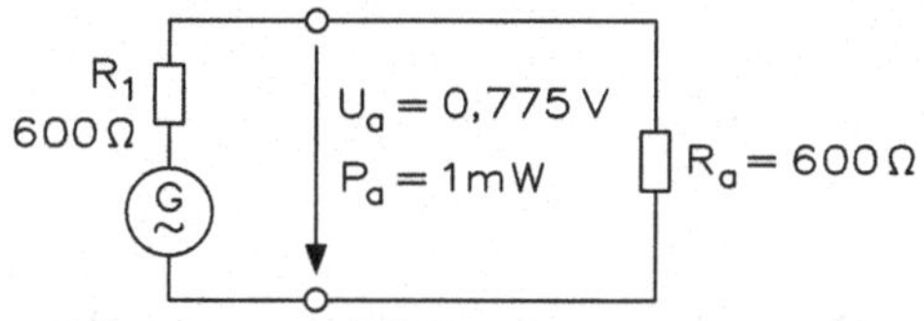

absoluter Leistungspegel L_{Pabs} in dBm
absoluter Spannungspegel L_{Uabs} in dBu
absoluter Strompegel L_{Iabs} in dBi

$$L_{Pabs} = 10 \cdot \lg \frac{P_x}{1\,\text{mW}}$$

$$L_{Uabs} = 20 \cdot \lg \frac{U_x}{775\,\text{mV}}$$

$$L_{Iabs} = 20 \cdot \lg \frac{I_x}{1{,}29\,\text{mA}}$$

9.9 Betriebsdämpfung

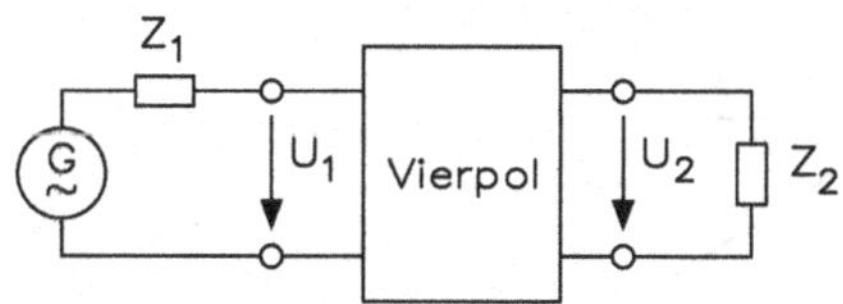

Der Vierpol kann eine Leitung oder eine komplexe Schaltung sein.

$$a_B = 20 \cdot \lg \frac{U_1}{U_2} + 10 \cdot \lg \frac{Z_2}{Z_1} \text{ in dB}$$

9.10 Rückfluss- oder Echodämpfung

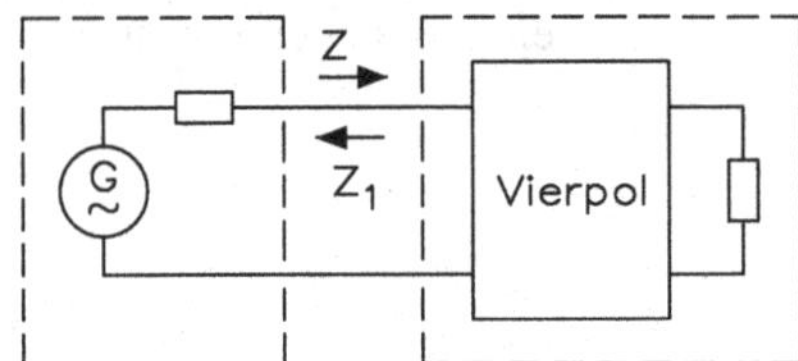

Die Rückflussdämpfung a_R ist ein Maß für die Stärke der Reflexion an den Leitungsschaltpunkten.

$$a_R = 20 \cdot \lg \frac{Z_1 + Z}{Z_1 - Z} = 20 \cdot \lg \frac{1}{r} \text{ in dB}$$

9.11 Nebensprechdämpfung

$$a_N = 10 \cdot \lg \frac{P_1}{P_2}$$

$$a_N = 20 \cdot \lg \frac{U_1}{U_2} = 10 \cdot \lg \frac{Z_2}{Z_1} \text{ in dB}$$

Die Nebensprechdämpfung a_N ist das Verhältnis der Leistung P_1 zur Leistung P_2, die von Leitung 1 auf Leitung 2 eingekoppelt wird.

9.12 Gesamtdämpfungsmaß einer Übertragungsstrecke

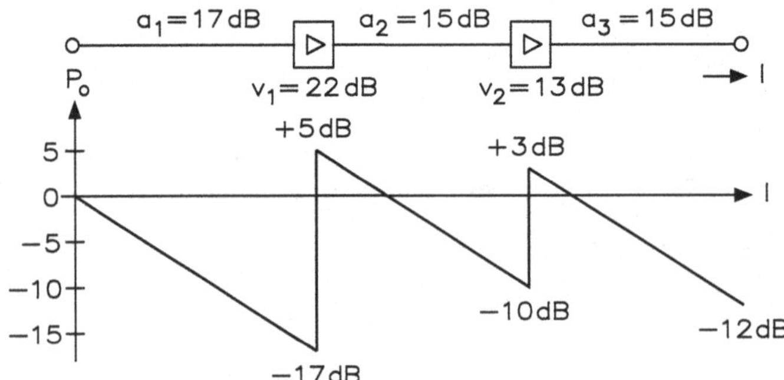

$$\alpha = \frac{a}{l}$$

$$\alpha = a_1 + a_2 + a_3 + \ldots$$

$$v = v_1 + v_2 + v_3 + \ldots$$

$$\alpha_g = L_1 - L_2$$

a Dämpfungsmaß in dB
l Leitungslänge in km
α Dämpfungskennwerte in dB/km
v Verstärkung in dB
L_1 Pegel am Punkt 1
L_2 Pegel am Punkt 2

9.13 Dämpfungsglieder

π-Glieder

unsymmetrisch a)

symmetrisch b)

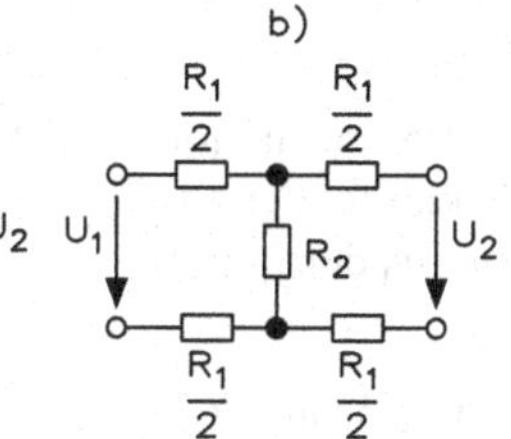

unsymmetrisch c)

symmetrisch d)

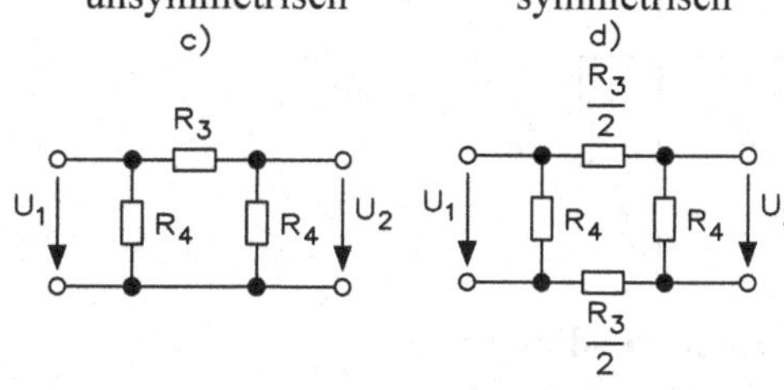

$Z_1 = Z_2 = Z$

$d = \frac{U_1}{U_2}$

$R_1 = Z \cdot \frac{d-1}{d+1}$

$R_2 = Z \cdot \frac{2 \cdot d}{d^2 - 1}$

$R_3 = Z \cdot \frac{d^2 - 1}{2 \cdot d}$

$R_4 = Z \cdot \frac{d+1}{d-1}$

Z_1	Eingangswiderstand
Z_2	Ausgangswiderstand
Z	Wellenwiderstand
d	Dämpfungsfaktor
U_1	Eingangsspannung
U_2	Ausgangsspannung
R_1	Längswiderstand T-Glieder
R_2	Querwiderstand T-Glieder
R_3	Längswiderstand π-Glieder
R_4	Querwiderstand π-Glieder

9.14 Störpegelabstand

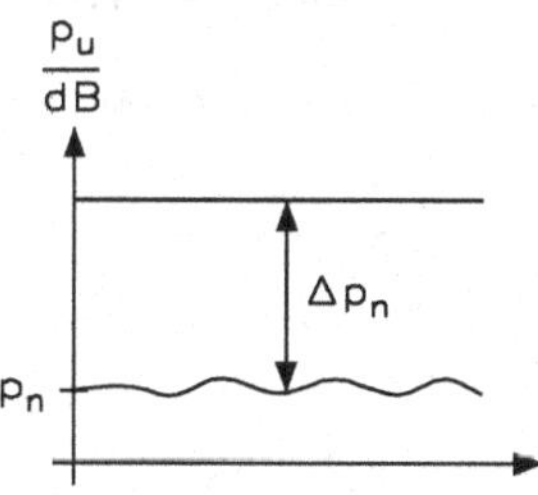

$\Delta p_n = p_u - p_n$

Δp_n	Störpegelabstand
p_u	Übertragungspegel
p_n	Störpegel

9.15 Nebensprechdämpfung

Leitung 1 P_1, U_1, Z_1

a_n

Leitung 2 P_2, U_2, Z_2

$$a_N = 10 \lg \frac{P_1}{P_2}$$

$$a_N = 20 \lg \frac{U_1}{U_2} + 10 \lg \frac{Z_2}{Z_1} \quad \text{in dB}$$

9.16 Reflexionsfaktor, Anpassungsfaktor, Welligkeitsfaktor

- **Reflexionsfaktor:**

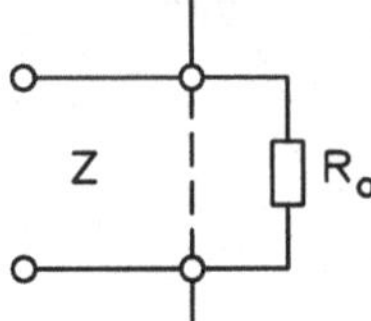

$$r = \frac{R_a - Z}{R_a + Z}$$

Der Reflexionsfaktor r gibt das Verhältnis von rücklaufender zu hinlaufender Welle an.

r Radius der Leitung

- **Rückflussdämpfung:**

$$a_r = 20 \cdot \lg \frac{1}{r} \text{ in dB}$$

Die Rückflussdämpfung ist ein Maß für die Stärke der Reflexionen an Leistungsschaltpunkten.

- **Anpassungsfaktor:**

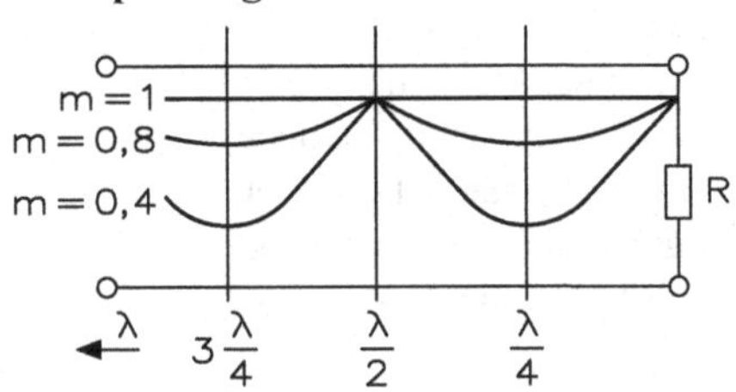

$$m = \frac{U_{\text{min}}}{U_{\text{max}}} = \frac{I_{\text{min}}}{I_{\text{max}}}$$

$$m = \frac{1-r}{1+r}$$

Der Anpassungsfaktor kennzeichnet das Verhältnis von Spannungs- oder Stromminimum zum Spannungs- oder Strommaximum.

r Radius der Leitung

- **Welligkeitsfaktor:**

$$s = \frac{1}{\text{m}} \qquad s = \frac{1+r}{1-r}$$

Verlauf von Spannung oder Strom bei verschiedenen Längen in m

9.17 Wellenwiderstand, Dämpfungskonstante, Ausbreitungsgeschwindigkeit

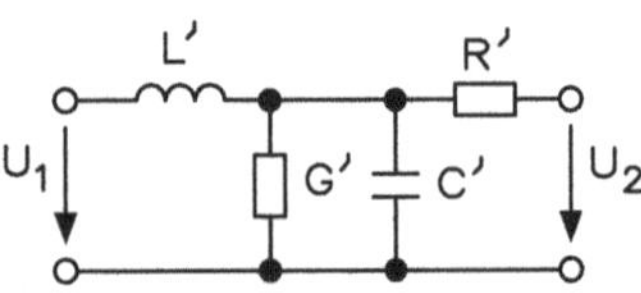

Z Wellenwiderstand
L' Längsinduktivität pro km
C' Querkapazität pro km
R' Längswiderstand pro km
G' Querleitwert pro km

– Für verlustfreie Leitungen: $Z = \sqrt{\frac{L'}{C'}}$

– Für verlustbehaftete Leitungen: $Z = \sqrt{\frac{R' + j \cdot \omega \cdot L'}{R' + j \cdot \omega \cdot C'}}$

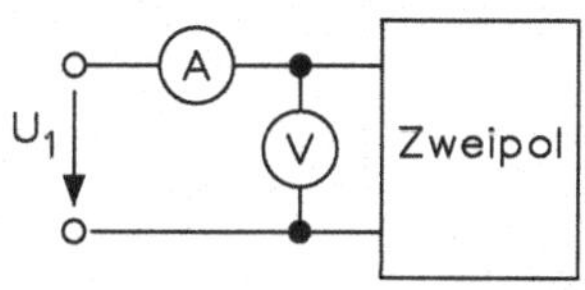

$$Z = \frac{U}{I}$$

$$Z = \sqrt{Z_L \cdot Z_k}$$

Z_L Wellenwiderstand bei offenem Ausgang

Z_k Wellenwiderstand bei kurzgeschlossenem Ausgang

– Anpassung und maximale Leistung

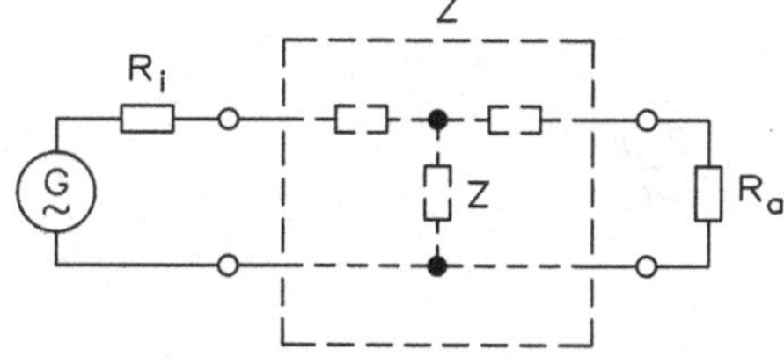

$$R_i = Z = R_a$$

R_i Innenwiderstand der Spannungsquelle

R_a Belastungswiderstand der Leitung

9.18 Wellenwiderstand, Dämpfungskonstante, Ausbreitungsgeschwindigkeit für Kabel

– Für niedrige Frequenzen:

für niedrige Frequenzen

R' R' C'

$$Z = \sqrt{\frac{R'}{\omega \cdot C'}}$$

$$\alpha = \sqrt{\frac{\omega \cdot R' \cdot C'}{2}}$$

$$v = \sqrt{\frac{2 \cdot \omega}{R' \cdot C'}}$$

ω zu übertragende Kreisfrequenz

α Dämpfungskonstante in dB/km

v Ausbreitungsgeschwindigkeit

– Für Freileitungen:

für Freileitung

L' L' C'

$$Z = \sqrt{\frac{L}{C}}$$

$$\alpha = \frac{R'}{2}\sqrt{\frac{C'}{L'}} + \frac{G'}{2}\sqrt{\frac{L'}{C'}}$$

$$v = \sqrt{\frac{1}{L' \cdot C'}}$$

$$Z = \sqrt{\frac{L}{C}}$$

ω zu übertragende Kreisfrequenz

α Dämpfungskonstante in dB/km

v Ausbreitungsgeschwindigkeit

9.19 Wellenwiderstand im Aufbau

- **Symmetrische Doppelleitung (Flachbandkabel):**

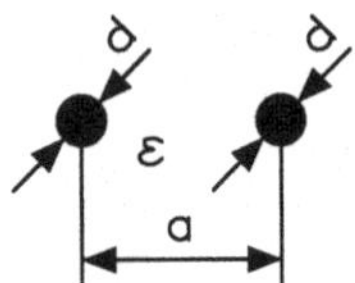

$$Z \approx \frac{120}{\sqrt{\varepsilon_r}} \cdot \ln \frac{2 \cdot a}{d}$$

$$Z \approx \frac{276}{\sqrt{\varepsilon_r}} \cdot \lg \frac{2 \cdot a}{d}$$

$$C = \frac{\pi \cdot \varepsilon_0 \cdot \varepsilon_r \cdot l}{\ln \frac{a}{d}}$$

$$L = 0{,}4 \cdot 10^{-6} \cdot l \cdot \ln \frac{2 \cdot a}{d}$$

Z Wellenwiderstand
ε_r Dielektrizitätskonstante

- **Koaxialkabel:**

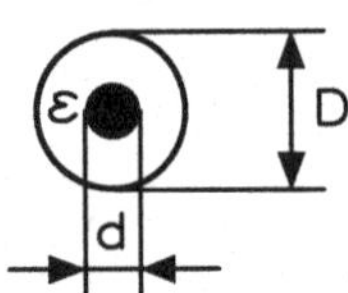

$$Z \approx \frac{60}{\sqrt{\varepsilon}} \cdot \ln \frac{D}{d}$$

$$Z \approx \frac{138}{\sqrt{\varepsilon}} \cdot \lg \frac{D}{d}$$

- **Symmetrisches Kabel:**

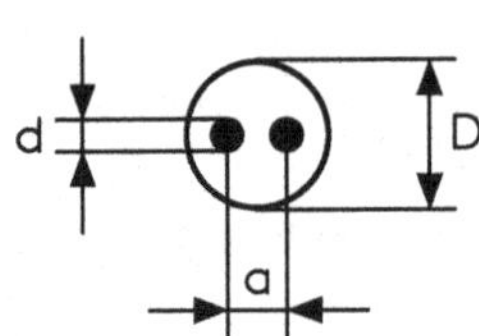

$$Z \approx \frac{120}{\sqrt{\varepsilon}} \cdot \ln \left\{ \frac{2a[1-(a/D)]^2}{d[1+(a/D)]^2} \right\}$$

$$Z \approx \frac{276}{\sqrt{\varepsilon}} \cdot \lg \left\{ \frac{2a[1-(a/D)]^2}{d[1+(a/D)]^2} \right\}$$

9.20 Datenübertragung

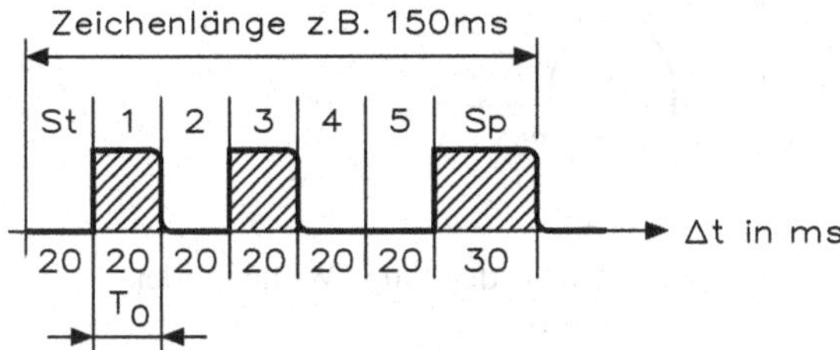

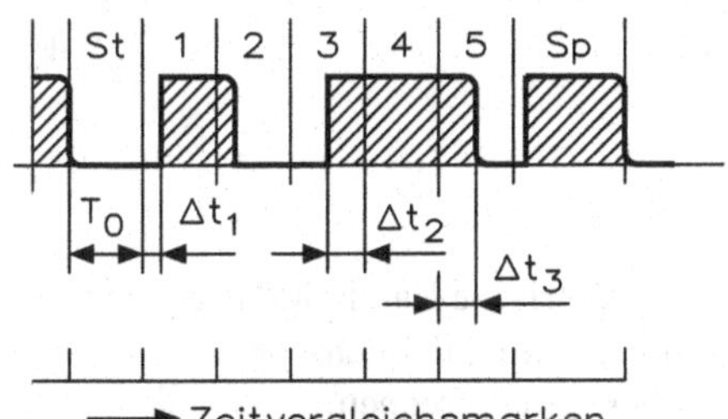

- Schrittgeschwindigkeit:
  $$v_s = \frac{1}{T_0}$$
- Datenübertragungs-geschwindigkeit (Bitrate):
  $$v_D = v_s \cdot Z_t$$
- Serielle Datenübertragung:
  $$v_{DS} = v_s \cdot \mathrm{lb}n$$
- Parallele Datenübertragung:
  $$v_{DP} = m \cdot v_s \cdot \mathrm{lb}n$$
- Zeichengeschwindigkeit:
  $$v_Z = \frac{1}{Zeichenlänge}$$
  $$v_Z = \frac{1}{A \cdot T_0 + St + Sp}$$

  Isochron-Zeichen
  $$v_Z = \frac{1}{A \cdot T_0}$$
  $$\delta_{St} = \frac{\Delta t_{\max}}{T_0} \cdot 100\ \%$$

v_s Anzahl der Impulse je Sekunde; Maßeinheit: Baud
T_0 Dauer des kürzesten, unverzerrten Einheitsschrittes
v_D Datenübertragungsgeschwindigkeit Bit/s
Z_t Anzahl der je Schrittdauer übertragenden Binärpegeländerung
n Anzahl der Binärpegeländerung (Kennzustände)
m Anzahl der parallelen Datenkanäle
lb Zweierlogarithmus

Einheit: Zeichen je Sekunde (bps)
A Anzahl der Schritte je Zeichen
St Zeit für Startschritt in s
Sp Zeit für Stoppschritt in s

δ_{St} Start-Stopp-Verzerrungsgrad
Δf_1, Δf_2, Δf_3 Abweichung vom Sollwert

9.21 Dämpfungsverlauf

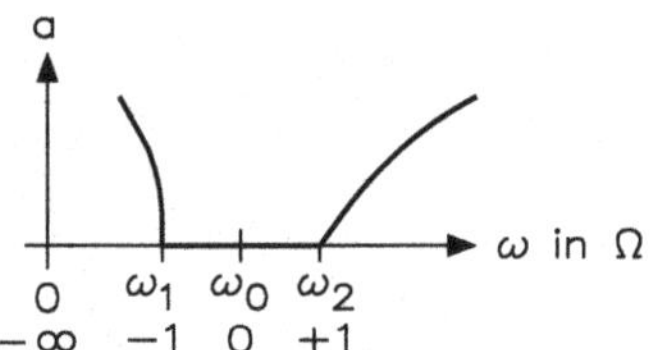

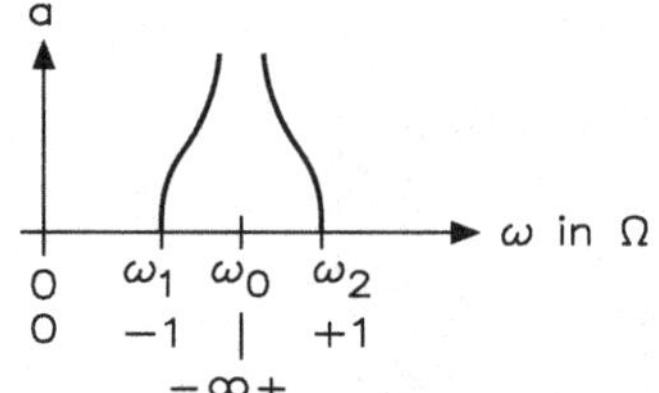

T-Glied: $Z_0 = 1{,}25 \cdot R$

$$\Omega = \frac{1}{\Delta f} \cdot \left(\frac{\omega}{\omega_0} - \frac{\omega_0}{\omega} \right)$$

Z_0 Nennwiderstand (Wellenwiderstand)

Ω normierte Frequenz

Δf Bandbreite (Relativwert)

Grundglied

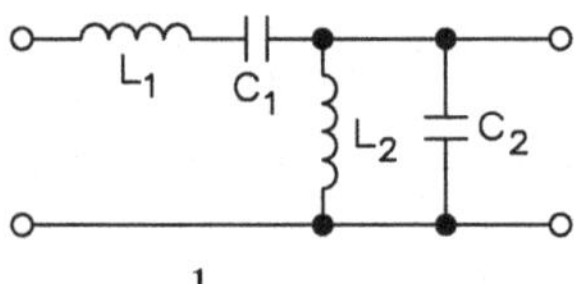

$$\omega_0 = \frac{1}{\sqrt{L_1 \cdot C_1}}$$

$$\omega_0 = \frac{1}{\sqrt{L_2 \cdot C_2}}$$

$$\omega_0 = \sqrt{\omega_1 \cdot \omega_2}$$

$$\Delta f = \frac{\omega_2 - \omega_1}{\omega_0}$$

ω_0 geometrische Bandmittenfrequenz

ω_1 untere Grenzfrequenz

ω_2 obere Grenzfrequenz

$$Z_0 = \sqrt{\frac{L_1}{C_1}} \qquad Z_0 = \sqrt{\frac{L_2}{C_2}}$$

$$L_1 = \frac{Z_0}{\omega_2 - \omega_1} \qquad L_2 = Z_0 \cdot \frac{\omega_2 - \omega_1}{\omega_0^2}$$

$$C_1 = \frac{1}{Z_0} \cdot \frac{\omega_2 - \omega_1}{\omega_0^2} \qquad C_2 = \frac{1}{Z_0} \cdot \frac{1}{\omega_2 - \omega_1}$$

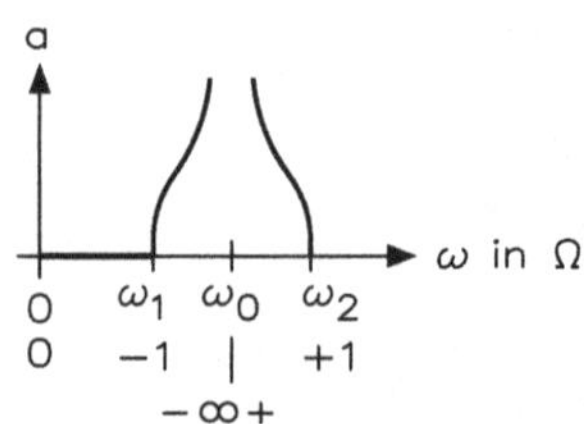

π-Glied: $Z_0 = 0{,}8 \cdot R$

$$\Omega = -\Delta f \cdot \frac{1}{\left(\frac{\omega}{\omega_0} - \frac{\omega_0}{\omega} \right)}$$

Z_0 Nennwiderstand (Wellenwiderstand)

Ω normierte Frequenz

Δf Bandbreite (Relativwert)

Grundglied

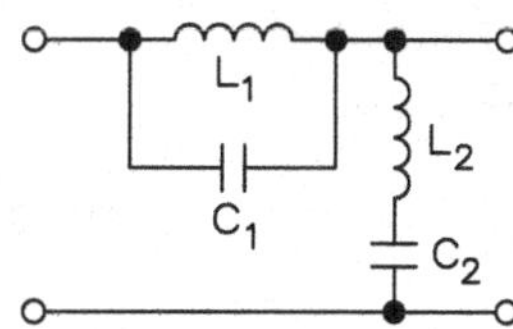

$$\omega_0 = \frac{1}{\sqrt{L_1 \cdot C_1}}$$

$$\omega_0 = \frac{1}{\sqrt{L_2 \cdot C_2}}$$

$$\omega_0 = \sqrt{\omega_1 \cdot \omega_2}$$

$$\Delta f = \frac{\omega_2 - \omega_1}{\omega_0^2} \qquad Z_0 = \sqrt{\frac{L_1}{C_1}} \qquad Z_0 = \sqrt{\frac{L_2}{C_2}}$$

$$L_1 = Z_0 \cdot \frac{\omega_2 - \omega_1}{\omega_0^2} \qquad L_2 = Z_0 \frac{1}{\omega_2 - \omega_1}$$

$$C_1 = \frac{1}{Z_0} \cdot \frac{1}{\omega_2 - \omega_1} \qquad C_2 = \frac{1}{Z_0} \cdot \frac{\omega_2 - \omega_1}{\omega_0^2}$$

ω_0 geometrische Bandmittenfrequenz
ω_1 untere Grenzfrequenz
ω_2 obere Grenzfrequenz

9.22 Elektromagnetische Wellen

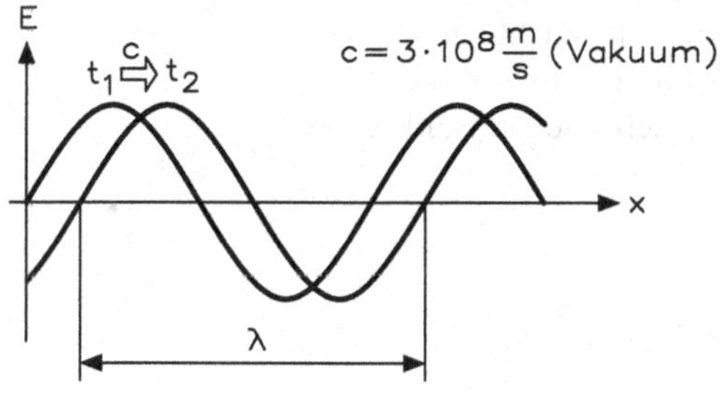

c Ausbreitungsgeschwindigkeit (Lichtgeschwindigkeit)
λ Wellenlänge
f Frequenz
T Periodendauer

$$\lambda = \frac{c}{f}$$

$$\lambda = c \cdot T$$

– Wellenabstrahlung (elektromagnetisches Feld):

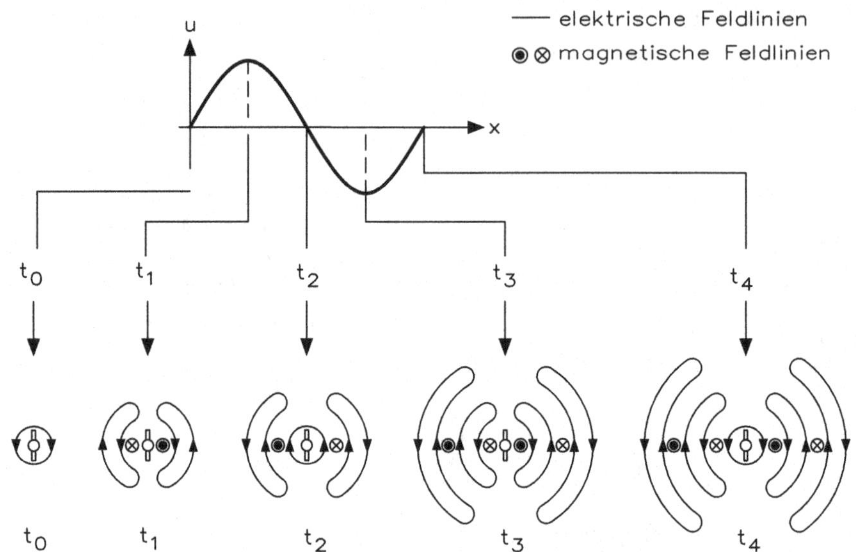

$E = Z_0 \cdot H$

$Z = \sqrt{\dfrac{\mu_0}{\varepsilon_0}}$

$Z_0 = 376{,}68\ \Omega$

E elektrische Feldstärke in V/m
H magnetische Feldstärke in A/m
Z_0 Feldwellenwiderstand in Ω
ε_0 elektrische Feldkonstante $8{,}86 \cdot 10^{-12}$ As/Vm
μ_0 magnetische Feldkonstante $1{,}257 \cdot 10^{-6}$ Vs/Am

– Feldberechnung (Kugelstrahler):

$S = \dfrac{P}{4 \cdot \pi \cdot r^2}$

$S = E \cdot H$

$S = \dfrac{E^2}{Z_0}$

P Strahlungsleistung der Antenne in W
S Strahlungsdichte in W/m²
E elektrische Feldstärke in V/m
H magnetische Feldstärke in A/m

– Feldarten und Schichten der Ionosphäre:
Ausbreitungseigenschaften Schichten der Ionosphäre

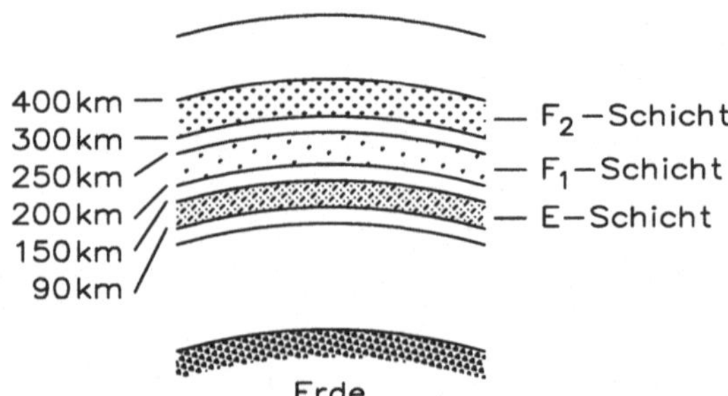

- Nahfeld:
  $r < \lambda$
  $E \approx \frac{1}{r^3}$

- Fernfeld:
  $r > \lambda$
  $E \approx \frac{1}{r} \quad (r \text{ ca.} 10\lambda)$

Im Fernfeld sind die magnetische und die elektrische Komponente des elektromagnetischen Feldes in Phase und stehen senkrecht aufeinander.

Einteilung der Atmosphäre:

Troposphäre: bis ca. 12 km
Stratosphäre: von ca. 12 km bis ca. 80 km
Ionosphäre: von ca. 80 km bis ca. 1000 km

- **Langwellen:**
  Vorwiegend nur Bodenwellen

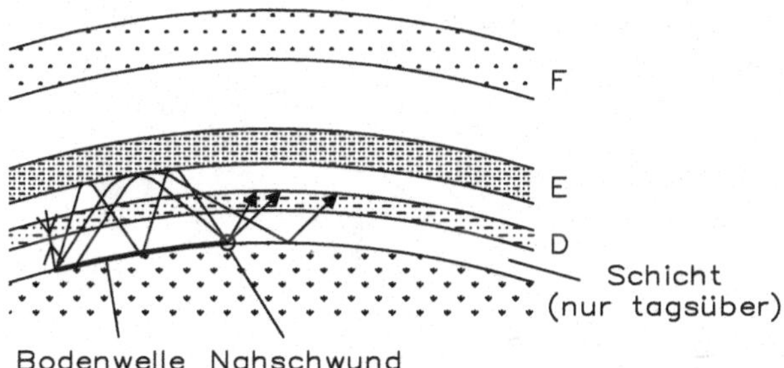

- Mittelwellen:
  Tag: Vorwiegend Bodenwellen
  Nacht: Boden- und Raumwellen
  Ausbreitung ist abhängig von Tages- und Jahreszeit

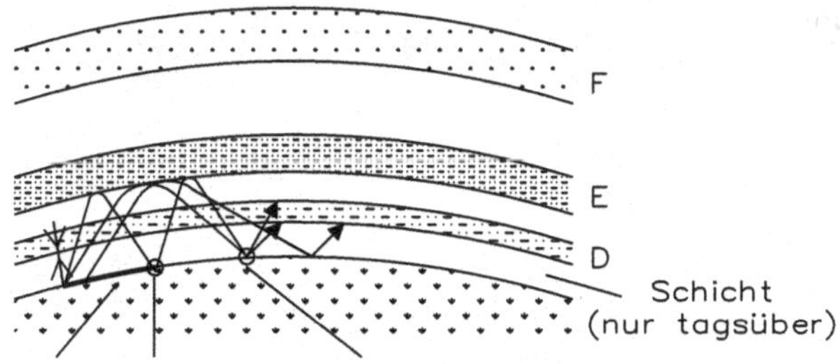

- **Kurzwellen:**

  Vorwiegend Raumwelle
  Ausbreitung ist abhängig von Tages- und Jahreszeit, von der Sonnenaktivität
  Mehrfachreflexion möglich

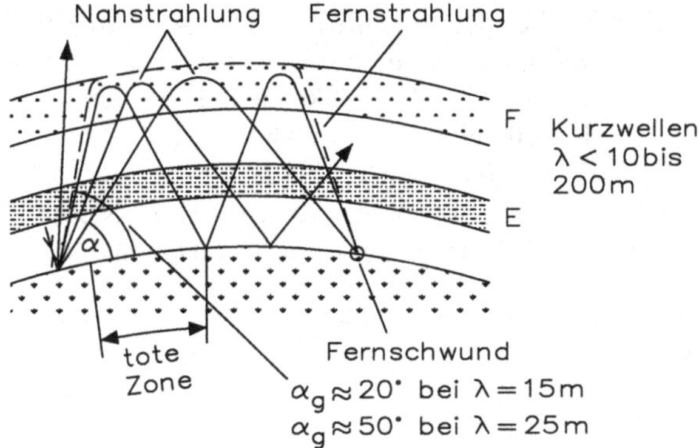

- **Ultrakurzwellen:**

  Quasioptische Wellen

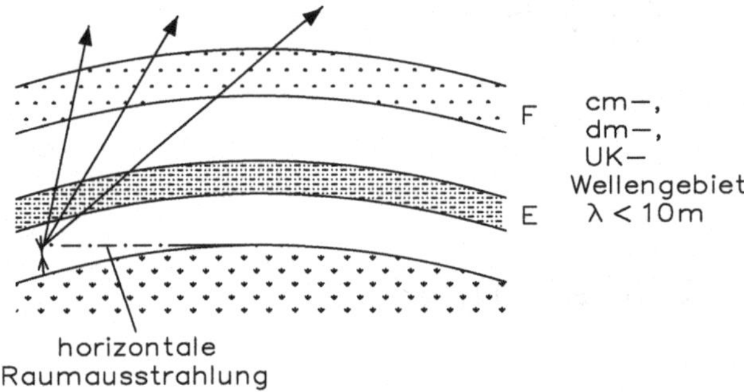

9.23 Hochfrequenzleitung

Elektrisches Verhalten einer am Ende offenen und einer am Ende kurzgeschlossenen $\lambda/4$ Leitung

Elektrisches Verhalten einer am Ende offenen und einer am Ende kurzgeschlossenen $\lambda/2$ Leitung

Elektromagnetische Wellensignale breiten sich in Leitungen langsamer aus als im freien Raum. Die geometrischen Leitungslängen sind daher um den Verkürzungsfaktor v_K kleiner als die elektrische Wellenlängenangabe.

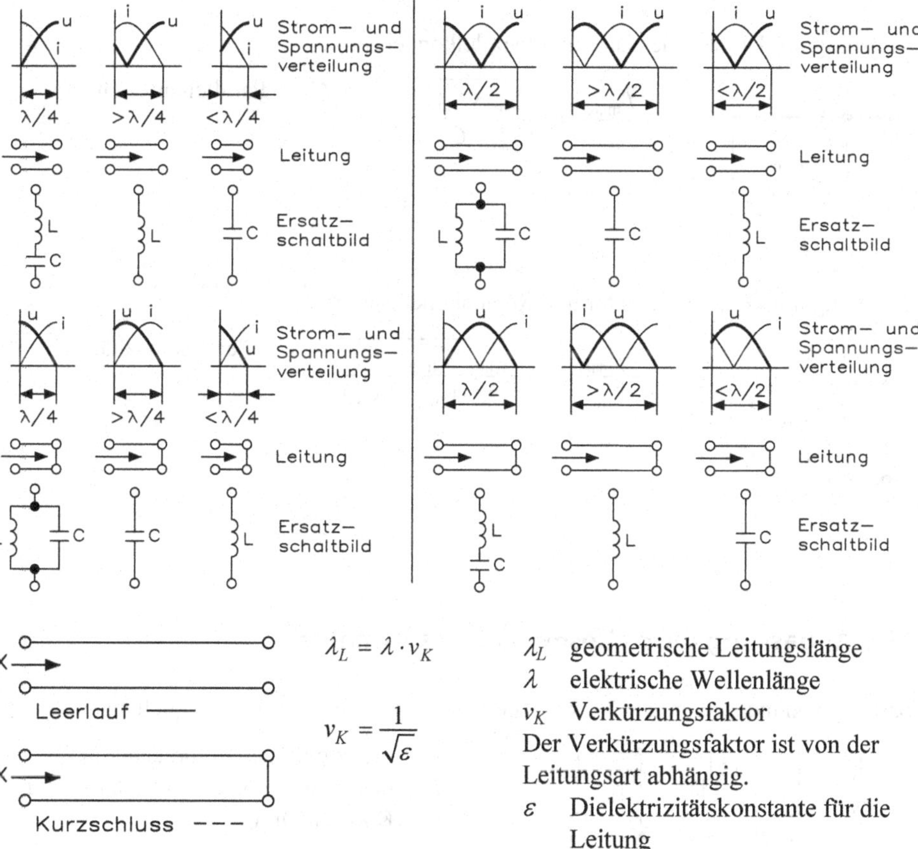

$$\lambda_L = \lambda \cdot v_K$$

$$v_K = \frac{1}{\sqrt{\varepsilon}}$$

λ_L geometrische Leitungslänge
λ elektrische Wellenlänge
v_K Verkürzungsfaktor
Der Verkürzungsfaktor ist von der Leitungsart abhängig.
ε Dielektrizitätskonstante für die Leitung

9.24 Resonanzfrequenzänderung mit Drehkondensator

– Änderung mit Drehkondensator:

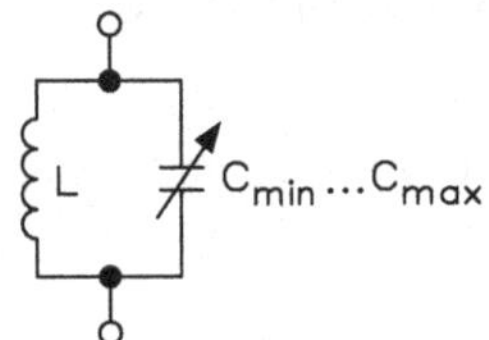

$$\frac{f_{0\max}}{f_{0\min}} = \sqrt{\frac{C_{\max}}{C_{\min}}}$$

$f_{0\max}$ größte einzustellende Frequenz
$f_{0\min}$ kleinste einzustellende Frequenz
$C_{\max}$ größte Kapazität
$C_{\min}$ kleinste Kapazität

– Änderung mit Drehkondensator und Parallelkondensator:

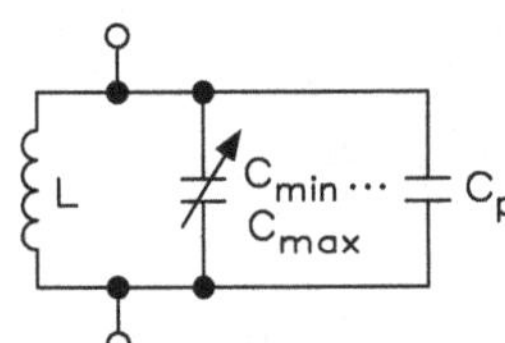

$$\frac{f_{0\max}}{f_{0\min}} = \sqrt{\frac{C_{\max} + C_p}{C_{\min} + C_p}}$$

C_p Parallelkapazität

– Änderung mit Drehkondensator und Reihenkondensator:

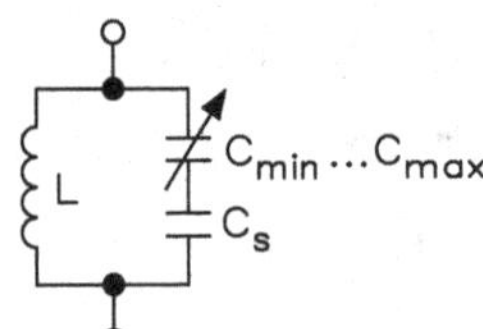

$$\frac{f_{0\max}}{f_{0\min}} = \sqrt{\frac{C_{\max} \cdot (C_{\min} + C_s)}{C_{\min} \cdot (C_{\max} + C_s)}}$$

C_s Serienkapazität

9.25 Anpassung durch Resonanztransformator

Anpassung von niederohmigen Verbrauchern an hochohmige Spannungsquellen:

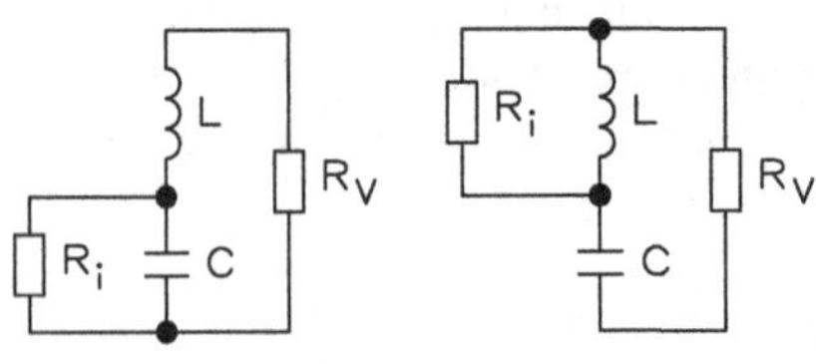

R_v niederohmiger Verbraucher in Ω
R_i hochohmiger Innenwiderstand in Ω
C Kapazität in F

Bedingungen:

$$R_v < 0{,}1 \cdot \omega \cdot L$$

$$\omega \cdot L = \frac{1}{\omega \cdot C}$$

$$f_r = \frac{1}{2 \cdot \pi \cdot \sqrt{C \cdot L}}$$

Für beide Schaltungen:

$$L = \frac{\sqrt{R_v \cdot R_i}}{2 \cdot \pi \cdot f_r} \qquad C = \frac{1}{2 \cdot \pi \cdot f_r \cdot \sqrt{R_v \cdot R_i}}$$

L Induktivität in H
ω Kreisfrequenz $\omega = 2 \cdot \pi \cdot f$
f_r Resonanzfrequenz

- **Resonanztransformator mit unterteilter Induktivität**

ü Übersetzungsverhältnis

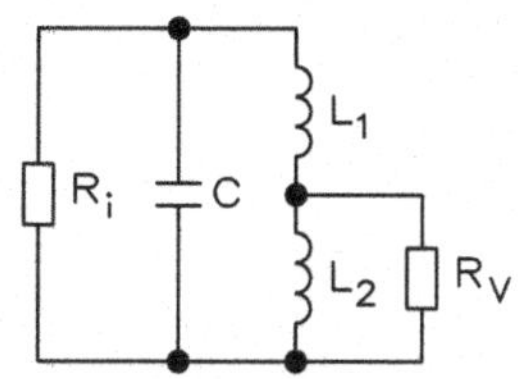

Bedingungen:

$$2 \cdot \pi \cdot f_r \cdot L_2 < 0{,}1 \cdot R_v$$

$$f_r = \frac{1}{2 \cdot \pi \cdot \sqrt{C \cdot (L_1 + L_2)}}$$

$$\ddot{u} = \frac{R_i}{R_v} = \left(\frac{L_1 + L_2}{L_2}\right)^2$$

- **Resonanztransformator mit unterteilter Kapazität**

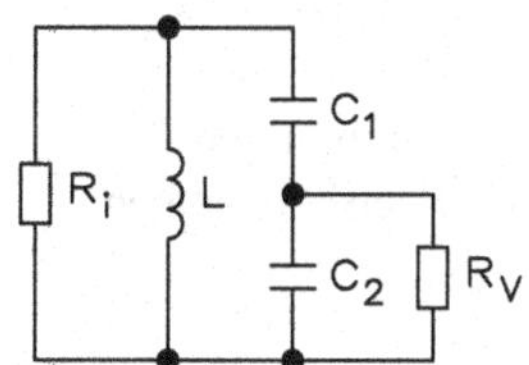

Bedingungen:

$$\frac{1}{2 \cdot \pi \cdot f_r \cdot C_2} < 0{,}1 \cdot R_v$$

$$f_r = \frac{1}{2 \cdot \pi} \cdot \sqrt{\frac{C_1 + C_2}{L \cdot C_1 \cdot C_2}}$$

$$\ddot{u} = \frac{R_i}{R_v} = \left(\frac{C_1 + C_2}{C_1}\right)^2$$

- **Resonanztransformator mit getrennter Wicklung**

ü Übersetzungsverhältnis
M Gegeninduktivität

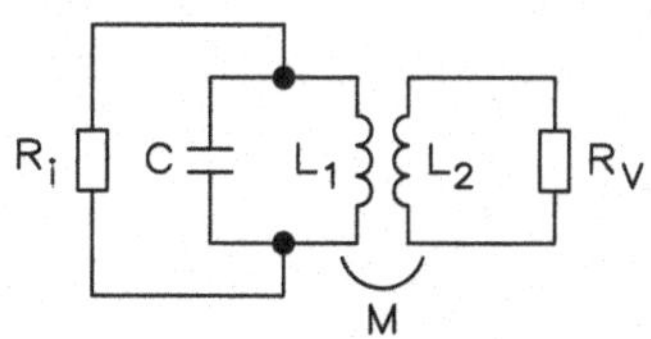

Bedingungen:

$$2 \cdot \pi \cdot f_r \cdot L_2 < 0{,}1 \cdot R_v \text{ und } R_i > 10 \cdot \frac{1}{2 \cdot \pi \cdot f_r \cdot C}$$

$$f_r = \frac{1}{2 \cdot \pi \cdot \sqrt{L_1 \cdot C)}}$$

$$\ddot{u} = \frac{R_i}{R_v} = \left(\frac{L_2}{M}\right)^2$$

9.26 Gekoppelte Bandfilter

- **Induktive Kopplung**

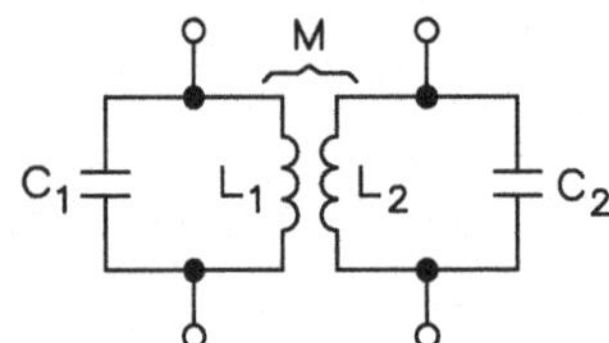

$$k = \frac{M}{\sqrt{L_1 \cdot L_2}}$$

k	Kopplungsfaktor
M	Gegeninduktivität
L_1, L_2	Spuleninduktivität

- **Kapazitive Kopplung**

(wenn C_k klein gegen C_1 und C_2)

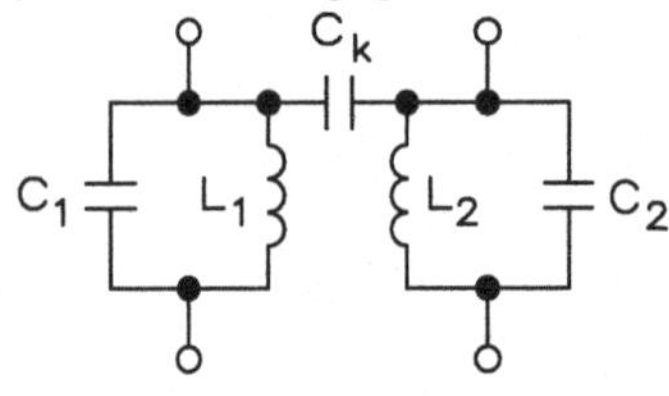

$$k \approx \frac{C_k}{\sqrt{C_1 \cdot C_2}}$$

C_k	Kopplungsfaktor
C_1, C_2	Kreiskapazitäten

- **Kapazitive Fußpunktkopplung**

(wenn C_F groß gegen C_1 und C_2)

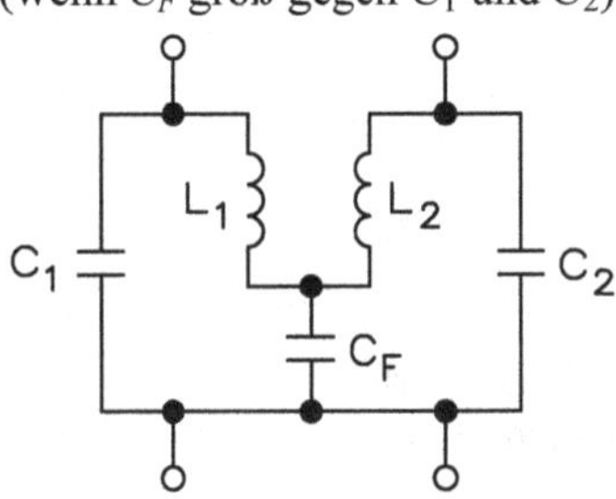

$$k \approx \frac{\sqrt{C_1 \cdot C_2}}{C_F}$$

C_F	Kopplungsfaktor

- **Kritische Kopplung**

$Q \cdot k = 1$

$\Delta f = \sqrt{2} \cdot \frac{f_r}{Q}$

$v_M = \frac{S}{\sqrt{\sqrt{2} \cdot 2 \cdot \pi \cdot \Delta f \cdot \sqrt{C_1 \cdot C_2}}}$

Q Gütefaktor des Einzelkreises
Δf Bandbreite
v_M Verstärkung für die Mittenfrequenz
V Verstimmung
S Steilheit des aktiven Bauelements das im Bandfilter liegt

- **Überkritische Kopplung**

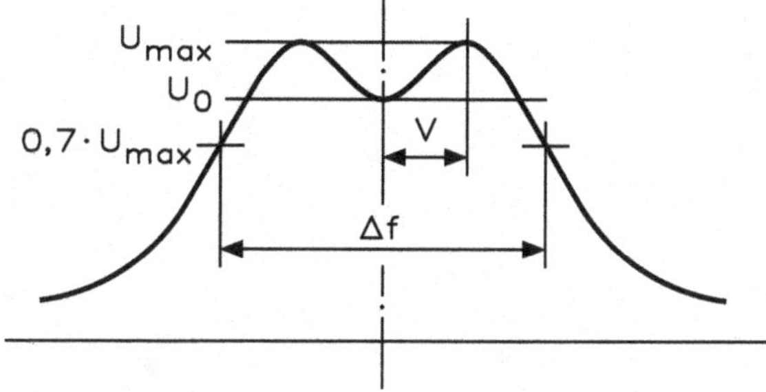

Je ein Höcker bei der Verstimmung von $V = \pm\sqrt{k^2 - \frac{1}{Q^2}}$

Höhe des Höckers $\frac{U_{\max}}{U_0} = \frac{Q \cdot k + \frac{1}{Q \cdot k}}{2}$

Damit die Einsattelung nicht tiefer als 70 % wird, muss $Q \cdot k$ nicht kleiner als 2,41 sein.

Die Bandbreite ist dann $\Delta f = 3{,}1 \cdot \frac{f_r}{Q}$.

10 Dioden

10.1 Verlustleistung einer Diode

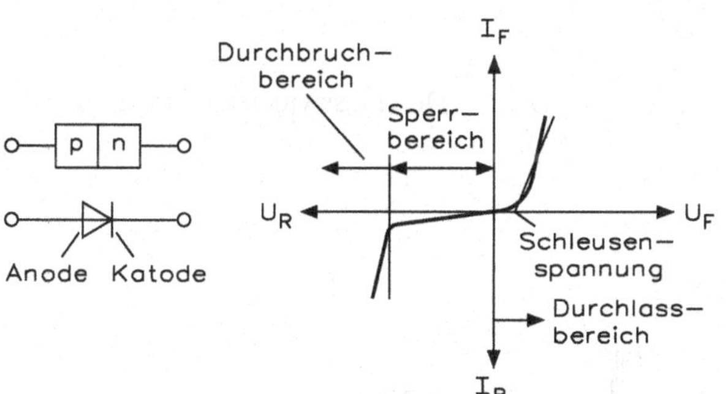

$$P_v = U_F \cdot I_F$$

P_v	allgemeine Verlustleistung in W
U_F	Durchlassspannung in V
I_F	Durchlassstrom in A
F	Forward (Vorwärtsrichtung)
R	Reverse (Sperrrichtung)

10.2 Zulässige Verlustleistung einer Diode

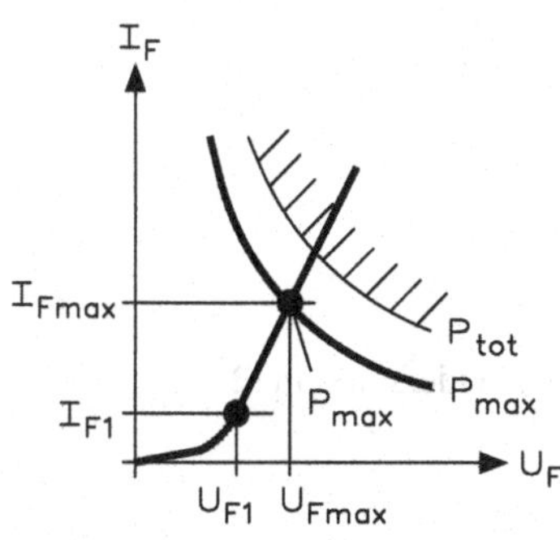

$$P_{max} = 0{,}9 \cdot P_{tot}$$

$$I_F = \frac{P_{max}}{U_F}$$

P_{max}	maximale Verlustleistung in W
P_{tot}	Gesamtverlustleistung in W

H. Bernstein, *Formelsammlung*, https://doi.org/10.1007/978-3-658-18179-6_10

10.3 Statischer Diodenwiderstand (Gleichstromwiderstand)

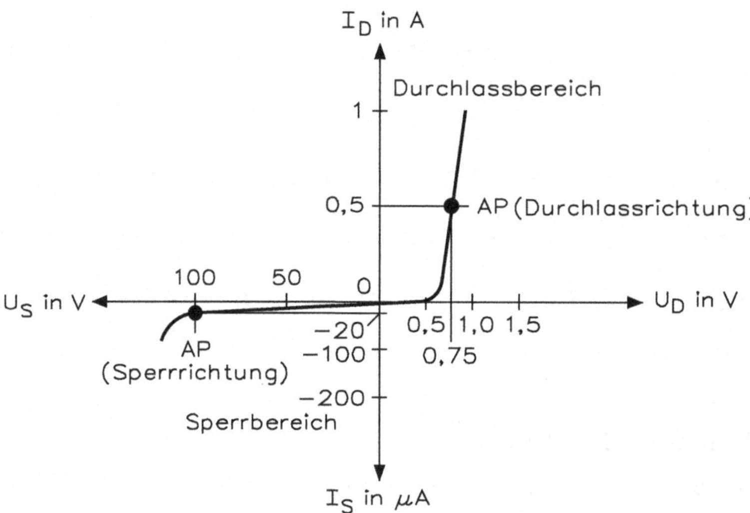

$$R_F = \frac{U_F}{I_F} = \frac{U_D}{I_D}$$

R_F Durchlasswiderstand in Ω

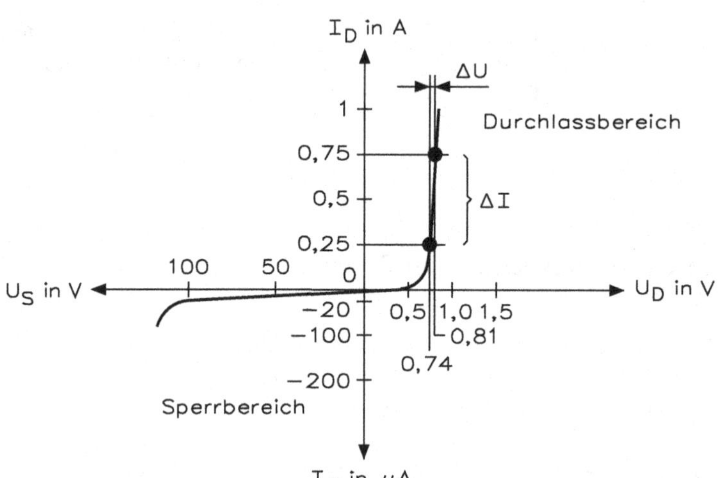

$$R_R = \frac{U_R}{I_R} = \frac{U_S}{I_S}$$

R_R Sperrwiderstand in Ω

10.4 Dynamischer Diodenwiderstand (Wechselstromwiderstand)

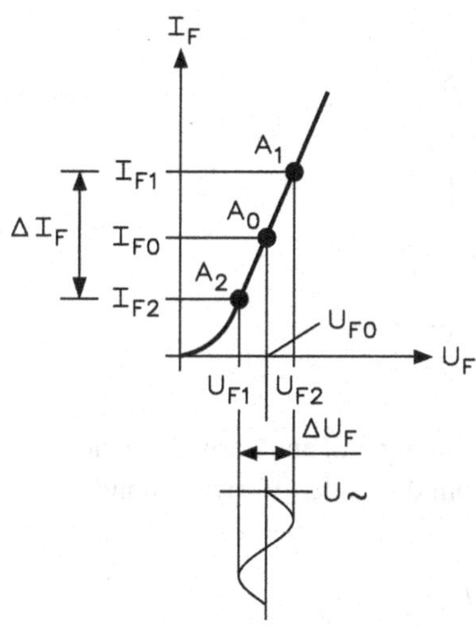

$$r_F = \frac{U_{F2} - U_{F1}}{I_{F2} - I_{F1}} = \frac{\Delta U_F}{\Delta I_F}$$

$$r_R = \frac{U_{R2} - U_{R1}}{I_{R2} - I_{R1}} = \frac{\Delta U_R}{\Delta I_R}$$

r_F differentieller Durchlasswiderstand
r_R differentieller Sperrwiderstand

10.5 Temperaturverhalten von Dioden

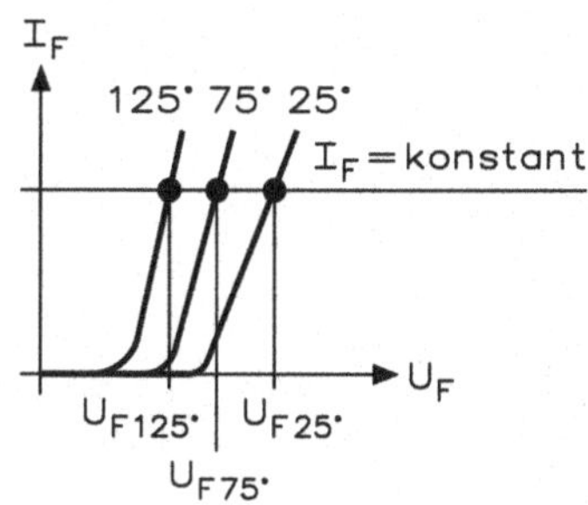

Die Durchlassspannung U_F hat bei I_F = konst. einen negativen Temperaturkoeffizienten α_u.

α_u Temperaturkoeffizient (negativ)

$$\alpha_u = \frac{\Delta U_F}{\Delta I_F} < 0 \qquad \alpha_u = \frac{2\ \text{mV}}{K}$$

$U_T \approx 26$ mV bei $T = 300$ K

k Richtkonstante

$$U_T = \frac{k \cdot T}{e}$$

Grenztemperaturen: Silizium ≈ 200 °C
Germanium ≈ 90 °C

10.6 Spannungsbegrenzung

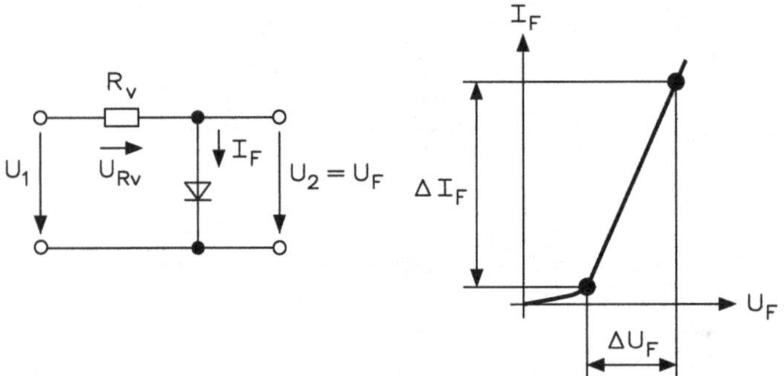

$$U_{Rv} = U_1 - U_F$$

$$R_v = \frac{U_{Rv}}{I_{Rv}} = \frac{U_1 - U_F}{I_F}$$

U_{Rv} Spannungsfall am Vorwiderstand

I_{Rv} Strom durch den Vorwiderstand

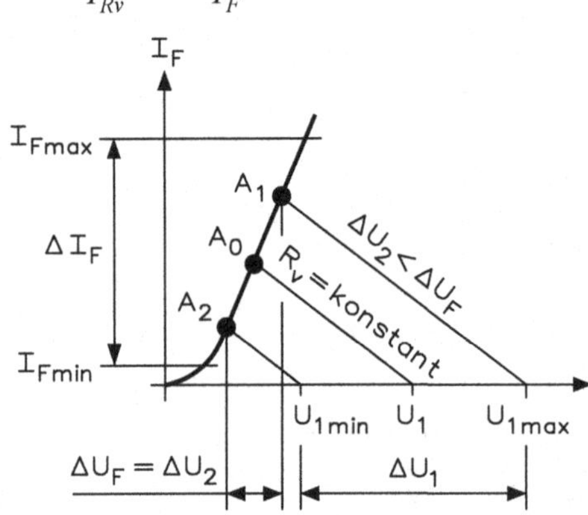

$$R_{v\max} \leq \frac{U_{1\min} - U_F}{I_{F\min}}$$

$$R_{v\min} \geq \frac{U_{1\max} - U_F}{I_{F\max}}$$

10.7 Diodenschalter

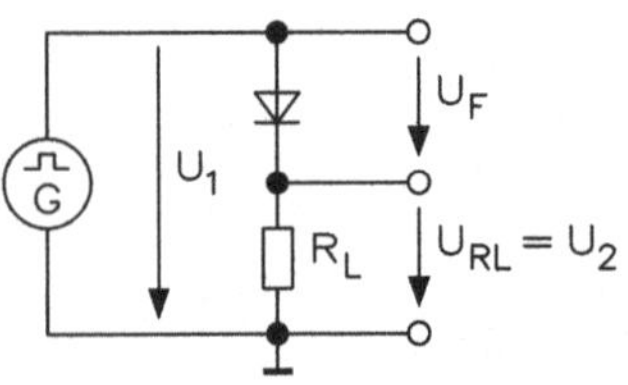

Schalter leitend, Diode sperrt:

$$U_{RL} = U_1 - U_F \approx U_1 \qquad U_{RL} = I_F \cdot R_L$$

Schalter geschlossen, Diode leitend:

$$U_{RL} = U_1 - U_F \approx 0 \qquad U_{RL} = I_F \cdot R_L$$

10.8 M1U, Einpuls-Mittelpunktschaltung

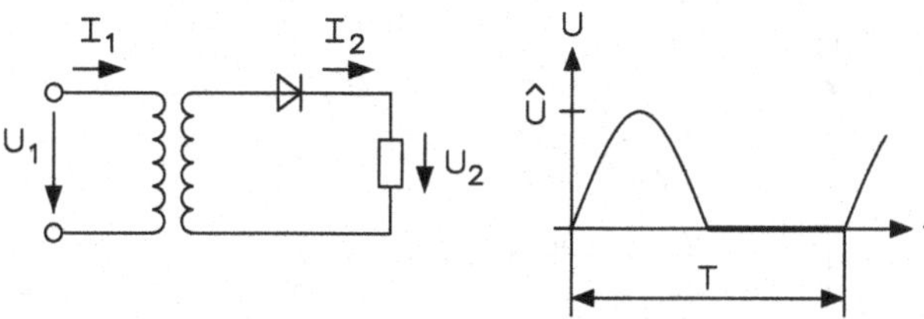

Verhältnis zwischen Wechsel- und Gleichspannung: $\frac{U_{eff}}{U_{gl}} = 2,22$

Effektivwert: $\frac{U_w}{U_{gl}} \mathrel{\hat{=}} 121\%$

Verhältnis zwischen Wechsel- und Gleichstrom: $\frac{I_{eff}}{I_{gl}} = 1,57$

Sperrspannung der Diode: $U_{Sperr} \geq \sqrt{2} \cdot U_{eff}$

10.9 M2U, Zweipuls-Mittelpunktschaltung

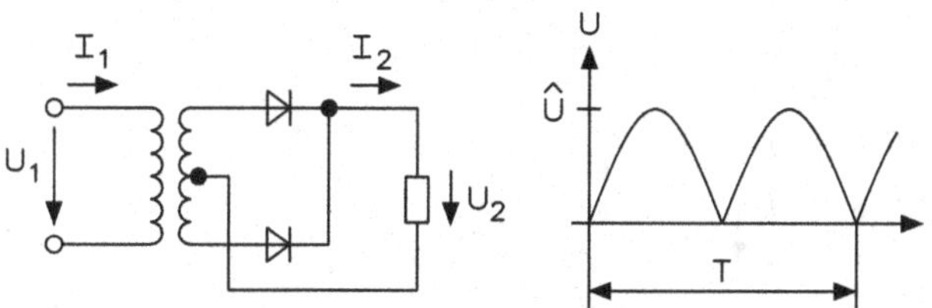

Verhältnis zwischen Wechsel- und Gleichspannung: $\frac{U_{eff}}{U_{gl}} = 1,11$

Effektivwert: $\frac{U_w}{U_{gl}} \mathrel{\hat{=}} 48,5\%$

Verhältnis zwischen Wechsel- und Gleichstrom: $\frac{I_{eff}}{I_{gl}} = 0,71$

Sperrspannung der Diode: $U_{Sperr} \geq 2\sqrt{2} \cdot U_{eff}$

10.10 B2U, Zweipuls-Brückenschaltung

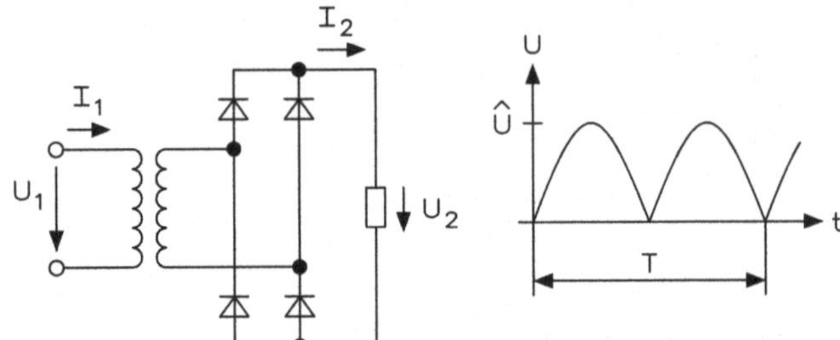

Verhältnis zwischen Wechsel- und Gleichspannung: $\frac{U_{eff}}{U_{gl}} = 1,11$

Effektivwert: $\frac{U_w}{U_{gl}} \mathrel{\hat{=}} 48,5\%$

Verhältnis zwischen Wechsel- und Gleichstrom: $\frac{I_{eff}}{I_{gl}} = 1,0$

Sperrspannung der Diode: $U_{Sperr} \geq \sqrt{2} \cdot U_{eff}$

10.11 M3U, Dreipuls-Mittelpunktschaltung

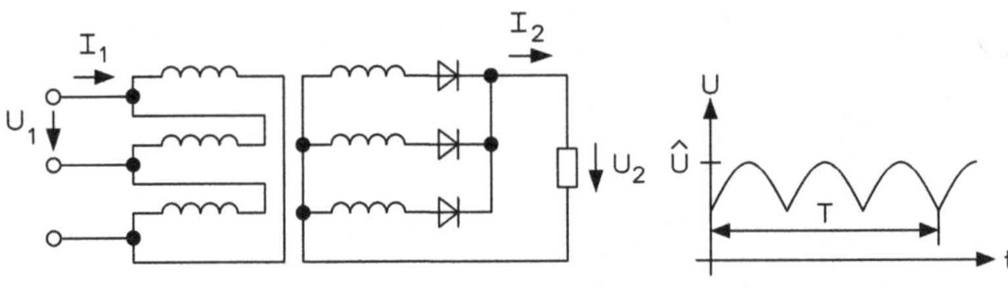

Verhältnis zwischen Wechsel- und Gleichspannung: $\frac{U_{eff}}{U_{gl}} = 1,48$

Effektivwert: $\frac{U_w}{U_{gl}} \mathrel{\hat{=}} 18,7\%$

Verhältnis zwischen Wechsel- und Gleichstrom: $\frac{I_{eff}}{I_{gl}} = 0,58$

Sperrspannung der Diode: $U_{Sperr} \geq \sqrt{2} \cdot U_{eff}$

10.12 B6U, Sechspuls-Brückenschaltung

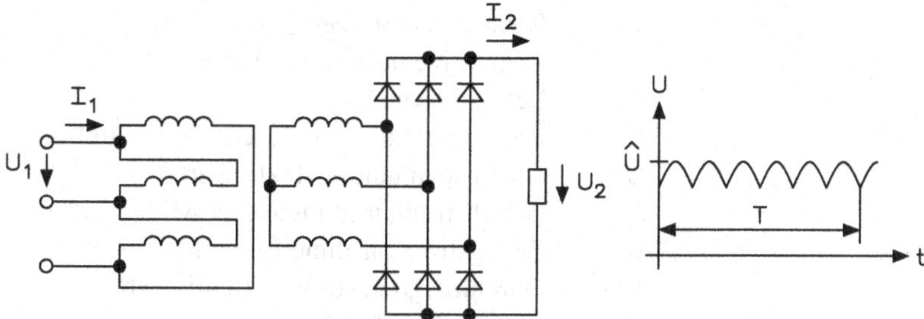

Verhältnis zwischen Wechsel- und Gleichspannung: $\frac{U_{eff}}{U_{gl}} = 0,77$

Effektivwert: $\frac{U_w}{U_{gl}} \mathrel{\hat{=}} 4,2\%$

Verhältnis zwischen Wechsel- und Gleichstrom: $\frac{I_{eff}}{I_{gl}} = 0,82$

Sperrspannung der Diode: $U_{Sperr} \geq 2\sqrt{2} \cdot U_{eff}$

10.13 Arithmetischer Mittelwert (Ohm'sche Last bei Gleichstrom)

$$I_{gl} = \frac{U_{gl}}{R_L} \qquad I_{deff} = \frac{U_{deff}}{R_L}$$

$$P = U_{eff} \cdot I_{eff} = I_{eff}^2 \cdot R_L = \frac{U_{eff}^2}{R_L}$$

I_{gl} Effektivwert des Gleichstroms
U_{gl} arithmetischer Mittelwert, Gleichspannung
U_{eff} Effektivwert, Gleichspannung
I_{eff} Effektivwert, Gleichstrom

10.14 Strombelastbarkeit

$$I_{FAVM} \geq I_{FAV} = I_{im}$$
$$I_{FRMSM} \geq I_{FRMS} = I_{peff}$$

I_{FAV} Durchlassstrom, Mittelwert und Richtstrom (average forward current, rectified current)
I_{FRM} periodischer Spitzendurchlassstrom (repetitive peak forward current)

10.15 Sperrspannung

$$U_{RRM} \geq k \cdot U_{im}$$

$$U_{v0} = \frac{U_L}{ü}$$

$$U_{v0} = \frac{U_L}{ü} V$$

$$U_{di} = 0{,}9 \cdot U_{v0}$$

$$U_{deff} = U_{v0}$$

$$R_L = \frac{U_{deff}^2}{P_2}$$

$$I_d = \frac{U_{di}}{R_L} \qquad I_{pmi} = 0{,}5 \cdot I_d$$

$$I_{FAVM} \geq I_{FAV}$$

$$I_{peff} = 0{,}785 \cdot I_d$$

$$I_{FRMSM} \geq I_{peff}$$

$$U_{im} = 1{,}571 \cdot U_{di}$$

U_{RRM} Periodische Spitzensperrspannung (repetitive peak reverse voltage)
U_{v0} Leerlaufspannung
U_{di} Gleichspannung, arithmetischer Mittelwert
U_{deff} Gleichspannung, Effektivwert
I_d Gleichstrom, arithmetischer Mittelwert
I_{pmi} Zweigstrom, arithmetischer Mittelwert
I_{FAVM} Durchlassgrenzstrom, Effektivwert
I_{peff} Zweigstrom, Effektivwert
I_{FRMSM} Spitzendurchlassstrom
U_{im} Scheitelspannung an der Diode

10.16 M1U-Gleichrichter mit Ladekondensator

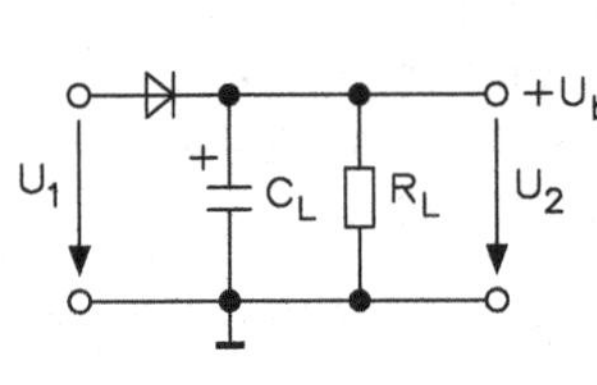

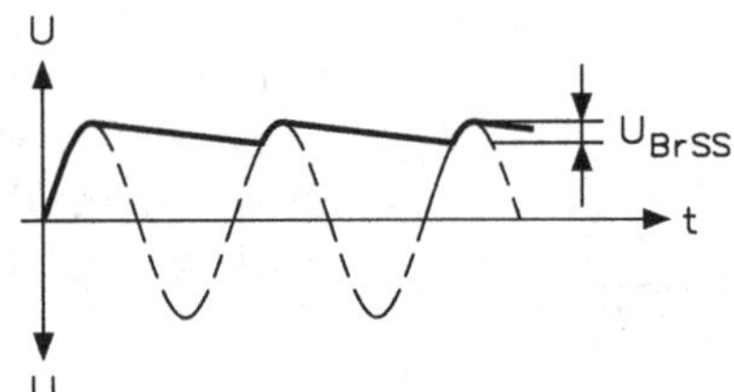

$$C_L = k \cdot \frac{I_L}{U_{Br}}$$

$$C_L \approx \frac{I_L}{U_{BrSS} \cdot f}$$

k Faktor: $4{,}8 \cdot 10^{-3}$ s
U_{Br} Brummspannung
C_L Ladekondensator

Verhältnis zwischen Wechsel- und Gleichspannung: $\frac{U_{eff}}{U_{gl}} = 0{,}85$

Welligkeit: $w \approx 5\,\%$

Verhältnis zwischen Wechsel- und Gleichstrom: $\frac{I_{eff}}{I_{gl}} = 2{,}1$

Zeitkonstante: $\tau = R_L \cdot C_L = 100$ ms
Schaltungskonstante: $k = 4{,}8$ s

10.17 M2U-Gleichrichter mit Ladekondensator

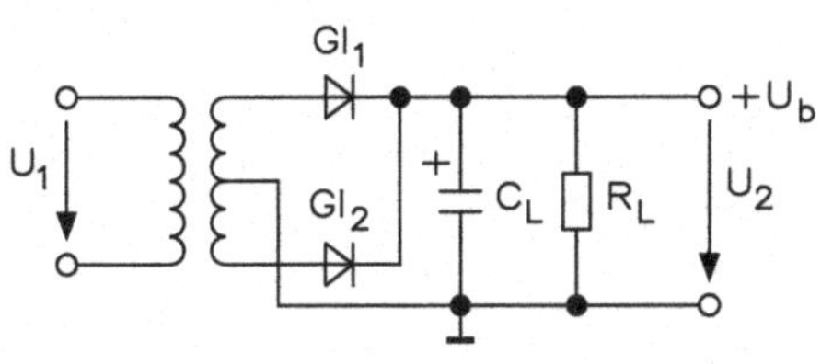

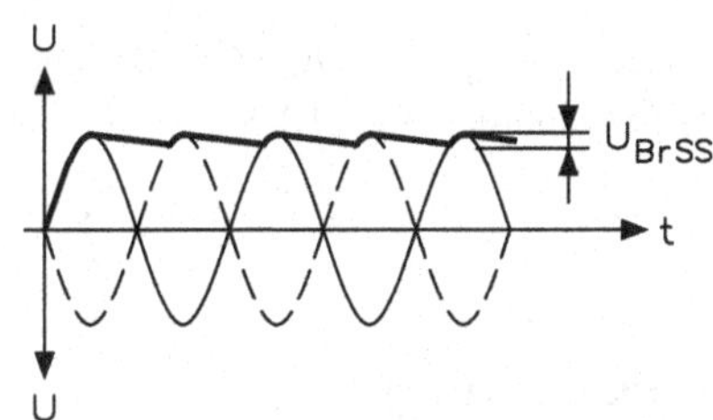

$$C_L = k \cdot \frac{I_L}{U_{Br}}$$

$$C_L \approx \frac{I_L}{U_{BrSS} \cdot f}$$

k	Faktor: $1{,}8 \cdot 10^{-3}$ s
U_{Br}	Brummspannung
C_L	Ladekondensator

Verhältnis zwischen Wechsel- und Gleichspannung: $\frac{U_{eff}}{U_{gl}} = 0{,}79$

Welligkeit: $w \approx 5\,\%$

Verhältnis zwischen Wechsel- und Gleichstrom: $\frac{I_{eff}}{I_{gl}} = 1{,}1$

Zeitkonstante: $\tau = R_L \cdot C_L = 50$ ms
Schaltungskonstante: $k = 1{,}8$ s

10.18 B2U-Gleichrichter mit Ladekondensator

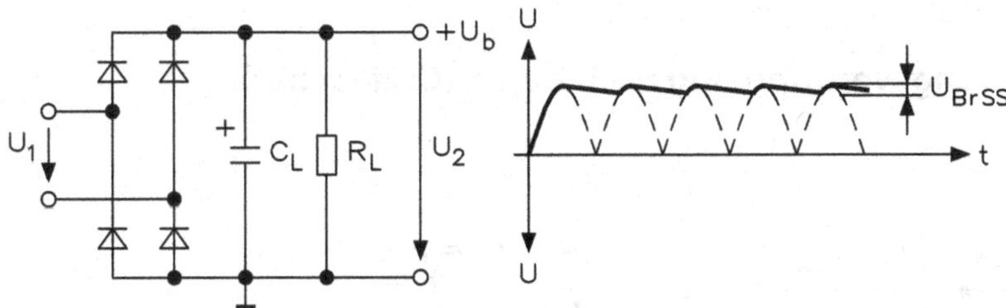

$$C_L = k \cdot \frac{I_L}{U_{Br}}$$

$$C_L \approx \frac{I_L}{U_{BrSS} \cdot f}$$

k	Faktor: $1{,}8 \cdot 10^{-3}$ s
U_{Br}	Brummspannung
C_L	Ladekondensator

Verhältnis zwischen Wechsel- und Gleichspannung: $\frac{U_{eff}}{U_{gl}} = 0{,}79$

Welligkeit: $w \approx 5\,\%$

Verhältnis zwischen Wechsel- und Gleichstrom: $\frac{I_{eff}}{I_{gl}} = 1,57$

Zeitkonstante: $\tau = R_L \cdot C_L = 50\ \text{ms}$
Schaltungskonstante: $k = 1,8\ \text{s}$

10.19 RC-Siebung

$$G = \frac{\Delta U_1}{\Delta U_2} \approx \omega_{Br} \cdot R_S \cdot C_S$$

$$s = \frac{U_1}{U_2} = \frac{R_S}{C_S}$$

G Glättungsfaktor

10.20 LC-Siebung

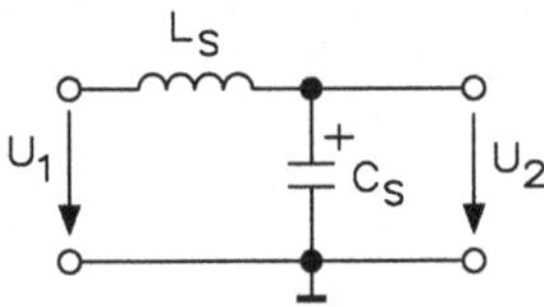

$$G = \frac{\Delta U_1}{\Delta U_2} \approx \omega_{Br}^2 \cdot L_S \cdot C_S$$

G Glättungsfaktor

10.21 Spannungsverdopplung nach Delon (Greinacher)

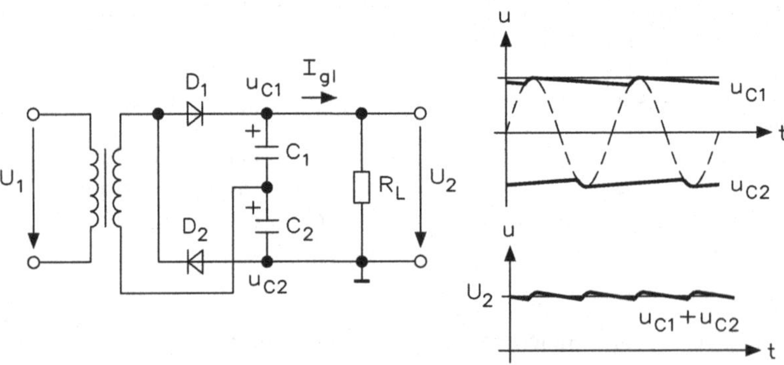

$$U_2 = 2\sqrt{2} \cdot U_{eff}$$

10.22 Spannungsverdopplung nach Villard (Kaskadenschaltung)

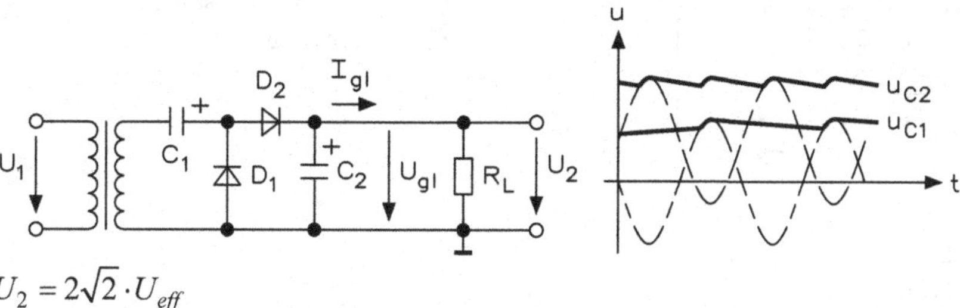

$U_2 = 2\sqrt{2} \cdot U_{eff}$

10.23 Spannungsvervielfachung nach Villard

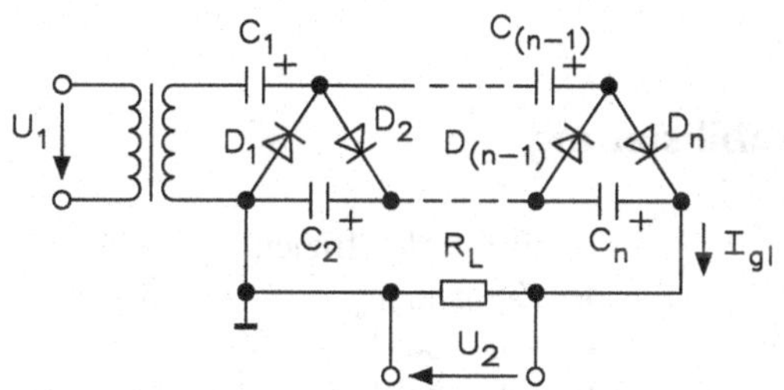

$U_2 = n \cdot \sqrt{2} \cdot U_{\text{eff}}$

n Anzahl der Stufen

10.24 Reihen- und Parallelschaltung von Dioden

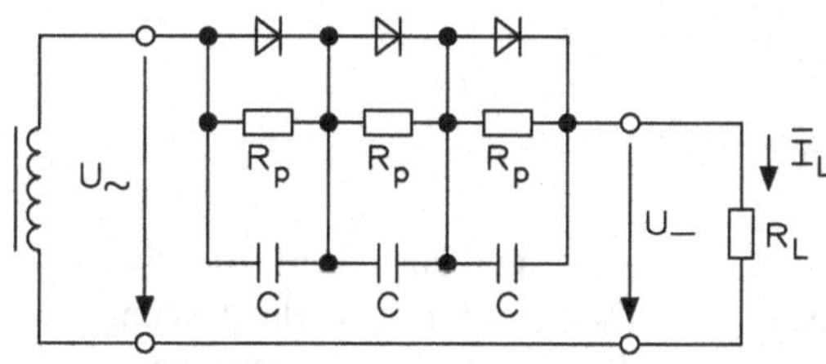

$$n \geq \frac{U_R}{U_{RWM}} \left(\frac{1+\beta}{1-\beta} \right)$$

$$R_p \approx \frac{U_{RWM}}{I_{S\max}}$$

$$P_{Rp} \approx \frac{U_{RWM}^2}{7 \cdot I_{S\max}}$$

$$C_p \approx \frac{n \cdot t_{rr}}{R_L}$$

n	Anzahl der Dioden
R_p	Parallelwiderstände
P_{Rp}	Leistung
C_p	Parallelkapazität
U_{RWM}	Scheitelsperrspannung (Crest working reserve voltage)

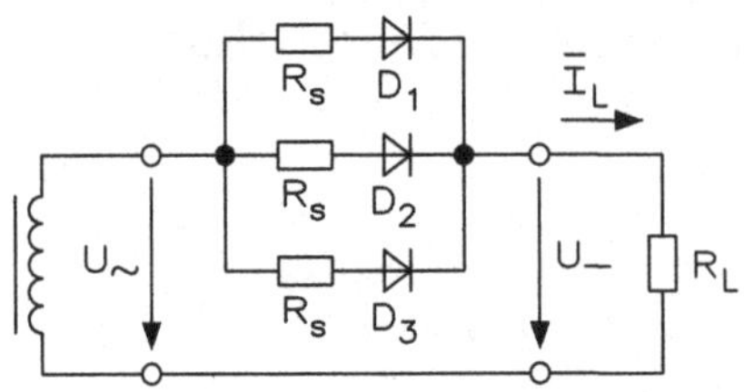

β Toleranz der Widerstände
$I_{S\max}$ maximaler Sperrstrom
R_s Reihenwiderstände
P_{Rs} Leistung

$$n \geq \frac{I_L \cdot (1+\beta)}{I_{FRMS}(1-\beta)}$$

$$R_s \approx \frac{0,5 \cdot U_s}{I_{FAV}}$$

$$P_{Rs} \approx I_{FRMA}^2 \cdot R_p$$

10.25 Unbelastete Spannungsstabilisierung

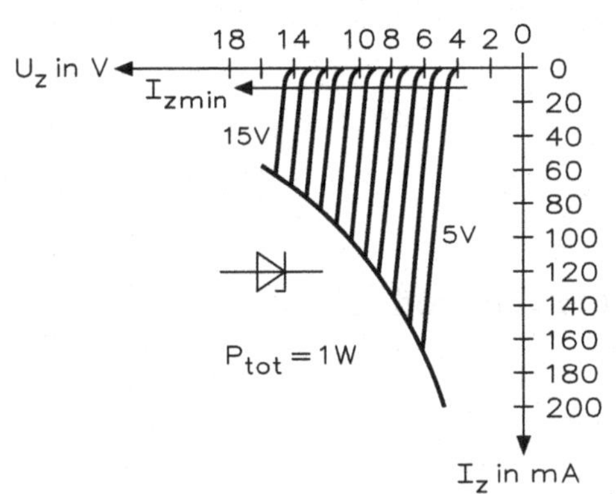

Temperaturkoeffizient der Z-Spannung:
TK > 0 bei $U_Z > 6$ V
TK < 0 bei $U_Z < 5$ V
TK ≈ 0 bei $U_Z \approx 5{,}5$ V

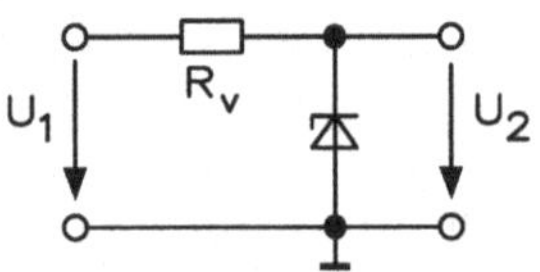

$$P_{\min} = 0,1 \cdot P_{\mathrm{tot}}$$

$$P_{\max} = 0,9 \cdot P_{\mathrm{tot}}$$

$$R_v = \frac{U_1 - U_Z}{I_Z}$$

$P_{\max}$ maximale Verlustleistung
$P_{\min}$ minimale Verlustleistung
P_{tot} Gesamtverlustleistung

10.26 Belastete Spannungsstabilisierung

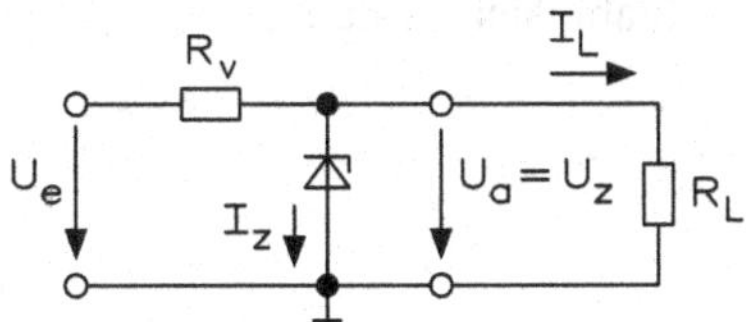

$$R_{v\min} = \frac{U_{1\max} - U_Z}{I_{Z\max} + I_{L\min}}$$

$$R_{v\max} = \frac{U_{1\min} - U_Z}{I_{Z\min} + I_{L\max}}$$

$$R_v = \frac{U_1 - U_Z}{I_Z + I_{L\max}}$$

Belastbarkeit des Vorwiderstandes

$$P_{Rv} = I_{ges}^2 \cdot R_v$$

10.27 Differentieller Innenwiderstand der Z-Diode

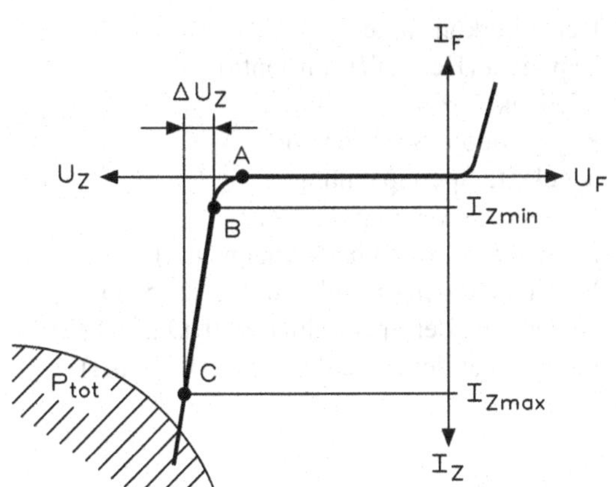

$$r_Z = \frac{\Delta U_Z}{\Delta I_Z}$$

r_Z differentieller Innenwiderstand

$$I_{Z\max} = \frac{P_{U\max}}{U_Z}$$

$$I_{Z\min} = 0{,}1 \cdot I_{Z\max}$$

10.28 Glättungsfaktor

$$G = \frac{\Delta U_1}{\Delta U_2} = \frac{R_v}{r_z} + 1$$

G Glättungsfaktor

10.29 Stabilisierungsfaktor

$$S = G \cdot \frac{U_2}{U_1} = \frac{\Delta U_2 \cdot U_2}{\Delta U_1 \cdot U_1} = \left(\frac{R_v}{r_{zj} + r_{zth}} + 1 \right) \frac{U_2}{U_1}$$

S Stabilisierungsfaktor

10.30 Kapazitätsdioden

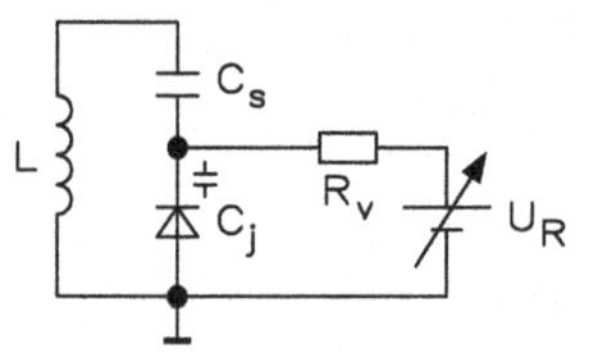

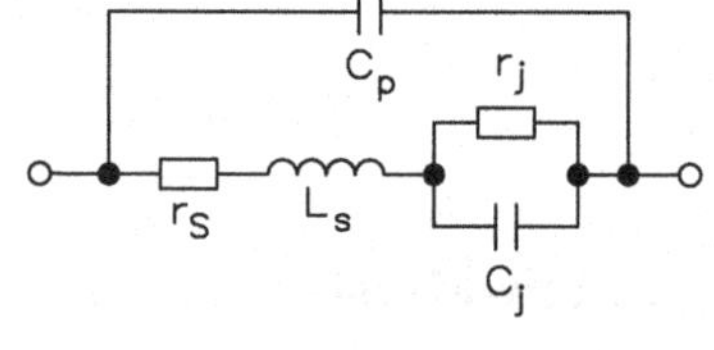

$$C_j = \frac{k}{(U_R + U_S)^n}$$

$$f = \frac{k}{2 \cdot \pi \cdot C_D \cdot \sqrt{r_S \cdot r_j}}$$

$$f = \frac{1}{2 \cdot \pi \cdot \sqrt{C_D \cdot L_Z}}$$

k Herstellerkonstante
n Exponent (Herstellerkonstante)
C_D Diodenkapazität
C_j Kapazität der Sperrschicht
U_R angelegte Sperrspannung
U_S Diffusionsspannung (0,7 V)
C_p Parallelkapazität (Gehäusekapazität)
r_S Widerstand der Anschlüsse (0,5 Ω...5 Ω)
r_j Widerstand der Sperrschicht (10^6 Ω...10^{10} Ω)
L_Z Induktivität der Anschlüsse (1 nH...10 nH)

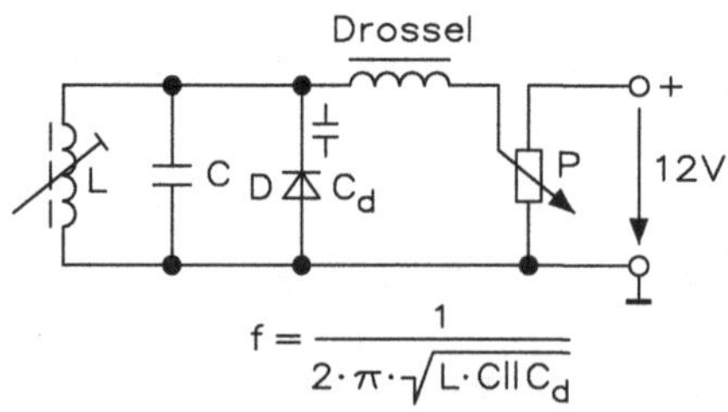

$$f = \frac{1}{2 \cdot \pi \cdot \sqrt{L \cdot C \| C_d}}$$

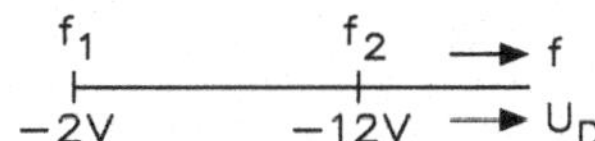

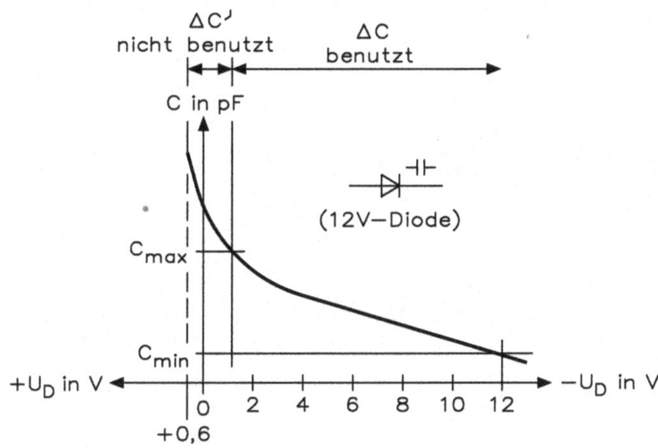

$$C = \frac{\varepsilon_0 \cdot \varepsilon_r \cdot A}{d}$$

$$C = \frac{\mathrm{K}}{(U_R + U_D)^n}$$

$$C = C_0 \cdot \left(1 + \frac{U_R}{U_D}\right)^{-n}$$

diffundierte Dioden: $n \approx 0{,}33$
hyperabrupte Dioden: $n \approx 0{,}75$
K herstellerbedingte Konstante

10.31 Tunneldiode

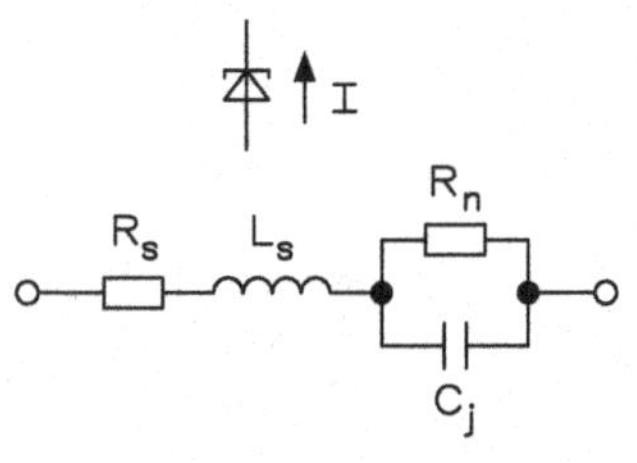

I
Tunnel−diode
I_P
R < 0
I_V
Gleichrichter−diode
U
U_H
U_T

$$f_m = \frac{1}{2 \cdot \pi} \sqrt{\frac{1}{L_S \cdot C_j} - \frac{1}{(|-R_n| \cdot C_j)^2}}$$

C_j Kapazität der Sperrschicht
$|-R_n|$ Betrag des negativen Widerstandes
L_S Induktivität der Anschlüsse (1 nH...10 nH)
f_m Mittenfrequenz

11 Bipolare Transistoren

11.1 *h*-Kenngrößen von Transistoren

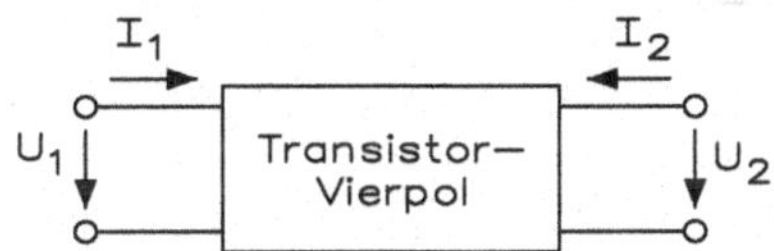

h_{11} Eingangswiderstand bei kurzgeschlossenem Ausgang:

$h_{11} = \dfrac{U_1}{I_1}$ bei $U_2 = 0$ $\qquad h_{11} = \dfrac{1}{y_{11}}$

h_{11}, h_{12} usw. liest man h-eins-eins, h-eins-zwei usw. Die Bezeichnungen sind aus der Matrizenrechnung übernommen.

h_{12} Spannungsrückwirkung bei offenem Eingang:

$h_{12} = \dfrac{U_1}{U_2}$ bei $I_1 = 0$ $\qquad h_{12} = -\dfrac{y_{12}}{y_{11}}$

h_{21} Stromverstärkung bei kurzgeschlossenem Ausgang:

$h_{21} = \dfrac{I_2}{I_1}$ bei $U_2 = 0$ $\qquad h_{21} = \dfrac{y_{21}}{y_{11}}$

h_{22} Ausgangsleitwert bei offenem Eingang:

$h_{22} = \dfrac{I_2}{U_2}$ bei $I_1 = 0$ $\qquad h_{22} = \dfrac{\det y}{y_{11}}$

det *h* Determinante von *h* (für det *h*) wird auch Δh verwendet

$U_1 = h_{11} \cdot I_1 + h_{12} \cdot U_2$

$I_2 = h_{21} \cdot I_1 + h_{22} \cdot U_2$

$\det h = h_{11} \cdot h_{22} - h_{21} \cdot h_{12}$

U_1 Eingangsspannung
U_2 Ausgangsspannung
I_1 Eingangsstrom
I_2 Ausgangsstrom

H. Bernstein, *Formelsammlung*, https://doi.org/10.1007/978-3-658-18179-6_11

11.2 *y*-Kenngrößen von Transistoren (Leitwerte)

y_{11} Eingangsleitwert bei kurzgeschlossenem Ausgang:

$$y_{11} = \frac{I_1}{U_1} \text{ bei } U_2 = 0 \qquad y_{11} = \frac{1}{h_{11}}$$

y_{12} Rückwirkungsleitwert bei kurzgeschlossenem Eingang:

$$y_{12} = \frac{I_1}{U_2} \text{ bei } U_1 = 0 \qquad y_{12} = -\frac{h_{12}}{h_{11}}$$

y_{21} Vorwärtsübertragungsleitwert bei kurzgeschlossenem Ausgang:

$$y_{21} = \frac{I_2}{U_1} \text{ bei } U_2 = 0 \qquad y_{21} = \frac{h_{21}}{h_{11}}$$

y_{22} Ausgangsleitwert bei kurzgeschlossenem Eingang:

$$y_{22} = \frac{I_2}{U_2} \text{ bei } U_1 = 0 \qquad y_{22} = \frac{\det h}{h_{11}} = \frac{h_{11} \cdot h_{22} - h_{12} \cdot h_{21}}{h_{11}}$$

$$I_1 = y_{11} \cdot U_1 + y_{12} \cdot U_2$$
$$I_2 = y_{21} \cdot U_1 + y_{22} \cdot U_2$$
$$\det y = y_{11} \cdot y_{22} - y_{12} \cdot y_{21}$$

11.3 Kennzeichnung von Transistorgrößen

für Index	wird auch gesetzt Index	zweiter Indexbuchstabe
11	*i* (input, Eingang)	*e* Emitterschaltung
12	*r* (reverse, rückwärts)	*b* Basisschaltung
21	*f* (forward, vorwärts)	*c* Kollektorschaltung
22	*o* (output, Ausgang)	

11.4 Kennwerte und Kennlinien

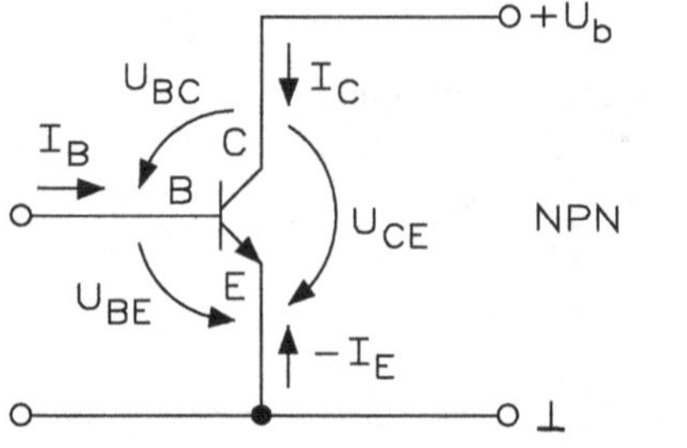

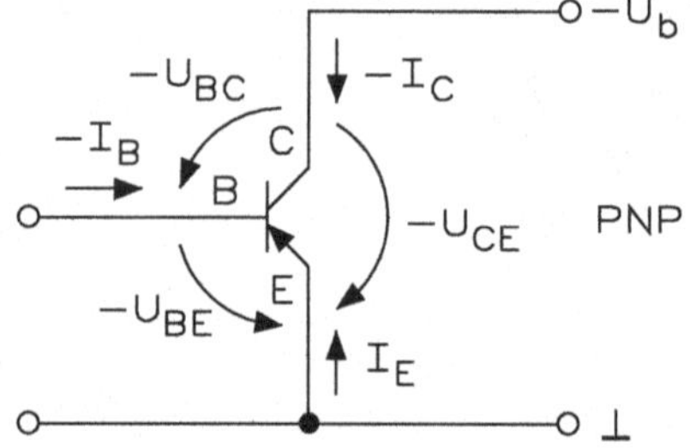

$U_{CE} = U_{BC} + U_{BE}$

NPN: $-I_E = I_C + I_B$

PNP: $I_E = (-I_C) + (-I_B)$

U_{CE}	Kollektor-Emitter-Spannung
U_{BC}	Basis-Kollektor-Spannung
U_{BE}	Basis-Emitter-Spannung
I_E	Emitterstrom
I_C	Kollektorstrom
I_B	Basisstrom

- **Statischer Wert der Gleichstromverstärkung:** $B = \frac{I_C}{I_B}$

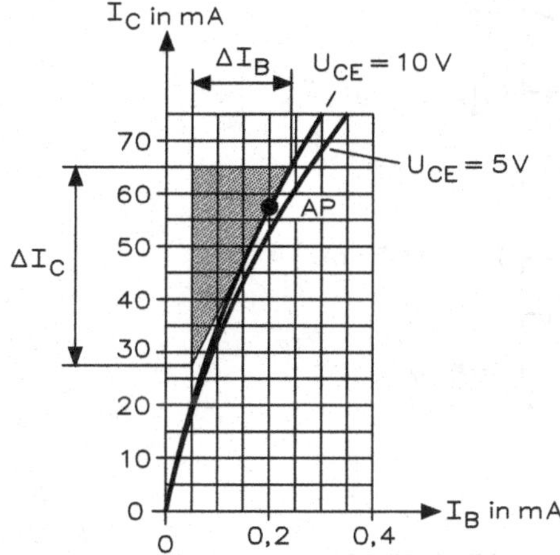

- **Dynamischer Wert der Wechselstromverstärkung:** $\beta = \frac{\Delta I_C}{\Delta I_B}$

- **Statischer Wert vom Gleichstrom-Eingangswiderstand:** $R_{BE} = \frac{U_{BE}}{I_B}$

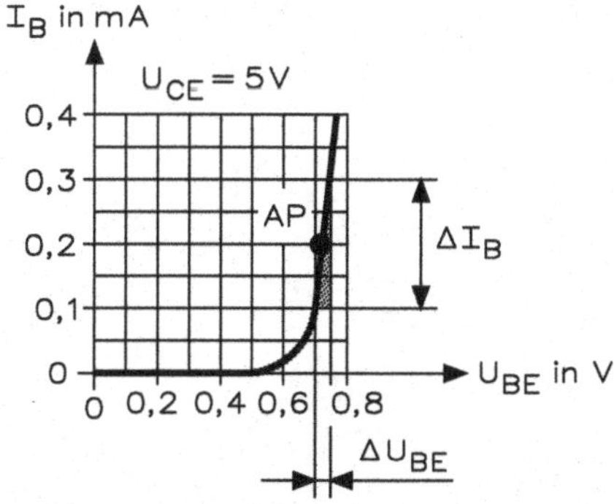

- **Dynamischer Wert vom Wechselstrom-Eingangswiderstand:** $r_{BE} = \frac{\Delta U_{BE}}{\Delta I_B}$

- **Statischer Wert vom Gleichstrom-Ausgangswiderstand:** $R_{CE} = \frac{U_{CE}}{I_C}$

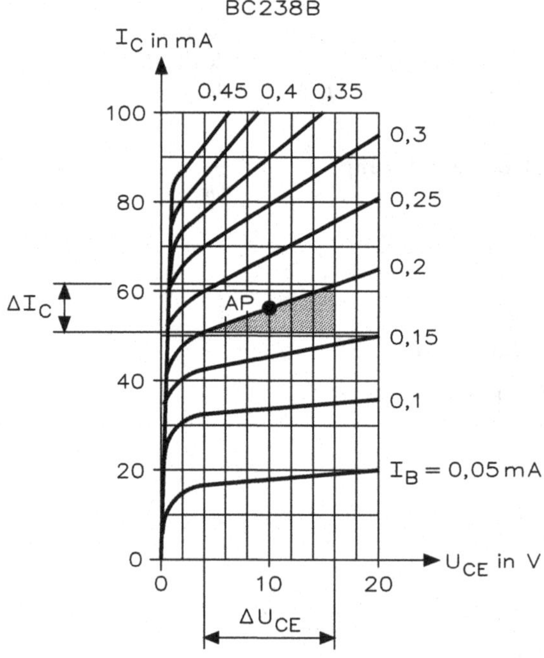

- **Dynamischer Wert vom Wechselstrom-Ausgangswiderstand:** $r_{CE} = \frac{\Delta U_{CE}}{\Delta I_C}$

11.5 Vierpol-Parameter

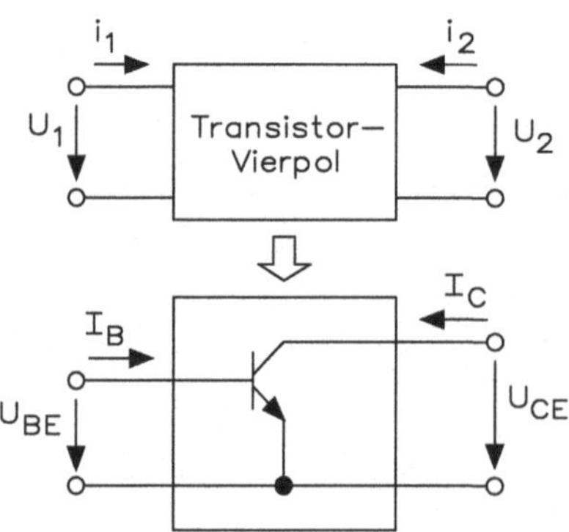

h-Parameter für die Emitterschaltung:

$$h_{11e} = \frac{\Delta U_{BE}}{\Delta I_B} \quad \text{bei } U_{CE} = \text{konstant}$$

$$h_{12e} = \frac{\Delta U_{BE}}{\Delta U_{CE}} \quad \text{bei } I_B = \text{konstant}$$

$$h_{21e} = \frac{\Delta I_C}{\Delta I_B} \quad \text{bei } U_{CE} = \text{konstant}$$

$$h_{22e} = \frac{\Delta I_C}{\Delta U_{CE}} \quad \text{bei } I_B = \text{konstant}$$

Für die Praxis: $h_{11e} \approx r_{ee}$

$h_{21e} \approx \beta$

$h_{22e} \approx \frac{1}{r_{ae}}$

h_{11e} Kurzschluss-Eingangswiderstand
h_{12e} Leerlauf-Spannungsrückwirkung
h_{21e} Kurzschluss-Stromverstärkung
h_{22e} Leerlauf-Ausgangsleitwert
r_{ee} Wechselstromeingangswiderstand
β Wechselstromverstärkung
r_{ae} Wechselstromausgangswiderstand

11.6 Beschalteter Vierpol (Emitterschaltung)

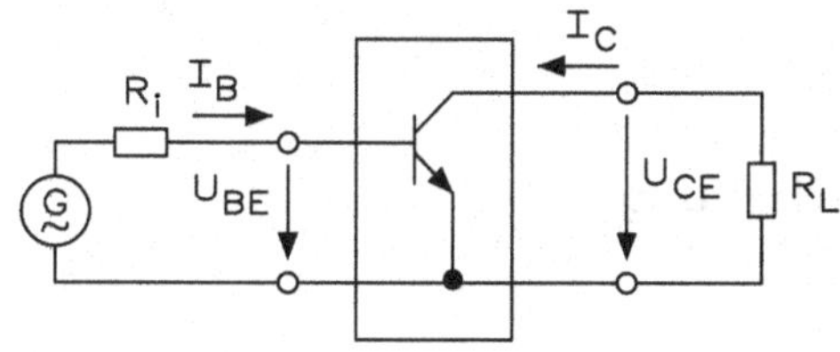

ΔI_1 Eingangswechselstrom
ΔI_2 Ausgangswechselstrom
ΔU_{BE} Eingangswechselspannung
ΔU_{CE} Ausgangswechselspannung
R_i Innenwiderstand
R_L Lastwiderstand
Z_1 Eingangswiderstand
Z_2 Ausgangswiderstand

Größe / **Formel**	**H-Parameter**	**Y-Parameter**
Eingangswiderstand		
$Z_1 = \frac{\Delta U_{BE}}{\Delta I_B}$	$Z_1 = \frac{h_{11e} + \det h_e \cdot R_L}{1 + h_{22e} \cdot R_L}$	$Z_1 = \frac{1 + y_{22e} \cdot R_L}{y_{11e} + \det y \cdot R_L}$
Ausgangswiderstand		
$Z_2 = \frac{\Delta U_{CE}}{\Delta I_C}$	$Z_2 = \frac{h_{11e} + R_i}{\det h_e + h_{23e} \cdot R_L}$	$Z_2 = \frac{1 + y_{11e} \cdot R_i}{y_{22e} + \det y \cdot R_i}$
Stromverstärkung		
$v_i = \frac{\Delta I_C}{\Delta I_B}$	$v_i = \frac{h_{21e}}{1 + h_{22e} \cdot R_L}$	$v_i = \frac{y_{21e}}{y_{11e} + \det y_e \cdot R_L}$

Größe **Formel**	**H-Parameter**	**Y-Parameter**
Spannungsverstärkung		
$v_u = \frac{\Delta U_{CE}}{\Delta U_{BE}}$	$v_u = \frac{-h_{21e} \cdot R_L}{h_{11e} + \det h_e \cdot R_L}$	$v_u = \frac{-y_{21e} \cdot R_L}{1 + y_{22e} \cdot R_L}$
Leistungsverstärkung		
$v_p = v_u \cdot v_i$	$v_p = -\frac{(h_{21})^2 \cdot R_L}{(1 + h_{22e} \cdot R_L)(h_{11e} + \det h_e \cdot R_L)}$	$v_p = \frac{(y_{21e})^2 \cdot R_L}{(1 + y_{22e} \cdot R_L)(y_{11e} + \det y_e \cdot R_L)}$
Eingangsanpassung		
$Z_1 = R_i$	$Z_1 = R_i = \sqrt{\frac{h_{11e} \cdot \det h_e}{h_{23e}}}$	$Z_1 = R_i = \sqrt{\frac{y_{22e}}{y_{11e} \cdot \det y_e}}$
Ausgangsanpassung		
$Z_2 = R_L$	$Z_2 = R_L = \sqrt{\frac{h_{11e}}{h_{22e} \cdot \det h_e}}$	$Z_2 = R_L = \sqrt{\frac{y_{11e}}{y_{22e} \cdot \det y_e}}$
Determinante		
	$\det h_e = h_{11e} \cdot h_{22e} - h_{12e} \cdot h_{21e}$	$\det y_e = y_{11e} \cdot y_{22e} - y_{12e} \cdot y_{21e}$

11.7 *y*-Parameter für die Emitterschaltung

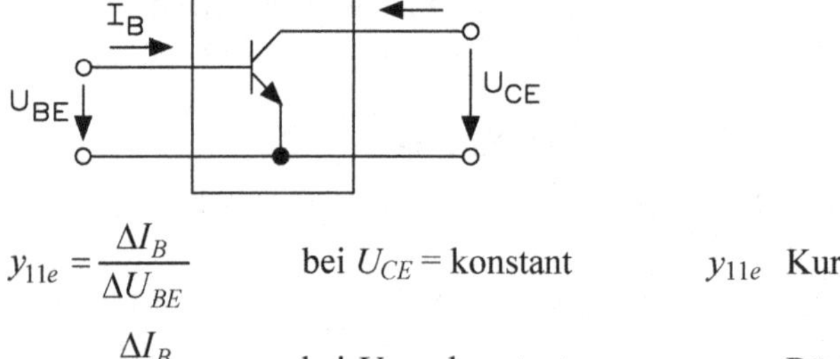

$y_{11e} = \frac{\Delta I_B}{\Delta U_{BE}}$ bei U_{CE} = konstant y_{11e} Kurzschluss-Eingangsleitwert

$y_{12e} = \frac{\Delta I_B}{\Delta U_{CE}}$ bei U_{BE} = konstant y_{12e} Rückwärtssteilheit

$y_{21e} = \frac{\Delta I_C}{\Delta U_{BE}}$ bei U_{CE} = konstant y_{21e} Vorwärtssteilheit

$y_{22e} = \frac{\Delta I_C}{\Delta U_{CE}}$ bei U_{BE} = konstant y_{22e} Kurzschluss-Ausgangsleitwert

11.8 *h*- und *y*-Parameter

Index $b \triangleq$ Basisschaltung, Index $e \triangleq$ Emitterschaltung, Index $c \triangleq$ Kollektorschaltung

- **Umrechnung der *h*-Kennwerte aus Grundschaltungen:**

$h_{11e} \approx \frac{h_{11b}}{1+h_{21b}}$	$h_{11b} \approx \frac{h_{11e}}{1+h_{21e}}$	$h_{11c} \approx h_{11e}$	$h_{11c} \approx \frac{h_{11b}}{1+h_{21b}}$
$h_{12e} \approx \frac{\det h_b - h_{12b}}{1+h_{21b}}$	$h_{12b} \approx \frac{\det h_e - h_{12e}}{1+h_{21e}}$	$h_{12c} \approx 1$	$h_{12c} \approx 1$
$h_{21e} \approx -\frac{h_{21b}}{1+h_{21b}}$	$h_{21b} \approx -\frac{h_{21e}}{1+h_{21e}}$	$h_{21c} \approx -(1+h_{21e})$	$h_{21c} \approx -\frac{1}{1+h_{21b}}$
$h_{22e} \approx \frac{h_{22b}}{1+h_{21b}}$	$h_{22b} \approx \frac{h_{22e}}{1+h_{21e}}$	$h_{22c} \approx h_{22e}$	$h_{22c} \approx \frac{h_{22b}}{1+h_{21b}}$
$\det h_e \approx \frac{\det h_b}{1+h_{21b}}$	$\det h_e \approx \frac{\det h_e}{1+h_{21e}}$	$\det h_c \approx 1+h_{21e} \approx -h_{21c}$	$\det h_c \approx \frac{1}{1+h_{21b}} \approx -h_{21c}$

- **Basisschaltung:**

$$h_{11b} \approx \frac{h_{11e}}{1+h_{21e}}$$

$$h_{12b} \approx \frac{\det h_e - h_{12e}}{1+h_{21e}}$$

$$h_{21b} \approx -\frac{h_{21e}}{1+h_{21e}}$$

$$h_{22b} \approx \frac{h_{22e}}{1+h_{21e}}$$

- **Kollektorschaltung**

$$h_{11c} = h_{11e}$$

$$h_{12c} = 1$$

$$h_{21c} = -(1+h_{21e})$$

$$h_{22c} = h_{22e}$$

11.9 Umrechnung der *y*-Kennwerte aus den Grundschaltungen

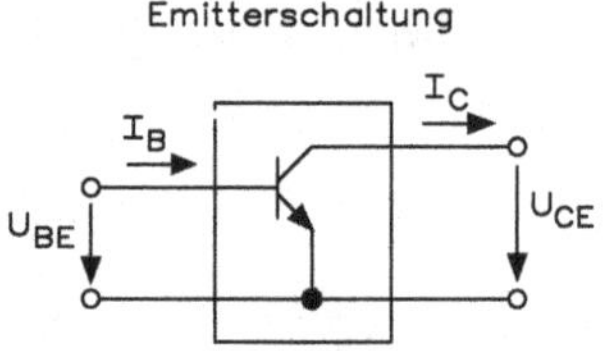

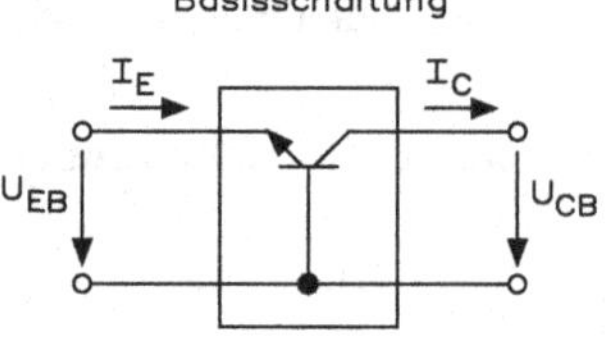

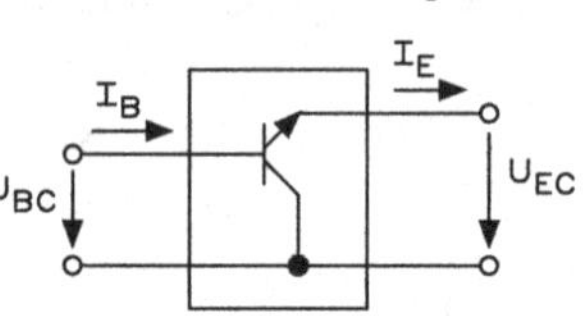

- **Emitterschaltung:**

$y_{11e} = y_{11b} + y_{12b} + y_{21b} + y_{22b}$

$y_{12e} = -(y_{12b} + y_{22b})$

$y_{21e} = y_{21b}$

$y_{22e} = y_{22b}$

$\det y_e = y_{11b} \cdot y_{22b} - y_{12b} \cdot y_{21b}$

- **Basisschaltung:**

$y_{11b} = y_{11e} + y_{12e} + y_{21e} + y_{22e}$

$y_{12b} = -(y_{12e} + y_{22e})$

$y_{22b} = y_{21b}$

$y_{22b} = y_{22e}$

$\det y_b = y_{11e} \cdot y_{22e} - y_{12e} \cdot y_{21e}$

- **Kollektorschaltung:**

$y_{11c} = y_{11e}$

$y_{12c} = -(y_{11e} + y_{12e})$

$y_{21c} = -(y_{11e} + y_{21e})$

$y_{22c} = y_{11e} + y_{12e} + y_{21e} + y_{22e}$

$\det y_c = y_{11e} \cdot y_{22e} - y_{12e} \cdot y_{21e}$

11.10 Verlustleistung

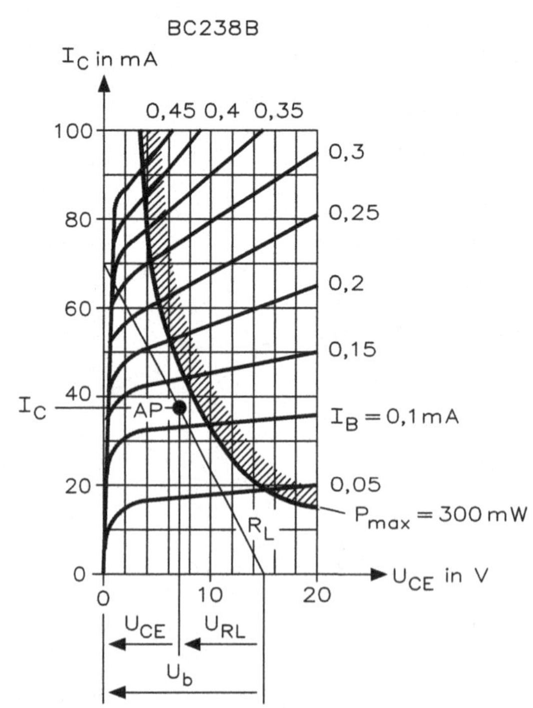

$$P_{max} \approx P_{CE} = U_{CE} \cdot I_C$$

$$P_{max} \approx 0{,}9 \cdot P_{tot}$$

P_{max} maximale Verlustleistung

P_{tot} Gesamtverlustleistung

11.11 Arbeitspunkteinstellung

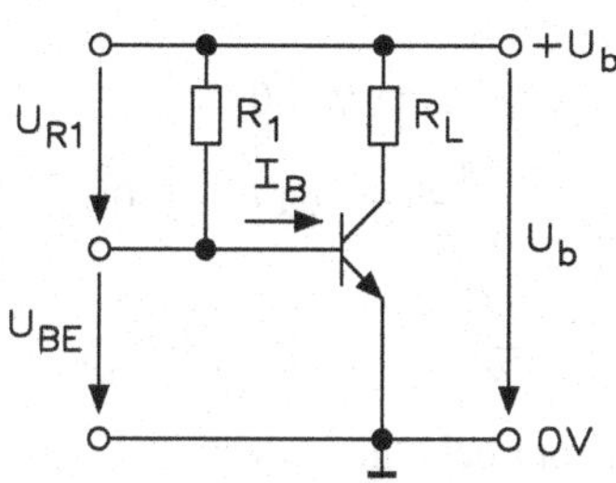

$$R_1 = \frac{U_{R1}}{I_B}$$

$$U_{R1} = U_b - U_{BE}$$

U_{BE} Basis-Emitter-Spannung
U_b Betriebsspannung

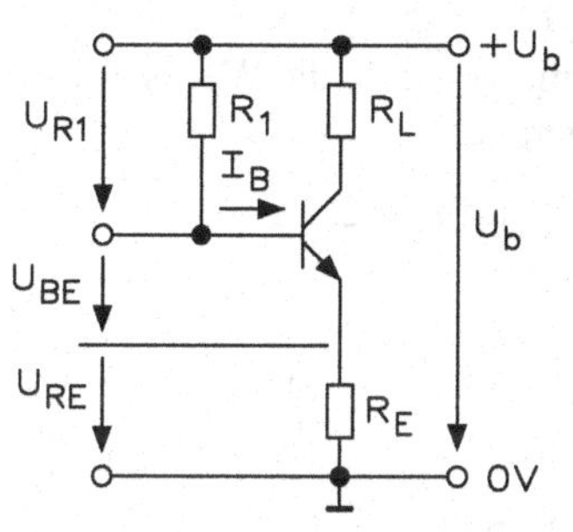

$$R_1 = \frac{U_{R1}}{I_B}$$

$$U_{R1} = U_b - U_{BE} - U_{RE}$$

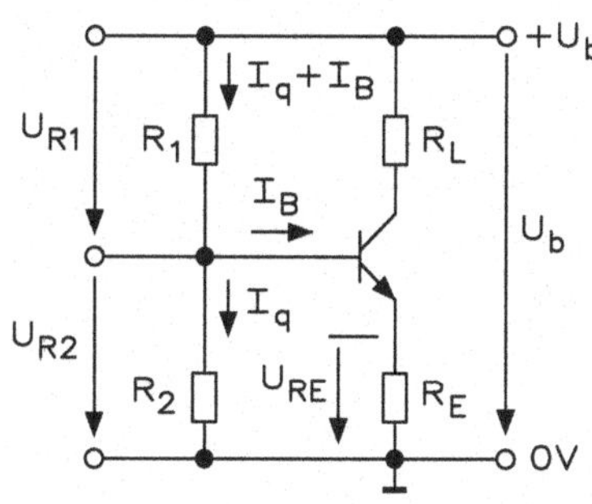

$$I_q = (2...10) \cdot I_B$$

$$R_1 = \frac{U_{R1}}{I_q + I_B}$$

$$U_{R1} = U_b - U_{BE} - U_{RE}$$

$$R_2 = \frac{U_{R2}}{I_q}$$

$$U_{R2} = U_{BE} + U_{RE}$$

I_B Basisstrom
I_q Querstrom

Bestimmung von R_L:

$$R_L = \frac{U_{RL}}{I_C}$$

$$U_{RL} = U_b - U_{CE} - U_{RE}$$

Bestimmung von R_E:

$$R_E \approx \frac{U_{RE}}{I_C} \quad \text{in der Praxis: } R_E \approx 0{,}1 \cdot R_L$$

11.12 Arbeitsgerade für Gleich- und Wechselstrom

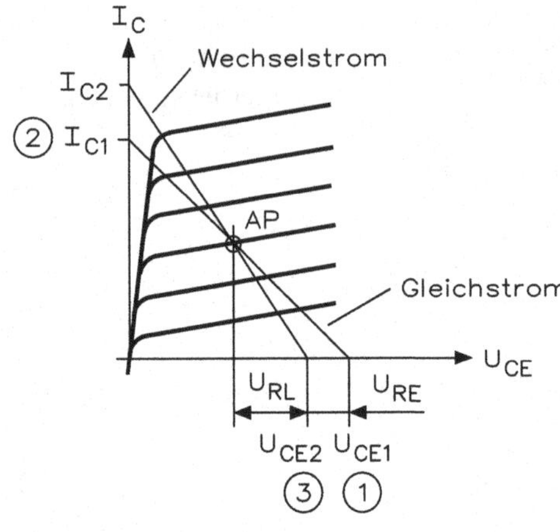

Für Gleichstrom:

Punkt 1: $U_{CE1} = U_b$, da $I_C = 0$

Punkt 2: $I_{C1} = \dfrac{U_b}{R_L + R_E}$, da $U_{CE} = 0$

ohne R_E: $I_{C1} = \dfrac{U_b}{R_L}$

Für Wechselstrom bei Ohm'scher Belastung:

Punkt 3: $U_b - U_{RE} = U_{CE2}$

Verbindung mit AP ergibt die Wechselstromarbeitsgerade

$$I_{C2} = \frac{U_{CE2}}{R_L} \quad \text{oder} \quad I_C = \frac{U_{RL}}{R_L}$$

11.13 Kleinsignalverstärkung (Emitterschaltung)

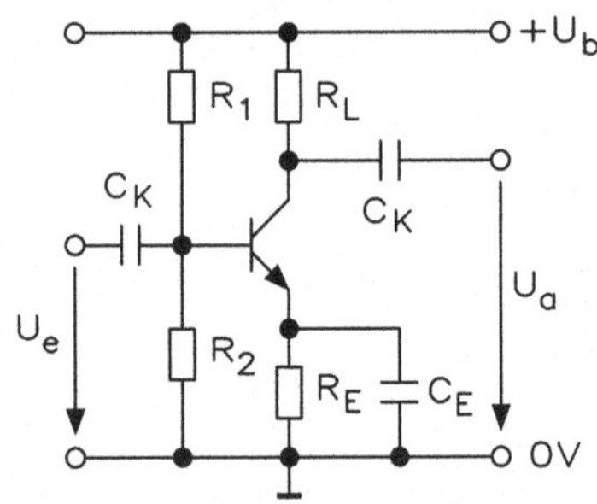

$$v_i = \beta \cdot \frac{R_C}{R_C + R_L}$$

$$v_u = v_i \cdot \frac{R_L}{r_{ee}}$$

$$v_u = \frac{\beta}{r_e} \cdot \frac{R_C \cdot R_L}{R_C + R_L}$$

$$v_p = v_u \cdot v_i$$

v_i	Stromverstärkung
r_e	Eingangswiderstand
$\beta = h_{21e}$	Kurzschluss-Stromverstärkung
$R_C = \dfrac{1}{h_{22}}$	Leerlauf-Ausgangswiderstand
R_L	Lastwiderstand
$r_{ee} = h_{11}$	Kurzschluss-Eingangswiderstand
v_u	Spannungsverstärkung
v_i	Stromverstärkung
v_p	Leistungsverstärkung

11.14 Kleinsignalverstärkung (Basisschaltung)

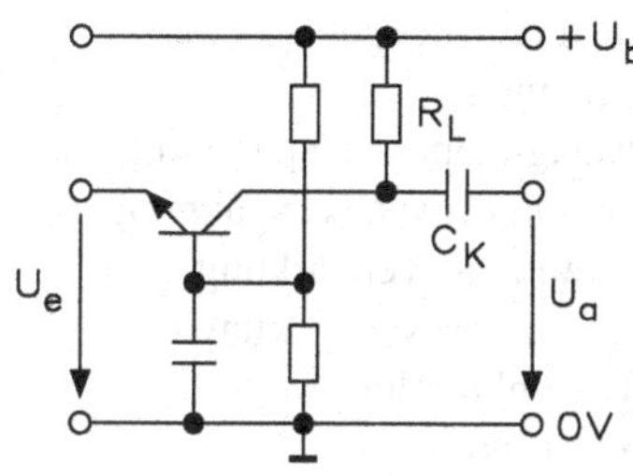

$$r_{eB} \approx \frac{r_{ee}}{\beta}$$

$$\alpha = \frac{\beta}{1+\beta} \approx 1 \approx v_{iB}$$

$$v_{uB} \approx \frac{R_L}{r_{eB}}$$

$$v_{pB} \approx \frac{R_L}{r_{eB}}$$

r_{eB} Eingangswiderstand in Basisschaltung

$r_{ee} = h_{11e}$ Kurzschluss-Eingangswiderstand

α Stromverstärkung

v_{uB} Spannungsverstärkung (Basisschaltung)

v_{pB} Leistungsverstärkung (Basisschaltung)

11.15 Kleinsignalverstärkung (Kollektorschaltung)

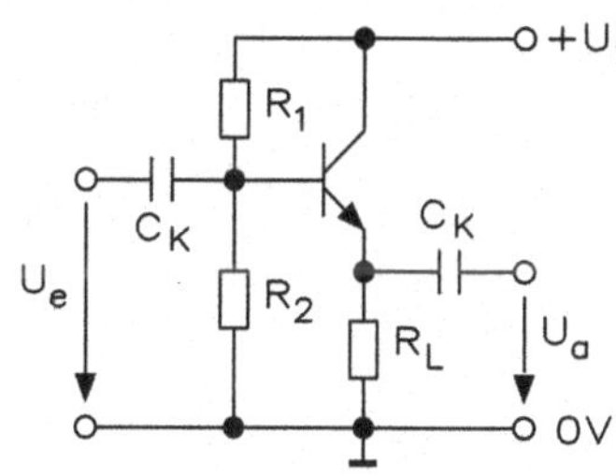

$$r_{ek} \approx \beta \cdot R_L$$

$$\frac{1}{r_{ein}} = \frac{1}{r_{ek}} + \frac{1}{R_1} + \frac{1}{R_2}$$

$$r_{ak} \approx \frac{R_i + r_{ee}}{\beta}$$

$$\gamma = \beta + 1 \approx v_{ik}$$

$$v_{uk} \approx 1$$

$$v_{pk} \approx \gamma$$

r_{ek} Eingangswiderstand in Kollektorschaltung

r_{ak} Ausgangswiderstand

r_{ein} Gesamteingangswiderstand

γ Stromverstärkungsfaktor

v_{uk} Spannungsverstärkung

v_{pk} Leistungsverstärkung

v_{ik} Stromverstärkung

R_i Innenwiderstand der Signalquelle

11.16 Stromgegenkopplung

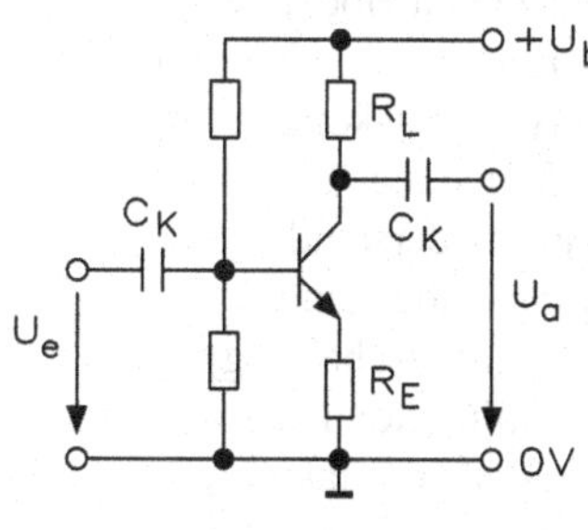

$$\alpha = \frac{U_{gk}}{U_{a\sim}} = \frac{U_{RE\sim}}{U_{a\sim}}$$

$$v'_u = \frac{v_u}{1 + \alpha \cdot v_u}$$

$$k' = \frac{k}{1 + \alpha \cdot v_u}$$

Für die Praxis:

$$v_u \approx \frac{R_L}{R_E}$$

α Teil der rückgekoppelten Spannung

U_{gk} rückgekoppelte Spannung

$U_{a\sim}$ Ausgangswechselspannung

$U_{RE\sim}$ Emitterwechselspannung

v_u Spannungsverstärkung

v'_u Spannungsverstärkung bei Gegenkopplung

k Klirrfaktor

k' Klirrfaktor bei Gegenkopplung

11.17 Spannungsgegenkopplung

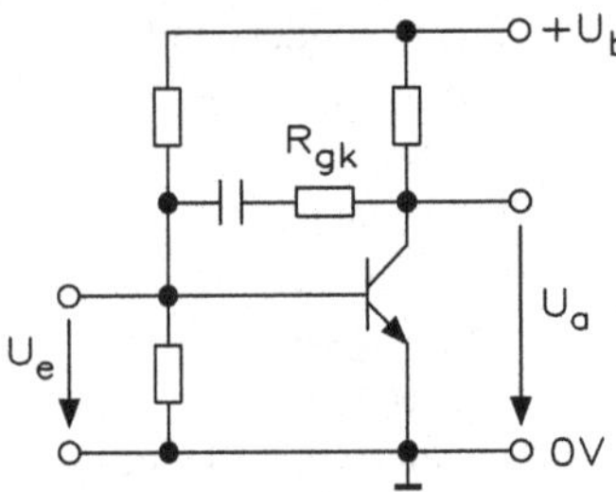

$$\alpha = \frac{U_{gk}}{U_{a\sim}}$$

$$v_u' = \frac{v_u}{1+\alpha \cdot v_u}$$

$$k' = \frac{k}{1+\alpha \cdot v_u}$$

α	Teil der rückgekoppelten Spannung
U_{gk}	rückgekoppelte Spannung
$U_{a\sim}$	Ausgangswechselspannung
v_u	Spannungsverstärkung
v'_u	Spannungsverstärkung bei Gegenkopplung
k	Klirrfaktor
k'	Klirrfaktor bei Gegenkopplung
R_{gk}	Widerstand für Gegenkopplung

11.18 Kopplungskondensatoren

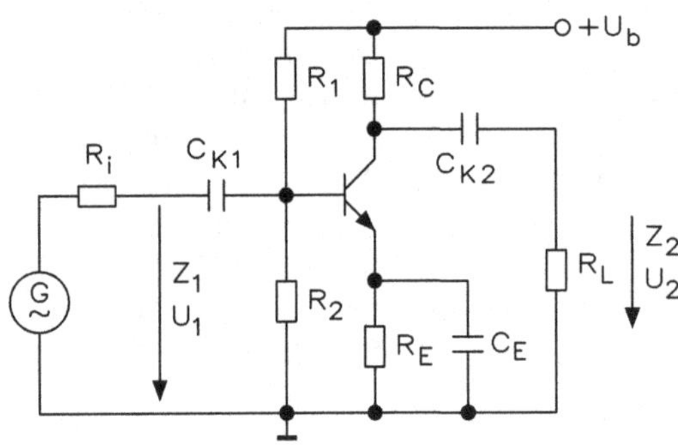

$$f_u \approx \sqrt{n} \cdot f_g$$

$$X_{CK1} = R_i + Z_1$$

$$X_{CK2} = R_L + Z_2$$

$$X_{CE} \approx \frac{r_{BE} + R_i}{\beta}$$

f_u	untere Grenzfrequenz der Verstärkerschaltung
n	Anzahl der Hochpässe
f_g	Grenzfrequenz des einzelnen Hochpasses
X_{CK1}	Blindwiderstand des Eingangskondensators
X_{CK2}	Blindwiderstand des Ausgangskondensators
R_i	Innenwiderstand der Signalquelle
Z_1	Wechselstrom-Eingangswiderstand
Z_2	Wechselstrom-Ausgangswiderstand
$r_{BE} \approx h_{11e}$	Eingangswiderstand (Emitterschaltung)
X_{CE}	Blindwiderstand des Emitterkondensators
β	Kurzschluss-Stromverstärkungsfaktor

11.19 Transistor als Schalter

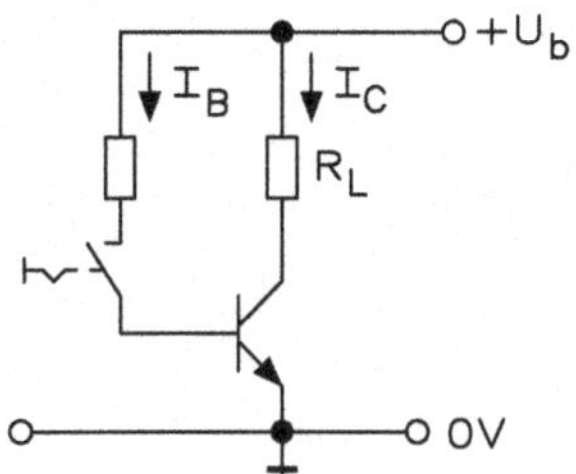

Schaltzustand „Ein":

$$R_1 \approx \frac{B_{\min} \cdot R_L}{ü}$$

$$I_{CEin} \approx \frac{U_b}{R_L}$$

R_1 Basiswiderstand
$ü$ Übersteuerungsfaktor (2...10)

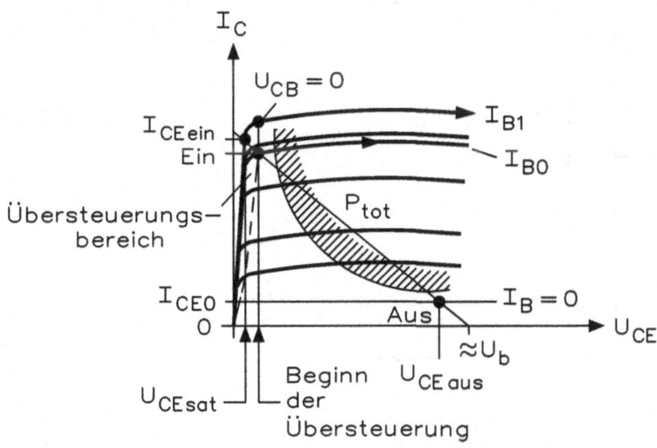

$$ü = \frac{I_{B1}}{I_{B0}} = \frac{B_{\min} \cdot I_{B1}}{I_{CEin}}$$

$$P_V = U_{CEsat} \cdot I_{CEin}$$

$$P_S \approx U_b \cdot I_{CEin}$$

Schaltzustand „Aus" ($I_B = 0$)

$$P_V = U_{CE0} \cdot I_{CE0}$$

$$R_1 = \frac{U_{CE0}}{I_{CE0}}$$

U_{CEsat} Sättigungsspannung
$B_{\min}$ minimale Gleichstromverstärkung
P_S Schaltleistung des Transistors
P_V Durchgangsleistung des Transistors

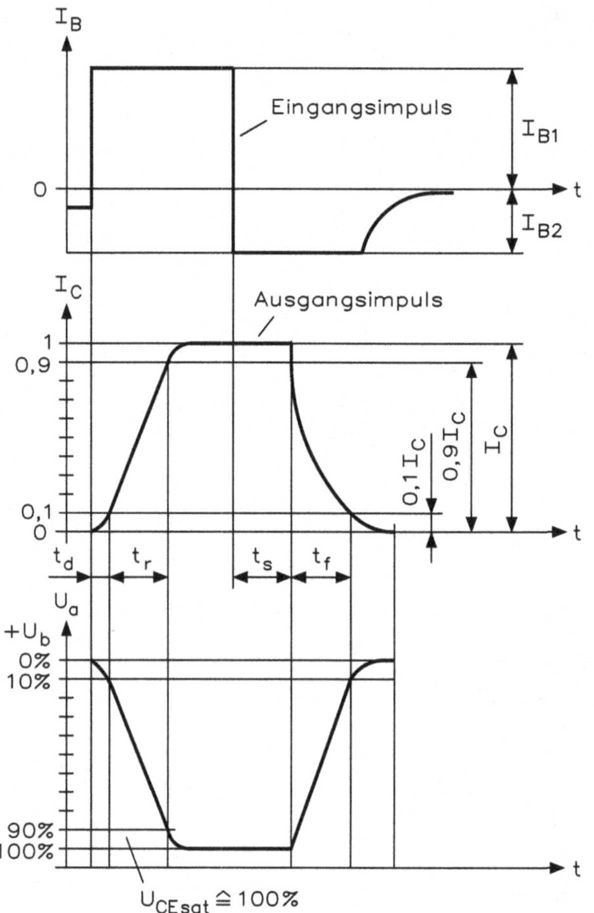

Einschaltzeit $t_{ein} = t_d + t_r$
Ausschaltzeit $t_{aus} = t_s + t_f$

t_{ein} Einschaltzeit (turn-on-time; t_{on})
t_{aus} Ausschaltzeit (turn-off-time; t_{off})
t_d Verzögerungszeit (delay-time)
t_r Anstiegszeit (rise-time)
t_s Abfallzeit (storage-time)
t_f Abfallzeit (fall-time)

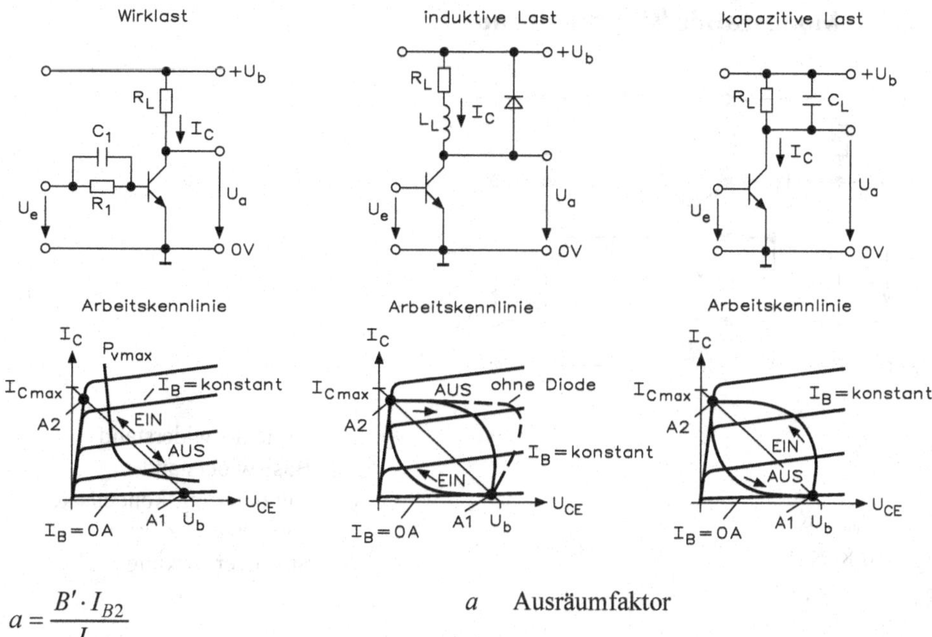

$$a = \frac{B' \cdot I_{B2}}{I_C}$$

a Ausräumfaktor

11.20 Astabile Kippschaltung (Rechteckgenerator)

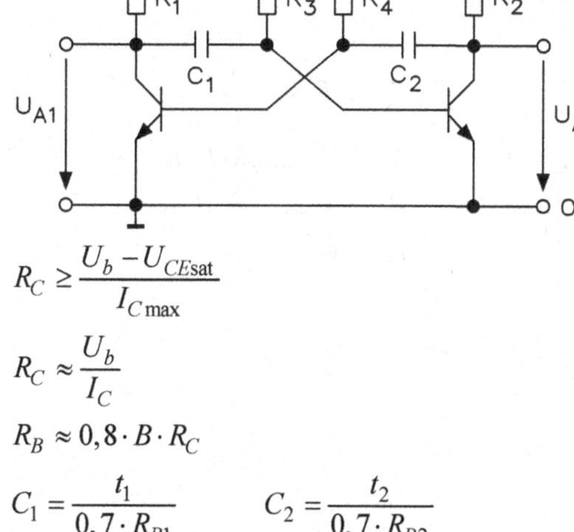

$$R_C \geq \frac{U_b - U_{CE\text{sat}}}{I_{C\max}}$$

$$R_C \approx \frac{U_b}{I_C}$$

$$R_B \approx 0{,}8 \cdot B \cdot R_C$$

$$C_1 = \frac{t_1}{0{,}7 \cdot R_{B1}} \qquad C_2 = \frac{t_2}{0{,}7 \cdot R_{B2}}$$

$$t_1 \approx 0{,}7 \cdot R_4 \cdot C_2 \qquad t_2 \approx 0{,}7 \cdot R_3 \cdot C_1$$

$$f = \frac{1}{t_1 + t_2} = \frac{1}{T}$$

R_C Kollektorwiderstand
$U_{CE\text{sat}}$ Kollektorsättigungsspannung
$I_{C\max}$ maximaler Kollektorstrom
R_B Basiswiderstand
$B_{\min}$ minimale Stromverstärkung
B Stromverstärkung
T Periodendauer
f Ausgangsfrequenz

11.21 Monostabile Kippschaltung

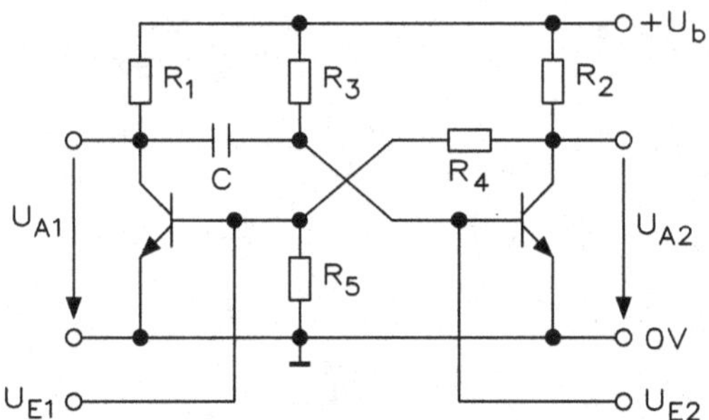

$$R_C \approx \frac{U_b}{I_C}$$

$$R_{B2} \leq B_{\min} \cdot R_{C2}$$

$$R_{B2} \approx 0{,}8 \cdot B \cdot R_{C2}$$

$$R_{B1} \approx 0{,}6 \cdot B \cdot R_{C1}$$

$$C = \frac{t_2}{0{,}7 \cdot r_{B2}}$$

$$t_m \approx 0{,}7 \cdot R_3 \cdot C$$

R_C Kollektorwiderstand
R_B Basiswiderstand
C Verzögerungskondensator
t_m monostabile Zeit
B Stromverstärkung

11.22 Bistabile Kippschaltung (Flipflop)

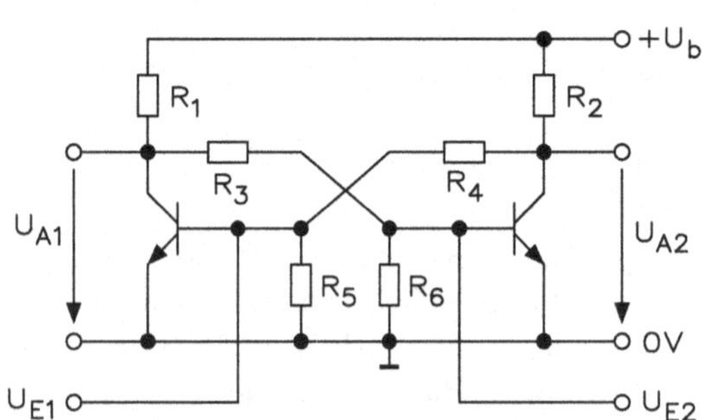

$$R_{C1} \geq R_{C2} = \frac{U_b}{I_{C\max}}$$

$$R_{B1} \leq 0{,}2...0{,}8 \cdot B \cdot R_2$$

$$R_{B2} \leq 0{,}2...0{,}8 \cdot B \cdot R_1$$

$$R_1 = R_2$$

11.23 Schmitt-Trigger (Schwellwertschaltung)

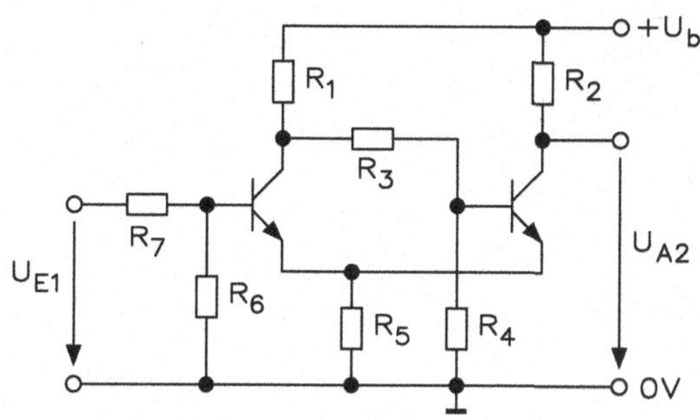

$$U_{ein} = \frac{R_5}{R_5 + R_2} \cdot U_b + 0{,}7\ \text{V}$$

$$U_{aus} = \frac{R_5}{R_5 + R_1} \cdot U_b + 0{,}7\ \text{V}$$

$$\Delta U = U_{ein} - U_{aus}$$

11.24 Gegen- und Mitkopplung

- **Gegenkopplung (negative Rückkopplung):**

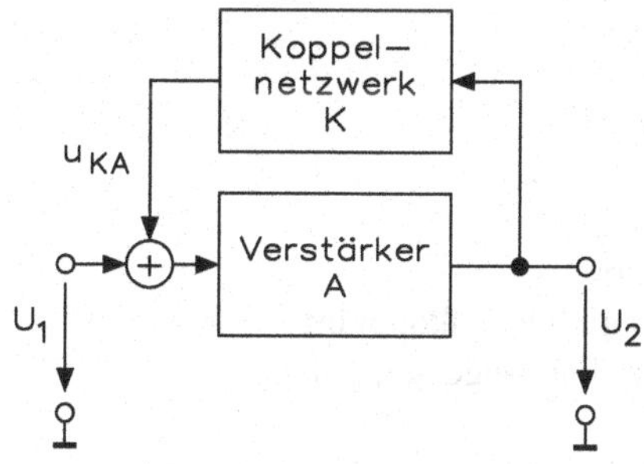

$$u_{KA} = u_1 + K \cdot u_2$$

$$K = \frac{u_{KA}}{u_2} < 1$$

$$v'_u \approx \frac{v_u}{K \cdot u_u} = \frac{1}{K}$$

$K \cdot v_u > 1$: Selbsterregung

$K \cdot v_u = 1$: ideale Schwingungsbedingung

$K \cdot v_u < 1$: Schwingung wird bedämpft

K Koppelfaktor (Koppelfaktor des Netzwerkes)

u_1 Eingangssignal der Schaltung

u_{KA} Ausgangssignal des Koppelnetzwerkes

u_2 Eingangsspannung des Koppelnetzwerkes und Ausgangsspannung

v_u Spannungsverstärkung ohne Gegenkopplung

v'_u Spannungsverstärkungsfaktor mit Gegenkopplung

- **Dimensionierung des Koppelkondensators C_K:**

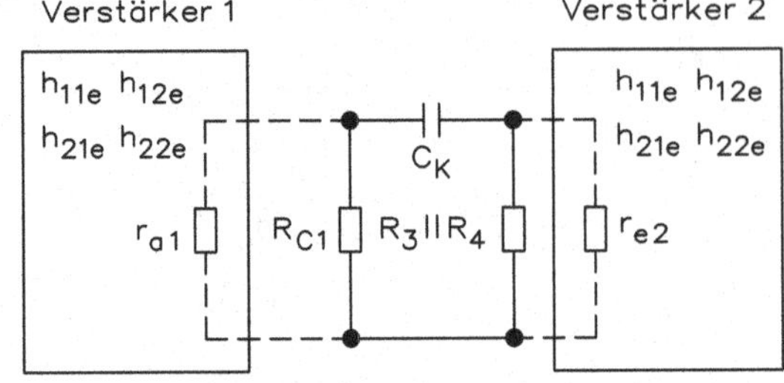

f_u untere Grenzfrequenz

$$C_K = \frac{1}{2 \cdot \pi \cdot f_u (r_{a1} \| R_{C1} + R_3 \| R_4 \| r_{e2})}$$

- **Dimensionierung des Emitterkondensators C_E:**

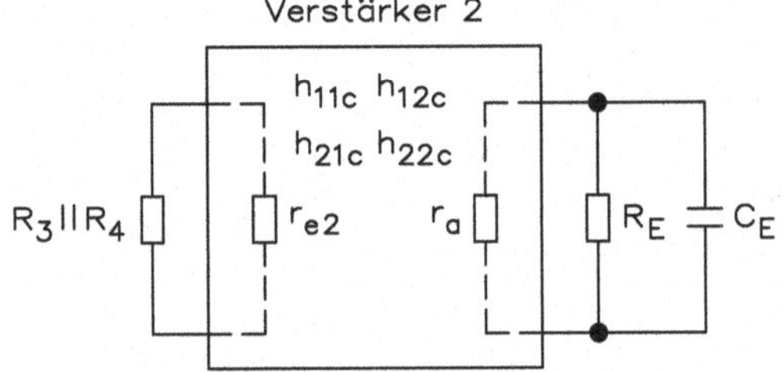

$$C_E \geq \frac{10}{2 \cdot \pi \cdot f_u (r_a \| R_E)}$$

- **Mitkopplung (positive Rückkopplung):**

$$v_u' = \frac{v_u}{1 + K \cdot v_u}$$

$$k' = \frac{k}{1 + K \cdot v_u}$$

K Koppelfaktor
k' Klirrfaktor mit Gegenkopplung
k Klirrfaktor ohne Gegenkopplung

11.25 RC-Phasenschieber-Generator

- **RC-Hochpass-Phasenschieber-Generator:**

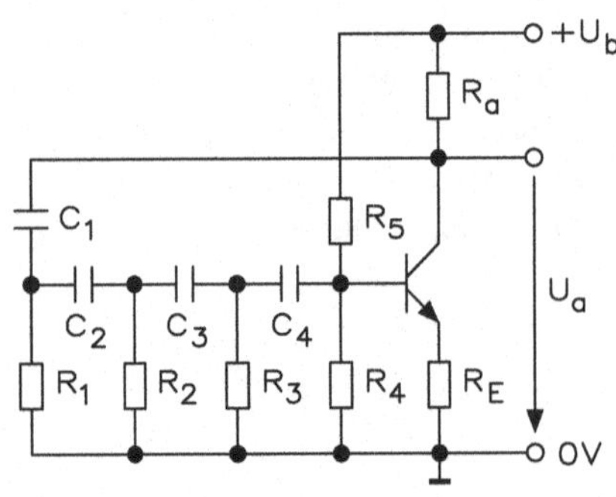

– bei vier RC-Gliedern: $f = \frac{1}{2 \cdot \pi \cdot R \cdot C}$,
wenn $R = R_1 = R_2 = R_3 = R_4$ und
$C = C_1 = C_2 = C_3 = C_4$

– bei drei RC-Gliedern: $f = \frac{1}{15{,}4 \cdot R \cdot C}$,
wenn $R = R_1 = R_2 = R_3$ und $C = C_1 = C_2 = C_3$

Erforderliche Verstärkung:
$v_U > 18{,}5$ (vier RC-Glieder)
$v_U > 29$ (drei RC-Glieder)

- **RC-Tiefpass-Phasenschieber-Generator:**

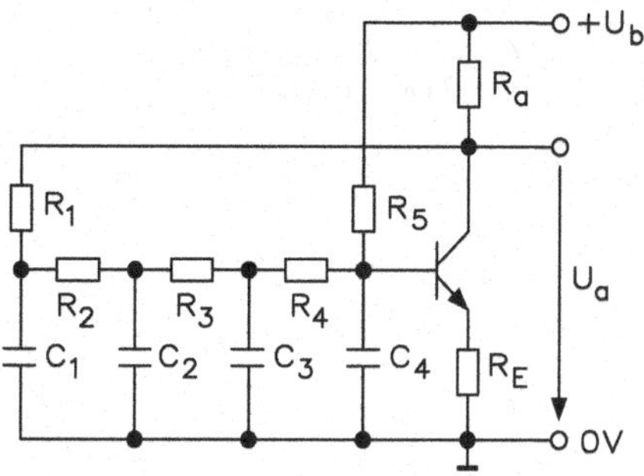

- bei vier RC-Gliedern: $f = \frac{1}{2 \cdot \pi \cdot R \cdot C}$, wenn $R = R_1 = R_2 = R_3 = R_4$ und $C = C_1 = C_2 = C_3 = C_4$
- bei drei RC-Gliedern: $f = \frac{1}{2{,}5 \cdot R \cdot C}$, wenn $R = R_1 = R_2 = R_3$ und $C = C_1 = C_2 = C_3$

Erforderliche Verstärkung:
$v_U > 18{,}5$ (vier RC-Glieder)
$v_U > 29$ (drei RC-Glieder)

11.26 RC-Wienbrücken-Generator

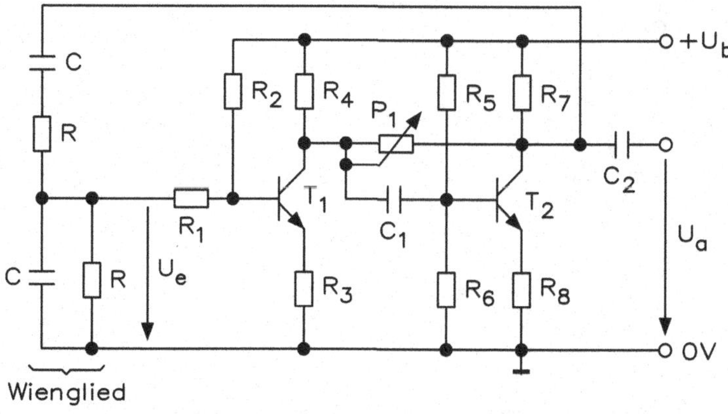

$f = \frac{1}{2 \cdot \pi \cdot R \cdot C}$, wenn $R = R_1 = R_2$ und $C = C_1 = C_2$

11.27 Meißner-Schaltung

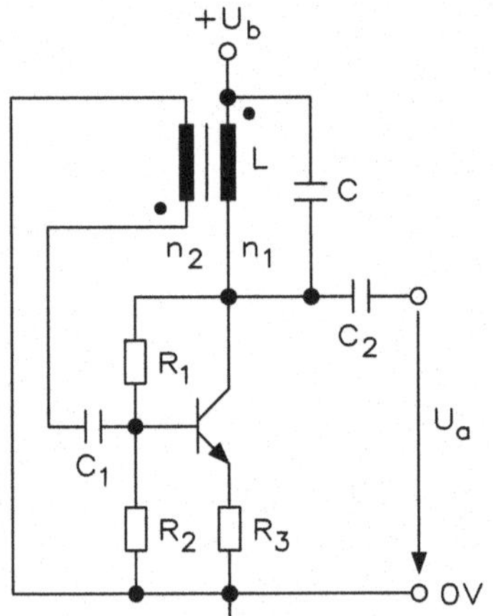

$$f = \frac{1}{2 \cdot \pi \cdot \sqrt{C \cdot L}}$$

11.28 Hartley-Schaltung

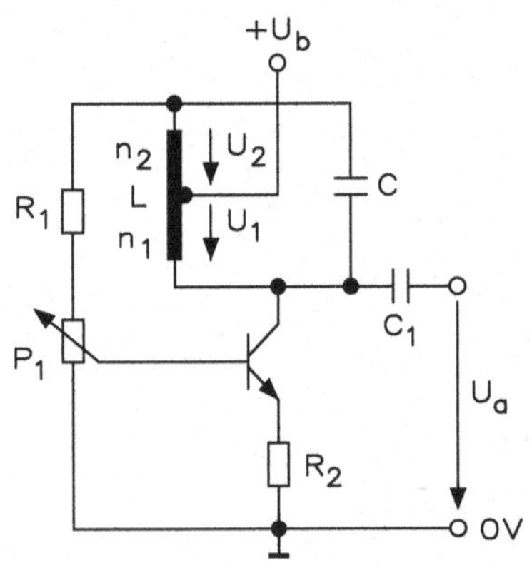

$$f = \frac{1}{2 \cdot \pi \cdot \sqrt{C \cdot L}}$$

11.29 Gegentakt-Hartley-Schaltung

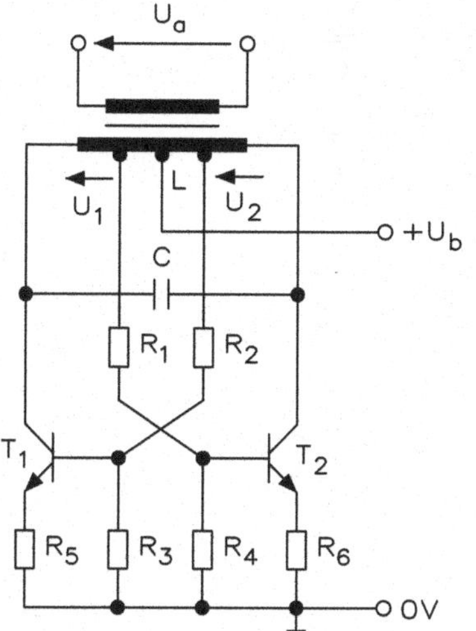

$$f = \frac{1}{2 \cdot \pi \cdot \sqrt{C \cdot L}}$$

11.30 Colpits-Schaltung I

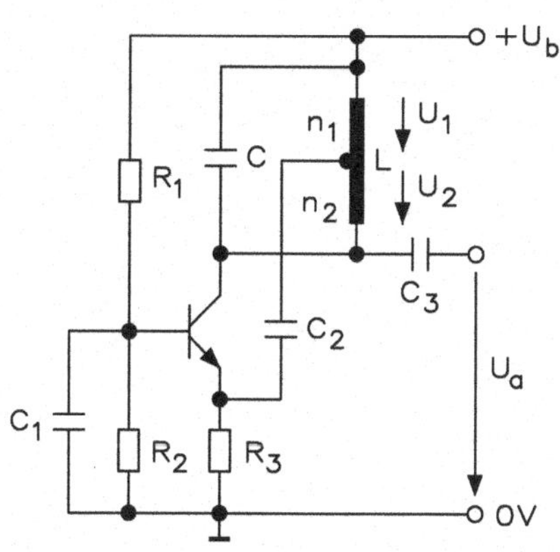

$$f = \frac{1}{2 \cdot \pi \cdot \sqrt{C \cdot L}}$$

11.31 Colpits-Schaltung II

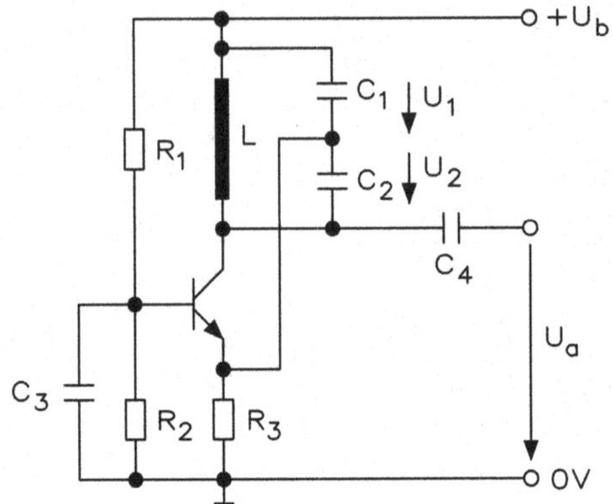

$$f = \frac{1}{2 \cdot \pi \cdot \sqrt{C \cdot L}}$$

$$C = \frac{C_1 \cdot C_2}{C_1 + C_2}$$

11.32 ECO-Schaltung

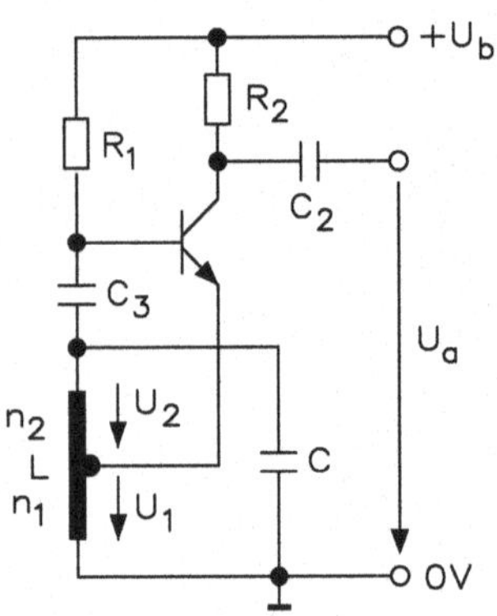

$$f = \frac{1}{2 \cdot \pi \cdot \sqrt{C \cdot L}}$$

11.33 Quarzschaltung für niedrige Frequenzen

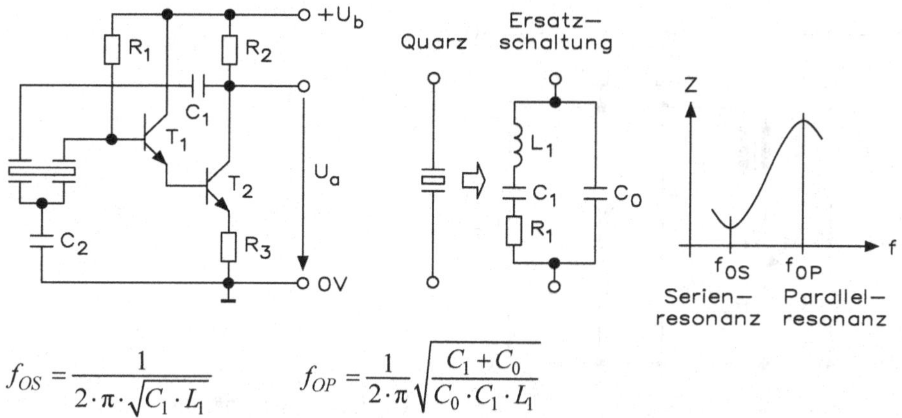

$$f_{OS} = \frac{1}{2 \cdot \pi \cdot \sqrt{C_1 \cdot L_1}} \qquad f_{OP} = \frac{1}{2 \cdot \pi} \sqrt{\frac{C_1 + C_0}{C_0 \cdot C_1 \cdot L_1}}$$

11.34 Quarzschaltung für hohe Frequenzen

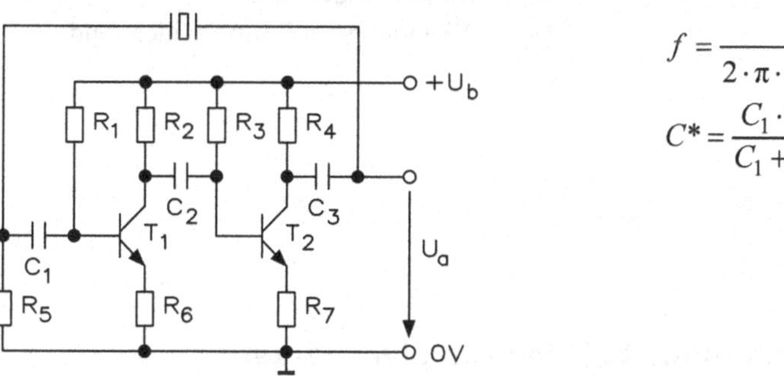

$$f = \frac{1}{2 \cdot \pi \cdot \sqrt{L \cdot C^*}}$$

$$C^* = \frac{C_1 \cdot C_0}{C_1 + C_0}$$

11.35 Quarzschaltung für sehr hohe Frequenzen

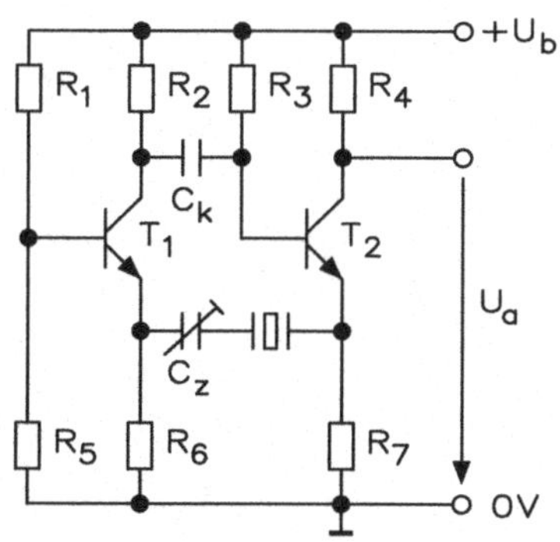

Durch eine Kapazität C_Z in Reihe zum Quarz kann die Frequenz geringfügig korrigiert werden.

– Oberwellenerregung bei $f > 10$ MHz
Soll der Oszillator auf einer Oberwelle der Quarzfrequenz schwingen, muss außer dem Quarz ein LC-Schwingkreis eingesetzt werden, der auf die gewünschte Oberwelle abzustimmen ist.

11.36 Induktive Kopplung bei Kleinsignalverstärkern

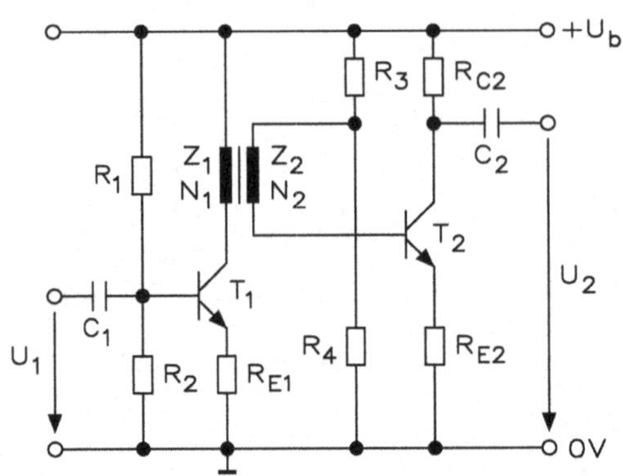

$$v_g = v_1 + v_2 + v_3 + \ldots$$

$$\ddot{u} = \sqrt{\frac{Z_1}{Z_2}}$$

$$R_1 = \frac{(U_b - U_{BE} - U_E) \cdot B}{(n+1) \cdot I_C}$$

$$R_2 = \frac{(U_b - U_E) \cdot B}{(n \cdot I_C)}$$

$$R_E = R_{E1} = R_{E2} = \frac{U_E}{I_C + I_B}$$

$\ddot{u}$	Übersetzungsverhältnis
Z_1	Wechselstrom-Eingangswiderstand
Z_2	Wechselstrom-Ausgangswiderstand
R_1, R_2	Spannungsteilerwiderstand
B	Stromverstärkung
R_E	Emitterwiderstand
U_E	Spannung am Emitterwiderstand

11.37 Kapazitive Kopplung bei Kleinsignalverstärkern

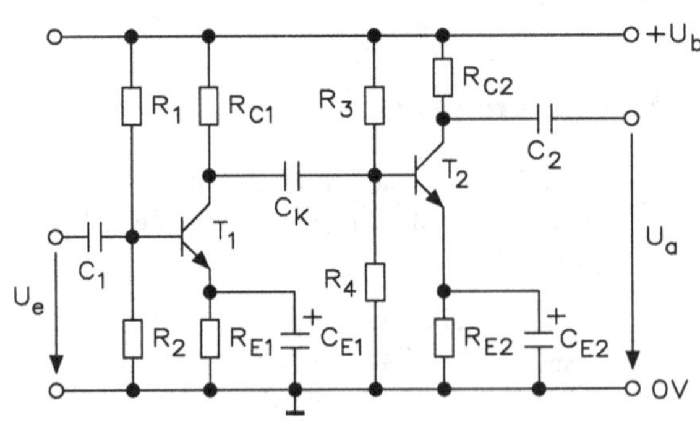

$$f_g' = f_g \cdot \sqrt{2^{(n-1)}}$$

in der Praxis: $C_E = C_{E1} = C_{E2} = \dfrac{10}{2 \cdot \pi \cdot f_u \cdot R_E}$

11.38 Gleichstromkopplung bei Kleinsignalverstärkern

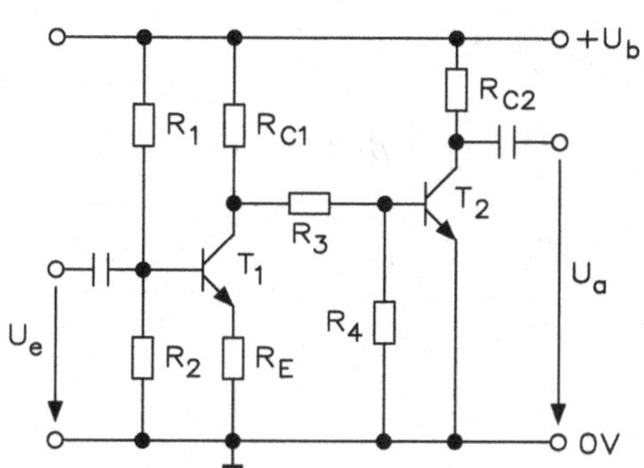

$$R_1 = \frac{(U_b - U_{BE} - U_e) \cdot B}{(n+1) \cdot I_C}$$

$$R_2 = \frac{(U_b - U_e) \cdot B}{(n \cdot I_C)}$$

$$R_C = R_{C1} = R_{C2} = \frac{U_b - U_{CE} - (I_C \cdot R_E)}{I_C}$$

$$R_E = \frac{U_E}{I_C + I_B} \text{ in der Praxis: } v_u \approx \frac{R_C}{R_E}$$

11.39 Darlington-Schaltung

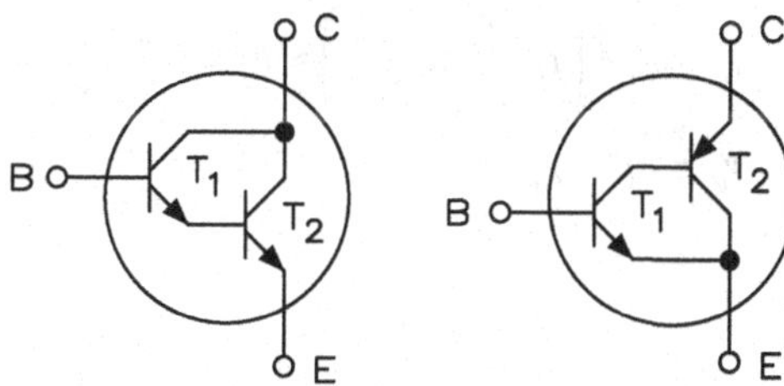

- **Gleichartige Transistoren**

$$\beta \approx \beta_1 \cdot \beta_2$$

$$r_{BE} = r_{BE1} + \beta_1 \cdot r_{BE2}$$

$$r_{CE} = r_{CE2} + \left\| \frac{2 \cdot r_{CE1}}{\beta_2} \right.$$

- **Komplementäre Transistoren**

$$\beta = \beta_1 \cdot \beta_2$$

$$r_{BE} = r_{BE1}$$

$$r_{CE} = r_{CE2} + \left\| \frac{r_{CE1}}{\beta_2} \right.$$

r_{BE} dynamischer Basis-Emitter-Widerstand
β dynamische Stromverstärkung

11.40 Emitterschaltung mit Stromgegenkopplung

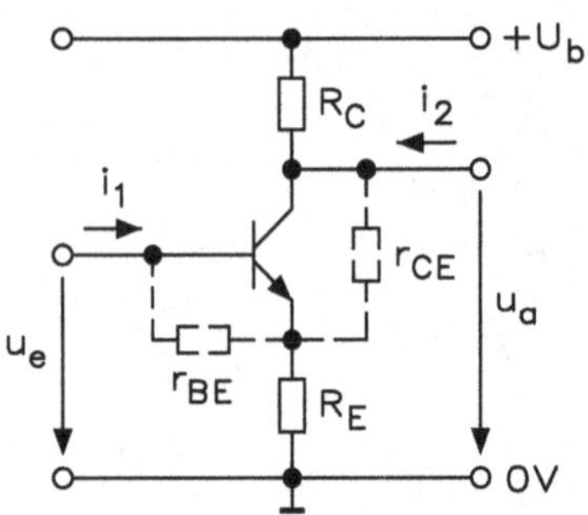

$$v_u = \frac{u_a}{u_e} \approx \frac{R_C}{R_E}$$

$$r_e = \frac{u_e}{i_e} = r_{BE} + \beta \cdot R_E \approx \beta \cdot R_E$$

$$r_a = \frac{u_a}{i_a} = R_C \parallel r_{CE}\left(1 + \beta \frac{R_E}{r_{BE}}\right) \approx R_C$$

11.41 Emitterschaltung mit Spannungsgegenkopplung

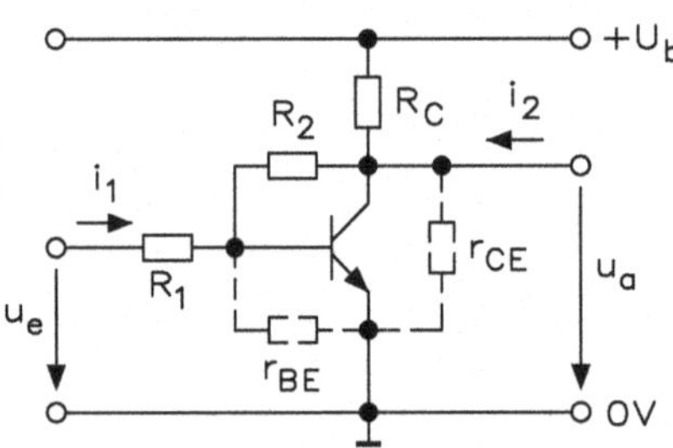

$$v_u = \frac{u_a}{u_e} \approx \frac{R_2}{R_1}$$

$$r_e = R_1 + \left(r_{BE} \parallel R_2 \cdot \frac{R_2}{v_u}\right) \approx R_1$$

$$r_a = R_C \parallel r_{CE}$$

11.42 Bootstrap-Schaltung

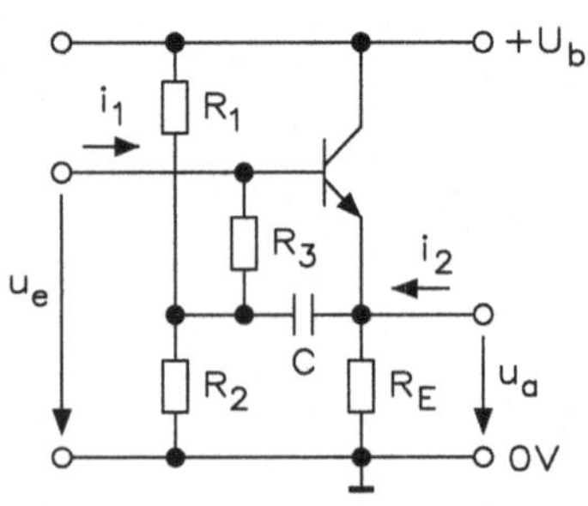

r_e dynamischer Eingangswiderstand
r_a dynamischer Ausgangswiderstand
f_u untere Grenzfrequenz
R_E Emitterwiderstand
r_{BE} dynamischer Basis-Emitter-Widerstand
r_{CE} dynamischer Kollektor-Emitter-Widerstand

$$v_u = 1$$

$$r_e = (r_{BE} + \beta \cdot R_E) \parallel R_3 \frac{\beta(R_E \parallel r_{CE}}{r_{BE}}$$

$$r_a \approx R_E \left\| \frac{r_{BE} + R_3}{\beta} \right.$$

$$R_1 \| R_2 \geq 10 \cdot R_E$$

$$C \geq \frac{5}{2 \cdot \pi \cdot f_u (R_1 \parallel R_2)}$$

$$I_B \cdot R_3 << U_{BE}$$

11.43 Leistungsverstärker

- **Leistungsverstärker mit A-Betrieb (Emitterschaltung):**

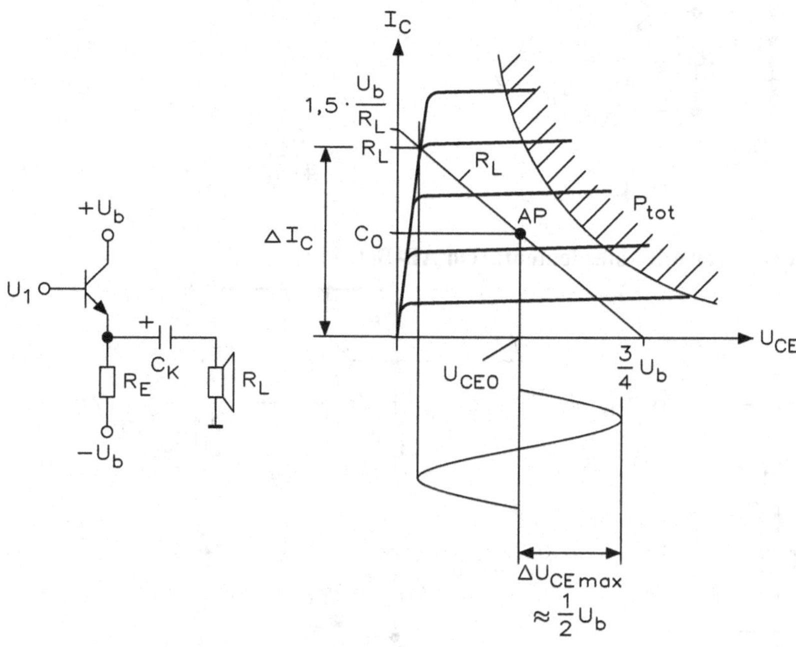

$U_{CE\max} = U_b$ $\qquad I_{C\max} = \dfrac{U_b}{2 \cdot R_L}$

$P_{\sim} = \dfrac{U_b^2}{8 \cdot R_L}$ $\qquad P_{-} = \dfrac{U_b^2}{4 \cdot R_L}$

$\eta = \dfrac{P_{\sim}}{P_{-}}$ $\qquad C_K = \dfrac{1}{2 \cdot \pi \cdot f_u \cdot R_L}$

- **Leistungsverstärker mit B-Betrieb:**

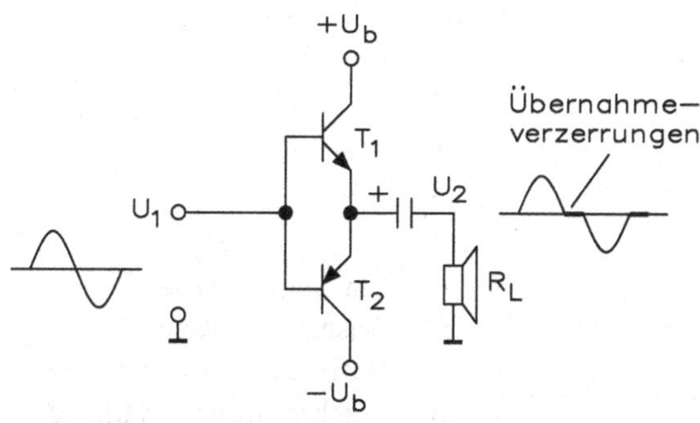

$I_{C\max} = \dfrac{U_b}{2 \cdot R_L}$

$U_{CE\max} = U_b = 2 \cdot U_b$

$P_{\max\sim} = \dfrac{U_b^2}{8 \cdot R_L}$

$P_{C\max} \approx 0{,}05 \dfrac{U_b^2}{R_L}$

$P_{C\max}$ je Transistor $\approx P_{\sim\max}$

$\eta_{\max} = 0{,}785$ $\qquad R_L = \dfrac{U_b^2}{8 \cdot P_{\sim\max}}$

- **Leistungsverstärker mit AB-Betrieb:**

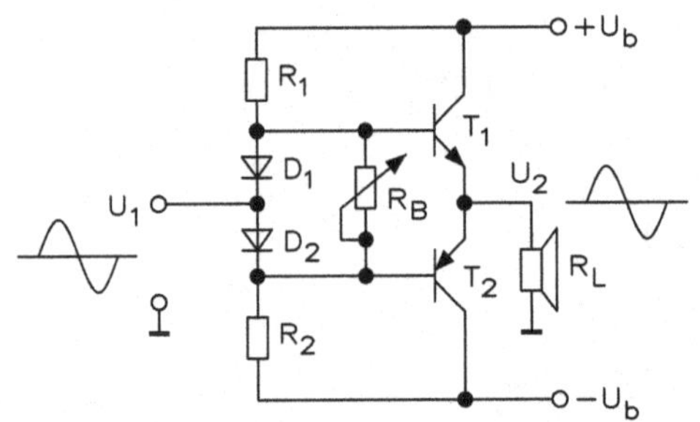

$$U_{CE\max} = 2 \cdot U_b$$

$$I_{C\max} = \frac{U_b}{2 \cdot R_L}$$

$$P_{\sim} = \frac{U_b^2}{8 \cdot R_L}$$

$$P_{-} = \frac{U_b^2}{4 \cdot R_L}$$

- **Leistungsverstärker mit komplementärem AB-Betrieb:**

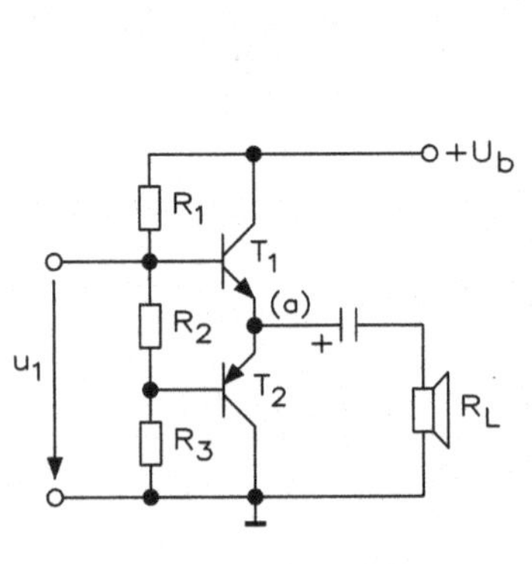

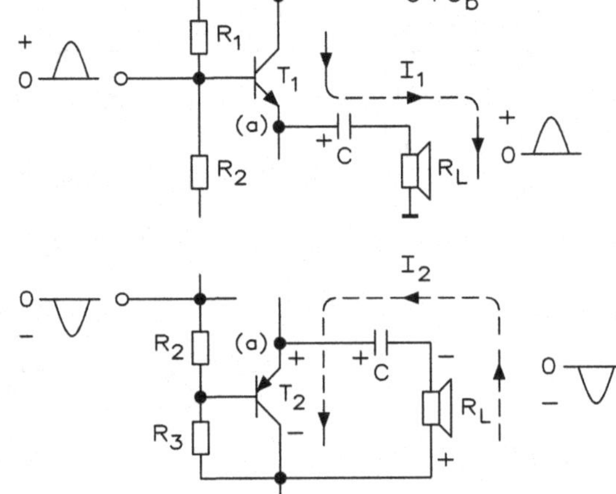

$$U_{CE\max} = 2 \cdot U_b \qquad I_{C\max} = \frac{U_b}{2 \cdot R_L}$$

$$P_{\sim} = \frac{U_b^2}{8 \cdot R_L} \qquad P_{-} = \frac{U_b^2}{4 \cdot R_L}$$

11.44 Kaskode-Schaltung

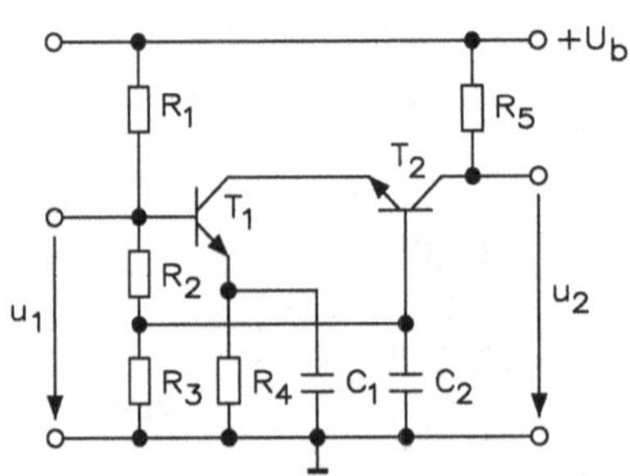

$$r_e = r_{BE1} \parallel R_2 \parallel R_3$$

$$r_a \approx R_5$$

r_e Eingangswiderstand
r_a Ausgangswiderstand
r_{BE} Basis-Emitter-Widerstand
β Wechselstromverstärkung

11.45 Konstantspannungsquelle

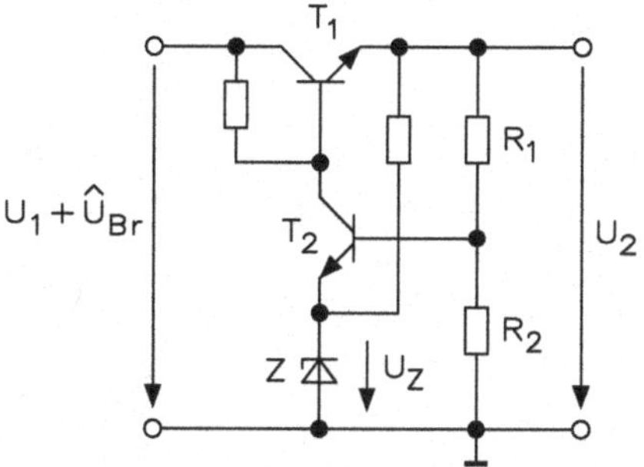

$$U_2 \approx (U_Z + U_{BET2})\frac{R_1 + R_2}{R_2}$$

$$U_1 - \hat{U}_{Br} \geq U_2 + U_{CEsatT1}$$

11.46 Konstantstromquelle

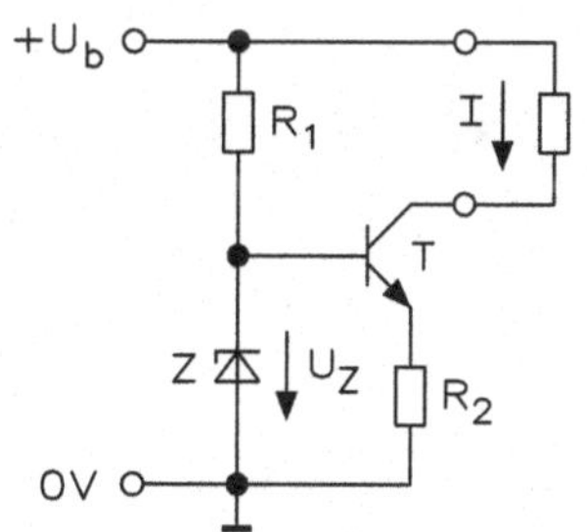

$$I = \frac{U_Z - U_{BE}}{R_2}$$

11.47 Differenzverstärker

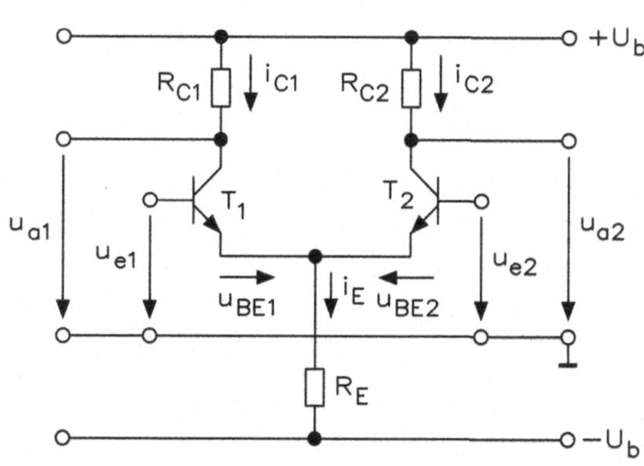

$$\frac{u_{a2} - u_{a1}}{u_{e2} - u_{e1}} = v_u = -\beta \frac{R_C \parallel r_{CE}}{r_{BE}}$$

$$u_{a1} = (u_{e1} - i_E \cdot R_E) \cdot v_u$$

$$u_{a2} = (u_{e2} - i_E \cdot R_E) \cdot v_u$$

v_u Spannungsverstärkung

12 Feldeffekttransistor, MOSFET und Röhren

Während man bei den Transistoren nur zwei Möglichkeiten (npn oder pnp) kennt, hat man bei Feldeffekttransistor und MOSFET sechs verschiedene Grundtypen.

Aufteilung von Feldeffekttransistoren und MOSFETs

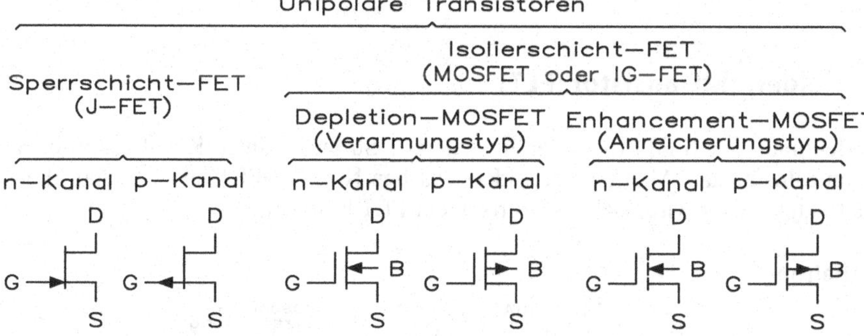

Bei den Sperrschicht-Feldeffekttransistoren besteht der Kanal zwischen Source (Quelle) und Drain (Abfluss) aus n- oder p-Material. Zwischen dem Kanal und den Anschlüssen für Source und Drain tritt keine Sperrrichtung auf. Mittels eines Ohmmeters kann man den Kanalwiderstand direkt messen, ohne dass auf die Polarität des Messgeräts geachtet werden muss. In den Schaltzeichen gibt es zwar die Bezeichnungen Source und Drain, aber diese beiden Anschlüsse lassen sich vertauschen, da hier keine pn-Übergänge vorhanden sind. Die Bezeichnungen für Source und Drain stellen sich je nach der Polarität der angelegten Betriebsspannung ein. Der Stromfluss zwischen Source und Drain lässt sich über eine Raumladungszone eines gesperrten pn-Übergangs steuern, der den Kanal entsprechend abschnürt (verengt). Der pn-Übergang zwischen Gate und Kanal muss in Sperrrichtung betrieben werden und daher auch die Bezeichnungen J-FET (Junction) oder pn-FET. Da in Sperrrichtung zwischen Gate und Kanal nur ein sehr kleiner Strom (Größenordnung $I_G < 1$ nA) fließt, arbeitet der Feldeffekttransistor im Gegensatz zum bipolaren Transistor leistungslos.

H. Bernstein, *Formelsammlung*, https://doi.org/10.1007/978-3-658-18179-6_12

Bei einem Isolierschicht-FET befindet sich zwischen Gate und Kanal eine hochohmige Isolierschicht aus Siliziumdioxid SiO_2 und daher auch die Bezeichnung „IG-FET“ (Insulated Gate Field Effect Transistor) oder MOSFET (Metal Oxide-Semiconductor-FET). Durch die sehr hochohmige Isolierschicht erreicht man sehr hohe Eingangswiderstände bis zu 10^{25} Ω, jedoch müssen entsprechende Vorsichtsmaßnahmen bei MOSFET-Bauelementen getroffen werden. Wenn an das Gate eine hohe Spannung angelegt wird, kann es zu einem Durchbruch an dem Gatedioxid kommen. Da dieser Vorgang nicht reversibel ist, lässt sich nach einem Spannungsdurchbruch der MOSFET-Baustein nicht mehr einsetzen.

Bei den MOSFET-Transistoren muss man zwischen dem Verarmungs- und dem Anreicherungstyp unterscheiden. Bei einem Verarmungstyp ist zwischen Source und Drain ein bestimmter Kanalwiderstand vorhanden, der sich je nach Spannung am Gate „verarmen“ oder „anreichern“ lässt. Während beim Verarmungstyp beide Betriebsarten möglich sind, kann beim Anreicherungstyp der Kanal nur durch Ladungsträger aus dem Substrat bzw. Bulk (Grundkörper) „angereichert“ werden. In diesem Fall besteht zwischen Source und Drain ein hochohmiger Kanalwiderstand und es fließt kein Strom I_D (Drain-Strom). Hat das Gate die richtige Polarität, werden Ladungsträger aus dem Substrat oder Bulk angezogen, es bildet sich ein Kanal und der Drainstrom I_D fließt.

12.1 Feldeffekttransistor (FET)

Im Feldeffekttransistor (FET) fließt der zu steuernde Strom in einem Kanal aus n- oder p-leitendem Siliziumstab. Man unterscheidet zwischen N-Kanal-FET und P-Kanal-FET. Der Feldeffekttransistor wird auch als Sperrschicht-FET bezeichnet.

Sourceschaltung

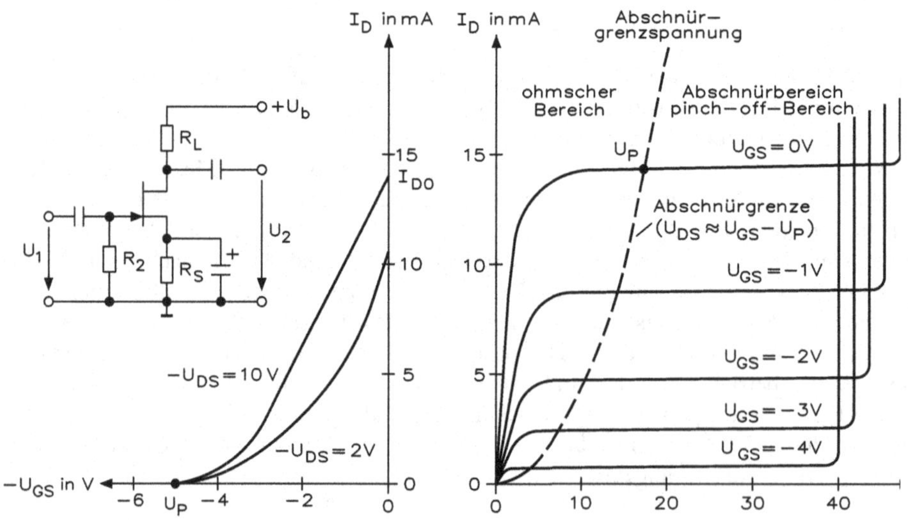

$$R_S = \frac{-U_{GS}}{I_D}$$

$$R_L = \frac{U_b - U_{DS} + U_{GS}}{I_D}$$

$$v_S \approx S \cdot \frac{r_{DS} \cdot R_L}{r_{DS} + R_L}$$

$$v_S \approx S \cdot R_L$$

$$R_{es} \approx R_2$$

$$R_{as} \approx R_L$$

$$S = -\frac{2}{U_p}\sqrt{I_D \cdot I_{DS}}$$

$$v_S = \frac{\Delta U_{DS}}{\Delta U_{GS}}$$

$$y_{21} = g_{DS} = \frac{\Delta I_D}{\Delta U_{GS}} \text{ bei } U_{DS} = \text{konstant}$$

$$y_{22} = \frac{\Delta I_D}{\Delta U_{DS}} \text{ bei } U_{GS} = \text{konstant}$$

R_S Sourcewiderstand
U_{GS} Gate-Source-Spannung
I_D Drainstrom
R_L Lastwiderstand
U_{DS} Drain-Source-Spannung
v_S Spannungsverstärkung (Sourceschaltung)
S Vorwärtssteilheit mA/V
r_{DS} Drain-Source-Widerstand
R_{es} Eingangswiderstand (Sourceschaltung)
R_{as} Ausgangswiderstand (Sourceschaltung)
R_2 Gitterableitwiderstand
U_p Pinch-off-Spannung ($I_D \approx 0$ A)
I_{DS} Drainstrom bei $U_{GS} = 0$ V
y_{21} Vorwärtssteilheit
y_{22} Ausgangsleitwert

Drainschaltung

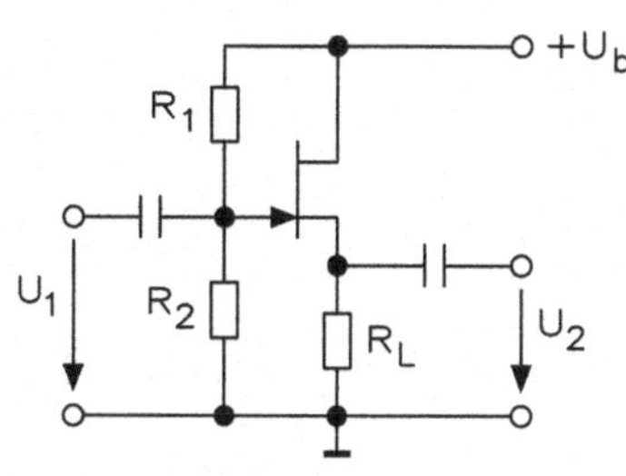

$$R_1 = \frac{U_b - U_{RL} - U_{GS}}{I_q}$$

$$R_2 = \frac{U_{RL} + U_{GS}}{I_q}$$

$$v_D \approx \frac{S \cdot R_L}{1 + S \cdot R_L}$$

$$R_{eD} = \frac{R_1 \cdot R_2}{R_1 + R_2}$$

$$R_{aD} = \frac{R_L}{1 + S \cdot R_L}$$

$$S = -\frac{2}{U_p}\sqrt{I_D \cdot I_{DS}}$$

R_1, R_2 Widerstände (Spannungsteiler)
U_b Betriebsspannung
U_{RL} Spannung am Lastwiderstand
I_q Querstrom
R_{eD} Eingangswiderstand (Drainschaltung)
R_{aD} Ausgangswiderstand (Drainschaltung)
U_p Pinch-off-Spannung ($I_D \approx 0$ A)
I_{DS} Drainstrom bei $U_{GS} = 0$ V
S Vorwärtssteilheit mA/V

Gateschaltung

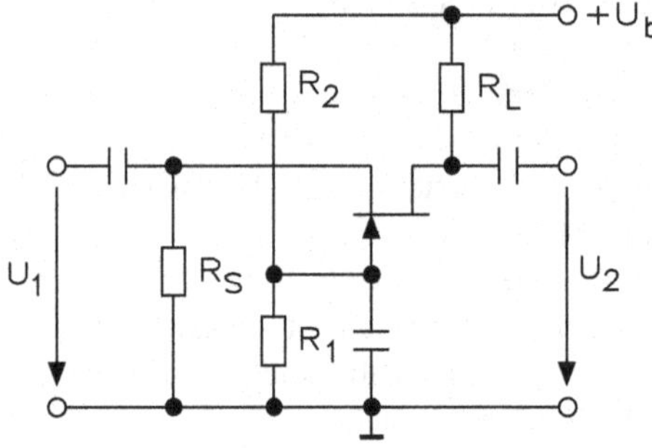

$$v_G \approx \frac{S \cdot R_L}{1 + S \cdot R_S}$$

$$R_{eG} \approx R_S + \frac{1}{S}$$

$$R_{aG} \approx R_L$$

$$S = -\frac{2}{U_p}\sqrt{I_D \cdot I_{DS}}$$

U_p Pinch-off-Spannung ($I_D \approx 0$ A)
I_{DS} Drain-Strom bei $U_{GS} = 0$ V

12.2 Konstantstromquelle

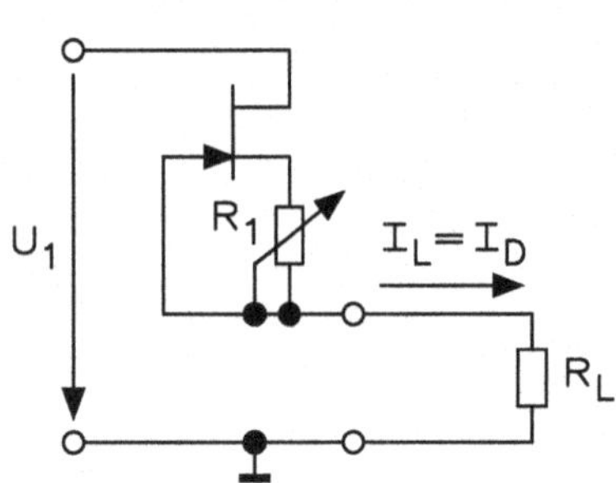

$$I_L = I_D$$

$$I_D = \frac{|U_{GS}|}{R_1}$$

12.3 Sägezahngenerator mit UJT

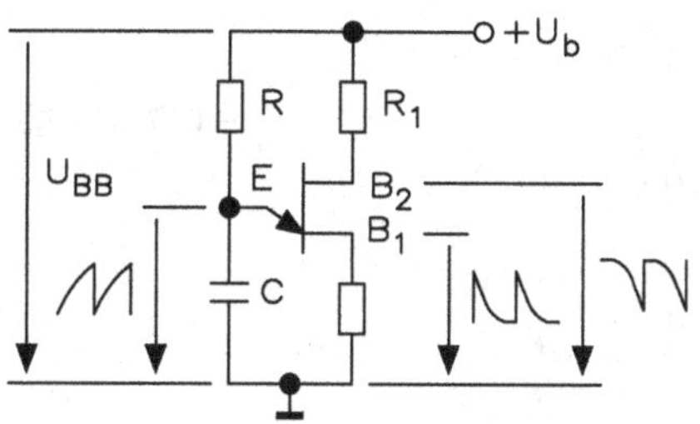

$$R_1 \approx \frac{5 \cdot U_p}{I_{EM}}$$

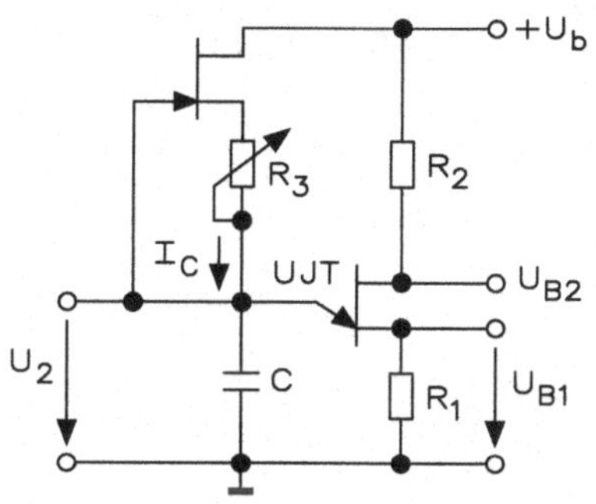

$$R_2 \approx \frac{0,7\,\text{V} \cdot R_{BB}}{(\eta \cdot U_b)}$$

12.4 Rechteckgenerator

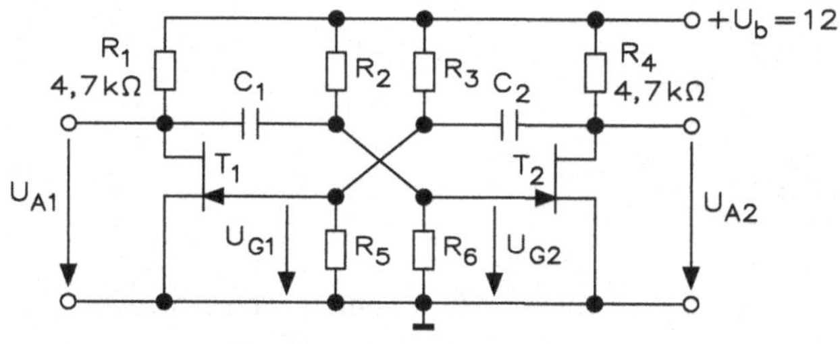

$$t_{G1} = 0,7 \cdot R_2 \cdot C_1$$

$$t_{G2} = 0,7 \cdot R_3 \cdot C_2$$

$$f = \frac{1}{t_{G1} + t_{G2}}$$

12.5 Monostabile Kippstufe

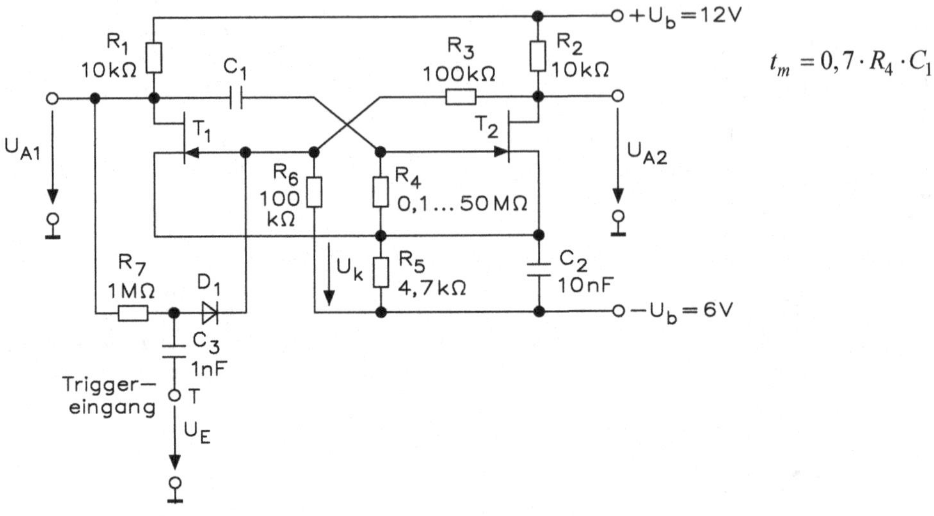

$$t_m = 0{,}7 \cdot R_4 \cdot C_1$$

12.6 Wechselspannungsverstärker

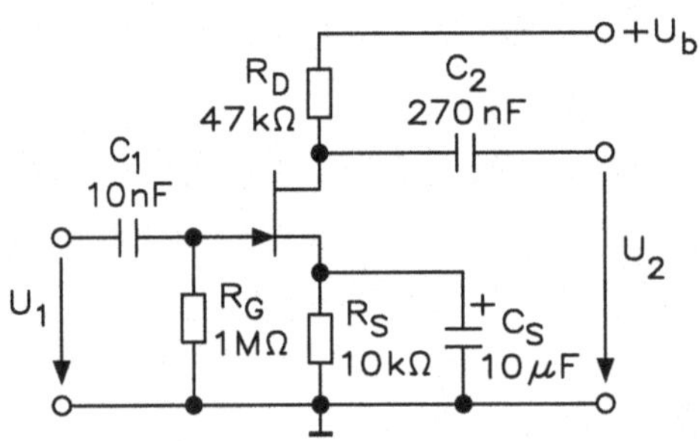

$$f_u = \frac{1}{2 \cdot \pi \cdot C_1 \cdot r_e} \quad \text{bei } r_e = R_G \parallel R_{GS}$$

$$f_u = \frac{1}{2 \cdot \pi \cdot C_2 \cdot (r_a + R_L)} \quad \text{bei } r_a = R_D \parallel r_{DS}$$

$$f_o = \frac{1}{2 \cdot \pi \cdot (C_{22} + C_{sch}) \cdot r_a} \quad \text{bei } r_a = R_D \parallel r_{DS}$$

f_u	untere Grenzfrequenz
f_o	obere Grenzfrequenz
r_e	Eingangswiderstand
r_a	Ausgangswiderstand
C_{sch}	Schaltkapazität
C_{22}	Ausgangskapazität

12.7 MOSFET

Die MOSFETs (Metal-Oxid Semiconductor Field-Effect Transistor) sind Isolier-FETs und je nach Kanal unterscheidet man zwischen n- und p-Kanal-Typen. Außerdem unterscheidet man je nach Ansteuerung zwischen dem Verarmungstyp (depletion) und dem Anreicherungstyp (enhancement).

Schaltsymbol, Aufbau und Kennlinien der vier MOSFET-Familien

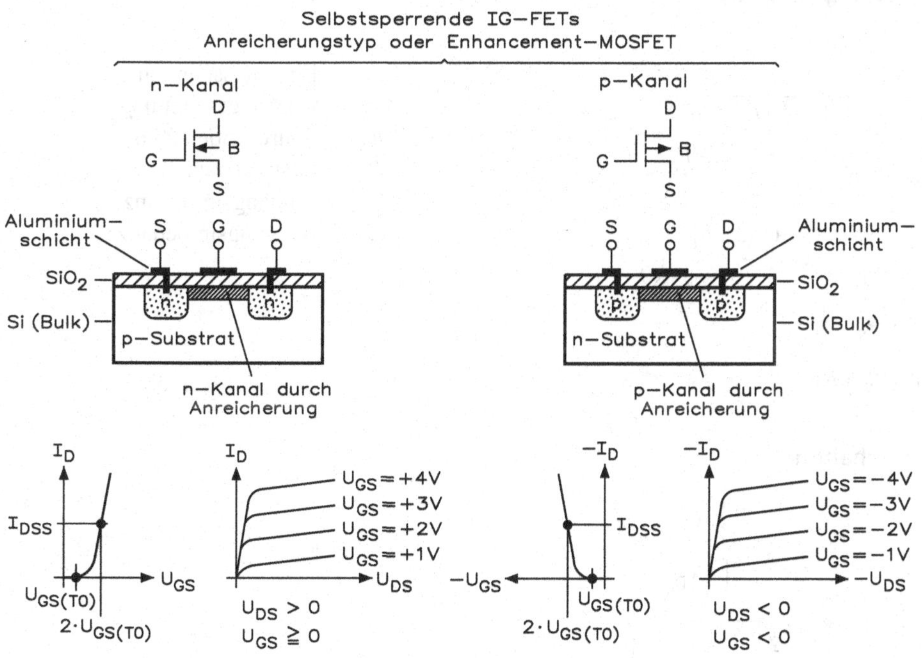

Sourceschaltung

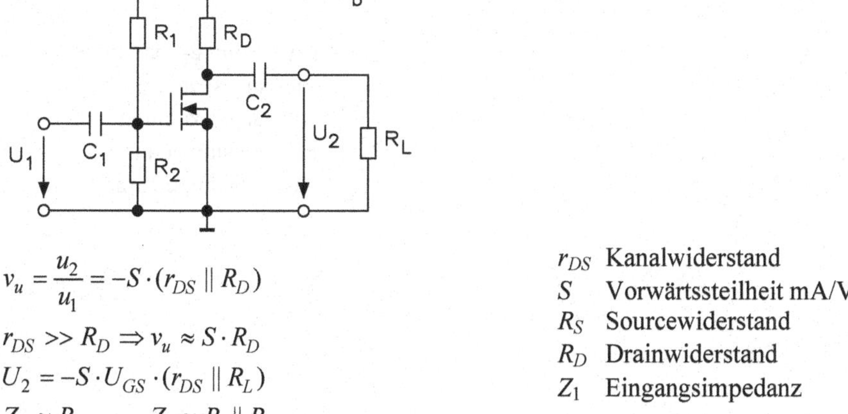

$$v_u = \frac{u_2}{u_1} = -S \cdot (r_{DS} \parallel R_D)$$

$$r_{DS} >> R_D \Rightarrow v_u \approx S \cdot R_D$$

$$U_2 = -S \cdot U_{GS} \cdot (r_{DS} \parallel R_L)$$

$$Z_2 \approx R_D \qquad Z_1 \approx R_1 \parallel R_2$$

r_{DS} Kanalwiderstand
S Vorwärtssteilheit mA/V
R_S Sourcewiderstand
R_D Drainwiderstand
Z_1 Eingangsimpedanz

Drainschaltung

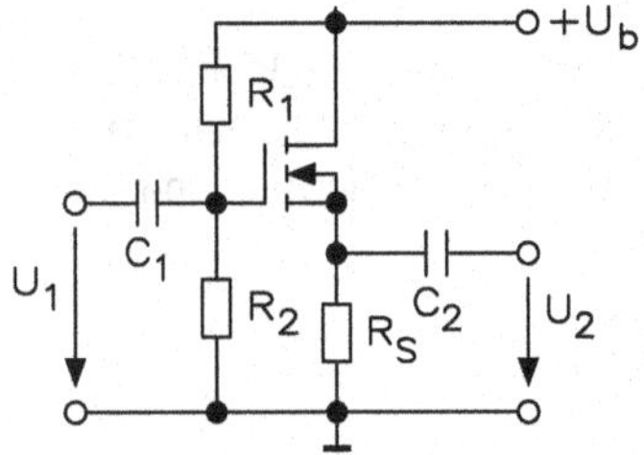

$$v_u = \frac{u_2}{u_1} = \frac{S \cdot (r_{DS} \parallel R_S)}{1 + S \cdot (r_{DS} \parallel R_S)}$$

$$r_{DS} >> R_D \Rightarrow v_u \approx \frac{S \cdot R_S}{1 + S \cdot R_S}$$

$$U_2 = -S \cdot U_{GS} \cdot (r_{DS} \parallel R_L)$$

$$U_1 = U_{GS} + S \cdot U_{GS} (r_{DS} \parallel R_S)$$

$$Z_2 \approx R_S \parallel \frac{1}{S}$$

$$Z_1 \approx R_1 \parallel R_2$$

u_1	Eingangsspannung
u_2	Ausgangsspannung
R_S	Sourcewiderstand
R_L	Lastwiderstand
Z_1	Eingangsimpedanz
Z_2	Ausgangsimpedanz

Gateschaltung

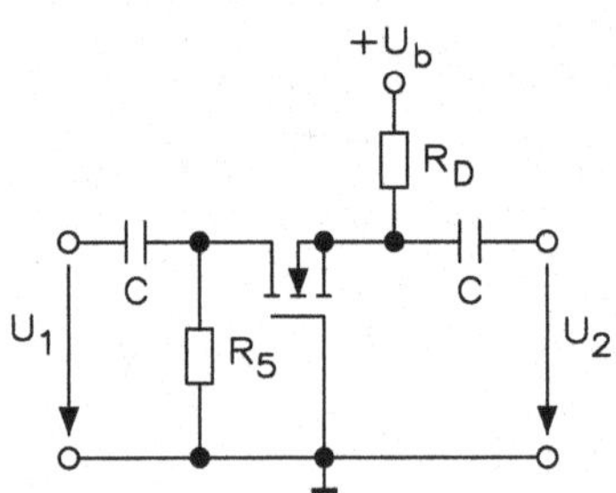

$$v_u = \frac{u_2}{u_1} = \frac{S \cdot R_D}{1 + S \cdot R_S}$$

$$U_2 = -S \cdot U_{GS} \cdot R_L$$

$$U_1 = -S \cdot U_{GS} \cdot R_S - U_{GS}$$

$$Z_2 \approx R_D$$

$$Z_1 \approx R_S + \frac{1}{S}$$

U_{GS}	Gate-Source-Spannung
U_1	Eingangsspannung
U_2	Ausgangsspannung
Z_1	Eingangsimpedanz
Z_2	Ausgangsimpedanz

12.8 Dual-Gate-MOSFET

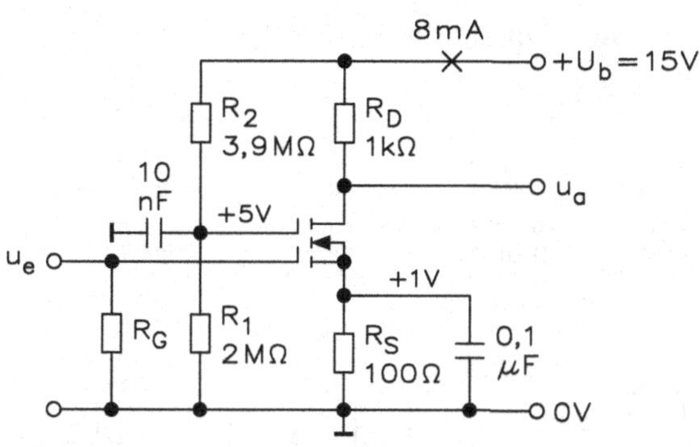

$U_b - U_{DS} - (I_D \cdot R_D) = 0$ (Arbeitspunkt)

$$I_D = \frac{U_b}{R_D} - \frac{U_{DS}}{R_D}$$

$$\frac{R_2}{R_1} = \frac{U_b - U_{GS0}}{U_{GS0}}$$

$$R_D = \frac{U_b - U_{DS}}{I_D}$$

$$R_S = \frac{U_S}{I_D}$$

$$v_u = \frac{R_D}{\frac{1}{S} + R_S)}$$

$$I_D = I_{Dss} \cdot \left(1 - \frac{U_{GS}}{I_p}\right)^2$$

U_b	Betriebsspannung
U_{DS}	Drain-Source-Spannung
U_{GS}	Gate-Source-Spannung
I_D	Drainstrom
R_D	Drainwiderstand
R_S	Sourcewiderstand
S	Vorwärtssteilheit mA/V
U_p	Pinch-off-Spannung ($I_D \approx 0$ A)

12.9 Röhren

Aufbau der Röhren mit den allgemeinen Anschlussbildern

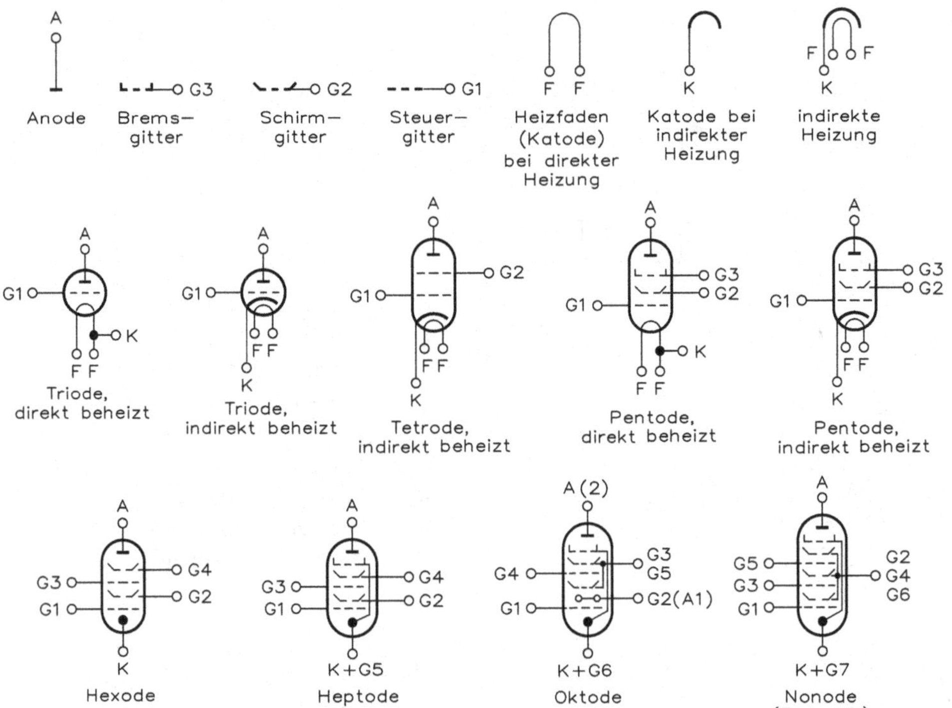

Definition von Werten für die Barkhausen-Gleichung:

Innenwiderstand $R_i = \dfrac{\Delta U_a}{\Delta I_a}$ bei konstantem U_g

Steilheit $S = \dfrac{\Delta I_a}{\Delta U_g}$ bei konstantem U_a

Durchgriff $D = \dfrac{\Delta U_g}{\Delta U_a}$ Abgabe von D in % = $\dfrac{\Delta U_g}{\Delta U_a} \cdot 100$

Verstärkungsfaktor $\mu = \dfrac{\Delta U_a}{\Delta U_g}$ bei konstantem I_a

Barkhausen-Gleichung: $R_i \cdot S \cdot D = 1$ und $\mu = \dfrac{1}{D} = S \cdot R_i$

Katodenbasis-Schaltung

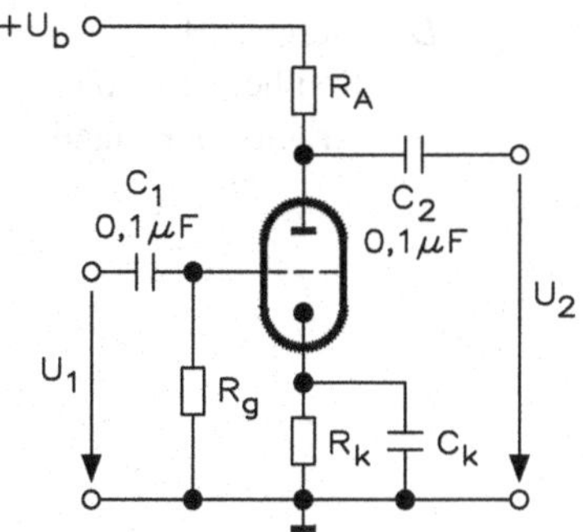

$$v_u = \frac{u_{2\sim}}{u_{1\sim}} = S_d \cdot R_A$$

$$S_d = S \cdot \frac{R_i}{R_i + R_A}$$

$$S = \frac{\Delta I_a}{\Delta U_g} \quad \text{bei } U_a = \text{konst.}$$

$$R_1 = \frac{\Delta U_a}{\Delta I_a} \quad \text{bei } U_g = \text{konst.}$$

$$D = \frac{\Delta U_g}{\Delta U_a} \quad \text{bei } I_g = \text{konst.}$$

$$\mu = \frac{1}{D}$$

$$r_2 = \frac{R_i \cdot R_A}{R_i + R_A}$$

$$R_1 \approx R_g$$

S	Steilheit
S_d	dynamische Steilheit
R_A	Arbeitswiderstand
R_i	Innenwiderstand
ΔI_a	Anodenstromänderung
ΔU_g	Gitterspannungsänderung
ΔU_a	Anodenspannungsänderung
D	Durchgriff
μ	Verstärkungsfaktor

Anodenbasis-Schaltung

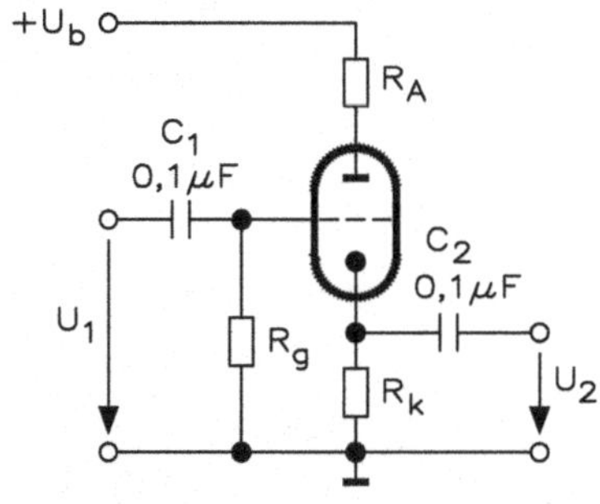

$$u_2 = u_1 - u_{R2}$$

$$r_1 \approx R_g$$

$$r_2 \approx \frac{1}{S}$$

u_{R2}	Gate-Katoden-Spannung

Gitterbasis-Schaltung

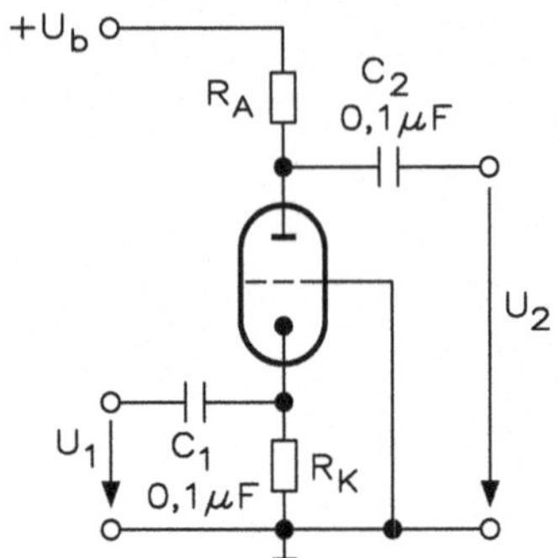

$$v_u = -S \cdot \frac{R_i \cdot R_A}{R_i + R_A}$$

$r_1 \approx R_g$

$r_2 \approx S \cdot R_A$

D Durchgriff
S Steilheit in mA/V
R_A Arbeitswiderstand

12.10 Trioden-Schaltung

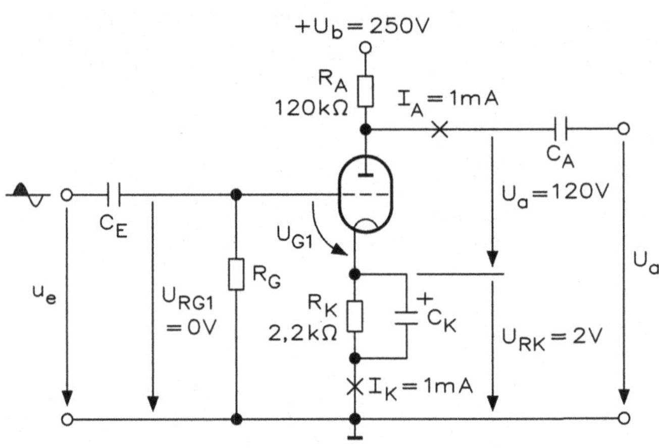

$U_b = U_{Ra} + U_a + U_K \approx U_{Ra} + U_a - U_{G1} = I_a + U_K = I_K + R_K$

$$v_u = \frac{S \cdot R_i \cdot R_a}{R_i + R_a} = \frac{R_a}{D(R_i + R_a)}$$

12.11 Pentoden-Schaltung

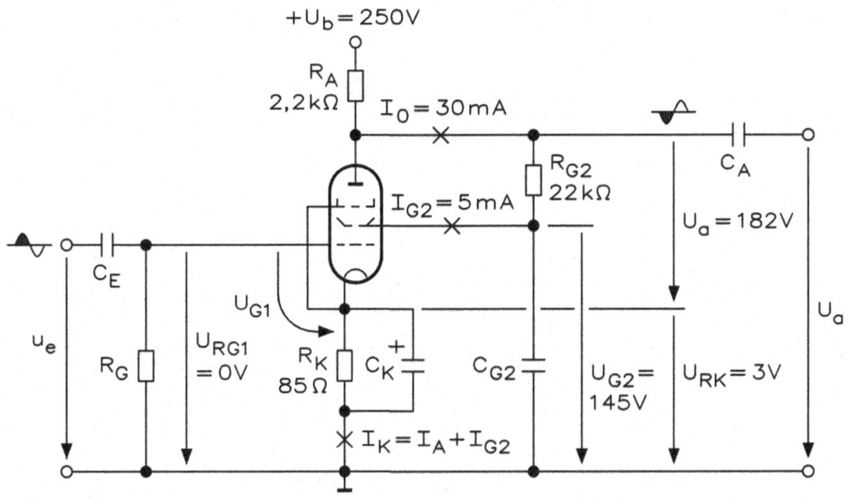

$$S_D = \frac{S \cdot R_i}{R_i + R_a} \qquad v_u = \frac{u_{2\sim}}{u_{1\sim}} = S \cdot R_a$$

13 Operationsverstärker

Ein Operationsverstärker besteht aus einer Eingangsstufe, einem Spannungsverstärker, einer Leistungsendstufe und aus Konstantstromquellen.

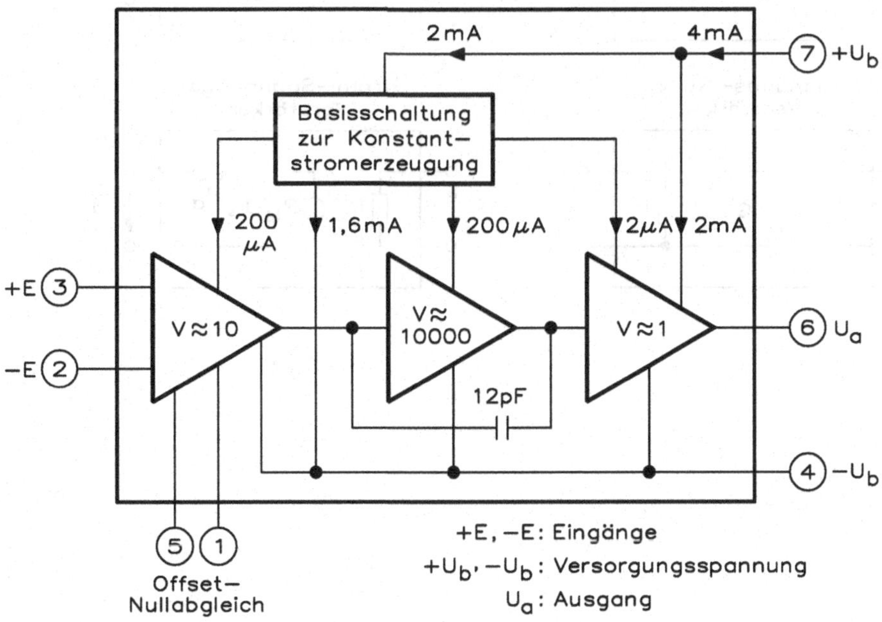

In der Praxis arbeitet man mit

- Spannungsverstärker (voltage amplifier)
- Stromverstärker (current amplifier)
- Spannungs-Strom-Verstärker (transconductance amplifier)
- Strom-Spannungs-Verstärker (transimpedance amplifier)

H. Bernstein, *Formelsammlung*, https://doi.org/10.1007/978-3-658-18179-6_13

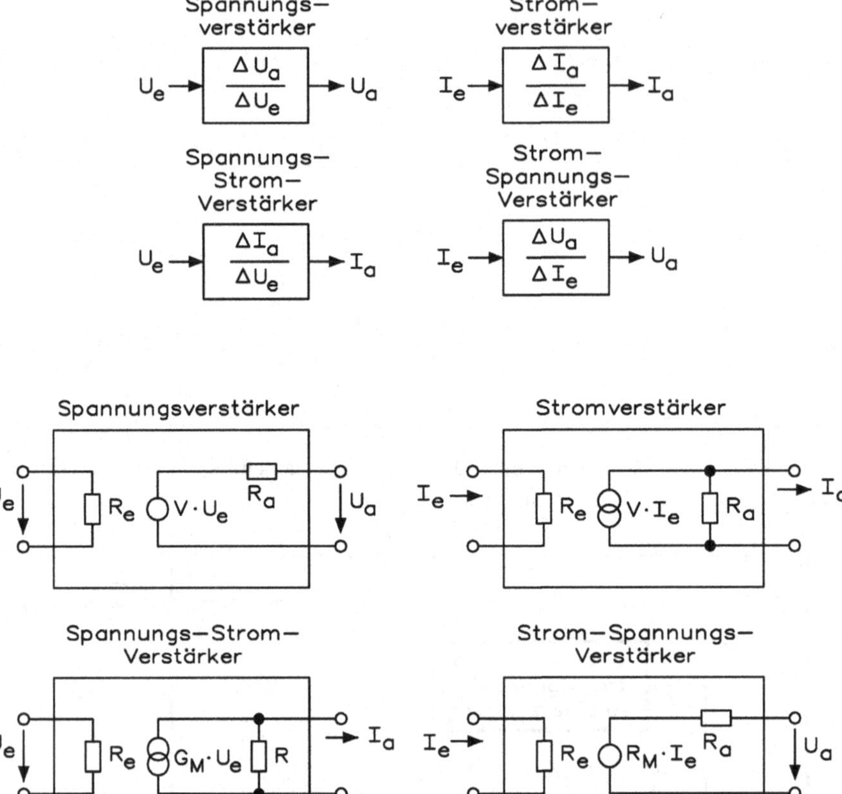
Spannungs-
verstärker
ΔUa / ΔUe
Ue
Ua
Strom-
verstärker
ΔIa / ΔIe
Ie
Ia
Spannungs-
Strom-
Verstärker
ΔIa / ΔUe
Strom-
Spannungs-
Verstärker
ΔUa / ΔIe
Spannungsverstärker
Re
V·Ue
Ra
Stromverstärker
V·Ie
Spannungs-Strom-
Verstärker
GM·Ue
R
Strom-Spannungs-
Verstärker
RM·Ie

13.1 Grundschaltungen des Operationsverstärkers

- **Invertierender Verstärkerbetrieb**

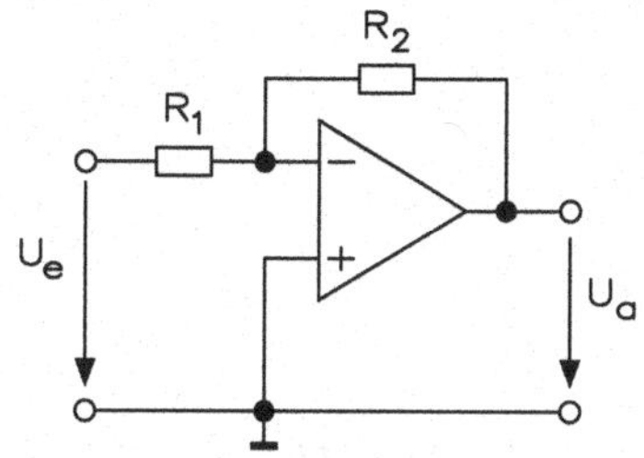

$$v = \frac{R_2}{R_1}$$

- **Nicht invertierender Verstärkerbetrieb**

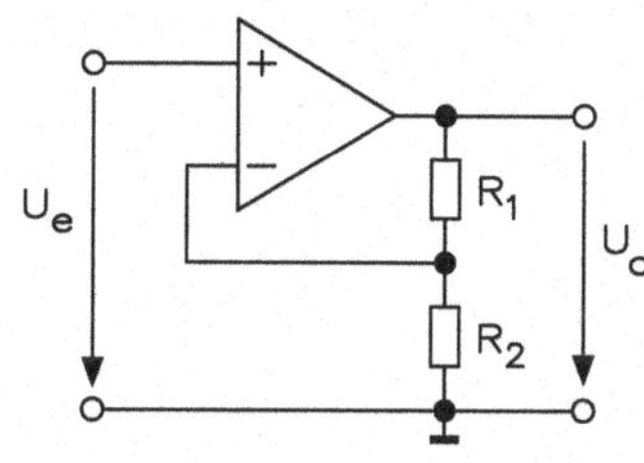

$$v = 1 + \frac{R_2}{R_1}$$

- **Impedanzwandler**

$$U_a = U_e \qquad v = 1 \qquad r_{ein} = 10^5\ \Omega \ldots 10^{24}\ \Omega$$
$$r_{aus} = 50\ \Omega \ldots 75\ \Omega$$

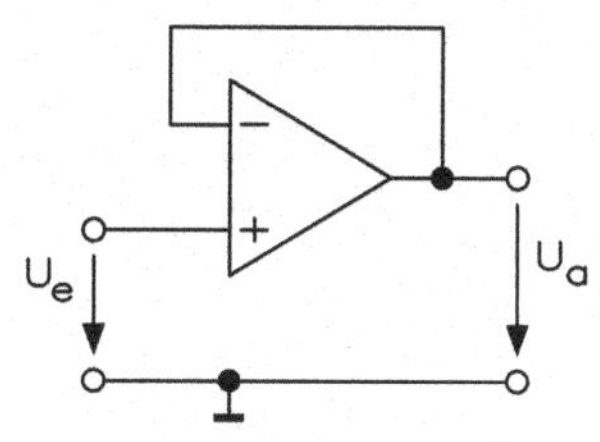

- **Differenzverstärker**

$$U_a = (U_{e2} - U_{e1}) \cdot \frac{R_2}{R_1} \qquad R_1 = R_3 \quad R_2 = R_4$$

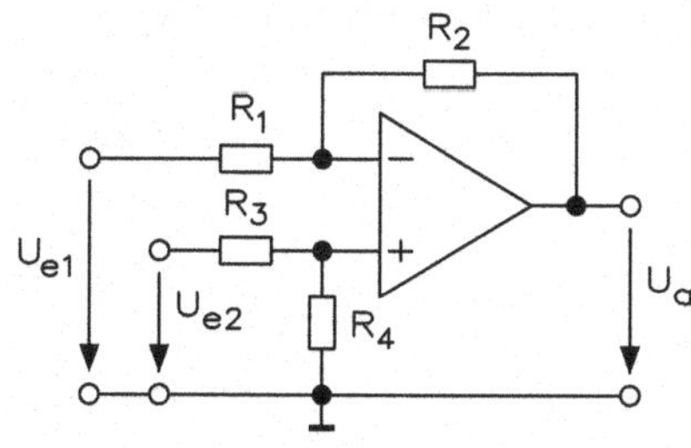

- **Summierer (Addierer)**

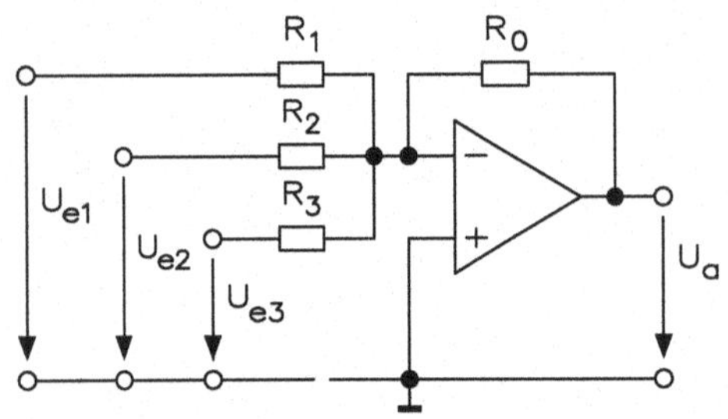

$$-U_a = U_{e1}\frac{R_0}{R_1} + U_{e2}\cdot\frac{R_0}{R_2} + U_{e3}\cdot\frac{R_0}{R_3}$$

- **Subtrahierer**

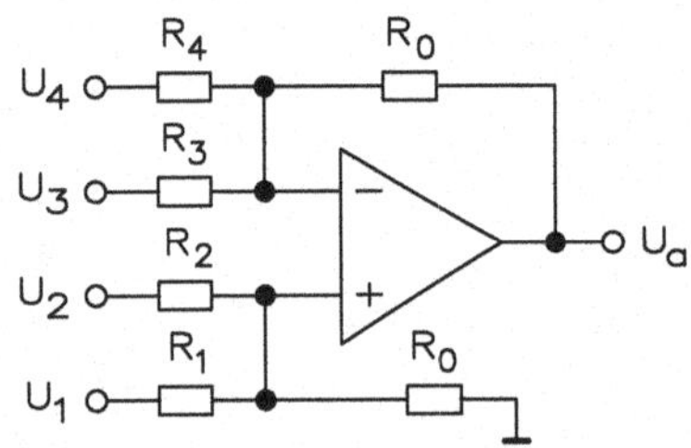

$$-U_a = R_0\cdot\left(\frac{U_1}{R_1} + \frac{U_2}{R_2} - \frac{U_3}{R_3} - \frac{U_4}{R_4}\right)$$

- **Integrator**

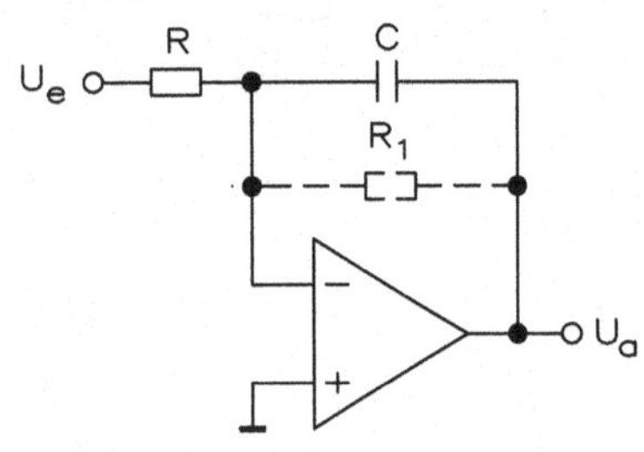

$$U_a = \frac{1}{R\cdot C}\int_0^t U_e\cdot dt$$

- **Differenzierer**

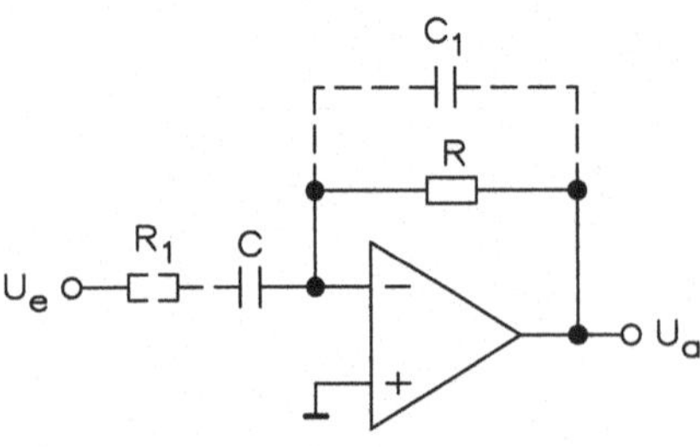

$$-U_a = R\cdot C\cdot\frac{dU_e}{dt} \text{ bei } R\cdot C_1 \le R_1\cdot C$$

- **Instrumentenverstärker**

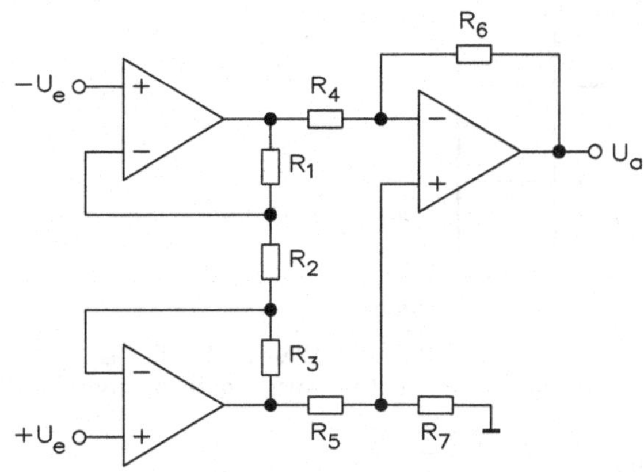

$$v_U = \frac{R_6}{R_4}\left(1 + \frac{2 \cdot R_1}{R_2}\right)$$

bei $R_1 = R_3$, $R_4 = R_5$, $R_6 = R_7$

13.2 Komparator und Schmitt-Trigger

- **Invertierender Nullspannungskomparator**

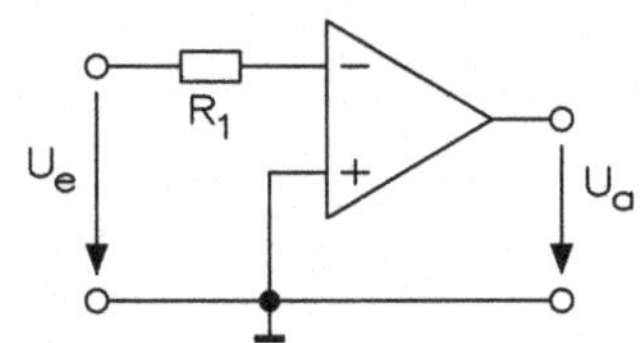

$$U_a = \begin{cases} +U_{asätt} & < 0\text{ V} \\ -U_{asätt} & > 0\text{ V} \end{cases}$$

$+U_{asät}$ = positive Ausgangsspannung

$-U_{asätt}$ = negative Ausgangsspannung

- **Nicht invertierender Nullspannungskomparator**

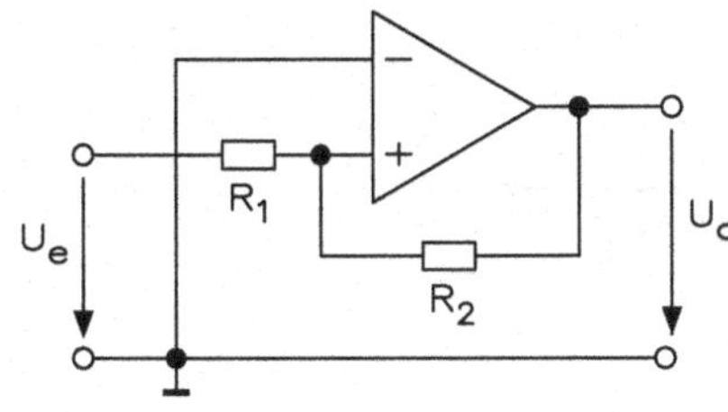

$$U_a = \begin{cases} +U_{asätt} & > 0\text{ V} \\ -U_{asätt} & < 0\text{ V} \end{cases}$$

$+U_{asätt}$ = positive Ausgangsspannung

$-U_{asätt}$ = negative Ausgangsspannung

Analoger Komparator

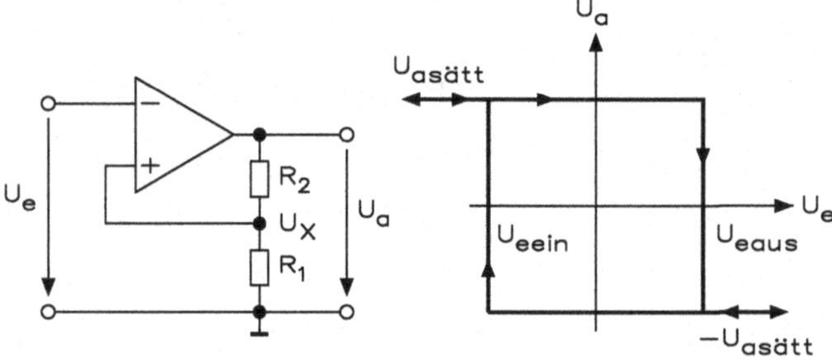

$$U_a = \begin{cases} +U_{asätt} \; bei \; U_e < U_x \\ -U_{asätt} \; bei \; U_e > U_x \end{cases}$$

$+U_{asätt}$ = positive Ausgangsspannung
$-U_{asätt}$ = negative Ausgangsspannung

Nicht invertierender Schmitt-Trigger

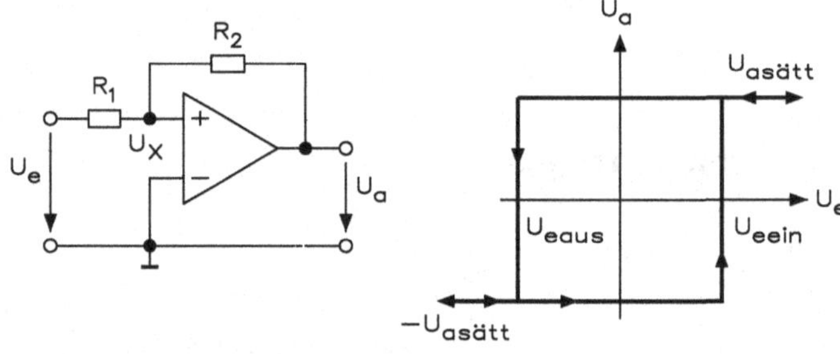

$$U_x = \frac{R_1}{R_1 + R_2} \cdot +U_{asätt} \qquad U_x = \frac{R_1}{R_1 + R_2} \cdot -U_{asätt}$$

$$U_H = \frac{R_1}{R_1 + R_2} \cdot [+U_{asätt} - (-U_{asätt})]$$

Invertierender Schmitt-Trigger

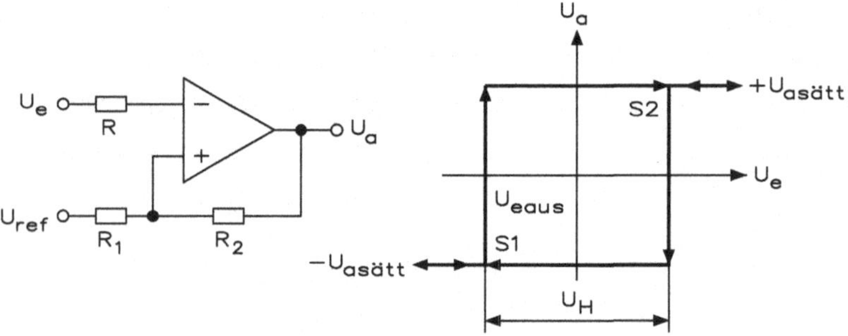

$$S_1 = \frac{R_1}{R_1 + R_2} \cdot (U_{ref} - U_{asätt}) \qquad S_2 = \frac{R_1}{R_1 + R_2} \cdot (U_{ref} + U_{asätt})$$

$$U_H = \frac{R_1}{R_1 + R_2} \cdot U_{ref} + (U_{asätt} - U_{ref})$$

- **Bipolarer Koeffizient**

$U_a = (2q - 1) \cdot U_e$ bei $0 \le q \le 1$

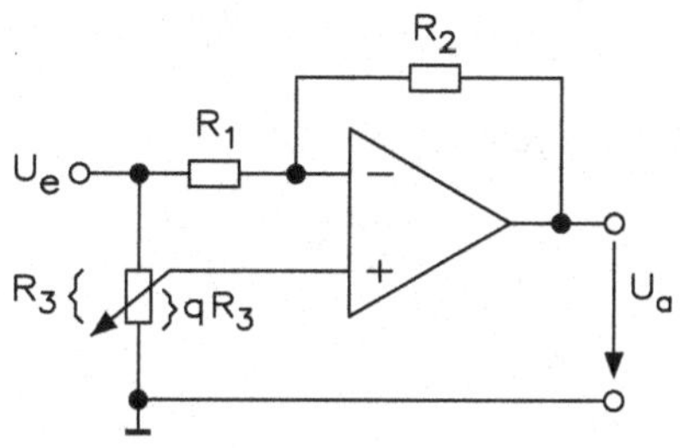

- **Negative Impedanz (kurzschlussstabil)**

$$Z = \frac{U_e}{I} = -\frac{Z}{n}$$

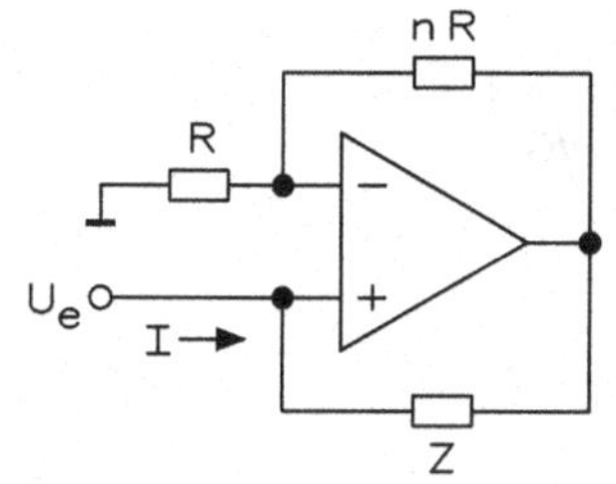

- **Negative Impedanz (leerlaufstabil)**

$$Z = \frac{U_e}{I} = -\frac{Z}{1 + n \cdot R}$$

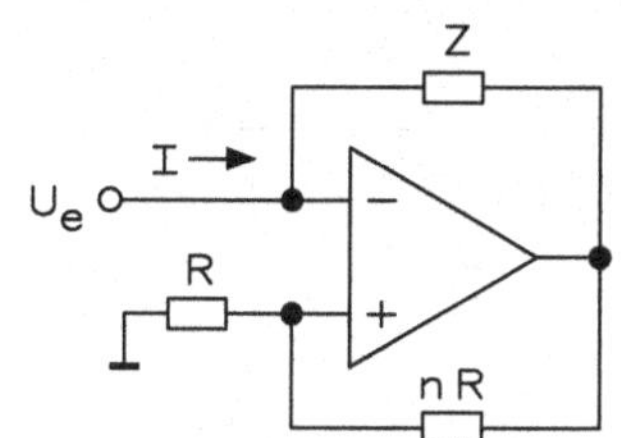

- **Gyrator**

$n >> 1$

$$I_a = \frac{U_e}{R_1} \qquad I_e = \frac{U_a}{R_1}$$

$$\frac{U_e}{I_e} = \frac{I_a}{U_a} \cdot R_1^2 \qquad Z_1 = \frac{1}{Z_2} \cdot R_1^2$$

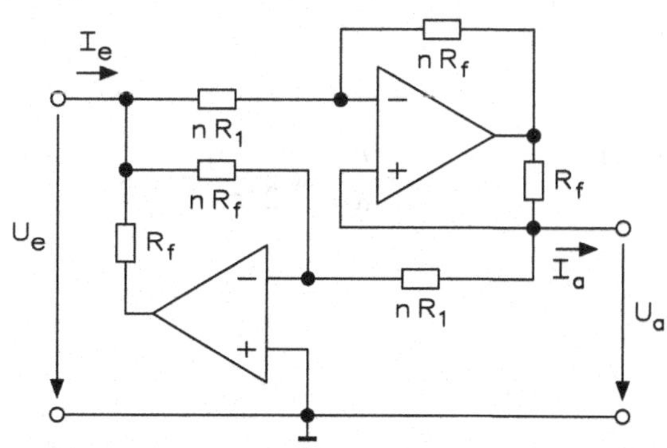

13.3 Wandler mit Operationsverstärker

- **Invertierender Strom-Spannungs-Wandler**

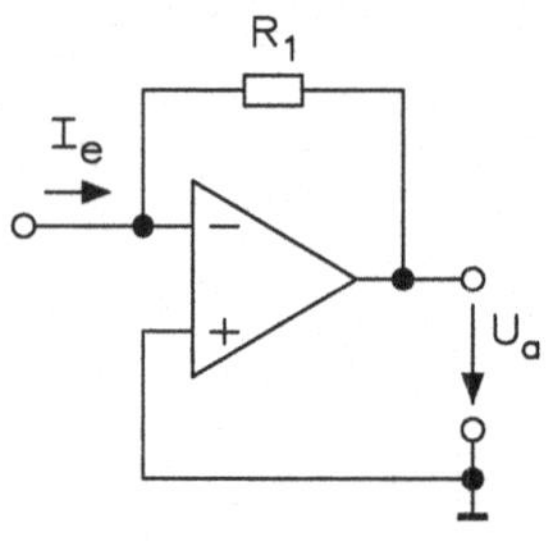

$$-U_a = R_1 \cdot I_e$$

- **Invertierender Stromwandler**

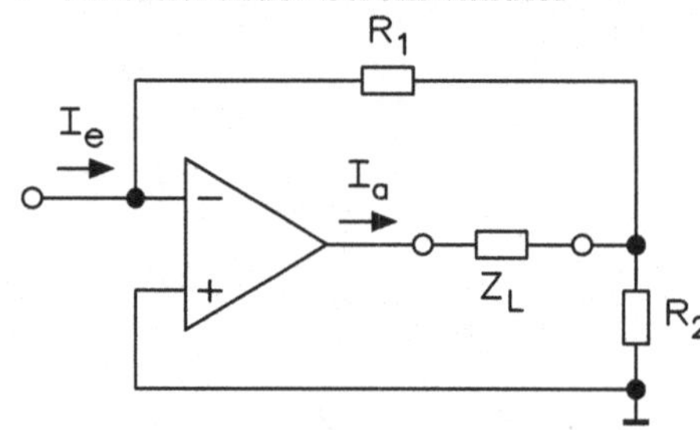

$$-I_a = \left(1 + \frac{R_1}{R_2}\right) \cdot I_e$$

- **Wechselspannungsverstärker mit Driftunterdrückung**

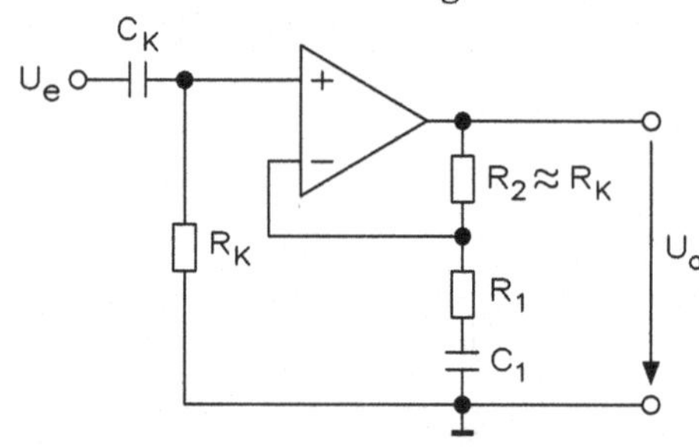

$$v_{u\sim} \approx 1 + \frac{R_2}{R_1} \text{ für } \frac{1}{2 \cdot \pi \cdot f \cdot C_1} << 1$$

$$v_{u-} \approx 1$$

- **Bootstrap-Wechselspannungsverstärker**

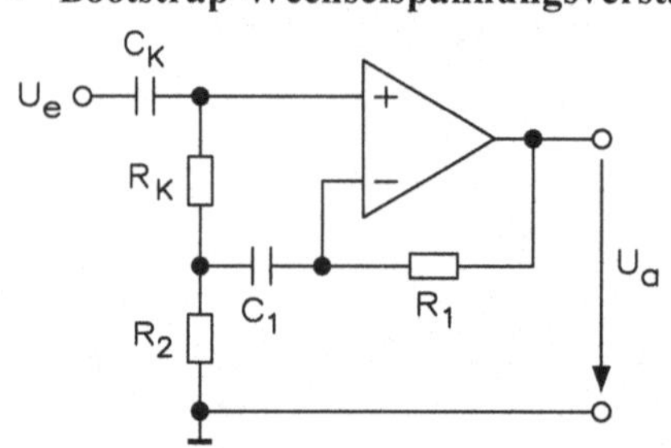

$$v_{u\sim} \approx 1 + \frac{R_1}{R_2} \text{ für } \frac{1}{2 \cdot \pi \cdot f \cdot C_1} << 1$$

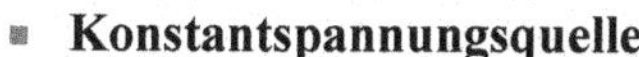

Konstantspannungsquelle

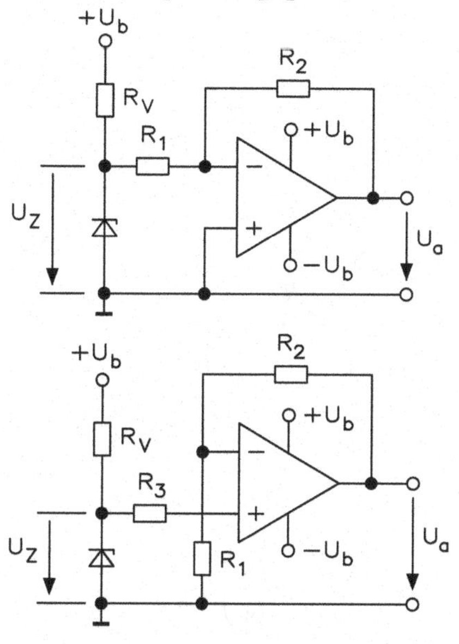

$$-U_a = U_Z \cdot \frac{R_2}{R_1}$$

$$U_a = U_Z \cdot \left(1 + \frac{R_2}{R_1}\right)$$

Konstantstromquelle

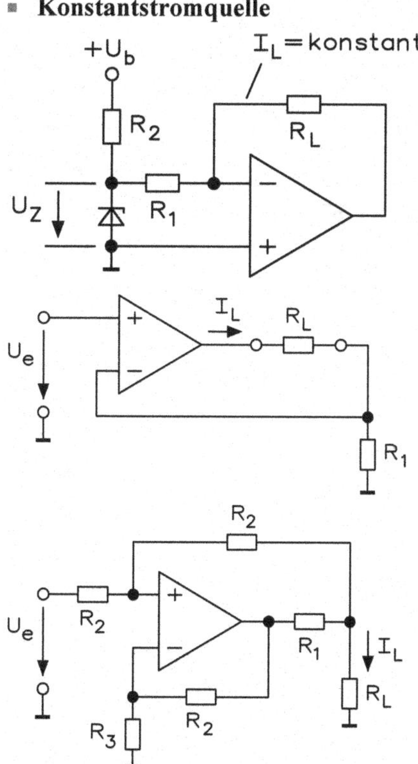

$$I_L = \frac{U_a}{R_L} = \frac{U_Z}{R_1}$$

$$I_L = \frac{U_e}{R_1}$$

$$I_L = \frac{U_{ref}}{\dfrac{R_1 \cdot R_2}{R_1 + R_2}} \qquad R_3 = \frac{R_2^2}{R_1 + R_2}$$

Für $R_1 << R_2$ ist $I_L \approx \frac{U_{ref}}{R_1}$.

$$R_3 \approx R_2$$

$$U_{ref} = U_e$$

- **Linearer Einweggleichrichter**

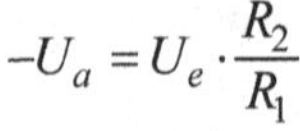

$$-U_a = U_e \cdot \frac{R_2}{R_1}$$

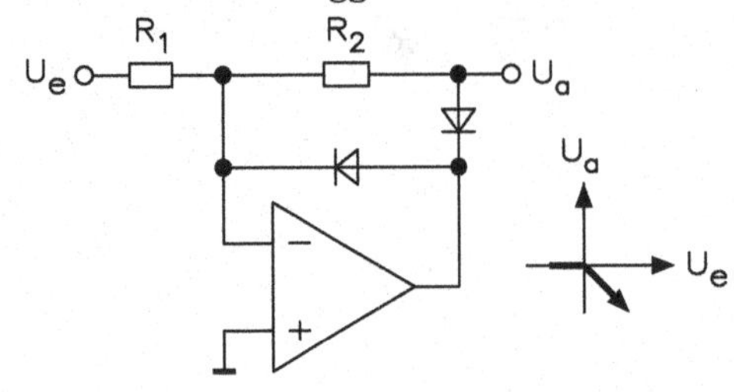

$$-U_a = U_e \cdot \frac{R_2}{R_1}$$

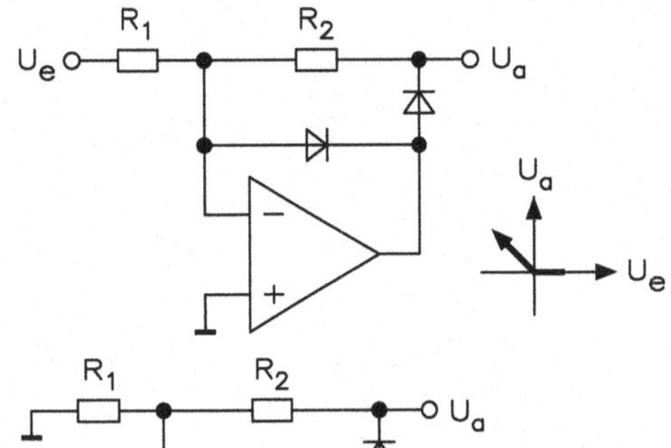

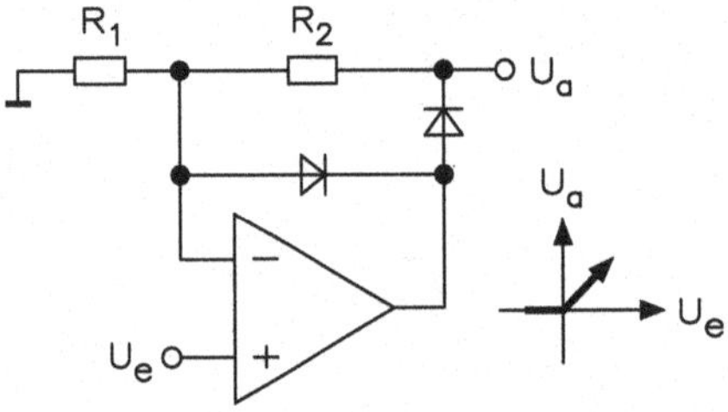

$$U_a = U_e \cdot \left(1 + \frac{R_2}{R_1}\right)$$

- **Präzisions-Zweiweggleichrichter**

$$I = \frac{U_e}{R_1}$$

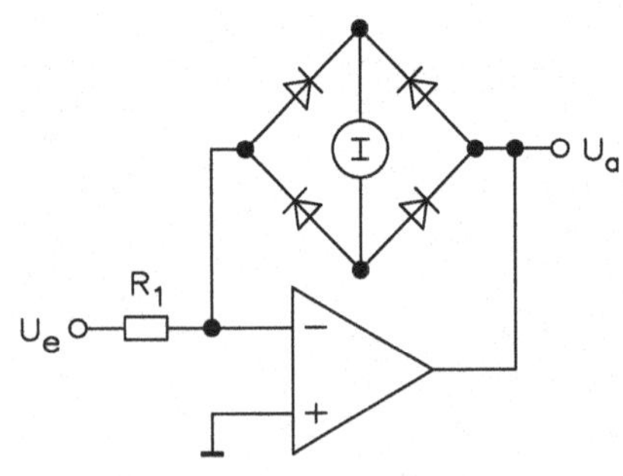

- **Logarithmischer Verstärker mit Diode**

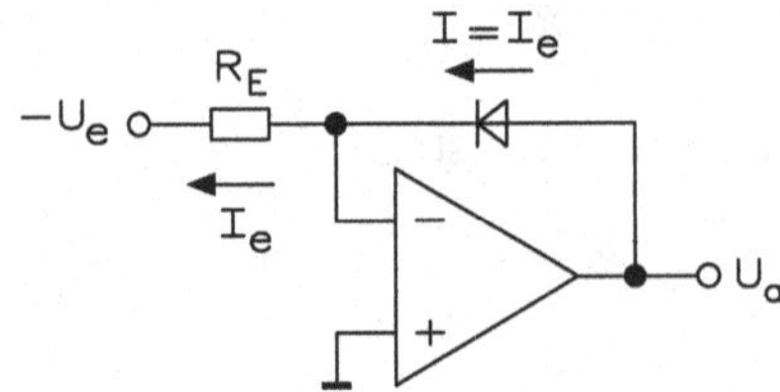

$$U_a = m\frac{kT}{q} \cdot \ln\left(\frac{I}{I_0}\right) + I \cdot R_E$$

$$\frac{kT}{q} = 26 \text{ mV (exakt bei 28,58 °C)}$$

$$\frac{kT}{q} = \ln(10) = 60 \text{ mV (exakt bei 29,25 °C)}$$

m Skalenfaktorfehler
k Boltzmann-Konstante $1{,}36 \cdot 10^{-23}$ J/K
q Elektronenladung $1{,}6 \cdot 10^{-19}$ C
I_0 extrapolierter Strom bei $U_0 = 0$ V

- **Logarithmischer Verstärker mit Transistor**

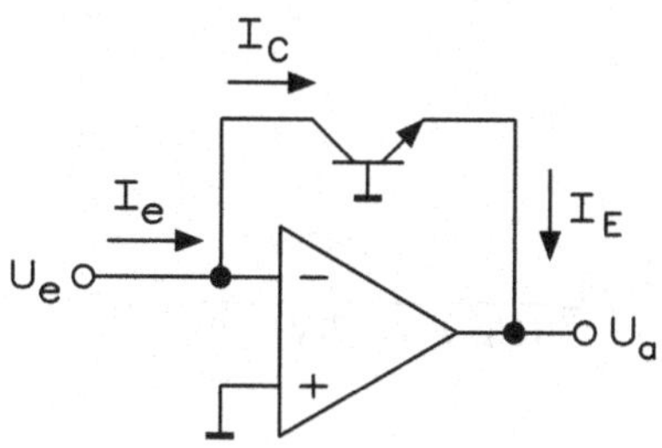

I_{ES} Emitter-Sättigungsstrom
α_n Stromübersetzung

$$U_a = \frac{kT}{q} \cdot \ln\left(\frac{I_e}{I_{ES}}\right) - \frac{kT}{q}\ln(\alpha_n) \text{ gilt, wenn } I_e >> I_{ES} \text{ ist}$$

13.4 Generatoren mit Operationsverstärker

- **Rechteckgenerator**

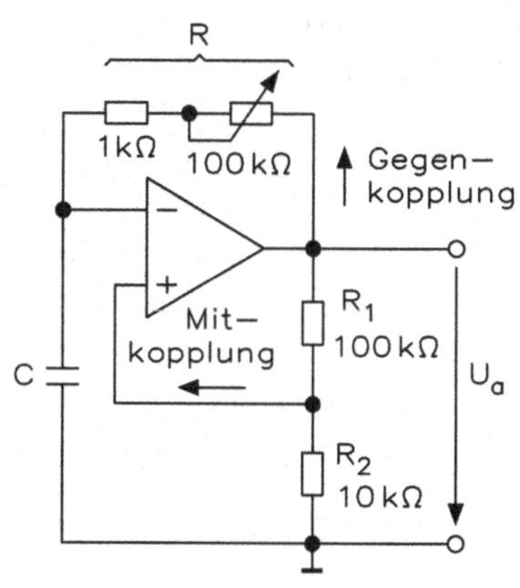

$$f = \frac{1}{2 \cdot R \cdot C \cdot \ln\left(1 + \frac{2 \cdot R_2}{R_1}\right)}$$

- **Dreieck-Rechteck-Generator (Funktionsgenerator)**

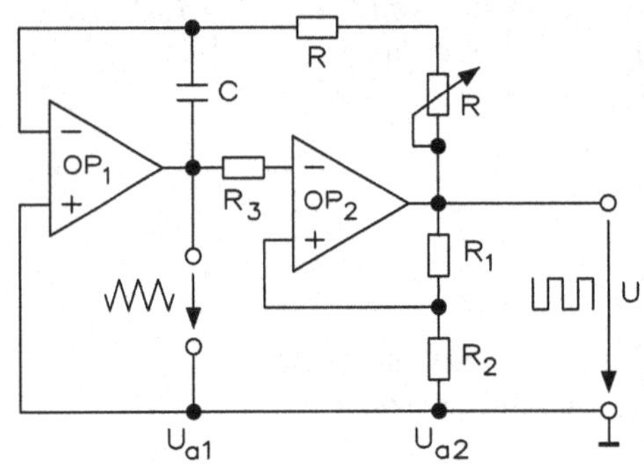

$$f = \frac{1}{4 \cdot R \cdot C} \cdot \frac{R_1}{R_2}$$

- **Sägezahngenerator**

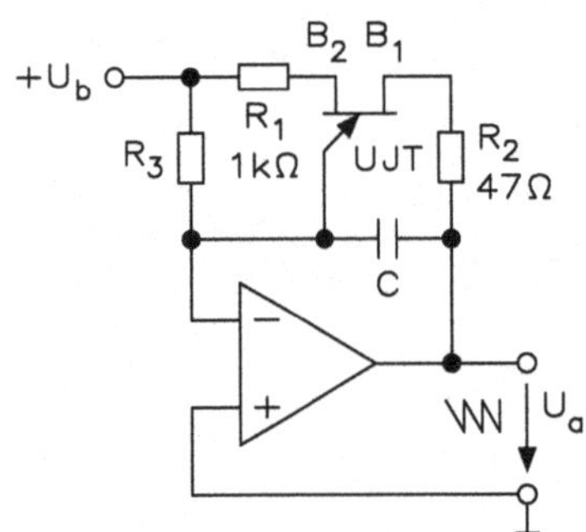

$$f = \frac{U_b}{(U_b \cdot \eta + 0{,}7\ \text{V}) \cdot R_1 \cdot C}$$

- **Sinusgenerator mit Wien-Robinson-Brücke**

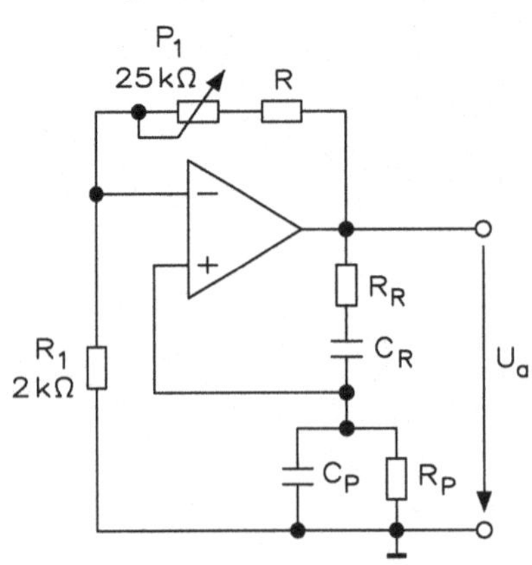

$$f = \frac{1}{2 \cdot \pi \cdot R \cdot C}$$

$$R_1 = 2 \cdot n \cdot R$$

- **Sinusgenerator mit Tiefpass-Phasenschieber**

$$f = \frac{1}{2{,}5 \cdot R \cdot C}$$

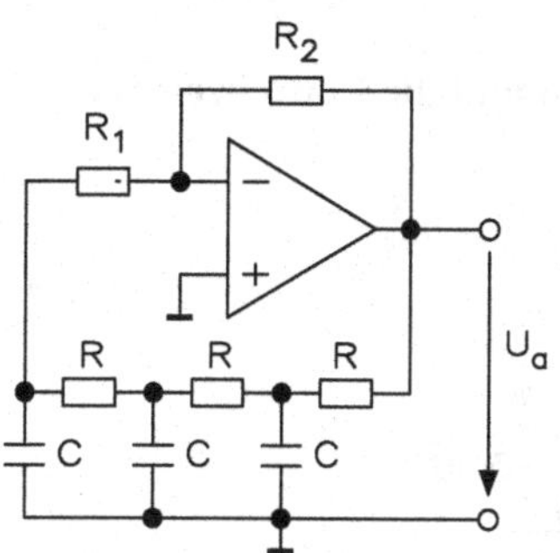

- **Sinusgenerator mit Hochpass-Phasenschieber**

$$f = \frac{1}{15{,}4 \cdot R \cdot C}$$

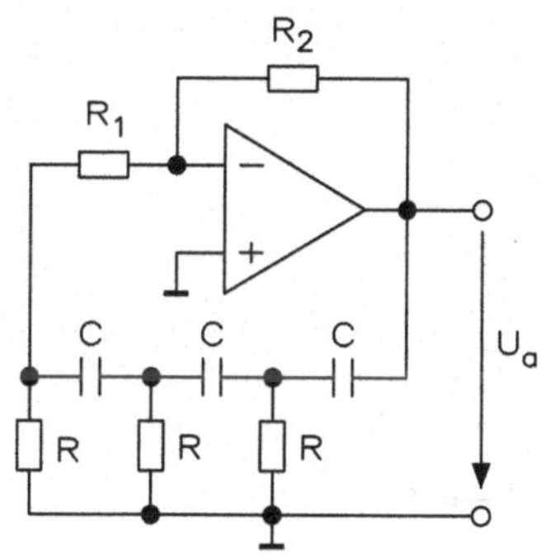

13.5 Aktive Tiefpass- und Hochpass-Filter

Verlauf der Anstiegsgeschwindigkeit, das Überschwingen und die Einstellzeit bei verschiedenen Filterfunktionen der Ordnungszahl *n*

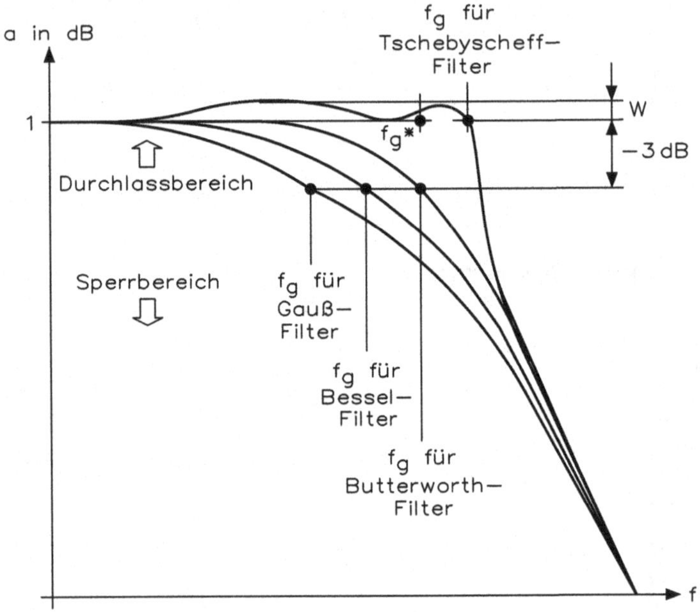

Ordnung	Filterkoeffizienten		Filtertyp
	a_1	b_1	
1. Ordnung	1,0000	0,0000	alle Typen
2. Ordnung	1,2872	0,4142	KR
	1,3617	0,6180	BE
	1,4142	1,0000	BU
	1,3614	1,3827	T½
	1,3022	1,5515	T1
	1,1813	1,7775	T2
	1,0650	1,9305	T3

Anmerkung:
KR = Filter (Gauß) mit kritischer Dämpfung
BE = Bessel-Filter
BU = Butterworth-Filter
T½ = Tschebyscheff-Filter mit 0,5-dB-Welligkeit
T1 = Tschebyscheff-Filter mit 1-dB-Welligkeit
T2 = Tschebyscheff-Filter mit 2-dB-Welligkeit
T3 = Tschebyscheff-Filter mit 3-dB-Welligkeit

- **Aktiver Tiefpass 1. Ordnung**

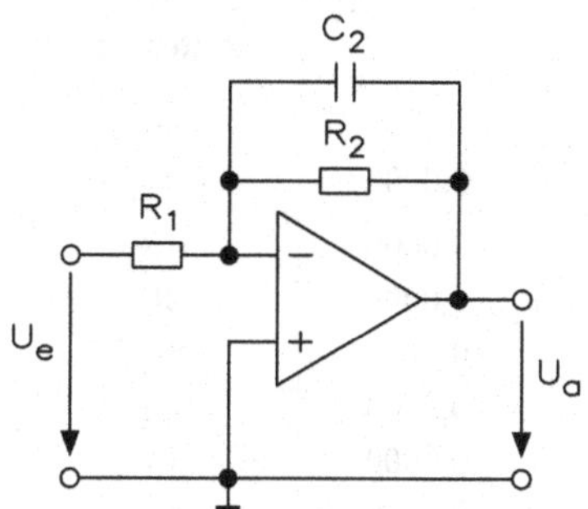

$$R_2 = \frac{a_1}{2 \cdot \pi \cdot f_g \cdot C_2}$$

$$R_1 = \frac{R_2}{|v_0|}$$

- **Aktiver Hochpass 1. Ordnung**

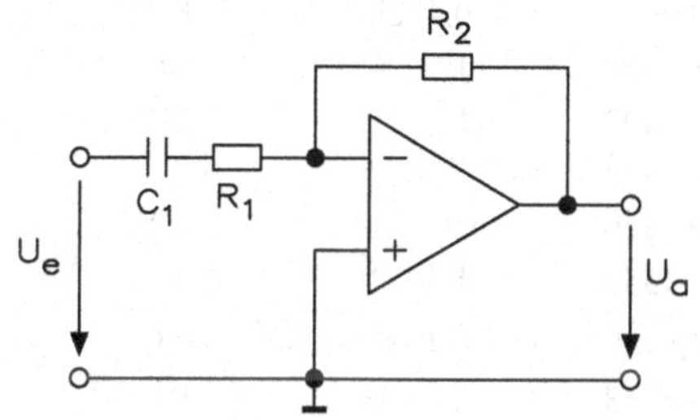

$$R_1 = \frac{1}{2 \cdot \pi \cdot f_g \cdot C_1 \cdot a_1}$$

$$R_2 = R_1 \cdot |v_\infty|$$

- **Aktiver Tiefpass 2. Ordnung**

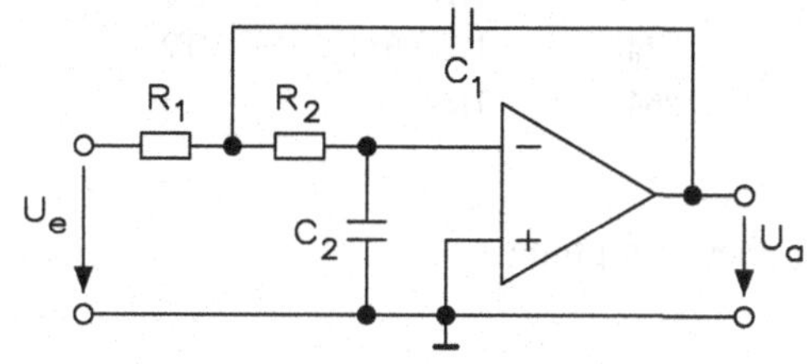

$$f_g = \frac{\sqrt{b_1}}{2 \cdot \pi \cdot R \cdot C}$$

$$C_1 = \frac{a_1}{4 \cdot \pi \cdot f_g \cdot R}$$

$$C_2 = \frac{3b_1}{4 \cdot \pi \cdot f_g \cdot a_1 \cdot R}$$

bei $C_1 = C_2 = C$ gilt $R = \frac{\sqrt{b_1}}{2 \cdot \pi \cdot C}$

$$\frac{R_1}{R_2} = 2 - \frac{a_1}{\sqrt{b_1}}$$

Filterkoeffizienten für optimierte Frequenzgänge bis zur 4. Ordnung

Ordnung	Filterkoeffizienten				Filtertyp
	a_1	b_1	a_2	b_2	
1. Ordnung	1,0000	0,0000	0,0000	0,0000	alle Typen
2. Ordnung	1,2872	0,4142	0,0000	0,0000	KR
	1,3617	0,6180	0,0000	0,0000	BE
	1,4142	1,0000	0,0000	0,0000	BU
	1,3614	1,3827	0,0000	0,0000	T½
	1,3022	1,5515	0,0000	0,0000	T1
	1,1813	1,7775	0,0000	0,0000	T2
	1,0650	1,9305	0,0000	0,0000	T3
3. Ordnung	0,5098	0,0000	1,0197	0,2599	KR
	0,7560	0,0000	0,9996	0,4722	BE
	1,0000	0,0000	1,0000	1,0000	BU
	1,8636	0,0000	0,6402	1,1931	T½
	2,2156	0,0000	0,5442	1,2057	T1
	2,7994	0,0000	0,4300	1,2036	T2
	3,3496	0,0000	0,3559	1,1923	T3
4. Ordnung	0,8700	0,1892	0,8700	0,1982	KR
	1,3397	0,4889	0,7743	0,3890	BE
	1,8478	1,0000	0,7654	1,0000	BU
	2,6282	3,4341	0,3648	1,1509	T½
	2,5904	4,1301	0,3039	1,1697	T1
	2,4025	4,9862	0,2374	1,1896	T2
	2,1853	5,5339	0,1964	1,2009	T3

Anmerkung:
KR = Filter (Gauß) mit kritischer Dämpfung
BE = Bessel-Filter
BU = Butterworth-Filter
T½ = Tschebyscheff-Filter mit 0,5-dB-Welligkeit
T1 = Tschebyscheff-Filter mit 1-dB-Welligkeit
T2 = Tschebyscheff-Filter mit 2-dB-Welligkeit
T3 = Tschebyscheff-Filter mit 3-dB-Welligkeit

- **Aktiver Tiefpass 3. Ordnung**

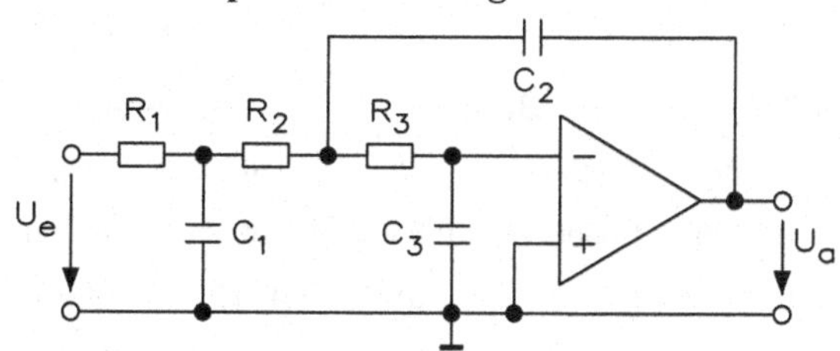

$$C_1 = \frac{a_1}{2 \cdot \pi \cdot f_g \cdot R}$$

$$C_2 = \frac{a_2}{4 \cdot \pi \cdot f_g \cdot R}$$

$$C_3 = \frac{3b_2}{2 \cdot \pi \cdot f_g \cdot a_2 \cdot R}$$

- **Aktiver Tiefpass 4. Ordnung**

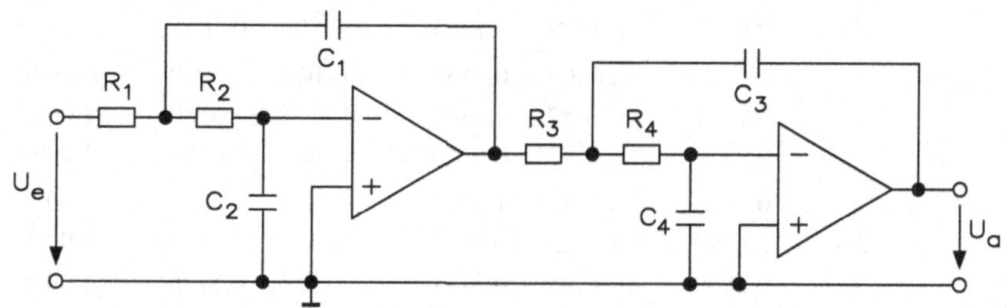

$$C_1 = \frac{a_1}{4 \cdot \pi \cdot f_g \cdot R} \qquad C_2 = \frac{3b_1}{2 \cdot \pi \cdot f_g \cdot a_1 \cdot R}$$

$$C_3 = \frac{a_2}{4 \cdot \pi \cdot f_g \cdot R} \qquad C_4 = \frac{3b_2}{2 \cdot \pi \cdot f_g \cdot a_2 \cdot R}$$

- **Filterkoeffizienten für optimierte Frequenzgänge bis zur 10. Ordnung Schaltung einzelner Filter für die Bildung höherer Ordnung**

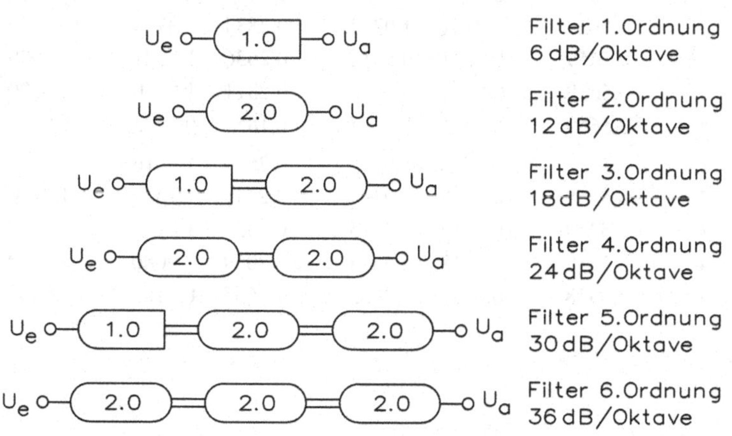

Filter 1.Ordnung 6 dB/Oktave

Filter 2.Ordnung 12 dB/Oktave

Filter 3.Ordnung 18 dB/Oktave

Filter 4.Ordnung 24 dB/Oktave

Filter 5.Ordnung 30 dB/Oktave

Filter 6.Ordnung 36 dB/Oktave

Filterkoeffizienten für optimierte Frequenzgänge nach Gauß, Bessel und Butterworth

Ordnung	Faktor	Gauß		Bessel		Butterworth	
n	i	a_i	b_i	a_i	b_i	a_i	b_i
1	1	1,0000	0,0000	1,0000	0,0000	1,0000	0,0000
2	1	1,2872	0,4141	1,3617	0,6180	1,4142	1,0000
3	1	0,5098	0,0000	0,7560	0,0000	1,0000	0,0000
	2	1,0197	0,2599	0,9996	0,4772	1,0000	1,0000
4	1	0,8700	0,1892	1,3397	0,4889	1,8478	1,0000
	2	0,8700	0,1892	0,7743	0,3890	0,7654	1,0000
5	1	0,3856	0,0000	0,6656	0,0000	1,0000	0,0000
	2	0,7712	0,1487	1,1402	0,4128	1,6180	1,0000
	3	0,7712	0,1487	0,6216	0,3245	0,6180	1,0000
6	1	0,6999	0,1225	1,2217	0,3887	1,9319	1,0000
	2	0,6999	0,1225	0,9686	0,3505	1,4142	1,0000
	3	0,6999	0,1225	0,5131	0,2756	0,5176	1,0000
7	1	0,3226	0,0000	0,5937	0,0000	1,0000	0,0000
	2	0,6453	0,1041	1,0944	0,3395	1,8019	1,0000
	3	0,6453	0,1041	0,8304	0,3011	1,2470	1,0000
	4	0,6453	0,1041	0,4332	0,2381	0,4450	1,0000
8	1	0,6017	0,0905	1,1121	0,3162	1,9616	1,0000
	2	0,6017	0,0905	0,9754	0,2979	1,6629	1,0000
	3	0,6017	0,0905	0,7202	0,2621	1,1111	1,0000
	4	0,6017	0,0905	0,3728	0,2087	0,3902	1,0000
9	1	0,2829	0,0000	0,5386	0,0000	1,0000	0,0000
	2	0,5659	0,0801	1,0244	0,2834	1,8794	1,0000
	3	0,5659	0,0801	0,8710	0,2636	1,5321	1,0000
	4	0,5659	0,0801	0,6320	0,2311	1,0000	1,0000
	5	0,5659	0,0801	0,3257	0,1854	0,3473	1,0000
10	1	0,5358	0,0718	1,0215	0,2650	1,9616	1,0000
	2	0,5358	0,0718	0,9393	0,2549	1,7820	1,0000
	3	0,5358	0,0718	0,7815	0,2351	1,4142	1,0000
	4	0,5358	0,0718	0,5604	0,2059	0,9080	1,0000
	5	0,5358	0,0718	0,2883	0,1665	0,3129	1,0000

Filterkoeffizienten für optimierte Frequenzgänge nach Tschebyscheff mit den entsprechenden Welligkeiten im Durchlassbereich

Ordnung	Faktor	Tschebyscheff-Filter mit einer Welligkeit von							
		$w = 0{,}5$		$w = 1$		$w = 2$		$w = 3$	
n	i	a_i	b_i	a_i	b_i	a_i	b_i	a_i	b_i
1	1	1,0000	0,0000	1,0000	0,0000	1,0000	0,0000	1,0000	0,0000
2	1	1,3614	1,3827	1,3022	1,5515	1,1813	1,7775	1,0650	1,9305
3	1	1,8636	0,0000	2,2156	0,0000	2,7994	0,0000	3,3496	0,0000
	2	0,6402	1,1931	0,5442	1,2057	0,4300	1,2036	0,3559	1,1923
4	1	2,6282	3,4341	2,5904	4,1301	2,4025	4,9862	2,1853	5,5339
	2	0,3648	1,1509	0,3039	1,1697	0,2374	1,1896	0,1964	1,2009
5	1	2,9235	0,0000	3,5711	0,0000	4,6345	0,0000	5,6334	0,0000
	2	1,3025	2,3534	1,1280	2,4896	0,9090	2,6036	0,7620	2,6530
	3	0,2290	1,0833	0,1872	1,0814	0,1434	1,0750	0,1172	1,0686
6	1	3,8645	6,9797	3,8437	8,5529	3,5880	10,4648	3,2721	11,6773
	2	0,7528	1,8573	0,6292	1,9124	0,4925	1,9622	0,4077	1,9873
	3	0,1589	1,0711	0,1296	1,0766	0,0995	1,0826	0,0815	1,0861
7	1	4,0211	0,0000	4,9520	0,0000	6,4760	0,0000	7,9064	0,0000
	2	1,8729	4,1795	1,6338	4,4899	1,3258	4,7649	1,1159	4,8963
	3	0,4861	1,5676	0,3987	1,5834	0,3067	1,5927	0,2515	1,5944
	4	0,1156	1,0443	0,0937	1,0423	0,0714	1,0384	0,0582	1,0348
8	1	5,1117	11,9607	5,1019	14,7608	4,7743	18,1510	4,3583	20,2948
	2	1,0639	2,9365	0,8916	3,0426	0,6991	3,1353	0,5791	3,1808
	3	0,3439	1,4206	0,2806	1,4334	0,2153	1,4449	0,1765	1,4507
	4	0,0885	1,0407	0,0717	1,0432	0,0547	1,0461	0,0448	1,0478
9	1	5,1318	0,0000	6,3415	0,0000	8,3198	0,0000	10,1759	0,0000
	2	2,4283	6,6307	2,1252	7,1711	1,7299	7,6580	1,4585	7,8971
	3	0,6839	2,2908	0,5624	2,3278	0,4337	2,3549	0,3561	2,3651
	4	0,2559	1,3133	0,2074	1,3166	0,1583	1,3174	0,1294	1,3165
	5	0,0695	1,0272	0,0562	1,0258	0,0427	1,0232	0,0348	1,0210
10	1	6,3648	18,3695	6,2634	22,7468	5,9618	28,0376	5,4449	31,3788
	2	1,3582	4,3453	1,1399	4,5167	0,8947	4,6644	0,7414	4,7363
	3	0,4822	1,9440	0,3939	1,9665	0,3023	1,9858	0,2479	1,9952
	4	0,1994	1,2520	0,1616	1,2569	0,1233	1,2614	0,1008	1,2638
	5	0,0563	1,0263	0,0455	1,0277	0,0347	1,0294	0,0283	1,0304

Für ein Tiefpassfilter 5. Ordnung gilt:

$$R_1 = \frac{a_1}{2 \cdot \pi \cdot f_g \cdot C} \qquad R_2 = \frac{a_2}{4 \cdot \pi \cdot f_g \cdot C} \qquad R_3 = \frac{3 \cdot b_1}{2 \cdot \pi \cdot f_g \cdot C \cdot a_2}$$

$$R_4 = \frac{a_3}{4 \cdot \pi \cdot f_g \cdot C} \qquad R_5 = \frac{3 \cdot b_3}{2 \cdot \pi \cdot f_g \cdot C \cdot a_3}$$

Tiefpassfilter 2. Ordnung

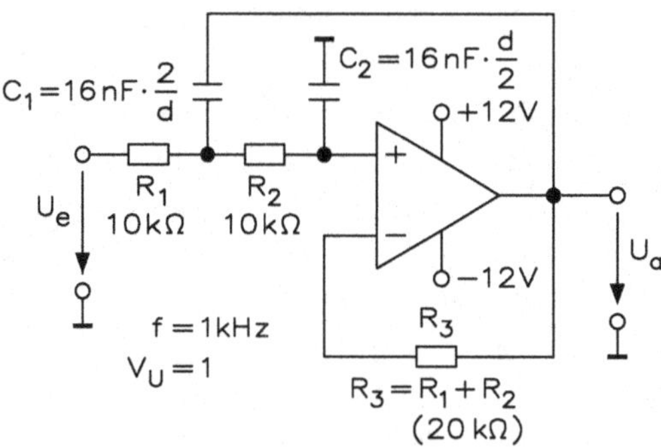

- **Tiefpassfilter 2. Ordnung mit ungleichen Bauteilen und f_g = 1 kHz**

  Die Berechnungen für das Tiefpassfilter 2. Ordnung mit ungleichen Bauteilen wurde bereits gezeigt.

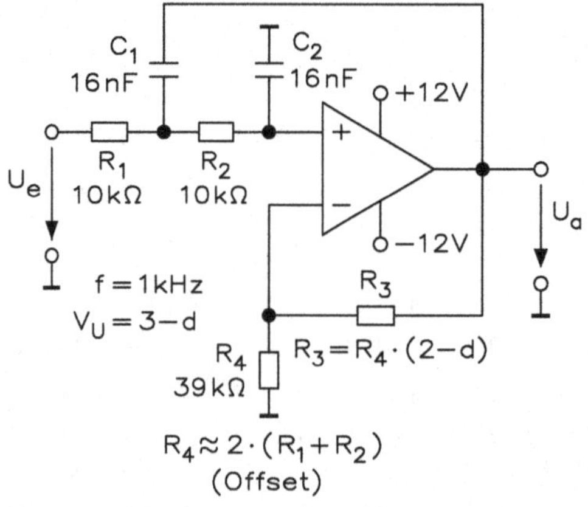

- **Tiefpassfilter 2. Ordnung mit gleichen Bauteilen und f_g = 1 kHz**

$V_u = 1 + \frac{R_3}{R_4}$ bei $C_1 = C_2$ und $V_u + d \approx 3$ d Dämpfungswert

$V_u = 3 - d = 1 + \frac{R_3}{R_4}$ entsprechend $2 - d = 1 + \frac{R_3}{R_4}$ und $R_3 = R_4 \cdot (2 - d)$

Der Phasenwinkel ist für $\varphi < 90°: \varphi = -\text{arc tan}\dfrac{d\cdot\omega}{1-\omega^2}$ und

$\varphi > 90°: \varphi = \left(180° + \text{arc tan}\dfrac{d\cdot\omega}{1-\omega^2}\right)$.

Der Amplitudenverlauf ist gegeben durch $a = \dfrac{U_a}{U_e} = \dfrac{1}{\sqrt{(1-\omega^2)^2 + d^2\cdot\omega^2}}$

oder in dB $a = 20\cdot\lg\cdot\sqrt{\omega^4 + (d^2-2)\cdot\omega^2 + 1}$.

- **Amplituden- und Phasenverlauf beim Hochpass 2. Ordnung mit unterschiedlicher Dämpfung**

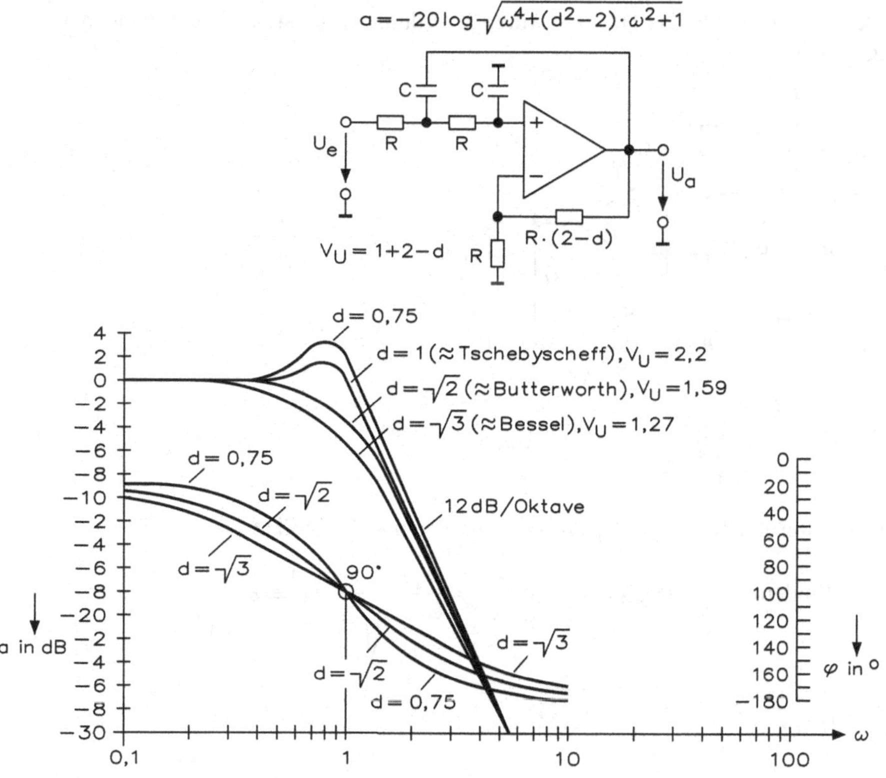

In der auf $\omega = 1$ normierten Frequenzachse lässt sich bei einem gegebenen d die Amplitudenspitze errechnen mit $a' = -20\cdot\lg\dfrac{d\cdot\sqrt{4-d^2}}{2}$ und der Frequenz $\omega' = \sqrt{1-\dfrac{d^2}{2}}$.

Hochpassfilter 2. Ordnung

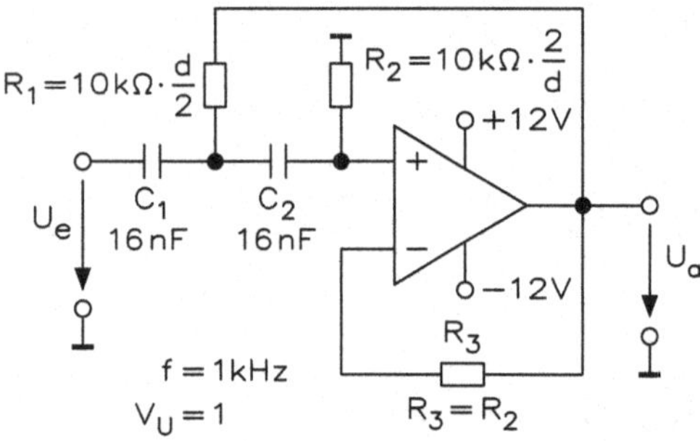

Hochpassfilter 2. Ordnung mit ungleichen Bauteilen und f_g = 1 kHz

Die Berechnungen für das Hochpassfilter 2. Ordnung mit ungleichen Bauteilen wurde bereits gezeigt.

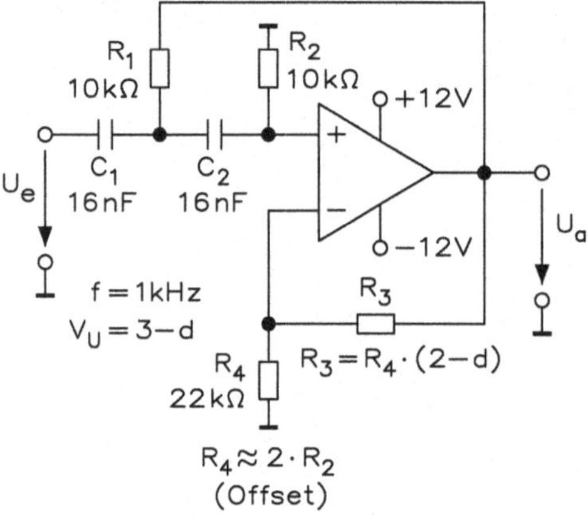

Hochpassfilter 2. Ordnung mit gleichen Bauteilen und f_g = 1 kHz

Der Amplitudenverlauf ist gegeben durch $a = \frac{U_a}{U_e} = \frac{1}{\sqrt{\frac{1}{\omega^4} + \frac{d^2 - 1}{\omega^2} + 1}}$

oder in dB $a = 20 \cdot \lg \cdot \sqrt{\frac{1}{\omega^4} + \frac{(d^2 - 2)}{\omega^2} + 1}$.

Der Phasenverlauf für $\omega > 1$ ist $\varphi = -\text{arc}\tan\dfrac{d/\omega}{1-\omega^2}$ und für $\omega < 1$ ist

$$\omega = 180° + \text{arc}\tan\frac{d/\omega}{1-\dfrac{1}{\omega^2}}.$$

Der Spitzenwert der Welligkeit ist $a' = -20 \cdot \lg\dfrac{d \cdot \sqrt{4-d^2}}{2}$ und die Frequenz

$$\omega' = \sqrt{1-\frac{d^2}{2}}.$$

- **Amplituden- und Phasenverlauf beim Hochpass 2. Ordnung mit unterschiedlicher Dämpfung**

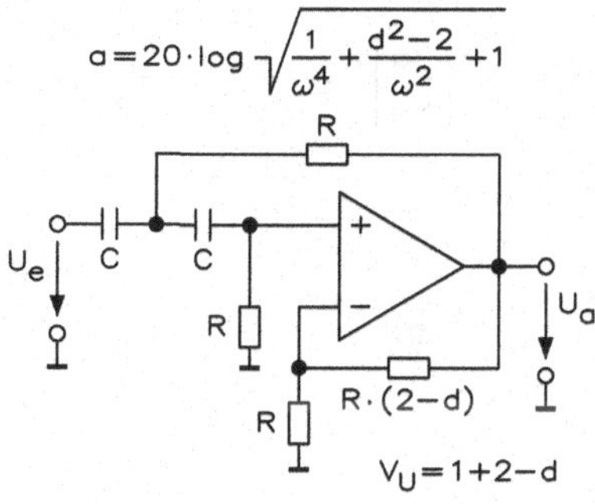

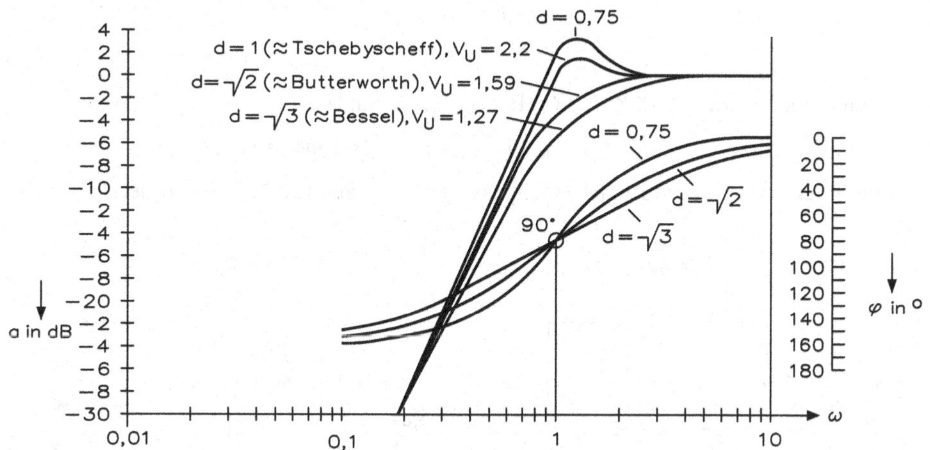

13.6 Umwandlung von Tief- in Hochpassfilter

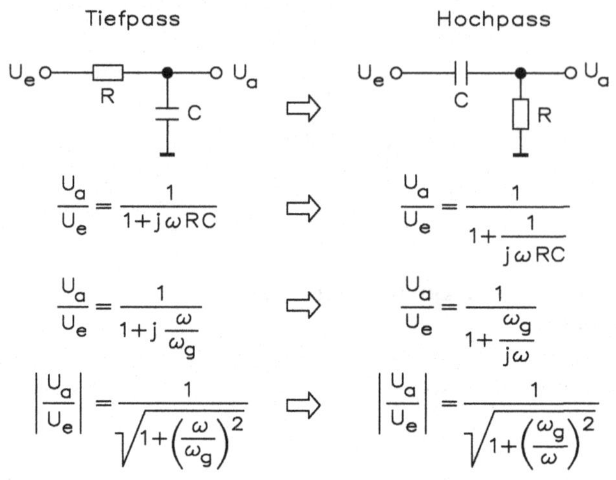

Tiefpass	Hochpass
$j\omega$	$1/j\omega$
V_0	V_∞
$R^* = 1/C^*$	$C^* = 1/R^*$
$C^* = 1/R^*$	$R^* = 1/C^*$

Normierter Widerstand: $R^* = R/R_B$; R_B (Bezugswiderstand)

Normierte Kapazität: $C^* = \omega_B \cdot R_B \cdot C_B$; $\omega_B = 2 \cdot \pi \cdot f_B$ (Bezugsfrequenz)

Die Filterkoeffizienten a und b der Hochpassfilter sind identisch mit denen der Tiefpassfilter.

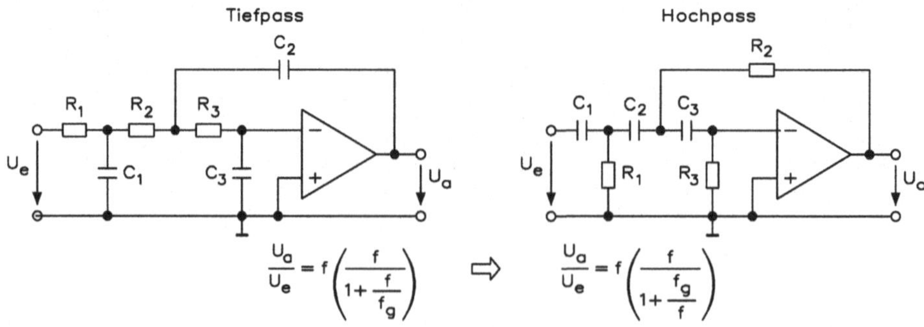

13.7 Selektiver Bandpass 2. Ordnung mit Schwingkreis

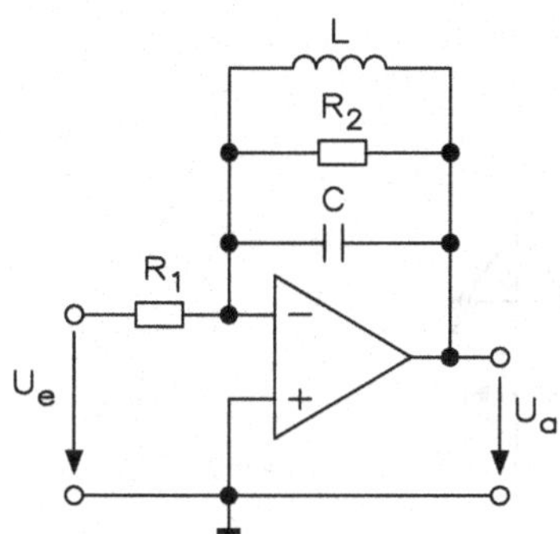

$$f_r = \frac{1}{2 \cdot \pi \cdot \sqrt{C \cdot L}}$$

$$Q = R_{res} \cdot \sqrt{\frac{C}{L}}$$

$$\Delta f = B = \frac{Q}{2 \cdot R_2 \cdot C}$$

f_r Resonanzfrequenz
Q Güte
Δf Bandbreite

13.8 Selektive Bandsperre 2. Ordnung

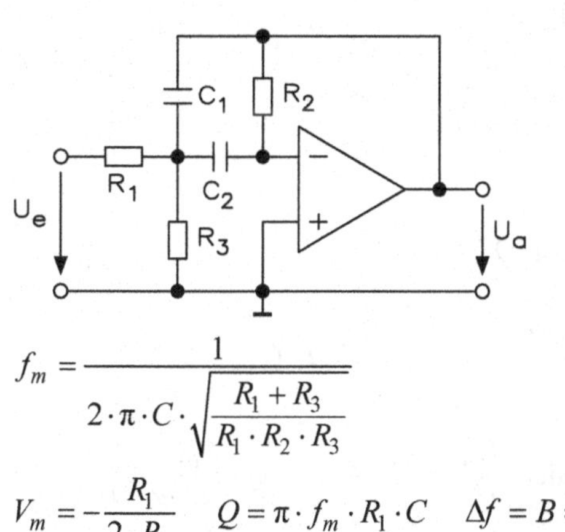

f_m Mittenfrequenz

$$f_m = \frac{1}{2 \cdot \pi \cdot C \cdot \sqrt{\frac{R_1 + R_3}{R_1 \cdot R_2 \cdot R_3}}}$$

$$V_m = -\frac{R_1}{2 \cdot R_2} \qquad Q = \pi \cdot f_m \cdot R_1 \cdot C \qquad \Delta f = B = \frac{1}{\pi \cdot R_1 \cdot C}$$

Aktives Bandpassfilter 2. Ordnung

$V_U = 0{,}2 \cdot Q$ mit R_1

$V_U = 2 \cdot Q$ ohne R_2

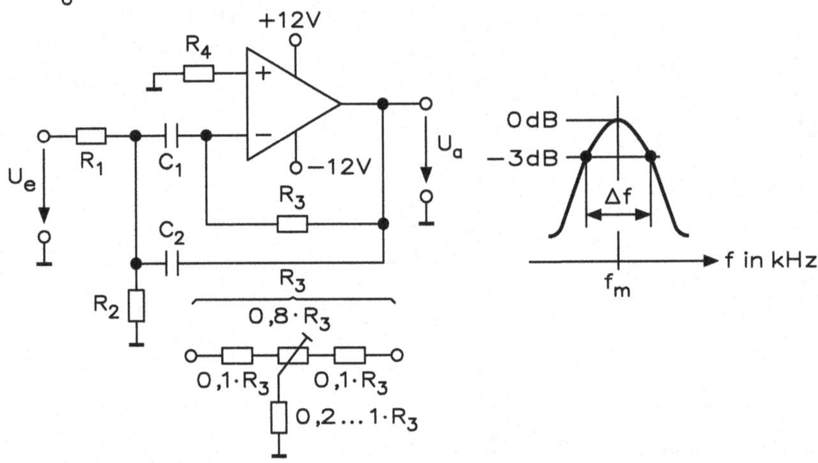

Bandpassfilter 2. Ordnung (normiert für 1 kHz) mit

$V_U = 0{,}2 \cdot Q$ mit R_1 $R_3 \approx R_4$

$V_U = 2 \cdot Q$ ohne R_2 $C = C_1 = C_2 = 15{,}9$ nF

Normiert auf $f_g = 1$ kHz:

ohne R_2; $R_1 = \dfrac{10\ \text{k}\Omega}{2 \cdot Q}$; $R_3 = 2 \cdot 10\ \text{k}\Omega \cdot Q$

mit R_2; $R_1 = \dfrac{100\ \text{k}\Omega}{2 \cdot Q}$; $R_2 = \dfrac{11\ \text{k}\Omega}{2 \cdot Q}$; $R_3 = 2 \cdot 10\ \text{k}\Omega \cdot Q$

Amplitudenverlauf: $a = \dfrac{1}{\sqrt{1 + Q^2 \cdot \left(\dfrac{\omega^2 - 1}{\omega}\right)^2}}$ oder $\dfrac{U_a}{U_e} = -20 \cdot \lg \sqrt{1 + Q^2 \cdot \left(\dfrac{\omega^2 - 1}{\omega}\right)^2}$

Phasenverlauf: $\varphi = -\arctan\left[Q^2 \cdot \left(\dfrac{\omega^2 - 1}{\omega}\right)^2\right]$

Aktives Bandpassfilter mit beliebigen V_U und Q, wenn $Q \approx 5$, wählbar zwischen $Q = 1...20$. Ist Q bekannt, lassen sich die Widerstände berechnen:

$$R_1 = \frac{Q}{V_U \cdot \omega \cdot C} = \frac{R_3}{2 \cdot V_U} \text{ mit } V_U = \frac{R_3}{2 \cdot R_1} = \frac{U_a}{U_e} \text{ und } C = \frac{0{,}16 \cdot Q}{f_M \cdot R_1 \cdot V_U}$$

Bei f_m ist $\quad R_2 = \dfrac{Q}{\omega \cdot C \cdot (2 \cdot Q^2 - V_U)} = \dfrac{V_U \cdot R_1}{2 \cdot Q^2 - V_U} = \dfrac{R_3}{4 \cdot Q^2 - 2 \cdot V_U} = \dfrac{R_1 \cdot R_3}{4 \cdot Q^2 \cdot R_1 - R_3}$

$$R_3 = \frac{2 \cdot Q}{\omega \cdot C} = \frac{Q}{\pi \cdot f \cdot C} = \frac{1}{\pi \cdot \Delta f \cdot C} = 2 \cdot V_U \cdot R_1$$

Hohe Q-Werte erfordern hohe Werte für die Verstärkung V_U. Die Werte für R_1 und R_3 liegen im Bereich von 1 kΩ bis 150 kΩ. Werden diese Werte überschritten, ist es sinnvoll, V_U oder Q zu verringern.

Mit $Q = \dfrac{f_m}{\Delta f} = \dfrac{1}{d}$ wird auch $Q = \pi \cdot f_m \cdot C \cdot R_3 = \omega \cdot C \cdot R_1 \cdot V_U = 0{,}5 \cdot \omega \cdot R_2 \cdot C$.

13.9 Sallen-Key-Bandpass 2. Ordnung

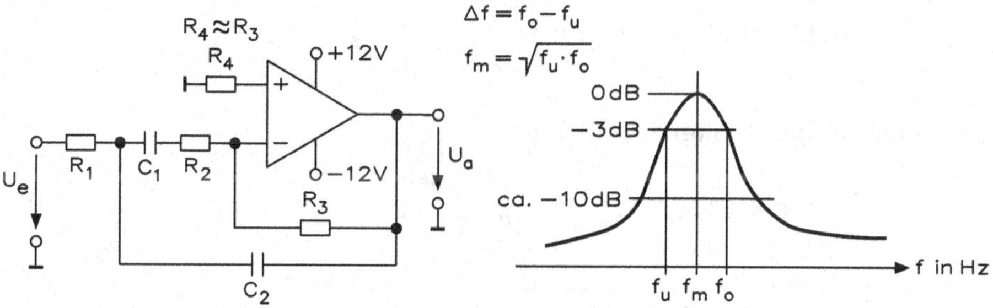

Sallen-Key-Bandpass 2. Ordnung (normiert für f_m = 1 kHz) mit

$$C_1 = C_2 = \frac{15{,}9\ \text{nF}}{3 \cdot Q}; \quad R_1 = R_2 = 10\ \text{k}\Omega; \quad R_3 = 10\ \text{k}\Omega \cdot (9 \cdot Q^2 - 1)$$

Es ergibt sich eine geänderte Bandpassschaltung durch eine erhöhte Gegenkopplung (R_2) mit dem Nachteil, dass die Verstärkung bei f_m mindestens $V_U > 90 \cdot Q^2$ erreichen muss.

$$Q = \frac{f_m}{\Delta f} = 10;$$

$$R_1 = \frac{Q}{V_U \cdot \omega \cdot C} \qquad R_2 = \frac{V_U - R_1}{2 \cdot Q^2 - V_U} \qquad R_3 = 2 \cdot V_U \cdot R_1$$

Bandpass mit Doppel-T-Filter 3. Ordnung

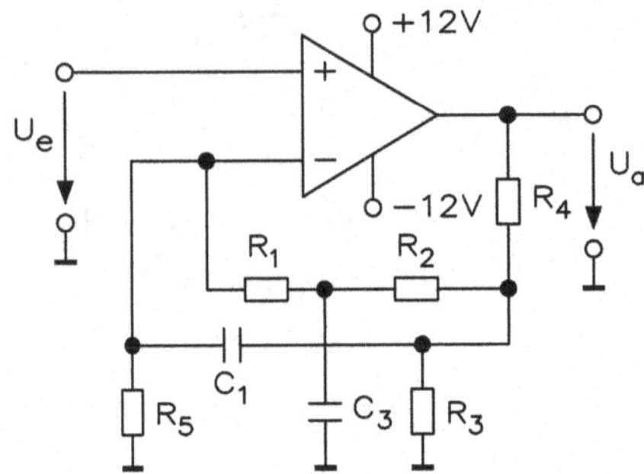

$R_1 = R_2 = R$; $2 \cdot C = C_3$; $R_4 = 390\ \Omega$ bis $12\ \mathrm{k}\Omega$; $R_4 = 2{,}2\ \mathrm{k}\Omega \rightarrow Q = 75$

$C_1 = C_2 = C$; $0{,}5 \cdot R = R_3$; $R_5 = 390\ \Omega$ bis $25\ \mathrm{k}\Omega$; $R_5 = 1{,}5\ \mathrm{k}\Omega \rightarrow V_U = 2000$

$R_1 = R_2 = R > 1\ \mathrm{k}\Omega < 1\ \mathrm{M}\Omega$ $\quad R_3 = 0{,}5 \cdot R$

$C_1 = C_2 = C > 100\ \mathrm{pF} < 1\ \mu\mathrm{F}$ $\quad C_3 = 0{,}5 \cdot C$ $\quad f_m = \dfrac{1}{2 \cdot \pi \cdot R \cdot C}$

Bandpass mit Doppel-T-Filter 4. Ordnung

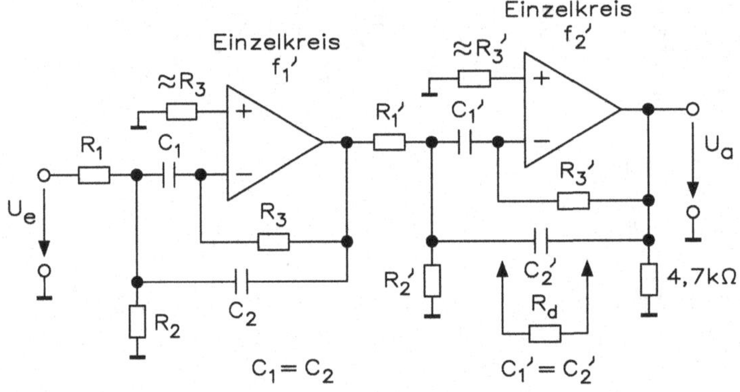

R_d (Dämpfung), R_2 und R_2' (Frequenz)

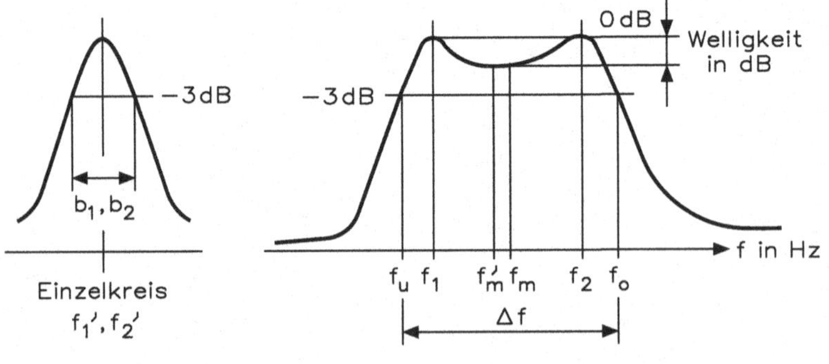

$$C_1 = C_2 \qquad \Delta f = f_o - f_u$$

$$f'_m = \sqrt{f_u \cdot f_o} \qquad f_m = \frac{f_1 + f_2}{2}$$

$$f'_1 = \frac{f_1}{1{,}015} \qquad f'_2 = f_2 \cdot 1{,}015$$

Aus der Berechnung des Bandpassfilters 2. Ordnung wird $\omega = f$ sowie f_1 für die untere Kreisfrequenz und f_2 für die obere Kreisfrequenz gesetzt, gilt für $f_1 = f_2$ allgemein:

$$\frac{U_a}{U_e} = -20 \cdot \lg \sqrt{1 + Q^2 \cdot \left(\frac{f_1^2 - 1}{f_1}\right)^2} \cdot \sqrt{1 + Q_2^2 \cdot \left(\frac{f_2^2 - 1}{f_2}\right)^2}$$

und mit $f_1 = f_2 = f$ sowie $Q_1 = Q_2$

$$\frac{U_a}{U_e} = -20 \cdot \lg \sqrt{1 + Q^2 \cdot \left(\frac{f^2 - 1}{f}\right)^2} \,.$$

Wird der Frequenzersatz mit a berücksichtigt, so ist

$$\frac{U_a}{U_e} = -20 \cdot \lg \underbrace{\sqrt{1 + Q^2 \cdot \left(\frac{f_1^2 \cdot a^2 - 1}{f_1 \cdot a}\right)^2}}_{\text{höhere Frequenz}} \cdot \underbrace{\sqrt{1 + Q_2^2 \cdot \left(\frac{f_2^2 / a^2 - 1}{f_2 / a}\right)^2}}_{\text{tiefere Frequenz}}$$

Der Zusammenhang zwischen der Bandbreite Δf_1 und der Δf_2 der Einzelkreise mit den zugehörigen Frequenzen f'_1 und f'_2 ist mit der Güte Q und der Bandbreite Δf der Summenkurve wie folgt:

Höckerfrequenzen: $f_1 \approx f_m - 0{,}363 \cdot \Delta f = f_m \left(1 - \frac{0{,}363}{Q}\right)$; $\quad f_m = \frac{f_1 + f_2}{2} = \frac{f'_1 + f'_2}{2}$

$$f_2 \approx f_m - 0{,}363 \cdot \Delta f = f_m \left(1 + \frac{0{,}363}{Q}\right)$$

Summengüte: $Q = \frac{0{,}32 \cdot f_m}{\Delta f_m}$; $\quad \Delta f_m = \frac{\Delta f_1 + \Delta f_2}{Q}$

Einzelkreise: $\Delta f_1 = \frac{0{,}312 \cdot f'_1}{Q}$; $\quad \Delta f_2 = \frac{0{,}312 \cdot f'_2}{Q}$; $\quad f'_1 < f'_2$

13.10 Notch-Filter

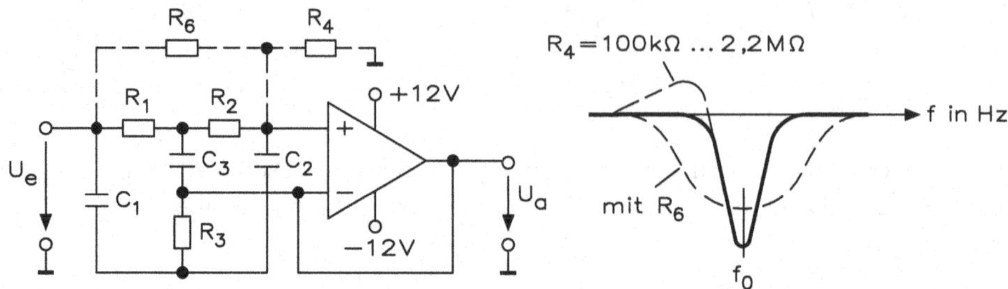

Ein Notch-Filter wird benötigt, um aus einem Frequenzgebiet einen Teilbereich zu dämpfen.

$$R_1 = R_2 = R; \quad C_1 = C_2 = C; \quad 2 \cdot C = C_3; \quad 0{,}5 \cdot R = R_3$$

Die Sperrfrequenz ist $f_0 = \dfrac{1}{2 \cdot \pi \cdot R \cdot C}$.

Durch das Bootstrapping ergibt sich ein Überschwingen.

Notch-Filter mit einstellbarer Verstärkung

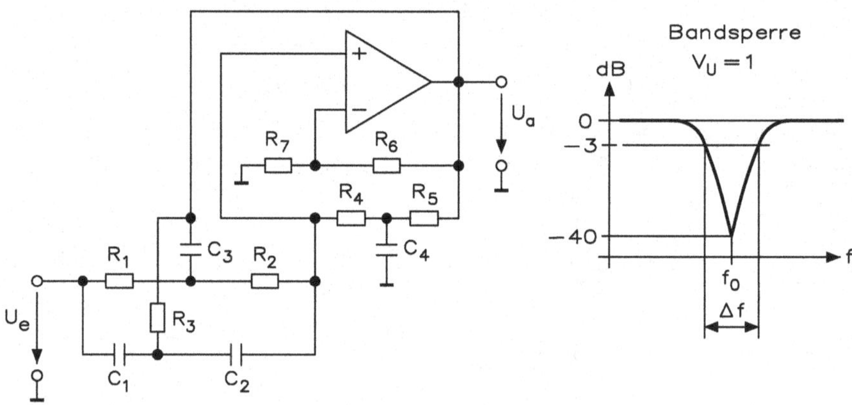

$R_1 = R_2 > 1\ \text{k}\Omega < 500\ \text{k}\Omega$, $C_1 = C_2 = C > 2 \cdot 100\ \text{pF} < 0{,}5\ \mu\text{F}$

$R_1 = R_2$ wird $R_3 = 0{,}5 \cdot R_1$ und $C_1 = C_2$ wird $C_3 = 2 \cdot C$

Die Güte wird als $Q = \dfrac{f_0}{\Delta f}$ (–3 dB für Δf).

Es wird gewählt: $R_4 \approx R_5 = \dfrac{4 \cdot Q}{\omega \cdot C_3}$ und $C_4 = \dfrac{C_3}{2 \cdot Q}$

$$C_1 = C_2 = \frac{1}{2 \cdot \pi \cdot f_0 \cdot R} \qquad R_1 \approx R_5 = \frac{4 \cdot Q}{\omega_0 \cdot C_3} \qquad C_4 = \frac{C_3}{2 \cdot Q}$$

Notch-Filter (Sperrfilter) mit einstellbarer Dämpfung

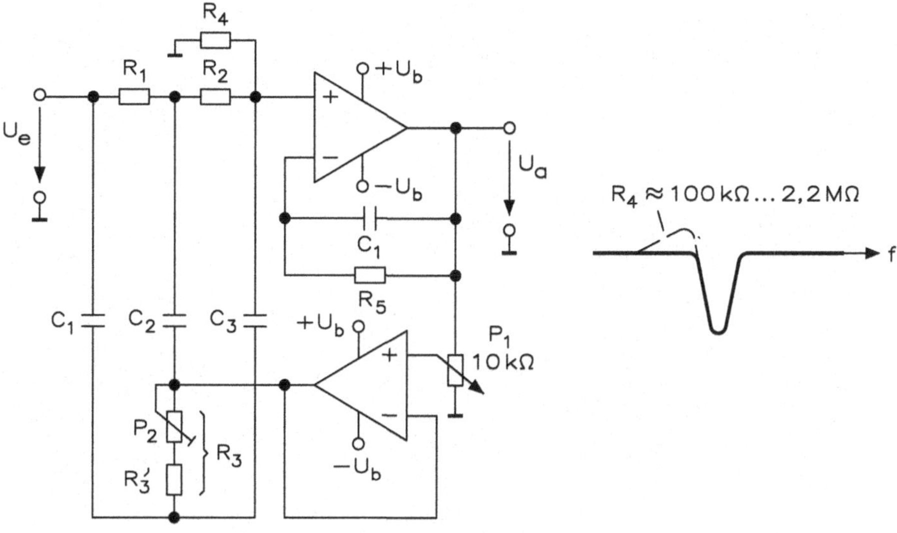

Der Widerstand R_3 = 100 % wird aufgeteilt in ≈ 0,8 · R'_3 und 1,4 · P. Die Güte lässt sich im Bereich von $Q \approx 0{,}25 \ldots 15$ ändern.

13.11 Allpassfilter

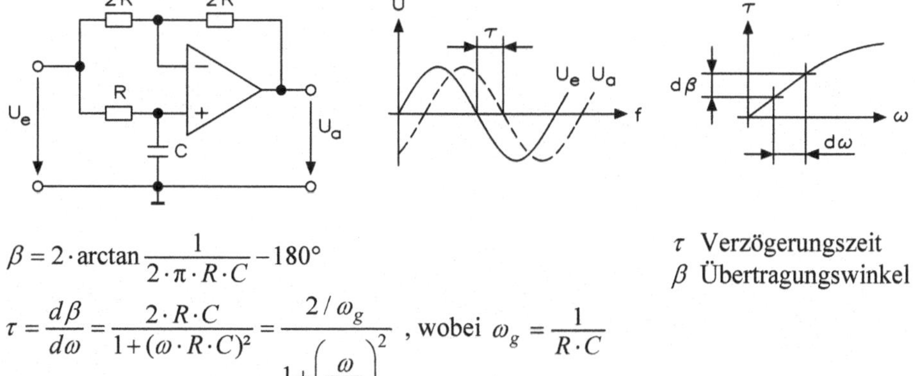

$$\beta = 2 \cdot \arctan \frac{1}{2 \cdot \pi \cdot R \cdot C} - 180°$$

$$\tau = \frac{d\beta}{d\omega} = \frac{2 \cdot R \cdot C}{1 + (\omega \cdot R \cdot C)^2} = \frac{2/\omega_g}{1 + \left(\frac{\omega}{\omega_g}\right)^2}, \text{ wobei } \omega_g = \frac{1}{R \cdot C}$$

τ Verzögerungszeit
β Übertragungswinkel

Regelungstechnik 14

- Die zu regelnde Größe wird laufend erfasst.
- Die zu regelnde Größe wird mit der Führungsgröße verglichen.
- Die zu regelnde Größe wird durch Eingriffe an die Führungsgröße angeglichen.

14.1 Regelkreis

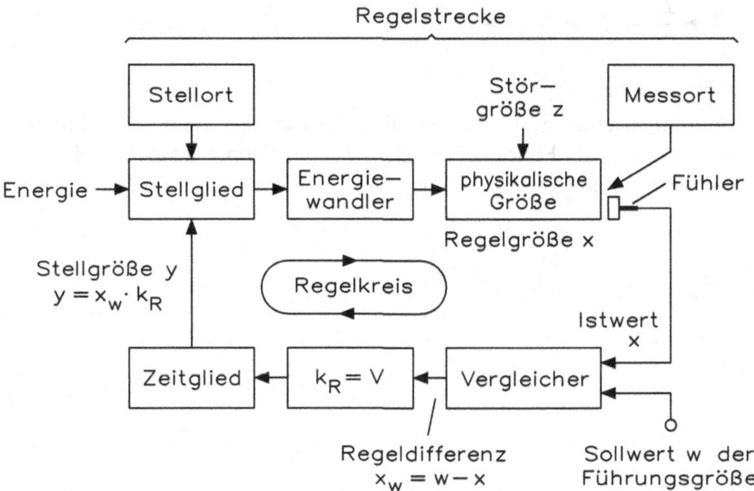

Ein Regelkreis befindet sich in einem geschlossenen System (Wirkungsablauf) und hat eine Regelgröße x bzw. eine Führungsgröße w. Die Regelgröße x ist der Sollwert, und soll von der Regelstrecke konstant gehalten oder nach einem vorgegebenen Programm beeinflusst werden. Die Führungsgröße w wird von außen zugeführt und die Regelung

H. Bernstein, *Formelsammlung*, https://doi.org/10.1007/978-3-658-18179-6_14

beeinflusst diese Größe nicht, und die Regelgröße folgt in der vorgegebenen Abhängigkeit. Der Regler ist die elektronische Schaltung, die über das Stellglied aufgabengemäß auf die Strecke einwirkt. Der Istwert der Regelgröße ist der tatsächliche Wert im betrachteten Zeitpunkt. Die Regelabweichung findet zwischen der Regelgröße und der Führungsgröße statt. Der Stellbereich ist der Bereich, innerhalb dessen die Stellgröße einstellbar ist. Die Störgröße ist die von außen auf den Regelkreis einwirkende Störung, die die Regelgröße mehr oder weniger beeinträchtigt.

14.2 Verhalten von Regelkreisen

Offener Regelkreis

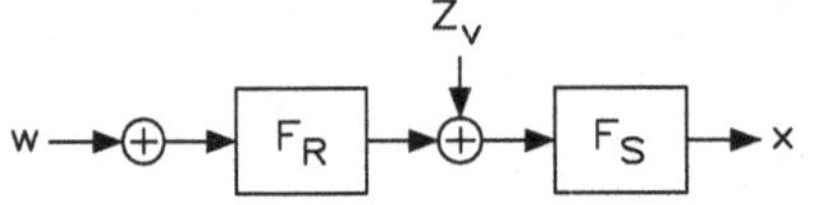

$$F_0 = F_S \cdot F_R$$

F_0 Open-Loop-Funktion
F_S Funktion der Regelstrecke
F_R Funktion des Reglers

Die „Open-Loop-Funktion“ wird bei offenem Regelkreis bestimmt.

Führungsverhalten

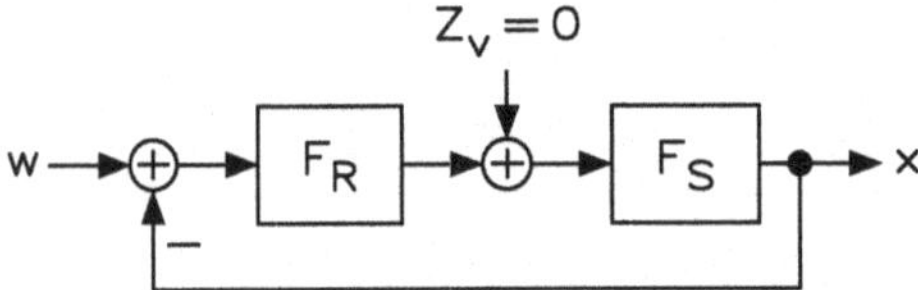

Betrachtet man das Verhalten eines geschlossenen Regelkreises aus Sicht der Führungsgröße w, wird dieses Verhalten als Führungsverhalten F_w bezeichnet. Dabei wird angenommen, dass die Versorgungsstörgröße $Z_v = 0$ ist.

$$F_w = \frac{F_S \cdot F_R}{1 + (F_S \cdot F_R)} \qquad F_w = \frac{F_0}{1 + F_0}$$

Störgrößenverhalten

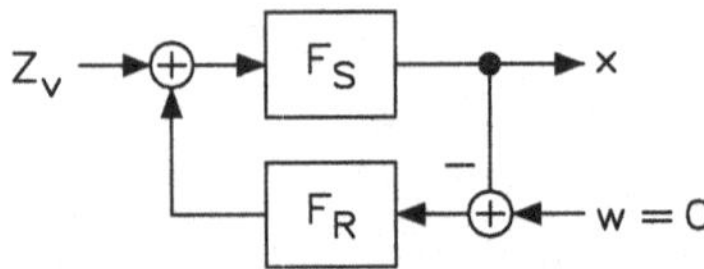

Betrachtet man das Verhalten eines geschlossenen Regelkreises aus Sicht der Störgröße Z_v, wird dieses Verhalten als Störgrößenverhalten F_{Zv} bezeichnet. Dabei wird angenommen, dass die Führungsgröße $w = 0$ ist.

$$F_{Zv} = \frac{F_S}{1 + (F_S \cdot F_R)} \qquad F_{Zv} = \frac{F_S}{1 + F_0}$$

Ein Regelkreis schwingt, wenn die folgenden Bedingungen erfüllt sind:

- Das rückgekoppelte Signal hat eine Phasendrehung von 180° zur Führungsgröße w und es tritt eine Gegenkopplung auf.
- Die Amplitude des rückgekoppelten Signals gleich oder größer als die Amplitude der Führungsgröße w ist.

Die bleibende Regelabweichung stellt die Abweichung der Regelgröße (Ist-Wert) x von der Führungsgröße (Sollwert) w dar. Diese Regelgröße wird im eingeschwungenen Zustand des Regelkreises ermittelt, also bei $t \to \infty$, womit folgt, dass die Kreisfrequenz $\omega = 0$ wird.

Die bleibende Regelabweichung bezogen auf die Führungsgröße w ist

$$e_{bw} = \frac{w}{1+(F_S \cdot F_R)} \qquad e_{bw} = \frac{w}{1+F_0}$$

Setzt man $j\omega = 0$ ein, erhält man für e_{bw} einen konkreten Wert.

Die bleibende Regelabweichung bezogen auf die Störgröße Z_v ist

$$e_{bZv} = \frac{F_S \cdot Z_v}{1+(F_S \cdot F_R)} \qquad e_{bZv} = \frac{F_S \cdot Z_v}{1+F_0}$$

Setzt man $j\omega = 0$ ein, erhält man für e_{bZv} einen konkreten Wert.

Die gesamte Regelabweichung ist

$e_b = e_{bw} - e_{bZv}$ gesamte bleibende Regelabweichung
e_{bw} bleibende Regelabweichung bezogen auf die Führungsgröße w
e_{bZv} bleibende Regelabweichung bezogen auf die Störgröße Z_v

Festwertregelung

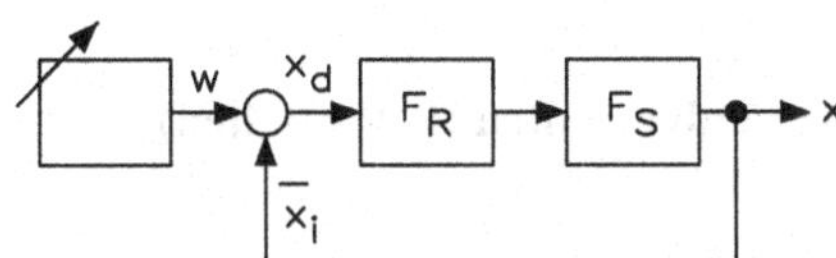

Eine Festwertregelung versucht, die Regelgröße x (Istwert) möglichst auf einen fest vorgegebenen Führungswert x (Sollwert) zu halten.

Eine Folgeregelung versucht, die Regelgröße x (Istwert) möglichst genau dem zeitlichen Verlauf der Führungsgröße w (Sollwert) nachzuführen. Man unterscheidet zwischen der Nachlauf- und der Verhältnisregelung.

Aufgabe der Nachlaufregelung ist es, den Verlauf der Regelgröße x (Istwert) dem vorgegebenen zeitlichen Verlauf der Führungsgröße w (Sollwert) anzupassen.

Aufgabe der Verhältnisregelung ist es, eine bestimmte Prozessgröße x_2 in einem bestimmten Verhältnis S_v anzupassen

$$w = S_v \cdot x_2$$

Einfachregelkreis

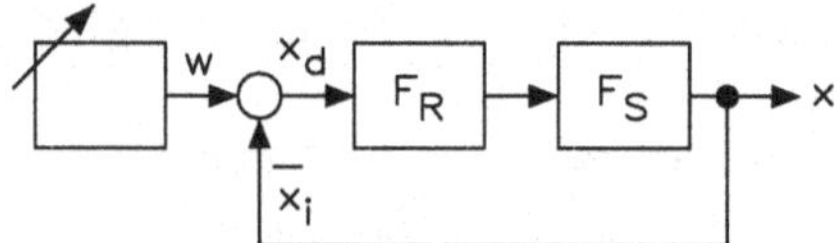

Wenn die Regelgröße x von der Führungsgröße w abweicht, wird eine Regeldifferenz x_d ermittelt, aus der der Regler eine Stellgröße y bildet, die die Regelstrecke so beeinflusst, dass die Regelgröße die Führungsgröße w wieder anpasst. Die Übertragungsfunktion F_R des Reglers muss so ausgelegt sein, dass der Regelkreis ein gutes Störverhalten (kleine Regeldifferenzen und kurze Ausregelzeiten) aufweist.

14.3 Klassifizierung von Regelstrecken

Eine Regelstrecke **mit** Ausgleich ist dann vorhanden, wenn ein eindeutiger Zusammenhang zwischen Stellgröße y und der Regelgröße x besteht, und ein stationärer Endwert der Regelgröße x erreicht wird. Diese Regelstrecken weisen meist ein P- oder P-T_x-Verhalten auf.

Eine Regelstrecke **ohne** Ausgleich ist vorhanden, wenn kein eindeutiger Zusammenhang zwischen Stellgröße y und der Regelgröße x besteht, und ein stationärer Endwert der Regelgröße x erreicht wird. Diese Regelstrecken weisen meist ein I- oder I-T_x-Verhalten auf.

Eine Regelstrecke **mit** Totzeit ist dann vorhanden, wenn die Regelgröße x erst nach einer bestimmten Zeit T_t eine Reaktion auf die Stellgröße y zeigt. Die Totzeit ist in allen Regelstrecken vorhanden, aber sie ist nicht erwünscht, da sie die Regelung nachhaltig beeinflusst.

- **Sprungantwort einer Regelstrecke mit Proportionalverhalten (P-Verhalten)**

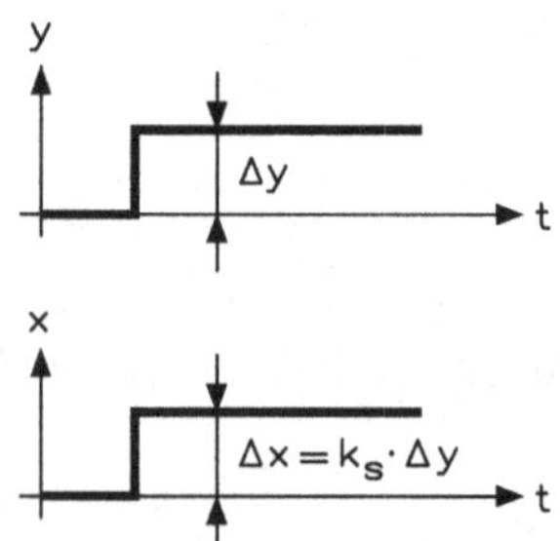

Die Regelgröße folgt der Stellgröße ohne zeitliche Verzögerung.

$$\Delta x = k_S \cdot \Delta y$$

Den Faktor k_S bezeichnet man als Streckenverstärkung (Übertragungsbeiwert).

- **Sprungantwort einer Regelstrecke mit Proportionalverhalten und Totzeit t_t**

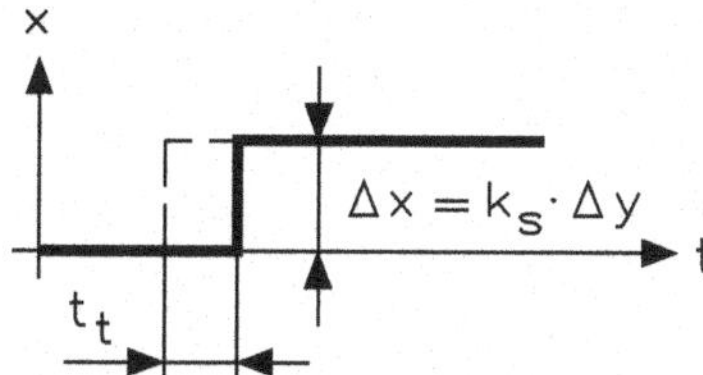

Die Regelgröße folgt der Stellgröße mit einer zeitlichen Verzögerung.

$$\Delta x = k_S \cdot \Delta y$$

- **Sprungantwort einer Regelstrecke 1. Ordnung ohne Ausgleich**

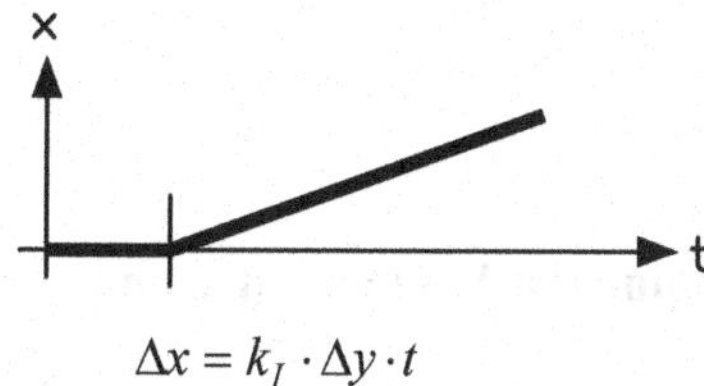

$$\Delta x = k_I \cdot \Delta y \cdot t$$

Den Faktor k_I bezeichnet man als Übertragungsbeiwert, wenn der Verlauf von Δy konstant ist.

- **Sprungantwort einer Regelstrecke 1. Ordnung mit Ausgleich und Verzögerung**

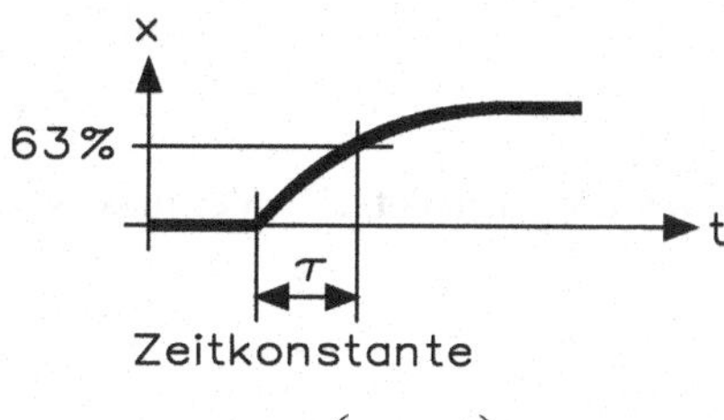

$$\Delta x = k_S \cdot \Delta y \cdot \left(1 - e^{-\frac{t}{\tau}}\right)$$

- **Sprungantwort einer Regelstrecke 1. Ordnung ohne Ausgleich und Anlauf- oder Verzugszeit t_u**

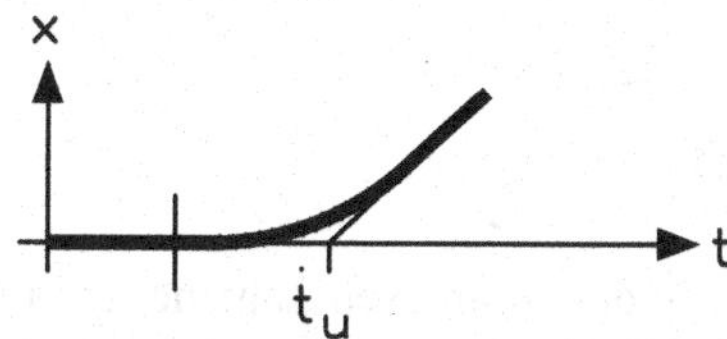

- **Sprungantwort einer Regelstrecke 1. Ordnung ohne Ausgleich mit Totzeit t_t.**

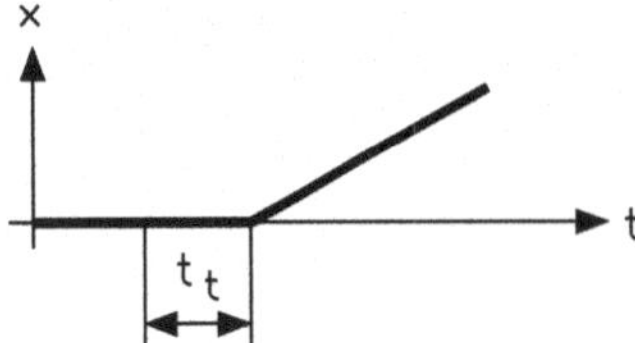

- **Sprungantwort einer Regelstrecke 1. Ordnung ohne Ausgleich mit Totzeit t_t und Verzugszeit t_u**

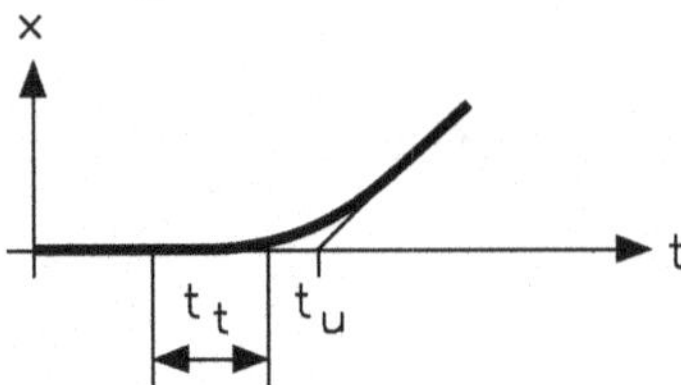

- **Sprungantwort einer Regelstrecke höherer Ordnung mit Verzugszeit t_u und Ausgleichszeit t_g**

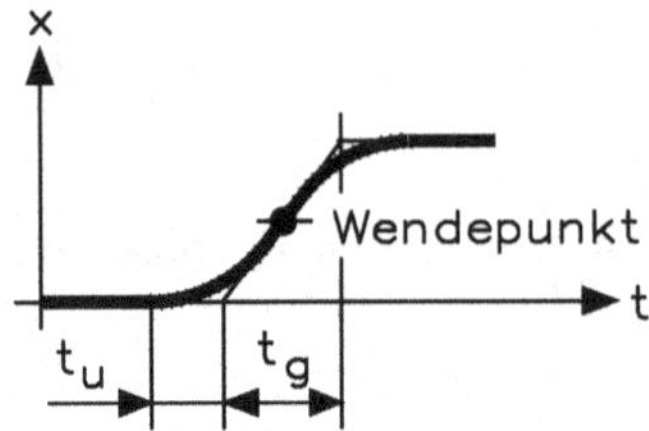

- **Sprungantwort einer Regelstrecke höherer Ordnung mit Totzeit t_t Verzugszeit t_u und Ausgleichszeit t_g**

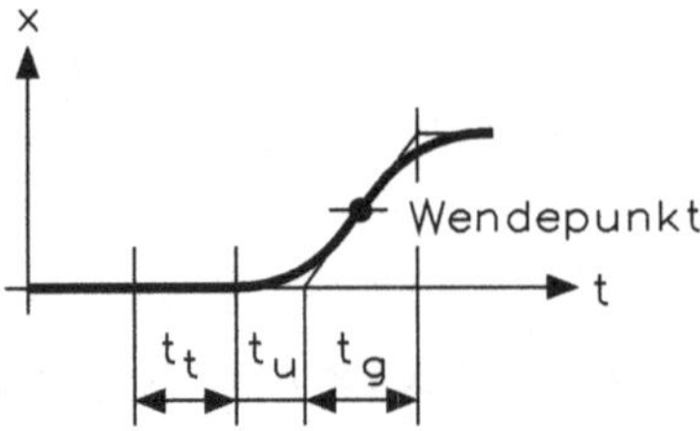

14.4 Ortskurven in der Regelungstechnik

Darstellung des komplexen Frequenzgangs als Kurve in der komplexen Zahlenebene mit der Kreisfrequenz ω oder der normierten Variablen ωT als Parameter.

Je nachdem, ob die Ortskurve in einem kartesischen oder polaren Koordinatensystem abgebildet wird, teilt man den komplexen Frequenzgang entweder in Real- und Imaginärteil oder in Betrag und Phasenwinkel auf.

Kartesische Koordinaten	**Polarkoordinaten**
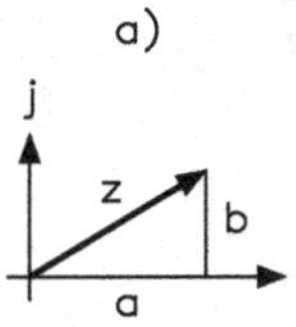 a)	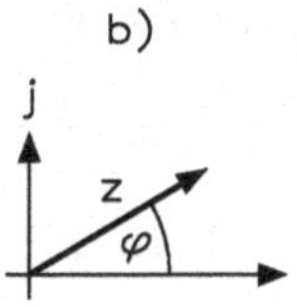 b)
$Z = a + j \cdot b$	$Z = Z \cdot \exp(j\varphi)$

Beispiel für eine Ortskurve eines P-T_1-Gliedes mit $F(p) = \dfrac{1}{1 + p \cdot T}$

$F = \dfrac{1}{1+\omega^2 \cdot T^2} + j\dfrac{-\omega \cdot T}{1+\omega^2 \cdot T^2}$ Realteil Imaginärteil	$F = \dfrac{1}{\sqrt{1+\omega^2 \cdot T^2}}$ $\varphi = -\arctan(\omega \cdot T)$ Betrag Phasenwinkel
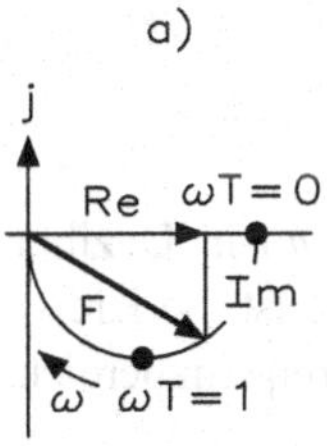 a)	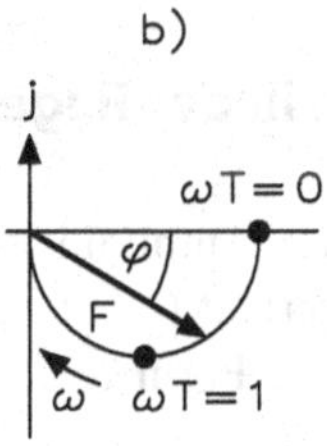 b)

Name	**Frequenzgang**	**Betrag**	**Winkel**	
P	K	K	0°	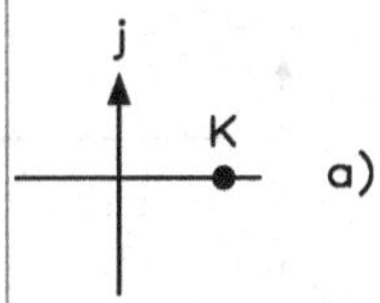 a)
I	$\dfrac{1}{p \cdot T}$	$\dfrac{1}{\omega \cdot T}$	–90°	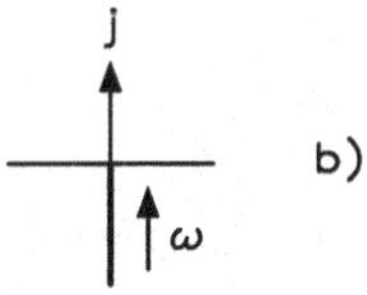 b)
P-T_1	$\dfrac{1}{1+p \cdot T}$	$\dfrac{1}{\sqrt{1+(\omega \cdot T)^2}}$	$-\arctan(\omega \cdot T)$	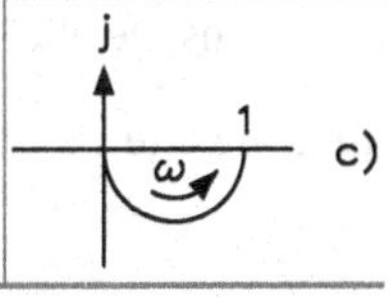 c)

Name	Frequenzgang	Betrag	Winkel	
DT_1	$\frac{p \cdot T}{1 + p \cdot T}$	$\frac{\omega \cdot T}{\sqrt{1 + (\omega \cdot T)^2}}$	90° $-\arctan(\omega \cdot T)$	d)
$P\text{-}T_2$	$\frac{1}{1 + p \cdot 2 \cdot D \cdot T + p^2 \cdot T^2}$	$a = 1 + (\omega \cdot T)^2$ $\frac{1}{\sqrt{a^2 + b^2}}$	$B = 2 \cdot D \cdot \omega \cdot T$ $-\arctan(b/a)$	e)
T_t	$\exp(-p \cdot T_t)$	1	$-\omega \cdot T_t$	f)

14.5 Bodediagramm in der Regelungstechnik

Im Bodediagramm werden der Amplitudenverlauf des Frquenzgangs F(ω) in Dezibel und separat dazu der Phasenverlauf (ω) abgebildet: Unabhängige Variable ist die Kreisfrequenz ω bzw. ihre normierte Form ωT. Üblicherweise umfasst der Frequenzbereich vier Dekaden.

Amplitudengang

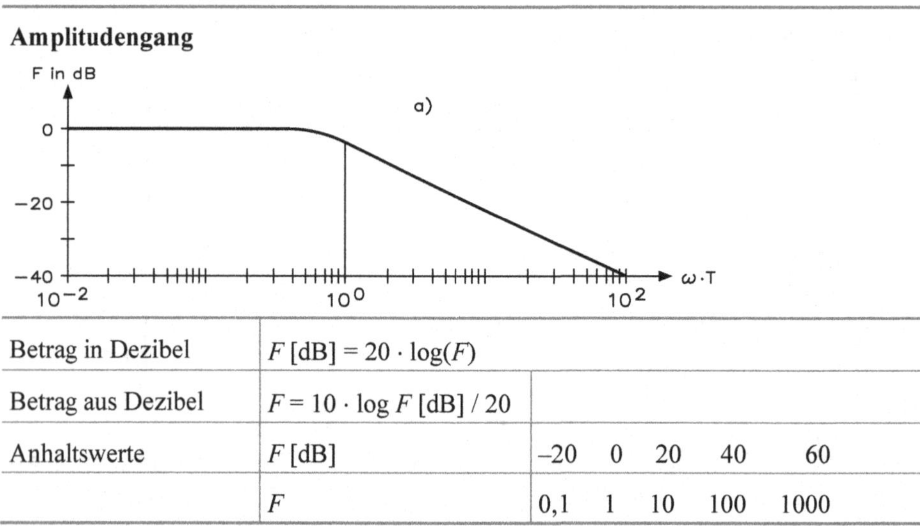

Betrag in Dezibel	$F\,[\text{dB}] = 20 \cdot \log(F)$					
Betrag aus Dezibel	$F = 10 \cdot \log F\,[\text{dB}] / 20$					
Anhaltswerte	F [dB]	–20	0	20	40	60
	F	0,1	1	10	100	1000

Phasengang

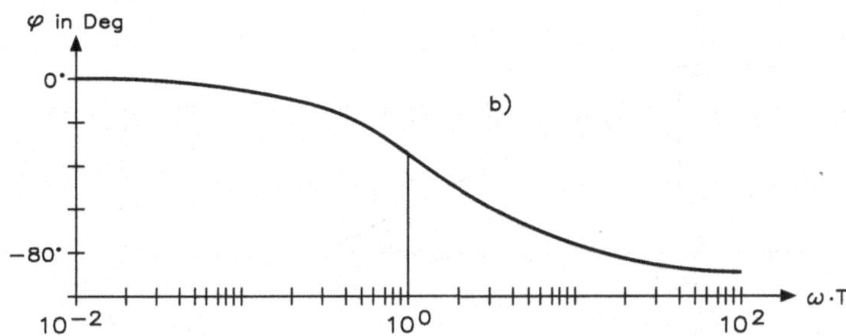

Zur Verbreitung von Bodediagrammen tragen die folgenden Eigenschaften bei:

- bestimmte Kennlinien lassen sich linearisieren
- bestimmte Kennlinien lassen sich symmetrieren
- Kennlinien von in Reihe geschalteten Systemen lassen sich addieren

Anhand des folgenden Beispiels erfolgt ein P-T_1-Glied mit Bodediagramm.

Komplexer Frequenzgang: $\dfrac{1}{1+p\cdot T}$

Betrag: $F = \dfrac{1}{\sqrt{1+\omega^2\cdot T^2}}$

Phasenwinkel: $\varphi = -\arctan\,(\omega\cdot T)$

$\omega\cdot T$	0,01	0,10	1,00	10,0	100,0
F [dB]	0,00	0,00	–3,01	–20.0	–40,0
in DEG	–0,57	–5,71	–45,00	–84,3	–89,4

Asymptoten:

Betrag:	1. Asymptote	$\omega T << 1;$	$F \approx 1$	$A_1 = 0$ dB
	2. Asymptote	$\omega T >> 1;$	$F \approx 1/(\omega\cdot T)$	$A_2 = -20\cdot\lg\,(\omega\cdot T)$
Winkel:	3. Asymptote	$\omega T << 1;$	$\approx 0°$	$A_3 = 0°$
	4. Asymptote	$\omega T >> 1;$	$\approx -90°$	$A_4 = -90°$

Es ergeben sich die realen Kennlinien und die Asymptoten des P-T_1-Gliedes.

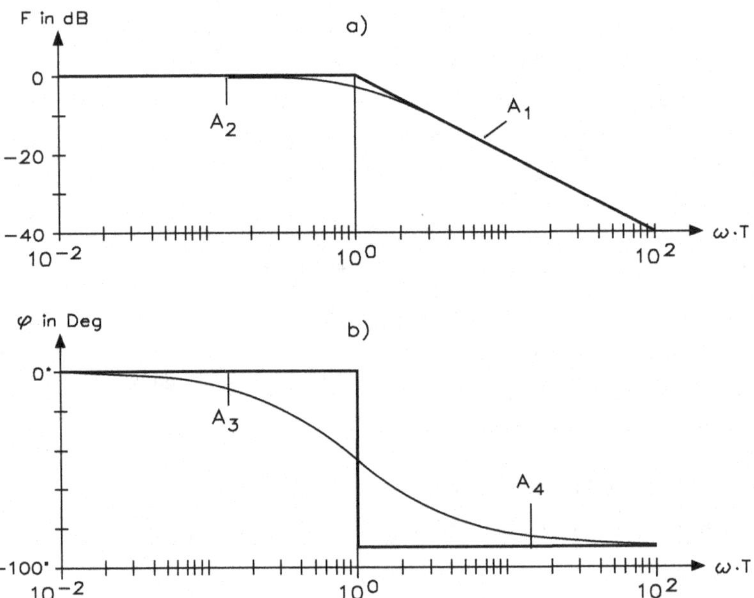

Beim Amplitudengang beträgt die größte Abweichung zwischen Kennlinie und Asymptote etwa 3 Dezibel, wie die Bodediagramme für elementare Übertragungsglieder zeigen.

Name	*F*	*F*		
P	K	K	0°	F ω φ ω a)
I	$\frac{1}{p \cdot T}$	$\frac{1}{\omega \cdot T}$	–90°	F ω φ ω b)
P-T_1	$\frac{1}{1+p \cdot T}$	$\frac{1}{\sqrt{1+(\omega \cdot T)^2}}$	–arctan ($\omega \cdot T$)	F ω φ ω c)
D-T_1	$\frac{p \cdot T}{1+p \cdot T}$	$\frac{\omega \cdot t}{\sqrt{1+(\omega \cdot T)^2}}$	90° –arctan ($\omega \cdot T$)	F ω φ ω d)

Name	F	F		
P-T_2	$\frac{1}{1+p\cdot D\cdot T+p^2\cdot T^2}$	$a=1-\omega^2\cdot T^2$ $\frac{1}{\sqrt{a^2+b^2}}$	$b=2\cdot D\cdot\omega\cdot T$ $-\arctan(b/a)$	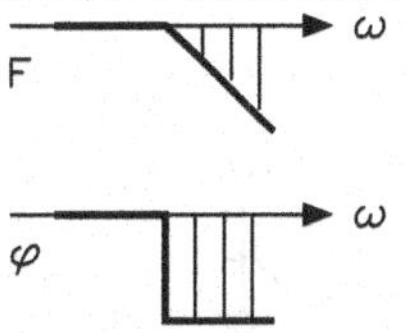 F ω φ ω e)
T_t	$\exp(-p\cdot T_t)$	1	$-\omega\cdot T_t$	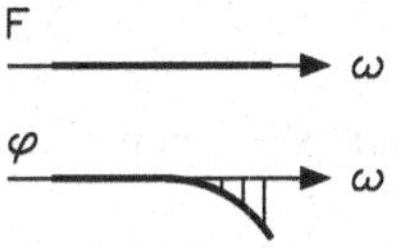 F ω φ ω f)

14.6 Regelstreckenglieder

Verhalten	Elektrisches Beispiel	Nicht elektrisches Beispiel	Frequenzgang
P	a) 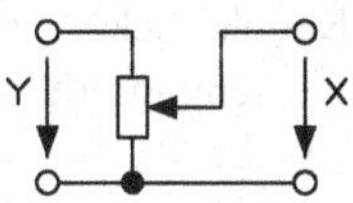 Y X	b) 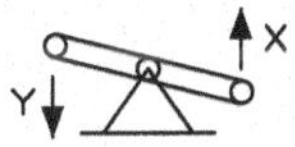 X Y	$F(p)=K$
I	c) 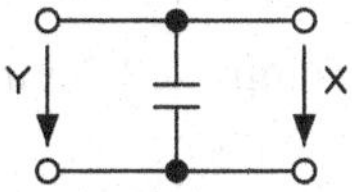 Y X	d) 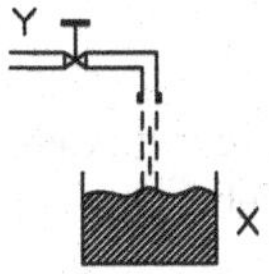 Y X	$F(p)=\frac{1}{p\cdot T}$
P-T_1	e) 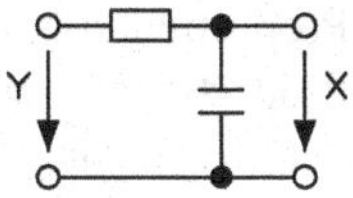 Y X	f) 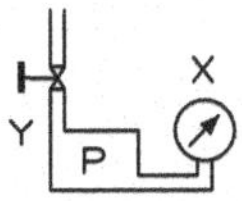 X Y P	$F(p)=\frac{K}{1+p\cdot T}$
P-T_2	g) 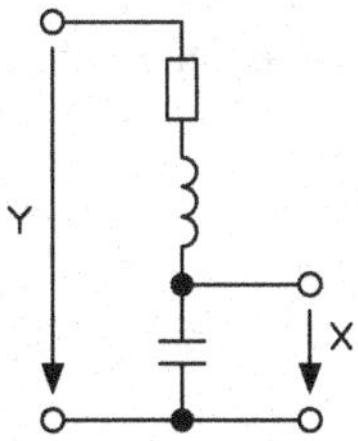 Y X	h) 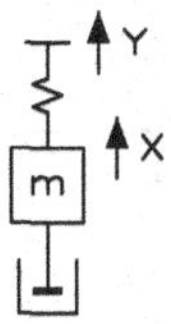 Y X m	$F=\frac{1}{1+p\cdot D\cdot T+p^2\cdot T^2}$

Verhalten	Elektrisches Beispiel	Nicht elektrisches Beispiel	Frequenzgang
T_t	i)	j) Y X	$F = k \cdot \exp(-p \cdot T_t)$

Das Totzeit-Verhalten einer Regelstrecke ist
$x = y \cdot K_S \cdot (t - T_t)$

Die Übertragungsfunktion ist
$\underline{F}(j\omega) = K_S \cdot e^{-j\omega T_t}$ $\underline{F}(p) = K_S \cdot e^{-pT_t}$

Der Amplitudengang für das Bodediagramm ist
$|\underline{F}(j\omega)| = K_S$ $L(\omega = 20 \cdot \lg|\underline{F}(j\omega)|$
$L(\omega) = 20 \cdot \lg(K_S)$

Der Phasengang für das Bodediagramm ist
$\varphi(\omega) = -\arctan(\omega \cdot T_t)$

$\omega_K = \frac{\pi}{T_t}$ RAD einstellen!!!

x Ausgangssignal der Regelstrecke
y Eingangssignal der Regelstrecke
T_t Totzeit in s
K_S Übertragungsbeiwert der Regelstrecke
$\underline{F}(j\omega)$ komplexe Übertragungsfunktion
$F(p)$ allgemeine Übertragungsfunktion
$|F(j\omega)|$ Amplitudengang der Regelstrecke
$\varphi(\omega)$ Phasengang der Regelstrecke
ω_K kritische Kreisfrequenz bei der $\varphi(\omega)$ den Wert –180° überschreitet

Das dynamische Verhalten der Regelstrecke mit Ausgleich wird durch das P-Verhalten beschrieben:

$$\underline{F}(j\omega) = \frac{K_{PS}}{1 + [(j\omega) \cdot T_1] + [(j\omega)^2 \cdot T_2^2] + \ldots + [(j\omega)^n \cdot T_n^n]}$$

$$\underline{F}(p) = \frac{K_{PS}}{1 + (p \cdot T) + (p^2 \cdot T_2^2) + \ldots + (p^n \cdot T_n^n)}$$

Das dynamische Verhalten von Regelstrecke ohne Ausgleich wird durch das I-Verhalten beschrieben:

$$\underline{F}(j\omega) = \frac{\frac{1}{j\omega} \cdot K_{IS}}{1 + [(j\omega) \cdot T_1] + [(j\omega)^2 \cdot T_2^2] + \ldots + [(j\omega)^n \cdot T_n^n]}$$

$$\underline{F}(p) = \frac{\frac{1}{p} \cdot K_{IS}}{1 + (p \cdot T) + (p^2 \cdot T_2^2) + \ldots + (p^n \cdot T_n^n)}$$

$\underline{F}(j\omega)$ komplexe Übertragungsfunktion
$F(p)$ allgemeine Übertragungsfunktion
K_{PS} Proportionalbeiwert
K_{IS} Proportionalbeiwert in 1/s
T_1 1. Zeitkonstante in s
T_2^2 2. Zeitkonstante in s^2
T_n n. Zeitkonstante in s
n Grad der Zeitkonstante

Der Anlaufwert einer Regelstrecke ist der Kehrwert der maximalen Änderungsgeschwindigkeit:

$$A = \frac{1}{v_{max}}$$

$$y_{max} = \frac{1}{K_{IS} \cdot A}$$

$$K_{IS} = \frac{1}{A \cdot y_{max}}$$

A Anlaufwert der Regelstrecke
v_{max} maximale Änderungsgeschwindigkeit der Regelgröße x
y_{max} maximales Eingangssignal (Stellgröße)
K_{IS} Übertragungsbeiwert der Regelstrecke

Der Ausgleichswert der Regelstrecke ist das Verhältnis der Eingangsgröße (Stellgröße y) zur Ausgangsgröße (Regelgröße der Regelstrecke bei $t \to \infty$ (eingeschwungen))

$$Q = \left(\frac{y}{x}\right)_{t \to \infty} \quad Q = \frac{1}{K_S}$$

Q Ausgleichswert der Regelstrecke

Die Berechnungen für Regelstrecken ohne Ausgleich (I-Verhalten) sind

$$\underline{F}(j\omega) = \frac{\frac{1}{j\omega} \cdot K_{IS}}{1 + [(j\omega) \cdot T_1] + [(j\omega)^2 \cdot T_2^2] + \ldots + [(j\omega)^n \cdot T_n^n]}$$

$$\underline{F}(p) = \frac{\frac{1}{p} \cdot K_{IS}}{1 + (p \cdot T) + (p^2 \cdot T_2^2) + \ldots + (p^n \cdot T_n^n)}$$

$$A = \frac{1}{K_S \cdot y_{max}}$$

$$Q = \left(\frac{y}{x}\right)_{t \to \infty} \quad \text{und } t \to \infty \text{ gilt } x \to \infty \Rightarrow Q = 0$$

A Anlaufwert der Regelstrecke
Q Ausgleichswert der Regelstrecke
K_{IS} Proportionalbeiwert in $1/s$
y_{max} maximales Eingangssignal (Stellgröße)

Der Anlaufwert der Regelstrecke ist $\frac{s}{[y]}$

z. B. $\frac{\mathrm{s}}{\mathrm{m}}, \frac{\mathrm{s}}{\mathrm{l}}, \frac{\mathrm{s}}{\mathrm{m}^3}$

Nachfolgend werden die Kennwerte für Regelstrecken mit Ausgleich (P-Verhalten) gezeigt:

$$\underline{F}(j\omega) = \frac{K_{PS}}{1 + [(j\omega) \cdot T_1] + [(j\omega)^2 \cdot T_2^2] + \ldots + [(j\omega)^n \cdot T_n^n]}$$

$$\underline{F}(p) = \frac{K_{PS}}{1 + (p \cdot T) + (p^2 \cdot T_2^2) + \ldots + (p^n \cdot T_n^n)}$$

$$Q = \frac{1}{K_S} \quad \text{mit } K_S = K_P \Rightarrow Q = \frac{1}{K_P}$$

Für eine Regelstrecke ohne Verzögerung gilt:

$$A = \frac{1}{v_{\max}} \quad \text{mit } v_{\max} \Rightarrow A = \infty$$

Für eine Regelstrecke mit Verzögerung T_1 gilt:

$$A = \frac{T_1}{K_P \cdot y_{\max}} \quad \text{mit } K_P \cdot y_{\max} = x_{\max}$$

$$A = \frac{T_1}{x_{\max}}$$

Für eine Regelstrecke mit Verzögerung T_2 und höher gilt:

$$A = \frac{T_g}{x_{\max}}$$

$$K_P = \frac{T_g}{A \cdot y_{\max}}$$

A	Anlaufwert der Regelstrecke
Q	Ausgleichswert der Regelstrecke
K_P	Proportionalbeiwert
$y_{\max}$	maximales Eingangssignal (Stellgröße y)
$x_{\max}$	maximale Regelgröße (Regelgröße x)
T_1	1. Zeitkonstante
T_g	Zeitkonstante
T_n	Ausgleichzeit
T_u	Verzugszeit

14.7 Realisierung von elektronischen Reglern

Für die Realisierung von elektronischen Reglern nach dem analogen Verfahren werden seit 1970 Operationsverstärker eingesetzt, da diese Bauteile neben einem hohen Verstärkungsfaktor eine große Bandbreite aufweisen. Der Verstärkungsfaktor und die Bandbreite lassen sich durch eine externe Beschaltung für den praktischen Einsatz in der Mess- und Regelungstechnik optimieren.

P-Regler mit Sollwert- und Istwert-Eingang

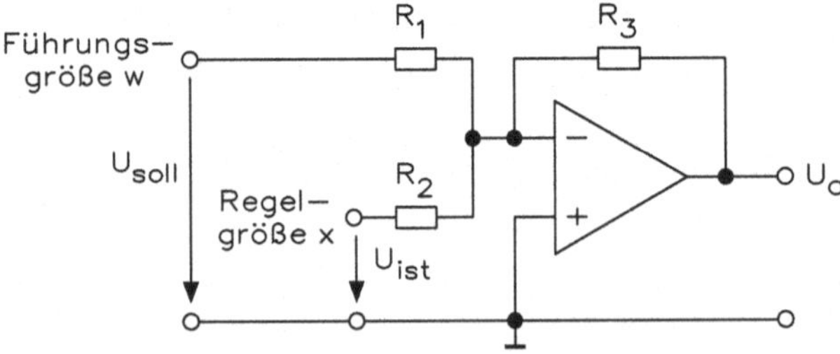

Der Operationsverstärker arbeitet als Summierer bzw. Addierer, der beide Eingangsspannungen addiert, wobei unbedingt auf die Vorzeichen der Eingangsspannungen zu achten ist. Die Ausgangsspannung U_a errechnet sich aus

$$-U_a = U_{\text{soll}} \frac{R_3}{R_1} + U_{\text{ist}} \frac{R_3}{R_2}$$

An den beiden Eingängen liegen die Spannungen des Sollwertes (Führungsgröße w) und des Istwertes (Regelgröße x). Die Sollwertvorgabe erfolgt manuell über einen Regler (Potentiometer). Auch der Istwert muss als elektrisches Signal vorliegen und wird ebenfalls direkt auf den P-Regler gegeben. Die beiden Spannungen addieren sich und sind dann als Ausgangsspannung für die Weiterverarbeitung vorhanden.

Übergangsfunktion: $h(t) = \dfrac{u_a(t)}{u_e(t)}$

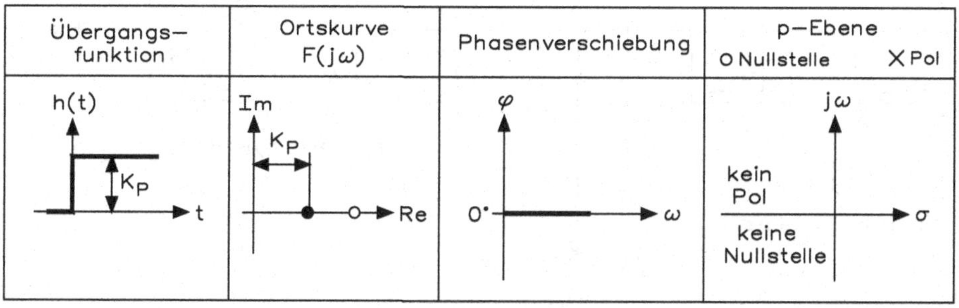

Übergangs-funktion	Ortskurve $F(j\omega)$	Phasenverschiebung	p-Ebene O Nullstelle X Pol
h(t), K_P, t	Im, K_P, Re	φ, 0°, ω	$j\omega$, kein Pol, keine Nullstelle, σ

Der Frequenzgang stellt eine komplexe Funktion dar, deren Verlauf in der komplexen Ebene dargestellt werden kann. Die grafische Darstellung des Frequenzganges bezeichnet man als Ortskurve. Die Variable dieser Funktion ist die Frequenz ω, die von $\omega = 0$ bis $\omega = \infty$ läuft. Betrachtet man sich z. B. den allgemeinen Frequenzgang eines Reglers mit der Eingangsgröße u und der Ausgangsgröße y, der durch den Frequenzgang

$$G(j\omega) = \frac{u_0 + u_1\omega + u_2\omega^2}{y_0 + y_1\omega + y_2\omega^2 + y_3\omega^3}$$

bezeichnet wird. Dieser Ausdruck lässt sich in einen Real- und einen Imaginärteil aufspalten. Da für ω, ω^2, ω^3 usw. gilt

$$\omega = j\omega, \qquad \omega^2 = -\omega^2 \qquad \omega^3 = -j\omega^3$$

ergibt sich für den Frequenzgang

$$G(j\omega) = \frac{u_0 + j\omega u_1 - \omega^2 u_2}{y_0 + j\omega y_1 - \omega^2 y_2 - j\omega^3 y_3} = \frac{(u_0 - \omega^2 u_2) + j\omega u_1}{(y_0 - \omega^2 y_2) + j(\omega y_1 - \omega^3 y_3)} = \frac{A(\omega) + jB(\omega)}{C(\omega) + jD(\omega)}$$

Der komplexe Ausdruck im Nenner wird durch Multiplikation mit dem konjugiertkomplexen Ausdruck in eine reelle Form gebracht.

$$G(j\omega) = \frac{A + jB}{C + jD} \cdot \frac{C - jD}{C - jD} = \underbrace{\frac{AC + BC}{C^2 + D^2}}_{\text{Realteil}} + j\underbrace{\frac{BC - DA}{C^2 - D^2}}_{\text{Imaginärteil}}$$

Da Regelglieder und Netzwerke aus passiven Bauelementen nicht zeitlich unbegrenzt zunehmende Spannungen oder Ströme erzeugen können, befinden sich deren Pole in der linken Halbebene der komplexen p-Ebene.

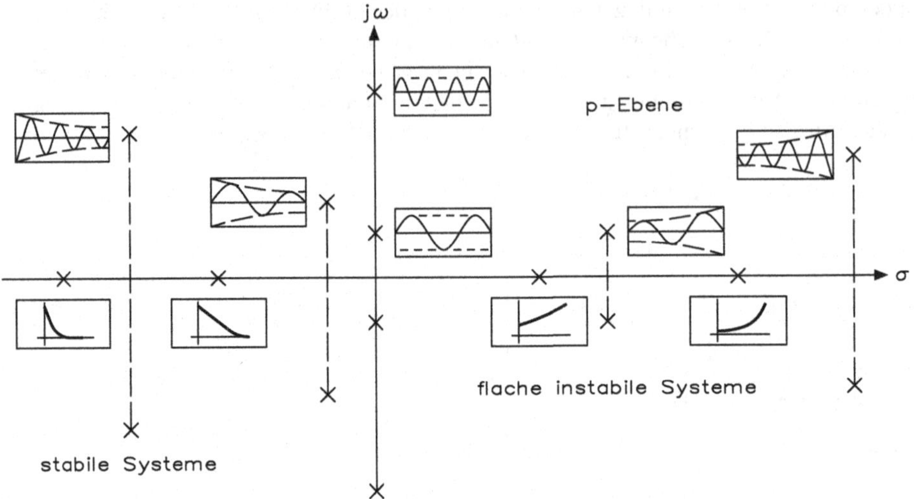

I-Regler

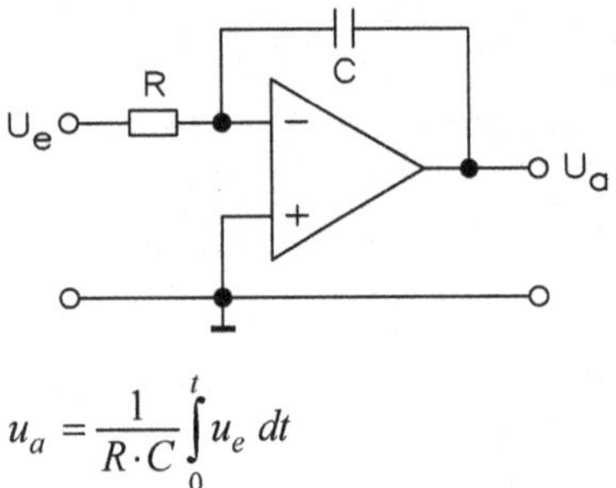

$$u_a = \frac{1}{R \cdot C} \int_0^t u_e \, dt$$

Übergangs–funktion	Ortskurve F(jω)	Phasenverschiebung	p–Ebene O Nullstelle X Pol
h(t) K_I t	Im Re –j ω₀	φ 0° –90° ω	jω σ

Die Übergangsfunktion $h(t)$, der Integrierbeiwert K_I, der Frequenzgang $F(j\omega)$ und die Eckkreisfrequenz ω_0 berechnen sich aus

$$h(t) = K_I \cdot t\,, \qquad K_I = \frac{1}{R \cdot C}\,, \qquad \underline{F}(j\omega) = \frac{K_I}{j\omega}\,, \qquad \omega_0 = \frac{1}{T_I} = K_I$$

D-Regler

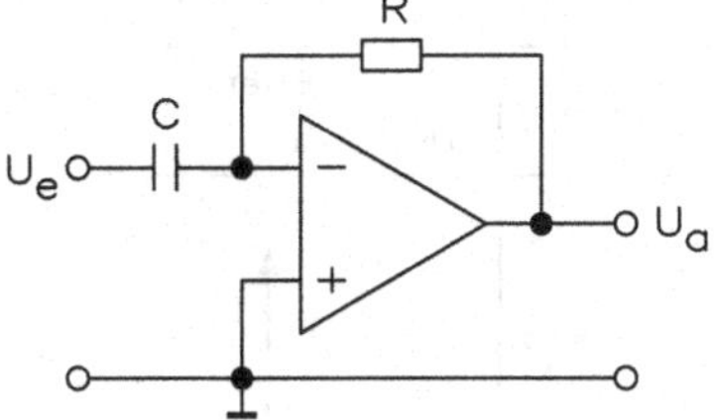

Die Ausgangsspannung errechnet sich aus $U_a = -R \cdot C \dfrac{dU_e}{dt}$.

Übergangsfunktion: $h(t) = \begin{cases} 0 \text{ für } t \neq 0 \\ \infty \text{ für } t = 0 \end{cases}$

Der Differenzierbeiwert K_D, der Frequenzgang F und die Eckkreisfrequenz ω_0 errechnen sich aus

$$K_D = R \cdot C\,, \quad \underline{F}(j\omega) = K_D \cdot j\omega\,, \quad \omega_0 = \frac{1}{K_D}$$

Übergangs-funktion	Ortskurve $F(j\omega)$	Phasenverschiebung	p-Ebene O Nullstelle X Pol
h(t) ∞ Fläche K_D t	Im j ω_0 Re $\omega = 0$	φ +90° 0° ω	$j\omega$ σ

PT_1-Regler

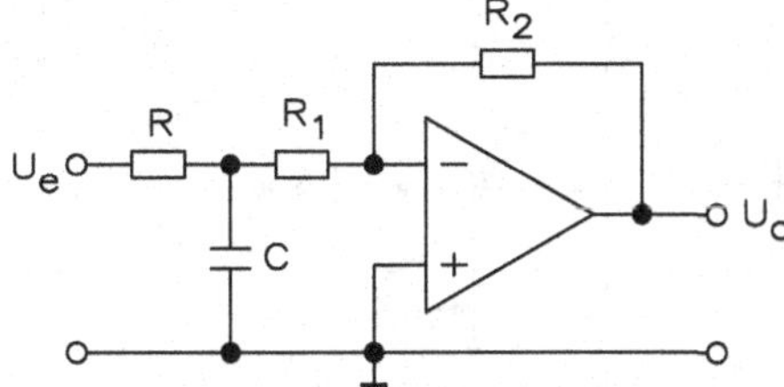

Ein PT_1-Regler ist ein P-Regler mit einer Verzögerung (Totzeit T_t) 1. Ordnung.

$$h(t) = \frac{U_a}{U_e} = K_P(1 - e^{-t/\tau})$$

Der Proportionalbeiwert K_P und der Frequenzgang errechnen sich aus

$$K_P = U_e(1 - e^{-t/\tau}) \text{ und } \underline{F}(j\omega) = K_P \cdot \frac{1}{1 + j\omega \cdot \tau} \text{ mit } \tau = R \cdot C.$$

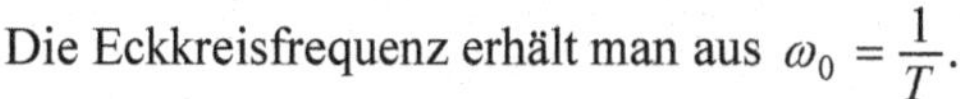

Die Eckkreisfrequenz erhält man aus $\omega_0 = \frac{1}{T}$.

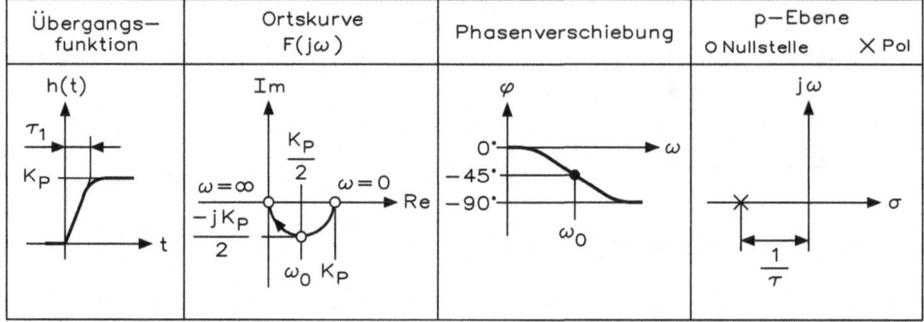

PT_2-Regler

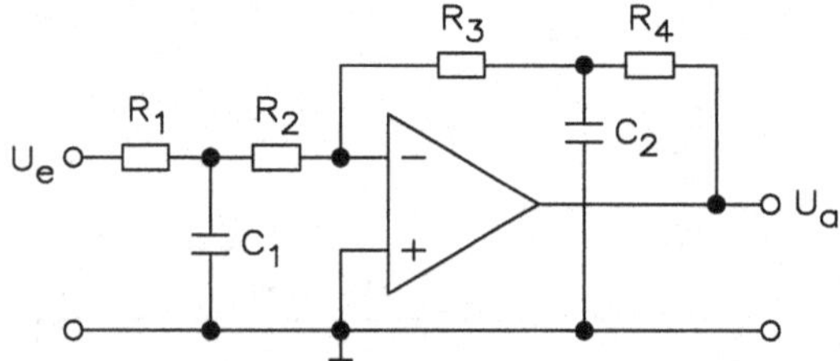

Bei der Schaltung befindet sich am Eingang ein Verzögerungsglied und in der Rückkopplung des Verstärkers ein weiteres Verzögerungsglied. Während man bei einem Verzögerungsglied 1. Ordnung einen festen Zusammenhang zwischen dem Amplituden- und dem Phasenverlauf hat, sind bei PT_2-Systemen noch der Dämpfungsgrad *D* und die Schwingungsdauer *T* zu beachten.

Übergangs-funktion	Ortskurve F(jω)	Phasenverschiebung	p-Ebene O Nullstelle X Pol	
			0<D<1	D>1
h(t), K_P, D, t	Im, K_P, Re, ω_0	φ, 0°, −90°, −180°, ω, ω_0	jω, ω_0, ω_e, σ, $-\omega_e$, σ_e	jω, $\frac{1}{T_2}$, σ, $\frac{1}{T_1}$

Bei einem Dämpfungsgrad von $D = 1$ berechnet sich die Übergangsfunktion aus

$$h(t) = K_P[1 - e^{-\tau \cdot t}(1 + \tau \cdot t)]$$

Die Dämpfungskonstante τ errechnet sich aus

$$D = \frac{T_1}{2 \cdot T_2}, \quad T_1 = \frac{2 \cdot D}{\omega_0}, \quad T_2 = \frac{1}{\omega_0}, \quad \tau = \frac{T_1}{2 \cdot T_2^2}$$

Die Ortskurve beginnt mit ω_0 auf der reellen Achse und durchläuft mit zunehmender Frequenz zuerst den 4. und danach den 3. Quadranten. Der Frequenzgang berechnet sich aus

$$\underline{F}(j\omega) = K_P \cdot \frac{1}{1+(\omega T_2)^2 \cdot j\omega T_1}$$

und die Eigenkreisfrequenz ω_0 der gedämpften Schwingung aus

$$\omega_0 = \sqrt{\omega^2 - \delta^2} = \omega_0 \cdot \sqrt{1-D^2}$$

IT_1-Regler

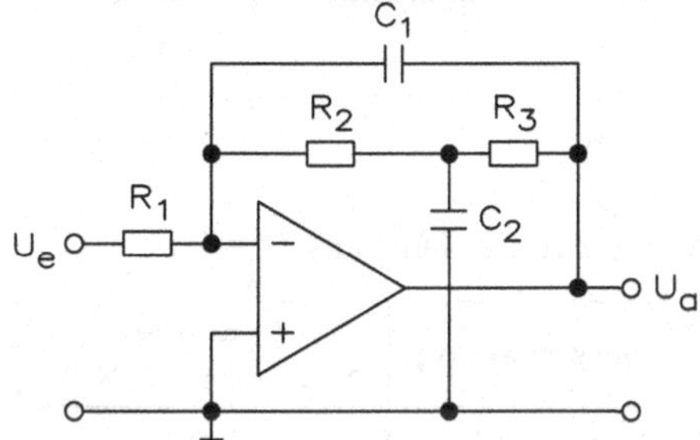

Bei der klassischen Schaltung entfällt der Kondensator C_2, und die beiden Widerstände sind in einem Wert zusammengefasst. Da diese Schaltung nicht die gewünschten Verzögerungen liefert, wird in der Praxis eine modifizierte Variante eingesetzt.

Übergangs-funktion	Ortskurve $F(j\omega)$	Phasenverschiebung	p–Ebene O Nullstelle X Pol
h(t), $K_I T_1$, K_I, t, T_1	Im, $-\frac{K_I T_1}{2}$, Re, ω_0, $-\frac{jK_I T_1}{2}$	φ, ω, −90°, −135°, −180°, ω_0	$j\omega$, σ, $\frac{1}{T_1}$

Die Übergangsfunktion errechnet sich aus

$$h(t) = K_I \cdot t - K_I \cdot T_1 \cdot (1 - e^{-t/T_1})$$

Der Integrierbeiwert K_I, die Zeitkonstante T_1 und der Frequenzgang F berechnen sich

$$K_I \cdot \frac{1}{R_1 \cdot C_1}, \quad T_1 = (R_2 + R_3) \cdot C, \quad \underline{F}(j\omega) = \frac{1}{j\omega(1+j\omega T_1)}$$

DT$_1$-Regler

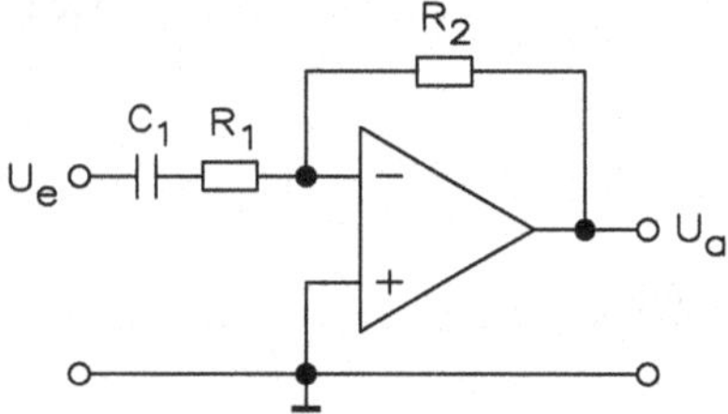

Bei einem D-Regler wirkt die Eingangsspannung direkt auf den Kondensator. Wird in Reihe mit dem Kondensator C ein Widerstand R_1 geschaltet, ergibt sich ein D-Glied mit Verzögerung, wobei speziell in diesem Fall von einem nachgebenden System gesprochen wird.

Die Übergangsfunktion errechnet sich aus $h(t) = \frac{K_D}{T_1} \cdot e^{-t/T_1}$.

Der Differenzwert ergibt sich aus $K_D = R_2 \cdot C_1$ und die Zeitkonstante aus $T_1 = R_1 \cdot C_1$.

Übergangs-funktion	Ortskurve F(jω)	Phasenverschiebung	p-Ebene O Nullstelle X Pol
h(t), $\frac{K_D}{T_1}$, t, T_1	Im, ω_0, $\frac{0{,}5\,j\,K_D}{T_1}$, Re	φ, 90°, 45°, 0°, ω, ω_0	jω, σ, $\frac{1}{T_1}$

Bei der Übergangsfunktion erkennt man, dass sich der Kondensator zum Zeitpunkt T_1 auf 37 % seines Anfangswertes entladen hat. Der Frequenzgang errechnet sich aus

$$\underline{F}(j\omega) = K_P \cdot \frac{j\omega \cdot K_D}{1 + j\omega \cdot T_1}$$

Für die Ortskurve und für die Phasenverschiebung gilt die Eckkreisfrequenz mit $\omega_0 = \frac{1}{T_1}$

Während die Ortskurve einen Halbkreis beschreibt, bewegt sich die Phasenverschiebung zwischen 90° (niedrige Frequenz) bis 0° (hohe Frequenz).

PI-Regler

Bei einem PI-Regler ist das Zeitverhalten des P- und des I-Reglers in einer Schaltung zusammengefasst. Die Änderung des nachgeschalteten Stellgliedes erfolgt also nach dem Betrag der Regelabweichung (P-Anteil) und nach dem zeitlichen Integral (I-Anteil).

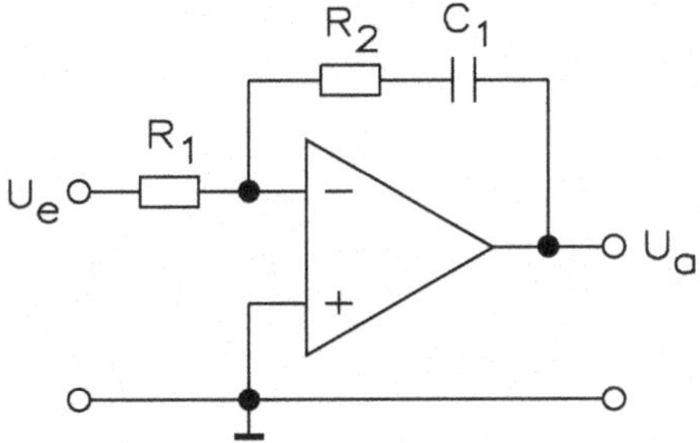

Bei einem PI-Regler wird die Ausgangsspannung nach einer sprungartigen Änderung der Eingangsspannung ebenfalls sprungartig um den Proportionalbeiwert K_P erhöht. Ab diesem Zeitpunkt beginnt das zeitliche Integral des Reglers. Die Zeitkonstante T_n wird als Nachstellzeit bezeichnet.

Übergangs-funktion	Ortskurve $F(j\omega)$	Phasenverschiebung	p-Ebene O Nullstelle X Pol
h(t), K_P, t, T_n	Im, Re, $-jK_P$, ω_0	φ, 0°, −45°, −90°, ω, ω_0	$j\omega$, $\frac{1}{T_n}$, σ

Die Übergangsfunktion für einen PI-Regler errechnet sich aus

$h(t) = K_P + K_I \cdot t$

mit der Nachstellzeit, die sich errechnet aus

$$T_n = \frac{K_P}{K_I} = R_2 \cdot C_1$$

und dem Proportionalbeiwert bzw. dem Integrierbeiwert mit

$$K_P = \frac{R_2}{R_1}, \quad K_I = \frac{1}{R_1 \cdot C_1} \quad .$$

Für den Frequenzgang gilt

$$\underline{F}(j\omega) = K_P \cdot \left(1 + \frac{1}{j\omega \cdot T_n}\right) = K_P + \frac{K_I}{j\omega}$$

und für die Eckkreisfrequenz

$$\omega_0 = \frac{1}{T_n} = \frac{K_I}{K_P}$$

Die Phasenverschiebung beginnt bei –90° (niedrige Frequenz) und geht auf 0° (hohe Frequenz) zurück.

PIT₁-Regler

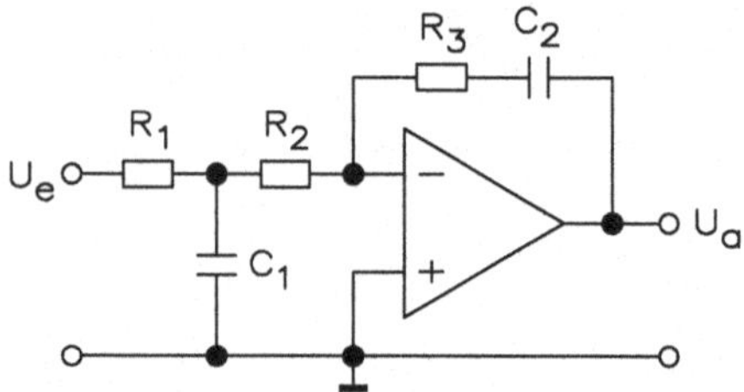

Bei einem PIT_1-Regler handelt es sich um einen PI-Regler mit einer Verzögerung 1. Ordnung. Am Eingang der Schaltung befindet sich ein RC-Glied und damit eine Verzögerung 1. Ordnung, während sich die Schaltung für den PI-Regler nicht ändert. Es ergibt sich die Übergangsfunktion von

$$h(t) = K_P \cdot (1 - e^{-t/T_1}) + K_I \cdot t$$

Übergangs- funktion	Ortskurve $F(j\omega)$	Phasenverschiebung	p-Ebene O Nullstelle X Pol
$h(t)$, T_1, K_P, t, T_n	Im, ω_0, Re	φ, 0°, −90°, −180°, ω, ω_0	$j\omega$, $\frac{1}{T_n}$, σ, $\frac{1}{T_1}$

PD-Regler

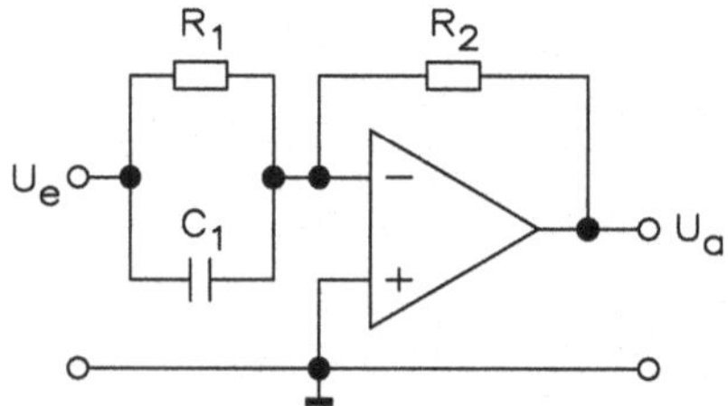

Ein PD-Regler ist ein Proportionalregler mit Differentialanteil. Die Ausgangsgröße eines P-Reglers wird zusätzlich durch die Änderungsgeschwindigkeit eines D-Reglers verbessert.

Als Grundschaltung dient ein P-Regler, wobei parallel zu dem Eingangswiderstand R_1 der Kondensator C_1 zur Differenzierung geschaltet wird. Die Übertragungsfunktion errechnet sich aus

$$h(t) = \begin{cases} \infty \text{ für } t = 0 \\ K_P \text{ für } t > 0 \end{cases}$$

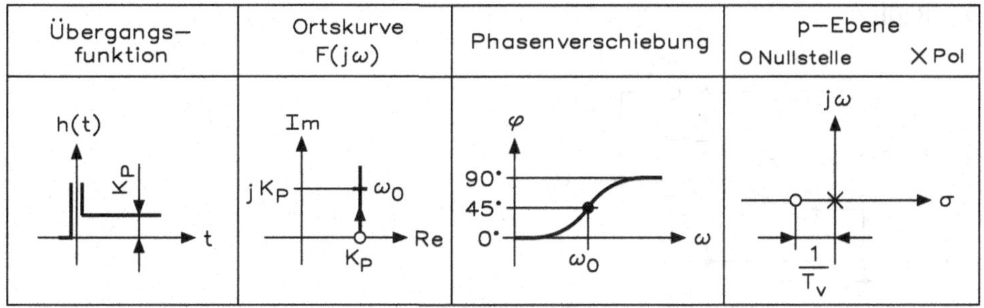

Der Proportionalanteil K_P, der Differenzierbeiwert K_D und die Vorhaltezeit T_v errechnen sich aus

$$K_P = \frac{R_2}{R_1}, \qquad K_D = R_2 \cdot C_1, \qquad T_v = \frac{K_D}{K_P} = R_1 \cdot C_1$$

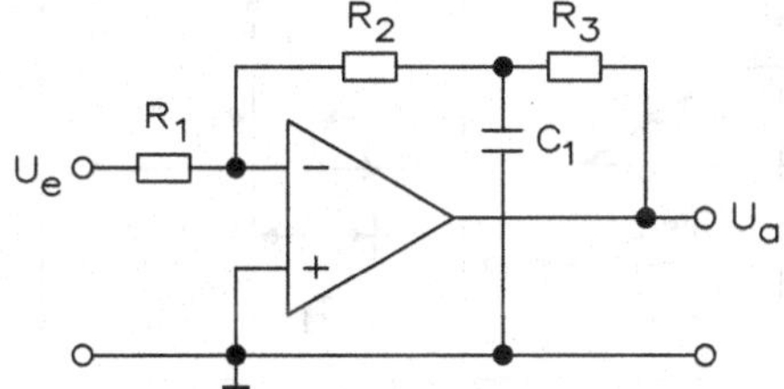

Der Frequenzgang berechnet sich aus

$$\underline{F}(j\omega) = K_P \cdot \left(1 + j\omega T_v\right) = K_P + j\omega K_D$$

und die Eckkreisfrequenz aus

$$\omega_0 = \frac{1}{T_v} = \frac{K_P}{T_v}$$

Bei dieser Schaltung muss jedoch der Innenwiderstand der Spannungsquelle am Eingang berücksichtigt werden. Aus diesem Grunde setzt man in der Praxis die verbesserte Schaltung ein.

Bei der optimierten Schaltung befindet sich der Kondensator für die Differenzierung in der Rückkopplung. Der Proportionalbeiwert errechnet sich aus dem Verhältnis der beiden Rückkopplungswiderstände (R_2 bzw. R_3) und dem Eingangswiderstand R_1. Die Zeitkonstante T_v für die Vorhaltezeit ist das Produkt aus der Parallelschaltung der beiden in der Rückkopplung befindlichen Widerstände $R_2 \| R_3$ zu beiden Seiten des mit Masse verbundenen Kondensators C_1.

$$T_v = (R_2 \parallel R_3) \cdot C_1$$

PDT_1-Regler

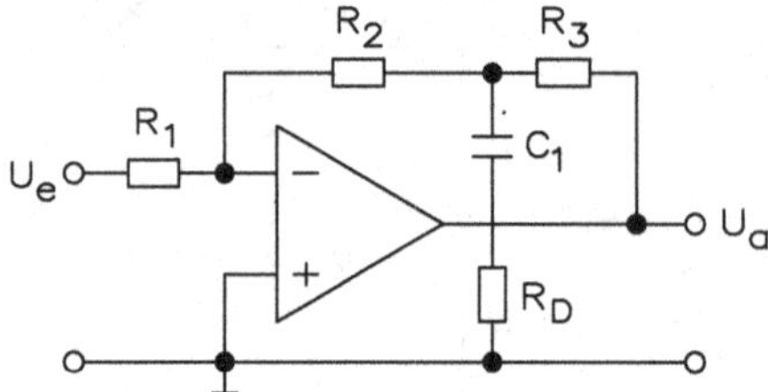

Zur Verzögerung der Übertragungsfunktion befindet sich in der Schaltung ein zusätzlicher Widerstand R_D. Durch die Verzögerung wird in der Übertragungsfunktion die Unendlichkeitsstelle bei $t = 0$ unterdrückt, wodurch sich der Verlauf ändert.

Übergangs-funktion	Ortskurve $F(j\omega)$	Phasenverschiebung	p-Ebene O Nullstelle X Pol
$T_1 < T_v$, $h(t)$, $\frac{T_v}{T_1} \cdot K_P$, K_P, t, T_1	Im, $T_1 < T_v$, $\omega_0 = \frac{1}{T_1}$, Re, K, $\frac{T_v}{T_1} \cdot K_P$	φ, 180°, 135°, 90°, ω_0, ω	$j\omega$, $T_1 < T_v$, $\frac{1}{T_v}$, σ, $\frac{1}{T_1}$

Die Ausgangsgröße ändert sich sprunghaft zur Zeit $t = 0$ um einen Betrag, der vom Betrag des Eingangssprungs, von den beiden Parameterwerten K_P bzw. T_v des Reglers und seiner Verzögerungszeit, abhängig ist. Bei der Bedingung $t > 0$ ist die Ausgangsgröße mit der Zeitkonstanten T_1 von dem Proportionalbeiwert K_P des Reglers abhängig.

PID-Regler

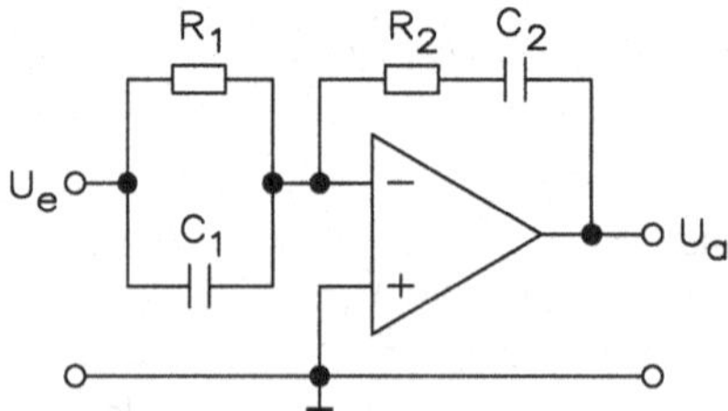

Aus den für PI- und PD-Regler gewonnenen Erkenntnissen lassen sich PID-Regler aufbauen. PID-Regler beinhalten die drei grundsätzlichen Übertragungseigenschaften der einzelnen Reglertypen, nämlich proportionales, integrales und differentielles Verhalten. Die Übergangsfunktion eines PID-Reglers errechnet sich aus

$$h(t) = \begin{cases} \infty \text{ für } t = 0 \\ K_P + K_I t \text{ für } t > 0 \end{cases}$$

Die Vorhaltezeit T_v, die Nachstellzeit T_n, der Proportionalbeiwert K_P, der Integrierbeiwert K_I und der Differenzierbeiwert K_D ergeben sich aus

$$T_v = \frac{K_D}{K_P} = R_1 \cdot C_1 , \quad T_n = \frac{K_P}{K_I} = R_2 \cdot C_2$$

$$K_P = \frac{R_2}{R_1}, \quad K_I = \frac{1}{R_1 \cdot C_2}, \quad K_D = R_2 \cdot C_1$$

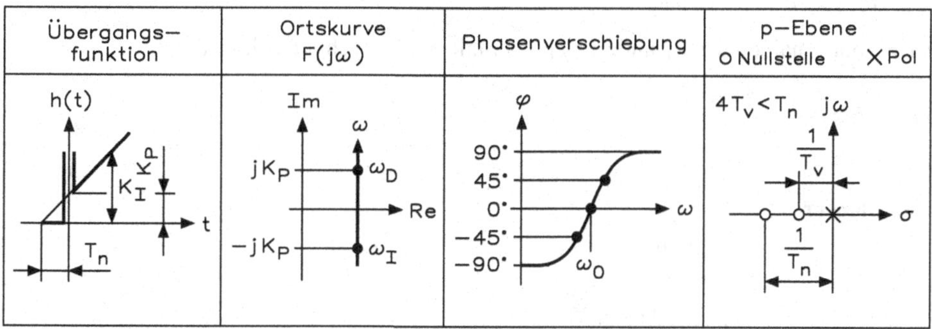

Der Frequenzgang errechnet sich aus

$$\underline{F}(j\omega) = K_P \cdot \left(1 + j\omega T_v + \frac{1}{j\omega \cdot T_n} \right) = K_P + \frac{K_I}{j\omega} + j\omega \cdot K_D$$

Die Eckkreisfrequenz ist

$$\omega_0 = \frac{1}{\sqrt{T_n \cdot T_v}} \qquad \omega_I = \frac{1}{T_n} = \frac{K_I}{K_P} \qquad \omega_D = \frac{1}{T_v} = \frac{K_P}{K_D}$$

Die Phasenverschiebung beginnt bei –90° (niedrige Frequenz) und endet bei +90° (hohe Frequenz).

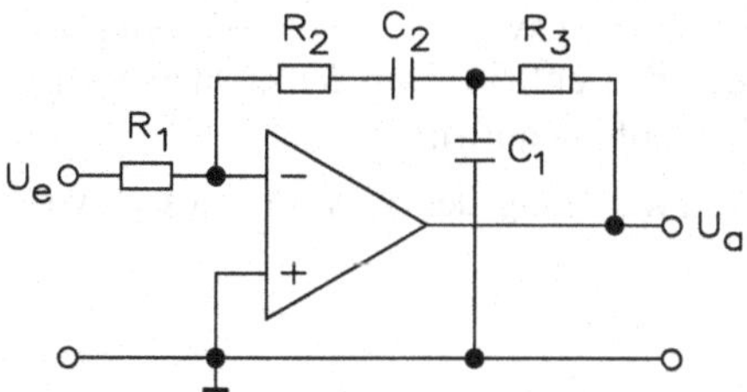

Bei der modifizierten Schaltung sollten vom Anwender unbedingt folgende Bedingungen eingehalten werden:

$$R_2 \cdot C_2 + R_3 \cdot C_1 >> R_3 \cdot C_2 \text{ und } \frac{R_2}{R_3} + \frac{C_1}{C_2} >> 1$$

Letztere Bedingung gilt auch, wenn mindestens die Forderung $R_2 >> R_3$ eingehalten wird. In der Praxis hat zudem der Kondensator C_1 eine erheblich größere Kapazität als der Kondensator C_2.

Auch die Forderung

$$\frac{R_2}{R_2 + R_3} \approx 1$$

sollte ebenfalls erfüllt sein. Für die Berechnungen des Integrierbeiwerts, der Vorhaltezeit und der Nachstellzeit ergeben sich folgende Änderungen:

$$K_I = \frac{1}{R_1 \cdot C_2} \qquad T_v = \frac{R_2 \cdot R_3}{R_2 + R_3} \cdot C_1 \qquad T_n = (R_2 + R_3) \cdot C_2$$

Der Proportionalbeiwert K_p ändert sich ebenfalls und errechnet sich aus

$$K_P = \frac{R_2 + R_3}{R_1}$$

PIDT$_1$-Regler

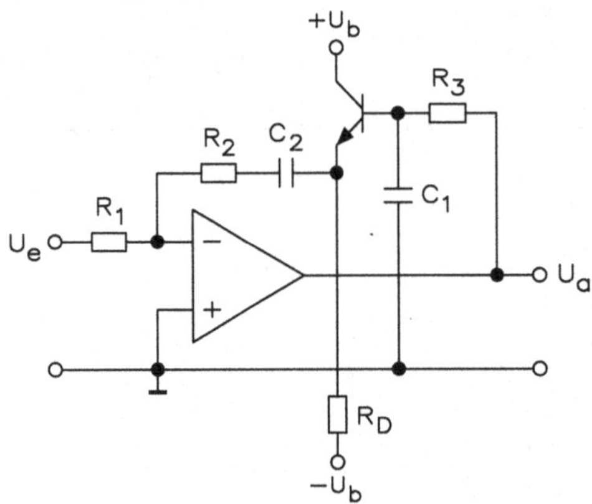

In dieser Schaltung befindet sich in der Rückkopplung ein Transistor, der in seiner Kollektor-Grundschaltung betrieben wird. Damit ergibt sich ein Reaktanzwandler, d. h., an der Basis des Transistors liegt ein hochohmiges Eingangsverhalten vor, während am Emitteranschluss ein niederohmiges Ausgangsverhalten auftritt. Der Widerstand R_D ist unbedingt erforderlich, wodurch die gewünschte Dämpfung auftritt.

Die Vorhaltezeit verändert sich durch die Reaktanzwandlung des Widerstandes R_2 von der Emitterseite auf die Basisseite mit

$$T_v = \frac{\infty \cdot R_3}{\infty + R_3} \cdot C_1 = R_3 \cdot C_1$$

Hier wird diese Spannung durch den Kondensator C_2 differenziert und über den Widerstand R_2 in den Rückkopplungsstrom umgewandelt. Durch die Reaktanzwandlung gilt jetzt für die Nachstellzeit

$$T_n \approx \left(R_2 + \frac{R_3}{\infty} \right) \cdot C_2 = R_2 \cdot C_2$$

und der Proportionalbeiwert errechnet sich aus

$$K_P = \frac{R_2 + \dfrac{R_3}{\infty}}{R_1} = \frac{R_2}{R_1}$$

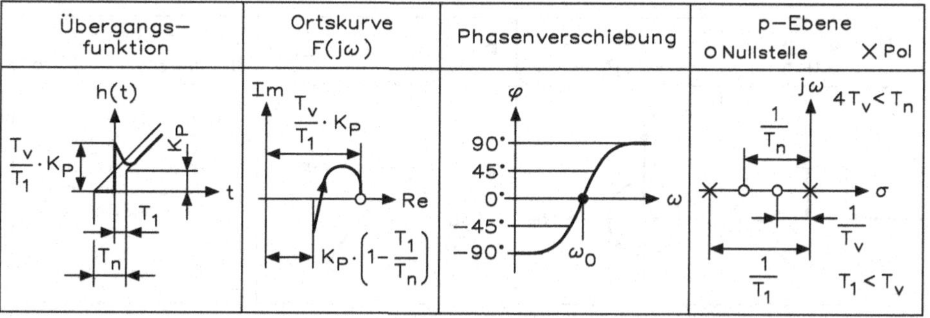

Bei der Übergangsfunktion ist deutlich die durch den Dämpfungswiderstand R_D verursachte Verzögerungszeit T_1 erkennbar.

T_t-Regler

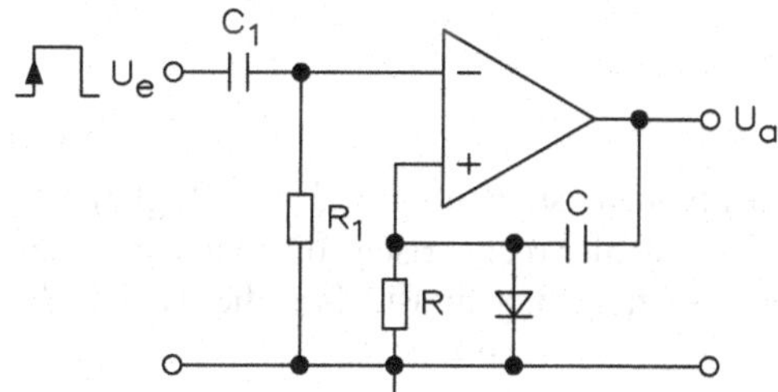

Eine besondere Art von Totzeit-Reglern bewirkt, dass zwischen Eingangs- und Ausgangsänderung eine entsprechende Zeitverzögerung auftritt. Ändert sich die Eingangsgröße sprungartig, so wird die Ausgangsgröße erst nach einer bestimmten Zeitdauer, der Totzeit T_t, geändert.

Bei dieser Schaltung handelt es sich um ein Monoflop (Univibrator) in Verbindung mit einem Operationsverstärker. Die Ausgangsspannung befindet sich im Ruhezustand konstant auf $+U_b$, nach erfolgter Triggerung über den Eingang U_e geht der Ausgang für die Zeitdauer der monostabilen Funktion auf $-U_b$. Nach der Verweilzeit kippt der Ausgang wieder in seine stabile Lage zurück und hat die Ausgangsspannung $+U_b$.

Für den Operationsverstärker wird eine symmetrische Betriebsspannung von ±12 V benötigt. Die monostabile Zeit berechnet sich aus

$$T_t = 0{,}7 \cdot R \cdot C,$$

wenn der Widerstand R_t des Differenziergliedes mit Masse verbunden ist. Liegt statt der Masseverbindung eine negative Referenzspannung vor, gilt

$$T_t = R \cdot C \cdot \ln \frac{\pm U_b}{-U_{ref}}$$

Die Diode verhindert, dass die Spannung am nicht invertierenden Eingang größer als +0,6 V wird.

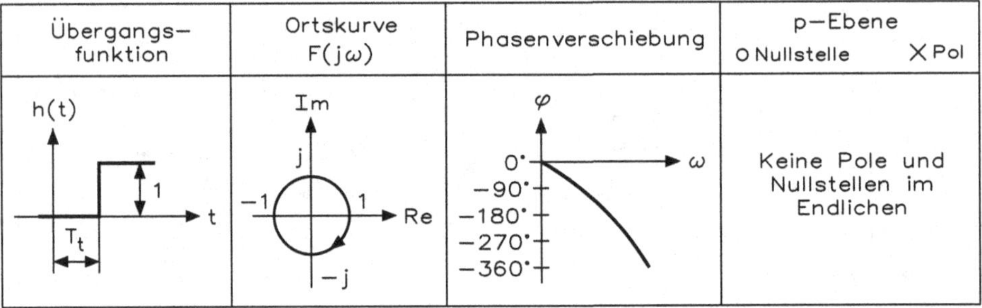

In der Übergangsfunktion ist die zwischen der Eingangs- und der Ausgangsänderung auftretende Totzeit T_t erkennbar. Die Übergangsfunktion berechnet sich aus

$$h(t) = \begin{cases} 0 \text{ für } t < T_t \\ 1 \text{ für } t \geq T_t \end{cases}$$

Der Frequenzgang ergibt sich aus

$$\underline{F}(j\omega) = e^{-j\omega T_t}$$

Die Phasenverschiebung nimmt bei steigender Frequenz stetig ab. Bei den T_t-Reglern ist zu bemerken, dass man diese ohne nennenswerten Fehler rechnerisch so behandeln kann wie ein Verzögerungsglied 1. Ordnung. Voraussetzung hierfür ist, dass die Totzeit T_t sehr kurz ist.

14.8 Arbeitsweise von geschlossenen Regelkreisen

Es soll das stabile bzw. instabile Verhalten eines Regelkreises sowie das Führungsverhalten bzw. Störverhalten untersucht werden. Unter anderem spricht man bei Betrachtungen von Regelkreisen auch öfters von statischem und dynamischem Verhalten des Regelkreises. Das statische Verhalten eines Regelkreises kennzeichnet den Ruhezustand des Regelkreises nach Ablauf aller zeitabhängigen Ausgleichsvorgänge, also den Zustand lange nach vorangegangenen Stör- oder Führungsgrößenänderungen. Das dynamische Verhalten zeigt dagegen in erster Linie das Verhalten des Regelkreises bei Änderungen, d. h. den Verlauf von einem stabilen Ruhezustand in den anderen Ruhezustand. Schließt man einen Regler an eine Strecke an, so erwartet man den folgenden Verlauf.

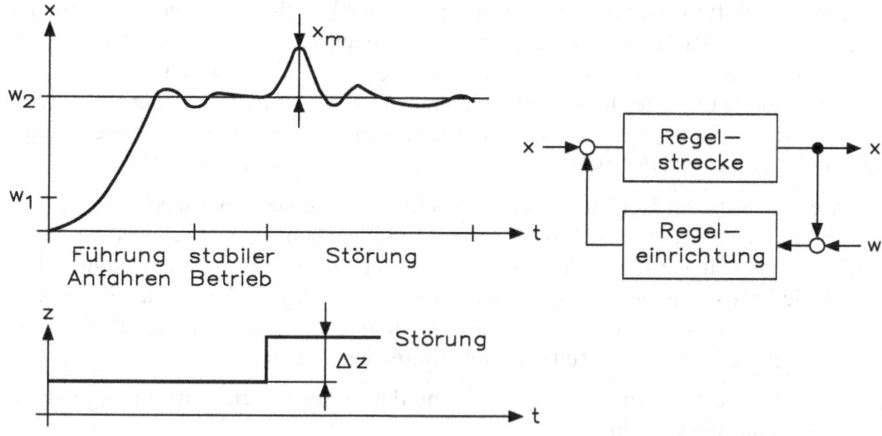

Nach dem Schließen des Regelkreises soll die Regelgröße (x) in möglichst kurzer Zeit ohne großes Überschwingen die vorgegebene Führungsgröße (w) erreichen und auch halten. Man spricht in diesem Zusammenhang beim Einlaufen auf einen neuen Wert der Führungsgröße auch vom Führungsverhalten.

Nach dem Anfahrvorgang soll die Regelgröße einen konstanten Wert ohne größere Schwankungen einhalten, d. h., der Regler soll an der Regelstrecke stabil arbeiten. Tritt nun eine Störung an der Regelstrecke auf, so soll der Regler ebenfalls in der Lage sein, diese mit möglichst kleinem Überschwingen in einer relativ kurzen Ausregelzeit auszuregeln.

Nach Ablauf des Anfahrvorganges soll die Regelgröße den durch die Führungsgröße vorgegebenen konstanten Wert annehmen und in einen stabilen Betrieb übergehen. Es kann jedoch vorkommen, dass der Regelkreis instabil wird und die Regelgröße sowie Stellgröße periodische Schwingungen ausführen. Dies kann sogar dazu führen, dass die Amplitude dieser Schwingung u. U. nicht konstant bleibt, sondern vergrößert sich laufend, bis sie periodisch zwischen einem oberen und unteren Maximalwert hin und her schwingt.

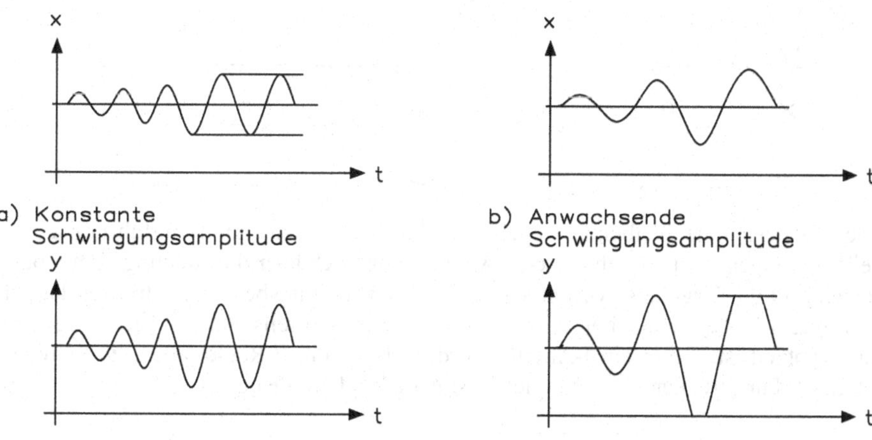

a) Konstante Schwingungsamplitude

b) Anwachsende Schwingungsamplitude

Man spricht hier häufig auch von der Selbsterregung des Regelkreises. Die Ursache von einem solchen instabilen Verhalten sind meist im Regelkreis vorhandene kleine Störamplituden, die eine gewisse Unruhe in den Kreis bringen. Die Selbsterregung ist im Wesentlichen vom Aufbau des Regelkreises, ob mechanisch, hydraulisch oder elektrisch, unabhängig und tritt dann auf, wenn die zurückkommende Schwingung eine gleiche oder größere Amplitude hat und die gleiche Phasenlage hat, wie sie angelegt wurde.

Werden in einem stetigen Regelkreis, der stabil arbeitet, gewisse Betriebsbedingungen verändert (z. B. neue Reglereinstellung), so muss immer damit gerechnet werden, dass der Regelkreis instabil wird. Für die praktische Regelungstechnik ist die Stabilität des Regelkreises jedoch selbstverständlich. Pauschal kann man sagen, dass in der Praxis ein stabiles Verhalten dadurch erreicht wird, indem man die Verstärkung im Regelkreis hinreichend klein und die Regler-Zeitkonstante hinreichend groß wählt.

Je nach Ursache spricht man bei der Beschreibung des Streckenverhaltens im Regelkreis von Stör- oder Führungsverhalten:

- Führungsverhalten: Die Führungsgröße wurde verstellt und der Prozess hat ein neues Gleichgewicht erreicht.
- Störverhalten: Auf den Prozess wirkt von außen eine Störung und verschiebt das bisherige Gleichgewicht, bis sich wieder ein stabiler Istwert ausgebildet hat.

Das Führungsverhalten entspricht somit dem Verhalten des Regelkreises auf eine Führungsgrößenänderung. Das Störverhalten bestimmt die Reaktion auf äußere Änderungen, z. B. das Einbringen von kaltem Gut in einen Ofen. Stör- und Führungsverhalten in einem Regelkreis sind im Allgemeinen nicht gleich. Dies liegt unter anderem daran, dass sie auf unterschiedliche Zeitglieder bzw. an verschiedenen Eingriffsorten im Regelkreis wirken.

Bei einem Regelkreis mit gutem Führungsverhalten kommt es darauf an, dass bei Änderung der Führungsgröße die Regelgröße den neuen Wert der Führungsgröße möglichst schnell und mit einem kleinen Überschwingen erreichen soll. Man kann zwar ein Überschwingen durch eine andere Reglereinstellung verhindern. Dieses Anfahren an die Führungsgröße kann dabei kriechend oder schwingend ausgeführt sein.

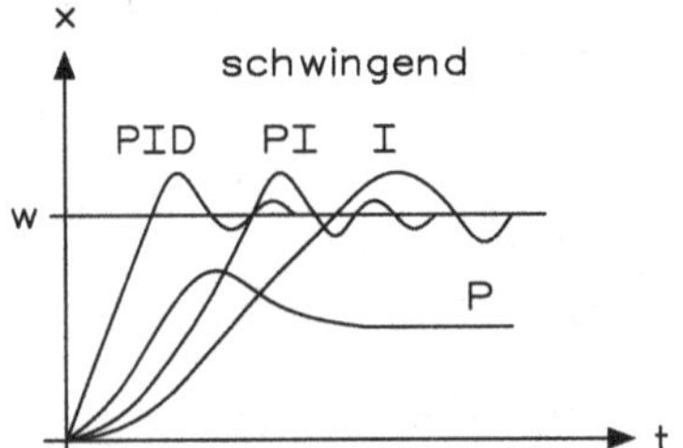

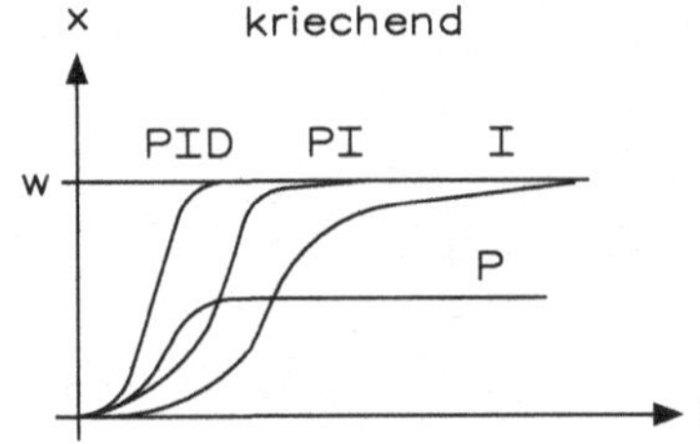

P-Regler besitzen eine bleibende Regelabweichung, die sich durch Einführung eines I-Anteils beseitigen lässt. Durch diesen I-Anteil erhöht sich aber die Neigung zum Überschwingen und die Regelung wird etwas träger. Verzögerungsbehaftete Strecken lassen sich mit einem P-Regler nur bei Vorhandensein eines I-Anteils stationär genau regeln. Bei einer Totzeit ist immer ein I-Anteil erforderlich, da ein P-Regler allein zu Schwingungen führt. Für Strecken ohne Ausgleich ist ein I-Regler ungeeignet.

Der D-Anteil lässt den Regler schnell reagieren. Bei stark pulsierenden Prozessgrößen, wie Druckregelung etc., führt dies jedoch zu Instabilitäten. Regler mit D-Anteil eignen sich dagegen gut für langsame Regelstrecken wie sie bei Temperaturregelungen auftreten. Ist die bleibende Regelabweichung unerwünscht, verwendet man dann einen sogenannten PI- oder PID-Regler.

Für den Zusammenhang zwischen Streckenordnung und Reglerstruktur gilt: Für Strecken ohne Ausgleich oder Totzeiten (0. Ordnung) ist ein P-Regler ausreichend. Aber auch bei scheinbar verzögerungsfreien Strecken kann die Verstärkung eines P-Reglers nicht beliebig hoch gewählt werden, da der Regelkreis ansonsten durch kleinste immer vorhandene Totzeiten instabil würde. Zum vollständigen Ausregeln ist daher immer ein I-Anteil erforderlich.

Für Strecken 1. Ordnung mit kleinen Totzeiten ist ein PI-Regler gut geeignet. Strecken 2. und höherer Ordnung (mit Verzugs- und Totzeiten) erfordern einen PID-Regler. Bei sehr hohen Ansprüchen sollte eine Kaskadenregelung, eingesetzt werden. Strecken 3. und 4. Ordnung sind mitunter mit PID-Reglern, meist aber nur noch mit Kaskadenregelung, zu realisieren.

Bei Regelstrecken ohne Ausgleich muss die Stellgröße nach dem Erreichen der Führungsgröße auf Null zurückgenommen werden. Sie können daher nicht durch Regler mit I-Anteil geregelt werden, da diese durch ein Überschwingen der Regelgröße abgebaut werden müsste. Für Strecken ohne Ausgleich und höherer Ordnung (mit Verzugs- und Totzeiten) ist daher ein PD-Regler geeignet.

Auswahl der Reglertypen zum Regeln der wichtigsten Regelgrößen

	Bleibende Regelabweichung		**Keine bleibende Regelabweichung**	
	P	**PD**	**PI**	**PID**
Temperatur	einfache Strecken für geringe Ansprüche		geeignet	sehr gut geeignet
Druck, Gas			geeignet	
Wasser			reiner I-Anteil, meist besser	
Durchfluss	wenig geeignet, da erforderlicher X_p-Bereich meist zu groß	geeignet	brauchbar, aber I-Regler allein oft besser	
Niveau	bei kleiner Totzeit	geeignet		
Förderung	ungeeignet wegen Totzeit		brauchbar, aber I-Regler allein oft besser	

Geeignete Reglertypen für die unterschiedlichen Regelstrecken

Strecke	Reglerstruktur			
	P	PD	PI	PID
Reine Totzeit			gut geeignet oder reiner I-Regler	
1. Ordnung mit kleiner Totzeit			gut geeignet	geeignet
2. Ordnung mit kleiner Totzeit			ungünstiger als PID	gut geeignet
Höhere Ordnung			ungünstiger als PID	gut geeignet
Ohne Ausgleich mit Verzugszeit	geeignet	geeignet		

14.9 Optimierung von Regelkreisen

Regleroptimierung bedeutet die Anpassung des Reglers an den gegebenen Prozess bzw. Regelstrecke. Die Regelparameter (k_p, X_p, T_n, T_v usw.) müssen so gewählt werden, dass bei den gegebenen Betriebsverhältnissen ein möglichst günstiges Verhalten des Regelkreises erzielt wird. Dieses günstige Verhalten kann jedoch unterschiedlich definiert sein, z. B. ob man ein schnelles Erreichen der Führungsgröße bei kleinerem Überschwingen als günstig bezeichnet oder ein überschwingungsfreies Anfahren bei etwas längerer Ausregelzeit.

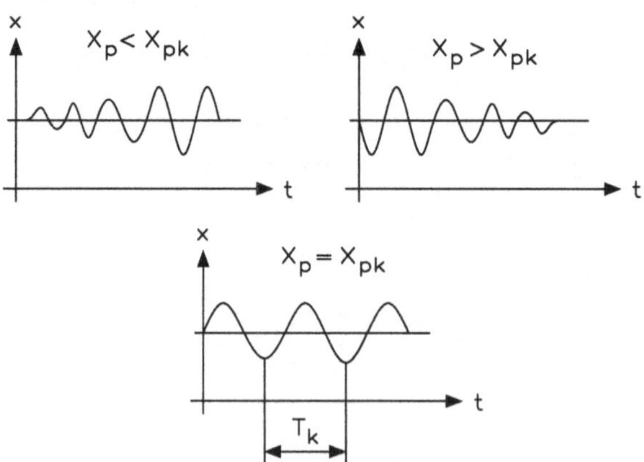

Die Regelgüte zeigt, dass für eine sprungweise Störung sich ebenfalls als Gütemaßstäbe die Überschwingweite X_m und die Ausregelzeit T_a anbieten. Um die Ausregelzeit genauer zu definieren ist es erforderlich festzuhalten, wann der Regelvorgang als beendet anzusehen ist. Zweckmäßig wird das Ausregeln einer Störung als beendet angesehen, wenn die Regelgrößenänderungen unterhalb ±1 % vom Sollwerteinstellbereich W_h bleiben, d. h. innerhalb der Messgenauigkeit zu liegen kommen, wobei zweckmäßig eine Störung von 10 % von Y_h gewählt wird.

Neben der Überschwingweite und der Ausregelzeit werden auch weiterhin für mathematische Untersuchungen als Gütemaßstäbe die Regelfehlerflächen herangezogen.

- Lineare Regelfläche: $A = A_1 - A_2 + A_3$
- Quadratische Regelfläche: $A^2 = A_1^2 + A_2^2 + A_3^2$

Bei der Schwingungsmethode nach Ziegler und Nichols werden die Regelparameter so verstellt, dass die Stabilitätsgrenze erreicht ist und der aus Regler und Strecke gebildete Regelkreis zu schwingen beginnt, d. h. die Regelgröße periodische Schwingungen um die Führungsgröße durchführt. Aus den so gefundenen Parametern können die Werte zur Reglereinstellung ermittelt werden. Dieses Verfahren ist nur auf Regelstrecken anwendbar, bei denen ein Überschwingen keine Gefahr birgt und die instabil arbeiten können. Um Schwingungen der Regelgröße zu erhalten, wird die Reglerverstärkung zunächst minimiert, d. h. der Proportionalbereich auf den maximalen Wert gestellt. Der Regler muss als reiner P-Regler arbeiten, dafür wird der I-Anteil (T_n) sowie der D-Anteil (T_v) ausgeschaltet. Nun wird der Proportionalbereich X_p so lange verkleinert, bis die Regelgröße ungedämpfte Schwingungen mit konstanter Amplitude ausführt.

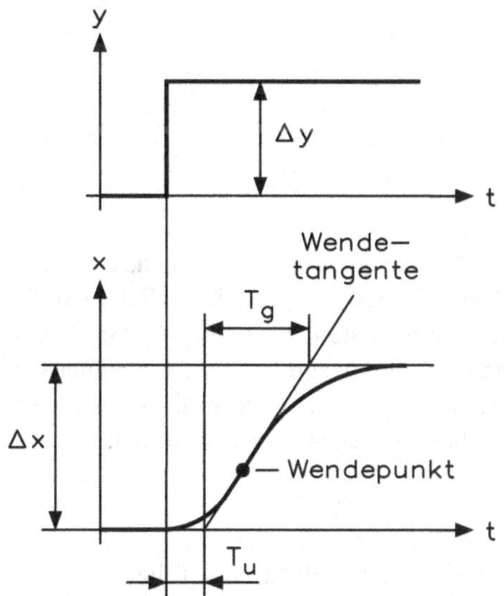

Für die Schwingungsmethode nach Ziegler-Nichols ergibt sich folgende Tabelle:

Reglerstruktur	
P	$X_P \approx X_{Pk}/0{,}5$
PI	$X_P \approx X_{Pk}/0{,}45$ $T_n \approx 0{,}85 \cdot T_k$
PID	$X_P \approx X_{Pk}/0{,}6$ $T_n \approx 0{,}5 \cdot T_k$ $T_v \approx 0{,}12 \cdot T_k$

Die Einstellregeln von Ziegler/Nichols gelten im Wesentlichen für Strecken mit kleinen Totzeiten und einem Verhältnis $T_g/T_u > 3$.

Eine weitere Möglichkeit der Parameterbestimmung beruht auf der Aufnahme der streckentypischen Parameter, durch Aufzeichnung der Streckensprungantwort. Dieses Verfahren eignet sich auch für Strecken, die nicht zum Schwingen gebracht werden können. Der Regelkreis muss allerdings geöffnet werden, z. B. indem man ein Regelgerät in den Handbetrieb umschaltet, um direkt auf die Stellgröße Einfluss zu nehmen. Der Stellgradsprung sollte nach Möglichkeit in der Nähe der Führungsgröße stattfinden.

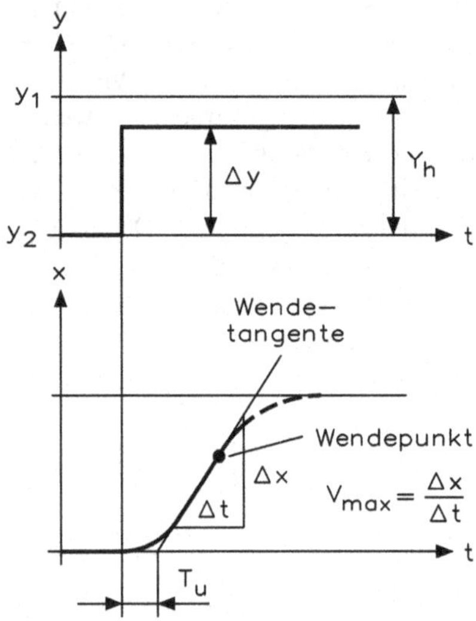

Ein Verfahren, mit dessen Hilfe die Regelparameter berechnet werden können, wenn die Parameter der Strecke bekannt sind, haben Chien, Hrones und Reswick (CHR) entwickelt. Dieses Näherungsverfahren liefert günstige Regelparameter nicht nur für Änderung der Störgröße, sondern auch für Änderung der Führungsgröße und ist geeignet für Regelstrecken mit PTn-Verhalten $n \geq 2$. Aus der Sprungantwort werden die Verzugszeit T_u, die Ausgleichszeit T_g, sowie der Übertragungsbeiwert der Strecke k_s ermittelt.

$$k_s = \frac{\text{Regelgrößenänderung}}{\text{Stellgrößenänderung}} = \frac{\Delta x}{\Delta y}$$

Aus den gefundenen Werten ergeben sich dann die Einstellregeln aus der Tabelle.

Formeln zur Einstellung nach der Sprungantwort

Regelstruktur	Führung	Störung
P	$X_p \approx 3{,}3 \cdot \mathrm{k}_s \cdot (T_u/T_g) \cdot 100\,\%$	$X_p \approx 3{,}3 \cdot \mathrm{k}_s \cdot (T_u/T_g) \cdot 100\,\%$
I	$X_p \approx 2{,}86 \cdot \mathrm{k}_s \cdot (T_u/T_g) \cdot 100\,\%$ $T_n \approx 1{,}2 \cdot T_g$	$X_p \approx 1{,}66 \cdot \mathrm{k}_s \cdot (T_u/T_g) \cdot 100\,\%$ $T_n \approx 4 \cdot T_g$
PID	$X_p \approx 1{,}66 \cdot \mathrm{k}_s \cdot (T_u/T_g) \cdot 100\,\%$ $T_n \approx 1 \cdot T_g$ $T_v \approx 0{,}5 \cdot T_u$	$X_p \approx 1{,}05 \cdot \mathrm{k}_s \cdot (T_u/T_g) \cdot 100\,\%$ $T_n \approx 2{,}4 \cdot T_g$ $T_n \approx 0{,}42 \cdot T_u$

Mitunter ergeben sich bei der geschilderten Methode allerdings Schwierigkeiten bei der Ermittlung der Ausgleichszeit T_g. In vielen Fällen kann nur zwischen 0 % oder 100 % gewählt werden. Wird der Prozess aber mit 100-%iger Stellgröße betrieben, droht evtl. die Zerstörung.

Man kann sich nun damit behelfen, dass man auf die Ermittlung von Ausgleichszeit T_g verzichtet und dafür die Anstiegsgeschwindigkeit v_{max} bestimmt. Gibt man dem Regler eine hinreichend große Führungsgröße vor, greift dieser zunächst mit einer 100-%igen Stellgröße ein. Danach regelt er auf dem Sollwert. Mit dem Anstieg des Istwertes kann v_{max} berechnet werden.

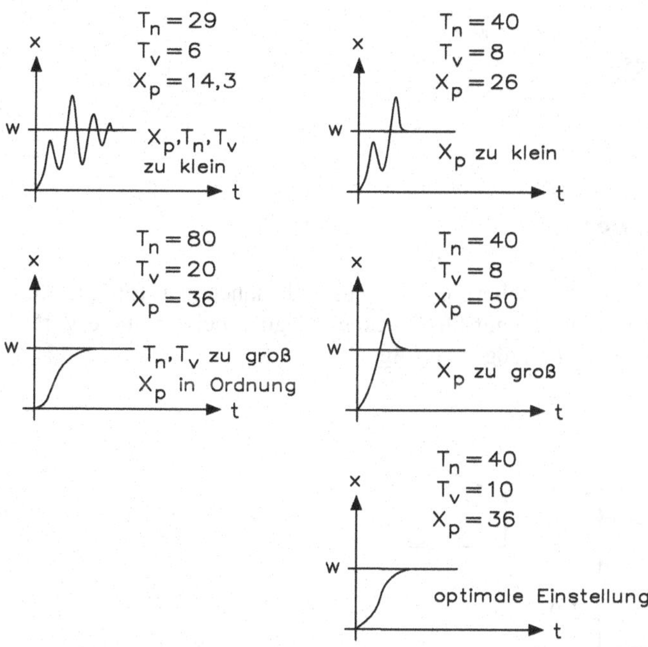

Der Stellgradsprung sollte nach Möglichkeit in Sollwertnähe stattfinden. Die Aufzeichnung der Streckensprungantwort kann beendet werden nach dem Erreichen des Wendepunktes, d. h. wenn die Steigung der Regelgröße wieder kleiner wird.

Durch Anlegen der Wendetangente lassen sich nun Verzugszeit T_u und Anstiegsgeschwindigkeit v_{max} bestimmen. Die Regelparameter für den Proportionalwert X_p, der Nachstellzeit T_n bzw. der Vorhaltezeit T_v können nun auch ohne Kenntnis von der Ausgleichszeit T_g berechnet werden. Für die unterschiedlichen Reglerstrukturen ergibt sich der Zusammenhang und folgende Tabelle zeigt die Formeln für die Einstellung.

X_h (%): max. Stellbereich ($Y_1 - Y_2$), der ohne Stellgradbegrenzung zur Verfügung steht

Δy (%): Stellgrößenänderung in % bezogen auf Y_h

Reglerstruktur	
P	$X_p \approx v_{max} \cdot T_u \cdot Y_h/\Delta y$
PI	$X_p \approx 1{,}2 \cdot v_{max} \cdot T_u \cdot Y_h/\Delta y$ $T_n \approx 3{,}3 \cdot T_u$
PID	$X_p \approx 0{,}83 \cdot v_{max} \cdot T_u \cdot Y_h/\Delta y$ $T_n \approx 2 \cdot T_g$ $T_v \approx 0{,}5 \cdot T_u$
PD	$X_p \approx 0{,}83 \cdot v_{max} \cdot T_u \cdot Y_h/\Delta y$ $T_v \approx 0{,}25 \cdot T_u$

14.10 Schaltende Regler

Bei der Zweipunktregelung kann die Stellgröße zwei Zustände annehmen: Ein und Aus. Wegen des unstetigen Verhaltens ist sie nur für Strecken geeignet, bei denen die Veränderung der Regelgröße zeitbehaftet (verzögert) erfolgt.

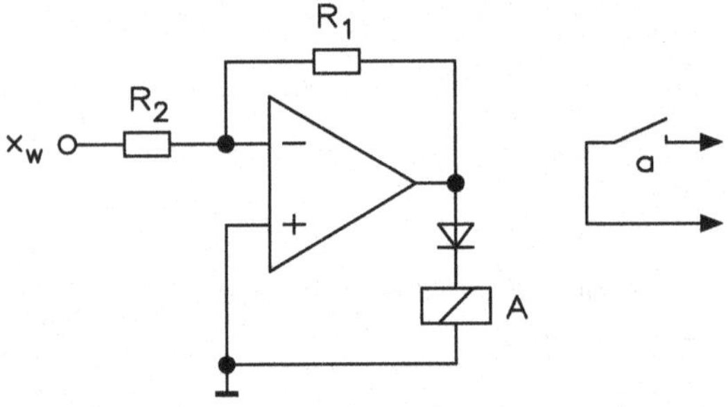

$$x_w = \frac{R_1}{R_2}$$

Bei der Dreipunktregelung kann die Stellgröße drei Zustände annehmen: Zustand I, Aus und Zustand II. Diese Regelung ist für Strecken mit verzögerter Veränderung geeignet.

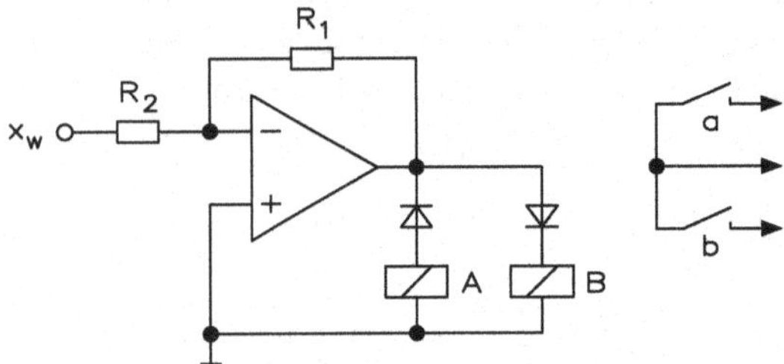

$$x_w = \frac{R_1}{R_2}$$

Auch mit einem schaltenden Ausgang lässt sich eine Energiezufuhr nahezu kontinuierlich, d. h. stufenlos, dosieren: Es bleibt letztlich gleich, ob ein Ofen mit 50 % des Heizstromes betrieben wird oder mit voller Leistung (100 %), diese aber nur die Hälfte der Zeit anliegt.

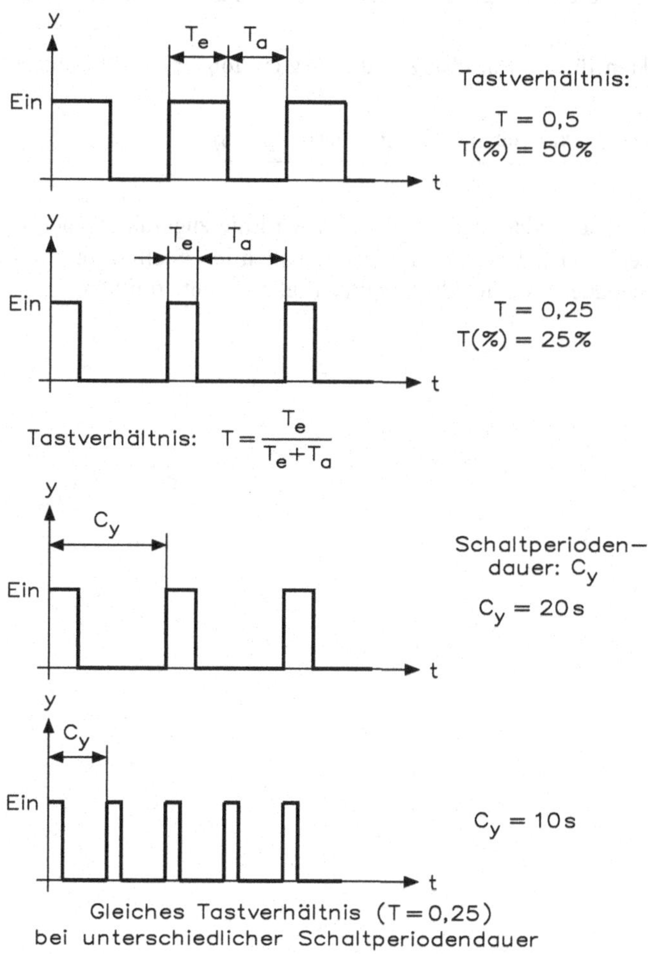

Gleiches Tastverhältnis (T = 0,25)
bei unterschiedlicher Schaltperiodendauer

Unstetige Regler ändern statt der Größe des Ausgangssignals das Einschaltverhältnis bzw. Tastverhältnis des Ausgangssignals. Ein Tastverhältnis von 1 entspricht 100 % der Stellgröße, 0,25 entsprechen 25 % der Stellgröße usw.

Das Tastverhältnis lässt sich wie folgt definieren:

$$T = \frac{T_e}{T_e + T_a}$$

T_e Einschaltzeit
T_a Ausschaltzeit

Durch Multiplikation mit 100 % erhält man die relative Einschaltdauer angegeben in $T(\%) = T \cdot 100\ \%$.

Die Definition des Tastverhältnisses bzw. der relativen Einschaltdauer besagt, wie lange die Energiezufuhr bei einem Regler mit schaltendem Ausgang eingeschaltet ist, z. B. ein Tastverhältnis von 0,25 besagt, dass die Energiezufuhr 25 % einer Gesamtzeit eingeschaltet und 75 % ausgeschaltet ist. Es wird hierbei aber keine Aussage über die Dauer des Zeitraumes gegeben, d. h. ob der Vorgang innerhalb einer Minute, mehreren Minuten oder einer Stunde gilt.

In der Theorie ergibt sich dann für die Einschaltzeit des Reglers folgender Zusammenhang:

$$\text{Einschaltzeit } T_e = \frac{\text{Stellgröße } (y \text{ in } \%) \cdot \text{Schaltperiodendauer}(C_y \text{ in } \%)}{100\,\%}$$

Das heißt, bei einer kleinen Periodendauer ($C_y = T_e + T_y$) wird die zugeführte Energie feiner dosiert. Demgegenüber steht jedoch ein häufiges Schalten des Stellgliedes (Relais/Schütz). Aus der Periodendauer lässt sich die Schalthäufigkeit leicht ermitteln.

15 Digitaltechnik

15.1 Bedeutung der binären Signalwerte

	Schalterwert 0	Schalterwert 1
Schalter	offen	geschlossen
Signal	0	1
Potential	L (Low)	H (High)
Wahrheitsgehalt	falsch	wahr

15.2 Zahlensysteme

Dezimal	Dual/Binär	Oktal	Hexadezimal
0	0	0	0
1	1	1	1
2	10	2	2
3	11	3	3
4	100	4	4
5	101	5	5
6	110	6	6
7	111	7	7
8	1000	10	8
9	1001	11	9
10	1010	12	A
11	1011	13	B
12	1100	14	C
13	1101	15	D
14	1110	16	E
15	1111	17	F

H. Bernstein, *Formelsammlung*, https://doi.org/10.1007/978-3-658-18179-6_15

15.3 Umrechnen von Zahlensystemen

- **Dezimalsystem (Zehnersystem)**

359**D**

1. Stelle $\triangleq 9 \cdot 10^0 = 9 \cdot 1 = 9$
2. Stelle $\triangleq 5 \cdot 10^1 = 5 \cdot 10 = 50$
3. Stelle $\triangleq 3 \cdot 10^2 = 3 \cdot 100 = \underline{300}$

359D

- **Dual/Binärsystem (Zweiersystem)**

1011**B**

1. Stelle $\triangleq 1 \cdot 2^0 = 1 \cdot 1 = 1$
2. Stelle $\triangleq 1 \cdot 2^1 = 1 \cdot 2 = 2$
3. Stelle $\triangleq 0 \cdot 2^2 = 0 \cdot 4 = 0$
4. Stelle $\triangleq 1 \cdot 2^3 = 1 \cdot 8 = \underline{8}$

11D

- **Oktalsystem (Achtersystem)**

473**O**

1. Stelle $\triangleq 3 \cdot 8^0 = 3 \cdot 1 = 3$
2. Stelle $\triangleq 7 \cdot 8^1 = 7 \cdot 8 = 56$
3. Stelle $\triangleq 4 \cdot 8^2 = 4 \cdot 64 = \underline{256}$

315D

- **Hexadezimalsystem (Sechzehnersystem)**

73**H**

1. Stelle $\triangleq 3 \cdot 16^0 = 3 \cdot 1 = 3$
2. Stelle $\triangleq 7 \cdot 16^1 = 7 \cdot 16 = \underline{112}$

115D

- **Umwandlung von Dezimal nach Dual/Binär**

25**D** ⇒ ?**B**	25 : 2 = 12 Rest 1	Probe: 1 1 0 0 1
	12 : 2 = 6 Rest 0	2^4 2^3 2^2 2^1 2^0
	6 : 2 = 3 Rest 0	16 + 8 + 1 = 25
	3 : 2 = 1 Rest 1	
	2 : 1 = 0 Rest 1 ⇑ 1 1 0 0 1	

- **Umwandlung von Dezimal nach Oktal**

100**D** ⇒ ?**O**	100 : 8 = 12 Rest 4	Probe: 1 4 4
	12 : 8 = 1 Rest 4	8^2 8^1 8^0
	1 : 8 = 0 Rest 1 ⇑ 1 4 4	$1 \cdot 64 + 4 \cdot 8 + 4 \cdot 1 = 100$

- **Umwandlung von Dezimal nach Hexadezimal**

500**D** ⇒ ?**H**	500 : 16 = 31 Rest 4	Probe: 1 F 4
	31 : 16 = 1 Rest F	16^2 16^1 16^0
	1 : 16 = 0 Rest 1 ⇑ 1 F 4	$1 \cdot 256 + 15 \cdot 16 + 4 \cdot 1 = 500$

- **Umwandlung von Dual/Binär in Oktal**

  1 1 0 1 0 1 110101B ≙ 65**O**

  6 5

- **Umwandlung von Dual/Binär in Hexadezimal**

  1 1 0 1 0 1 110101B ≙ 35**H**

  3 5

15.4 Bits und Bytes

- Ein Bit (Binary Digit) kann zwei Zustände annehmen

2^0

- Eine Tetrade (4-Bit-Format) oder Nibble kann 16 Zustände annehmen

2^3	2^2	2^1	2^0

- Ein Byte (8-Bit-Format) kann 256 Zustände annehmen

2^7	2^6	2^5	2^4	2^3	2^2	2^1	2^0

- Ein Word (16-Bit-Format) besteht aus 2 Bytes und kann 65.536 Zustände (≈64 Kbyte) annehmen

H-Byte	L-Byte

- Ein DWord (Double, 32-Bit-Format) besteht aus 4 Bytes und kann 4.294.967.296 Zustände (≈4 Gbyte) annehmen

HH-Byte	HL-Byte	LH-Byte	LL-Byte

- Ein FWord (Far) besteht aus 6 Bytes (48-Bit-Format) und kann ≈2,8 Tbyte (Tera) annehmen.
- Ein QWord (Quad) besteht aus 8 Bytes (64-Bit-Format).
- Ein TWord (Ten) besteht aus 10 Bytes (80-Bit-Format).

- **Integer (vorzeichenbehaftete Binärzahl): 8-Bit-Integer**

MSB							LSB
2^7	2^6	2^5	2^4	2^3	2^2	2^1	2^0
S			Magnitude				

MSB Most Significant Bit (höherwertiges Bit)

LSB Least Significant Bit (niederwertiges Bit)

S vorzeichenbehaftet (Sign), 0 = positiv, 1 = negativ
Bereich: –128 bis +127

- **16-Bit-Integer**

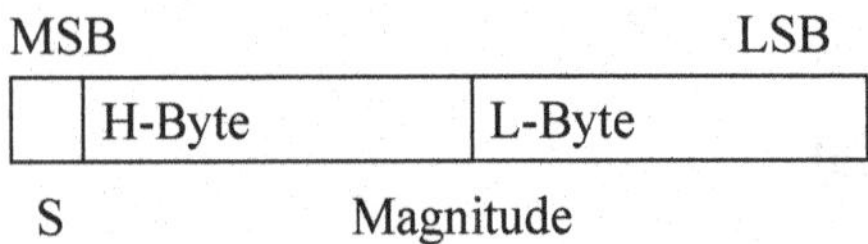

Bereich: –32768 bis +32767

- **32-Bit-Integer**

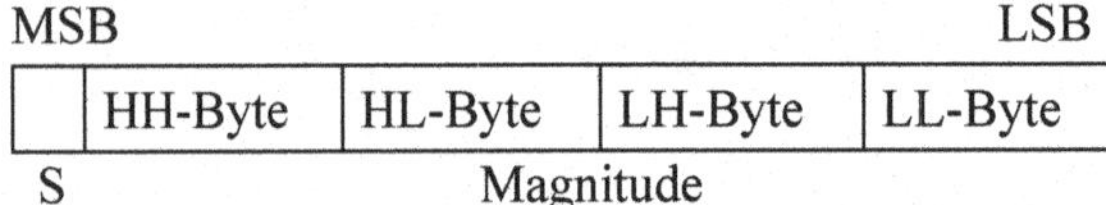

Bereich: $-2 \cdot 10^9$ bis $+2 \cdot 10^9$

- **64-Bit-Integer**

Bereich: $-9 \cdot 10^{18}$ bis $+9 \cdot 10^{18}$

- **Ordinal (vorzeichenlose Binärzahl)**

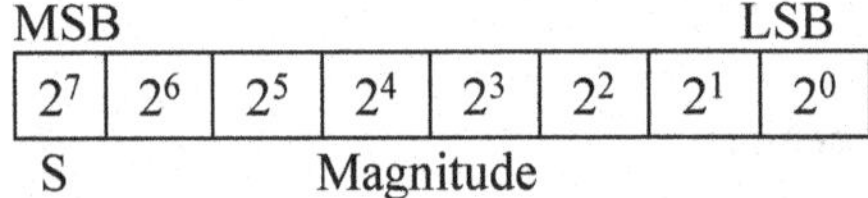

Bereich: 0 bis 255

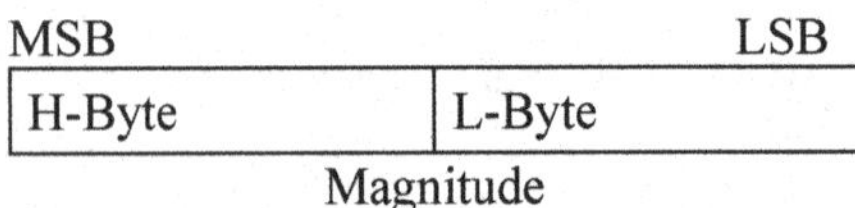

Bereich: 0 bis 65535

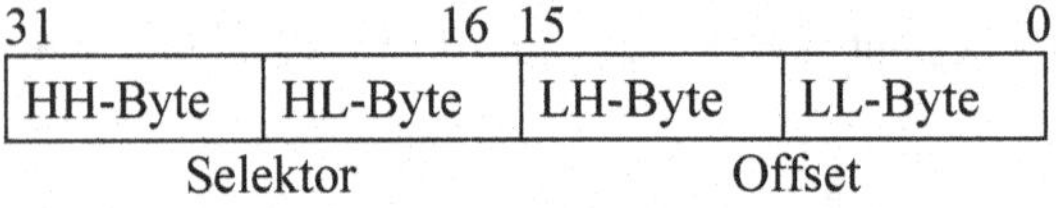

- **Gleitpunktzahlen (Floating Point)**

IEEE-Format (32-Bit-Format): IEEE: **I**nstitute of **E**lectrical and **E**lectronics **E**ngineers)

Short Real:

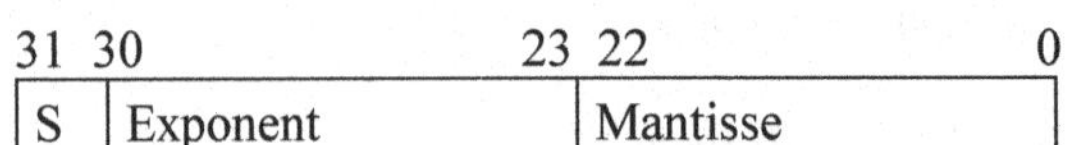

Bereich:
$8{,}43 \cdot 10^{-37}$ bis $3{,}37 \cdot 10^{38}$

Long Real (64-Bit-Format):

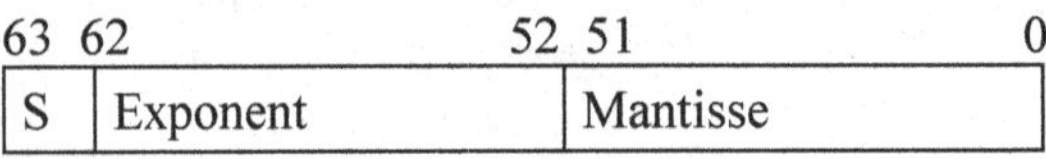

Bereich:
$4{,}19 \cdot 10^{-307}$ bis $1{,}67 \cdot 10^{308}$

Temporary Real (80-Bit-Format):

79 78 64 63 0

S	Exponent	Mantisse

Bereich:
$3{,}4 \cdot 10^{-4932}$ bis $1{,}2 \cdot 10^{4932}$

15.5 Codes

Der Minimalaufwand an Binärelementen zum Aufbau eines BCD-Codes beträgt 4 Bit, wobei eine Redundanz von 0,7 Bit unvermeidlich ist. Man spricht bei dieser Gruppe von Codes von den 4-Bit-Codes oder Tetraden-Codes. Zur Darstellung der zehn Ziffern des denären Alphabets muss man zehn Codeworte mit vier Stellen (4 Bit) aus den 16 möglichen Binärzeichenkombinationen auswählen. Es verbleiben also stets sechs nicht benötigte Codeworte, die man als Pseudodezimalen (Pseudotetraden) bezeichnet.

In diesem Zusammenhang ist es von Interesse, wie viel 4-Bit-Codes sich überhaupt konstruieren lassen. Darüber gibt die Variationsrechnung Auskunft. Bezeichnet man mit V die Anzahl der möglichen Variationen, mit M_c die Menge der zu bildenden Codeworte und mit M_z die Menge der darzustellenden Zeichen, dann ergibt sich:

$$V = \binom{M_c}{M_z} \cdot M_z! = \frac{M_C!}{(M_c - M_z)!}$$

Die Tabelle zeigt die Entwicklung der gebräuchlichsten 4-Bit-Codes aus dem reinen Binärcode durch unterschiedlichen Einbau von Pseudodezimalen.

				Codebezeichnung										
Stellennummer				Reiner Binärcode	8-4-2-1-Code	Aiken-Code	Exzess-3-Code	Jump-at-2-Code	Jump-at-8-Code	4-2-2-1-Code	5-4-2-1-Code	5-2-2-1-Code	5-3-1-1-Code	White-Code
4	3	2	1											
				0	1	0	░	0	0	0	0	0	0	0
			■	1	1	1	░	1	1	1	1	1	1	1
		■		2	2	2	░	░	2	2	2	2	2	░
		■	■	3	3	3	0	░	3	3	3	3	3	2
	■			4	4	4	1	░	4	░	4	4	4	░
	■		■	5	5	░	2	░	5	░	░	░	░	3
	■	■		6	6	░	3	░	6	4	░	░	░	░
	■	■	■	7	7	░	4	░	7	5	░	░	░	4
■				8	8	░	5	2	░	░	5	░	5	5
■			■	9	9	░	6	3	░	░	6	5	6	6
■		■		10	░	░	7	4	░	░	7	6	░	░
■		■	■	11	░	5	8	5	░	░	8	6	7	7
■	■			12	░	6	9	6	░	6	9	7	8	░
■	■		■	13	░	7	░	7	░	7	░	8	9	8
■	■	■		14	░	8	░	8	8	8	░	9	░	░
■	■	■	■	15	░	9	░	9	9	9	░	░	░	9

░ Pseudotetrade

Je nach der Art und Weise, in der die Pseudodezimalen in den Code eingebaut werden, entstehen Codes mit den verschiedensten typischen Eigenschaften (Bewertbarkeit, Symmetrie, Bündelung, Markierbarkeit usw.), wie die Tabelle zeigt.

Codebezeichnung		**8-4-2-1-Code**				**Aiken-Code**				**Exzess-3-Code**				**Jump-at-2-Code**				**Jump-at-8-Code**				**4-2-2-1-Code**				**5-4-2-1-Code**				**5-2-2-1-Code**				**5-3-1-1-Code**				**White-Code**			
Wertigkeit		8	4	2	1	2	4	2	1	keine				2	4	2	1	2	4	2	1	4	2	2	1	5	4	2	1	5	2	1	1	5	3	1	1	5	2	1	1
Zugeordnete Dezimalziffer	0											▒	▒																												
	1				▒				▒		▒						▒				▒				▒				▒				▒				▒				▒
	2			▒				▒			▒		▒	▒						▒				▒				▒				▒				▒	▒				▒
	3			▒	▒			▒	▒		▒	▒		▒			▒			▒	▒			▒	▒			▒	▒			▒	▒		▒						▒
	4		▒				▒				▒	▒	▒	▒		▒			▒				▒	▒			▒	▒			▒	▒			▒		▒			▒	▒
	5		▒		▒	▒		▒	▒	▒				▒		▒	▒		▒		▒		▒	▒	▒	▒			▒	▒				▒				▒			
	6		▒	▒		▒	▒			▒			▒	▒	▒				▒	▒		▒	▒			▒				▒			▒	▒			▒	▒			▒
	7		▒	▒	▒	▒	▒		▒	▒		▒		▒	▒		▒		▒	▒	▒	▒	▒		▒	▒		▒		▒		▒		▒		▒	▒	▒		▒	▒
	8	▒				▒	▒	▒		▒		▒	▒	▒	▒	▒		▒	▒	▒		▒	▒	▒		▒		▒	▒	▒		▒	▒	▒	▒			▒	▒		▒
	9	▒			▒	▒	▒	▒	▒	▒	▒			▒	▒	▒	▒	▒	▒	▒	▒	▒	▒	▒	▒	▒	▒			▒	▒	▒		▒	▒		▒	▒	▒	▒	▒

▒ Pseudotetrade

Der 8-4-2-1-Code ist ein auf eine Dekade verkürzter reiner Binärcode. Er wird gerne zur Zählung und Addition verwendet. Seine Stellenwertigkeiten entsprechen denen der ersten vier Stellen des reinen Binärcodes (8, 4, 2, 1), woher auch seine Bezeichnung stammt. Nachteilig für diesen Code sind die Tatsachen, dass er als nicht markiertes Codewort das 0-Wort enthält und nicht symmetrisch ist, d. h. keine Komplementbildung erlaubt. Für die einfache Durchführung von Subtraktionen ist es wünschenswert, dass ein Code in unkomplizierter Weise (z. B. durch Invertieren aller Stellen) das sogenannte 9er-Komplement bildet. Man kann dann für die Addition und Subtraktion das gleiche Rechenregister benutzen. Da der 8-4-2-1-Code diese Eigenschaft nicht besitzt, wird dieser selten verwendet.

Legt man die Pseudodezimalen, die sich beim 8-4-2-1-Code, genau in der Mitte befinden, kommt man zum AIKEN-Code, der die Stellenwertigkeiten 2-4-2-1 besitzt. Wie man erkennt, ist er symmetrisch aufgebaut, d. h. die Invertierung aller Stellen irgendeines Codewortes ergibt das zugehörige 9er-Komplement. Als Nachteil dieses Codes ist zu nennen, dass er als nicht markierte Codeworte sowohl das 0-Wort als auch das 1-Wort enthält. Dieses vermeidet der Exzess-3-Code nach STIBITZ. Er ist ebenfalls symmetrisch, aber nicht bewertbar, d. h. ein reiner Anordnungscode. Man kann sich diesen Code aus dem 8-4-2-1-Code über das Bildungsgesetz berechnen:

$$Z_{dez} = \left(\sum_{j=1}^{k} W_j \cdot S_j \right) - 3; \quad \left(W_j = 8, 4, 2, 1 \right)$$

Der 5-Bit-Code hat natürlicherweise eine höhere Redundanz als die Minimalform der 4-Bit-Codes. Es ergeben sich insgesamt 22 überflüssige Codeworte oder eine Redundanz von $R \approx 1{,}7$ Bit. Da man aus der größeren Anzahl von $2^5 = 32$ Codeworten nur zehn für einen BCD-Code auszuwählen hat, besteht die Möglichkeit, 5-Bit-Codes mit bestimmten Eigenschaften zu konstruieren, die mit 4 Bit nicht zu erzielen sind und die den höheren Aufwand an Binärstellen rechtfertigen.

Der LIBAW-CRAIG-Code eignet sich sehr gut zum Aufbau von elektronischen Ein- und Zweirichtungszählern. Diese Zähler bestehen im Wesentlichen aus einem 5-stelligen Schieberegister mit gekreuzter Rückführung, weshalb dieser Code auch „switched-tailring-counter-code" bezeichnet wird. Er gestattet eine äußerst einfache Umcodierung auf den häufig verwendeten $\binom{10}{1}$-Code durch nur zwei Dioden pro Dezimalziffer. Die für die Ziffernerkennung geeigneten Binärstellen sind in der Tabelle mit einem Punkt gekennzeichnet. Als Nachteil ist festzustellen, dass der Code sowohl das 0-Wort als auch das 1-Wort enthält. Auch ist er nicht bewertbar. Es fällt ferner auf, dass die HAMMING-Distanz aller benachbarten Codeworte konstant gleich 1 ist, also ein stetiger Code vorliegt, der wegen $D = 1$ einschrittig genannt wird. Das 10er-Komplement ist durch Lesen des Codewortes in umgekehrter Reihenfolge erhältlich. Schaltungstechnisch bedeutet dieses, dass man die 5. gegen die 1. und die 4. gegen die 2. Stelle im Wort vertauschen muss, um das Komplement auf 10 zu erhalten. Der LIBAW-CRAIG-Code ist auch als einspuriger Kettencode verwendbar.

Codebezeichnung		**LIBAW-CRAIG-Code**					**1-2-1-Code**				
Wertigkeit		keine					keine				
Stellennummer		5	4	3	2	1	5	4	3	2	1
	0	○				○	◙				◙
	1				○	◙				○	◙
	2			○	◙	▨				◙	◙
	3		○	◙	▨	▨			○	◙	
	4	○	◙	▨	▨	▨			◙	◙	
	5	◙	▨	▨	▨	◙		○	◙		○
	6	▨	▨	▨	◙	○		◙	◙		
	7	▨	▨	◙	○		○	◙			
	8	▨	◙	○			◙	◙			
	9	◙	○				◙				○

Zwei spezielle 5-Bit-Codes mit Angabe der für die Umcodierung auf den $\binom{10}{1}$-Code als Erkennungsstellen benötigten Binärstellen

Ein weiterer 5-Bit-Code, der ebenfalls einschrittig und einspurig, d. h. ein Kettencode ist, aber 0-Wort und 1-Wort vermeidet, wird nach dem ständig zwischen $g = 1$ und $g = 2$ abwechselnden Gewicht der Worte 1-2-1-Code genannt. Die Umcodierung auf den $\binom{10}{1}$-Code ist fast genauso einfach wie beim LIBAW-CRAIG-Code die 10er-Komplementbildung geschieht auf die gleiche Weise wie bereits geschildert. Zu den 5-Bit-Codes gehören ferner

Walking-Code
7-4-2-1-0-Code
8-4-2-1-0-Code
LORENZ-Code

Bei der Exzessdarstellung wird ein definierter Code – zumeist der reine Binärcode – mit einem Überschuss oder Exzess e versehen, so dass sich der zu einem Codewort w gehörende Ziffernwert z aus dem ursprünglichen Ziffernwert z' nach der Gleichung errechnet:

$$z = z' - e = \left[\sum_{j=1}^{k} W_j \cdot S_j\right] - e$$

Die bekannteste Form dieser Codeart ist die Exzess-3-Darstellung des 8-4-2-1-Codes, die von STIBITZ angegeben wurde. Allgemein beruhen die wichtigsten Exzess-Darstellungen darauf, dass jede Denärziffer z_i durch ein Codewort w_i mit dem Zahlenwert $q \cdot z_i + e$ im reinen Binärcode angegeben wird. Das vollständige Bildungsgesetz der Exzess-e-Codierung lautet somit

$$z = \frac{\left[\sum_{j=1}^{k} W_j \cdot S_j\right] - e}{q}, \quad \left(W_j = 2^{k-1} \cdots 16,\ 8,\ 4, 2, 1\right)$$

Die wichtigsten Exzess-e-Codes sind der STIBITZ-Code mit $q = 1$ und $e = 3$, der NUDING-Code mit $q = 3$ und $e = 2$ sowie der DIAMOND-Code mit $q = 27$ und $e = 6$. Der NUDING-Code hat bei $k = 5$ eine Minimaldistanz von $d = 2$, ist also gegen Übertragungsfehler in gewissen Grenzen gesichert. Der DIAMOND-Code benötigt 8 Binärstellen und hat dabei eine Minimaldistanz von $d = 3$. Beide Codes bilden durch Invertierung aller Stellen das 9er-Komplement und sind symmetrisch.

Codebezeichnungen		**STIBITZ-Code**				**NUDING-Code**					**Diamond-Code**							
Stellennummer		4	3	2	1	5	4	3	2	1	8	7	6	5	4	3	2	1
Wertigkeit																		
Zugeordnete Dezimalziffer	0			■	■				■							■	■	
	1		■					■		■			■					■
	2		■		■		■						■	■	■	■		
	3		■	■			■		■	■		■		■		■	■	■
	4		■	■	■		■	■	■			■	■	■			■	
	5	■				■				■	■				■	■		■
	6	■			■	■		■			■		■		■			
	7	■		■		■		■	■	■	■	■					■	■
	8	■		■	■	■	■		■		■	■		■	■	■	■	
	9	■	■			■	■	■		■	■	■	■	■	■			■

15.6 Logische Grundfunktionen

- **Identität**

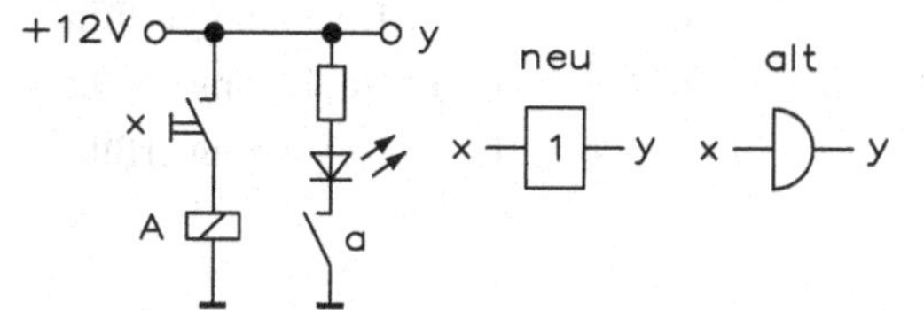

Funktionstabelle

x	y
0	0
1	1

Schaltfunktion: $y = x$

lies: y ist x

- **Negation (NICHT, NOT)**

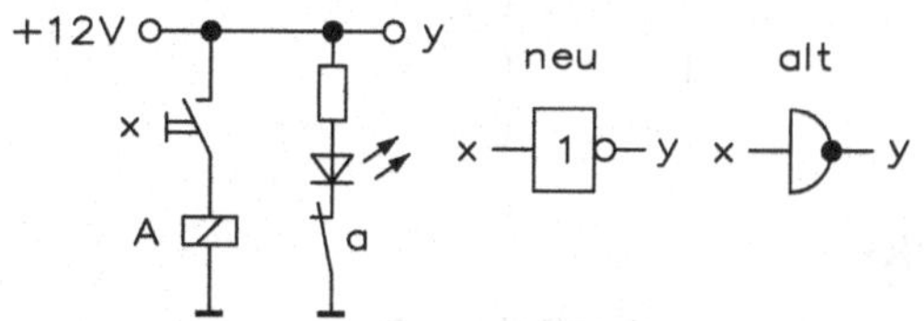

Funktionstabelle

x	y
0	1
1	0

Schaltfunktion: $y = \overline{x}$

lies: y ist x nicht

- **Konjunktion (UND, AND)**

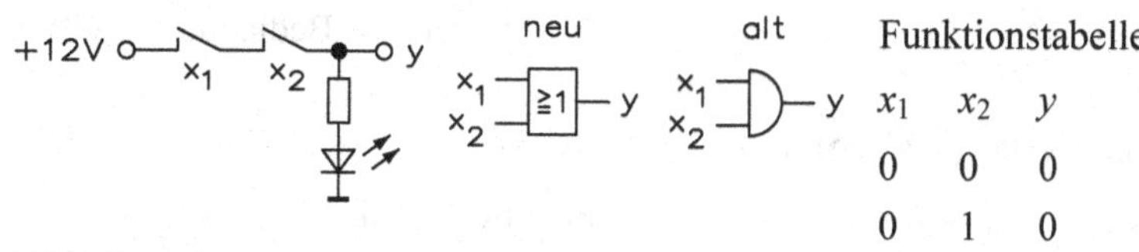

Funktionstabelle

x_1	x_2	y	
0	0	0	
0	1	0	
1	0	0	
1	1	1	⇐ Bedingung erfüllt

Schaltfunktion: $y = x_1 \wedge x_2$ oder $x_1 \cdot x_2$

lies: y ist x_1 und x_2

- **Disjunktion (ODER, OR)**

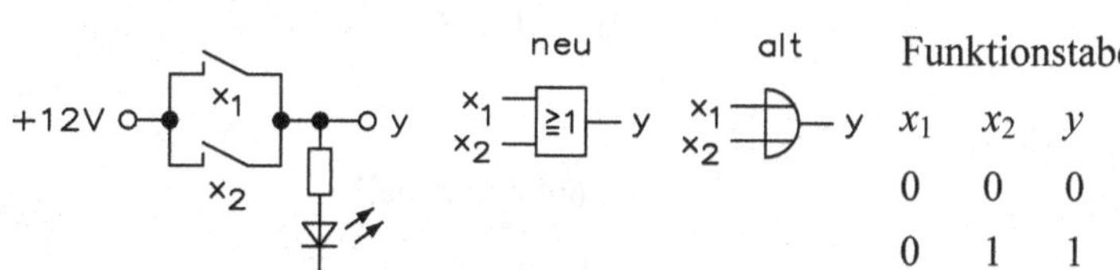

Funktionstabelle

x_1	x_2	y	
0	0	0	
0	1	1	⇐ Bedingung erfüllt
1	0	1	⇐ Bedingung erfüllt
1	1	1	⇐ Bedingung erfüllt

Schaltfunktion: $y = x_1 \vee x_2$ oder $x_1 + x_2$

lies: y ist x_1 oder x_2

- **NAND (NICHT-UND, NOT-AND)**

x_1, x_2 → [&] ○— y

Schaltfunktion: $y = \overline{x_1 \wedge x_2}$ oder $\overline{x_1 \cdot x_2}$

Funktionstabelle

x_1	x_2	y	
0	0	1	⇐ Bedingung erfüllt
0	1	1	⇐ Bedingung erfüllt
1	0	1	⇐ Bedingung erfüllt
1	1	0	

- **NOR (NICHT-ODER, NOT-OR)**

x_1, x_2 → [≧1] ○— y

Schaltfunktion: $y = \overline{x_1 \vee x_2}$ oder $\overline{x_1 + x_2}$

Funktionstabelle

x_1	x_2	y	
0	0	1	⇐ Bedingung erfüllt
0	1	0	
1	0	0	
1	1	0	

- **Äquivalenz (Exklusiv-ODER, Ex-NOR)**

x_1, x_2 → [=] — y

Schaltfunktion:
$y = \overline{x_1 \wedge x_2} \vee x_1 \wedge x_2$ oder $\overline{x_1 \cdot x_2} + x_1 \cdot x_2$

Funktionstabelle

x_1	x_2	y	
0	0	1	⇐ Bedingung erfüllt
0	1	0	
1	0	0	
1	1	1	⇐ Bedingung erfüllt

- **Antivalenz (Inklusiv-ODER, Ex-OR)**

x_1, x_2 → [=1] — y

Schaltfunktion:
$y = \overline{x}_1 \wedge x_2 \vee x_1 \wedge \overline{x}_2$ oder $\overline{x}_1 \cdot x_2 + x_1 \cdot \overline{x}_2$

Funktionstabelle

x_1	x_2	y	
0	0	0	
0	1	1	⇐ Bedingung erfüllt
1	0	1	⇐ Bedingung erfüllt
1	1	0	

- **Implikation**

x_1, x_2 (negiert) → [≧1] — y

Schaltfunktion: $y = x_1 \vee \overline{x}_2$ oder $x_1 + \overline{x}_2$

Funktionstabelle

x_1	x_2	y	
0	0	1	⇐ Bedingung erfüllt
0	1	0	
1	0	1	⇐ Bedingung erfüllt
1	1	1	⇐ Bedingung erfüllt

- **Inhibition**

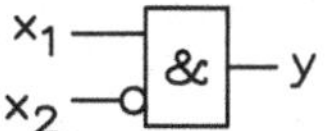

Schaltfunktion: $y = x_1 \wedge \overline{x}_2$ oder $x_1 \cdot \overline{x}_2$

Funktionstabelle

x_1	x_2	y	
0	0	0	
0	1	1	⇐ Bedingung erfüllt
1	0	0	
1	1	0	

15.7 Grundregeln der Schaltalgebra

Konstante, logische Werte	$\overline{0} = 1 \quad \overline{1} = 0$
Konjunktive Verknüpfung	$0 \wedge 0 = 0 \quad 1 \wedge 0 = 0$
	$0 \wedge 1 = 0 \quad 1 \wedge 1 = 1$
Disjunktive Verknüpfung	$0 \vee 0 = 0 \quad 1 \vee 0 = 1$
	$0 \vee 1 = 1 \quad 1 \vee 1 = 1$
Funktionen mit einer Variablen	$\overline{\overline{x}} = x$
Konjunktive Verknüpfung	$0 \wedge x = 0 \quad x \wedge x = x$
	$1 \wedge x = x \quad x \wedge \overline{x} = 0$
Disjunktive Verknüpfung	$0 \vee x = x \quad x \vee x = x$
	$1 \vee x = 1 \quad x \vee \overline{x} = 1$
Vertauschungsregeln (Kommutation)	$x_1 \wedge x_2 = x_2 \wedge x_1$
	$x_1 \vee x_2 = x_2 \vee x_1$
Verbindungsregeln (Assoziation)	$x_1 \wedge x_2 \wedge x_3 = x_1 \wedge (x_2 \wedge x_3) = (x_1 \wedge x_2) \wedge x_3$
	$x_1 \vee x_2 \vee x_3 = x_1 \vee (x_2 \vee x_3) = (x_1 \vee x_2) \vee x_3$
Verteilungsregeln (Distribution)	$x_1 \wedge (x_2 \vee x_3) = x_1 \wedge x_2 \vee x_1 \wedge x_3)$
	$x_1 \vee (x_2 \wedge x_3) = (x_1 \vee x_2) \wedge (x_1 \vee x_3)$
Vereinfachungsregeln (Absorption)	$x_1 \vee x_1 \wedge x_2 = x_1$
	$x_1 \wedge (x_1 \vee x_2) = x_1$
	$x_1 \wedge (\overline{x}_1 \vee x_2) = x_1 \wedge x_2$
	$x_1 \vee \overline{x}_1 \wedge x_2 = x_1 \vee x_2$

Negationsregeln (De Morgan)

$$\overline{x_1 \wedge x_2} = \overline{x} \vee \overline{b}$$

$$\overline{x_1 \vee x_2} = \overline{x} \wedge \overline{b}$$

Vorrangregeln: Sind keine Klammern vorhanden, gelten Operationen mit folgender Rangfolge

1. Negation
2. Konjunktion
3. Disjunktion

15.8 Minimieren mit Karnaugh-Diagramm

KD mit zwei Variablen

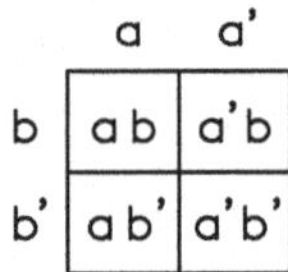

Wertigkeit	$b = 2^1$	$a = 2^0$	
0	0	0	$a'\ b'$
1	0	1	$a'\ b$
2	1	0	$a\ b'$
3	1	1	$a\ b$

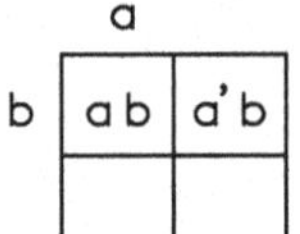

a

b X X

Beispiel: $x = ab + a'b$

Ergebnis: $x = b$

KD mit drei Variablen

	a		a'	
b	a b c'	a b c	a' b c	a' b c'
b'	a b' c'	a b' c	a' b' c	a' b' c'
	c'	c	c'	

Wertigkeit	$c = 2^2$	$b = 2^1$	$a = 2^0$	
0	0	0	0	$a'\ b'\ c'$
1	0	0	1	$a'\ b'\ c$
2	0	1	0	$a'\ b\ c'$
3	0	1	1	$a'\ b\ c$
4	1	0	0	$a\ b'\ c'$
5	1	0	1	$a\ b'\ c$
6	1	1	0	$a\ b\ c'$
7	1	1	1	$a\ b\ c$

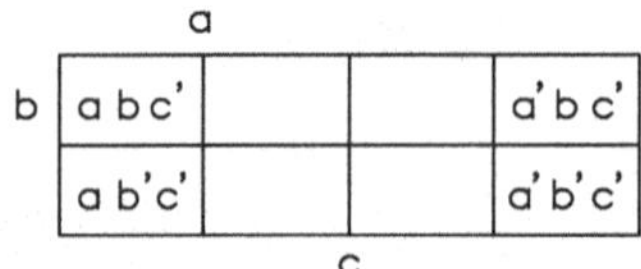

a

b X X

X X

c

Beispiel: $x = abc' + a'bc' + ab'c' + a'b'c'$

Ergebnis: $x = c'$

KD mit vier Variablen

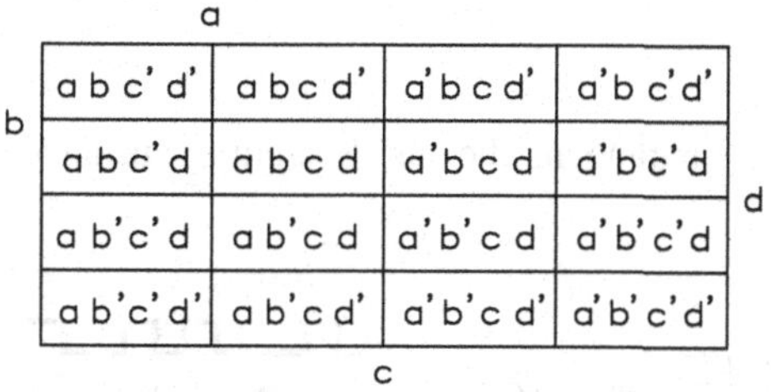

	a				
b	a b c' d'	a b c d'	a' b c d'	a' b c' d'	
	a b c' d	a b c d	a' b c d	a' b c' d	d
	a b' c' d	a b' c d	a' b' c d	a' b' c' d	
	a b' c' d'	a b' c d'	a' b' c d'	a' b' c' d'	
		c			

Wertigkeit	$d = 2^3$	$c = 2^2$	$b = 2^1$	$a = 2^0$	
0	0	0	0	0	$a'\ b'\ c'\ d'$
1	0	0	0	1	$a\ b'\ c'\ d'$
2	0	0	1	0	$a'\ b\ c'\ d'$
3	0	0	1	1	$a\ b\ c'\ d'$
4	0	1	0	0	$a'\ b'\ c\ d'$
5	0	1	0	1	$a\ b'\ c\ d'$
6	0	1	1	0	$a'\ b\ c\ d'$
7	0	1	1	1	$a\ b\ c\ d'$
8	1	0	0	0	$a'\ b'\ c'\ d$
9	1	0	0	1	$a\ b'\ c'\ d$
10	1	0	1	0	$a'\ b\ c'\ d$
11	1	0	1	1	$a\ b\ c'\ d$
12	1	1	0	0	$a'\ b'\ c\ d$
13	1	1	0	1	$a\ b'\ c\ d$
14	1	1	1	0	$a'\ b\ c\ d$
15	1	1	1	1	$a\ b\ c\ d$

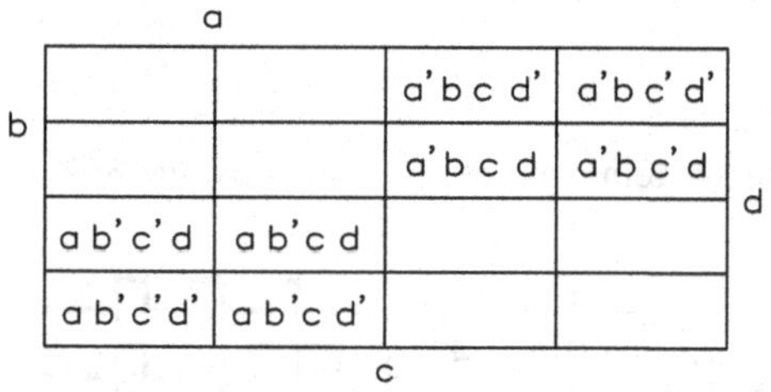

	a				
b			a' b c d'	a' b c' d'	
			a' b c d	a' b c' d	d
	a b' c' d	a b' c d			
	a b' c' d'	a b' c d'			
		c			

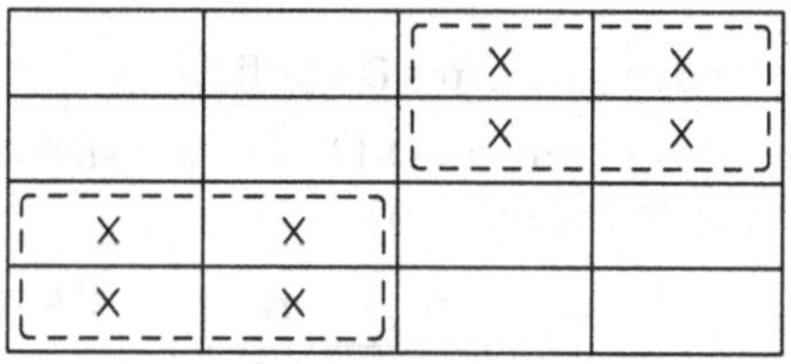

		X	X
		X	X
X	X		
X	X		

Beispiel: $x = a'bcd' + a'bc'd' + a'bcd + a'bc'd' + ab'c'd + ab'cd + ab'c'd' + ab'cd'$

Ergebnis: $x = a'b + ab'$

15.9 Grundschaltungen mit Flipflops

Statisches RS-Flipflop

(Nicht-taktgesteuertes Flipflop mit statischen Eingängen, die auf Spannungszustände reagieren)

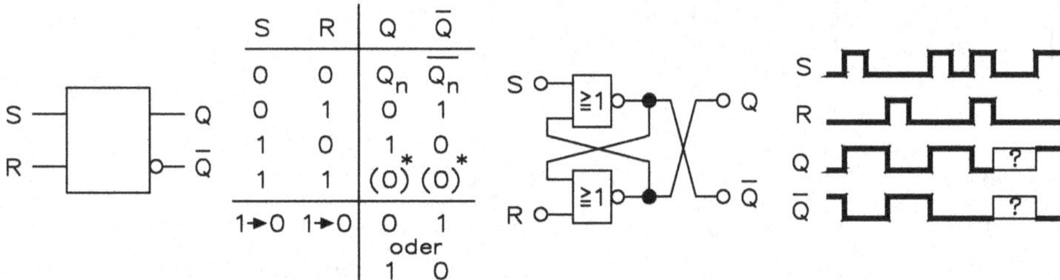

S	R	Q	$\overline{Q}$
0	0	Q_n	$\overline{Q_n}$
0	1	0	1
1	0	1	0
1	1	(0)*	(0)*
1→0	1→0	0 oder 1	1 oder 0

* Bei NOR–Gliedern (0) (0)
Bei NAND–Gliedern (1) (1)

Taktzustandsgesteuertes JK-Flipflop

(Taktgesteuertes JK-Flipflop mit dynamischem Takteingang, der auf eine positive Flanke reagiert)

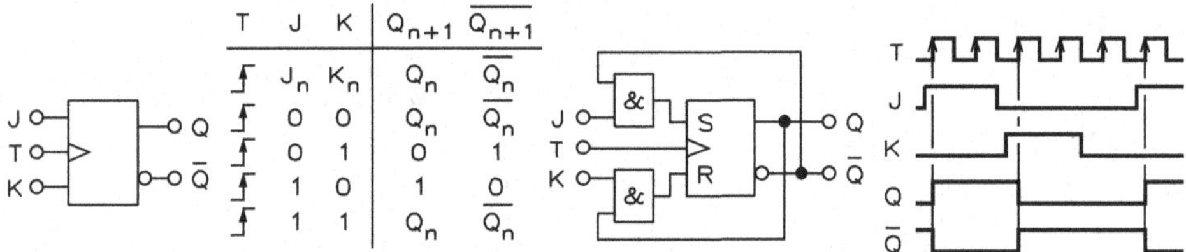

T	J	K	Q_{n+1}	$\overline{Q_{n+1}}$
↑	J_n	K_n	Q_n	$\overline{Q_n}$
↑	0	0	Q_n	$\overline{Q_n}$
↑	0	1	0	1
↑	1	0	1	0
↑	1	1	$\overline{Q_n}$	Q_n

Durch den 0→1–Übergang des Takteinganges (Flankensteuerung) wird das Signal der Eingangsvariablen auf den Ausgang übertragen.

Zustandsgesteuertes D-Flipflop

(Zustandsgesteuertes D-Flipflop mit statischem Takteingang, der auf eine positive Spannungsänderung reagiert)

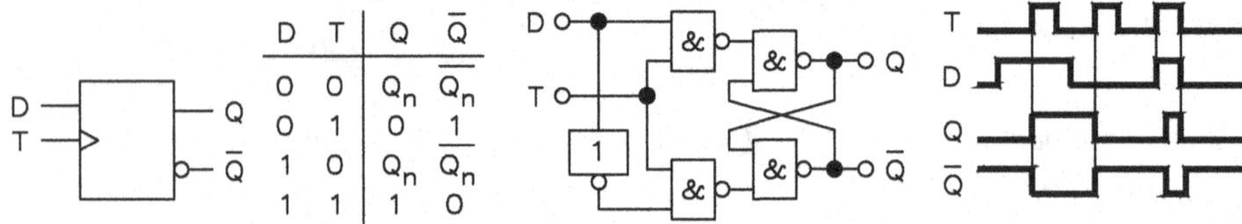

D	T	Q	$\overline{Q}$
0	0	Q_n	$\overline{Q_n}$
0	1	0	1
1	0	Q_n	$\overline{Q_n}$
1	1	1	0

Das an D wirkende Signal wird durch ein 1–Signal am Eingang T an den Ausgang Q übernommen.

Taktzustandsgesteuertes JK-Master-Slave-Flipflop

(Zwei taktgesteuerte JK-Flipflops mit dynamischem Takteingang. Das Master-Flipflop reagiert auf eine positive, das Slave-Flipflop auf eine negative Taktflanke.)

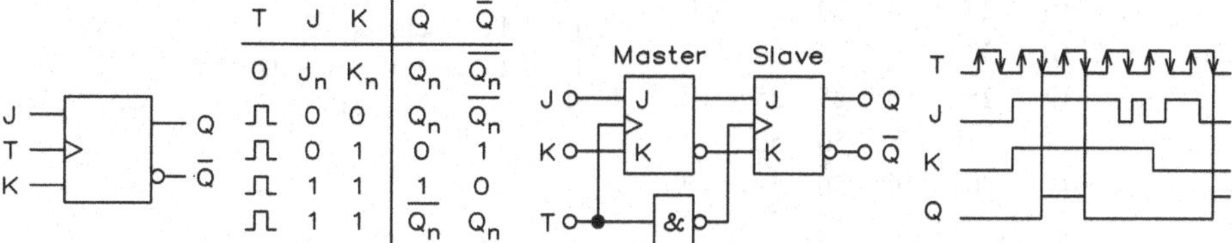

T	J	K	Q	$\bar{Q}$
0	J_n	K_n	Q_n	$\overline{Q_n}$
⎍	0	0	Q_n	$\overline{Q_n}$
⎍	0	1	0	1
⎍	1	1	1	0
⎍	1	1	$\overline{Q_n}$	Q_n

Die Eingangssignale werden durch die 0→1–Flanke des Taktsignals in den Master und durch eine 1→0–Flanke in den Slave übertragen (zweiflankengesteuert). Das Eingangssignal wirkt somit verzögert auf den Ausgang.

Taktzustandsgesteuertes T-Flipflop

(Taktgesteuertes JK-Flipflop mit dynamischem Takteingang, das auf eine positive Flanke reagiert)

T	Q	$\bar{Q}$
0	Q_n	$\overline{Q_n}$
1	Q_n	$\overline{Q_n}$

Die 0→1–Flanke führt zu einer Änderung des Ausgangssignals.

15.10 Auslastfaktoren (fan-in, fan-out) bei TTL-Bausteinen

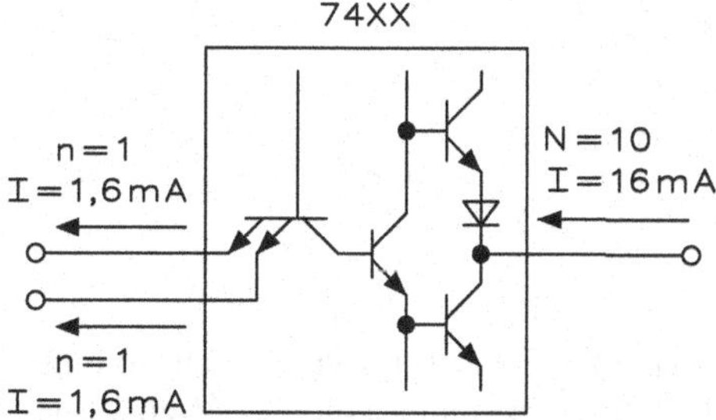

Die Ausgangsbelastbarkeit gibt an, von wie viel Lasteinheiten (N) der TTL-Baustein bei L-Potential (0-Signal) einen Strom treiben kann bzw. an wie viel Lasteinheiten er bei H-Potential (1-Signal) einen Strom liefern kann. Bei Standard-TTL-Bausteinen der Serie 7400 ist N = 10 (16 mA) und n = 1 (–1,6 mA).

TTL-Treiber	TTL-Last Std	ALS	AS	F	LS	S
Std	10	20	8	20	20	8
ALS	10	20	10	20	20	10
AS	10	50	10	50	50	10
F	12	25	10	25	25	10
LS	5	20	8	50	50	10
S	12	50	10	50	50	10

Std	Standard-TTL	74XX
ALS	Avanced-Low-Power-Schottky-TTL	74ALSXX
AS	Avanced-Schottky-TTL	74ASXX
F	Fast-Schottky-TTL	74FXX
LS	Low-Power-Schottky-TTL	74LSXX
S	Schottky-TTL	74SXX

			Std	ALS	AS	F	LS	S	
		min	4,75	4,75	4,75	4,75	4,75	4,75	V
Betriebsspannung	U_b	typ	5,0	5,0	5,0	5,0	5,0	5,0	V
		max	5,25	5,25	5,25	5,25	5,25	5,25	V
Eingangsspannung	U_{IL}	max	0,8	0,8	0,8	0,8	0,8	0,8	V
	U_{IH}	min	2,0	2,0	2,0	2,0	2,0	2,0	V
Eingangsstrom	I_{IL}	max	–1,6	–0,2	–1,0	–1,2	–0,36	–2,0	mA
	I_{IH}	min	40	20	20	40	20	50	µA
Ausgangsspannung	U_{OL}	max[1)]	0,4	0,35	0,35	0,35	0,5	0,5	V
	U_{OH}	min	2,4	3,2	3,2	3,4	2,7	2,7	V
Ausgangsstrom[2)]	I_{OL}	max	16	8[3)]	20	20	8[3)]	20	mA
Leistungsaufnahme/Gatter	P	typ	10	1	22	4	2	20	mW
Laufzeit/Gatter	t_p	typ	10	4	1,5	2	9	3	ns

1) bei I_{OL} max
2) bei U_{OL} max
3) bei gepufferten Ausgängen 40 mA

15.11 CMOS-Bausteine

Sollte die Betriebsspannung in der Nähe der maximalen Speisespannung liegen, so muss sichergestellt sein, dass die maximal zulässige Betriebsspannung von +15 V zu keiner Zeit überschritten wird. Mögliche Ursachen zum Überschreiten der Spannungsgrenze sind Spannungsspitzen aus dem Netzteil während des Ein- oder Ausschaltens, Restwelligkeit der Speisespannung, Überschwingen eines geregelten Netzteiles oder allgemeines Rauschen.

Der Ausgangsstrom eines Netzteiles sollte mit dem Strombedarf übereinstimmen. Um Vorsorge gegen Spannungsspitzen zu treffen, ist es vorteilhaft, als Schutz eine Z-Diode parallel zu den Ausgangsklemmen des Netzteiles zu schalten. Der Z-Wert sollte oberhalb der Regelgrenze der Ausgangsspannung, jedoch nicht über 15 V liegen. Die Schaltung enthält zusätzlich einen Serienwiderstand, der die Stromaufnahme begrenzt und die Z-Diode vor Überlastung schützt. Die Parallelkapazität wurde gewählt, damit die erforderlichen Spitzenströme während des Schaltens verfügbar sind.

Z-Diode als Eingangsschutz

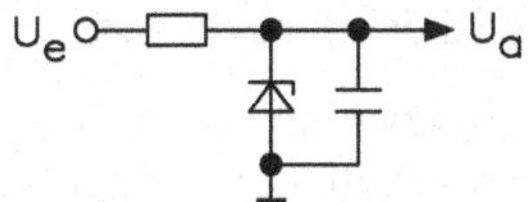

Alle unbeschalteten Eingänge müssen entweder mit U_{SS} oder mit U_{DD} verbunden sein. Welches Potential gewählt wird, kann entsprechend der jeweiligen Schaltung entschieden werden. Ein nicht festgelegter Eingang eines Hochstrom-Typs (wie z. B. 4009, 4010, 4041, 4049 oder 4050) kann nicht nur zu einem fehlerhaften Betrieb führen, sondern auch zur Überschreitung der Verlustleistungsgrenze von 200 mW. Die Zerstörung des Bauelementes kann die Folge sein. Werden CMOS-Hochstrom-Typen auf steckbaren Karten montiert, kann durch das Ziehen der Karte die Eingangsschaltung abgetrennt werden. In diesem Falle müssen die Eingänge nach U_{DD} oder U_{SS} mit einem Pull-Up-Widerstand in der Größenordnung von 200 kΩ bis 1 MΩ beschaltet sein.

Während die Stromversorgung abgeschaltet ist, dürfen keine Eingangssignale angelegt sein. Es sei denn, die Ruhestromaufnahme ist auf 10 mA begrenzt. Interface-Eingangs-Signale dürfen 0,5 V oberhalb von U_{DD} oder unterhalb von U_{SS} liegen, bzw. es sollte eine Strombegrenzung von 10 mA max. vorgenommen werden. Für alle Fälle, in denen eine Überschreitung des 10 mA-Wertes besteht, wird ein Serienwiderstand empfohlen. Der Widerstandswert kann 10 kΩ betragen, ohne dass die statischen Kennwerte verändert werden, jedoch wird die Schaltgeschwindigkeit durch die RC-Verzögerung reduziert. Ferner sind lange Eingangssignalleitungen auf Grund ihres induktiven Anteils zu beachten. Hier können auf Grund der Umgebungsbedingungen größere Störspannungen entstehen. In diesem Fall wird für die Eingangsklemmen ein Serienwiderstand mit einem Parallelkondensator empfohlen. Der Parallelkondensator sollte unter dem Gesichtspunkt der gewünschten Schaltgeschwindigkeit so groß wie möglich gewählt werden.

Die Sechsfach-Buffer-Typen 4009, 4010, 4049 und 4050 können zwei Normal-TTL-Lasten ansteuern. Andere Typen, wie z. B. 4041, 4048 und 4031 können ebenfalls bis zu einer TTL-Last ansteuern. In allen Fällen empfiehlt es sich, das jeweilige Datenblatt einzusehen. Die meisten Gatter und Inverter können eine oder mehrere Low-Power-TTL-Lasten ansteuern. Um einen guten Störabstand im Zustand der 1 zu erhalten, wird empfohlen, zwischen Ausgang der TTL-Schaltung und Eingang der CMOS-Schaltung, einen Pull-Up-Widerstand einzusetzen.

Es folgen Regeln für einen einwandfreien Betrieb einer CMOS-TTL-Interface-Schaltung. Dabei können verschiedene Speisespannungsquellen bei gleichen Pegeln, aber möglicherweise zu verschiedenen Zeiten auftreten.

a) CMOS-Ansteuerung durch TTL-Serienwiderstand für CMOS-Eingänge von 1 kΩ
b) TTL-Ansteuerung durch CMOS kann direkt verbunden werden.

CMOS-Bausteine können ohne Verminderung der Störsicherheit oder anderer Kennwerte an $U_{DD} = 0$ V und $U_{SS} = -3$ V bis –15 V betrieben werden und sind damit angepasst.

Alle CMOS-Bausteine verwenden ein DC-Fan-Out von 50. Die Reduzierung der Schaltfrequenz von CMOS-Bausteinen, verursacht durch zusätzliche kapazitive Belastung, sollte im Entwurf für eine hohe Schaltfrequenz berücksichtigt werden. Die Eingangskapazität beträgt mit zwei Ausnahmen 5 pF; lediglich bei den Buffer-Typen 4009 und 4049 beträgt die Kapazität 15 pF.

Bei Betrieb mehrerer CMOS-Typen an einem Taktimpuls müssen die Anstiegs- und Abfallzeiten zwischen 5 und 15 µs liegen. Bei längeren Anstiegszeiten ist ein sicherer Betrieb nicht gewährleistet.

Wenn zwei oder mehrere CMOS-Bausteine an einem gemeinsamen Taktimpuls betrieben werden, wird es erforderlich, die Anstiegszeit des Taktimpulses niedriger als die Summe aus Propagations-Verzögerungszeit, Transitionszeit (Summen-Ausgänge) und Eingangsansprechzeit (Set-Up-Time) zu erhalten. Die meisten Flipflops und Schieberegister sind bereits auf diese Regel abgestimmt und so spezifiziert.

Normalerweise schalten CMOS-Typen bei 30 bzw. 70 % der Speisespannung. Bei einer Speisespannung von 10 V liegt z. B. ein 0-Signal zwischen 0 und 3 V und ein 1-Signal zwischen 7 und 10 V. Für eine 5-V-Speisespannung liegen die Bereiche eines 0-Signals zwischen 0 und 1,5 V bzw. eines 1-Signals zwischen 3,5 und 5 V. Die Störsicherheit beträgt also 30 % im Speisespannungsbereich von 3 bis 15 V.

Weil die CMOS-Übertragungseigenschaften von 30 bis 70 %, bezogen auf die Speisespannung variieren, muss der Schaltungsentwickler, der Multivibratoren, Pegeldetektoren und RC-Netzwerke einsetzt, diese Unterschiede beachten.

Kurzschlüsse zwischen Ausgang und U_{DD} bzw. U_{SS} können bei einigen Hochstromtypen, wie z. B. 4007A, 4009, 4010, 4041, 4049 und 4050 zur Überschreitung der zulässigen Verlustleistung von 200 mW führen. Generell besteht jedoch keine Überlastungsgefahr, wenn $U_{DD} - U_{SS}$ kleiner als 5 V gewählt wird. In allen Fällen, in denen eine kurzschlussähnliche Last wie z. B. ein bipolarer NPN- oder PNP-Transistor angesteuert wird, sind unter Berücksichtigung der Ausgangskenndaten in den entsprechenden Datenblättern Vorkehrungen zu treffen, um die Verlustleistung unter 200 mW zu halten.

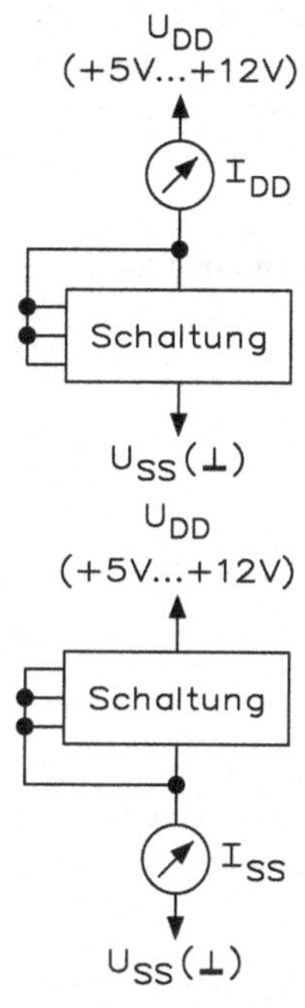

Der Ruhestrom (I_L) kann gemessen werden, indem alle Eingänge mit U_{DD} (I_{DD}) oder mit U_{SS} (I_{SS}) verbunden werden.

Die Ruheverlustleistung P_D wird wie folgt errechnet:

$P_D = (U_{DD} - U_{SS}) \cdot I_L$

Dabei ist $I_L = I_{DD}$ oder I_{SS}-Pegel der Ausgangsspannung:

U_{0L} = Ausgang, niedriger Pegel („0") = 10 mV bei 25 °C

U_{0H} = Ausgang, hoher Pegel („1") = U_{DD} –10 mV bei 25 °C

- **Störsicherheit:**

U_{NL} = Maximale Störspannung, wenn am Eingang ein 0-Signal angelegt werden kann ($U_{NL} + U_{SS}$), bevor der Ausgangspegel umschaltet.

U_{NH} = Maximale Störspannung, wenn am Eingang ein 1-Signal angelegt werden kann ($U_{NL} - U_{DD}$), bevor der Ausgangspegel umschaltet.

- **Ausgangstreiberstrom:**

- Sink-Strom (I_D, N) = Ausgangs-Sink-Strom, hervorgerufen durch den N-Kanal-Transistor ohne Überschreitung einer vorgegebenen Ausgangsspannung (V_0). Werte enthält jedes Datenblatt.
- Source-Strom (I_D P) = Ausgangs-Source-Strom, hervorgerufen durch den P-Kanal-Transistor ohne Unterschreitung einer vorgegebenen Ausgangsspannung (U_0).

- **Eingangsstrom (I_i):**

Der typische Wert des Eingangsstroms liegt bei 10 pA (3 bis 15 V) bei T_A = 25 °C. Der maximale Eingangsstrom für CMOS-Bausteine liegt normalerweise unter 10 nA bei 15V und unter 50 nA bei T_A = 125 °C.

Die Impulsformen beziehen sich auf T_A = 25 °C, 15 pF-Last und eine Anstiegs- oder Abfallzeit des Eingangssignals von 20 ns. Tatsächliche Verzögerungs- oder Transitionszeiten können darüber liegen, wenn Anstiegs- und Abfallzeiten der Eingangsimpulse größer sind. In den einzelnen Datenblättern sind Diagramme enthalten, aus denen die typische Variation der Verzögerungs- und Transitionszeit in Abhängigkeit von kapazitiver Belastung ersichtlich ist. Der Entwicklungsingenieur kann mit einem typischen Temperaturkoeffizienten von 0,3 %/°C für die veranschlagte Schaltfrequenz bei anderen Temperaturen als 25 °C rechnen. Propagation: Verzögerungs- und Transitionszeit steigen mit zunehmender Temperatur an. Maximal zulässige Takteingangsfrequenzen müssen mit steigender Temperatur vermindert werden.

Die dynamische Verlustleistung wird für jeden Typ im Datenblatt in einem Diagramm in Abhängigkeit von der Taktfrequenz angegeben.

- **Standardschutzbeschaltung**

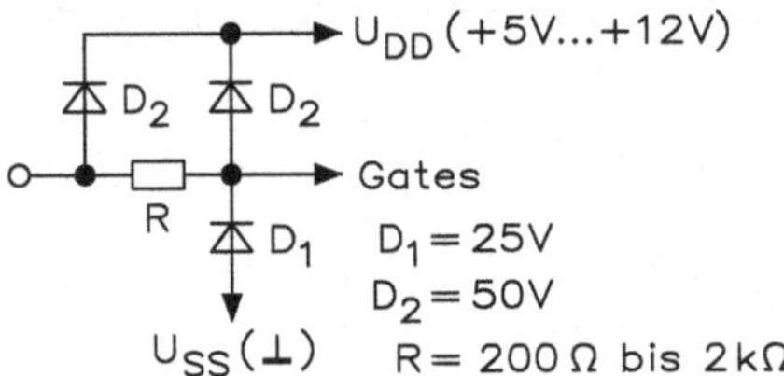

Die meisten CMOS-Eingangsgatter sind mit gezeigten Schutzbeschaltungen versehen. Eine Ausnahme bildet die bei 4049A und 4050A verwendete Schutzschaltung.

- **Standardschutzbeschaltung für 4049 und 4050**

Gatter
D_3 D_3
D_3 = 25V
U_{SS} (⊥)

- **Standardschutzbeschaltung für Übertragungsbausteine**

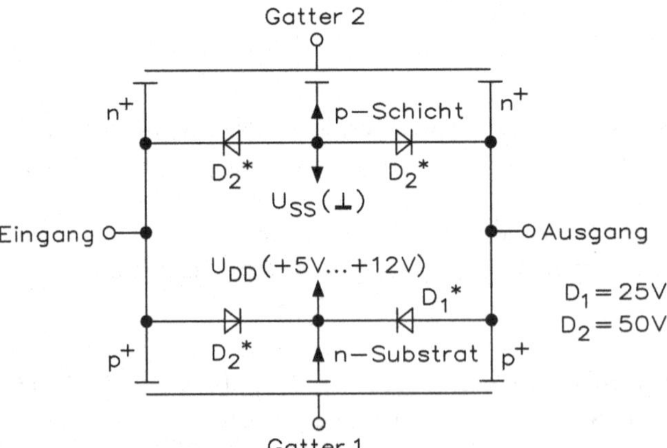

Das Bild zeigt die Schutzbeschaltung, welche gegenwärtig an allen Ein- bzw. Ausgängen von Übertragungsgattern und an Ausgängen von Invertern verwendet wird.

- **Standardschutzbeschaltung für Inverter**

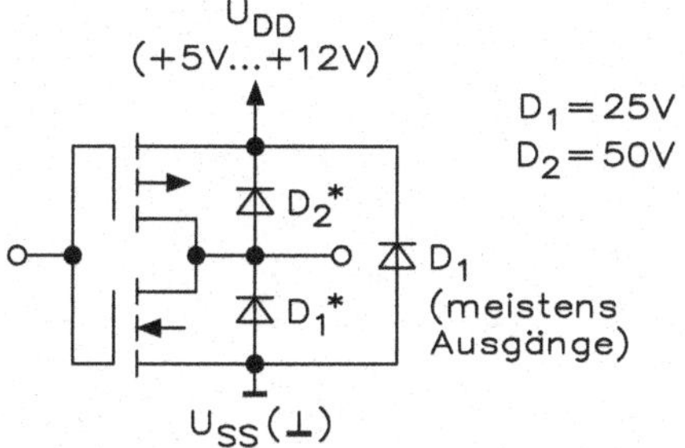

Die Eingangsschutzbeschaltung kann gegen eine Entladungsenergie von 1 bis 2 kV aus 250 pF Schutz bieten.

15.12 Digitale Schalter

- **Ein-Aus-Schalter (Arbeitskontakt)**

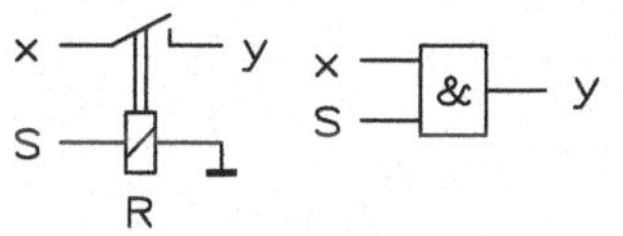

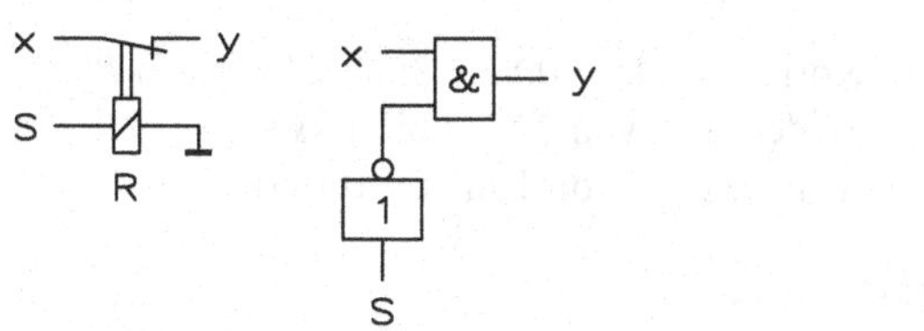

$$y = x \wedge s$$

- **Ein-Aus-Schalter (Ruhekontakt)**

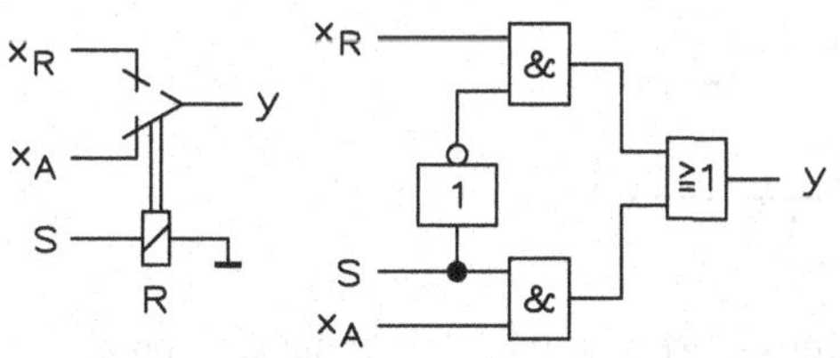

$$y = x \wedge \overline{s}$$

- **Umschalter (Wechselkontakt)**

$$y = x_R \wedge \overline{s} \vee x_A \wedge s$$

15.13 Monostabile Schaltungen

▪ **TTL-Monoflop mit NAND-Gatter**

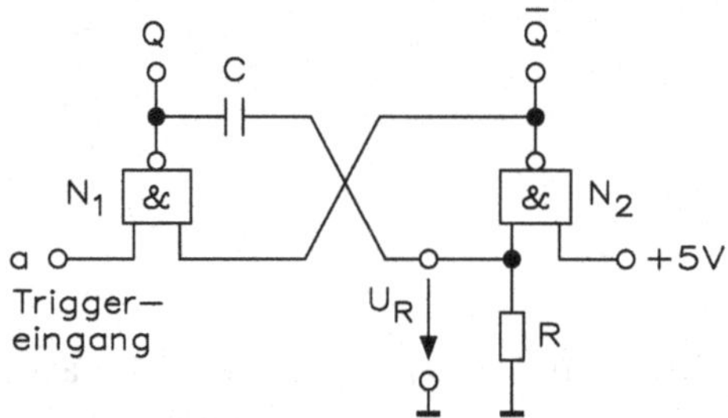

$t_m = R \cdot C \cdot k$

k Korrekturfaktor 0,8...1,3; abhängig von *R*
R Widerstand von 220 Ω bis 1 kΩ
C Kondensator von 1 nF bis 100 µF

▪ **TTL-Monoflop mit NOR-Gatter**

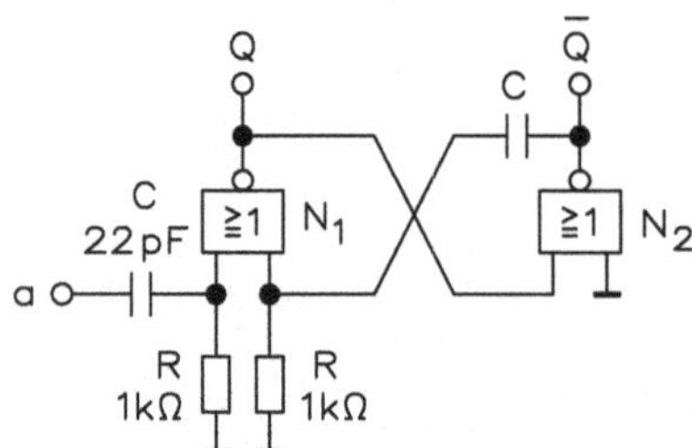

$t_m = R \cdot C \cdot k$

k Korrekturfaktor 0,8...1,3; abhängig von *R*
R Widerstand von 220 Ω bis 1 kΩ
C Kondensator von 1 nF bis 100 µF

▪ **TTL-Monoflop mit NOR- und NICHT-Gatter**

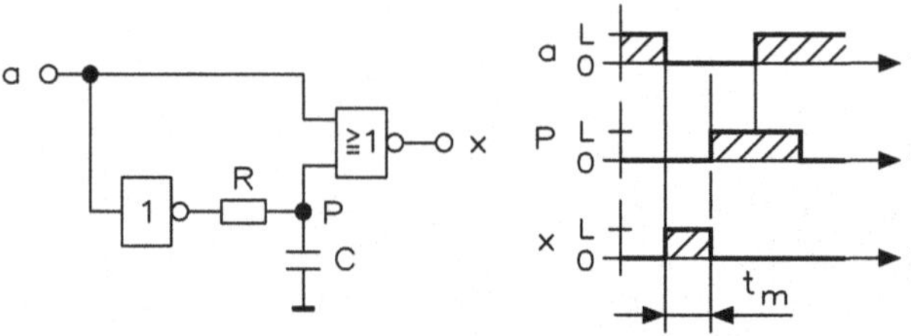

$t_m = R \cdot C \cdot k$

k Korrekturfaktor 0,8...1,3; abhängig von *R*
R Widerstand von 220 Ω bis 1 kΩ
C Kondensator von 1 nF bis 100 µF

- **TTL-Monoflop mit NAND- und NICHT-Gatter**

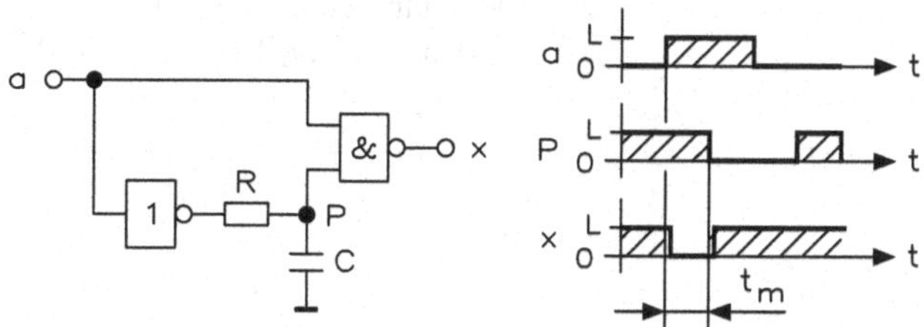

$t_m = R \cdot C \cdot k$

k Korrekturfaktor 0,8...1,3; abhängig von *R*
R Widerstand von 220 Ω bis 1 kΩ
C Kondensator von 1 nF bis 100 µF

- **TTL-Monoflop mit Rückkopplung**

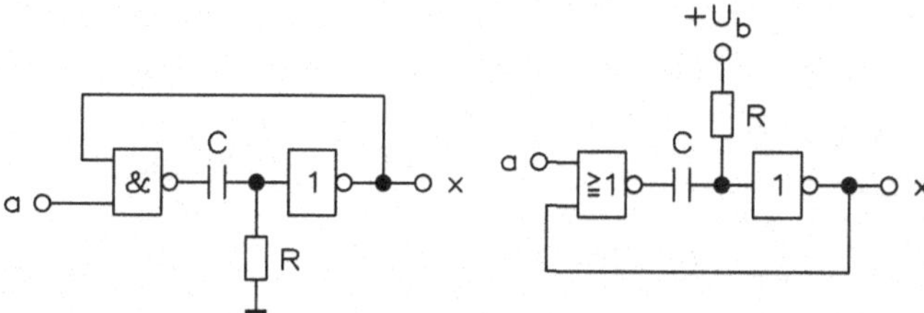

$t_m = R \cdot C$

R Widerstand von 220 Ω bis 1 kΩ
C Kondensator von 1 nF bis 100 µF

15.14 Astabile Kippschaltungen

- **Rechteckgenerator mit NAND-Gattern**

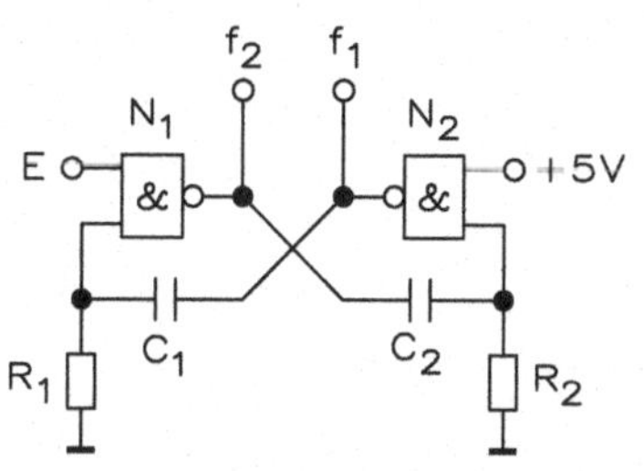

R Widerstand von 220 Ω bis 1 kΩ
C Kondensator von 1 nF bis 100 µF

$f = \frac{1}{R \cdot C}$, wenn $R_1 = R_2 = R$ und $C_1 = C_2 = C$ ist

Rechteckgenerator mit NOR-Gattern

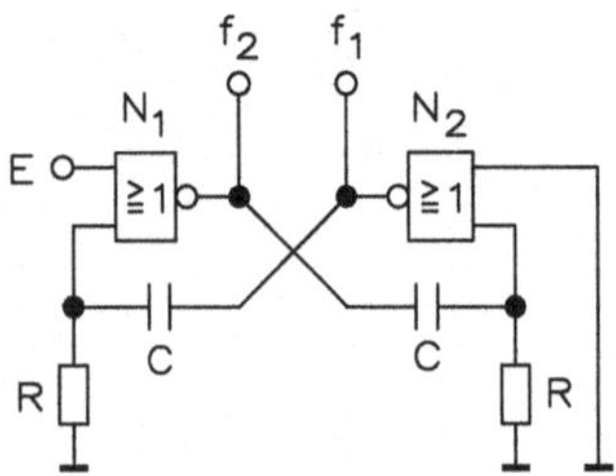

R Widerstand von 220 Ω bis 1 kΩ

C Kondensator von 1 nF bis 100 µF

$f = \frac{1}{R \cdot C}$, wenn $R_1 = R_2 = R$ und $C_1 = C_2 = C$ ist

Rückgekoppelter Rechteckgenerator

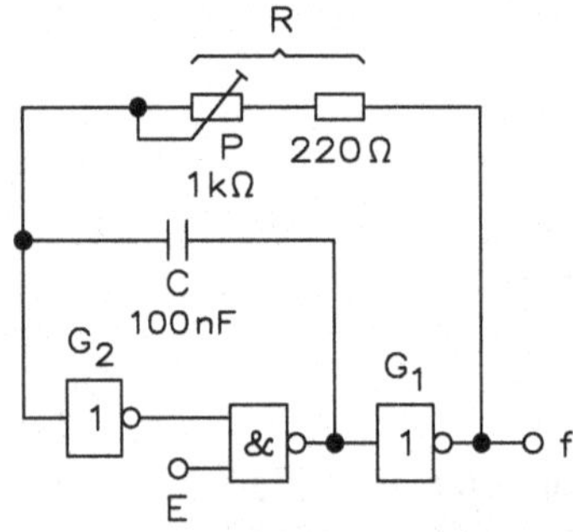

Rückgekoppelter Rechteckgenerator mit Quarz

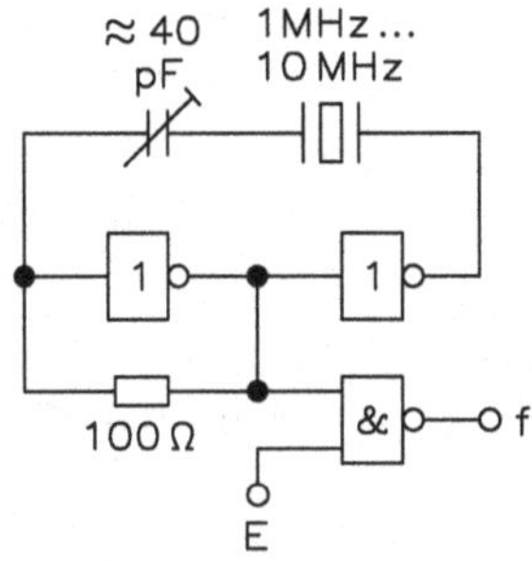

Durch den Quarz wird die Rechteckfrequenz festgelegt.

Rechteckgenerator mit TTL-Schmitt-Trigger

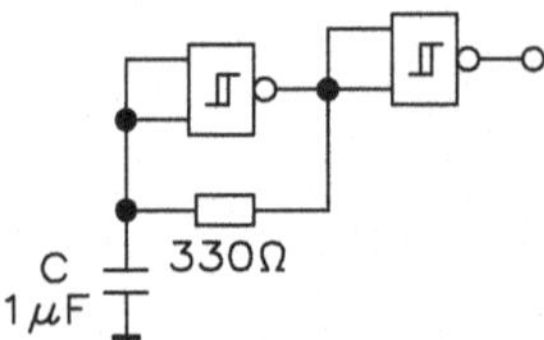

Einfacher Rechteckgenerator mit TTL-Schmitt-Trigger

15.15 Asynchrone Frequenzteiler und Zähler

- **Frequenzteiler und Zähler 1 : 2**

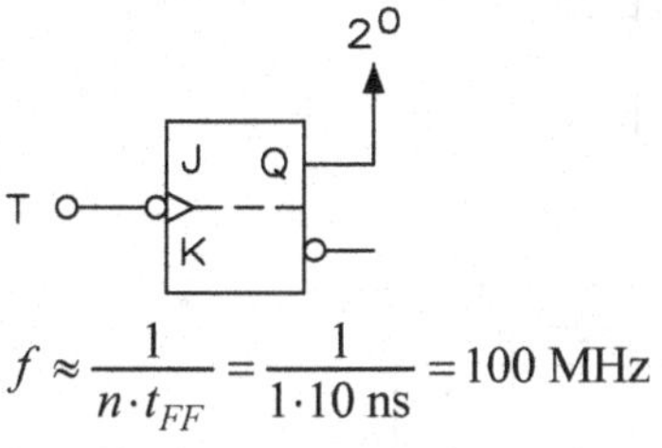

$$f \approx \frac{1}{n \cdot t_{FF}} = \frac{1}{1 \cdot 10\text{ ns}} = 100\text{ MHz}$$

(Standard-TTL-Bausteine)

	Zeit	Q	Q'
0	t_n	0	1
1	t_{n+1}	1	0
0	t_{n+2}	0	1
1	t_{n+3}	1	0

- **Frequenzteiler und Zähler 1 : 4**

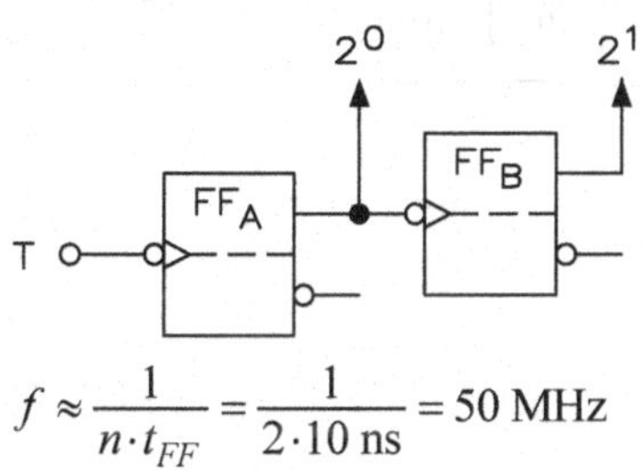

$$f \approx \frac{1}{n \cdot t_{FF}} = \frac{1}{2 \cdot 10\text{ ns}} = 50\text{ MHz}$$

(Standard-TTL-Bausteine)

	Zeit	2^0	2^1
0	t_n	0	0
1	t_{n+1}	1	0
2	t_{n+2}	0	1
3	t_{n+3}	1	1
0	t_{n+4}	0	0

- **Frequenzteiler und Zähler 1 : 8**

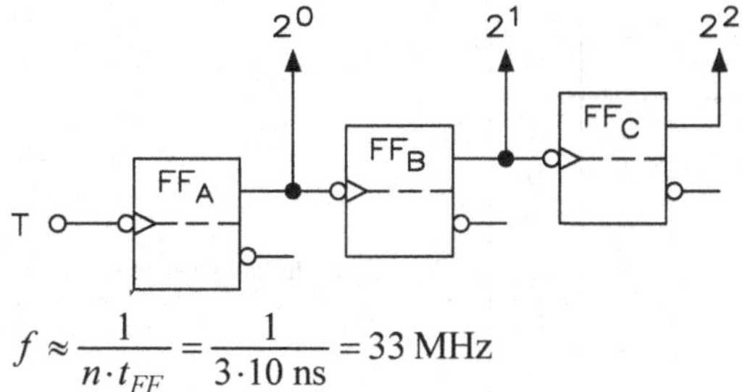

$$f \approx \frac{1}{n \cdot t_{FF}} = \frac{1}{3 \cdot 10\text{ ns}} = 33\text{ MHz}$$

(Standard-TTL-Bausteine)

	Zeit	2^0	2^1	2^2
0	t_n	0	0	0
1	t_{n+1}	1	0	0
...	...	...	...	...
7	t_{n+7}	1	1	1
0	t_{n+8}	0	0	0

Frequenzteiler und Zähler 1 : 16

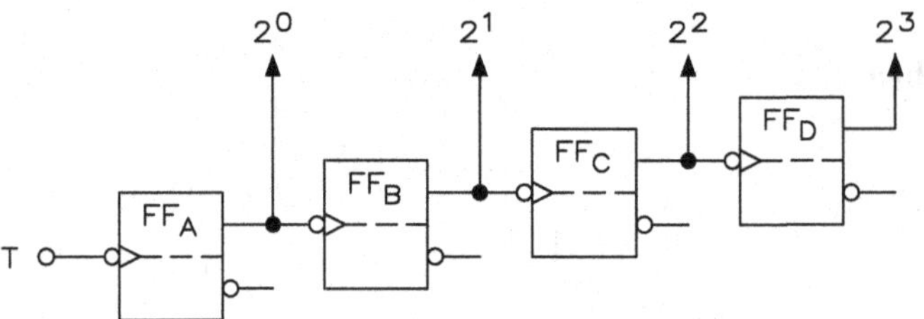

	Zeit	2^0	2^1	2^2	2^3
0	t_n	0	0	0	0
1	t_{n+1}	1	0	0	0
...	...	...	...	...	...
15	t_{n+15}	1	1	1	1
0	t_{n+16}	0	0	0	0

Frequenzteiler und Zähler 1 : 3

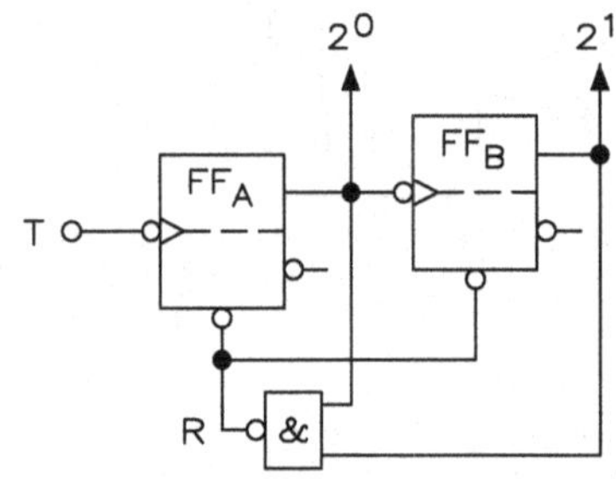

	Zeit	2^0	2^1	
0	t_n	0	0	
1	t_{n+1}	1	0	
2	t_{n+2}	0	1	
		1	1	⇐ NAND-Bedingung erfüllt (≈ 5 ns)
0	t_{n+3}	0	0	
1	t_{n+4}	1	1	

- **Frequenzteiler und Zähler 1 : 5**

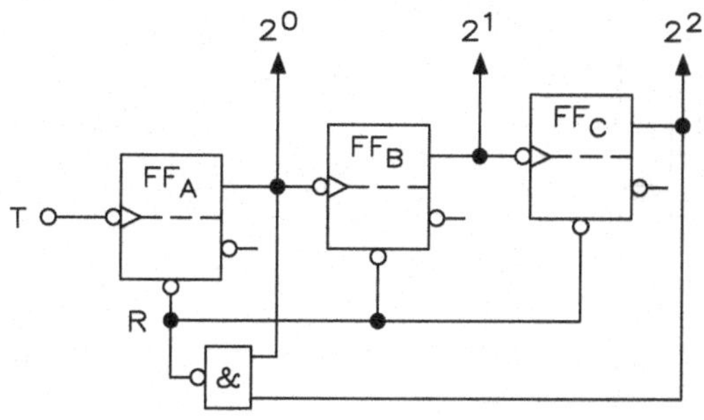

	Zeit	2^0	2^1	2^2	
0	t_n	0	0	0	
1	t_{n+1}	1	0	0	
...	...	...	...	...	
4	t_{n+4}	0	0	1	
		1	0	1	⇐ NAND-Bedingung erfüllt (≈ 5 ns)
0	t_{n+5}	0	0	0	
1	t_{n+6}	1	0	0	

$$f \approx \frac{1}{n \cdot t_{FF} + T_I + t_G} = \frac{1}{3 \cdot 10\text{ ns} + 5\text{ ns} + 3\text{ ns}} = 26\text{ MHz} \quad \text{(Standard-TTL-Bausteine)}$$

- **Frequenzteiler und Zähler 1 : 6**

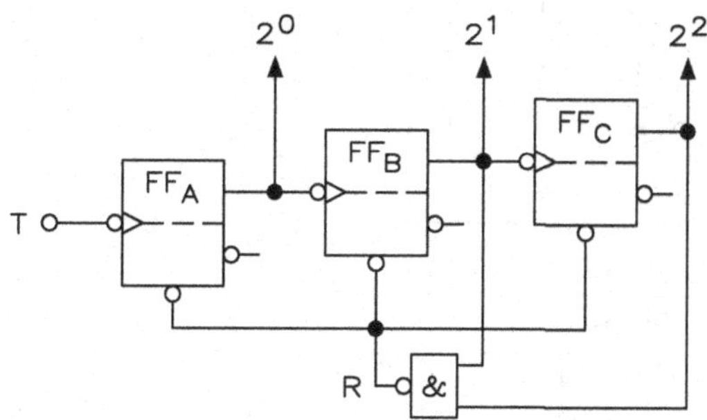

	Zeit	2^0	2^1	2^2	
0	t_n	0	0	0	
1	t_{n+1}	1	0	0	
...	...	...	...	...	
5	t_{n+5}	1	0	1	
		0	1	1	⇐ NAND-Bedingung erfüllt (≈ 5 ns)
0	t_{n+6}	0	0	0	
1	t_{n+7}	1	0	0	

Frequenzteiler und Zähler 1 : 7

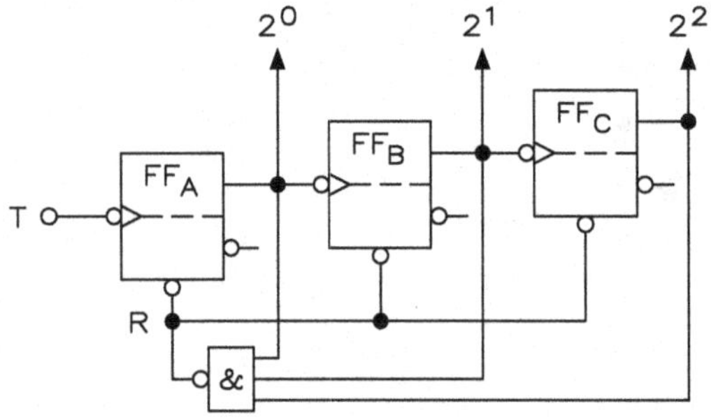

	Zeit	2^0	2^1	2^2	
0	t_n	0	0	0	
1	t_{n+1}	1	0	0	
...	...	...	...	...	
6	t_{n+6}	0	1	1	
		1	1	1	⇐ NAND-Bedingung erfüllt (≈ 5 ns)
0	t_{n+7}	0	0	0	
1	t_{n+8}	1	0	0	

Frequenzteiler und Zähler 1 : 10

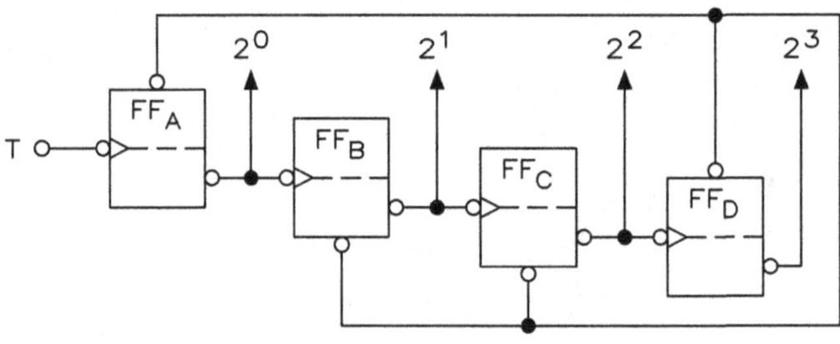

	Zeit	2^0	2^1	2^2	2^3	
0	t_n	1	0	0	0	
1	t_{n+1}	1	0	0	0	
...	...	...	...	...	...	
8	t_{n+8}	0	0	0	1	
9	t_{n+9}	1	0	0	1	
		0	1	0	1	⇐ NAND-Bedingung erfüllt (≈ 5 ns)
0	t_{n+10}	0	0	0	0	
1	t_{n+1}	1	0	0	0	

16 Sensorik

In der Sensorik wird eine nicht elektrische Größe in ein elektrisches Signal umgewandelt und über ein Ausgabegerät angezeigt. Man unterscheidet zwischen passiven und aktiven Messwertaufnehmern. Passive Sensoren benötigen eine Hilfsenergie, um den Messwert in ein elektrisches Signal umzuformen. Bei aktiven Sensoren ist keine Hilfsenergie notwendig, da diese direkt den Messwert in ein elektrisches Signal umsetzen können.

16.1 NTC-Widerstände (Heißleiter)

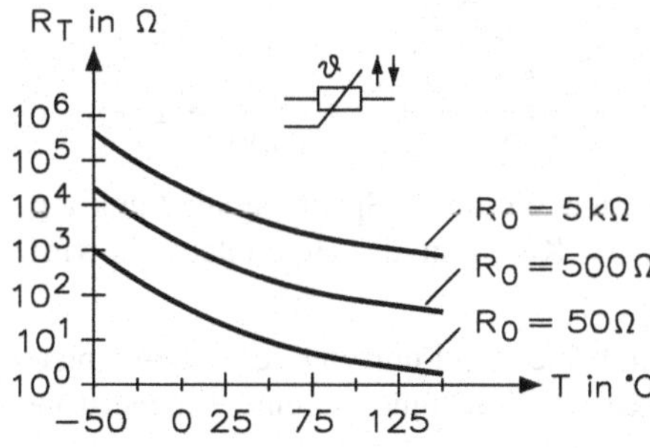

H. Bernstein, *Formelsammlung*, https://doi.org/10.1007/978-3-658-18179-6_16

$$R_{NTC} = R_{20\,°C} \cdot e^{-B\left(\frac{1}{\vartheta_w} - \frac{1}{\vartheta_k}\right)}$$

$$R_{NTC} = R_{20\,°C} \cdot e^{\alpha_R \cdot \Delta\vartheta \cdot \frac{\vartheta_k}{\vartheta_w}}$$

$$\alpha_R = \frac{-B}{\vartheta_w^2}$$

$$\Delta\vartheta = \vartheta_w - \vartheta_k$$

$$R_\tau = \sqrt{R_w - R_k}$$

B Materialkonstante –2,5 %/K...–5,5 %/K
α_R Temperaturkoeffizient
ϑ_w Warmwiderstand
ϑ_k Kaltwiderstand
$\Delta\vartheta$ Differenztemperatur
R_τ Widerstand nach τ Sekunden nach Abschalten

$$U_a = U_b \cdot \frac{R_{NTC}}{R_1 + R_{NTC}}$$

R_{NTC} Widerstand in Ω

Mess- und Kompensations-NTC

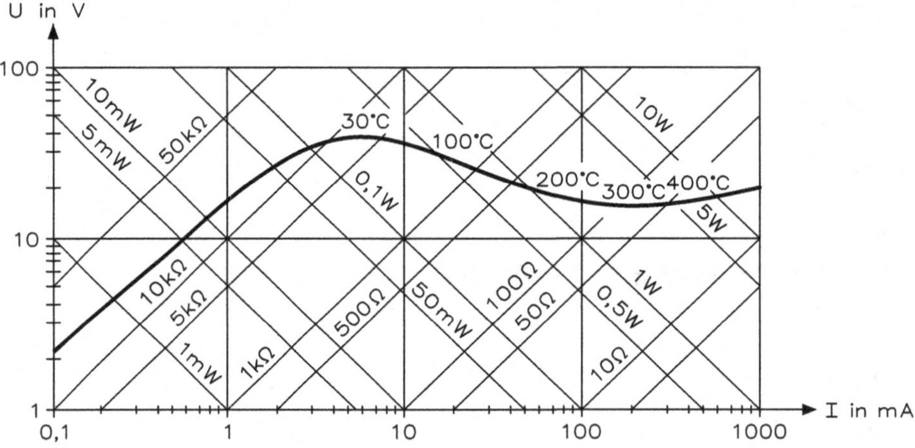

Trägt man die bei konstanter Temperatur gewonnenen Werte der Spannung als Funktion des Stromes auf, so erhält man die Spannungs-Strom-Kennlinie des Heißleiters. Es wird zwischen drei Bereichen unterschieden:

a) Im Bereich des geradlinigen Anstiegs wird der Widerstand nur von der Umgebungstemperatur bestimmt, da die zugeführte elektrische Leistung für eine Eigenerwärmung nicht ausreicht (Temperaturmessungen).
b) Ein Bereich verzögerten Anstieges kurz vor dem Spannungsmaximum. Hier ist die Eigenerwärmung des NTC durch die aufgenommene elektrische Leistung und den Widerstandswert zu bestimmen.
c) Bei steigender Leistung sinkt der Widerstandswert des Heißleiters. Hier ist die Temperatur des NTC höher als die der umgebenden Luft.

$$U_{max} = \sqrt{G \cdot R_{20°C} \cdot \Delta\vartheta_{max}}$$

$$I_{max} = \sqrt{\frac{G \cdot \Delta\vartheta_{max}}{R_T}}$$

$$P = G \cdot (\vartheta - \vartheta_U)$$

G Wärmeableitungskonstante W/K
U_{max} zulässige Spannung für Mess- und Kompensations-NTC
I_{max} zulässiger Strom für Mess- und Kompensations-NTC
$\Delta\vartheta_{max}$ zulässige Eigenerwärmung in K
ϑ_U Umgebungstemperatur in K

Kennlinienbeeinflussung

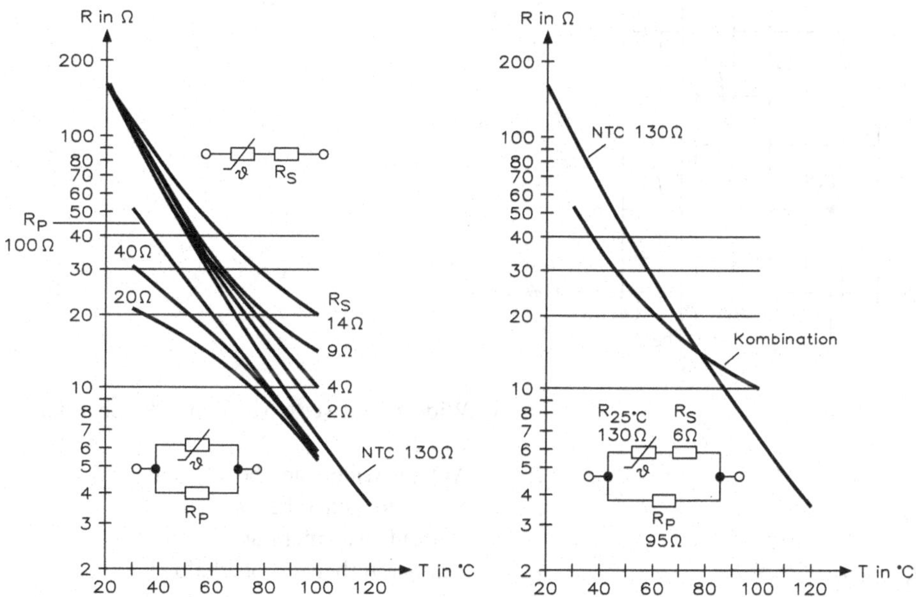

Diese Maßnahme der Kennlinienbeeinflussung ist erforderlich, wenn spezielle Kennlinien gewünscht werden. Im Wesentlichen ist die Reihen- und Parallelschaltung eines linearen Widerstandes sowie die Kombination beider Möglichkeiten mit einem NTC gegeben. Für diese drei Möglichkeiten ist der Kennlinienverlauf gezeigt. Die linke Schaltung zeigt die Reihen- und Parallelschaltung und die Kombination beider Möglichkeiten mit einem NTC-Widerstand R_{25} = 130 Ω. Der gewünschte Kennlinienverlauf ergibt sich aus dem am nächsten gelegenen Verlauf eines NTC-Typs. Der Reihenwiderstand beeinflusst im Besonderen den Kennlinienverlauf bei hohen Temperaturen, während die Parallelschaltung eine Beeinflussung bei niedrigen Temperaturen ergibt. Die Parallelschaltung und die Serienschaltung ergeben demgemäß eine Beeinflussung des oberen und unteren Kennlinienteiles. Die rechte Schaltung zeigt eine Reihen- und Parallelschaltung.

$$R_P = R_\vartheta \cdot \frac{B - 2 \cdot \vartheta}{B + 2 \cdot \vartheta}$$

16.2 PTC-Widerstand (Kaltleiter)

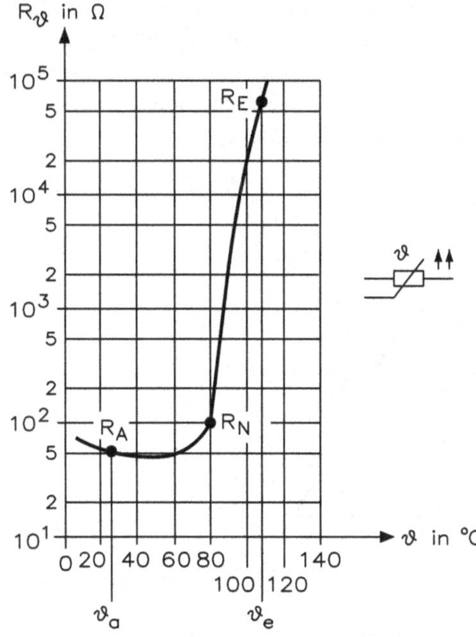

$$R_N = 2 \cdot R_A$$

$$\alpha_R = \frac{\ln\left(\frac{R_1}{R_2}\right)}{\vartheta_e - \vartheta_a}$$

$$R_2 \approx R_1 \cdot e^{\alpha_R(\vartheta_N - \vartheta_e)}$$

R_1, R_2	Widerstandswerte bei ϑ_a und ϑ_e, oberhalb von ϑ_N
R_A	Anfangswiderstand bei $\vartheta_{20\,°C}$ oder $\vartheta_{25\,°C}$
R_N	Nennwiderstand bei ϑ_N
ϑ_N	Umschlagstemperatur
α	Temperaturbeiwert oberhalb ϑ_N

16.3 Brückenschaltung

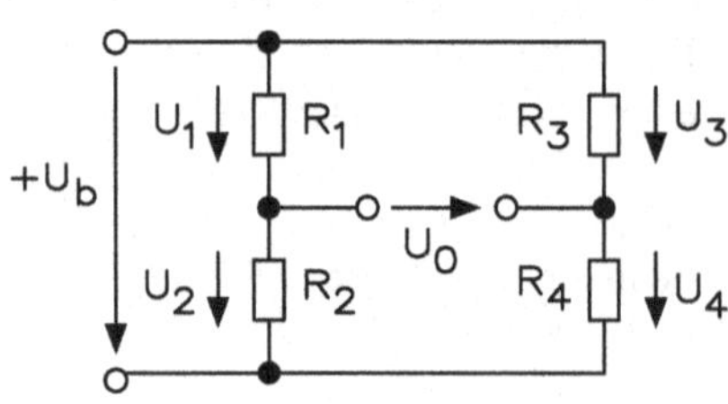

$$U_0 = U \cdot \left(\frac{R_3}{R_3 + R_4} - \frac{R_1}{R_1 + R_2} \right)$$

Die Brücke ist abgeglichen, wenn $U_0 = 0$ ist, $\frac{R_1}{R_2} = \frac{R_3}{R_4}$ oder $\frac{R_1}{R_3} = \frac{R_2}{R_4}$

Die größtmögliche Änderung wird erreicht, wenn für das Widerstandsverhältnis gilt:

$R_1 = R_2 = R_3 = R_4 = R$ (R = Grundwiderstand)

- **Viertelbrücke:**

R_2 oder R_3 positiv veränderlich:

$R_2 = R + \Delta R$ oder $R_3 = R + \Delta R$

$$U_0 \approx U_b \cdot \left(+\frac{1}{4}\right) \cdot \frac{\Delta R}{R}$$

R_1 oder R_4 positiv veränderlich:

$R_1 = R + \Delta R$ oder $R_4 = R + \Delta R$

$$U_0 \approx U_b \cdot \left(-\frac{1}{4}\right) \cdot \frac{\Delta R}{R}$$

R_2 oder R_3 negativ veränderlich:

$R_2 = R - \Delta R$ oder $R_3 = R - \Delta R$

$$U_0 \approx U_b \cdot \left(-\frac{1}{4}\right) \cdot \frac{\Delta R}{R}$$

R_1 oder R_4 negativ veränderlich:

$R_1 = R - \Delta R$ oder $R_4 = R - \Delta R$

$$U_0 \approx U_b \cdot \left(+\frac{1}{4}\right) \cdot \frac{\Delta R}{R}$$

- **Halbbrücke:**

R_2 und R_3 positiv veränderlich:

$R_2 = R + \Delta R$ und $R_3 = R + \Delta R$

$$U_0 \approx U_b \cdot \left(+\frac{1}{2}\right) \cdot \frac{\Delta R}{R}$$

R_2 positiv und R_4 negativ veränderlich:

$R_2 = R + \Delta R$ und $R_4 = R - \Delta R$

$$U_0 \approx U_b \cdot \left(+\frac{1}{2}\right) \cdot \frac{\Delta R}{R}$$

R_2 positiv und R_3 negativ veränderlich:

$R_2 = R + \Delta R$ und $R_3 = R - \Delta R$

$$U_0 \approx U_b \cdot \left(-\frac{1}{4}\right) \cdot \left(\frac{\Delta R}{R}\right)^2$$

R_1 negativ und R_2 positiv veränderlich:

$R_1 = R - \Delta R$ und $R_2 = R + \Delta R$

$$U_0 \approx U_b \cdot \left(+\frac{1}{2}\right) \cdot \frac{\Delta R}{R}$$

- **Vollbrücke:**

R_2 und R_3 positiv, R_1 und R_4 negativ veränderlich:

$R_2 = R + \Delta R$, $R_3 = R + \Delta R$, $R_1 = R - \Delta R$, $R_4 = R - \Delta R$

$$U_d \approx U_b \cdot \frac{\Delta R}{R}$$

16.4 Dehnungsmessstreifen

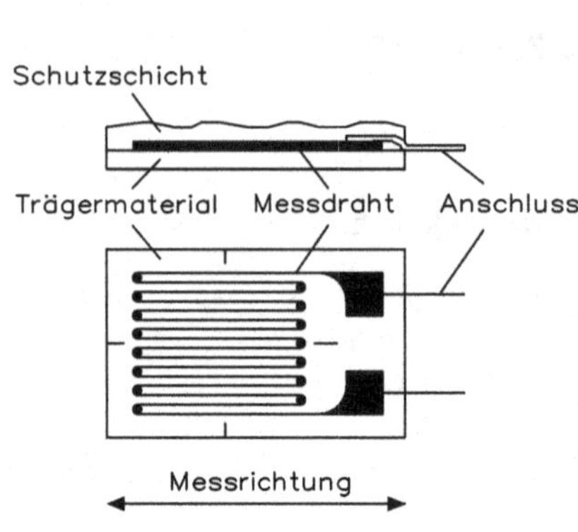

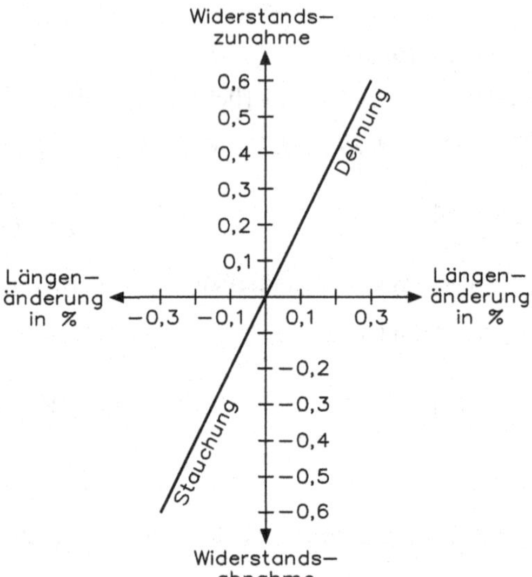

$$\varepsilon = \frac{\Delta l}{l}$$

$$\sigma = \frac{F}{A}$$

$$\sigma = \varepsilon \cdot E$$

$$K = \frac{\Delta R}{R}$$

$$\frac{\Delta R}{R} = K \cdot \varepsilon$$

$$\frac{\Delta R}{R} = K \cdot \frac{\Delta l}{l}$$

$$\Delta R = \frac{R \cdot K \cdot \Delta l}{l}$$

ε	Dehnung und Stauchung des DMS
K	K-Faktor des Messstreifens
F	Längskraft
l	Länge des DMS
σ	mechanische Spannung N/mm^2
$\Delta R/R$	relative Widerstandsänderung
Δl	Längenänderung

- **Viertelbrücke:**

R_2 oder R_3 veränderlich:

$$U_0 \approx U_b \cdot \left(+\frac{1}{4}\right) \cdot K \cdot \varepsilon$$

R_1 oder R_4 veränderlich:

$$U_0 \approx U_b \cdot \left(-\frac{1}{4}\right) \cdot K \cdot \varepsilon$$

- **Halbbrücke:**

R_1 und R_4 veränderlich:

$$U_0 \approx U_b \cdot \left(-\frac{1}{4}\right) \cdot K \cdot (\varepsilon_1 + \varepsilon_4)$$

R_2 und R_3 veränderlich:

$$U_0 \approx U_b \cdot \left(+\frac{1}{4}\right) \cdot K \cdot (\varepsilon_2 + \varepsilon_3)$$

Sind R_1 und R_2 oder R_3 und R_4 veränderlich, heben sich die Änderungen auf!

- **Vollbrücke:**

Alle Widerstände sind veränderlich:

$$U_0 \approx U_b \cdot \left(+\frac{1}{4}\right) \cdot K \cdot (-\varepsilon_1 + \varepsilon_2 + \varepsilon_3 - \varepsilon_4)$$

Werkstoffe für Dehnungsmessstreifen:

- Konstantan: Legierung aus 60 % Kupfer (Cu) und 40 % Nickel (Ni)
  K-Faktor: $K = 2{,}1$
  zulässige Dehnung: $\varepsilon_{max} = 10\frac{\text{mm}}{\text{m}}$
  Temperaturbereich: –75 °C bis 240 °C
- Karma: Legierung aus Nickel (Ni) und Chrom (Cr)
  K-Faktor: $K = 2{,}2$
  Temperaturbereich: bis 300 °C
- Platin-Iridium bzw. Platin: Legierung aus Nickel (Ni) und Chrom (Cr)
  K-Faktor: $K = 26$
  Temperaturbereich: bis 1000 °C
- Querrichtungsausdehnung (Poisson-Zahl):
  Wird in Längsrichtung ein Werkstück gedehnt oder gestaucht, oder in Querrichtung zur anliegenden Kraft, spricht man von einer Dehnung oder Stauchung.

$$\varepsilon_q = \frac{\Delta d}{d}$$

$$\mu = -\frac{\varepsilon_d}{\varepsilon}$$

ε_q Querrichtungsdehnung (ohne Einheit)
Δd Querlängenänderung in m
d Querlänge in m
μ Poisson-Zahl (ohne Einheit)
ε Dehnung (ohne Einheit)

- Mechanische Spannung: Greift an einem Werkstück eine Kraft an, entsteht im Werkstück eine mechanische Spannung.

$$\sigma = \frac{F}{A}$$

$$\sigma = \varepsilon \cdot E$$

$$M = F \cdot l$$

$$W_Q = \frac{b \cdot h^2}{6}$$

$$W_Z = \frac{\pi \cdot d^2}{32}$$

$$\sigma = \frac{M}{W}$$

σ mechanische Spannung in N/mm²
F Kraft N
ε Dehnung (ohne Einheit)
E Elastizitätsmodul in N/mm²
M Biegemoment in Nm
l Länge des Hebels in m
W_Q Flächenträgheitsmoment eines quadratischen Werkstückes in mm²
W_Z Flächenträgheitsmoment eines zylindrischen Werkstückes in mm²
d Durchmesser in mm

16.5 Ohm'scher Weg- und Winkelaufnehmer

a)

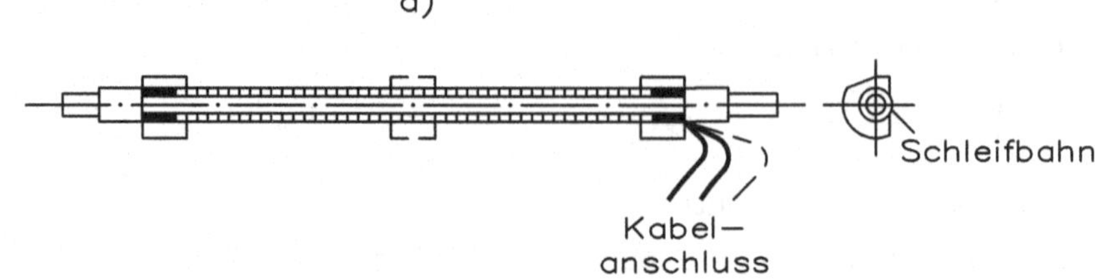

b)

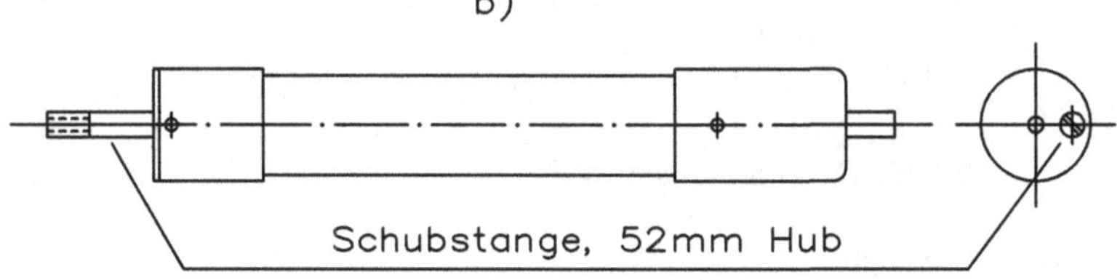

Idealer Fall ($R_b \to \infty$):

$$U_a = \frac{U \cdot \Delta x}{x} = \frac{U \cdot R_2}{R_1 + R_2} = \frac{U \cdot R_2}{R_g}$$

Δx Längenänderung in m
x Gesamtlänge des Schleifers
R_1, R_2 Teilwiderstände
R_g Gesamtwiderstand
R_b Belastungswiderstand

16.6 Induktiver Weg- und Winkelaufnehmer

a)

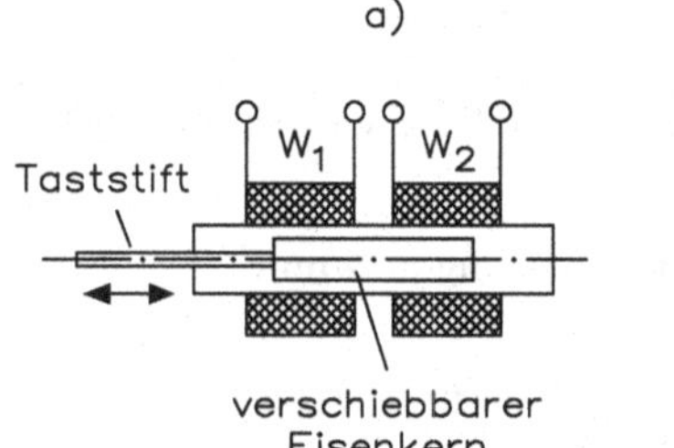

b)

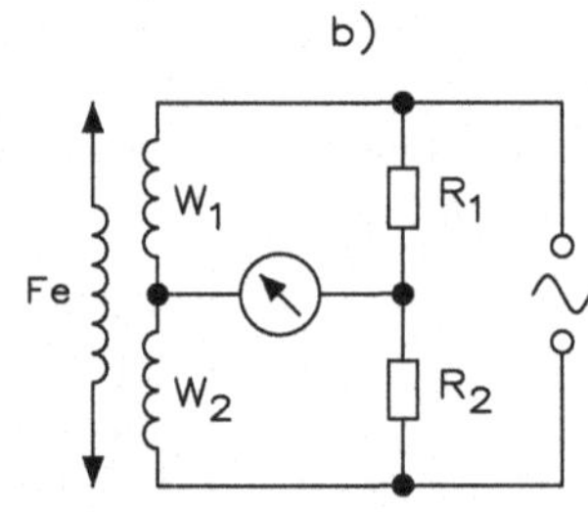

$$L = \frac{N^2 \cdot \mu_0 \cdot A_{Kern}}{l_i}$$

W_1 Vergleichsspule
W_2 Messwertaufnehmer
N Anzahl der Windungen
l_i Spulenlänge ohne Eisenkern in m
μ_0 magnetische Feldkonstante $1{,}257 \cdot 10^{-6}\,\frac{\text{Vs}}{\text{Am}}$

16.7 Kapazitiver Weg- und Winkelaufnehmer

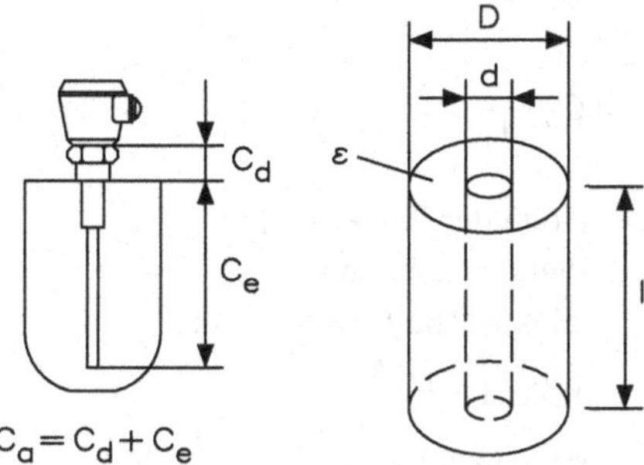

Änderung des Plattenabstandes:

$$C = \frac{\varepsilon_r \cdot l}{\log\left(\frac{D}{d}\right)} \qquad E = \frac{C}{d}$$

Relative Kapazitätsänderung: $\frac{\Delta C}{C} = \frac{\Delta d}{d}$

Absolute Kapazitätsänderung: $C = \frac{\varepsilon_0 \cdot \varepsilon_r \cdot A}{d + \Delta d}$

ε_r Dielektrizitätszahl
E Empfindlichkeit
ΔC Kapazitätsänderung
C Kapazität in F
Δd Plattenabstandsänderung
ε_0 elektrische Feldkonstante $8{,}86 \cdot 10^{-12} \frac{\text{As}}{\text{m}}$
A Plattenfläche in m

Differentialkondensator

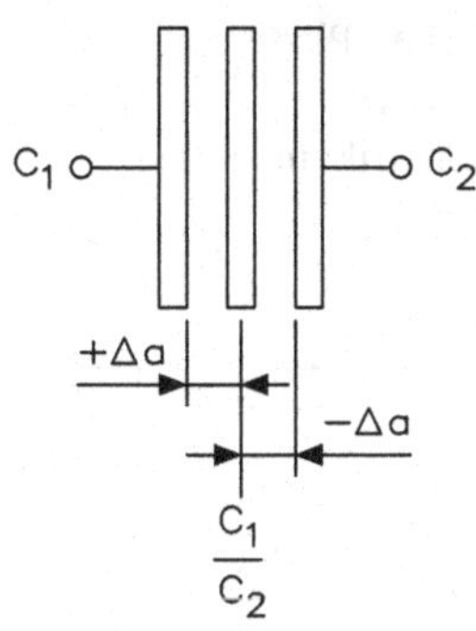

Der Differentialkondensator wird in einer Halbbrücke verwendet:

$$\underline{U}_d = -\underline{U} \cdot \frac{\Delta a}{2 \cdot a}$$

Δa Plattenabstand zwischen mittlerer und äußerer Platte
b Breite der Platte in m

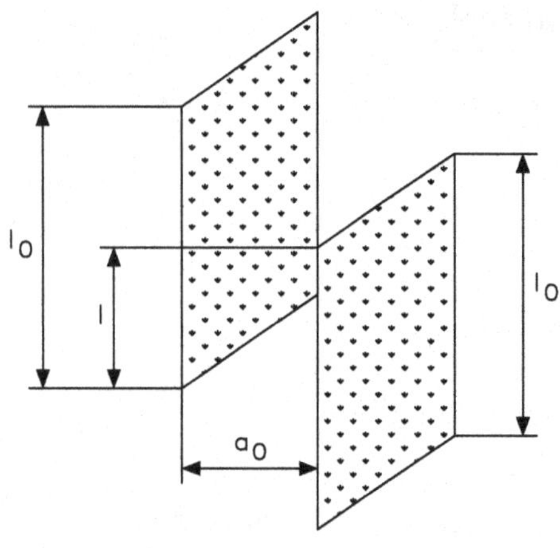

$$l = l_0 - \Delta l$$

$$C = \frac{\varepsilon_0 \cdot \varepsilon_r \cdot b \cdot l(l_0 - \Delta l)}{a_0}$$

$$C = C_0 \cdot \frac{l}{I_0}$$

l_0 Höhe der Platte in m
l Plattenfläche in m
ε elektrische Feldkonstante $8{,}86 \cdot 10^{-12}\,\frac{\text{As}}{\text{m}}$
ε_r Dielektrizitätszahl

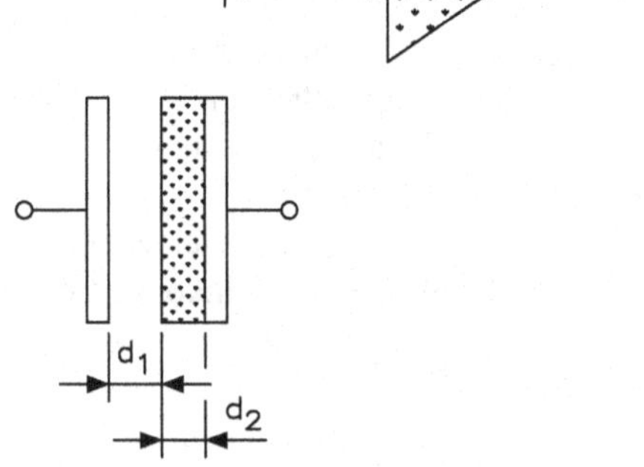

$$\frac{1}{C} = \frac{d_1}{\varepsilon_0 \cdot A} + \frac{d_2}{\varepsilon_0 \cdot \varepsilon_r \cdot A}$$

$$\frac{1}{C} = \frac{1}{\varepsilon_0 \cdot A} + \left(d_1 + \frac{d_2}{\varepsilon_r}\right) \text{ mit } d_1 = d - d_2$$

$$C = \frac{\varepsilon_0 \cdot A}{d - d_2 + \frac{\varepsilon_r}{d_2}}$$

A Plattenfläche in m
d Gesamtabstand der Platten in m
d_1 Luftspalt zwischen Platte und Dielektrikum in m
d_2 Dicke des Dielektrikums in m

16.8 Hallgenerator

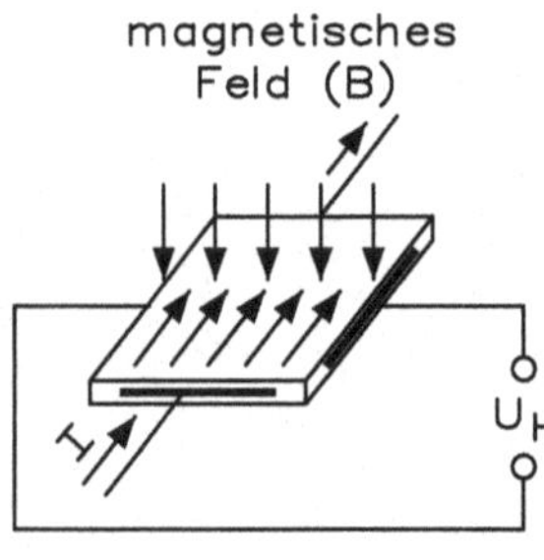

$$U_H = \text{k} \cdot \frac{I \cdot B}{d}$$

U_H Hallspannung
k Hallkonstante
I Längsstrom im Hallplättchen
B Flussdichte senkrecht auf Hallplättchen
d Dicke des Hallplättchens
k Indiumantimonid (InSb) $U_H \approx 240 \cdot 10^{-6}\ \text{m}^3/\text{As}$
k Indiumarsenid (InAs) $U_H \approx 120 \cdot 10^{-6}\ \text{m}^3/\text{As}$

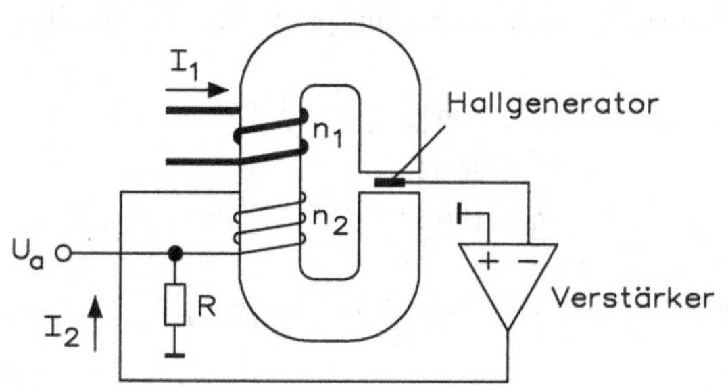

$$B = \mu_0 \cdot \frac{I \cdot n}{\delta + \frac{l_{Fe}}{\mu}}$$

I zu messender Strom
δ Luftspalt
l_{Fe} Länge des Eisenwegs

In der Praxis lässt sich die Gleichung des Eisens l_{Fe}/μ gegenüber dem Luftspalt δ vernachlässigen:

$$B = \mu_0 \cdot \frac{I}{\delta}$$

Die Hallspannung errechnet sich aus $U_H = K_{B0} \cdot I_{In} \cdot B$

und die Ströme sind $I_1 \cdot n_1 = I_2 \cdot n_2 \Rightarrow I_2 = \frac{n_1}{n_2} \cdot I_1$

$$U_a = R \cdot I_2 = P \cdot \frac{n_1}{n_2} \cdot I_1$$

16.9 Feldplatte

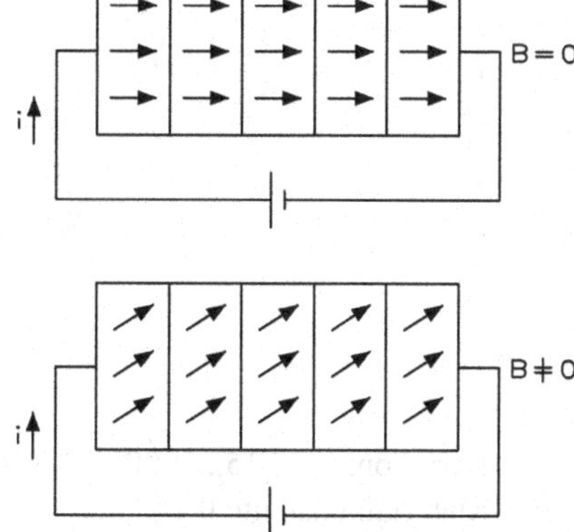

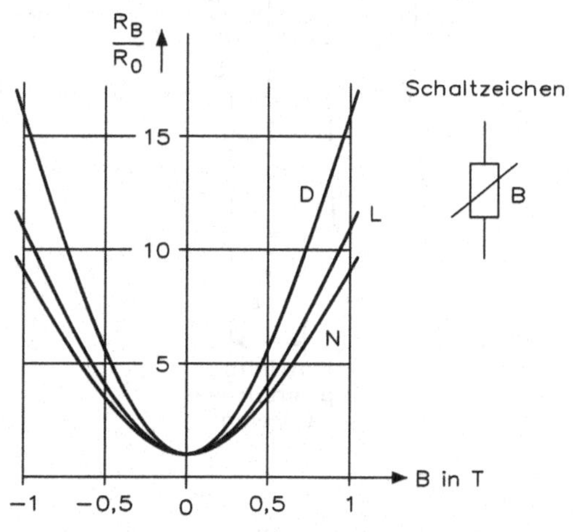

$$\Delta I = \frac{U}{R_B - R_0}$$

R_0 Widerstand ohne Magnetfeld
R_B Widerstand bei Flussdichte

Der Grundwiderstand R_0 der Feldplatte wird durch die Dotierungsgrade des InSb-NiSb-Materials bestimmt:

- D-Material: $\sigma = 200\ (\Omega \cdot \text{cm})^{-1}$ (undotiert), $R_0 \approx 100\ \Omega$ (25 °C)
- L-Material: $\sigma = 550\ (\Omega \cdot \text{cm})^{-1}$ $R_0 \approx 80\ \Omega$
- N-Material: $\sigma = 850\ (\Omega \cdot \text{cm})^{-1}$ $R_0 \approx 100\ \Omega$

	$\frac{R_{75}}{R_{25}}$ (%) für $B = 0T$			$\frac{R_{75}}{R_{25}}$ (%) für $B = 1T$		
Material	**min.**	**Mittelwert**	**max.**	**min.**	**Mittelwert**	**max.**
D	45	47	55	28	28	35
L	74	84	94	53	63	75
N	90	95	99	76	82	89

Die Mäanderstreifenlänge beträgt ca. 80 µm und die Mäanderdicke ist etwa 25 µm.

16.10 VDR-Widerstand

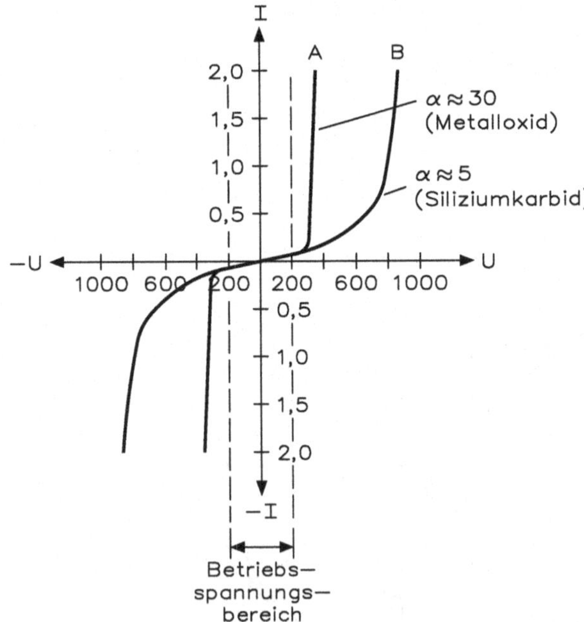

$U = C \cdot I^{\beta}$

$I = k \cdot U^{\gamma}$

$\beta = \frac{\Delta U}{\Delta I} = \tan \varphi$

$\beta = \frac{1}{\gamma} = \cot \varphi$

C Formkonstante 15...1000

β Materialkonstante 0,14...0,5

φ Steigungswinkel der Kennlinie

k Kehrwert von C

α_C −0,0012...−0,0018

$$R = \frac{U}{I} = \frac{C \cdot I^{\beta}}{I} = \frac{C}{I^{(1-\beta)}}$$

$$R = \frac{U}{I} = \frac{U}{k \cdot U^{\gamma}} = \frac{1}{k \cdot U^{(\gamma-1)}}$$

$$P_v = U \cdot I = C \cdot I^{(1+\beta)} \approx k \cdot U^{(1+\beta)}$$

$$C_w = C_k(1 + \alpha_C \cdot \vartheta)$$

γ Kehrwert von β
P_v Verlustleistung
C_w Konstante warm
C_k Konstante kalt

16.11 Peltier-Batterie

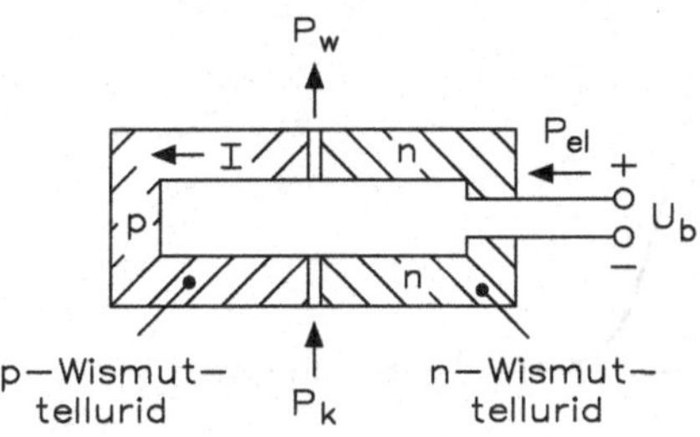

$$P_w = \alpha \cdot I \cdot \vartheta_w$$

$$P_k = \alpha \cdot I \cdot \vartheta_k$$

$$P_v = I^2 \cdot R$$

$$\Delta\vartheta = \vartheta_w - \vartheta_k$$

$$P_{el} = P_w - P_k + P_v = \alpha \cdot I(\vartheta_w - \vartheta_k) + P_v$$

$$P_{el} = \alpha \cdot I \cdot \Delta\vartheta + I^2 \cdot R$$

P_w abzuführende Wärmeleistung
P_k Kälteleistung
P_v Verlustwärme im Stromkreis
ϑ_w Warmtemperatur
ϑ_k Kalttemperatur
$\Delta\vartheta$ Temperaturdifferenz
α Thermokraft in V/K

16.12 Beleuchtungsgrößen und Einheiten

Lichtstrom Φ	Lumen lm	
Lichtmenge Q	Lumenstunde lm h	$Q = \Phi \cdot t$
Lichtstärke I	Candela cd	$I = \Phi/\Omega$
Beleuchtungsstärke	Lux lm/m^2	$E = \Phi/A$
Leuchtdichte (Selbststrahler)	cd/cm^2	$L = \Phi/(\Omega \cdot A \cdot \cos \varepsilon)$
(Flächen)	cd/m^2	
Belichtung H	lx s	$H = E \cdot t$
Lichtausbeute η	lm/W	$\eta = \Phi/P$
Reflexionsgrad	1	
Absorptionsgrad α	1	$\rho + \tau + \alpha = 0$
Raumwinkel Ω	sr (Steradiant)	$\Omega = A/r^2$

Spektraler Bereich von Sonnenlicht und Glühlampe

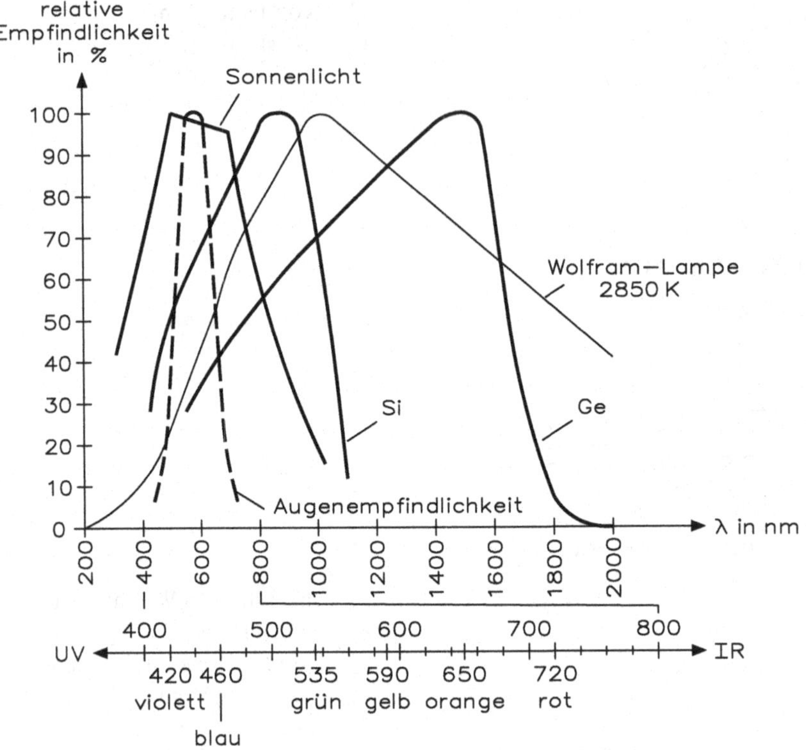

$$\lambda = \frac{c}{f} = \frac{3 \cdot 10^8 \text{ m/s}}{f}$$

λ Lichtwellenlänge
c Lichtgeschwindigkeit 300 000 km/s
f Frequenz

16.13 Fotowiderstände

LDR = Light Dependent Resistor

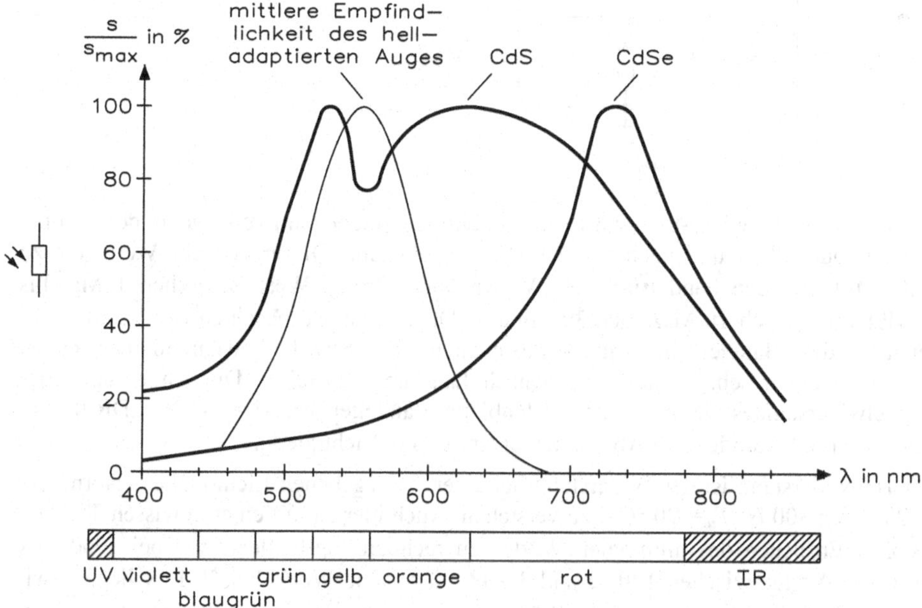

$$I_F = \frac{n \cdot e \cdot \tau}{T}$$

$$I_D = \frac{U_b}{R_D}$$

$$P_v = I_F^2 \cdot R_i = \frac{U_F^2}{R_i}$$

$$I_F = \sqrt{\frac{P_v}{R_i}}$$

$$U_F = I_F \cdot R_i$$

$$U_a = U_b - U_F$$

I_F Fotostrom (beleuchtungsabhängig) in A
I_D Dunkelstrom (Kurzschlussstrom) in A
n Anzahl der Ladungsträger in s
e Elementarladung in As
T Lebensdauer der Ladungsträger in s
R_i Innenwiderstand
R_D Dunkelwiderstand

Chemische Materialien und Bereich:

CdS = Cadmiumsulfid	sichtbares Licht
CdSe = Cadmiumselenid	sichtbares Licht und Infrarot-Bereich
PbS = Bleisulfid	Infrarot-Bereich (ca. 3000 nm)
PbSe = Bleiselenid	Infrarot-Bereich (ca. 7000 nm)
InSb = Indiumantimonid	

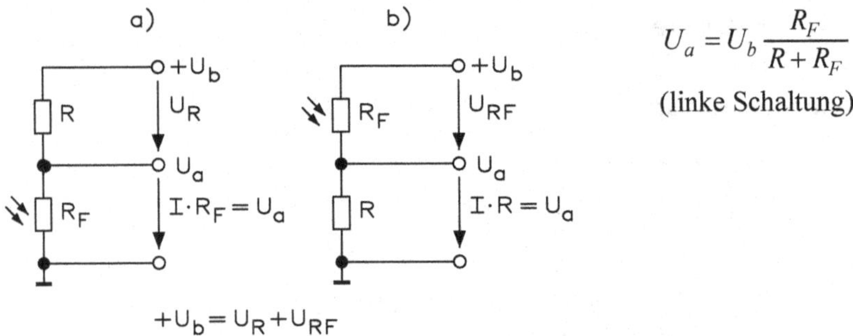

$$U_a = U_b \frac{R_F}{R + R_F}$$

(linke Schaltung)

Unter dem Dunkelwiderstand wird der hochohmige Widerstand verstanden, der sich bei völliger Dunkelheit und nach $t > 30$ Minuten einstellt. Dieser erreicht Werte bis zu > 200 MΩ. Bei den handelsüblichen Widerständen treten Werte zwischen 1 MΩ bis 10 MΩ auf, typisch 10 MΩ nach 30 Minuten Dunkelheit. Zu beachten ist, dass der Widerstand des Bauelementes nach Abschalten des Strahlers während der ersten 10...30 Sekunden sehr schnell und danach langsamer ansteigt.. Die Änderungen des Dunkelwiderstandes werden in den Datenblättern angegeben und z. B. der LDR 05 mit ≥ 200 kΩ pro Sekunde nach Abschalten einer 1000 lx Lichtquelle.

Der Hellwiderstand ist der Widerstand bei einer vorgegebenen Lichtquelle – Normlicht *A* (2854 K); 300 lx; $T_u = 20$ °C – zu verstehen. Auch hier ist mit einer gewissen Trägheit bis zum Erreichen des minimalen Wertes zu rechnen. Hellwiderstände bei 1000 Lux erreichen Werte zwischen 100 Ω und 3,5 kΩ. Typische Werte bei 50 Lux liegen zwischen 500 Ω...75 kΩ je nach Typ. Prüfspannungen für den Hellwiderstand liegen zwischen 2...10 Volt.

16.14 Fotodioden

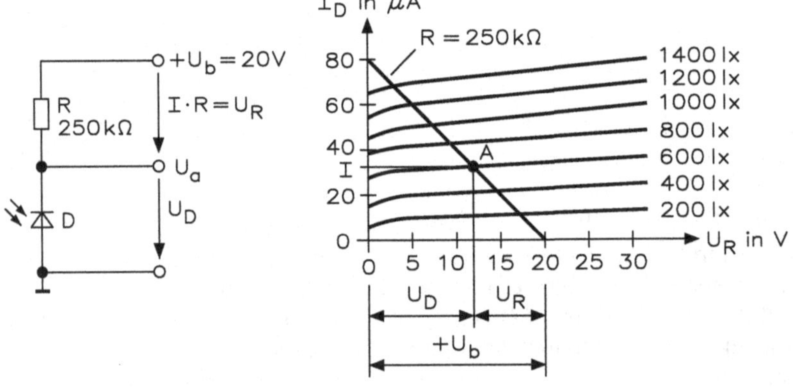

$$U_F = I_F \cdot R_i$$
$$U_a = U_b - U_F$$
$$I_D = \frac{U_b}{R_D}$$
$$P_v = I_F^2 \cdot R_i = \frac{U_F^2}{R_i}$$
$$I_{F\max} = \sqrt{\frac{P_v}{R_i}}$$
$$U_{F\max} = \sqrt{P_v \cdot R_i}$$

U_b Betriebsspannung
U_F Spannung an der Fotodiode
U_a Ausgangsspannung
I_F Fotostrom (beleuchtungsabhängig) in mA
I_D Dunkelstrom (Kurzschlussstrom) in µA
R_i Innenwiderstand
R_D Dunkelwiderstand

Die Kapazität ist abhängig von der Höhe der Sperrspannung $C_D \approx \sqrt{\frac{1}{U_R}}$.

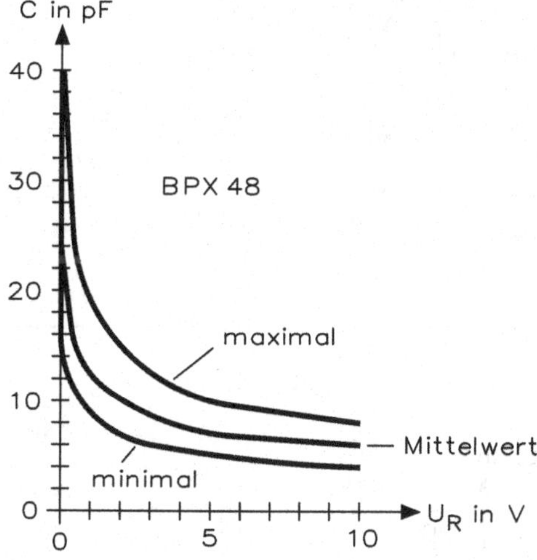

16.15 Fototransistoren

$$I_C = (1+B)I_{CB0}$$
$$s = \frac{I_C}{\Phi}$$
$$e = \frac{I_C}{E}$$
$$U_{CE} = U_b - U_a = U_b - I_C \cdot R_a$$
$$P_v = U_{CE} \cdot I_C$$

I_C Kollektorstrom
I_{CB0} Kollektor-Reststrom
B Gleichstromverstärkung (Emitterschaltung)
s Lichtstrom-Empfindlichkeit in mA/lm
e Beleuchtungsstärke-Empfindlichkeit in mA/lx
Φ Lichtstrom in lm
E Beleuchtungsstärke in lx

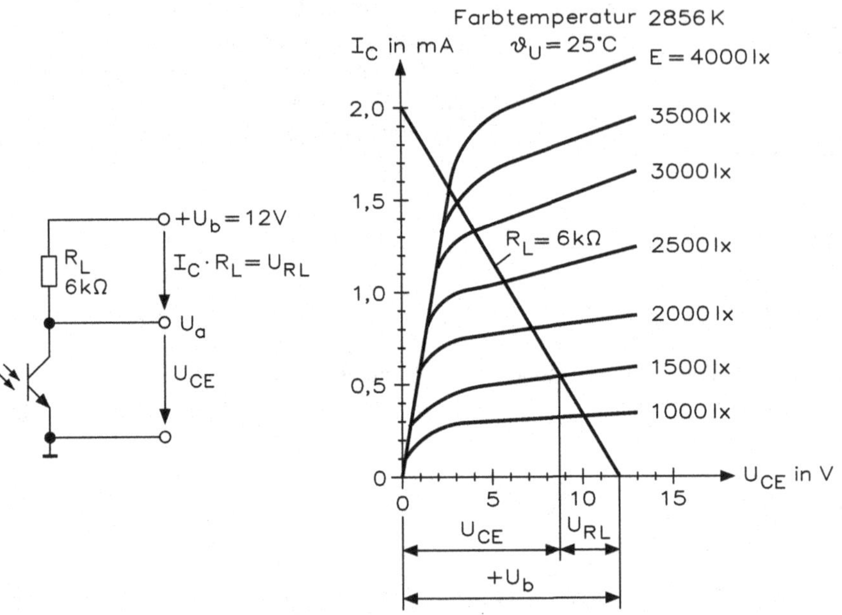

16.16 Fotoelemente

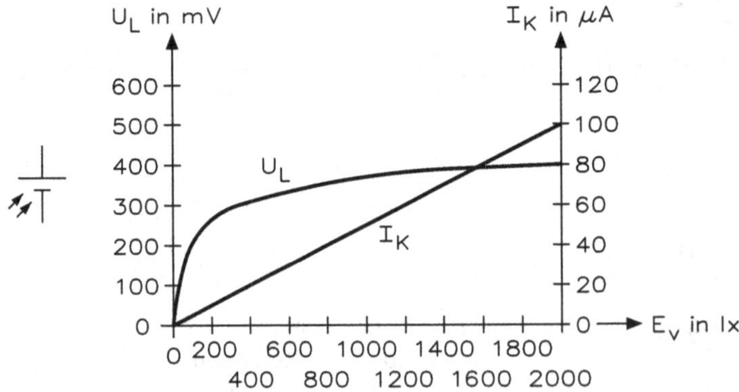

$$R_i = \frac{U_L}{I_k} \quad (E = \text{konstant})$$

$$s = \frac{I_F}{\Phi} = \frac{e}{A}$$

I_F Fotostrom (beleuchtungsabhängig) in mA
U_L Leerlaufspannung
R_i Innenwiderstand (beleuchtungsabhängig)
I_k Kurzschlussstrom bei $R_a = 0$
Φ Lichtstrom in lm

$$e = \frac{I_F}{E} = s \cdot A$$

$$I_F = e \cdot E = s \cdot \Phi$$

$$U_a = \frac{U_L \cdot R_a}{R_i + R_a}$$

$$U_a = \frac{U_L}{2} \text{ bei } R_i = R_a$$

$$I = \frac{U_a}{R_a} = \frac{U_L}{2 \cdot R_a}$$

A lichtempfindliche Fläche im cm^2
s Lichtstrom-Empfindlichkeit in mA/lm
e Beleuchtungsstärke-Empfindlichkeit in mA/lx
E Beleuchtungsstärke in lx

16.17 Leuchtdioden

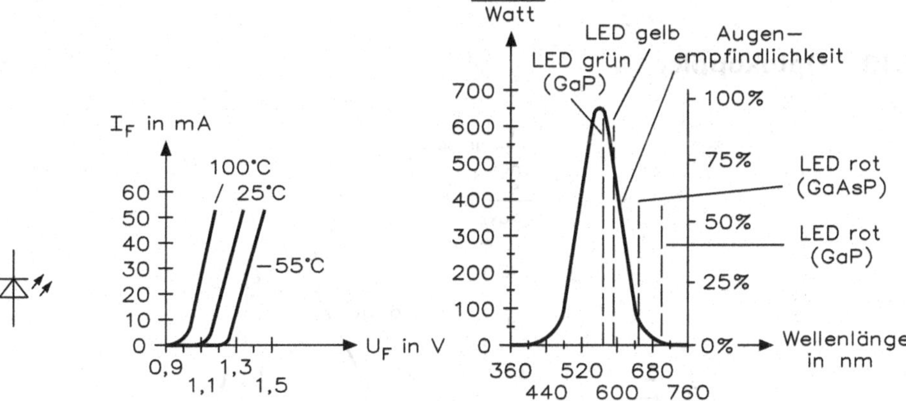

$$R_v = \frac{U_b - U_F}{I_F}$$

$$P_v = U_F \cdot I_F$$

$$\eta = \frac{P_v}{U_F \cdot I_F}$$

I_F Durchlassstrom 5 mA...100 mA
P_v Verlustleistung 30 mW...100 mW
$U_F \approx$ 1,6 V (rote LED)
$U_F \approx$ 2,2 V (orange LED)
$U_F \approx$ 2,4 V (gelbe LED)
$U_F \approx$ 2,7 V (grüne LED)

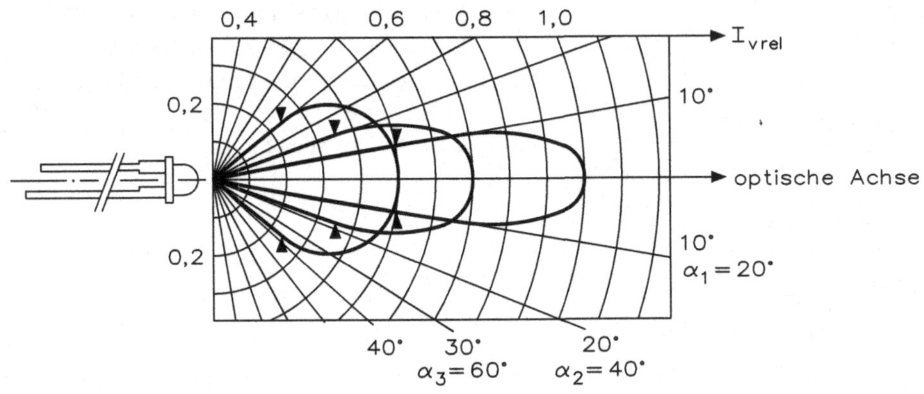

16.18 Optokoppler

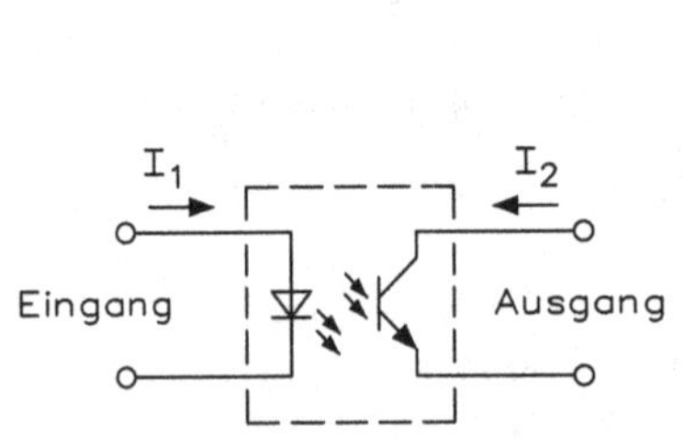

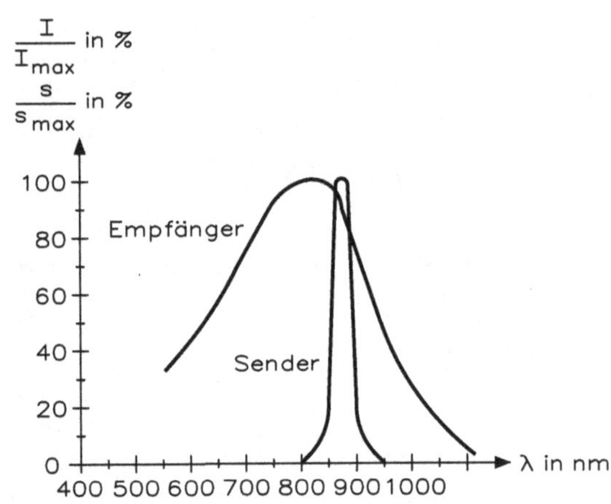

$$v_I = \frac{I_C}{I_F} = \frac{I_2}{I_1}$$

$$ü = \frac{I_C}{I_F}$$

17 Messtechnik

17.1 Klasseneinteilung und Bedingungen

Art	Klasse	Bedingungen							
		Anzeigefehler	**Lagefehler**	**Temperaturfehler**	**Anwärmfehler**	**Fremdfeldfehler**	**Frequenzfehler**	**Spannungsfehler**	**Einbaufehler**
Feinmessgeräte	0,1	±0,1 %	±0,1 %	±0,1 %	–	±3 % bei Drehspulinstrumenten ±1,5 % bei abgeschirmten Instrumenten ±0,75 %	±0,1 %	±0,1 %	±0,05 %
	0,2	±0,2 %	±0,2 %	±0,2 %	–		±0,2 %	±0,2 %	±0,1 %
	0,5	±0,5 %	±0,5 %	±0,5 %	–		±0,5 %	±0,5 %	±0,25 %
Betriebsmessgeräte	1	±1 %	±1 %	±1 %	±0,5 %	±6 % bei Drehspulinstrumenten ±1,5 % bei abgeschirmten Instrumenten ±0,75 %	±1 %	±1 %	±0,5 %
	1,5	±1,5 %	±1,5 %	±1,5 %	±0,75 %		±1,5 %	±1,5 %	±0,75 %
	2,5	±2,5 %	±2,5 %	±2,5 %	±1,25 %		±2,5 %	±2,5 %	±1,25 %
	5	±5 %	±5 %	±5 %	±2,5 %		±5 %	±5 %	±2,5 %

H. Bernstein, *Formelsammlung*, https://doi.org/10.1007/978-3-658-18179-6_17

Skalenbeschriftung

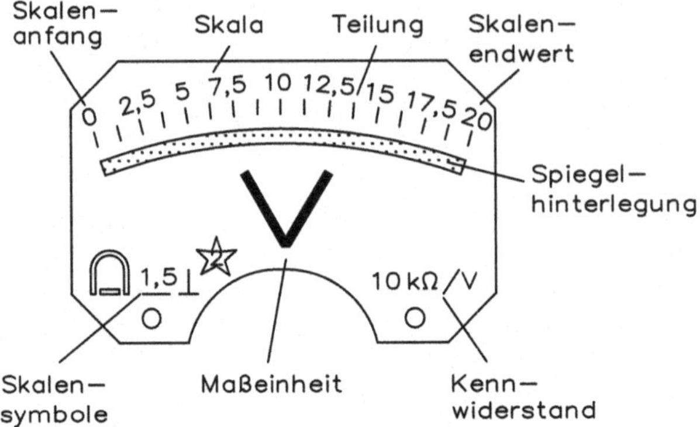

Skalenbeschriftung enthält

Sinnbilder für:	und Angaben über:
Stromart	Messgeräteklasse
Messwerk	Innenwiderstand
Gebrauchslage	Einheit der Messgröße
Prüfspannung	Ursprung

Messgeräteklassen

	Feinmess-geräte			Betriebs-messgeräte			
Klasse	0,1	0,2	0,5	1	1,5	2,5	5
Anzeige-fehler ±%	0,1	0,2	0,5	1	1,5	2,5	5

Die Zahlenwerte geben den maximal zulässigen Fehler eines Zeigermessgerätes bezogen auf den Skalenendwert an.

Skalensinnbilder

Sinnbild	Bedeutung
—	Für Gleichstrom (DC)
	Für Gleich- und Wechselstrom
∼	Für Wechselstrom (AC)
	Für Drehstrom mit einem Messwerk
	Für Drehstrom mit zwei Messwerken
	Für Drehstrom mit drei Messwerken
1,5	Klassenzeichen, bezogen auf Messbereich-Endwert
1,5	Klassenzeichen, bezogen auf Skalenlänge bzw. Schreibbreite
1,5	Klassenzeichen, bezogen auf richtigen Wert
⊥	Senkrechte Nennlage
	Waagerechte Nennlage
60°	Schräge Nennlage, (mit Neigungswinkelangabe)
	Prüfspannung
	Hinweis auf getrennten Nebenwiderstand
	Hinweis auf getrennten Vorwiderstand
○	Magnetischer Schirm (Eisenschirm)
	Elektrostatischer Schirm
ast	Astatisches Messwerk
⚠	Achtung (Gebrauchsanleitung beachten)!

Sinnbild	Bedeutung
	Drehspulmesswerk
	als Gleichrichter
	Zusatz zu Thermoumformer
	isolierter Thermoumformer
	Drehspul-Quotientenmesswerk
	Drehmagnetmesswerk
	Drehmagnet-Quotientenmesswerk
	Dreheisenmesswerk
	Dreheisen-Quotientenmesswerk
	Elektrodynamisches Messwerk (eisenlos)
	Elektrodynamisches Quotientenmesswerk (eisenlos)
	Elektrodynamisches Messwerk (eisengeschlossen)
	Elektrodynamisches Quotientenmesswerk (eisengeschlossen)
	Induktionsmesswerk
	Induktions-Quotientenmesswerk
	Hitzdrahtmesswerk
	Bimetallmesswerk
	Elektrostatisches Messwerk
	Vibrationsmesswerk
	Mit eingebautem Verstärker

Bei Messgeräten mit mehreren Messpfaden müssen die einzelnen Messpfade gegeneinander und gegen Erde geprüft werden. Die Größe der Prüfspannung ist abhängig von der Größe der Nennspannung des Messgerätes.

Nennspannung bis 40 V, Prüfspannung 500 V: Stern, ohne Zahl
Nennspannung 40 V bis 650 V, Prüfspannung 2 kV: Stern, Zahl = 2
Nennspannung 650 V bis 1000 V, Prüfspannung 3 kV: Stern, Zahl = 3

17.2 Genauigkeiten von Messgeräten

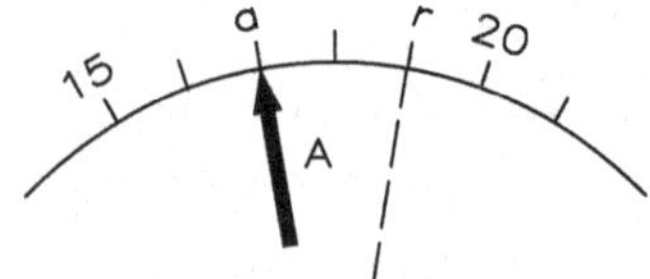

a = angezeigter Wert
r = richtiger Wert

Der Fehler ist die Differenz zwischen angezeigtem und richtigem Wert. Die Korrektur ist die negative Fehlerangabe:

Fehler: $F = a - r = 17 - 19 = -2$ A

Korrektur: $K = -2$ A $= +2$ A

Weitere Fehlerquellen:

a) Zubehörfehler
b) Schaltungsfehler
c) persönliche Fehler z. B.
   - Bedienungsfehler
   - Behandlungsfehler
   - Ablesefehler
   - Parallaxenfehler

Positiver Korrekturwert bedeutet:

- Richtiger Wert ist größer als der angezeigte Wert.

Negativer Korrekturwert bedeutet:

- Richtiger Wert ist kleiner als der angezeigte Wert.

Anzeige und Korrektur ergeben den richtigen Wert:

$a + K = r$

$17 + 2 = 19$ A

Der absolute Fehler F des Messgerätes kann positive und negative Werte annehmen und es ergibt sich

$F = a - r$

Dabei ist a der angezeigte Wert und r der wahre Wert, der zunächst unbekannt ist. Der relative Fehler f beschreibt die Genauigkeit des Messgerätes:

$$f = \frac{F}{r} = \frac{a-r}{r} = \frac{a}{r} - 1 \qquad \text{oder} \qquad f = \frac{a-r}{B}$$

Für die Fehlerberechnung gilt noch $F = \pm\frac{B \cdot G}{100}$.

$$p = \pm\frac{F \cdot 100}{a} \text{in } \% = \pm\frac{B \cdot G}{a} \text{in } \%$$

B Bereichsendwert
a angezeigter Wert
F Fehlerbetrag
G Genauigkeitsklasse
p Fehler in % von A

17.3 Genauigkeiten von Betriebsmessgeräten

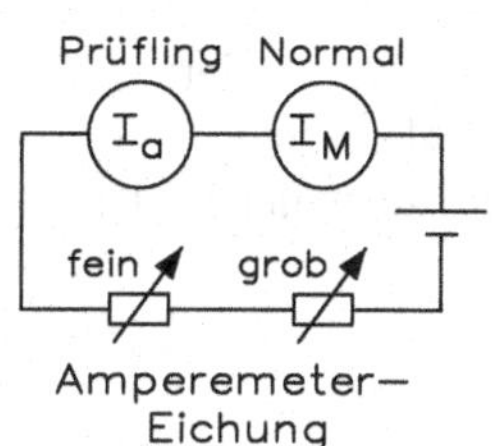

Amperemeter-Eichung

Fehlerkorrektur:
$K = -F \qquad M = a + K$

K Korrekturwert
M korrigierter Messwert

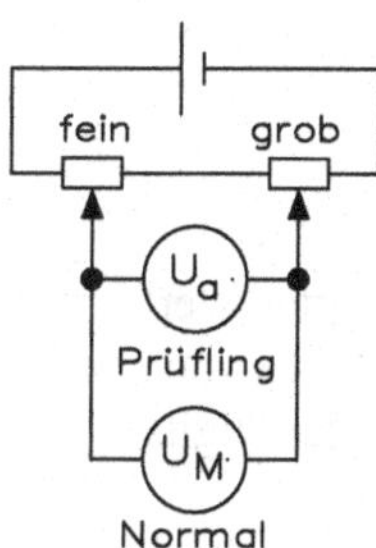

Justierung (Eichung):
$F = a - M \qquad K = M - a$

Justierung von Betriebsmessgeräten (Spannungsmessern); Normal (Präzisionsmessgerät) und Prüfling werden parallel geschaltet. Bei Justierungsmessung soll 1/10 des für den Prüfling zugelassenen Fehlers noch feststellbar sein. Das Vergleichsmessgerät muss mindestens einer höheren Güteklasse angehören als der Prüfling.

Sollwert (Normal-instrument)	**Istwert (Prüfling)**	**Absoluter Fehler** $F = I_x - I_n$	**Korrektur** $K = I_n - I_x$	**Relativer Fehler** $f_r = \frac{F \cdot 100}{I_n}$	**Prozentualer Fehler** $f = \frac{F \cdot 100}{I_{n\max}}$
I_n	I_x	F	$K = -F$	f_r in %	f in %
0	0	0	0	0	0
5,00	5,55	+0,55	–0,55	+11	+1,1
10,00	10,70	+0,70	–0,70	+7	+1,4
15,00	15,60	+0,60	–0,60	+4	+1,2
20,00	20,00	+ 0,00	± 0,00	± 0	± 0
25,00	24,35	–0,65	+0,65	–2,6	–1,3
30,00	29,70	–0,30	+0,30	–1,0	–0,6
35,00	34,25	–0,75	+0,75	–2,14	–1,5
40,00	39,50	–0,50	+0,50	–1,25	–1,0
45,00	45,40	+ 0,40	–0,40	+0,88	+0,8
50,00	50,45	+ 0,45	–0,45	+0,9	+0,9

- Absoluter Fehler: $F = I_x - I_n$ oder $U = U_x - U_n$
- Korrektur: $K = I_n - I_x = -F$
- Relativer Fehler (bezogen auf Anzeige): $f_r = \frac{F \cdot 100}{I_n}$
- Prozentualer Fehler (bezogen auf Endwert): $f = \frac{F \cdot 100}{I_{n\max}}$

f_r relativer Fehler
F Fehlerbetrag
f prozentualer Fehler

17.4 Anzeige eines Digitalmessgerätes

LCD–Anzeige

1000er 100er 10er 1er

-1234

$$U_{\min} = a - a \cdot p$$

$$U_{\max} = a + a \cdot p + D$$

a angezeigter Wert
p Fehler in % von a
D Fehler der Digits

17.5 Messbereichserweiterung (Spannung)

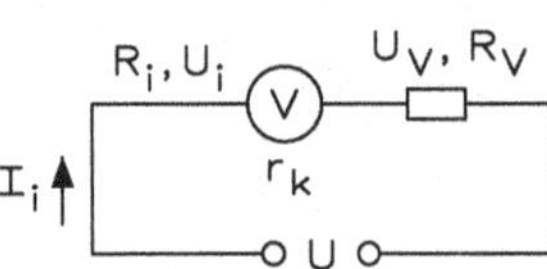

$$R_i = \frac{U_i}{I_i} = r_k \cdot U_i$$

$$r_k = \frac{1}{I_i}$$

$$R_g = r_k \cdot U_i = \frac{U}{I_i} = R_i + R_v$$

$$U = U_i + U_v$$

$$R_v = r_k \cdot U_v = \frac{U_v}{I_i}$$

$$R_v = R_g - R_i = R_i(n-1)$$

$$n = \frac{U}{U_i}$$

R_i Messwerkwiderstand
U_i Spannung bei Vollausschlag
I_i Strom bei Vollausschlag
r_k Kennwiderstand in Ω/V
R_v Spannung am Vorwiderstand
U Messbereichsspannung
R_g Gesamtwiderstand
n Vervielfachungsfaktor

17.6 Messbereichserweiterung (Strom)

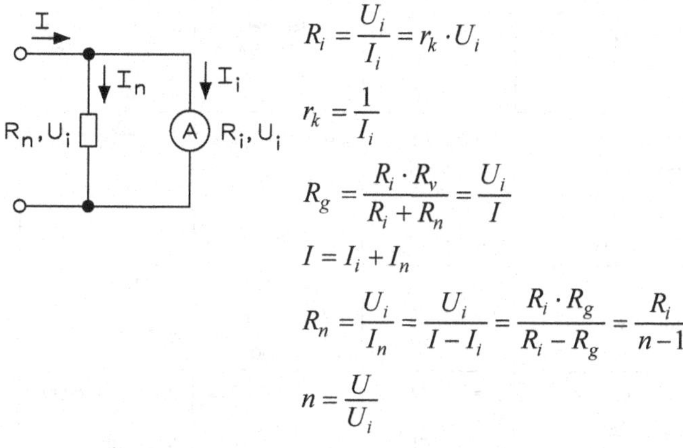

$$R_i = \frac{U_i}{I_i} = r_k \cdot U_i$$

$$r_k = \frac{1}{I_i}$$

$$R_g = \frac{R_i \cdot R_v}{R_i + R_n} = \frac{U_i}{I}$$

$$I = I_i + I_n$$

$$R_n = \frac{U_i}{I_n} = \frac{U_i}{I - I_i} = \frac{R_i \cdot R_g}{R_i - R_g} = \frac{R_i}{n-1}$$

$$n = \frac{U}{U_i}$$

R_n Nebenwiderstand (Shunt)
I_n Strom durch Nebenwiderstand
I Messbereichsstrom
R_g Gesamtwiderstand
n Vervielfachungsfaktor

17.7 Amplitudenform der Messgröße

Der Augenblickswert ist der Wert einer Wechselgröße zu einem bestimmten Zeitpunkt:

u Augenblickswert der Spannung
i Augenblickswert des Stromes

Der Scheitelwert ist der größte Betrag des Augenblickswertes einer Wechselgröße:

$\hat{u} = u_{max}$ Scheitelwert der Spannung
$\hat{\imath} = i_{max}$ Scheitelwert des Stromes

Der Effektivwert ist der zeitliche quadratische Mittelwert einer Wechselgröße:

$U = U_{eff}$ Augenblickswert der Spannung
$I = I_{eff}$ Augenblickswert des Stromes

Der Gleichrichtwert ist der arithmetische Mittelwert des Betrages einer Wechselgröße über eine Periode:

$\bar{u} = |u|$ Gleichrichtwert der Spannung
$\bar{\imath} = |i|$ Gleichrichtwert des Stromes

Der Scheitelfaktor einer Wechselgröße ist das Verhältnis von Scheitelwert zu Effektivwert:

$$S = \frac{\hat{u}}{U} = \frac{\hat{\imath}}{I}$$

Der Formfaktor einer Wechselgröße ist das Verhältnis von Effektivwert zu Gleichrichtwert:

$$F = \frac{U}{\bar{u}} = \frac{I}{\bar{\imath}} \quad F \geq 1$$

Umrechnung von Scheitel, Gleichricht- und Effektivwert:

Schwingung	Scheitelwert $\hat{u}$	Gleichrichtwert $\lvert\bar{u}\rvert$	Effektivwert U	Scheitelfaktor S	Formfaktor F
mit Scheitel- und Form- faktor	$\hat{u} = S \cdot U$ $\hat{u} = S \cdot F \cdot \lvert\bar{u}\rvert$	$\lvert\bar{u}\rvert = U / F$ $\lvert\bar{u}\rvert = \frac{\hat{u}}{S \cdot F}$	$U = \hat{u} / S$ $U = \lvert\bar{u}\rvert \cdot F$	$S = \frac{\text{Scheitelwert}}{\text{Effektivwert}}$ $S = \frac{\hat{u}}{U}$	$F = \frac{\text{Effektivwert}}{\text{Gleichrichtwert}}$ $F = \frac{U}{\lvert\bar{u}\rvert}$
Sinus	$\hat{u} = \frac{\pi}{2} \cdot \lvert\bar{u}\rvert$ $\hat{u} = 1{,}571 \cdot \lvert\bar{u}\rvert$ $\hat{u} = \sqrt{2} \cdot U$ $\hat{u} = 1{,}414 \cdot U$	$\lvert\bar{u}\rvert = \frac{2 \cdot \hat{u}}{\pi}$ $\lvert\bar{u}\rvert = 0{,}637 \cdot \hat{u}$ $\lvert\bar{u}\rvert = \frac{2 \cdot \sqrt{2}}{\pi} \cdot U$ $\lvert\bar{u}\rvert = 0{,}9 \cdot U$	$U = \hat{u} / \sqrt{2}$ $U = 0{,}707 \cdot \hat{u}$ $U = \frac{\pi}{2 \cdot \sqrt{2}} \cdot \lvert\bar{u}\rvert$ $U = 1{,}111 \cdot \lvert\bar{u}\rvert$	$S = \sqrt{2} = 1{,}414$ $\frac{1}{S} = 0{,}707$ $S \cdot F = \frac{\pi}{2} = 1{,}571$	$U = \frac{\pi}{2 \cdot \sqrt{2}} = 1{,}111$ $\frac{1}{F} = 0{,}900$
Rechteck	$\hat{u} = \lvert\bar{u}\rvert$ $\hat{u} = U$	$\lvert\bar{u}\rvert = \hat{u}$ $\lvert\bar{u}\rvert = U$	$U = \hat{u}$ $U = \lvert\bar{u}\rvert$	$S = 1{,}000$ $\frac{1}{S} = 1{,}000$ $S \cdot F = 1{,}000$	$F = 1{,}000$ $\frac{1}{F} = 1{,}000$
Dreieck	$\hat{u} = 2 \cdot \lvert\bar{u}\rvert$ $\hat{u} = \sqrt{3} \cdot U$ $\hat{u} = 1{,}732 \cdot U$	$\lvert\bar{u}\rvert = 0{,}5 \cdot \hat{u}$ $\lvert\bar{u}\rvert = \frac{\sqrt{3} \cdot U}{2}$ $\lvert\bar{u}\rvert = 0{,}866 \cdot U$	$U = \hat{u} / \sqrt{3}$ $U = 0{,}577 \cdot \hat{u}$ $U = \frac{2 \cdot \lvert\bar{u}\rvert}{\sqrt{3}}$ $U = 1{,}155 \cdot \lvert\bar{u}\rvert$	$S = \sqrt{3} = 1{,}732$ $\frac{1}{S} = 0{,}577$ $S \cdot F = 2{,}000$	$F = \frac{2}{\sqrt{3}} = 1{,}155$ $\frac{1}{F} = 0{,}866$

Abhängigkeit der Messgröße:

Kurvenform	Korrekturfaktor	Effektivwert Spitzenwert
Sinus	1	0,707
Rechteck	1,41	1,0
Dreieck	0,82	0,577
Parabelspitzen	0,64	0,45
Halbellipsen	1,16	0,82
Halbkreise	1,16	0,82

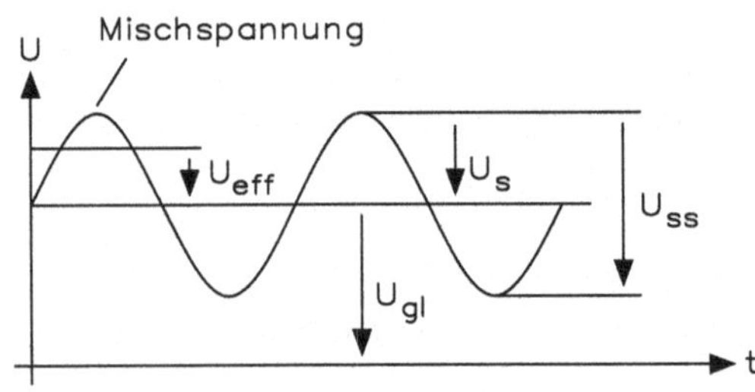

$$U_{eff} = \sqrt{U_{gl}^2 + \frac{U_s^2}{2}}$$

17.8 Spannungs- und Strommessung mit Messwandlern

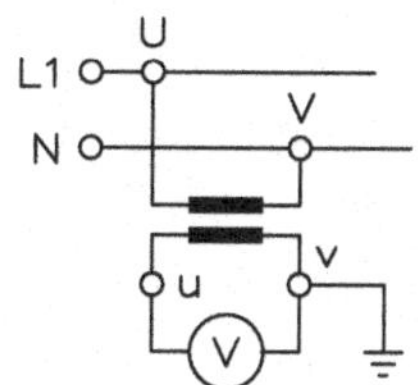

$$k_U = \frac{U_{1N}}{U_{2N}} = \frac{N_1}{N_2}$$

$$F_U = \frac{U_2 \cdot k_U - U_1}{U_1} \cdot 100\,\%$$

$$k_I = \frac{I_{1N}}{I_{2N}} = \frac{N_2}{N_1}$$

$$F_I = \frac{I_2 \cdot k_I - I_{1N}}{I_{1N}} \cdot 100\,\%$$

F_U Spannungswandlerfehler
F_I Stromwandlerfehler
k_U Spannungsübersetzungsverhältnis
k_I Stromübersetzungsverhältnis

17.9 Leistungsmessung: Schein- und Wirkleistung

- Stromfehlermethode: $R_{iU} >> R$

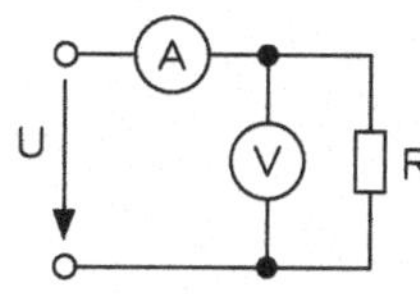

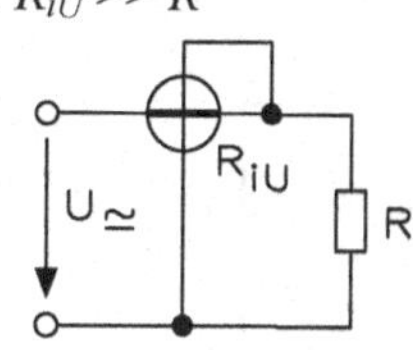

$$S = U \cdot I - \frac{U^2}{R_{iU}}$$

$$P = U \cdot I - \frac{U^2}{R_{iU}}$$

Korrekturformel: $P = P_{\text{Mess}} - \frac{U^2}{R_{iU}}$

S Scheinleistung in VA
R_{iU} Innenwiderstand vom Voltmeter
P_{Mess} gemessene Leistung in W

- Spannungsfehlermethode: $R_{iI} << R$

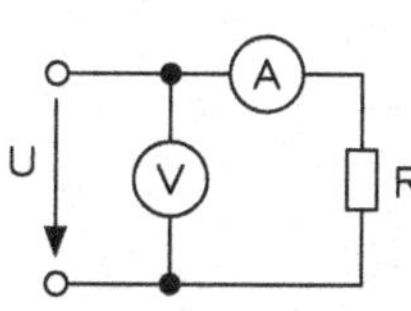

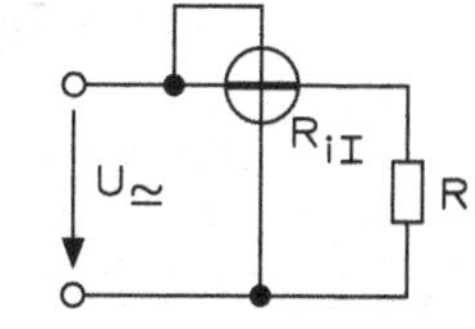

$$S = U \cdot I - I^2 \cdot R_{iI}$$

$$P = U \cdot I - I^2 \cdot R_{iI}$$

Korrekturformel: $P = P_{\text{Mess}} - I^2 \cdot R_{iI}$

S Scheinleistung in VA
R_{iU} Innenwiderstand vom Voltmeter
P_{Mess} gemessene Leistung in W
W Wirkleistung in W
Q Blindleistung in var

- Leistungsmessung: Blindleistung

$$Q = \sqrt{S^2 - P^2}$$

$$Q = U \cdot I \cdot \cos(90° - \varphi) = U \cdot I \cdot \sin\varphi$$

17.10 Widerstandmessung

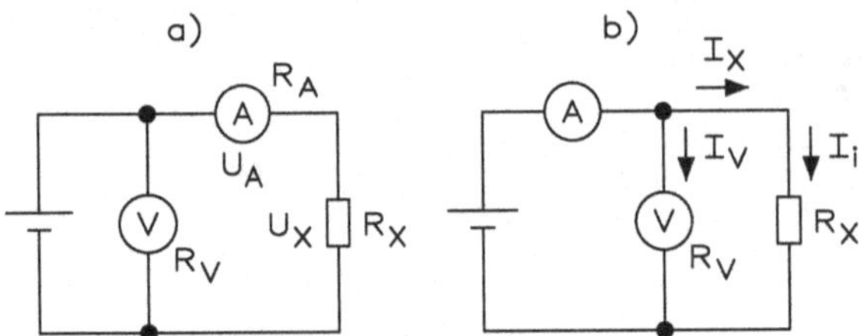

Strom- und Spannungsfehlermethode

Linke Schaltung: $R_x = \frac{U - U_x}{I} = \frac{U - I \cdot R_A}{I}$

Rechte Schaltung: $R_x = \frac{U}{I - I_V} = \frac{U}{I - \frac{U}{R_V}}$

Das Voltmeter zeigt um den Spannungsfall U_A zu viel an, $U_A = I \cdot R_A$.

Das Amperemeter zeigt um den Strom I_V zu viel an, $I_V = U / R_V$.

17.11 Direktanzeigende Ohmmeter

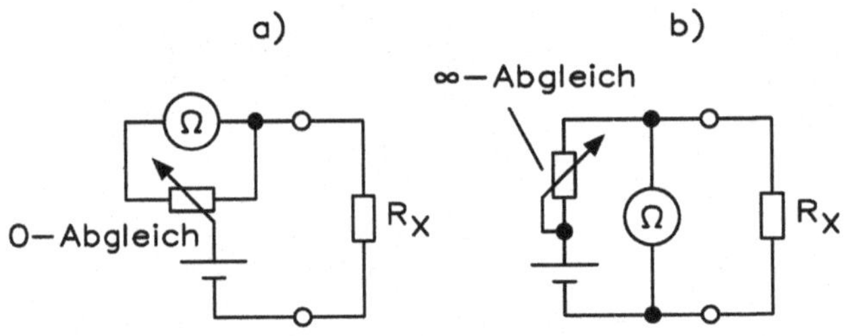

Linke Schaltung:
für hochohmige Widerstände

Rechte Schaltung:
für niederohmige Widerstände

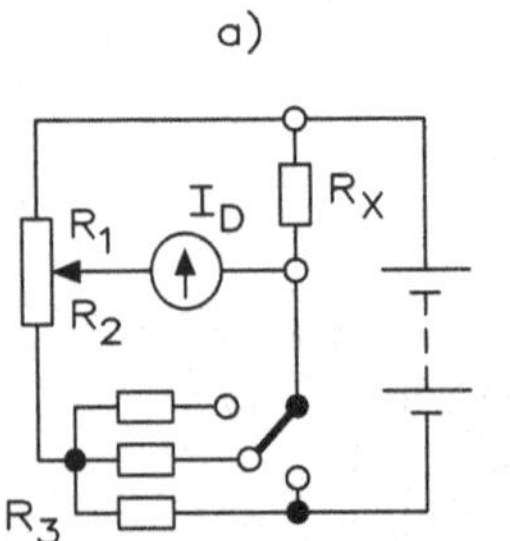

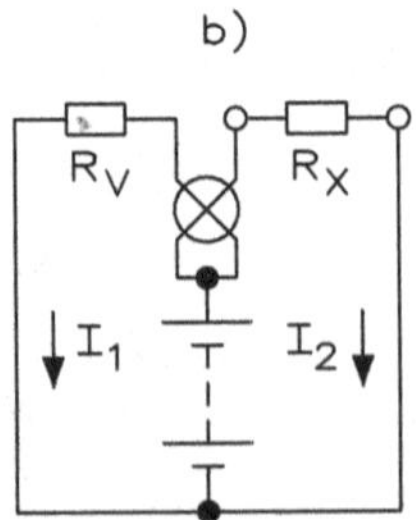

$$R_x = \frac{R_1 \cdot R_3}{R_2}$$

Linke Schaltung:
Ohmmeter nach Wheatstone

Rechte Schaltung:
Ohmmeter mit Quotientenmesswerk

17.12 Schleifdrahtbrücke

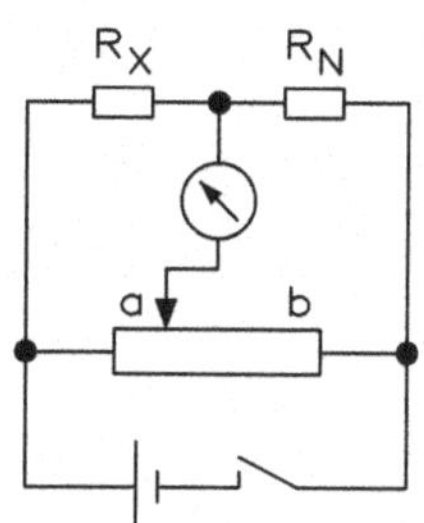

$$R_X = R_N \cdot \frac{a}{b}$$

R_X unbekannter Widerstand
R_N Normalwiderstand
a, b Teile des Brückenwiderstands

17.13 Messung an Spannungsteilern

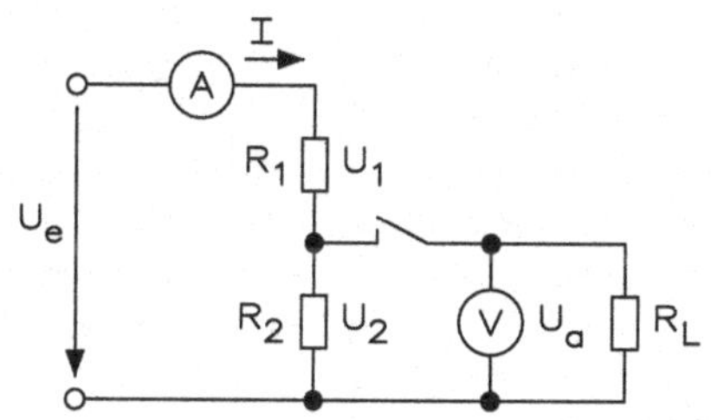

Unbelasteter Spannungsteiler:

$U_1 = I \cdot R_1 \qquad U_2 = I \cdot R_2$

Belasteter Spannungsteiler:

$$U_1 = \frac{U_g \cdot R_1}{R_1 + R_2} \quad U_2 = \frac{U_g \cdot R_2}{R_1 + R_2}$$

17.14 Kapazitätsmessung

- **Strom- und Spannungsmessung an Wechselspannung**

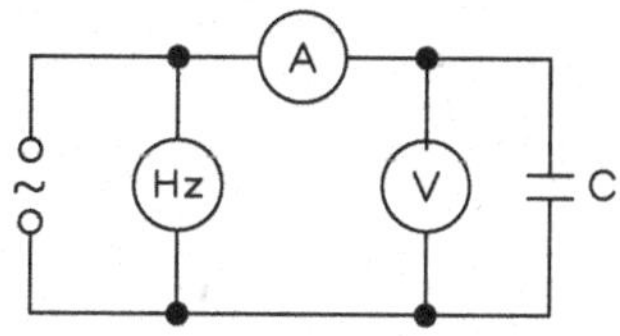

$$C = \frac{I}{2 \cdot \pi \cdot f \cdot U}$$

$$C = \frac{1}{2 \cdot \pi \cdot f \cdot X_C}$$

- **Messung durch Spannungsvergleich**

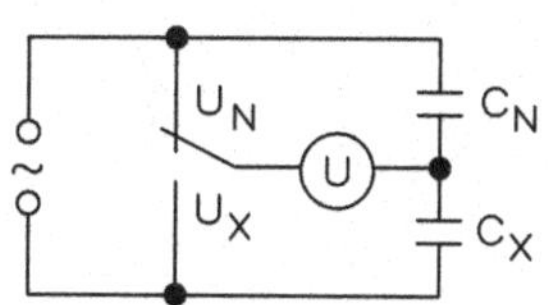

$$C_X = \frac{C_N \cdot U_N}{U_X}$$

- **Brückenmessung (Tonminimum)**

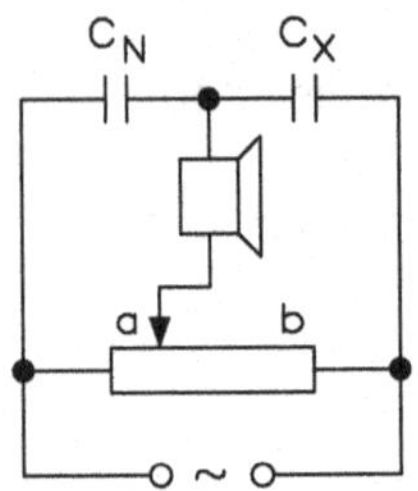

$$C_X = \frac{C_N \cdot a}{b}$$

- **Resonanzverfahren**

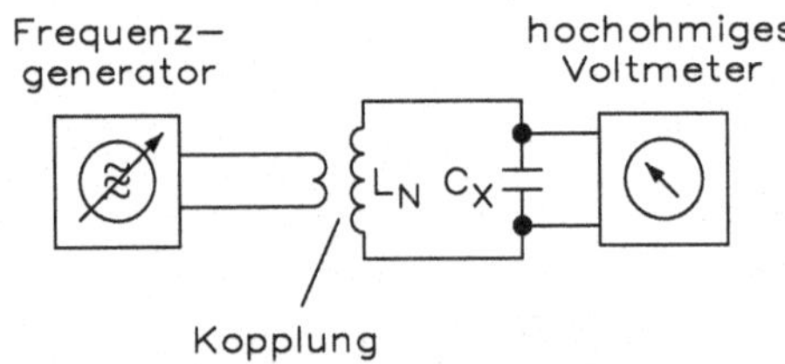

$$C_X = \frac{1}{(2 \cdot \pi \cdot f)^2 \cdot L_N}$$

17.15 Induktivitätsmessung

- **Strom- und Spannungsmessung an Wechselspannung**

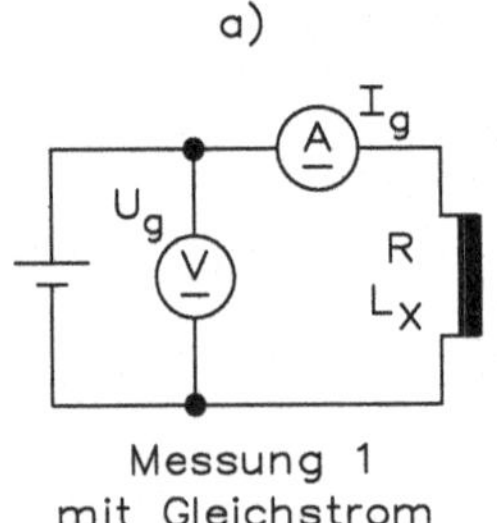

Messung 1 mit Gleichstrom

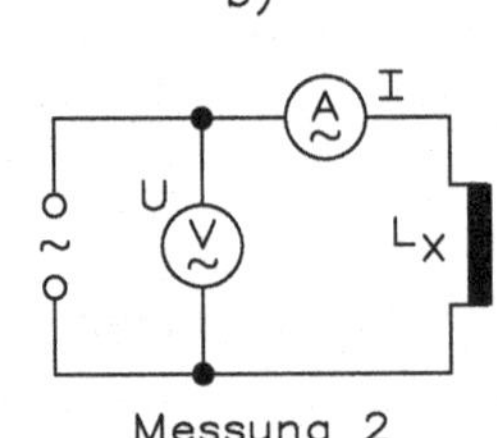

Messung 2 mit Wechselstrom

Wirkwiderstand: $R = \frac{U_-}{I_-}$

Scheinwiderstand: $Z = \frac{U_\sim}{I_\sim}$

$$X_L = \sqrt{z^2 - R^2}$$

$$L_X = \frac{X_L}{2 \cdot \pi \cdot f}$$

- **Brückenmessung (Tonminimum)**

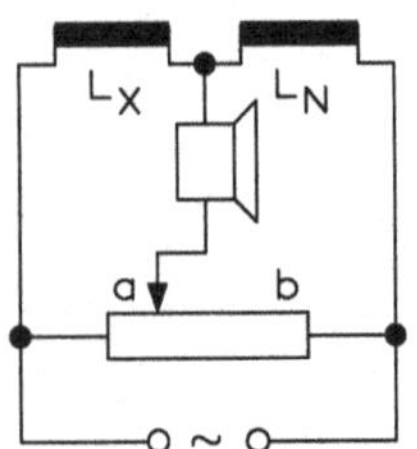

$$L_X = \frac{L_N \cdot a}{b}$$

- **Resonanzverfahren**

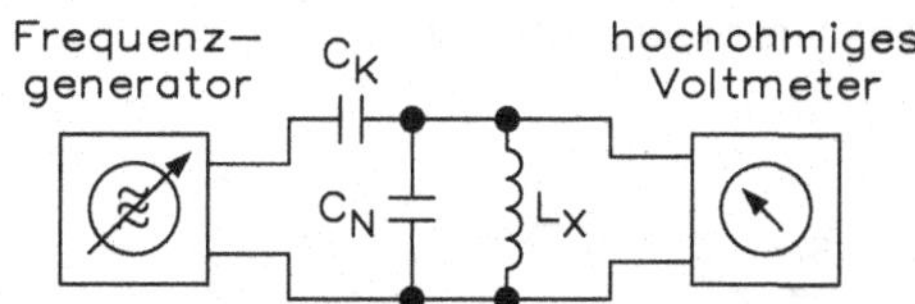

$$L_X = \frac{1}{(2\cdot\pi\cdot f)^2\cdot C_N}$$

17.16 Messung der elektrischen Leistung

Für die elektrische Leistung gelten folgende Grundformeln:

$$P = U\cdot I \qquad P = I^2\cdot R \qquad P = \frac{U^2}{R}$$

Die Grundformeln lassen sich umstellen:

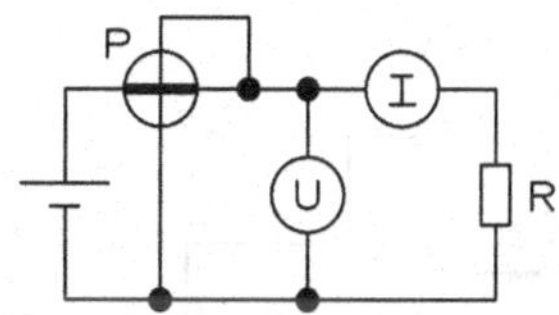

$$I = \frac{P}{U} = \sqrt{\frac{P}{R}} \qquad U = \frac{P}{I} = \sqrt{P\cdot R} \qquad R = \frac{P}{I^2} = \frac{U^2}{P}$$

Linke Schaltung:
spannungsrichtige Messung

Rechte Schaltung:
stromrichtige Messung

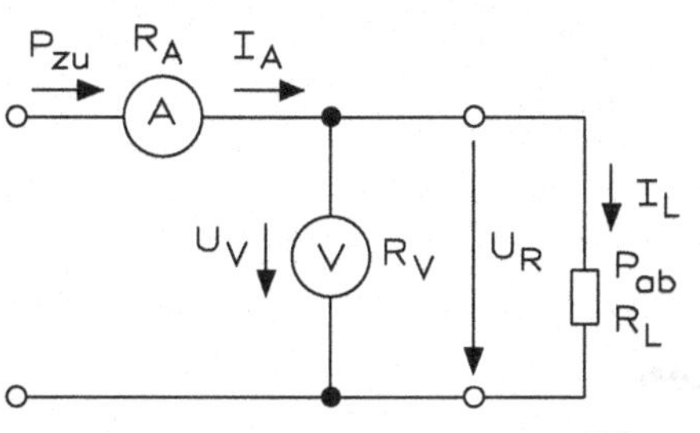

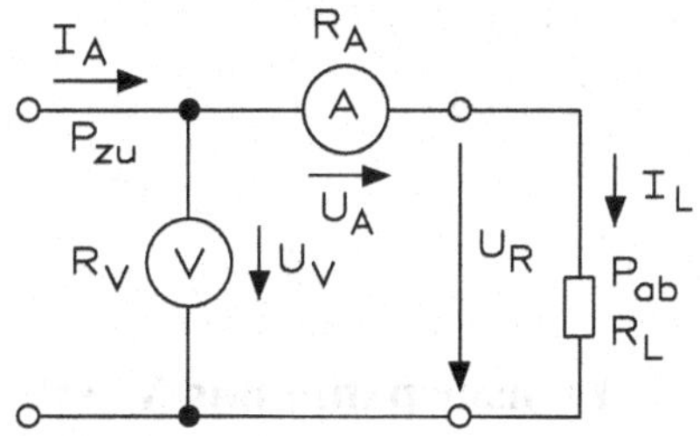

$$P_{ab} = P_{zu} = I^2\cdot R_v \qquad P_{ab} = P_{zu} = \frac{U^2}{R_v} \qquad P_V = U_{RV}\cdot I_V$$

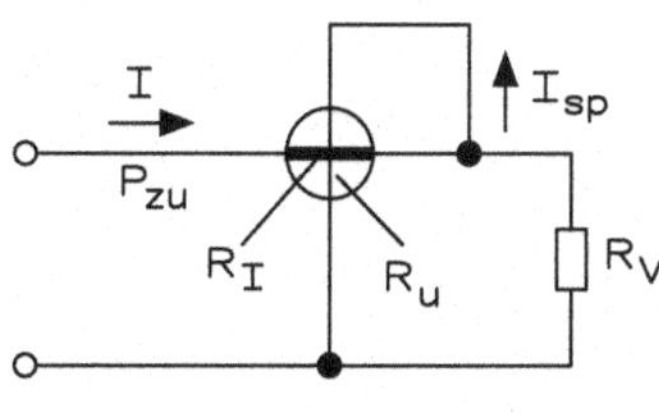

$$\alpha = \mathrm{k}\cdot I_F\cdot I_{Sp} = \mathrm{k}\cdot I_F\cdot\frac{U}{R_{Sp}} = \frac{\mathrm{k}}{R_{Sp}}\cdot U\cdot I = \mathrm{K}\cdot P$$

$$\alpha \approx P$$

k, K Konstante des elektrodynamischen Messgerätes
α Zeigerausschlag

Linke Schaltung:
stromrichtige Messung

Rechte Schaltung:
spannungsrichtige Messung

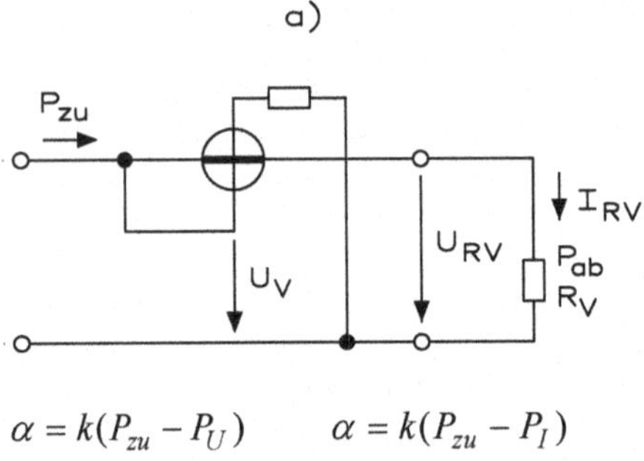

$\alpha = k(P_{zu} - P_U)$ $\alpha = k(P_{zu} - P_I)$

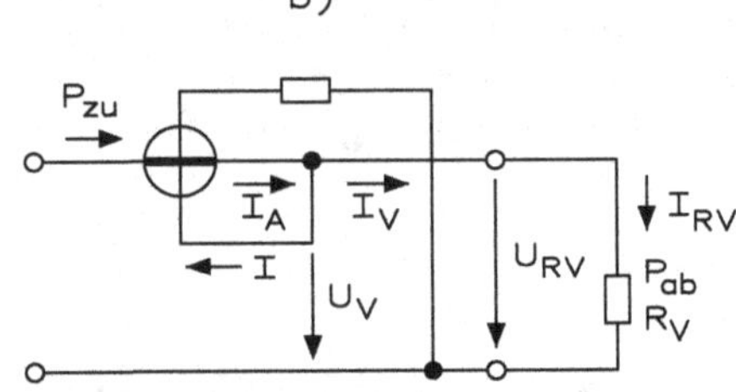

P_U Eigenverbrauch
P_I Eigenverbrauch

Linke Schaltung:
quellenrichtige Messung

Rechte Schaltung:
verbraucherrichtige Messung

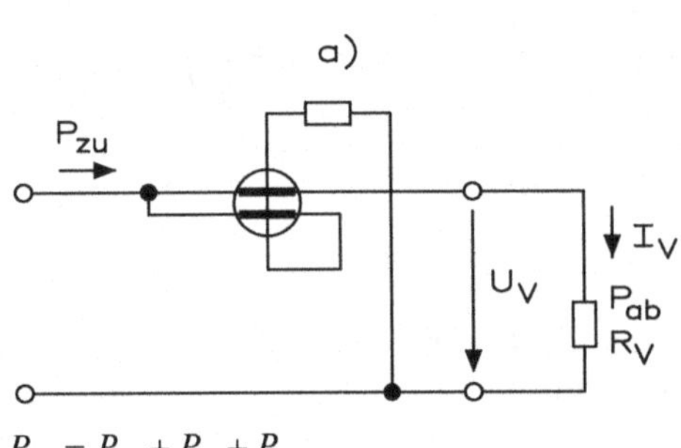

$P_{zu} = P_{ab} + P_U + P_I$
$\alpha = k(P_{ab} + P_I) + k \cdot P_U$
$\alpha = k(P_{ab} + P_I + P_U)$

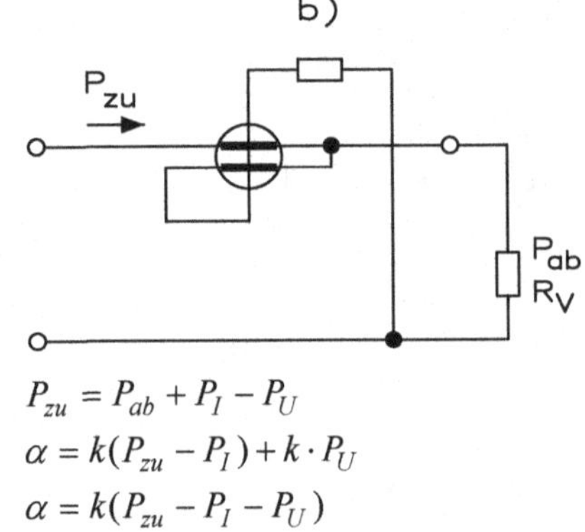

$P_{zu} = P_{ab} + P_I - P_U$
$\alpha = k(P_{zu} - P_I) + k \cdot P_U$
$\alpha = k(P_{zu} - P_I - P_U)$

17.17 Wechselspannungs-Messbrücken

- **Wheatstone-Messbrücke**

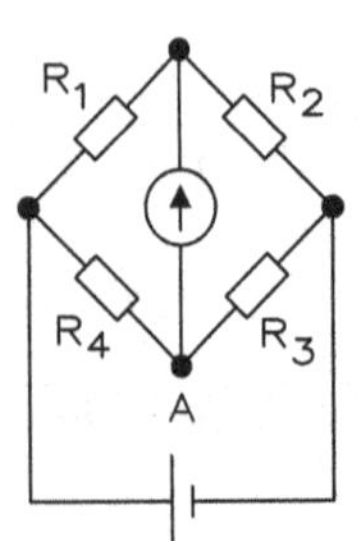

$$R_X = \frac{R_1 \cdot R_4}{R_3} = R_2$$

- **Schleifdrahtbrücke nach Thomson**

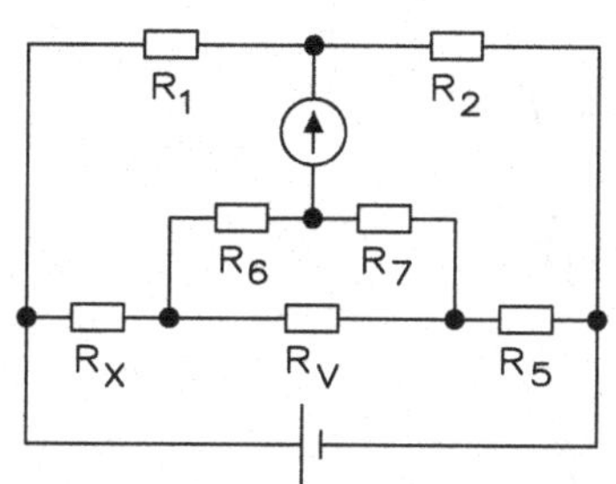

R_X Prüfling
R_5 Normalwiderstand ($\approx R_X$)
R_v Widerstand der Zuleitungen (vernachlässigbar)

$$R_X = \frac{R_1 \cdot R_3}{R_2}, \text{ wenn } \frac{R_1}{R_2} = \frac{R_6}{R_7}$$

- **Einfache Kapazitätsmessbrücke**

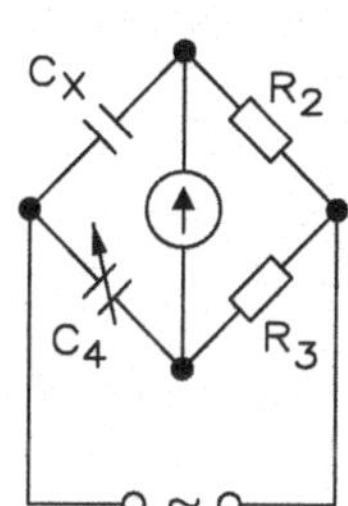

$$C_X = \frac{R_3 \cdot C_4}{R_2}$$

- **Kapazitätsmessbrücke nach Wien**

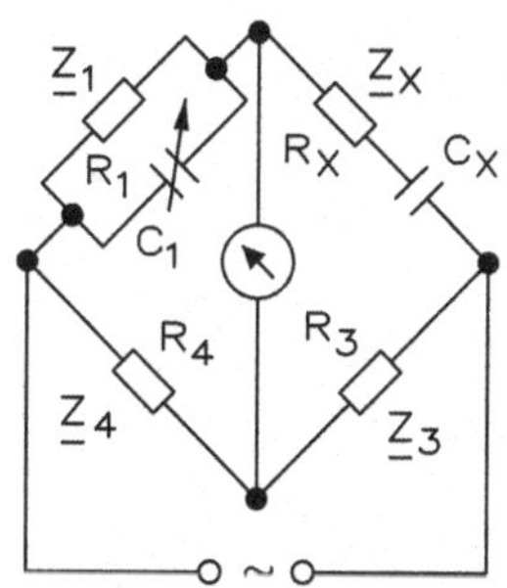

$$R_X = \frac{R_1}{1+(2\cdot\pi\cdot f\cdot R_1\cdot C_1)^2}$$

$$C_X = C_1 + \frac{1}{(2\cdot\pi\cdot f\cdot R_1)^2\cdot C_1}$$

- **Maxwell-Robinson-Brücke**

Die Maxwell-Robinson-Brücke ist identisch mit der Kapazitätsmessbrücke nach Wien und diese eignet sich für die Frequenzmessung

$$C_1 = C_X = C \qquad R_1 = R_X = R \qquad R_3 = 2\cdot R_4$$

$$f = \frac{1}{2\cdot\pi\cdot R\cdot C}$$

- **Induktionsmessbrücke nach Maxwell**

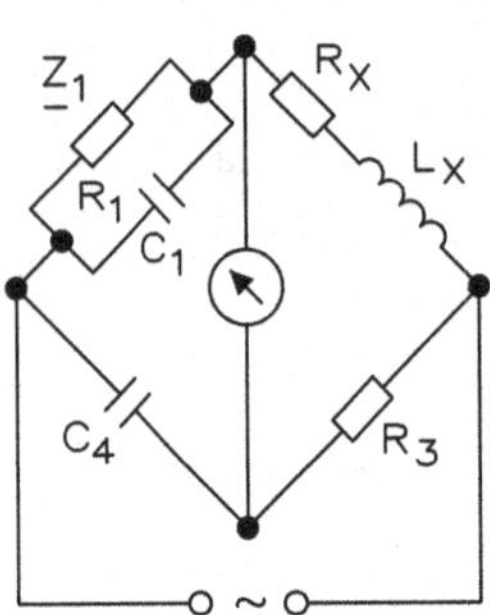

$$R_X = \frac{R_3 \cdot C_4}{C_1} \cdot \left(1 - \frac{1}{(2 \cdot \pi \cdot f \cdot R_1 \cdot C_1)^2}\right)$$

$$L_X = \frac{R_1 \cdot R_3 \cdot C_4}{1 + (2 \cdot \pi \cdot f \cdot R_1 \cdot C_1)^2}$$

- **Kapazitätsmessbrücke nach Schering**

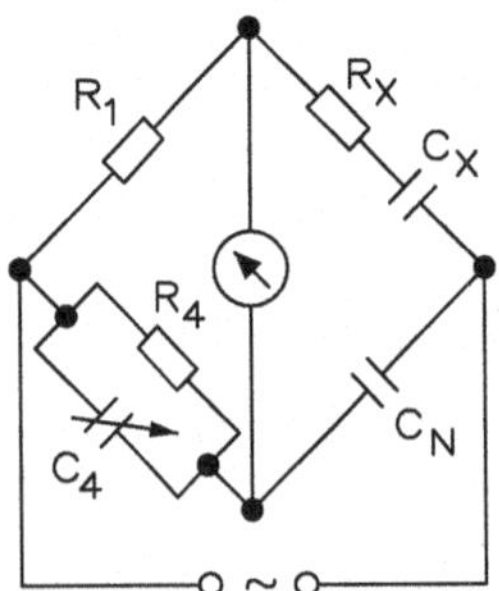

$$R_X = \frac{R_1 \cdot C_4}{C_N}$$

$$C_X = \frac{C_N \cdot R_4}{R_1}$$

$$\tan \delta_X = 2 \cdot \pi \cdot f \cdot R_4 \cdot C_4$$

$\tan \delta$ Verlustwinkel

- **Induktionsmessbrücke nach Maxwell-Wien**

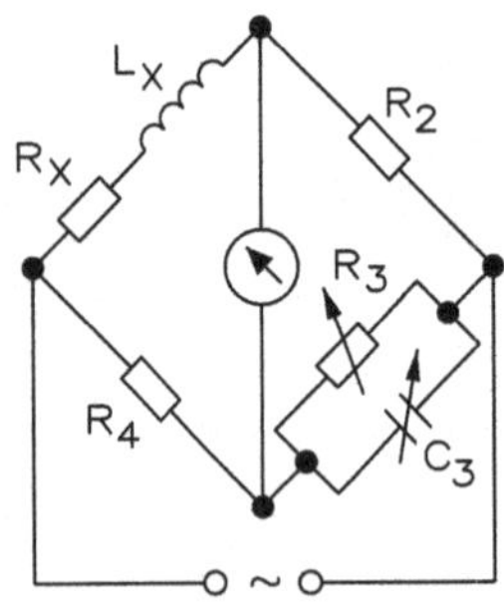

$$R_X = \frac{R_2 \cdot R_4}{R_3} \qquad L_X = R_2 \cdot R_4 \cdot C_3$$

- **Induktionsmessbrücke nach Maxwell-Wien (frequenzunabhängig)**

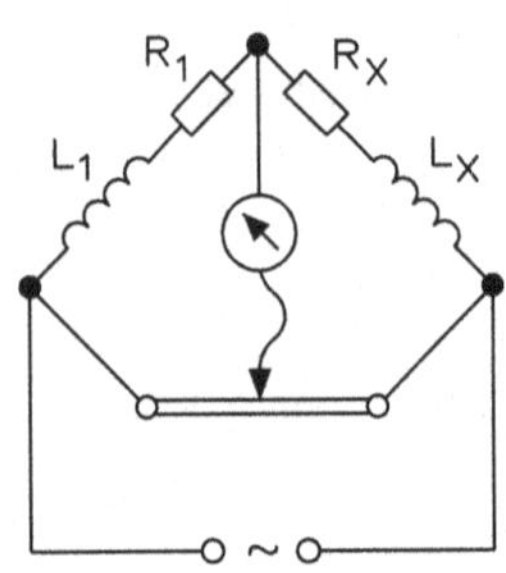

$$R_X = \frac{R_2 \cdot R_4}{R_3} \qquad L_X = \frac{R_3 \cdot L_1}{R_4}$$

- **Klirrfaktormessbrücke (Eintormessverfahren)**

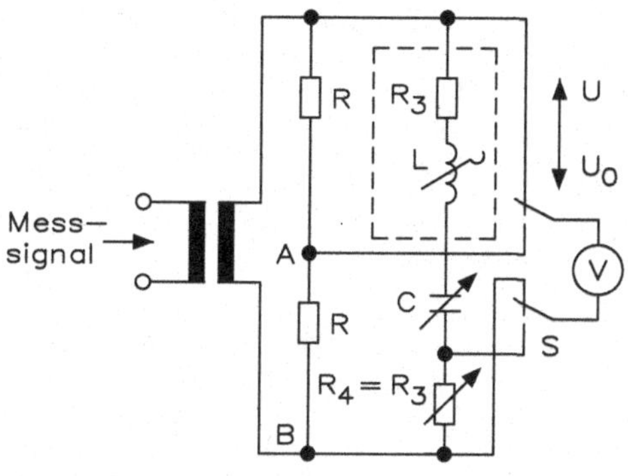

$$k = \sqrt{\frac{U_{2f}^2 + U_{3f}^2 + \ldots}{U_{1f}^2 + U_{2f}^2 + U_{3f}^2 + \ldots}} \qquad k = \sqrt{\frac{I_{2f}^2 + I_{3f}^2 + \ldots}{I_{1f}^2 + I_{2f}^2 + I_{3f}^2 + \ldots}}$$

1. Messung: Schalterstellung „U“ ergibt Effektivwert des Gesamtsignals
2. Messung: Schalterstellung „U_0“ ergibt Effektivwert des Oberwellengemisches

Für den Klirrfaktor k gilt: $k = \frac{2 \cdot U_0}{U}$.

17.18 Messen mit dem Oszilloskop

- **Spannungsmessung**

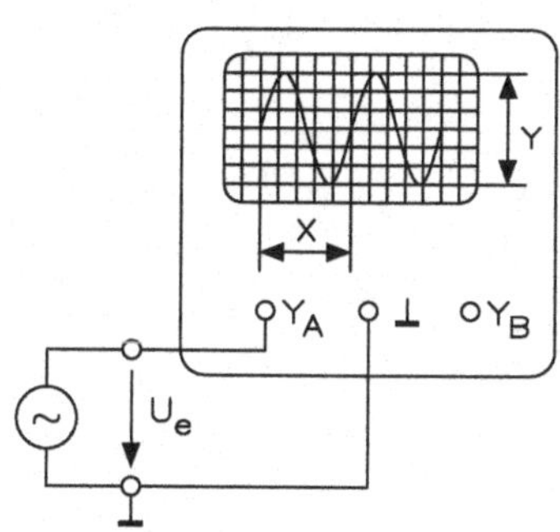

$$U_{SS} = Y \cdot a$$

Y vertikale Ablenkung in Div. bzw. cm
a Ablenkkoeffizient in V/Div bzw. V/cm

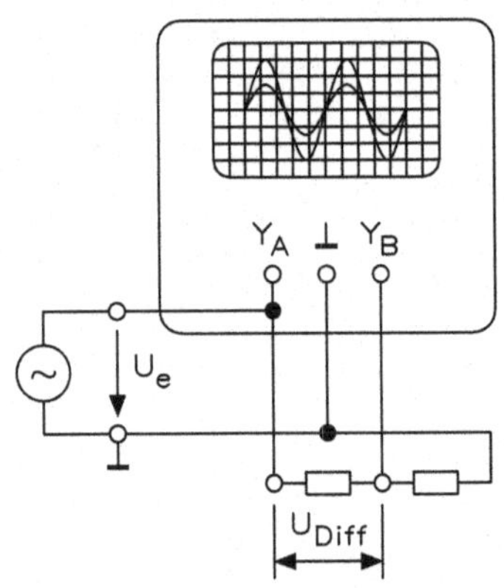

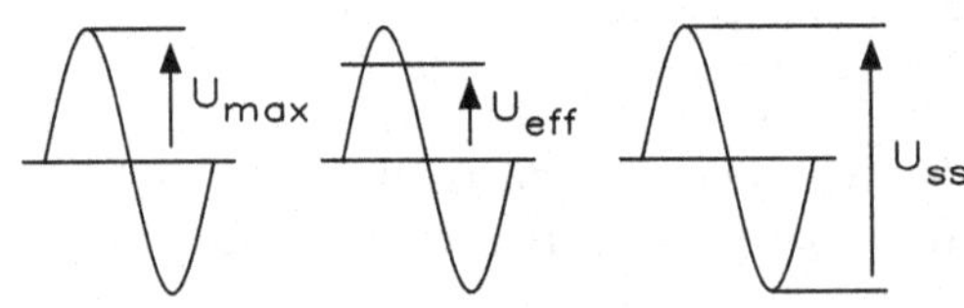

$U_{max} = U_{eff} \cdot \sqrt{2}$; $U_{ss} = 2 \cdot U_{max}$; $U_m = 0$

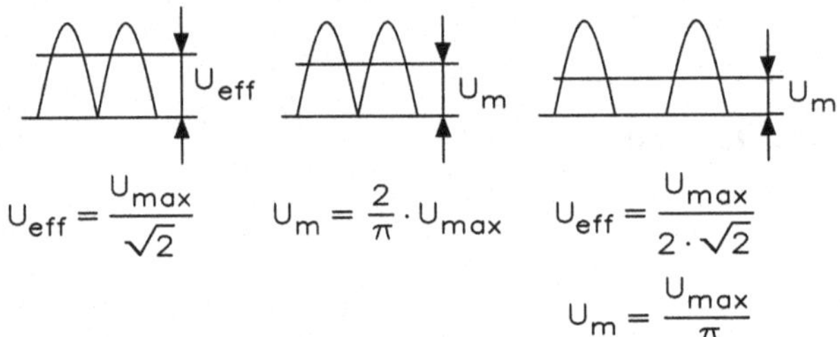

$U_{eff} = \frac{U_{max}}{\sqrt{2}}$ $U_m = \frac{2}{\pi} \cdot U_{max}$ $U_{eff} = \frac{U_{max}}{2 \cdot \sqrt{2}}$

$U_m = \frac{U_{max}}{\pi}$

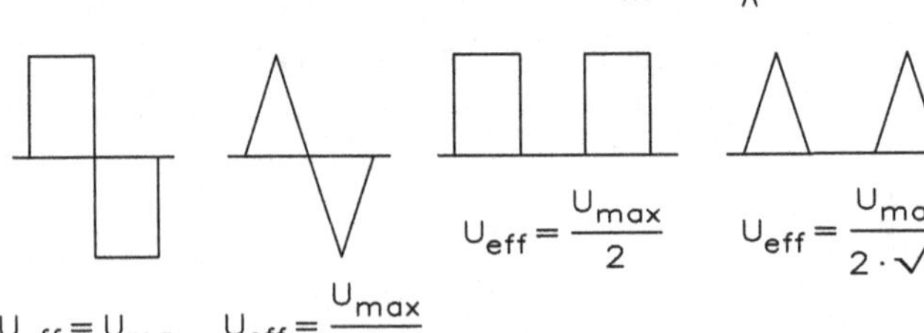

$U_{eff} = \frac{U_{max}}{2}$ $U_{eff} = \frac{U_{max}}{2 \cdot \sqrt{3}}$

$U_{eff} = U_{max}$ $U_{eff} = \frac{U_{max}}{\sqrt{3}}$

Frequenzvergleichsmessung

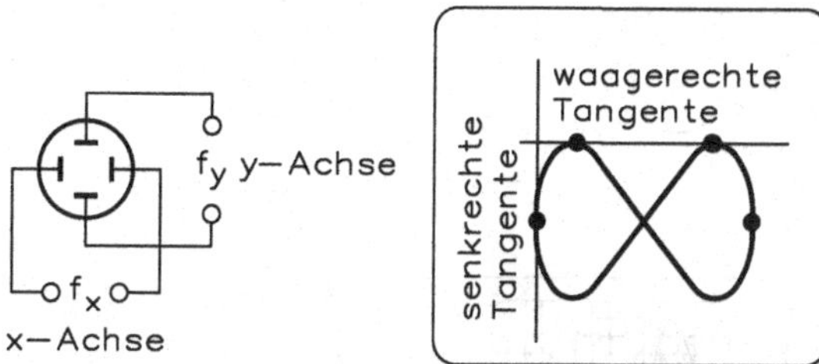

$$f_X = f_Y \cdot \frac{s}{w}$$

f_X Frequenz an den x-Platten
f_Y Frequenz an den y-Platten
w Anzahl der Berührungspunkte der waagerechten Tangente
s Anzahl der Berührungspunkte der senkrechten Tangente

Messung der Phasenverschiebung (Verhältnis)

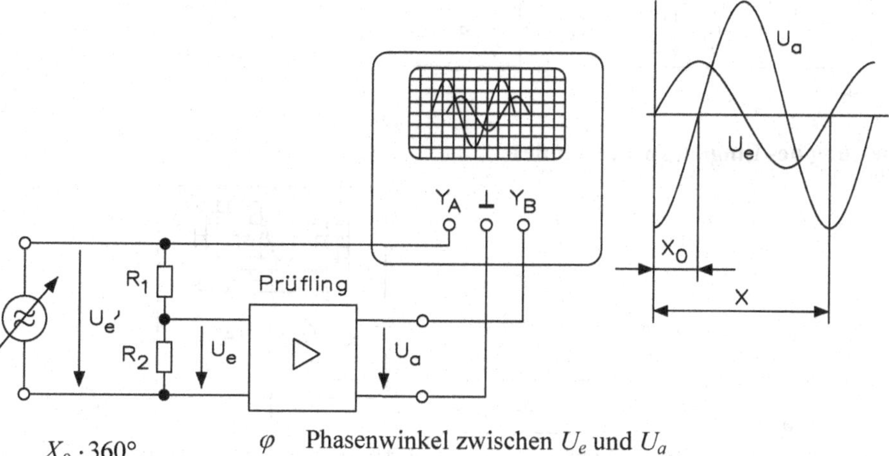

$$\varphi = \frac{X_0 \cdot 360°}{X}$$

φ Phasenwinkel zwischen U_e und U_a

Messung der Phasenverschiebung (Lissajous-Figur)

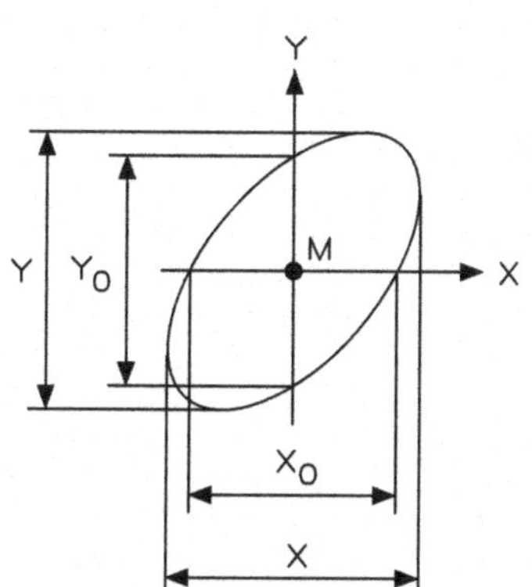

$$\sin \varphi = \frac{X_0}{X} = \frac{Y_0}{Y}$$

φ Phasenwinkel zwischen f_1 und f_2

- **Messung von Verstärkungsfaktoren**

$\varphi = 0°$ $\varphi = 30°$ $\varphi = 60°$ $\varphi = 90°$ $\varphi = 150°$ $\varphi = 180°$

  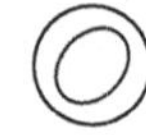 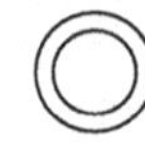 

$$V = \frac{U_a}{U_e}$$

- **Messung der Bandbreite**

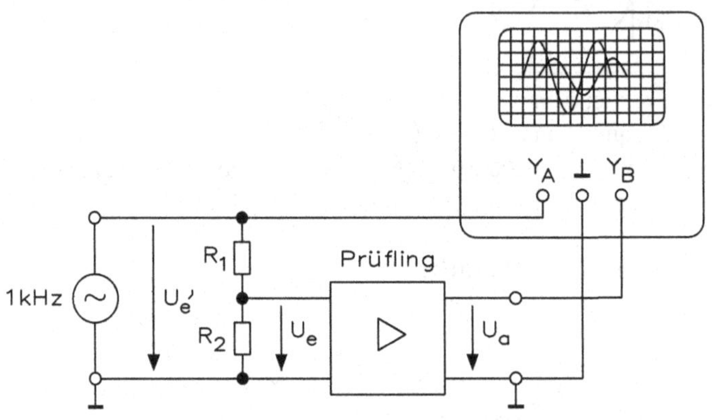

$$\Delta f = f_o - f_u$$

$$f_u = \frac{1}{2 \cdot \pi \cdot R_e \cdot C_K}$$

$$f_o = \frac{1}{2 \cdot \pi \cdot R_a \cdot C_S}$$

- **Messung des Eingangswiderstandes**

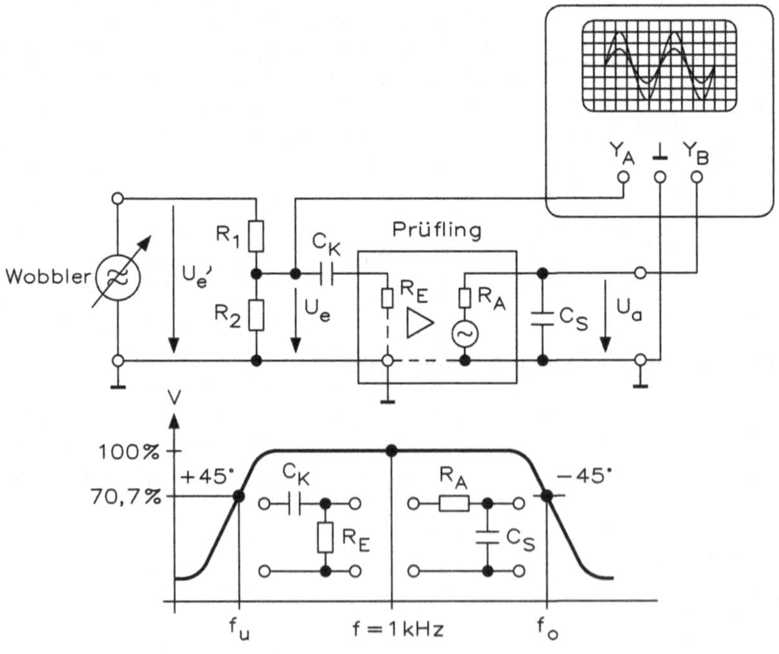

$$R_e = R_v \cdot \frac{U_{a2}}{U_{a1} - U_{a2}}$$

- **Messung des Ausgangswiderstandes**

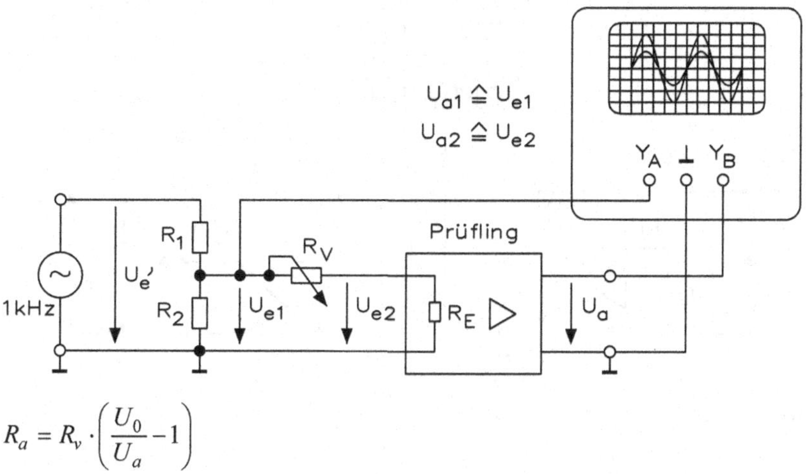

$$R_a = R_v \cdot \left(\frac{U_0}{U_a} - 1 \right)$$

- **Messung eines Linearfehlers**

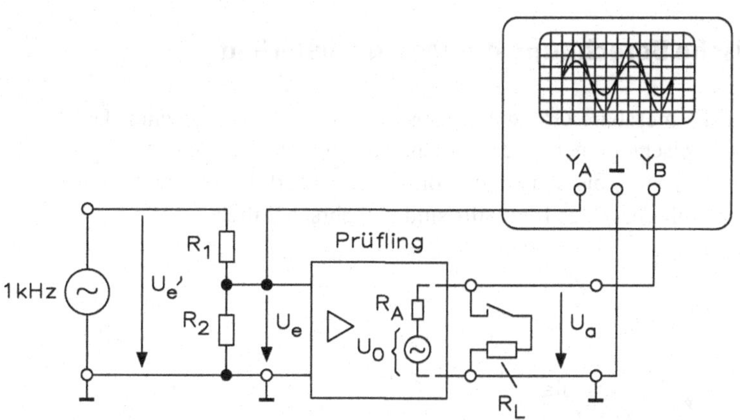

$$F = \frac{a}{U_Y + a} \cdot 100\,\%$$

- **Messung eines Intermodulationsgrads**

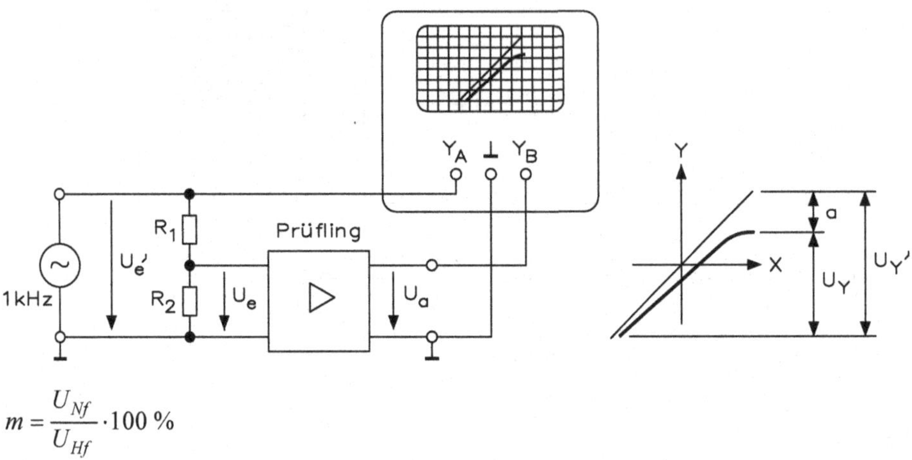

$$m = \frac{U_{Nf}}{U_{Hf}} \cdot 100\ \%$$

17.19 Statistische Berechnung der Messunsicherheit

Die Kenntnisse über die messbare Größe X bestehen darin, dass man erkennt: Der Wert Y liegt mit Sicherheit zwischen einer unteren Grenze a_u und einer oberen Grenze a_o. Die Werte sind im Intervall von a_u bis a_o rechteckförmig verteilt, d. h. sie sind wahrscheinlich gleich, und Werte außerhalb des Intervalls sind unwahrscheinlich.

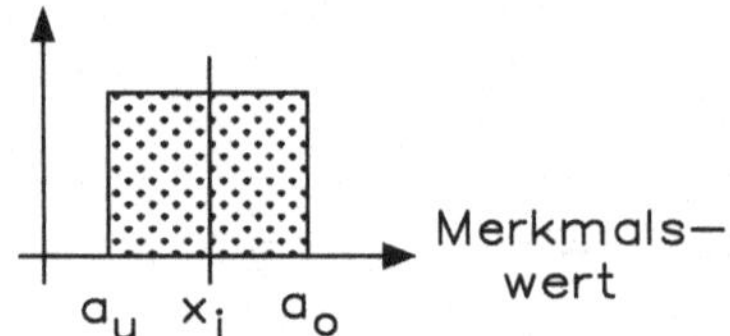

- **Modell der Auswertung:**

Die Größe X ist gleichförmig verteilt im Intervall a_u ... a_o.

Halbweite des Intervalls: $\Delta a = \dfrac{a_o - a_u}{2}$

Erwartung: $x_i = \dfrac{a_o + a_u}{2}$

Varianz: $u^2_{(x_i)} = \dfrac{(\Delta a)^2}{3}$

Standardabweichung: $u_{(x_i)} = \dfrac{\Delta a}{\sqrt{3}}$ oder $u_{(x_i)} = \dfrac{2 \cdot a}{\sqrt{12}}$

Trapezförmige Verteilung

Die Kenntnisse über die messbare Größe X bestehen darin, dass man erkennt:

- Die Größe X ist die Summe/Differenz zweier messbarer Größen X_1 und X_2, d. h. $X = X_1 \pm X_2$.
- Die Kenntnisse über die Werte der Größen entsprechen einer Kombination zweier rechteckförmiger Verteilungen gleicher Halbweite mit den Grenzen a_{u1} und a_{o1} bzw. a_{u2} und a_{o2}.
- Die Kenntnisse über die einzelnen Größen X_1 und X_2 sind voneinander abhängig.

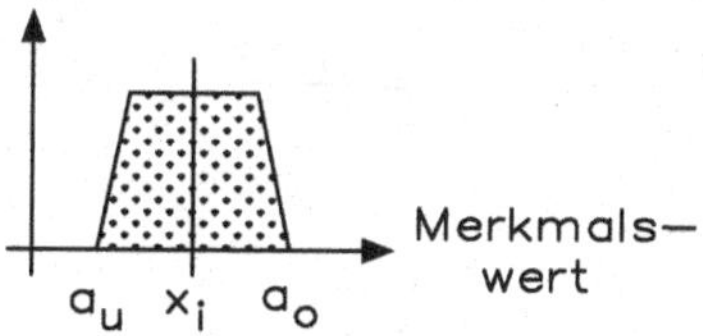

Mathematische Formulierung: Die Werte im Intervall von $a_u = a_{u1} \pm a_{u2}$ bis $a_o = a_{o1} \pm a_{o2}$ sind trapezförmig verteilt, und Werte außerhalb des Intervalls sind unwahrscheinlich.

Erwartung: $x_i = \dfrac{a_o + a_u}{2}$ $\quad x_1 = \dfrac{a_{o1} + a_{u1}}{2}$ $\quad x_2 = \dfrac{a_{o2} + a_{u2}}{2}$

Halbweiten: $\Delta a_1 = \dfrac{a_{o1} - a_{u1}}{2}$ $\quad \Delta a_2 = \dfrac{a_{o2} - a_{u2}}{2}$

Halbweite des Intervalls: $\Delta a = \dfrac{a_o - a_u}{2}$

Knickpunkt-Parameter, bezogen auf die Halbweite: $\beta = \dfrac{|\Delta a_1 - \Delta a_2|}{\Delta a_1 + \Delta a_2}$

Varianz: $u_{(x_i)} = \dfrac{(\Delta a)^2}{6}\left(1 + \beta^2\right)$

Standardabweichung: $u_{(x_i)} = \dfrac{\Delta a}{\sqrt{6}}\sqrt{1 + \beta^2}$

Dreieckförmige Verteilung

Die Kenntnisse über die messbare Größe X bestehen darin, dass man erkennt:

- Die Größe X ist die Summe/Differenz zweier messbarer Größen X_1 und X_2, d. h. $X = X_1 \pm X_2$.
- Die Kenntnisse über die Werte der Größen entsprechen einer Kombination zweier rechteckförmiger Verteilungen gleicher Halbweite mit den Grenzen a_{u1} und a_{o1} bzw. a_{u2} und a_{o2}.
- Die Kenntnisse über die einzelnen Größen X_1 und X_2 sind voneinander unabhängig.

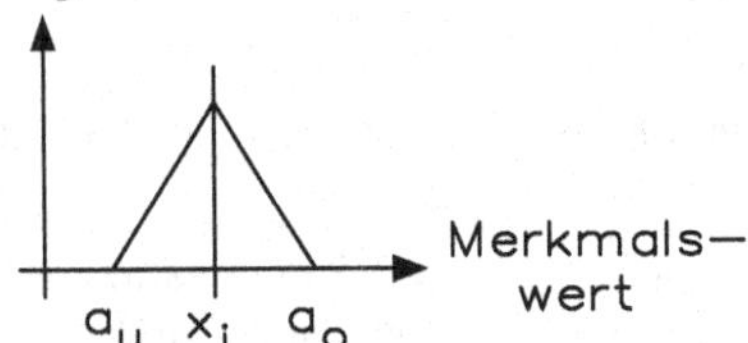

Mathematische Formulierung: Die Werte im Intervall von $a_u = a_{u1} \pm a_{u2}$ bis $a_o = a_{o1} \pm a_{o2}$ sind dreieckförmig verteilt (trapezförmige Verteilung mit Knickpunkt-Parameter $\beta = 0$), und Werte außerhalb des Intervalls sind unwahrscheinlich.

Erwartung: $x_i = \frac{a_o + a_u}{2}$ $\quad x_1 = \frac{a_{o1} + a_{u1}}{2}$ $\quad x_2 = \frac{a_{o2} + a_{u2}}{2}$

Varianz: $u^2_{(x_i)} = \frac{(\Delta a)^2}{6}$

Standardabweichung: $u_{(x_i)} = \frac{\Delta a}{\sqrt{6}}$

Halbweiten: $\Delta a_0 = \Delta a_1 = \Delta a_2 = \frac{a_{o1} - a_{u1}}{2} = \frac{a_{o2} - a_{u2}}{2}$

Halbweite des Intervalls: $\Delta a = \frac{a_o - a_u}{2} = \Delta a_1 + \Delta a_2 = 2 \cdot \Delta a_0$

Glockenförmige Verteilung (Gauß'sche Glockenkurve)

Die Kenntnisse über die messbare Größe X bestehen darin, dass man erkennt:

- Die Größe X ist verteilt, mit dem Erwartungswert μ und der Standardabweichung s.

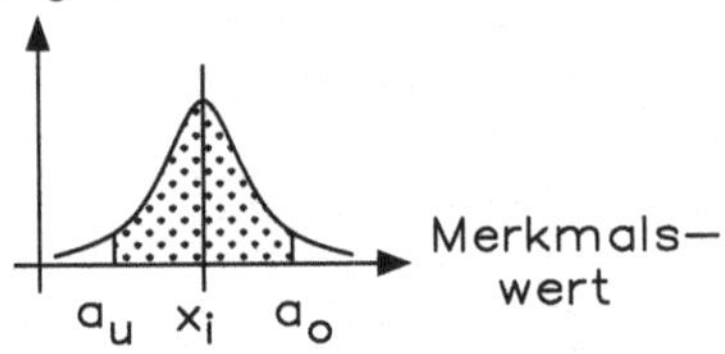

Mathematische Formulierung: Die Verteilungsform ist eine glockenförmige Normalverteilung.

Erwartung: $x_i = \mu$

Varianz: $u^2_{(x_i)} = s^2$

Standardabweichung: $u_{(x_i)} = s$

Die Kenntnisse für eine unmittelbare Beobachtung über die messbare Größe X bestehen darin, dass:

- eine Reihe von Beobachtungen durchgeführt werden, die nicht vollständig übereinstimmende Werte $x_1, x_2, x_3, \ldots x_n$ liefern, obwohl die Beobachtungen unter (scheinbar) gleichen Bedingungen durchgeführt werden.

Mathematische Formulierung:

- Die Werte x_1, x_2, x_3, ... x_n sind die Realisierungen eines Prozesses, dessen Parameter offensichtlich nicht so konstant sind, wie vorausgesetzt wird.
- Die Auswertung erfolgt mit Methoden der Statistik.
- Die einzelnen Werte werden als gleichgewichtig und voneinander unabhängig angesehen.

Die zugrunde liegende Verteilung wird am besten durch eine glockenförmige Normalverteilung beschrieben.

Einfache Standardabweichung

$\bar{x} + 2 \cdot S \rightarrow 95{,}5\,\%$

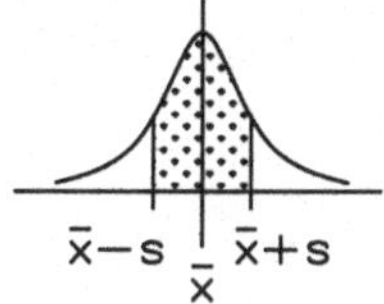

Zweifache Standardabweichung

$\bar{x} + 1 \cdot S \rightarrow 68{,}3\,\%$

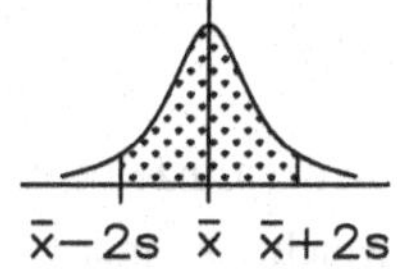

Erwartung:

$$\bar{x} = \frac{x_1 + x_2 + x_3 + \ldots + x_n}{n} = \frac{\sum_{i=1}^{n} x_i}{n}$$

Standardabweichung Einzelbeobachtung:

$$s = \sqrt{\frac{\sum_{i=1}^{n} (x_i - \bar{x})^2}{n-1}}$$

Standardabweichung des Mittels:

$$u = \frac{s}{\sqrt{n}}$$

Arithmetischer Mittelwert: Der arithmetische Mittelwert wird gebildet, indem man alle Einzelwerte addiert und diese Summe durch die Anzahl der Werte dividiert.

$$\bar{x} = \frac{x_1 + x_2 + x_3 + \ldots + x_n}{n} = \frac{\sum_{i=1}^{n} x_i}{n}$$

Der arithmetische Mittelwert:

- bezieht alle Beobachtungswerte mit ein
- kann ohne ordnen der Stichprobe ermittelt werden
- erstellt nur eine Aussage über die Lage einer Verteilung und nicht über ihre „Güte“

Spannweite: Die Spannweite wird gebildet, indem man die Differenz zwischen dem größten und dem kleinsten Beobachtungswert verwendet.

$$\omega = x_{\max} - x_{\min}$$

Die Spannweite:

- ist unabhängig von der Angabe des Mittelwertes
- ist einfach zu berechnen
- ermöglicht schnellen Überblick
- ist allein von den Extremwerten einer Verteilung abhängig
  - Vorteil: wenn der Extremwert ein berechtigtes Risiko enthält
  - Nachteil: wenn der Extremwert eine Fehlmessung ist
- ist sehr von Zufallseinflüssen abhängig (Fehlmessungen)

Standardabweichung der Einzelbeobachtung: Die Standardabweichung der Einzelbeobachtung berechnet sich, indem man von jedem Einzelwert den Mittelwert subtrahiert, das Ergebnis quadriert und aufsummiert. Anschließend den Wert (Anzahl der Beobachtungen –1) dividieren und aus diesem Ergebnis die Wurzel ziehen.

$$x = \sqrt{\frac{\sum_{i=1}^{n}(x_i - \overline{x})^2}{n-1}}$$

Die Standardabweichung der Einzelbeobachtung:

- gibt die mittlere Abweichung einer Einzelmessung an
- gibt Aussage über die „Güte" einer Verteilung
- s hängt nur von der Präzision der Einzelmessung ab, nicht von deren Anzahl
- s ist auch ein Maß für die Streuung mehrerer Einzelmessungen derselben Größe
- die Unsicherheit lässt sich dann durch die Standardabweichung des Mittels angeben

Standardabweichung des Mittels: Die Standardabweichung des Mittels errechnet man, indem die Standardabweichung durch die Wurzel aus der Anzahl der Beobachtungen dividiert wird.

$$u = \frac{s}{\sqrt{n}}$$

Die Standardabweichung des Mittels:

- bei Fehlerangaben von Messreihen wird üblicherweise der Standardfehler des Mittelwertes angegeben
- u ist von s (Präzision der Einzelmessungen) und deren Anzahl abhängig
- gibt Aussage über die „Güte" einer Verteilung, bezogen auf die Anzahl der Einzelbeobachtungen

Fehlerfortpflanzung: In vielen Fällen ist die gesuchte Größe nicht direkt messbar, sondern muss mit Hilfe von zugänglichen Größen indirekt bestimmt werden. Der Wert von G ist eine im Experiment zu bestimmende Größe x, y, z usw. die unmittelbar gemessenen Größen, die alle mit einem Fehler behaftet sind (Δx, Δy, Δz usw.)

$$G = f(x, y, z, ...)$$

Es stellt sich die Frage, wie die Fehler der unmittelbar gemessenen Größen x, y, z, ... den Fehler der Größe G beeinflussen. Die Messfehler der direkt gemessenen Größen x, y, z, ... setzt sich im Ereignis G fort. Bei der Bestimmung von ΔG muss man zwei Fälle unterscheiden.

Gauß'sche Fehlerfortpflanzung: Sind die Messgrößen x, y, z usw. unabhängig voneinander mit zufälligen Messabweichungen Δx, Δy, Δz usw., ergibt sich die wahrscheinlichere Messunsicherheit ΔG aus der so genannten quadratischen Addition (Gauß'sches Fehlerfortpflanzungsgesetz).

$$\Delta G = \sqrt{\left(\frac{\delta G}{\delta x} \cdot \Delta x\right)^2 + \left(\frac{\delta G}{\delta y} \cdot \Delta y\right)^2 + \left(\frac{\delta G}{\delta z} \cdot \Delta z\right)^2 + \ldots}$$

Dabei ist Δx, Δy, Δz usw. $\triangleq$ Vertrauensbereich des Mittelwertes der einzelnen Messgrößen.

$\frac{\delta G}{\delta x}, \frac{\delta G}{\delta y}, \frac{\delta G}{\delta z}$ usw. $\triangleq$ partielle Ableitung der Funktion $G = f(x, y, z \text{ usw.})$ nach den Messgrößen x, y, z usw.

In den meisten Fällen kann man auf die Bildung des partiellen Differentialquotienten verzichten, da sich die letzte Gleichung für bestimmte Arten von Funktionen vereinfachen lässt.

Erkenntnis:

- Die Gauß'sche Fehlerfortpflanzung basiert auf rein statistischem Überlegen. Sie ist also zur Verarbeitung statistisch ermittelter Fehler geeignet.
- Sie ist zu empfehlen, wenn die einzelnen Messgrößen etwa gleichgroße Beiträge zur gesamten Messunsicherheit liefern.
- In der letzten Gleichung ist berücksichtigt, dass sich die Fehler der einzelnen Messgrößen teilweise kompensieren.

Lineare Fehlerfortpflanzung (Größtfehler): Unter der Voraussetzung $\Delta x \ll x$, $\Delta y \ll y$, $\Delta z \ll z$ usw. kann man aufgrund des Taylor'schen Satzes den Gesamtfehler ΔG wie folgt berechnen:

$$\Delta G = \left|\frac{\delta G}{\delta x}\right| \Delta x + \left|\frac{\delta G}{\delta y}\right| \Delta y + \left|\frac{\delta G}{\delta z}\right| \Delta z + \ldots,$$

wobei $\Delta G \triangleq$ Maximalfehler (Größtfehler) ist

Δy, Δy, Δx usw. $\triangleq$ Vertrauensbereich des Mittelwertes oder geschätzter Fehler der Messgröße oder Fehlergrenze des Messgerätes.

Aus der obigen Gleichung entsteht aus $G(x + \Delta x, y + \Delta y, z + \Delta z, \ldots)$ durch eine Entwicklung nach Taylor, die nach dem ersten Glied abgebrochen wurde.

Die $\left|\frac{\delta G}{\delta x}\right|$ usw. sind die Beträge der partiellen Ableitung nach den gemessenen Größen x, y, z usw. Die Betragsstriche bewirken, dass alle Summanden positiv werden, wodurch eine mögliche gegenseitige Kompensation von Einzelfehlern vermieden wird. So erhält man immer den größtmöglichen Fehler der Größe G.

Man beachte:

- Der Größtfehler stellt den ungünstigsten Fall, eine obere Grenze für die Messunsicherheit dar. Er überschätzt auch die Messunsicherheit, da es sehr unwahrscheinlich ist, dass alle unabhängigen Größen gleichzeitig ihre maximalen bzw. minimalen Werte annehmen.
- Der Größtfehler ist zu empfehlen, wenn einige der Messunsicherheiten wesentlich größer sind als die anderen, denn dann ist die Gefahr der Überschätzung der Messunsicherheit ΔG geringer. Außerdem ist er anzuwenden, wenn die einzelnen Messgrößen nicht unabhängig voneinander sind.

Drehstrom und Wechselstrom

18

Entstehung von Drehstrom und Wechselstrom

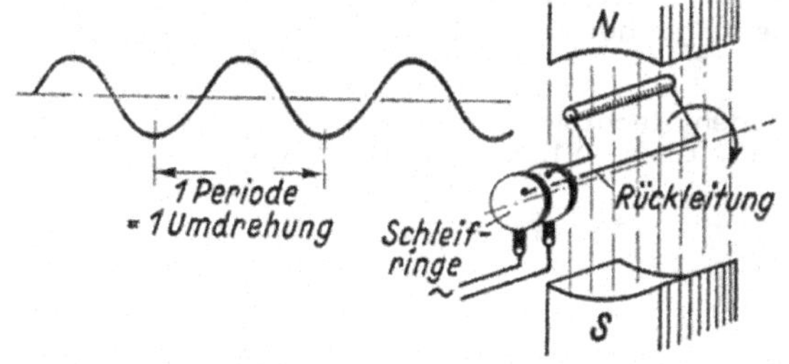

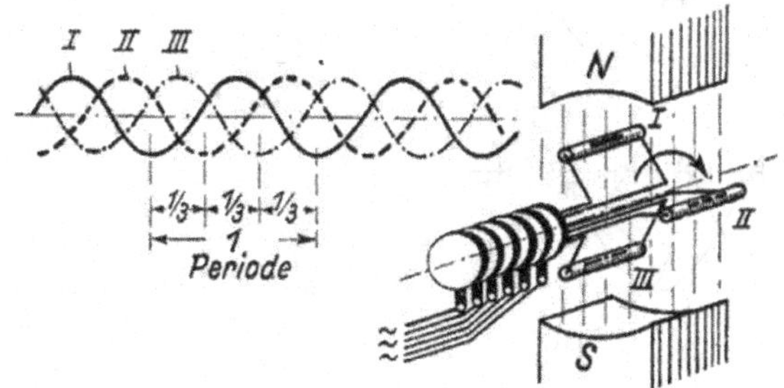

$$f = p \cdot n$$

$$f = \frac{1}{T}$$

$$\omega = 2 \cdot \pi \cdot f$$

$$1\,\text{Hz} = \frac{1}{1\,\text{s}}$$

f	Frequenz in Hz
p	Polpaarzahl
n	Umdrehung der Leiterschleife im Magnetfeld
T	Periodendauer
ω	Kreisfrequenz

Statoranschlüsse und Klemmbrett für Stern- und Dreieckschaltung

Dem Drehstromnetz kann man entnehmen:

- dreiphasige Sternspannungen U_Y (Leiter gegen N um je 120° versetzt)
- dreiphasige Dreieckspannungen U_Δ (Leiter gegen Leiter um je 30° vor U_Y)

H. Bernstein, *Formelsammlung*, https://doi.org/10.1007/978-3-658-18179-6_18

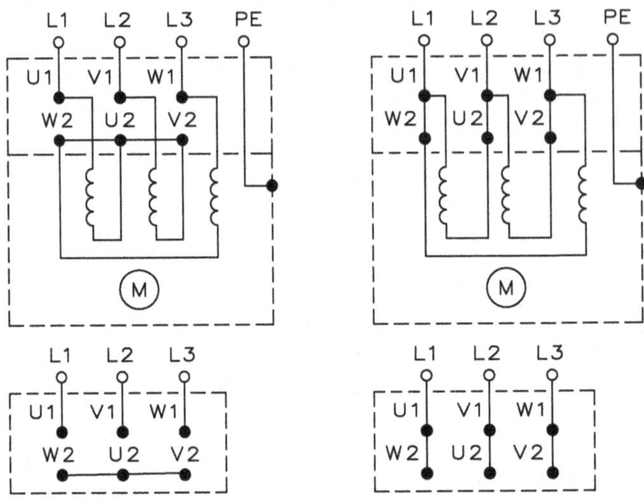

Bei Rechtslauf stimmen die alphabetische Reihenfolge der Buchstaben und die zeitliche Phasenfolge der Spannungen überein (L1→U1 L2→V1 L3→W1)

Bei Linkslauf müssen, bezogen auf den Rechtslauf, zwei Netzleitungen vertauscht werden: z.B. L1 an V1, L2 an U1, L3 an W1

Stern- und Dreieckspannungen

$$U_\Delta = 2 \cdot U_Y \cdot \sin 60° = U_Y \cdot \sqrt{3}$$

18.1 Augenblickswert, Scheitelwert, Spitze-Spitze-Wert, Effektivwert

Augenblickswert:	$u = \hat{u} \cdot \sin\varphi$	$i = \hat{i} \cdot \sin\varphi$
Spitze-Spitze-Wert:	$u_{SS} = 2 \cdot \hat{u}$	$i_{SS} = 2 \cdot \hat{i}$
Effektivwert:	$U = \frac{\hat{u}}{\sqrt{2}}$	$I = \frac{\hat{i}}{\sqrt{2}}$

u, i Augenblickswerte
$\hat{u}, \hat{i}$ Scheitelwerte, Spitzenwerte
u_{SS}, i_{SS} Spitze-Spitze-Werte
U, I Effektivwerte

18.2 Sternschaltung

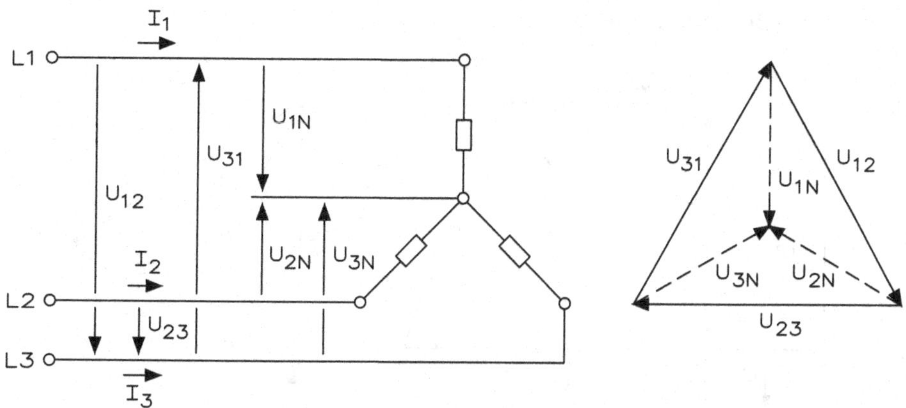

Für den Strom I bzw. Strangstrom I_{St} bei ohmscher Belastung gilt: $I = I_{St} = \frac{U_{St}}{R_{St}}$.

Die Strangleistung P_{St} berechnet sich aus $P_{St} = U_{St} \cdot I_{St}$.
Die Gesamtleistung P ermittelt sich aus $P = \sqrt{3} \cdot U \cdot I$.
Die Außenleiterspannung U ist $U = \sqrt{3} \cdot U_{St}$.
Für die Gesamtleistung gilt $P = 3 \cdot P_{St}$.

Man benötigt nur drei oder vier Leitungen (Drei- oder Vierleitersystem) für drei Stromkreise. In dem Niederspannungs-Versorgungsnetz sind dies bekanntlich $U = 400$ V zwischen zwei Strangspannungen oder $U = 230$ V bzw. einer Strangspannung und dem Neutralleiter N. Auf der Verbraucherseite werden die Anschlüsse mit L_1, L_2 und L_3 und der Sternpunkt mit N bezeichnet. Auf der Erzeugerseite hat man dagegen die Anschlussbezeichnungen von U, V und W.

$$U = \sqrt{3} \cdot U_{St}$$
$$I = I_{St}$$
$$S = 3 \cdot U_{St} \cdot I = \sqrt{3} \cdot U_{St} \cdot I$$
$$P = 3 \cdot U_{St} \cdot I \cdot \cos\varphi = \sqrt{3} \cdot U_{St} \cdot I \cdot \cos\varphi$$
$$Q = 3 \cdot U_{St} \cdot I \cdot \sin\varphi = \sqrt{3} \cdot U_{St} \cdot I \cdot \sin\varphi$$

U Außenleiter U_{12}, U_{23}, U_{31}
$\sqrt{3}$ Verkettungsfaktor
U_{St} Strangspannung U_{1N}, U_{2N}, U_{3N}
S Scheinleistung VA oder kVA
I Außenleiterstrom I_{1N}, I_{2N}, I_{3N}
P Wirkleistung in W oder kW
Q Blindleistung in var oder kvar

Bei einer symmetrischen Belastung (ohmsche Widerstände, Induktivitäten bei einem Motor) tritt in der Sternschaltung im Neutralleiter N kein Stromfluss auf, da die Außenleiter und die Verbraucherwiderstände alle gleich groß sind. Bei einer unsymmetrischen Belastung muss bei einer Sternschaltung mit Neutralleiter jede Phase gesondert berechnet werden:

Phase N_1: $I_{1N} = \frac{U_{1N} \cdot \cos\varphi}{R_1}$ $U_{1N} = \frac{U}{\sqrt{3}}$ $P_{1N} = U_{1N} \cdot I_1 \cdot \cos\varphi$

18.3 Dreieckschaltung

Symmetrische Belastung einer Dreieckschaltung

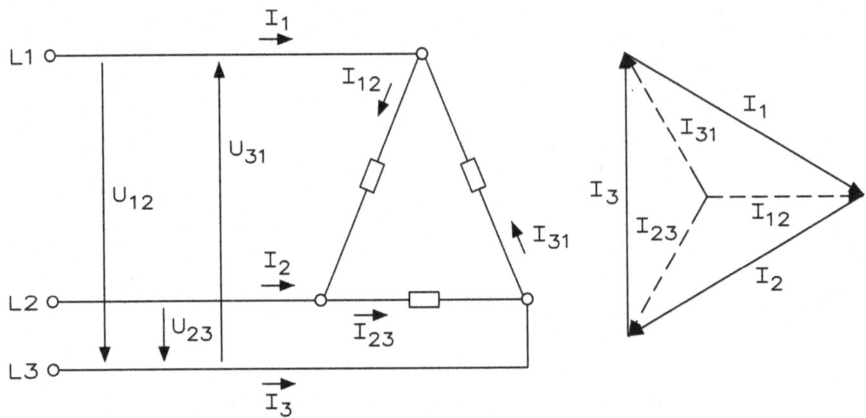

Für die Außenleiterspannung gilt: $U = U_{St}$

Den Außenleiterstrom erhält man: $I = \sqrt{3} \cdot I_{St}$

Die Strangleistung P_{St} berechnet sich aus $P_{St} = U_{St} \cdot I_{St}$

Die Gesamtleistung P ermittelt sich aus $P = 3 \cdot P_{St}$ $P = \sqrt{3} \cdot U \cdot I$

Für eine symmetrische Belastung einer Sternschaltung gilt

$I = \sqrt{3} \cdot I_{St}$

$U = U_{St}$

$S = 3 \cdot U \cdot I_{St} = \sqrt{3} \cdot U \cdot I$

$P = 3 \cdot U \cdot I_{St} \cdot \cos\varphi = \sqrt{3} \cdot U \cdot I \cdot \cos\varphi$

$Q = 3 \cdot U \cdot I_{St} \cdot \sin\varphi = \sqrt{3} \cdot U \cdot I \cdot \sin\varphi$

U	Außenleiter U_{12}, U_{23}, U_{31}
$\sqrt{3}$	Verkettungsfaktor
U_{St}	Strangspannung U_{1N}, U_{2N}, U_{3N}
S	Scheinleistung VA oder kVA
I	Außenleiterstrom I_1, I_2, I_3
P	Wirkleistung in W oder kW
Q	Blindleistung in var oder kvar

18.4 Leitungssysteme

Gleichstrom und Wechselstrom mit cos φ = 1

Leistungsart	Spannungsverlust	Querschnitt	Leistungsverlust	Querschnitt
Unverzweigte Leitung	$U_v = \frac{2 \cdot I \cdot l}{\gamma \cdot A}$	$A = \frac{2 \cdot I \cdot l}{\gamma \cdot U_v}$	$p_v\% = \frac{200 \cdot P \cdot l}{\gamma \cdot A \cdot U^2}$	$S = \frac{200 \cdot P \cdot l}{\gamma \cdot U^2 \cdot p_v\%}$
Verzweigte Leitungen mit gleichbleibendem Querschnitt	$U_v = \frac{2 \cdot \sum(I \cdot l)}{\gamma \cdot A}$	$A = \frac{2 \cdot \sum(I \cdot l)}{\gamma \cdot U_v}$	$p_v\% = \frac{200 \cdot \sum(P \cdot l)}{\gamma \cdot A \cdot U^2}$	$S = \frac{200 \cdot \sum(P \cdot l)}{\gamma \cdot U^2 \cdot p_v\%}$
	$\sum(I \cdot l) = I_1 \cdot l_1 + I_2 \cdot l_2 + \ldots$		$\sum(P \cdot l) = P_1 \cdot l_1 + P_2 \cdot l_2 + \ldots$	

Einphasenwechselstrom mit Blindlast

Leistungsart	Spannungsunterschied	Querschnitt	Leistungsverlust Querschnitt
Unverzweigte Leitung	$\Delta U = \frac{2 \cdot I \cdot l \cdot \cos\varphi}{\gamma \cdot A}$	$A = \frac{2 \cdot I \cdot l \cdot \cos\varphi}{\gamma \cdot \Delta U}$	$p_v\% = \frac{200 \cdot P \cdot l}{\gamma \cdot A \cdot U^2 \cdot \cos^2\varphi}$ $S = \frac{200 \cdot P \cdot l}{\gamma \cdot U^2 \cdot \cos^2\varphi \cdot p_v\%}$
Verzweigte Leitungen mit gleichbleibendem Querschnitt	$\Delta U = \frac{2 \cdot \sum(I \cdot l \cdot \cos\varphi)}{\gamma \cdot A}$	$A = \frac{2 \cdot \sum(I \cdot l \cdot \cos\varphi)}{\gamma \cdot \Delta U}$	
	$\sum(I \cdot l \cdot \cos\varphi) = I_1 \cdot l_1 \cdot \cos\varphi + I_2 \cdot l_2 \cdot \cos\varphi + \ldots$		

Drehstrom mit Blindlast

Leistungsart	Spannungsverlust	Querschnitt	Leistungsverlust Querschnitt
Unverzweigte Leitung	$\Delta U = \frac{1{,}73 \cdot I \cdot l \cdot \cos\varphi}{\gamma \cdot A}$	$A = \frac{1{,}73 \cdot I \cdot l \cdot \cos\varphi}{\gamma \cdot \Delta U}$	$p_v\% = \frac{100 \cdot P \cdot l}{\gamma \cdot A \cdot U^2 \cdot \cos^2\varphi}$ $S = \frac{100 \cdot P \cdot l}{\gamma \cdot U^2 \cdot \cos^2\varphi \cdot p_v\%}$
Verzweigte Leitungen mit gleichbleibendem Querschnitt	$\Delta U = \frac{1{,}73 \cdot \sum(I \cdot l \cdot \cos\varphi)}{\gamma \cdot A}$	$A = \frac{1{,}73 \cdot I \cdot l \cdot \cos\varphi}{\gamma \cdot \Delta U}$	

U Nennspannung in V (bei Drehstrom = Außenleiterspannung)
I Stromstärke in der Leitung in A
P Wirkleistung in W
l einfache Leiterlänge in m
γ elektrische Leitfähigkeit in m/(Ω· mm²)
ΔU Spannungsunterschied zwischen Leitungsanfang und -ende in V
$\cos\varphi$ Wirkleistungsfaktor
A Querschnitt der Leitung in mm²
U_v Spannungsverlust auf der Leitung in V
$p_v\%$ Leistungsverlust in % von P

18.5 Drehstrommotor

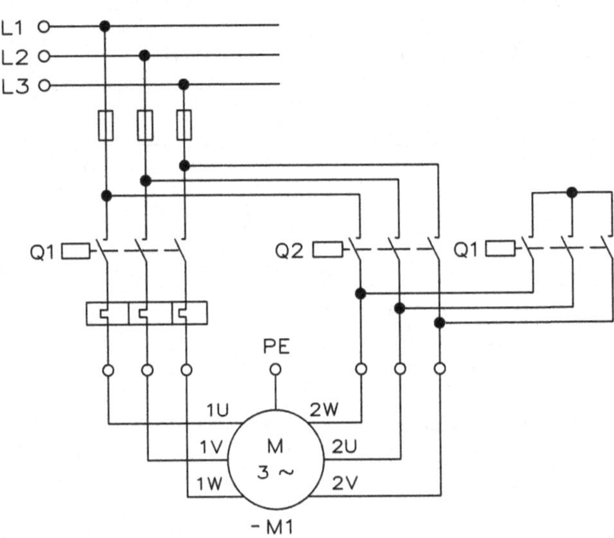

Drehstrommotor in Stern- und Dreieckschaltung

Zum Anlaufen wird ein Drehstrommotor in Sternschaltung betrieben

$U = \sqrt{3} \cdot U_{St} \qquad I = I_{St}$

$S = \sqrt{3} \cdot U \cdot I_{St}$

$P = \sqrt{3} \cdot U \cdot I_{St} \cdot \cos\varphi$

$Q = \sqrt{3} \cdot U \cdot I \cdot \sin\varphi \qquad Q = \sqrt{S^2 - P^2}$

Für den Betriebszustand arbeitet der Drehstrommotor in Dreieckschaltung

$U = U_{St} \qquad I = \sqrt{3} \cdot I_{St}$

Es gilt: $P_\Delta = 3 \cdot P_Y$.

18.6 Umwandlung von Stern-Dreieck und Dreieck-Stern

- **Umwandlung von Stern-Dreieck- in Dreieck-Stern-Schaltung**

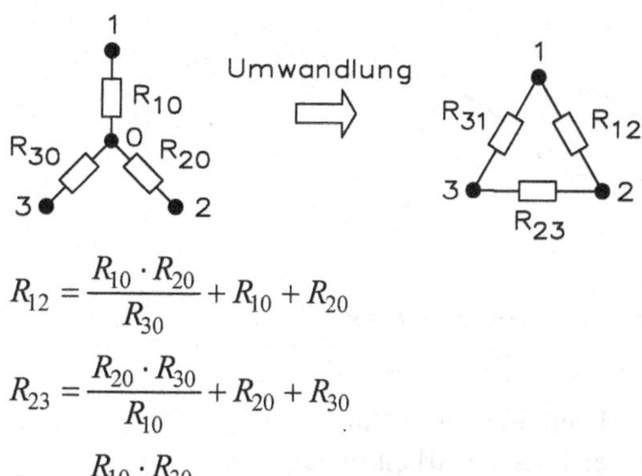

$$R_{12} = \frac{R_{10} \cdot R_{20}}{R_{30}} + R_{10} + R_{20}$$

$$R_{23} = \frac{R_{20} \cdot R_{30}}{R_{10}} + R_{20} + R_{30}$$

$$R_{31} = \frac{R_{10} \cdot R_{30}}{R_{20}} + R_{10} + R_{30}$$

- **Umwandlung von Dreieck-Stern- in Stern-Dreieck-Schaltung**

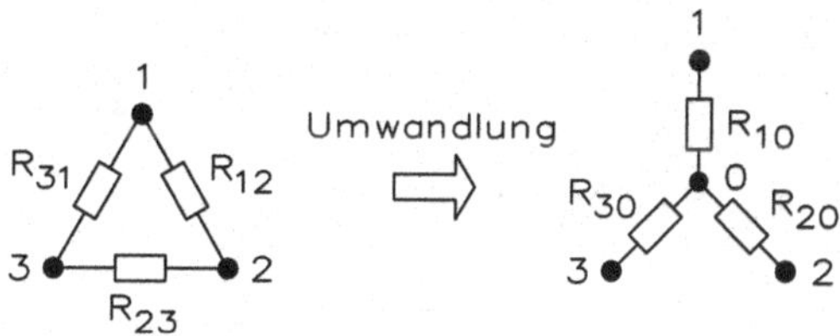

$$R_{10} = \frac{R_{12} \cdot R_{31}}{R_{12} + R_{31} + R_{23}} \qquad R_{20} = \frac{R_{12} \cdot R_{23}}{R_{12} + R_{31} + R_{23}} \qquad R_{30} = \frac{R_{31} \cdot R_{23}}{R_{12} + R_{31} + R_{23}}$$

18.7 Drehstrom-Asynchronmotor

Die Drehzahl eines Rotors ist geringer als die Drehzahl des Drehfeldes:

$$n_s = n_d - n$$

$$s = \frac{n_s}{n_d}$$

$$f_l = \frac{n_s \cdot p}{60}$$

$$U_{ls} = \frac{s \cdot U_l}{100}$$

n_s	Schlupfdrehzahl in min^{-1}
n_d	Drehzahl des Drehfeldes in min^{-1}
n	Drehzahl des Rotors in min^{-1}
s	Schlupf
p	Polpaare
f_l	Läuferfrequenz in Hz
U_{ls}	Läuferstillstandsspannung in V

18.8 Motormoment

Motormoment

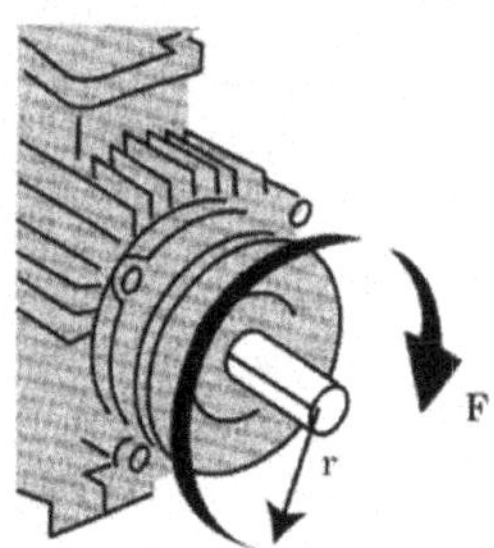

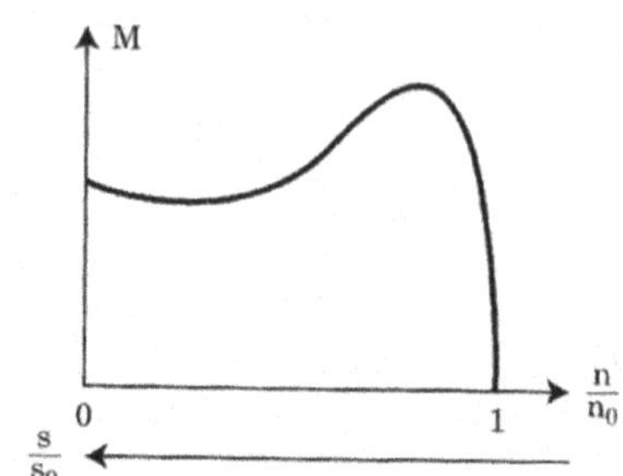

$M = F \cdot r$
$W = F \cdot d$
$d = n \cdot 2 \cdot \pi \cdot r$
$W = P \cdot t$
$P_W = \sqrt{3} \cdot U \cdot I \cdot \cos\varphi$

M Drehmoment in Nm
W elektrische Arbeit in Nm
d Durchmesser in m
P_W Wellenleistung
P mechanische Leistung in $\mathrm{W} = \frac{\mathrm{Nm}}{\mathrm{s}} = \frac{\mathrm{J}}{\mathrm{m}}$

Strom und Momentencharakteristik

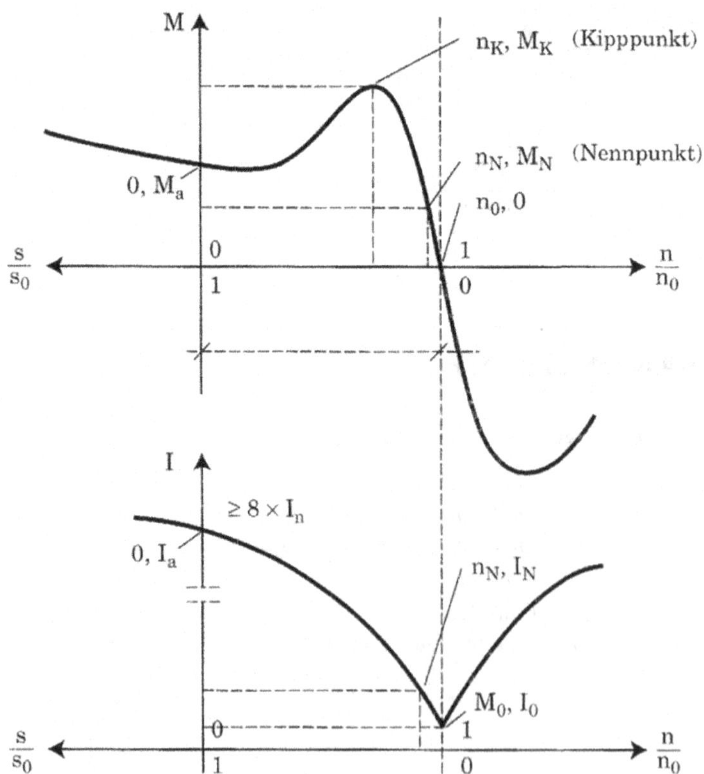

$W = F \cdot s$	t	Zeit in s
$P = \frac{W}{t} = \frac{F \cdot s}{t} = F \cdot v$	s	Strecke in m
$P = M \cdot n \cdot 2 \cdot \pi$	n	Drehzahl in min^{-1}

Da 1 Nm/s = 1 W und 1 min^{-1} = 60 s^{-1} sind, erhält man zur Berechnung der Motorleistung P in kW aus Drehmoment M und Drehzahl n mit $\frac{2 \cdot \pi}{60 \cdot 1000} = \frac{1}{9550}$ die Formel

$$P = \frac{M \cdot n}{9550}.$$

Für das Moment gilt: $M = F \cdot r = \frac{W}{d} \cdot r = \frac{P \cdot d \cdot r}{n \cdot 2 \cdot \pi \cdot r}$.

$$M = \frac{P \cdot 9550}{n} \; (t = 60s)$$

$M_r = \frac{P_r}{n_r}$, wobei gilt $M_r = \frac{M}{M_N}$, $P_r = \frac{P}{P_N}$ und $n_r = \frac{n}{n_N}$

Beim Motor gibt es zwei Bremsbereiche:

Bei $\frac{n}{n_0} > 1$ wird der Motor von der Belastung über die synchrone Drehzahl gezogen und der Motor arbeitet als Generator, d. h. in diesem Bereich ist ein Gegenmoment vorhanden und es wird Leistung an das Versorgungssnetz zurückgegeben.

Im Bereich $\frac{n}{n_0} < 1$ wird das Bremsen als Gegenstrombremsung bezeichnet.

Anlaufbetrieb $0 < \frac{n}{n_0} < \frac{n_k}{n_0}$ und Betriebsbereich $\frac{n_k}{n_0} < \frac{n}{n_0} < 1$

Das Anzugsmoment ist $M_A = \frac{M_K \cdot M}{M_N}$.

18.9 Blindstromkompensation für Drehstrom

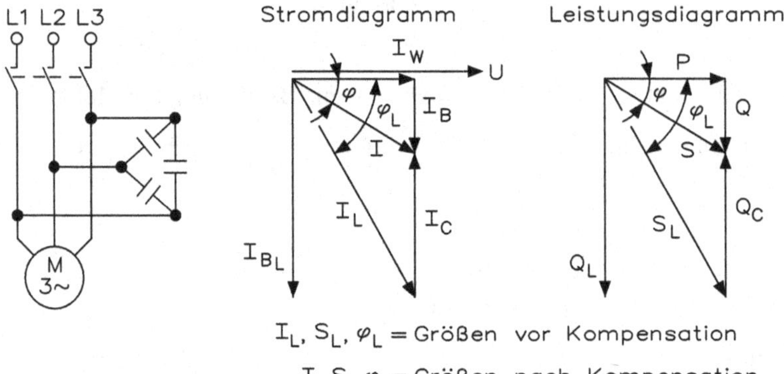

Blindstromkompensation eines Drehstrommotors

Die einphasige Blindstromkompensation ist:

$Q_C = Q_1 - Q_2$

$Q_C = P\,(\tan \varphi_1 - \tan \varphi_2)$

$Q_C = 2 \cdot \pi \cdot f \cdot C \cdot U^2$

Für die dreiphasige Blindstromkompensation gilt: $3 \cdot Q_C$

18.10 Drehstrommotor an Wechselspannung

Bei Heizungspumpen verwendet man Drehstrommotoren und betreibt diese an einer Netzphase und Neutralleiter.

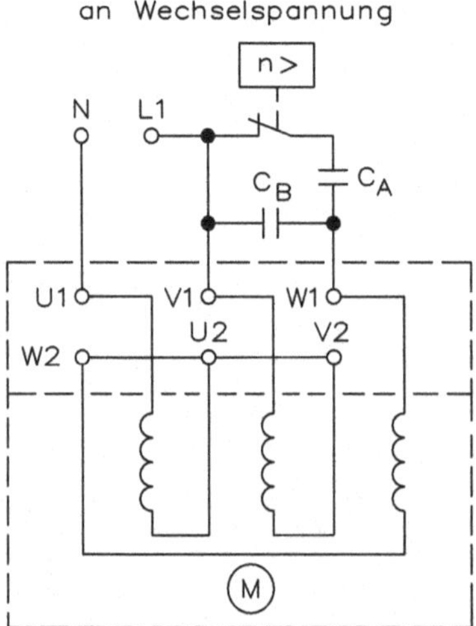

$C_A = 2 \cdot C_B$	U_{Netz}	C_B	$M \approx U^2$
	115 V 230 V 400 V	200 μF · P/kW 70 μF · P/kW 20 μF · P/kW	$\eta \approx 0{,}5...0{,}7$ $M_A \approx 12$ % von M_A bei Drehstrom (gilt ohne C_A) $M_N \approx 80$ % von M_N bei Drehstrom $M_A / M_N = 1...3$

Gleichstrommotoren

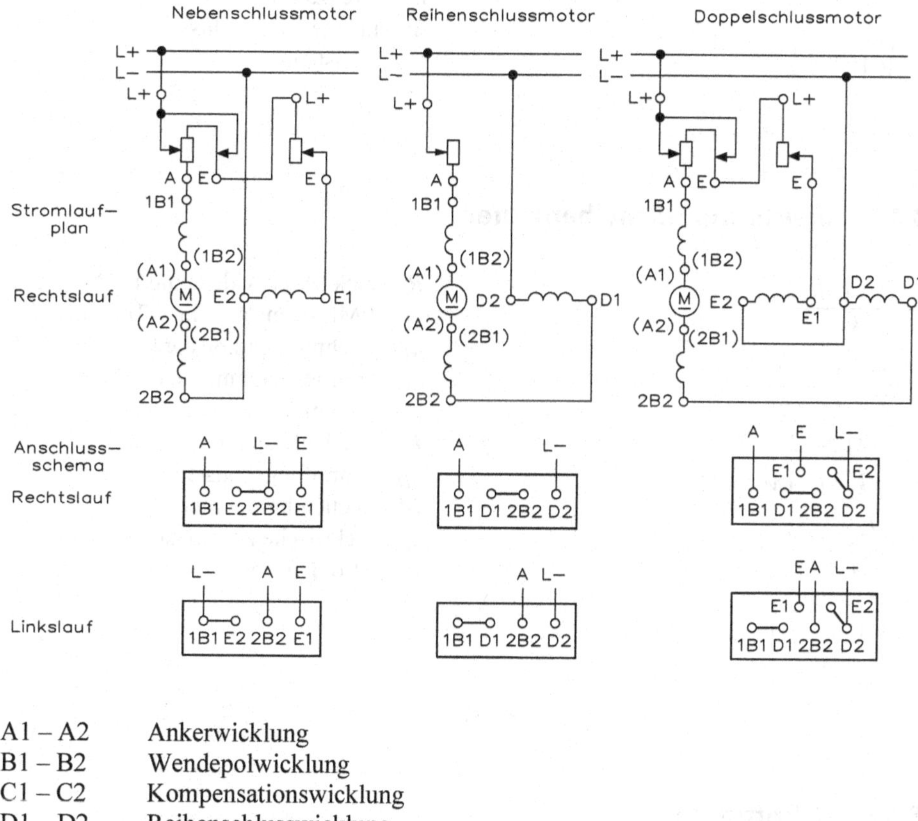

A1 – A2 Ankerwicklung
B1 – B2 Wendepolwicklung
C1 – C2 Kompensationswicklung
D1 – D2 Reihenschlusswicklung
E1 – E2 Nebenschlusswicklung
F1 – F2 fremderregte Wicklung

$$U_G = U - I_A \cdot R_A$$

$$M_N = \frac{P_N \cdot 9550}{n_N}$$

$$M = \frac{P}{2 \cdot \pi \cdot n} = \frac{P}{\omega}$$

$$M = B \cdot l \cdot I \cdot r \cdot z$$

$$n = \frac{U}{\Phi \cdot \mathrm{k}}$$

U_G Gegenspannung in V
M_N Nennmoment in Nm
n_N Nenndrehzahl in s^{-1}
ω Winkelgeschwindigkeit in s^{-1}
B magnetische Flussdichte in T
P Leistung in Nm/s
z Leiterzahl
l wirksame Leiter in m
r Radius in m
n Drehzahl in s^{-1}
Φ magnetischer Fluss
k Konstante

18.11 Gleichstrom-Scheibenläufer

$$n = \frac{U - I \cdot R_A}{k_E}$$

$$M_i = I \cdot k_T$$

$$M_D = k_D \cdot n$$

$$M_W = M_i - M_F - M_D$$

$$M_W = k_T \cdot I - (M_F + k_D \cdot n)$$

$$\tau_{el} = \frac{L_A}{R_A}$$

$$i = I \cdot \left(1 - e^{-\frac{t}{\tau_{el}}}\right)$$

R_A Ankerkreiswiderstand in Ω
k_E EMK-Konstante in V/1000 min^{-1}
k_T Drehmomentkonstante
M_i internes Drehmoment
M_D Drehmoment
P_W Wellenleistung
k_D Dämpfungskonstante
M_W Wellendrehmoment
τ_{el} elektrische Zeitkonstante
i Stromanstieg

18.12 Schrittmotor

$$\alpha = \frac{360°}{2 \cdot p \cdot m}$$

$$z = \frac{360°}{\alpha}$$

$$f_z = \frac{n \cdot z}{60} = \frac{n \cdot 360°}{\alpha \cdot 60}$$

$$\omega = \frac{2 \cdot \pi \cdot f_z}{z} = \frac{2 \cdot \pi \cdot f_z \cdot \alpha}{360°}$$

α Schrittgeschwindigkeit
p Polpaarzahl
m Wicklungsphasen
z Schrittzahl je Umdrehung
n Drehzahl in min^{-1}
ω Winkelgeschwindigkeit

18.13 Mechanische Übertragung der Motorleistung

Umfangsgeschwindigkeit der Riemenscheibe:
$v = d \cdot \pi \cdot n = 2 \cdot r \cdot \pi \cdot n$

Motorleistung:

$P = M \cdot 2 \cdot \pi \cdot n$ oder $P = \dfrac{M \cdot n}{9550}$

v Riemengeschwindigkeit in m/s
n Drehzahl in min^{-1}
P Leistung in kW
M Drehmoment in Nm

In der Praxis ist der einfache Riementrieb die einfache Übersetzung. Riementriebe werden als kraftschlüssige Übertragung von Drehbewegungen von der treibenden Welle auf die angetriebene Welle verwendet.

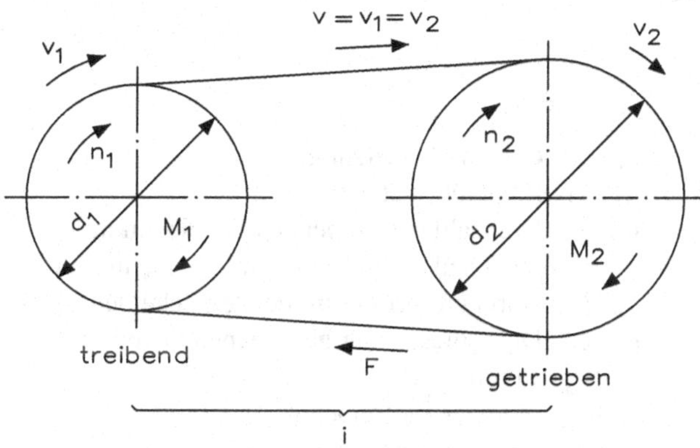

Die Übersetzung i lässt sich einteilen in:

- $i > 1$ Übersetzung in das Langsamere
- $i = 1$ direkte Übersetzung
- $i < 1$ Übersetzung in das Schnellere

$$n_1 \cdot d_1 = n_2 \cdot d_2$$

$$i = \frac{n_1}{n_2} = \frac{d_1}{d_2} = \frac{M_2}{M_1}$$

$$M_1 = F \cdot r_1 \qquad M_2 = F \cdot r_2$$

F Riemenzugkraft in N
n_1 Drehzahl der treibenden Scheibe in min^{-1}
d_1 Durchmesser der treibenden Scheibe in mm
r_1 Radius (Hebelarm) der treibenden Scheibe in m
M_1 Drehmoment der treibenden Scheibe in Nm
n_2 Drehzahl der getriebenen Scheibe in min^{-1}
d_2 Durchmesser der getriebenen Scheibe in mm
r_2 Radius (Hebelarm) der getriebenen Scheibe in m
M_2 Drehmoment der getriebenen Scheibe in Nm

Doppelte Übersetzung

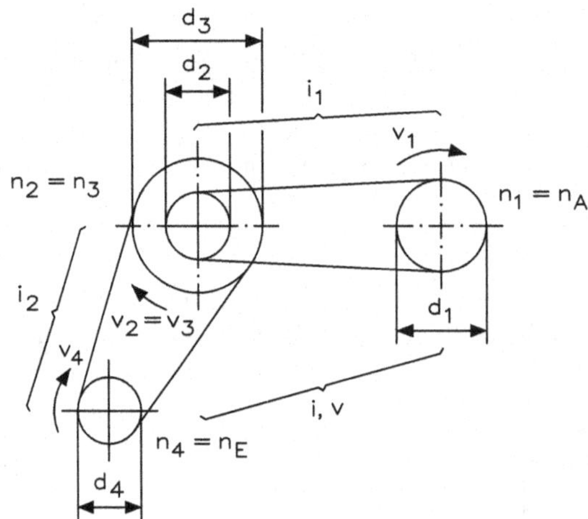

$$i_{ges} = i_1 \cdot i_2 = \frac{n_1}{n_4} = \frac{M_4}{M_1}$$

$$i_{ges} = \frac{n_1 \cdot n_3}{n_2 \cdot n_4} = \frac{d_2 \cdot d_4}{d_1 \cdot d_3} = i_1 \cdot i_2 \cdot i_3 \cdot \ldots$$

i_{ges} Gesamtübersetzung
i_1, i_2, i_3 Einzelübersetzung
n_1, n_3 Drehzahl der treibenden Scheibe in min^{-1}
n_2, n_4 Drehzahl der getriebenen Scheibe in min^{-1}
d_1, d_3 Durchmesser der treibenden Scheiben in mm
d_2, d_4 Durchmesser der getriebenen Scheiben in mm
1, 3, 5,... Indizes für treibend
2, 4, 6,... Indizes für getrieben

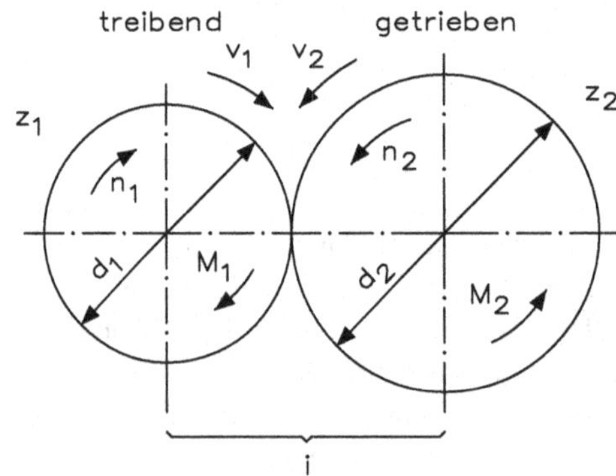

$$i = \frac{n_1}{n_2} = \frac{z_2}{z_1}$$

$$i = \frac{M_2}{M_1}$$

$$M_1 = F \cdot r_1 \qquad M_2 = F \cdot r_2$$

n_1 Drehzahl des treibenden Rades in min^{-1}
n_2 Drehzahl des getriebenen Rades in min^{-1}
z_1 Anzahl der Zähne des treibenden Rades
z_2 Anzahl der Zähne des getriebenen Rades
i Übersetzungsverhältnis
M_1 Drehmoment des treibenden Rades in Nm
M_2 Drehmoment des getriebenen Rades in Nm
F Zahnkraft in N
r_1, r_2 Radius (Hebelarm) in m

Bei doppeltem Zahnradtrieb sind zwei Einzelübersetzungen hintereinander geschaltet, wobei die Zahnräder z_2 und z_3 miteinander verblockt sind und damit die gleiche Drehzahl aufweisen.

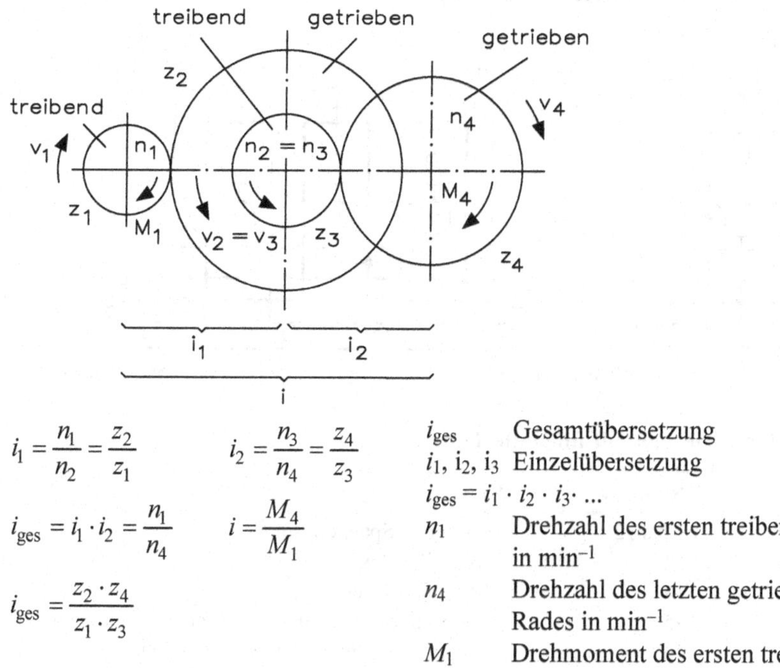

$$i_1 = \frac{n_1}{n_2} = \frac{z_2}{z_1} \qquad i_2 = \frac{n_3}{n_4} = \frac{z_4}{z_3}$$

$$i_{ges} = i_1 \cdot i_2 = \frac{n_1}{n_4} \qquad i = \frac{M_4}{M_1}$$

$$i_{ges} = \frac{z_2 \cdot z_4}{z_1 \cdot z_3}$$

i_{ges} Gesamtübersetzung
i_1, i_2, i_3 Einzelübersetzung
$i_{ges} = i_1 \cdot i_2 \cdot i_3 \cdot \ldots$
n_1 Drehzahl des ersten treibenden Rades in min^{-1}
n_4 Drehzahl des letzten getriebenen Rades in min^{-1}
M_1 Drehmoment des ersten treibenden Rades in Nm
M_4 Drehmoment des letzten getriebenen Rades in Nm
z_1, z_3 Zähnezahl der treibenden Räder
z_2, z_4 Zähnezahl der getriebenen Räder

Der Schneckentrieb ist eine Sonderform des Zahnradtriebes mit einfacher Übersetzung. Er dient in erster Linie zum Herabsetzen hoher Drehzahlen. Es gibt ein- und mehrgängige Schnecken. Schneckentriebe werden wie Zahnradtriebe berechnet.

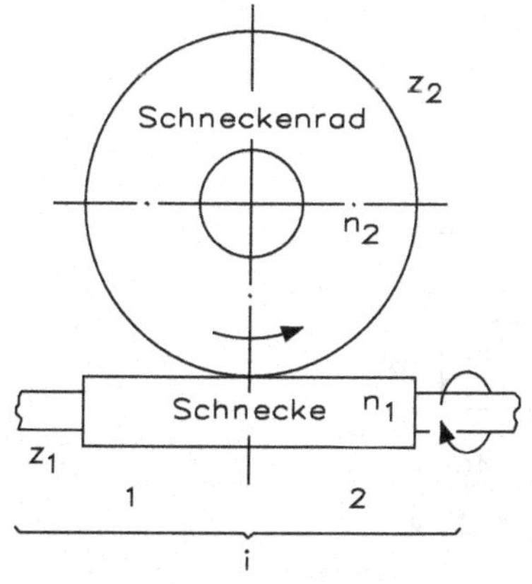

$$n_1 \cdot z_1 = n_2 \cdot z_2$$

n_1 Drehzahl der Schnecke in min^{-1}
n_2 Drehzahl des Schneckenrades in min^{-1}
z_1 Anzahl der Zähne der Schnecke (Gängigkeit)
z_2 Anzahl der Zähne des Schneckenrades
i Übersetzung

18.14 Drehstromzähler und Netzformen

Drehstromzähler mit symmetrischer (a) und unsymmetrischer (b) Belastung

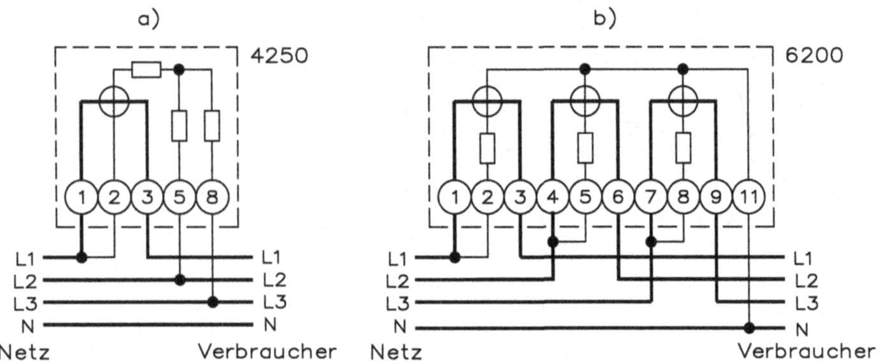

Für die Anschlussklemmen gilt folgende Tabelle:

	Nummer	Klemmart
Zähler	1 bis 12	Strom- und Spannungspfade
	13	Zweitarifauslöser
	14	Maximalauslöser
	15	gemeinsamer Anschluss der Zusatzeinrichtungen
	16	Überbrückung für die Kurzschließschaltung
	17, 18, 19	Maximal-Rückstellung
Rundsteuerempfänger	1, 2	Netzanschluss
	3, 4, 5	erster Umschalter
	6, 7, 8	zweiter Umschalter
	9, 10, 11	dritter Umschalter
	12, 13, 14	vierter Umschalter
		Umschaltkontakt jeweils an 4, 7, 10 und 13

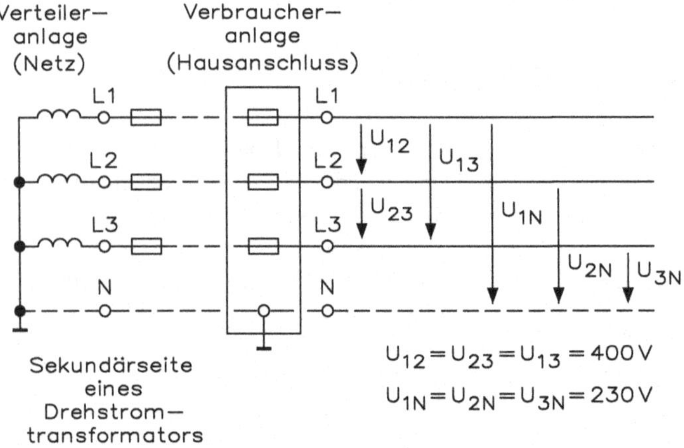

Beim Drehstromnetz haben die drei Spannungen zwischen den Außenleitern die gleiche Frequenz von 50 Hz, die gleichen Effektivwerte von 400 V bzw. 230 V und den gleichen sinusförmigen Verlauf.

Die Spannungen U_{1N}, U_{2N} und U_{3N} werden als Strangspannungen oder Sternspannungen bezeichnet, die Spannungen U_{12}, U_{23} und U_{13} dagegen als Außenleiterspannungen oder Leiterspannungen. Das Verhältnis von Außenleiterspannung zur Sternspannung ist der Verkettungsfaktor des Drehstromsystems.

Wohnhäuser, Wohnungen und Werkstätten werden in der Regel durch einen Vierleiter-Drehstromanschluss mit elektrischer Energie versorgt. Hierfür gibt es verschiedene Netzformen. Daraus ergeben sich drei grundlegend unterschiedliche Netzformen, TN-Netz, TT-Netz und IT-Netz. Die Buchstaben haben dabei nachfolgende Bedeutungen.

Der erste Buchstabe beschreibt das Erdungsverhältnis der Stromquelle (Kraftwerk) oder des Niederspannungsnetzes.

T (Terra) = Betriebserde (direkte Erdung eines Punktes: Sternpunkt, Außenleiter).
I (isoliert) = Isolierung der Spannungsquelle und aller dem Energietransport dienenden Teile gegenüber Erde oder Verbindung eines leitfähigen Teiles mit Erde.

Mit dem zweiten Buchstaben werden die Erdungsverhältnisse der Gehäuse der Verbraucher beschrieben.

T = direkte Erdung der Gehäuse.
N = direkte Verbindung der Gehäuse der Verbraucher mit der Betriebserde der Spannungsquelle durch den Schutzleiter.

Bei den überwiegend verwendeten TN-Netzen sind zwei Ausführungsformen von Bedeutung. Sie werden durch weitere, mit einem Bindestrich angehängte Buchstaben gekennzeichnet. Diese liefern Hinweise auf die Anordnung des Schutzleiters.

S = Neutralleiter N und Schutzleiter PE (Protection Earth) werden als zwei separate Leiter geführt. Die Farben sind „grüngelb“ (PE) und „hellblau“ (N).
C = Neutralleiter N und Schutzleiter PE werden kombiniert als Leiter PEN geführt.

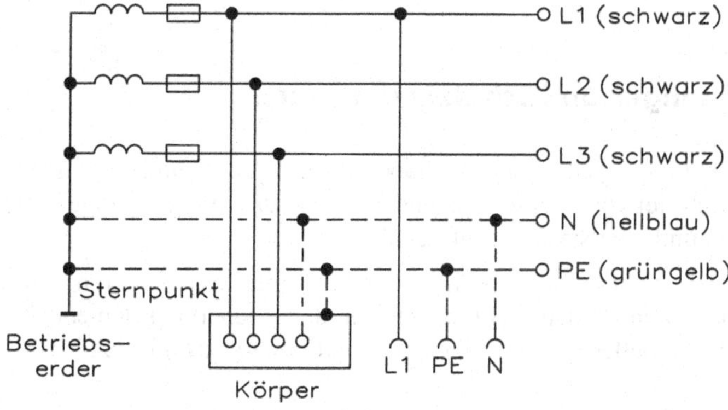

TN-S-Netz mit Anschluss einer Steckdose

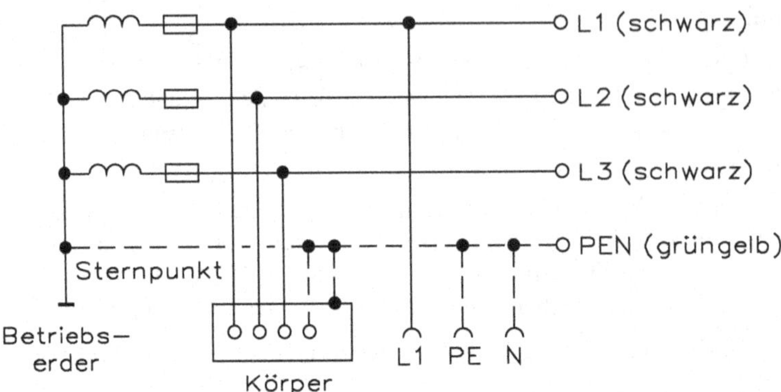

Am weitesten verbreitet in der Netzanschlusstechnik ist das TN-S-Netz. Diese Netzform zeigt den Anschluss einer Steckdose an das TN-S-Netz. Der Sternpunkt der Stromquelle ist hier direkt geerdet (Betriebserder). Von diesem Sternpunkt aus sind der Neutralleiter N und der Schutzleiter PE bis zum Verbraucher getrennt verlegt. Selbstverständlich kann hier zum Anschluss der Steckdose anstelle des Leiters L1 auch der Leiter L2 oder L3 benutzt werden.

TN-C-Netz mit Anschluss einer Steckdose

Hier werden Neutralleiter N und Schutzleiter PE vom Sternpunkt aus als kombinierte Leitung PEN zum Verbraucher geführt. Als zusätzliches Beispiel ist wieder der Anschluss einer Steckdose bei dieser Netzform eingezeichnet.

Weitere Netzformen TT-Netz und IT-Netz haben in der Praxis eine geringere Bedeutung und werden meistens nur für ganz spezielle Aufgaben eingesetzt.

18.15 Schutzeinrichtungen und Schutzmaßnahmen

Die Überstrom-Schutzeinrichtungen haben die Aufgabe, sowohl Kabel und Leitungen als auch elektrische Betriebsmittel vor Kurzschluss und Überlast zu schützen. Eingesetzt werden Schmelzsicherungen und Überstrom-Schutzschalter.

Bei den Schmelzsicherungen erfolgt das Abschalten eines Überstromes durch Abschmelzen eines sehr dünnen Drahtes, dem Schmelzleiter in dem Sicherungselement. Je größer der Überstrom, desto schneller schmilzt der Draht und bewirkt damit die sichere Trennung des Stromkreises.

Um sich ein Urteil über die schnelle oder teilweise recht langsame Abschaltung durch Sicherungen bilden zu können, sind folgende Angaben von VDE 0635 (Vorschriften für Leitungsschutzsicherungen) zusammengestellt.

Nennstrom	Flinksicherung		Trägsicherung	
	2,5 · I_n	**4 · I_n**	**2,5 · I_n**	**4 · I_n**
10	0,3/0,85	0,04/0,55	16/120	0,9/3,6
16	0,35/9	0,05/0,55	17/120	1,1/4
20	0,35/10	0,07/0,8	19/130	1,3/4,5
25	0,6/12	0,1/1,1	22/140	1,8/6,1
35	1/16	0,13/1,4	25/150	2,0/6,1
50	1,2/20	0,18/1,8	25/150	3/9
63	1,5/24	0,2/2,0	25/150	3/9

I_n ist hierbei der Nennstrom der Sicherungspatrone. Links vom schrägen Strich steht jeweils die Zeit in Sekunden, innerhalb der die Sicherung bei dem betreffenden Strom (z. B. 2,5 · I_n) nicht durchschmelzen darf. Rechts vom schrägen Strich steht die Zeit, innerhalb der die Sicherung beim betreffenden Strom unbedingt abschalten muss. Man sieht, dass z. B. eine Trägsicherung 20 A beim Abschaltstrom von 20 · 2,5 = 50 A nicht innerhalb 19 Sekunden abschmelzen muss, dass diese Abschaltzeit sogar bis 130 s, d. h. über zwei Minuten, betragen darf.

Leitungsschutzschalter sind Selbstschalter, die zum Schutz von Leitungen gegen unzulässige Erwärmung dienen. Die Leitungsschutzschalter haben also ebenso wie die Sicherungen die Stromkreise bei Kurzschlüssen und Überlastungen selbsttätig abzuschalten. Der Selbstschalter bleibt jedoch im Gegensatz zur Schmelzsicherung ohne weiteres verwendbar.

Aufbau eines Leitungsschutzschalters

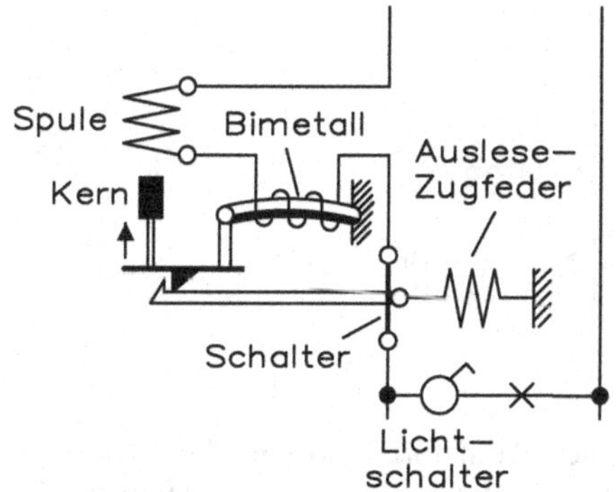

Die Leitungsschutzschalter enthalten eine thermische Überstromauslösung mittels Bimetall und eine elektromagnetische Kurzschlussauslösung. Wird der Strom in der Anlage durch Überlastung oder durch Isolationsfehler zu groß, so wird sich das erwärmte Bimetall biegen und die Auslösung des Schalters verursachen. Bei schnellen Stromerhöhungen infolge Kurzschluss spricht dagegen die elektromagnetische Auslösung an. Der Eisenkern oder Anker wird schnell angezogen und dadurch die Auslösung veranlasst, bevor die Anlage Schaden nimmt.

Für spezielle Aufgaben gibt es noch einige weitere Schutzeinrichtungen wie z. B: Geräteschutzschalter, Motorschutzschalter, Leistungsschalter und FI-Schutzschalter (Fehlerstromschutzschalter).

Geräteschutzschalter werden eingesetzt zum Schutz von Stromkreisen und Betriebsmitteln die erhöhte Einschaltströme haben. Diese können z. B. auftreten beim Einschalten von Schweißgeräten und kleineren Maschinen.

FI-Schutzschalter werden in immer größerer Zahl in elektrischen Anlagen eingesetzt. Sie überwachen Fehlerströme, die aufgrund von Isolationsfehlern, z. B. einem Körperschluss in einem elektrischen Gerät über den Schutzleiter zum Erder abfließen und schützen daher vor gefährlichen Körperströmen. FI-Schutzschalter lösen aus, wenn der jeweilige Nennfehlerstrom 20 mA überschritten wird.

Der Zweck des FI-Schutzschalters ist kein anderer als der aller anderen Schutzmaßnahmen. Wenn an einem nicht zum Betriebsstromkreis gehörenden leitfähigen Anlageteil eine Spannung von 65 V oder mehr auftritt, so soll die betreffende Anlage abgeschaltet werden.

Die Wirkungsweise dieses Schutzschalters beruht auf der ständigen Kontrolle, ob alle Ströme, die durch die Zuleitung zur Anlage fließen, auch wieder durch die gleiche Leitung zurückfließen. Ist das nämlich nicht der Fall, so kann nur angenommen werden, dass ein Teil des Stromes einen nicht vorgesehenen Weg nimmt, dass also ein Isolationsfehler vorliegt.

Wirkungsweise eines FI-Schutzschalters

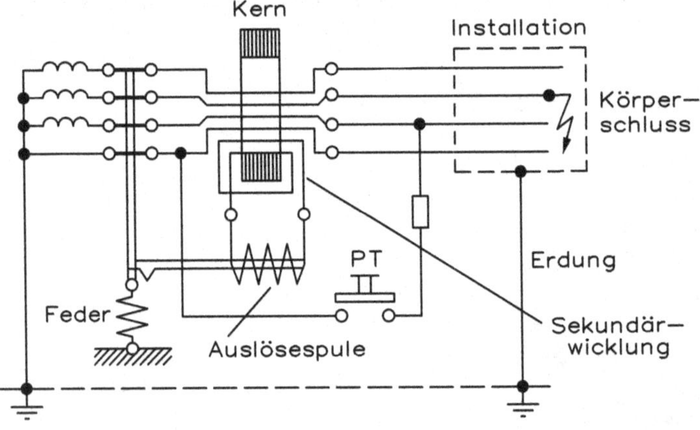

Das Schutzgerät enthält als wichtigsten Teil einen Transformatorkern, durch dessen Fenster alle Adern (einschließlich Sternpunktleiter) der Wechselstrom- bzw. Drehstromleitungen durchgeführt werden. Auf dem Kern ist außerdem eine kleine Sekundärwicklung aufgebracht, von der aus zwei Verbindungen zur Auslösespule des Hauptschalters führen.

Jedes zu schützende Gerät der Anlage wird mit einer Erdung des Gehäuses versehen.

18.16 Gefährliche Körperströme

Werden spannungsführende Teile einer Elektroanlage von einem Menschen berührt, so fließt ein Strom über den Körper zum Erdpotential. Die Höhe dieses Körperstromes I_K hängt von der Berührungsspannung U_b (Spannungshöhe), dem Körperwiderstand R_K und dem Übergangswiderstand $R_Ü$ (z. B. Schuhsohlen, Fußbodenbelag) ab. Der Körperwiderstand besteht aus dem Hautwiderstand und dem Widerstand des übrigen Körpers. Die äußere Beschaffenheit der Haut oder Feuchtigkeit hat einen starken Einfluss auf den Hautwiderstand, (ca. 10 kΩ bei trockener und 100 Ω bei feuchter Haut). Der Widerstand des übrigen Körpers liegt etwa zwischen 500 Ω bis 1 kΩ. Er verändert sich aber stark in Abhängigkeit vom tatsächlich auftretenden Stromweg.

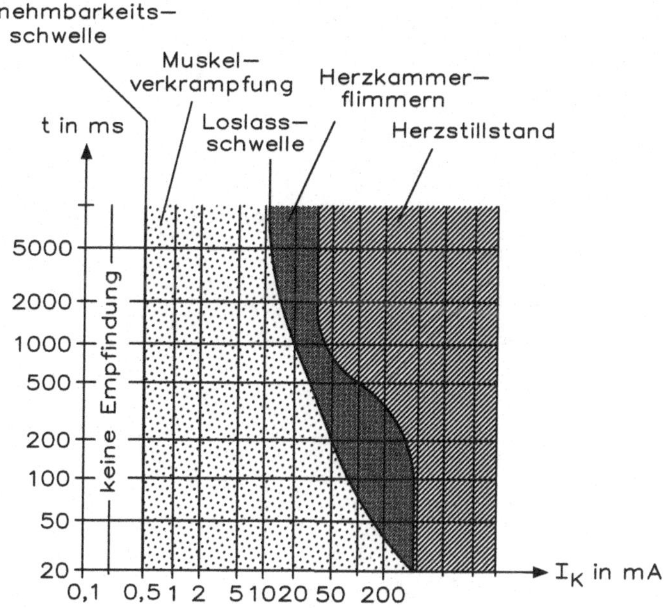

Bereiche für die Stromstärke bei Wechselstrom (f = 50 Hz) für die physiologischen Auswirkungen auf den menschlichen Körper

- Bereich 1 (0 bis 25 mA): Bereits Stromstärken von etwa 2 mA werden von jedem Menschen durch leichtes Kribbeln wahrgenommen. Es kann dabei aber auch zu schreckhaften oder unkontrollierten Muskelbewegungen kommen. Stromstärken oberhalb der sogenannten Loslassgrenze von etwa 10 mA führen zu Muskelverkrampfungen mit möglicher Atemlähmung und Bewusstlosigkeit.
- Bereich 2 (25 mA bis 80 mA). Bei Strömen in der Größenordnung von 25 mA bis 80 mA treten sofort Magen- und Muskelverkrampfungen sowie das gefährliche Herzkammerflimmern auf. Dauert dieses länger als drei Minuten, sterben durch mangelnde Versorgung mit Sauerstoff lebenswichtige Gehirnzellen ab und es treten dadurch dauerhafte Schädigungen auf.

- Bereich 3 (80 mA bis 5 A): In diesem Bereich entsteht das Herzkammerflimmern bereits bei einer Durchgangszeit kleiner 0,3 Sekunden. Der Blutkreislauf kommt zum Erliegen und ohne eine sofortige Herzmassage mit zusätzlicher Beatmung tritt der Tod nach kurzer Zeit ein.
- Bereich 4 (500 A bis 5 A): Hier muss mit einem sofortigen Herzstillstand gerechnet werden oder die sehr starken Verbrennungen führen zum Tod nach Tagen oder Wochen.

Sachwortverzeichnis

H. Bernstein, *Formelsammlung*, https://doi.org/10.1007/978-3-658-18179-6

G

H

I

J

K

L

Printed in the United States
By Bookmasters

Printed in the United States
By Bookmasters